U0748587

21世纪高等学校系列教材

TUMU GONGCHENG SHIGONG

土木工程施工

主　编　赵　建

副主编　王莹莹　刘晓丹　钱大行

编　写　李国柱　张国忠　姜海洋　杨　磊

主　审　陈向东

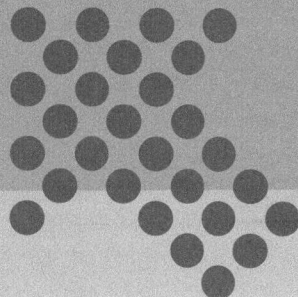

中国电力出版社
CHINA ELECTRIC POWER PRESS

内 容 提 要

本书为 21 世纪高等学校系列教材，根据土木工程施工课程教学大纲的要求编写。全书分为两篇十五章，第一篇专业工种施工技术部分包括土方工程、地基处理与桩基础、砌筑与脚手架工程、混凝土结构工程、结构安装工程、钢结构工程、高层建筑主体结构施工、防水工程、复合保温墙体工程、装饰工程；第二篇建筑施工组织原理部分包括建筑施工组织概论、流水施工基本原理、网络计划技术、单位工程施工组织设计、施工组织总设计。为适应现代化施工的需要，全书均参照最新施工及验收规范编写，力求反映国内外先进的施工技术及管理水平。书中每章均附有学习要点，基本要求及重点、难点，思考题，方便学生自学和教师组织教学工作。

本书可作为高等院校土木工程专业及其他相关专业的教材，可作为同层次的电大、函授教材，还可供土建领域科研、设计、工程施工、监理等技术人员学习参考。

图书在版编目（CIP）数据

土木工程施工/赵建主编 . —北京：中国电力出版社，2011.7
（2022.1 重印）
21 世纪高等学校规划教材
ISBN 978 - 7 - 5123 - 1602 - 7

Ⅰ.①土…　Ⅱ.①赵…　Ⅲ.①土木工程－工程施工－高等学校－教材　Ⅳ.①TU7

中国版本图书馆 CIP 数据核字（2011）第 076657 号

中国电力出版社出版、发行
（北京市东城区北京站西街 19 号　100005　http：//www.cepp.sgcc.com.cn）
北京天泽润科贸有限公司印刷
各地新华书店经售

*

2011 年 7 月第一版　　2022 年 1 月北京第七次印刷
787 毫米×1092 毫米　16 开本　26 印张　636 千字
定价 **68.00** 元

前　言

　　土木工程施工是土木工程专业的一门主要的专业课，是研究土木工程施工中主要工种工程的施工技术与组织计划的基本规律，以及各专业方向专业施工技术的学科。该课程教学的主要目的是使学生掌握土木工程施工的基础知识、基本理论和决策方法，使学生具有解决土木工程施工中施工技术问题的初步能力。

　　由于该课程具有实践性强、综合性大、社会性广等特点，工程施工中许多技术问题的解决和管理系统的建立，均要涉及有关学科的综合运用。力求构建土木工程较全面的知识体系，突出综合运用土木工程施工及相关学科的基本理论和知识，以解决工程实践问题。同时结合国家最新规范、规程、标准，反映当前土木工程施工的先进水平，理论联系实际、深入浅出、通俗易懂、实用性强，以达到培养学生解决工程实际问题能力的目的。

　　本书可作为高等院校土木工程专业及其他相关专业的教材，可作为同层次的电大、函授教材，还可供土建领域科研、设计、工程施工、监理等技术人员学习参考。

　　本书由黑龙江科技学院赵建任主编并统稿，黑龙江科技学院王莹莹、佳木斯大学刘晓丹、洛阳理工学院钱大行副主编。全书编写分工如下：赵建（绪论、第一篇第一章、第四章），王莹莹（第二篇第十三章、第十四章、第十五章），刘晓丹（第一篇第七章、第八章、第九章），钱大行（第一篇第二章、第三章、第五章），黑龙江科技学院姜海洋（第一篇第六章），李国柱（第一篇第十章），杨磊（第二篇第十二章），佳木斯大学张国忠（第二篇第十一章）。

　　本书由北京工业大学陈向东主审，提出了许多宝贵意见，在此表示衷心的感谢！

　　时间仓促，加之编者水平所限，本书难免有不足之处，欢迎读者批评指正。

编　者
2011 年 5 月

目　　录

绪　　论

第一节　课程的研究对象和任务

土木工程施工主要研究最有效地建造房屋和建筑物群的理论、方法及相关的施工规律，以求用最少的消耗取得最大的成果，全面而高效率地完成建筑安装工程，以较好的经济效益保证建设项目迅速投产或使用。

建筑业在国民经济发展和四个现代化建设中起着举足轻重的作用。从投资角度来看，国家用于建筑安装工程方面的资金约占国家基本建设投资总额的 60% 左右。一方面，建筑业消耗的是其他国民经济部门的产品；另一方面，它又以自身的产品为全民生活和其他国民经济部门服务，为国民经济各部门的扩大再生产创造必要条件。

土木工程施工的成果是庞大而复杂的建筑物或构筑物体系，根据施工的部位与先后顺序不同，整个施工过程划分为一系列分部工程；各分部工程又由若干个不同的分项工程组成；各分项工程中又包含了许多的工种；每一个工种工程的施工，都可以采用不同的施工方案、不同的施工技术和机械设备、不同的劳动组织和施工组织方法。

本课程的任务在于根据专业培养目标的要求，使读者了解我国的基本建设方针、政策，以及各项具体的技术经济政策，了解土木工程施工领域国内外的新技术和发展动态，掌握工种工程施工方案的选择及施工组织设计的编制，具有独立分析和解决建筑工程施工技术问题的初步能力，并为今后进一步学习有关的知识和成为一名优秀建造师打下基础。

第二节　基本建设的实现

基本建设（又称建设项目）是固定资产的建设，由建设项目法人投资，以扩大生产能力、增加业务设施、扩大业务范围、取得社会效益或经济效益、提高人民生活水平等为目的，进行建筑、购买和安装固定资产的活动和与此相关的其他经济活动。基本建设的实现分六个阶段，即项目建议书阶段、可行性研究阶段、勘察设计工作阶段、建设准备阶段、建设实施阶段和竣工验收阶段。

一、基本建设项目及其组成

按复杂程度分类，建设项目一般由以下工程内容组成：

1. 单位工程

具备独立施工条件并能形成独立使用功能的建筑物及构筑物为一个单位工程。一个独立的、单一的建筑物均为一个单位工程，如一条道路、一幢教学楼、办公楼等就是一个单位工程。

2. 分部工程

组成单位工程的若干分部称为分部工程。分部工程的划分应按专业性质、建筑部位确定。如一栋房屋建筑，按其结构或构造部位，可以划分为地基与基础、主体结构、建筑装饰装修、建筑屋面、建筑给水排水与采暖、建筑电气、通风与空调、电梯、智能建筑九个分部工程。

3. 分项工程

组成分部工程的若干个施工过程称为分项工程。分项工程应按主要工种、材料、施工工艺、设备类别等进行划分。如基础分部是由土方工程、砌筑工程、钢筋混凝土工程等分项工程组成。现浇钢筋混凝土结构的主体工程可以划分为安装模板、绑扎钢筋、浇筑混凝土等分项工程。

二、建设项目施工程序

基本建设的实现分六个阶段，本课程涵盖的有建设准备阶段、建设实施阶段和竣工验收阶段。这部分阶段的实施有相应的建设项目施工程序，即拟建工程项目在整个施工阶段中必须遵循的先后次序，它反映了整个施工阶段必须遵循的客观规律。

1. 承接施工任务、签订施工合同

承包商应按照国家关于基本建设的有关法律、法规及政策的规定，通过工程投标竞争，获取工程施工任务。

承包商中标后，应按照《中华人民共和国合同法》、《中华人民共和国建筑法》、《建筑工程质量管理规定》、《建筑安装工程承包合同条例》等相关法律、法规的要求，与工程业主签订建筑工程施工合同，明确双方的权利、义务关系。

2. 全面统筹安排，做好施工规划。

签订施工合同后，施工单位应结合工程施工特点及施工条件，编制施工组织设计文件，对施工项目的实施进行统一规划；派遣人员与建设单位进行施工场地的交接；按照经过批准的施工组织设计文件进行施工现场的准备工作，为正式施工创造条件。

3. 落实施工准备，提出开工报告

承包商应按照施工组织设计文件的总体规划，抓紧时间完成开工前的各项准备工作，如图纸会审、劳动力准备、资源供应条件落实等。在完成各项准备工作后，向监理单位提出开工报告。经批准后，即可正式开工。

4. 精心组织施工，加强各项管理

正式开工后，承包商应加强施工过程中的"三控制、二管理、一协调"，按照施工合同、设计文件及国家工程建设标准强制性条文的要求组织施工，努力实现工程项目的建设目标。

5. 进行工程验收，交付使用

工程施工到最后阶段，承包商应及时整理工程建设档案，完成收尾工作，进行工程质量的自评。在自评合格的基础上，向监理单位提交竣工验收申请报告，经监理单位预验收合格后，报请建设单位组织正式的工程验收。验收合格并经工程备案后，承包商应在总监理工程师的主持下，及时与建设单位办理工程交接手续，交付使用。

第三节 施工（安全）技术标准

施工（安全）技术标准，是建筑工程在施工阶段为保证工程质量和施工安全所必须遵循的技术法规。施工（安全）技术标准主要分为两大类：一是施工技术标准，二是施工安全技术标准。

一、施工技术标准

施工技术标准，是为了实现工程建设的既定质量目标，施工活动必须遵循的技术规范、技

术规程和技术标准，主要分为施工质量验收标准、优良工程评定标准和施工工艺标准三大类。

1. 施工质量验收标准

施工质量验收标准是由建设部制订的，适用于我国境内所有建筑工程质量的验收工作。施工质量验收标准的作用主要有：

(1) 反映了我国建筑工程施工质量在现阶段应达到的最低质量标准。

(2) 有利于承包商制订其内部的施工工艺标准。

(3) 有利于业主确定拟建项目的质量标准。

(4) 有利于建设工程各责任主体对工程实施质量监督。

(5) 有利于划分和明确建设工程各责任主体的质量责任。

2. 施工质量等级

为便于对建筑工程施工质量进行评定，(GB 50300—2001)《建筑工程施工质量验收统一标准》将单位工程的检验项目分为主控项目和一般项目。主控项目指建筑工程中的对安全、卫生、环境保护和公众利益起决定性作用的检验项目。一般项目指除主控项目以外的检验项目。GB 50300—2001 规定，建筑工程质量验收应划分为单位（子单位）工程、分部（子分部）工程、分项工程和检验批。建筑工程质量分合格、不合格两个质量等级。

3. 施工工艺标准

施工工艺标准，是施工单位制订的内部技术文件。其最终目的是确保工程质量符合GB 50300—2001 和设计文件的要求。

施工工艺标准在施工单位的生产和经营活动中具有十分重要的作用：可以指导施工生产活动，控制施工质量，促进施工技术进步，提高企业经济效益。施工工艺标准的内容一般包括：作业条件、施工方法、施工工序、施工机具、施工安全、成品保护、工序质量标准等。

4. 优良工程评定标准

优良等级是为了合同约定或为了创优而专门设置的，各单位（子单位）工程、分部（子分部）工程、分项工程和检验批的工程质量，首先符合现行国家施工质量验收规范及有关标准的合格规定后，方可按照相关规定进行优良工程的评定。国家颁发的建筑工程质量评定标准专门有规定，目前在国内各地区，建筑工程评定标准不是完全一致的。

二、施工安全技术标准

施工安全技术标准，是为了保证人员安全和财产安全，在施工过程中采用的安全技术方法及安全技术措施应达到的最低标准。它也是进行施工现场安全检查的主要依据。施工安全技术标准包括国家标准、行业标准、企业标准及法律、政策四大类。

第四节 施 工 资 料

一、施工资料

施工资料，是施工单位在施工项目实施过程中形成的各种形式的信息记录。它包括工程技术资料（如技术核定单、图纸会审纪要、材料质量证明）和工程管理资料（如施工许可证、中标通知书、招标文件）两部分。

1. 工程技术资料

工程技术资料是项目实施过程中形成的有关工程技术、质量的文件。它包括施工质量管理、竣工验收综合资料；分项工程、检验批质量验收资料；工程质量控制资料；工程安全、功能检测及主要功能抽查资料；竣工图等。

2. 工程管理资料

工程管理资料是工程建设过程中形成的有关工程审批、管理的资料。如项目立项文件、设计文件审查报告、招标投标文件、施工许可证、规划许可证、财务文件等。

图纸会审与技术交底是施工单位技术管理的重要内容。加强图纸会审与技术交底工作的管理，有利于施工单位熟悉施工图、领会设计意图、把握施工的关键，从而保证施工质量。

二、图纸会审

图纸会审是由总监理工程师组织建设单位、施工单位、勘察设计单位共同进行的对施工图纸的审查。其目的是为了领会设计意图，熟悉图纸内容，及早发现并消除图纸中的错误，以便正确无误地进行施工。

图纸会审的要点是：

（1）施工图纸的内容是否符合建设单位关于建设项目空间布局和功能描述文件的要求。

（2）施工图纸设计是否与地质勘察报告相符。

（3）施工图纸本身是否存在缺陷，特别是各专业设计的施工图纸是否存在相互矛盾及不协调的现象。

（4）实施施工图纸的过程中，在施工技术上是否存在困难。

（5）新技术项目的实施有哪些基本要求。

（6）实现施工图纸所需要的物资条件是否具备。

图纸会审后，应将会审中提出的问题及修改意见用会审纪要的形式加以明确，经各方签字后下发，它与图纸具有同等效力，是组织施工和进行工程结算的依据。

三、技术交底

技术交底是施工项目技术管理的基础工作之一。它包括设计技术交底和施工（安全）技术交底两部分。

1. 设计技术交底

设计技术交底是由设计单位向施工单位进行的交底。其主要内容有：

（1）介绍设计意图。

（2）介绍设计文件的组成及各部分的内容。

（3）提出对施工过程的技术要求。

2. 施工（安全）技术交底

施工（安全）技术交底是在施工前，由技术负责人就施工中的有关技术问题向执行者进行交代的工作。其目的在于将设计要求、技术要领、施工措施层层落实到执行者，做到心中有数，保证施工顺利进行。

技术交底从上到下逐级进行，交底内容上粗下细，越到基层越具体。首先是公司技术负责人向施工项目进行技术交底，然后是施工项目技术负责人向作业班组进行技术交底。技术交底的内容有：技术要求、技术措施、安全要求、质量标准、工艺特点、注意事项等。

技术交底的形式视工程的复杂程度，交底内容的详略而定。一般采用口头、文字、图表等形式，必要时也可用样板、实际操作等方式。

第一篇 专业工种施工技术

第一章 土 方 工 程

○ **本章要点**

土的工程分类、土的可松性，土方工程施工特点；土方量的计算，场地平整施工的竖向规划设计；基坑开挖的降水方案，轻型井点系统的设计，基坑边坡稳定及支护结构，流砂的原因及防治；填土压实原理及要求，路堤填筑及路堑挖筑，土方工程机械化施工。

○ **基本要求及重点、难点**

（1）了解土方工程施工特点；掌握土方量的计算、场地平整施工的竖向规划设计。

（2）掌握基坑开挖施工中的降低地下水位方法，基坑边坡稳定及支护结构设计方法的基本原理。

（3）熟悉常用土方机械的性能和使用范围。

（4）掌握填土压实和路堤填筑的要求及方法。

• 重点：土的可松性，土方量的计算，场地平整施工的竖向规划设计，轻型井点系统的设计，边坡塌方、流砂的原因及防治，填土压实的原理、方法及施工控制。

• 难点：利用土的可松性系数进行土方量的计算，轻型井点的计算，影响填土压实的因素。

• 深度和广度：达到能进行土方开挖方案（包括土方机械的选择）、基坑开挖的降水方案、基坑边坡支护方案、填土压实或路堤填筑及路堑挖筑方案的制订，场地平整施工的竖向规划设计。

土方工程是施工中主要分部工程之一，任何一项工程都是从土方工程施工开始的。土方工程的施工包括土的开挖或爆破、运输、填筑、平整和压实等主要施工过程，以及排水、降水和土壁支撑等准备工作与辅助施工工作。根据施工内容和方法不同，一般可以分为以下几种。

1. 场地平整

场地平整是将天然地面改造成所要求的设计平面。其特点是面广、量大，工期长，施工条件复杂，受气候、水文、地质等影响因素多。因此，施工前应深入调查，详细掌握各种资料，根据施工工程的特点、规模，拟订合理的施工方案，尽可能采用机械化施工，为整个工程的后续工作提供一个平整、坚实、干燥的施工场地，并为基础工程施工做好准备。

2. 基坑（槽）及管沟开挖

基坑（槽）及管沟开挖是指在地面以下，为浅基础、桩承台及地下管道等施工而进行的土方开挖。其特点是要求开挖的断面、标高、位置准确，受气候影响较大，所以施工前必须做好施工准备，制订合理的开挖方案，以加快施工进度，保证施工质量。

3. 地下大型土方开挖

地下大型土方开挖是指在地面以下，如人防工程、大型建筑物的地下室、深基础及大型设备基础等而进行的土方开挖。它涉及降低地下水位，边坡稳定及支护，邻近建筑物的安全防护等问题。因此，在开挖土方前应进行认真研究，制订切实可行的施工技术措施。

4. 土方填筑

土方填筑是对低洼处用土方分层填平。包括大型土方填筑，基坑、基槽、管沟回填，前者与场地平整同时进行，后者在地下工程施工完成后进行。对土方填筑，要求严格选择土料、分层填筑、分层压实。

土方工程的施工主要有工程量大，施工工期长，劳动强度大；施工条件复杂且多为露天作业等特点。

由于建筑产品的体积庞大，所以土方工程的工程量也大，通常为数百甚至数百万立方米以上。土方工程一般都在露天的环境下作业，所以施工条件艰苦。人工开挖土方，工人劳动强度大、工作繁重。土方施工经常受各地气候、水文、地质、地下障碍物等因素的影响，不可确定的因素也较多，施工有时会遇到各种意想不到的问题。

因此，在组织土方工程施工前，应详细分析施工条件，核对各项技术资料，进行现场调查并根据现场条件，制订出技术可行经济合理的施工方案。土方施工要尽量避开雨季，如不能避开，则要做好防洪和排水工作。

第一节 土的工程性质

土有多种工程性质，其中影响土方工程施工的有土的质量密度、可松性、含水量和渗透性等。

1. 土的质量密度

土的质量密度分天然密度和干密度。土的天然密度是指土在天然状态下单位体积的质量，它影响土的承载力、土压力及边坡稳定性。土的干密度是指单位体积土中固体颗粒的质量，是检验土的压实质量的控制指标。

2. 土的可松性

自然状态下的土（原土）经开挖后，其体积因松散而增加，以后虽经回填夯实，仍不能恢复到原状土的体积，这种性质称为土的可松性。土的可松性程度用可松性系数表示，见式（1-1）、式（1-2）

$$K_s = \frac{V_2}{V_1} \tag{1-1}$$

$$K'_s = \frac{V_3}{V_1} \tag{1-2}$$

式中 K_s——土的最初可松性系数；

K'_s——土的最终可松性系数；

V_1——土在天然状态下的体积，m^3；

V_2——土经开挖后的松散体积，m^3；

V_3——土经回填压实后的体积，m^3。

土的可松性对土方的调配、计算土方的运输量、填方量及运输工具数量等都有影响，尤其是大型挖方工程，必须考虑土的可松性。

3. 土的分类

土的种类繁多，其分类方法也很多。在土方工程施工中，根据土的开挖难易程度，将土分为松软土、普通土、坚土、砂砾坚土、软石、次坚石、坚石、特坚石等八类，前四类为土，后四类为石（表 1-1）。正确区分和鉴别土的种类，可以合理地选择施工方法和准确地套用定额，计算土方工程费用。

表 1-1　　　　　　　　　　　土 的 工 程 分 类

土的分类	土 的 名 称	可 松 性		开挖方法及工具
		K_s	K'_s	
第一类（松软土）	砂，粉土，冲积砂土层，种植土，泥炭（淤泥）	1.08～1.17	1.01～1.04	用锹、锄头挖掘
第二类（普通土）	粉质黏土，潮湿的黄土，夹有碎石、卵石的砂，种植土，填筑土及亚砂土	1.14～1.28	1.02～1.05	用锹、锄头挖掘，少许用镐翻松
第三类（坚土）	软及中等密实黏土，重粉质黏土，粗砾石，干黄土及含碎石、卵石的黄土、亚黏土	1.24～1.30	1.04～1.07	主要用镐，少许用锹、锄头，部分用撬棍
第四类（砾砂坚土）	重黏土及含碎石、卵石的黏土，粗卵石，密实的黄土，天然级配砂石，软泥灰岩及蛋白岩	1.26～1.37	1.06～1.09	先用镐、撬棍，然后用锹挖掘，部分用楔子及大锤
第五类（软石）	硬石炭纪黏土，中等密实的页岩、泥灰岩、白垩土，胶结不紧的砾岩，软的石灰岩	1.30～1.45	1.10～1.20	用镐或撬棍、大锤，部分用爆破方法
第六类（次坚石）	泥岩，砂岩，砾岩，坚实的页岩、泥灰岩，密实的石灰岩，风化花岗岩、片麻岩	1.30～1.45	1.10～1.20	用爆破方法，部分用风镐
第七类（坚石）	大理石、辉绿岩；玢岩；粗中粒花岗岩；坚实的白云岩、砂岩、砾岩、片麻岩、石灰岩等	1.45～1.50	1.15～1.20	用爆破方法
第八类（特坚石）	安山岩，玄武岩，花岗片麻岩，坚实的细粒花岗岩、闪长岩	1.45～1.50	1.20～1.30	用爆破方法

4. 土的含水量

土的含水量是指土中所含的水与土的固体颗粒之间的质量比，以百分数表示

$$w = \frac{m_1 - m_2}{m_2} \times 100\% = \frac{m_\text{w}}{m_\text{s}} \times 100\% \qquad (1-3)$$

式中　w——土的含水量；

m_1——含水状态时土的质量；

m_2——烘干后土的质量；

m_w——土中水的质量；

m_s——固体颗粒的质量。

土的含水量对土方边坡的稳定性和填土压实质量均有影响。土方回填时则需要有最优含水量方能夯压密实，获得最佳干密度。

5. 土的渗透性

土的渗透性是指土体被水透过的性质。土的渗透性用渗透系数 K 表示。地下水在土中的渗流速度可按达西定律计算

$$v = Ki \tag{1-4}$$

式中 v——水在土中的渗流速度，m/d 或 cm/s；

i——水力坡度；

K——土的渗透系数，m/d 或 cm/s。

渗透系数 K 值反映出土的透水性强弱，它直接影响降水方案的选择和涌水量计算的准确性，一般可通过室内渗透试验或现场抽水试验确定，一般土的渗透系数见表 1-2。

表 1-2   渗透系数参考值

土的种类	渗透系数 K(cm/s)	渗透性
纯砾	$>10^{-1}$	高渗透性
纯砂与砾混合物	$10^{-3} \sim 10^{-1}$	中渗透性
极细砂	$10^{-5} \sim 10^{-3}$	低渗透性
粉土、砂与黏土混合物	$10^{-7} \sim 10^{-5}$	极低渗透性
黏土	$<10^{-7}$	几乎不透水

第二节　场　地　平　整

场地平整是将自然地面改造平整为场地设计要求的平面。对于在地形起伏的山区、丘陵地带修建较大厂房、体育场、车站等占地广阔工程的平整场地，主要是削凸填凹，移挖方作填方，满足规划、生产工艺及运输、排水等要求，并力求土方量最小。它包括：确定场地设计标高、计算土方量、土方调配、选择土方施工机械、拟订施工方案。

一、场地设计标高的确定

场地设计标高是进行场地平整和土方量计算的依据，也是总施工图规划和土方竖向设计的依据。合理确定场地的设计标高，对减少土方量、节约土方运输费用、加快施工进度等都有重要的意义。选择设计标高时应满足生产工艺和运输的要求；尽量利用地形，使场内挖填平衡，以减少土方运输费用；要有一定的泄水坡度（≥2‰），满足排水要求；考虑最高洪水位的影响。

场地设计标高一般应在设计文件上规定，若设计文件没有规定时，可按下述步骤和方法确定。

1. 初步确定场地设计标高

首先，将场地的地形图根据要求的精度划分成边长为 10～40m 的方格网 [图 1-1 (a)]。在各方格左上角逐一标出其角点的编号，然后求出各方格角点的地面标高，标于各方格的左下角。各方格角点的地面标高，当地形平坦时，可根据地形图上相邻两等高线的标高，用插入法求得；当地形起伏较大或无地形图时，可在地面用木桩打好方格网，用仪器直接测出。

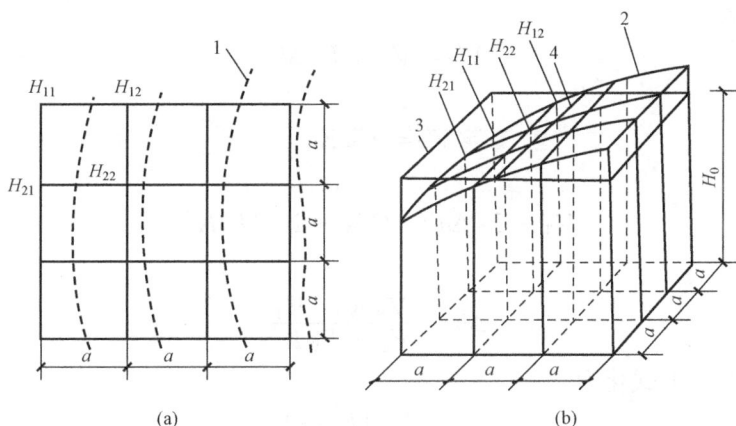

图 1-1　场地设计标高计算示意图

(a) 方格网划分；(b) 场地设计标高示意图

1—等高线；2—自然地面标高；3—设计地面标高；4—自然地面与设计标高平面的交线（零线）

按照场地内土方在平整前及平整后相等的原则，场地设计标高可按下式计算

$$H_0 na^2 = \sum \left(a^2 \frac{H_{11} + H_{12} + H_{21} + H_{22}}{4} \right)$$

$$H_0 = \sum \frac{(H_{11} + H_{12} + H_{21} + H_{22})}{4n}$$

式中　　　　H_0——场地设计标高；

a——方格边长；

n——方格数；

H_{11}，H_{12}，H_{21}，H_{22}——任意一个方格的四个角点标高。

从图 1-1 可见，H_{11} 是一个方格的角点标高，H_{12} 及 H_{21} 是相邻两个方格的公共角点标高，而 H_{22} 是相邻四个方格的公共角点标高。如果将所有方格的四个角点标高相加，则类似 H_{12} 的角点标高需加两次，而类似 H_{22} 的角点标高要加四次，为便于计算，上式可改写成式 (1-5) 的形式

$$H_0 = \frac{\sum H_1 + 2\sum H_2 + 3\sum H_3 + 4\sum H_4}{4n} \tag{1-5}$$

式中　H_1——一个方格独有的角点标高；

H_2——两个方格共有的角点标高；

H_3——三个方格共有的角点标高；

H_4——四个方格共有的角点标高。

2. 场地设计标高的调整

按式（1-5）所计算的设计标高 H_0 是理论值，实际上还需要考虑以下因素进行调整。

（1）土的可松性影响。由于土具有可松性，按理论计算出的 H_0 进行施工，填土会有剩余，需相应地提高设计标高，如图 1-2 所示。若 Δh 为土的可松性引起设计标高的增加值，则设计标高调整后的总挖方体积 V'_W 为

$$V'_W = V_W - F_W \Delta h$$

总填方体积为

$$V'_T = V_T + F_T \Delta h$$

而

$$V'_T = V'_W K'_s$$

所以

$$V_T + F_T \Delta h = (V_W - F_W \Delta h) K'_s$$

移项整理得

$$\Delta h = \frac{V_W K'_s - V_T}{F_T + F_W K'_s}$$

当 $V_W = V_T$ 时，上式化为

$$\Delta h = \frac{V_W(K'_s - 1)}{F_T + F_W K'_s}$$

故考虑土的可松性后，场地设计标高应调整为

$$H'_0 = H_0 + \Delta h \qquad (1-6)$$

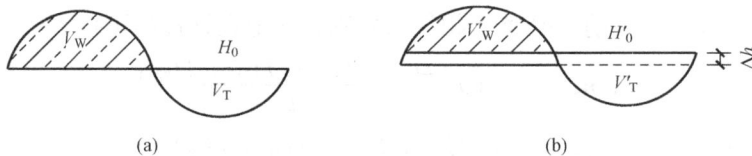

图 1-2　设计标高调整计算

(a) 理论设计标高；(b) 调整设计标高

（2）借土或弃土的影响。由于受设计标高以下的各种填方工程的填土量，或设计标高以上的各种挖方工程的挖土量的影响，以及经过经济比较而将部分挖方就近弃土于场外（弃土），或部分填方就近从场外取土（借土），都会导致设计标高的降低或提高。因此，必要时也需重新调整设计标高。

（3）泄水坡度的影响。按上述计算和调整后的场地设计标高，场地平整后是一个平面。但实际上由于排水的要求，场地表面需要有一定的泄水坡度，其大小应符合设计规定。因此，在计算的 H_0（或经调整后的 H'_0）基础上，要根据场地要求的泄水坡度（单向泄水或双向泄水，见图 1-3），最后计算出场地内各方格角点实际施工时的设计标高。

单向泄水时，以计算出的实际标高 H_0（或调整后的设计标高 H'_0）作为场地中心线的标高。场地内任意一个方格角点的设计标高为

$$H_n = H_0(H'_0) \pm li \qquad (1-7)$$

式中　l——该方格角点距场地中心线的距离，m；

　　　i——场地泄水坡度。

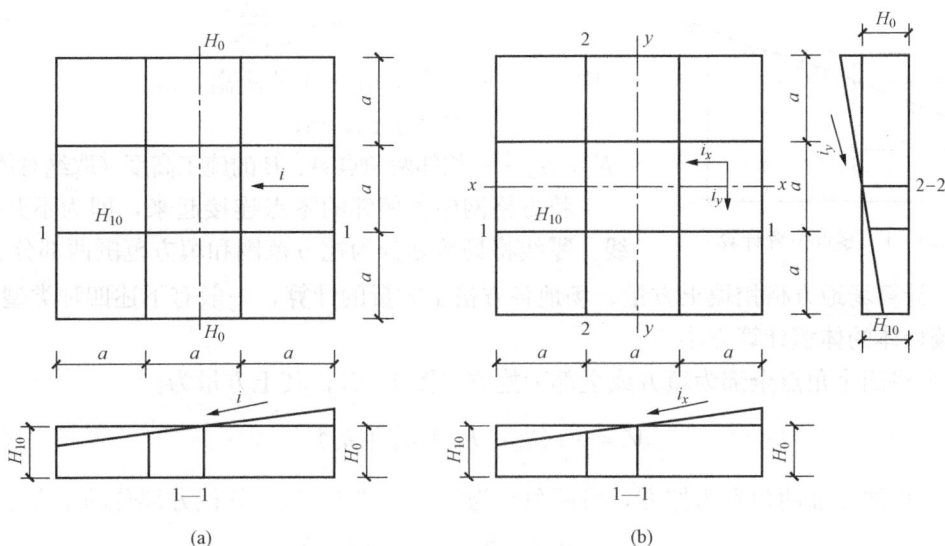

图 1-3 场地泄水坡度示意图

(a) 单向泄水；(b) 双向泄水

当场地表面为双向泄水时，设计标高的求法原理与单向泄水坡度时相同。场地内任意一个方格角点的设计标高为

$$H_n = H_0(H_0') \pm l_x i_x \pm l_y i_y \tag{1-8}$$

式中 l_x，l_y——该点于 x-x、y-y 方向上距场地中心线的距离，m；

i_x，i_y——场地在 x-x、y-y 方向上的泄水坡度。

二、场地平整土方工程量的计算

场地平整土方量的计算方法，通常有方格网法和断面法两种。当场地地形较为平坦时宜采用方格网法；当场地地形起伏较大、断面不规则时，宜采用断面法。

1. 方格网法

方格边长一般取 10、20、30、40m…。根据每个方格角点的自然地面标高和设计标高，算出相应的角点挖填高度，计算出每一个方格的土方量，并算出场地边坡的土方量，即可求得整个场地的填、挖土方量。其具体步骤如下：

（1）计算场地各方格角点的施工高度。各方格角点的施工高度（挖或填的高度）可按式（1-9）计算

$$h_n = H_n - H \tag{1-9}$$

式中 h_n——角点的施工高度（以"+"为填，"-"为挖）；

H_n——角点的设计标高；

H——角点的自然地面标高。

（2）确定零线。当同一方格的四个角点的施工高度同号时，该方格内的土方则全部为挖方或填方，如果同一方格中一部分角点的施工高度为"+"，而另一部分为"-"时，则此方格中的土方一部分为填方，另一部分为挖方。挖、填方的分界线称为零线，零线上的点不填不挖，称之为不开挖点或零点。确定零线时，要先确定方格边线上的零点，位置可按式（1-10）计算（图 1-4）

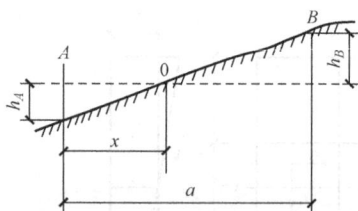

图 1-4　零点位置计算

$$x = \frac{ah_A}{h_A + h_B} \qquad (1-10)$$

式中　x——零点距角点 A 的距离，m；

　　　　a——方格边长，m；

　　h_A，h_B——相邻两角点 A、B 的施工高度（取绝对值），m。

将方格网中各相邻的零点连接起来，即为不开挖的零线。零线将场地划分为挖方范围和填方范围两部分。

（3）计算场地方格挖填土方量。场地各方格土方量的计算，一般有下述四种类型，可采用四方棱柱体的体积计算方法。

1）方格四个角点全部为填方或全部为挖方（图 1-5），其土方量为

$$V = \frac{a^2}{4}(h_1 + h_2 + h_3 + h_4) \qquad (1-11)$$

2）方格的相邻两角点为挖方，另两角点为填方（图 1-6），其挖方部分的土方量为

$$V_{1,2} = \frac{a^2}{4}\left(\frac{h_1^2}{h_1 + h_4} + \frac{h_2^2}{h_2 + h_3}\right) \qquad (1-12)$$

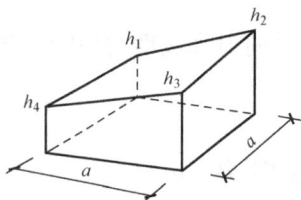

图 1-5　全挖（全填）方格

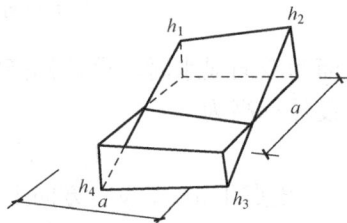

图 1-6　两挖两填方格

填方部分的土方量为

$$V_{3,4} = \frac{a^2}{4}\left(\frac{h_4^2}{h_1 + h_4} + \frac{h_3^2}{h_2 + h_3}\right) \qquad (1-13)$$

3）方格的三个角点为挖方，另一个角点为填方或相反时（图 1-7），其填方部分土方量为

$$V_4 = \frac{a^2}{6} \times \frac{h_4^3}{(h_3 + h_4)(h_4 + h_1)} \qquad (1-14)$$

挖方部分土方量为

$$V = \frac{a^2}{6}(2h_1 + h_2 + 2h_3 - h_4) + V_4 \qquad (1-15)$$

4）方格的一个角点为挖方，相对的角点为填方，另两个角点为零点时（图 1-8），其挖（填）方土方量为

$$V = \frac{1}{6}a^2 h \qquad (1-16)$$

以上的计算公式是根据平均中断面的近似公式推导而得，当方格网中地形不平时误差较大，但计算简单，目前用人工计算土方量时多用此法。为提高计算精度，也可将方格网按等高线走向再划成三角棱柱体进行计算，此法计算工作量大，一般适宜用电脑计算土方量。

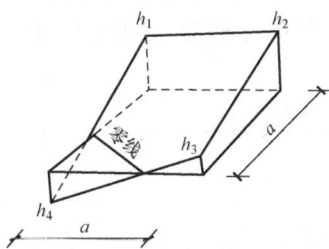

图 1-7　三挖一填（或三填一挖）方格　　　　　　　图 1-8　一挖一填方格

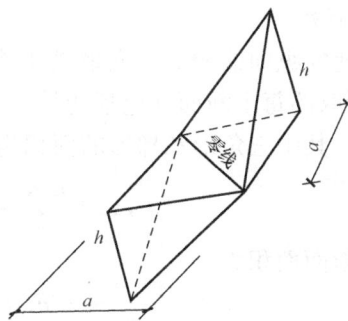

（4）计算场地边坡土方量。在场地平整施工中，沿着场地四周都需要做成边坡，以保持土体稳定，保证施工和使用的安全。边坡土方量的计算，可先将挖方区和填方区的边坡画出来，然后将边坡划分为两种近似的几何形体，如三角棱柱体或三角棱锥体，如图 1-9 所示，分别计算其体积，求出边坡土方的挖、填方土方量。

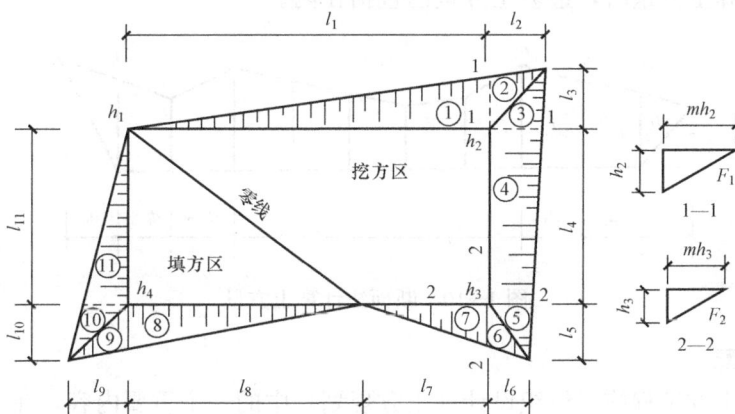

图 1-9　场地边坡平面图

1）棱锥体边坡体积。如图 1-9 中的①所示，其体积为

$$V_1 = \frac{1}{3} F_1 l_1 \tag{1-17}$$

式中　l_1——边坡①的长度；

　　　F_1——边坡①的端面积。

2）三角棱柱体边坡体积。如图 1-9 中的④所示，其体积为

$$V_4 = \frac{F_1 + F_2}{2} l_4 \tag{1-18}$$

在两端横断面面积相差很大的情况下，有

$$V_4 = \frac{l_4}{6}(F_1 + 4F_0 + F_2) \tag{1-19}$$

式中　l_4——边坡④的长度；

F_1，F_2，F_0——边坡④的两端面积及中截面面积。

2. 断面法

沿场地的纵向或相应方向取若干个相互平行的断面（可利用地形图定出或实地测量定出），将所取的每个断面（包括边坡）划分成若干个三角形和梯形，如图 1-10 所示。对于某一断面，其中三角形和梯形的面积为

$$f_1 = \frac{h_1 d_1}{2}, \quad f_2 = \frac{(h_1 + h_2)d_1}{2}, \quad \cdots$$

某一断面面积为

$$F_i = f_1 + f_2 + \cdots + f_n$$

若 $d_1 = d_2 = \cdots = d_n = d$，则

$$F_i = h_1 + h_2 + \cdots + h_{n-1}$$

设各断面面积分别为 F_1，F_2，$\cdots$，F_m，相邻两断面间的距离依次为 L_1，L_2，$\cdots$，L_m，则所求土方量为

$$V = \frac{F_1 + F_2}{2}L_1 + \frac{F_2 + F_3}{2}L_2 + \cdots + \frac{F_{m-1} + F_m}{2}L_{m-1} \tag{1-20}$$

用断面法计算土方量时，边坡土方量已包括在内。

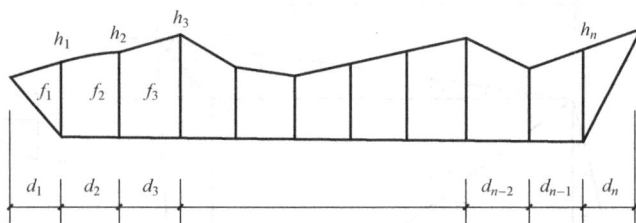

图 1-10　断面法计算土方量

三、土方调配

土方调配是土方工程施工组织设计（土方规划）中的一个重要内容，在平整场地土方工程量计算完成后进行。编制土方调配方案应根据地形及地理条件，将挖方区和填方区划分成若干个调配区，计算各调配区的土方量，并计算每对挖、填方区之间的平均运距（即挖方区重心至填方区重心的距离）。确定挖方各调配区的土方调配方案，应使土方总运输量最小或土方运输费用最少，而且便于施工，从而可以缩短工期、降低成本。

1. 土方调配原则

土方工程量计算完成后，即可着手对土方进行平衡与调配。土方的平衡与调配是土方规划设计的一项重要内容，是对挖土的利用、堆弃和填土的取得这三者之间的关系进行综合平衡处理，达到使土方运输费用最小而又能方便施工的目的。土方调配原则主要有：

（1）应力求达到挖、填平衡和运输量最小的原则。这样可以降低土方工程的成本。然而，仅限于场地范围的平衡，往往很难满足运输量最小的要求。因此，还需根据场地和其周围地形条件综合考虑，必要时可在填方区周围就近借土，或在挖方区周围就近弃土，而不是只局限于场地以内的挖、填平衡，这样才能做到经济合理。

（2）应考虑近期施工与后期利用相结合的原则。当工程分期、分批施工时，先期工程的土方余额应结合后期工程的需要而考虑其利用数量与堆放位置，以便就近调配。堆放位置的选择应为后期工程创造良好的工作面和施工条件，力求避免重复挖运。如先期工程有土方欠

额时，可由后期工程地点挖取。

（3）尽可能与大型地下建筑物的施工相结合。当大型建筑物位于填土区而其基坑开挖的土方量又较大时，为了避免土方的重复挖、填和运输，该填土区暂时不予填土，待地下建筑物施工之后再行填土。为此，在填方保留区附近应有相应的挖方保留区，或将附近挖方工程的余土按需要合理堆放，以便就近调配。

（4）调配区大小的划分，应满足主要土方施工机械工作面大小（如铲运机铲土长度）的要求，使土方机械和运输车辆的效率能得到充分发挥。

总之，进行土方调配，必须根据现场的具体情况、有关技术资料、工期要求、土方机械与施工方法，结合上述原则予以综合考虑，从而做出经济合理的调配方案。

2．土方调配区的划分

场地土方平衡与调配，需编制相应的土方调配图表，以便施工中使用。其方法如下：

（1）划分调配区。在场地平面图上先划出挖、填区的分界线（零线），然后在挖方区和填方区适当地分别划出若干个调配区。划分时应注意以下几点：

1）划分应与建筑物的平面位置相协调，并考虑开工顺序、分期开工顺序；

2）调配区的大小应满足土方机械的施工要求；

3）调配区范围应与场地土方量计算的方格网相协调，一般可由若干个方格组成一个调配区；

4）当土方运距较大或场地范围内土方调配不能达到平衡时，可考虑就近借土或弃土，一个借土区或一个弃土区可作为一个独立的调配区；

5）计算各调配区的土方量，并将它标注于图上。

（2）求出每对调配区之间的平均运距。平均运距即挖方区土方重心至填方区土方重心的距离。因此，求平均运距，需先求出每个调配区的土方重心。其方法如下：

取场地或方格网中的纵横两边为坐标轴，以一个角作为坐标原点，分别求出各区土方的重心坐标 X_0、Y_0

$$X_0 = \frac{\sum(x_i V_i)}{\sum V_i}, \quad Y_0 = \frac{\sum(y_i V_i)}{\sum V_i} \tag{1-21}$$

式中 x_i、y_i——i 块方格的重心坐标；

V_i——i 块方格的土方量。

填、挖方区之间的平均运距 L_0 为

$$L_0 = \sqrt{(x_{0T} - x_{0W})^2 + (y_{0T} - y_{0W})^2} \tag{1-22}$$

式中 x_{0T}、y_{0T}——填方区的重心坐标；

x_{0W}、y_{0W}——挖方区的重心坐标。

为了简化 x_i、y_i 的计算，可假定每个方格（完整的或不完整的）上的土方是各自均匀分布的，于是可用图解法求出形心位置以代替方格的重心位置。

各调配区的重心求出后，标于相应的调配区上，然后用比例尺量出每对调配区重心之间的距离，此即相应的平均运距（L_{11}、L_{12}、L_{13}…）。

所有填、挖方调配区之间的平均运距均需一一计算，并将计算结果列于土方平衡与运距表内。

当填、挖方调配区之间的距离较远，采用自行式铲运机或其他运土工具沿现场道路或规

定路线运土时，其运距应按实际情况进行计算。

四、土方工程施工机械

土方工程施工工程量大，所以要尽量采用机械化施工，以减轻繁重的体力劳动。要结合土方施工的内容和工程特点合理选择施工机械，充分发挥机械的效率，提高施工速度。场地平整常用的土方施工机械有推土机、铲运机。

1. 推土机

推土机（图1-11）由动力机械和工作部件两部分组成。推土机的动力机械是拖拉机，工作部件是安装在拖拉机前面的推土铲。推土机结构简单、操纵灵活、工作面小、生产效率高、适应性强，既可开挖土方，又可短距离运输，是土方工程施工的主要机械之一。

按行走的方式推土机可分为履带式和轮胎式。履带式推土机附着力强，爬坡性能好；轮胎式推土机行驶速度快，灵活性好。

推土机的作业由铲土、运土、卸土和空载行驶组成。为了提高推土机的生产效率，铲土作业中一般采用下坡推土、分别铲土集中运输、槽型推土等方法以增加铲土量。在运土作业中可采用并列推土、交错推土等方法，以提高推土效率，缩短铲土时间和减少土的散落及流失。

推土机多用于场地平整和清理开挖深度1.5m内的基坑、回填基坑和沟槽等。推土机可以推挖一～四类土；为提高生产效率，对于三、四类土应事先松动。推土机推填距离宜在100m以内，以60m左右效率最高。

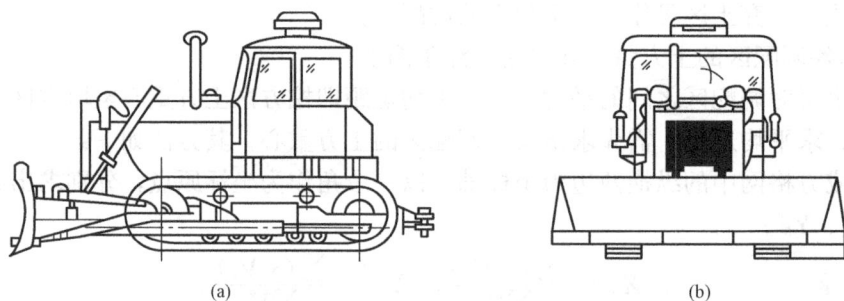

(a)　　　　　　　　　　　　　　　　(b)

图1-11　推土机外形图

（a）侧视外形；（b）正视外形

2. 铲运机

铲运机（图1-12）是可以连续独立完成铲、装、运、卸、平土、碾压作业的综合机械，由牵引机械和铲斗组成。按行走方式分为牵引式铲运机和自行式铲运机。

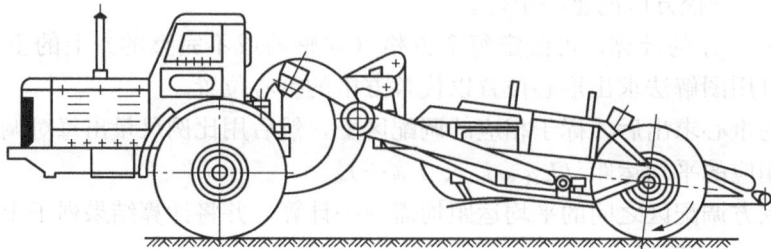

图1-12　铲运机外形图

自行式铲运机运行速度快,适用运距800～3500m的大型土方工程施工,以运距在800～1500m的范围内效率最高。牵引式铲运机适合运距在80～800m的范围施工。

铲运机对行驶道路要求较低,行驶速度快,生产效率高。在土方工程中常用于大面积场地平整,开挖大型基坑等。铲运机最宜于开挖含水量不大于30%的松土和普通土,但不适用于在砾石层、冻土地带及沼泽地区工作。当铲运较坚硬土时,应该与松土机配合工作。

为了提高铲运机的生产效率,可以采用下坡铲土、推土机助铲等方法,以缩短装土时间,使铲斗土装得更满。

(1)下坡铲土法。下坡铲土是利用机械下坡时重力加大从而提高铲土能力,但是坡度不宜超过15°。如果地形平坦,可先将取土一端铲低,人为创造下坡铲土的有利条件。

(2)推土机助铲法。自行式铲运机长距离铲运三、四类较硬土时,用推土机助铲可提高效率30%以上。铲运机转弯不灵活,通常根据挖方和填方区的分布情况,一般将运行路线设置成环形或"8"字形路线。

1)环形路线。对于地形起伏不大,而施工地段又较短(50～100m)和填方不高(0.1～1.5m)的路堤、基坑及场地平整,宜采用图1-13(a)所示环形路线。当填挖交替,且相互之间距离不大时,可采用图1-13(b)所示环形路线,以减少铲运机的转弯次数。

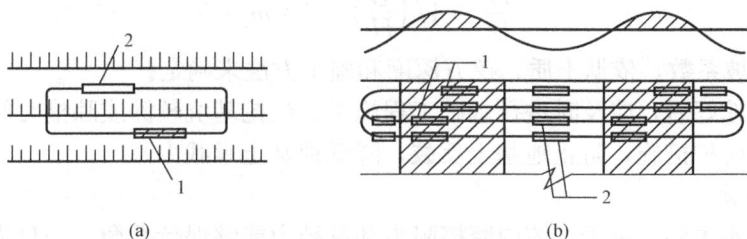

图1-13 环形路线
1—铲土;2—卸土

2)"8"字形路线。在地形起伏较大、施工场地狭窄的情况下,宜采用这种路线(图1-14)。铲运机在上下坡时按展线的平缓坡度行驶,一个循环二次卸土和装土。可以减少空车运行,缩短运行时间,提高生产效率。

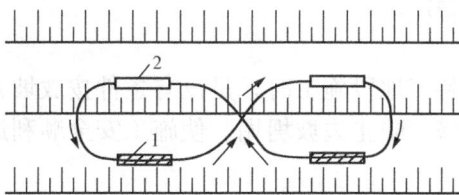

图1-14 "8"字形路线
1—铲土;2—卸土

第三节 基坑(槽)土方工程施工

一、边坡稳定与基坑(槽)支护

1.边坡系数的确定

当开挖基坑(槽)时,地质条件良好、土质均匀且地下水位低于基坑(槽)或管沟底面标高时，挖方边坡可以做成直立的形状。但是深度不得超过当地预算定额规定不放坡的最大挖方深度。

挖土高度超过当地预算定额规定最大挖土深度时，应考虑放坡，按不同土层或不同放坡系数放坡（图 1-15）。

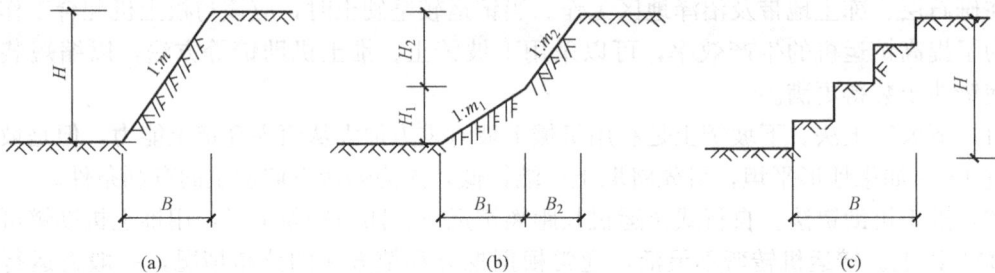

图 1-15　土方边坡

(a) 直线边坡；(b) 折线边坡；(c) 阶梯边坡

土方边坡的坡度以挖方深度 H（或填方深度）与底宽 B 之比表示，即

$$\frac{H}{B} = 1 \bigg/ \left(\frac{B}{H} \right) = 1 : m \tag{1-23}$$

式中　m——边坡系数，依据土质、挖方深度和施工方法来确定。

基坑（槽）挖好后，应及时进行基础工程施工。当挖基坑较深或晾槽时间较长时，应根据实际情况采取防护措施，防止地基土反鼓，降低地基土承载力。

2. 边坡的稳定

边坡能够稳定主要是由于土体内摩擦阻力和黏结力能够保持平衡。一旦失去平衡，就会引起塌方。造成边坡塌方的原因有：

（1）土质差且边坡过陡，会使土体稳定性差。在开挖深度大的基坑时就会引起塌方。

（2）雨水、地下水渗入基坑会使边坡土的重量增大，抗剪能力降低，也会造成塌方。

（3）基坑边缘附近大量堆土或停放机具材料，使土体产生剪应力超过土体强度而破坏。

为了防止塌方，保证施工安全，在开挖土方达到一定深度时，或按规定进行放坡，或进行土壁支撑，以保证土壁的稳定。

3. 土壁支护

在建筑稠密地区或场地狭窄地段施工时，是没有条件按放坡开挖的宽度来挖方的。这时就需要用支护结构来支撑土壁，防止边坡坍塌，使施工安全顺利进行，减少对邻近建筑物和地下设施的不利影响。

土壁支护是依据开挖深度、宽度、土质和地下水位的情况综合进行选择和设计的。要求支护牢固可靠，安全方便。

（1）横撑式支撑。横撑式支撑由挡土板、木楞和横撑组成。用于基坑开挖宽度不大、深度也较小的土壁支撑。根据挡土板所放位置的不同分为水平和垂直两种形式（图 1-16）。

水平挡土板有间断式和连续式两种。对于湿度小的黏性土，当开挖深度不大于 3m 时可用间断式水平挡土板支撑。对于开挖深度不超过 5m 且呈松散状如砾石、砂、湿度大的软黏土等可用连续式水平挡土板支撑。

如用垂直挡板支撑，随挖随撑，其挖土深度不受限制。

挡土板一般为木板，挖土时达一定深度后要尽快支撑，严禁超挖，防止土壁塌落。还应经常检查，若有松动变形及时更换。

基坑开挖后按回填土的顺序拆除支撑，由下而上拆除，与支撑顺序相反。

（2）钢板桩支撑。钢板桩支撑是一种常见的临时支护结构。它是在基坑开挖前先在周围用打桩机将钢板桩打入地下要求的深度，形成封闭的钢板支护结构，在封闭的结构内进行基础施工。

1）板桩支撑作用。切断地下水的流向，减小了动水压力，从而可预防流砂的产生；板桩支撑既挡土又防水，特别适于开挖较深、地下水位较高的大型基坑；可以防止基坑附近建筑物基础下沉。钢板桩可重复使用，节约材料。

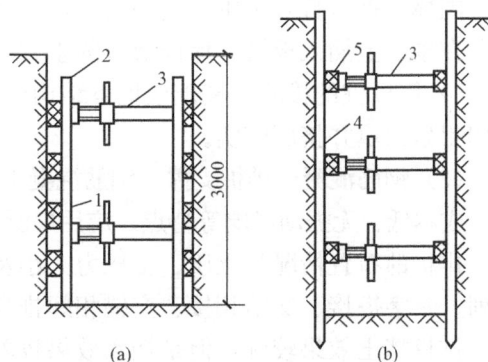

图 1-16 横撑式支撑

(a) 间断式水平挡土板支撑；(b) 垂直挡土板支撑

1—水平挡土板；2—竖楞木；3—工具式横撑；

4—竖直挡土板；5—横楞木

2）打入板桩的质量要求。板桩位置必须在板桩的轴线上，板壁面垂直；封闭式板桩墙要求封闭合拢；埋置要达到规定深度要求，有足够的抗弯强度和防水性能。

3）钢板桩施工。钢板桩又可分平板桩和波浪式板桩两类。前者防水和承受轴向力的性能良好，易打入地下；后者的防水和抗弯性能好且应用广泛（图 1-17）。

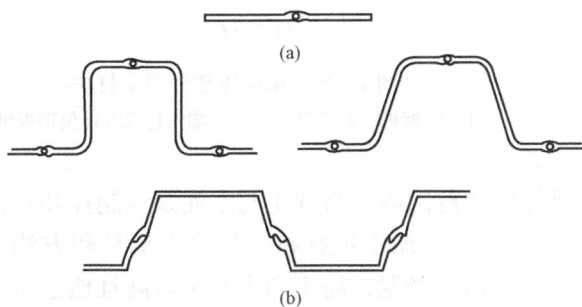

图 1-17 常用的钢板桩形式

(a) 平板桩；(b) 波浪式板桩

①打桩方法的选择。钢板桩打入时一般有单打法、双层围檩插桩法和分段复打法。

a. 钢板桩单打法适用于桩长小于 10m，且施工精度要求不高的情况。一般从基坑外侧的板桩轴线上插入板桩，然后打桩到设计要求的深度。沿板桩轴线按顺时针或逆时针方向进行板桩间的锁口咬合，打入一块，咬合一块，直至板桩封闭合拢。其优点是打桩简捷、速度快，但由于单块打入，桩板的垂直度不易控制。

b. 双层围檩插桩法是用围檩为钢板桩定位。其方法是在桩的轴线两侧先安装围檩（即一定高度的钢制栅栏），将钢板桩依次锁口咬合并全部插入两侧围檩间（图 1-18）。其作用：一是插入钢板桩时起垂直支撑作用，保证平面位置准确；二是施打过程中起导向作用，保证板桩的垂直度。先对四个角板桩施打，封闭合拢后，再逐块将板桩打到设计标高要求。其优点是板桩安装质量高，但施工速度较慢，费用也较高。

c. 分段复打法是安装一侧围檩，先将两端钢板桩打入土中，在保证位置、方向和垂直度后，用电焊固定在围檩上，起样板和导向作用；然后将其他板桩按顺序以 1/2 或 1/3 板桩高度逐块打入（图 1-19）。

②打桩。按施工图放板桩轴线，测量打桩高度，作为控制桩入土深度的依据。桩锤不宜过重，以防重锤锤击桩头产生纵向弯曲。准确安装好围檩支架，围檩支架由围檩桩和围檩组

成。围檩桩垂直打入土中一定深度后，水平安装围檩，在围檩上划分标注每块桩的位置和编号，在轴线上插入板桩，保证板桩的垂直打入和平整度。

4）钢板桩的拔除。基础或地下结构施工完毕，基坑回填土后，用机械拔出钢板桩，桩孔用粗砂回填并挤压密实。

（3）钢筋混凝土排桩支撑。钢筋混凝土排桩支撑采用现场灌注桩，具有布置灵活、施工简单、成本低、无振动影响等特点，应用广泛。

排桩的布置情况与土质、土压力大小及地下水位高低有关。有一字相间排列、一字相接排列、一字搭接、交错相接、交错相间排列几种形式。

排桩挡土效果较好，但是挡水效果较差，经常用在地下水位较低的地方。

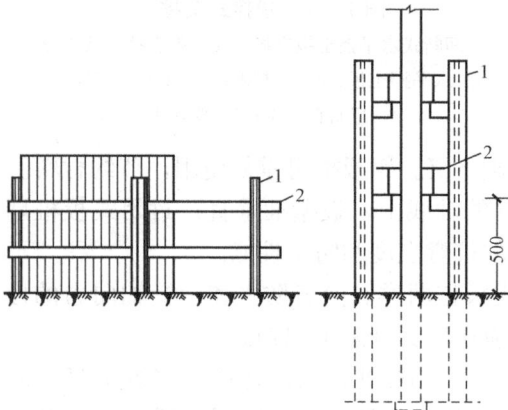

图 1-18　双层围檩插桩法
1—围檩桩；2—围檩

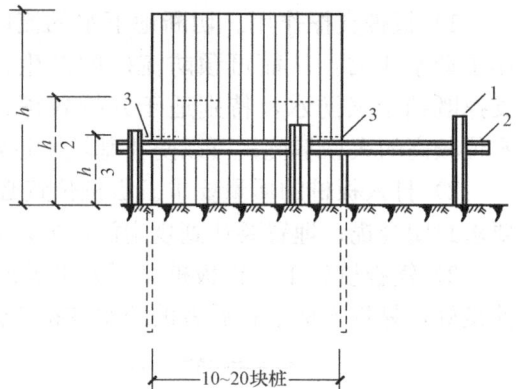

图 1-19　单层围檩分段复打法
1—围檩桩；2—围檩；3—两端先打入的定位钢板桩

（4）水泥土搅拌桩支护。在边坡土体需要加固的范围内，将软土与水泥浆强制拌和，使软土硬结成整体并具有足够强度的水泥加固土，称为水泥土搅拌桩。按施工机具和方法不同，可以分为深层搅拌法、旋喷法和粉喷法。它适用于淤泥、粉土和含水量较高且地基承载力不大的黏性土等软土层，作为基坑截水和较浅基坑的支护。

深层搅拌法的施工工艺为：深层搅拌机就位→预搅下沉→喷浆搅拌提升→重复搅拌下沉→重复搅拌提升直至孔口（图 1-20）。

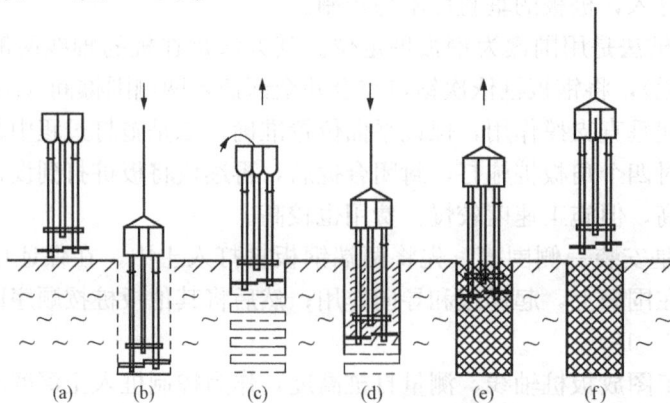

(a)　(b)　(c)　(d)　(e)　(f)

图 1-20　深层搅拌法施工工艺

当深层搅拌机下沉达设计标高后，开始将水泥浆压入土中，边喷浆边搅拌。按设计确定的提升速度提升搅拌机，重复上下搅拌，使土体完全破碎与水泥浆均匀拌和。其提升速度和次数必须符合施工要求，每米下沉深度误差不得大于50mm，使用的固化剂和外加剂必须通过试验方能使用，水泥应严格按预定的配合比拌制。水泥掺入量为加固土体重量的7%～15%。

旋喷法是利用专用钻机钻孔至设计处理深度，采用高压发生装置，通过安装在钻杆端部的特殊喷嘴，将高压水泥浆液向四周高速喷入土体，随钻头旋转和提升切削土层，使其拌和均匀。

粉喷法是用压缩空气将水泥粉体输送到桩头，并以雾状喷入土中，通过钻头叶片旋转搅拌混合而成。

水泥土搅拌桩法挡土效果好，但是挡水较差。如果在水泥土搅拌桩完成后、凝固前及时进行插钢筋或插入H型钢进行加固，变成劲性水泥土墙，则既可起到挡土又能起到挡水的双重作用。

（5）地下连续墙。地下连续墙工艺是近十几年来在地下工程和深基础施工中发展起来并应用较广泛的一项施工技术。近年来，高层建筑、地铁及各种大型地下设施日益增多，基础埋深大，加之周围环境和施工场地的限制，无法采用传统的施工方法，地下连续墙便成为深基础施工的有效手段。地下连续墙既可以作为深基础的支护，还可作为建筑物的深基础，后者称为两墙合一，更为经济。

地下连续墙的优点是刚度大，既可以挡土又可以挡水，能够承受较大的土压力；遇开挖基坑时无需放坡，也无需用井点降水；施工时噪声低、振动小；对邻近的地下设施和工程结构影响较小；适用于各种土质，尤其适用于城市中密集建筑群的基础开挖。但是，地下连续墙的施工技术比较复杂，要求精度高。施工过程中产生的泥浆对地下水有污染，需要妥善处理。

地下连续墙的施工是在基坑开挖前进行，按一定顺序分段开挖基槽，然后吊放钢筋笼，用导管浇筑混凝土。开挖基槽一般在泥浆护壁的情况下进行。其施工工艺如下。

1）单元槽的确定。首先应沿墙体长度方向按一定长度划分成若干段，然后分段施工。该段称单元槽，它既是一次挖掘的长度也是一次浇筑的长度。单元槽段越长，墙体接头越少，墙体稳定性和挡水性能越好。但槽壁的稳定性、钢筋笼的重量、混凝土的供应等都会限制挖掘长度。所以在一般情况下，单元槽段的长度在4～8m。

2）导墙。深槽开挖前要在地下连续墙纵向轴线位置开挖导沟，一般深1～2m。导墙在导沟两侧，可用预制混凝土、型钢、砌体等作导墙。导墙净距比成槽机宽3～5cm，并高出地面5～10cm。在导墙内侧每隔2m设一支撑。导墙的作用主要为地下连续墙定线、定标高，支撑挖槽机，确定挖槽时走向且能存储泥浆、稳定浆位、维护槽顶土体稳定和防止土体塌落。

3）机械挖槽。地下连续墙的槽段开挖是采用专用挖槽机械进行的。常用的挖掘机械有抓斗式、多头钻挖槽机、挖掘机和冲击钻等。

抓斗式挖槽机（图1-21）适用于黏性土和一些砂质土，不适用于软黏土。

多头钻挖掘机（图1-22）适用于黏性土、砂质土、砂砾土及淤泥土层。挖槽时采用全断面钻进方式，可一次完成一定长度和深度的深槽。

冲击钻主要采用各种冲击式凿岩机械。适用于老黏土、硬土和夹有孤石等地层。

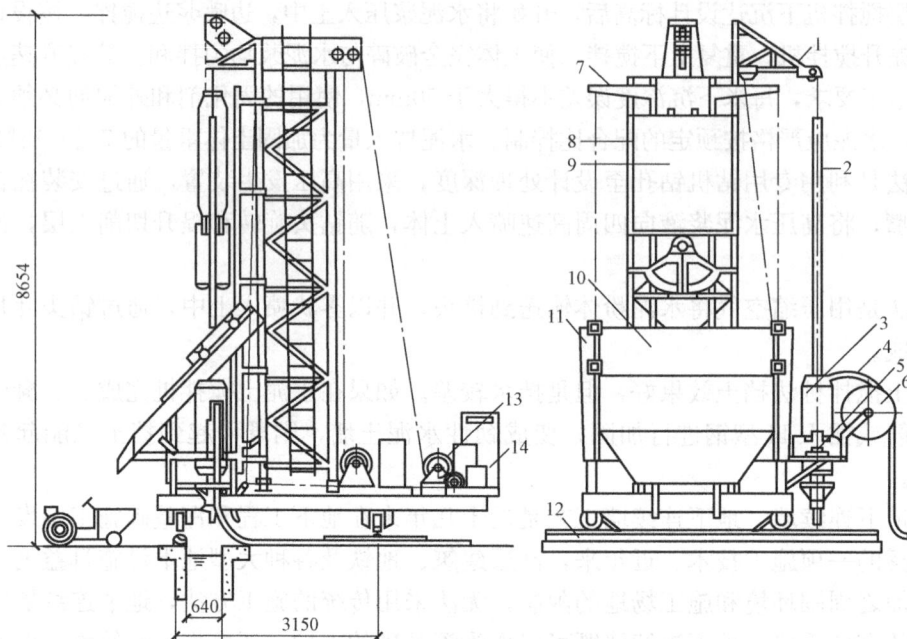

图 1-21　抓斗式挖槽机

1—电钻吊臂；2—钻杆；3—潜水钻机；4—泥浆管及电缆；5—钳制台；6—钻盘；7—吊臂滑车；

8—机架立柱；9—导板抓斗；10—出土上滑槽；11—出土下滑槽；12—轨道；13—卷扬机；14—控制槽

地下连续墙的槽段开挖所用时间较多，因此需根据土质条件、施工精度及工期要求，选择合适成槽机进行施工。

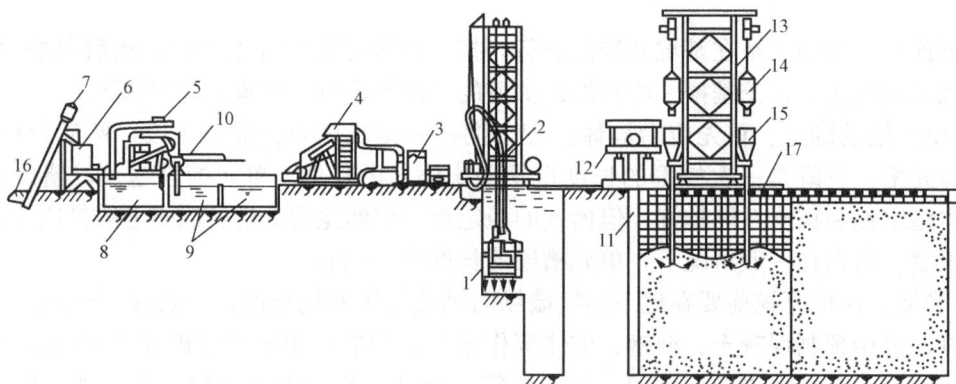

图 1-22　地下连续墙多头钻挖掘机

1—多头钻；2—机架；3—吸泥浆；4—振动筛；5—水力旋流器；6—泥浆搅拌机；7—螺旋输送机；

8—泥浆池；9—泥浆沉淀池；10—补浆用输浆管；11—接头管；12—接头管顶升架；

13—混凝土浇筑机；14—混凝土吊车；15—混凝土导管上的料斗；16—膨润土；17—轨道

4）挖槽施工。深槽挖掘时要严格控制垂直度和倾斜度，特别是地面至地下 10m 左右的初始挖槽精度，对以后整个槽壁的精度影响很大，必须慢速均匀钻进。挖槽要连续作业，还要保持护壁泥浆不低于规定高度，特别对于渗透系数大的砂砾层、卵石层更应保持一定浆位。组装钢筋笼时，必须预先确定插入混凝土导管的位置，留有足够的空间。

钢筋笼应在清槽换浆后3～4h内吊放完毕。钢筋笼插入槽内时，应对准中心，防止左右摆动而损伤槽壁。吊放应缓慢进行，放至设计标高后，再进行混凝土浇筑。

5）吊放接头管。地下连续墙混凝土浇筑时，连接两相邻单元槽段的接头一般是圆形接头管。接头钢管在钢筋笼吊放前用吊车吊入槽内，管外径等于槽宽，起到侧模作用。为使接头管能顺利拔出，在槽段混凝土初凝前用千斤顶或卷扬机转动及提动接头管，以防接头管与混凝土粘连。圆形接头管施工顺序如图1-23所示。

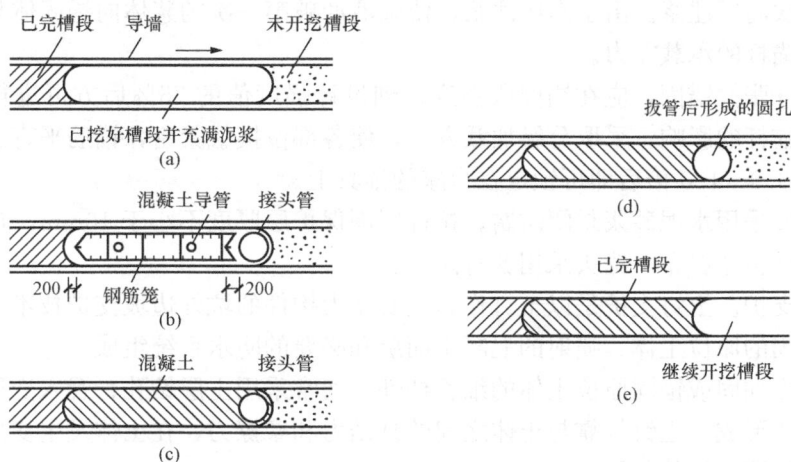

图 1-23 圆形接头管施工顺序

（6）土层锚杆支护。在基坑施工中，土层锚杆是位于坑外用来支护边坡挡墙的，这样坑内无支撑，便于挖土和地下结构施工。它由钢绞线或钢筋与注浆体组成。钢绞线或钢筋一端与支护结构相连，另一端伸入稳定土层中承受由土压力产生的拉力，维持支护结构稳定。

1）锚杆的构造。锚杆由锚头、拉杆和锚固体组成。锚头由锚具、横梁等组成；拉杆采用钢筋、钢绞线制成；锚固体是用水泥砂浆将拉杆与土体连成一体的抗拔构件（图1-24）。

锚杆以土的主动滑动面为界，分为非锚固段（自由段）和锚固段。非锚固段处在可能滑动的不稳定土层中，可以自由伸缩，其作用是将锚头所承受的荷载传到主动滑动面外的锚固段。锚固段处在稳定的土层中，与周围土层牢固结合，将荷载分散到稳定土体中。非锚固段不宜小于5m，锚固段长度由计算确定。

2）锚杆的设计。锚杆的埋置深度要使上层锚杆的覆土厚度不小于4m，以避免地面出现隆起现象。锚杆的层数由基坑深度和土压力大小确定。其垂直和水平间距不小于1.5～2m，避免产生群锚效应而降低单根锚杆的承载力。锚杆的倾角不宜超过45°。在允许的倾角范围内，根据地层结构，应使锚杆的锚固体置于较好的土层中。

3）锚杆的施工。锚杆施工工艺为：定位→钻孔→安放拉杆→注浆→张拉锚固。

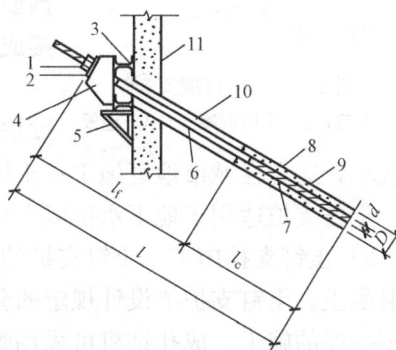

图 1-24 土层锚杆构造图
1—锚具；2—承压板；3—横梁；4—台座；
5—承托支架；6—套管；7—钢拉杆；
8—耗砂浆；9—锚固体；10—钻孔；
11—挡墙；l_f—非锚固体（自由段）长度；
l_c—锚固段长度；l—锚杆全长；
D—锚固体直径；d—拉杆直径

锚杆钻孔施工又分为干作业和湿作业,湿作业是在干作业上增加水冲钻孔。钻孔要求孔壁顺直,不得坍塌和松动。常用清水循环钻法,适用于较硬土层。

拉杆应平直并进行防腐处理,安放拉杆要防止扭曲、扰动孔壁。灌浆管宜与拉杆绑在一起放入孔内,一次注浆管距孔底宜为100～200mm,二次注浆后可进行密封处理。

注浆是土层锚杆施工的重要工序,分一次注浆法和二次注浆法。

一次注浆法用一根注浆管,二次注浆法用两根注浆管。第一次注浆的浆体达到5MPa后,进行第二次高压注浆。由于高压注浆,使浆液冲破第一次的浆体向锚固体与土的接触面扩散,提高了锚杆的承载能力。

预应力锚杆张拉锚固,应在锚固段强度达到设计强度值的75%后方可进行。张拉顺序应考虑对邻近锚杆的影响,采取分级加载方式,使各部位接触紧密,锚筋平直。锚杆张拉至设计拉力值的0.9～1.0倍后即可锁定在台座的锚具上。

锚杆锚固段采用水泥砂浆封闭防腐,拉杆周围保护层厚度不小于10mm,自由段涂润滑油或防腐漆,外包塑料布,锚头采用沥青防腐。

(7)土钉支护。土钉支护是以土钉作为主要受力构件的坑外边坡支护技术。它由密集的土钉群、被加固的原位土体、喷射的混凝土面层和必要的防水系统组成。

土钉是用作加固或锚固原位土体的细长杆件。通常采用土层钻孔、置入变形钢筋并沿孔全长注浆的方法形成。土钉依靠与土体之间的黏结力和摩擦力,在土体发生变形的条件下被动受力以达到加固土体的作用。

1)土钉支护的构造和特点。土钉支护由土钉、面层组成(图1-25)。

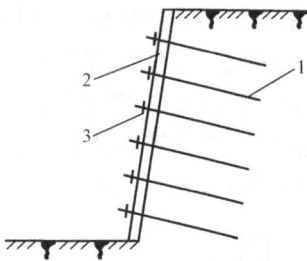

图1-25 土钉墙支护
1—土钉;2—喷射混凝土;3—垫板

土钉宜采用直径16～32mm螺纹钢筋,与水平面夹角为5°～20°;长度为基坑深度的0.6～1.2倍;水平间距和垂直间距相等,依据土质而定。土钉孔径为70～120mm,注浆强度不低于10MPa。面层采用喷射混凝土,强度等级不低于C20,厚度80～200mm,配置的钢筋网采用直径6～10mm的钢筋,间距150～300mm。土钉与混凝土面层必须有效地连接成整体,混凝土面层应深入基坑底部不少于0.2m。

土钉支护具有以下特点:材料用量和工程量小,施工速度快;施工设备和操作方法简单;施工操作场地小,对环境干扰小,适合在城市地区施工;土体支护位移小,对相邻建筑物影响小;经济效益好。

土钉支护适用于地下水位以上或经过降水措施后的砂土、粉土、黏土中。

2)土钉支护施工。土钉支护的施工工艺:定位→钻机就位→成孔→插钢筋→注浆→喷射混凝土。土钉支护依设计规定的分层开挖深度按顺序施工,上层土钉喷射混凝土前不得进行下一层的施工。成孔钻机可采用螺旋钻机、冲击钻机、地质钻机并按规定钻孔施工。插入孔中的二级以上的螺纹钢筋必须除锈,保持平直。注浆可用重力、低压或高压方法。喷射混凝土顺序应自下而上,喷射分两次进行。第一次喷射后铺设钢筋网,并使钢筋网与土钉连接牢固。喷射第二次混凝土,要求表面湿润、平整,无滑移流淌现象。待混凝土终凝后2h,浇水养护7d。

4.基坑的支撑技术

土壁支护是在不能放坡开挖的条件下采用的直立挖土方的形式。除采用坑外支护方法外，不管采用什么样的坑内支护方法，在开挖土方时，支护结构的受力形式均为一面挡土，一面为悬臂结构。随着挖土深度的增加，悬臂越长，挡土性能也越低。所以为了保证施工安全，一般在挡土结构上加支撑。支撑的形式和层数要经过计算确定。

支撑的材料有钢支撑、钢筋混凝土支撑、木支撑、双向双股复加预应力钢管支撑等。按支撑的形状还可分为弧形和矩形。

（1）钢支撑。这是最常用的一种方法，是用型钢支撑。如果基坑的面积大，除了水平方向的支撑外，还应有竖直方向的支撑。基础施工后拆除，钢支撑可以重复使用。

（2）钢筋混凝土支撑。主要是为适应不规则基坑的形体并使挖土有较大空间而发展的一种混凝土支撑体系。有对撑、角撑、排撑及拱形、弧形支撑等。它的特点是一次投入少，适应性强，缺点是一次性使用，社会资源浪费大，爆破拆除对环境有影响。

（3）双向双股复加预应力钢管支撑。双股井字形接头可以解决传统的钢支撑空间小的缺点，为挖土提供方便。双向施加预应力还可以针对土体的流变特性，复加预应力控制变形。

二、基坑（槽）土方工程量计算

1. 基坑

基坑土方量的计算可近似地按拟柱体（由两个平行的平面做上下底的多面体）体积计算[图1-26（a）]，即

$$V = \frac{H}{6}(F_1 + 4F_0 + F_2) \tag{1-24}$$

式中 H——基坑深度，m；

F_1，F_2——基坑上下两底的底面积，m^2；

F_0——基坑中截面面积，m^2。

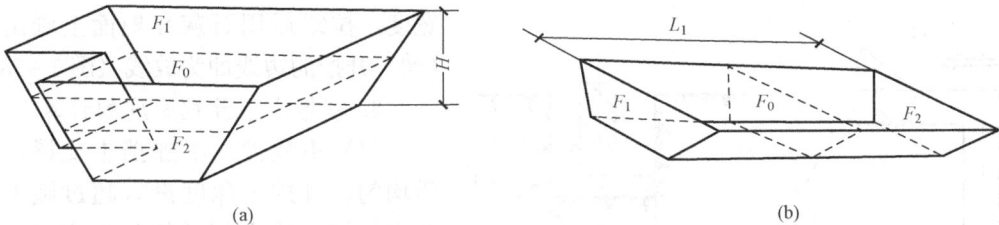

图1-26 基坑（槽）土方量计算
(a) 基坑；(b) 基槽

2. 基槽

基槽或路堤的土方量可以沿长度方向分段后，再按拟柱体的计算方法计算[图1-26(b)]，即

$$V_1 = \frac{L_1}{6}(F_1 + 4F_0 + F_2)$$

式中 V_1——第一段的土方量，m^3；

L_1——第一段的长度，m。

其他符号含义同前。

然后将各段相加即得总土方量为

$$V = V_1 + V_2 + \cdots + V_n \tag{1-25}$$

式中 V_1，V_2，…，V_n——各段的土方量，m^3。

三、基坑（槽）土方开挖

1. 建筑物定位

建筑物定位是在基础施工以前，根据建筑总平面图给定的坐标，将拟建建筑物的平面位置和±0.000标高在地面上确定下来。

定位一般用经纬仪、水准仪、钢尺等，根据轴线控制点将外墙轴线的四个角点用木桩标设在地面上。在建筑物四角距基坑（槽）上口边线约1.5～2.0m处设龙门板，在龙门板上标出±0.000标高，并将轴线引测至龙门板上，作为施工放线的依据（图1-27）。外墙轴线测出后，就可以根据建筑平面图将内墙轴线、门窗洞口位置测出。

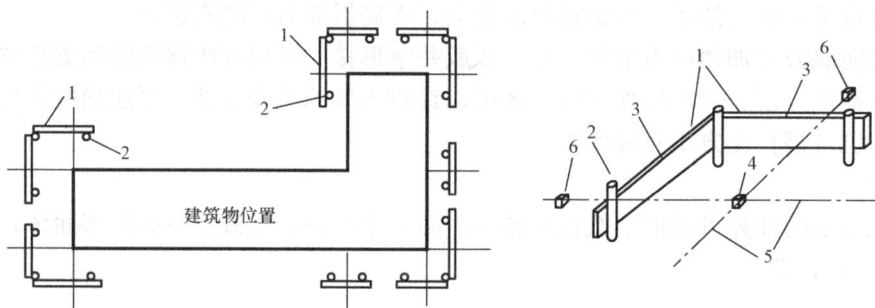

图1-27 建筑物的定位
1—龙门板；2—龙门桩；3—轴线钉；4—轴线桩（角桩）；5—轴线；6—控制桩

2. 放线

建筑物定位后，根据基础的宽度、土质情况、基础埋深及施工方法，计算基槽的上口挖土宽度，拉线后用石灰在地面上画出基坑（槽）开挖的边线即为放线（图1-28）。

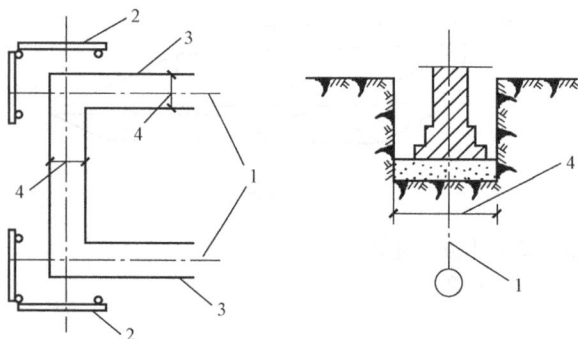

图1-28 放线示意图
1—墙（柱）轴线；2—龙门板；3—白灰线（基槽）边线；
4—基槽宽度

3. 基槽上下开挖宽度的计算

（1）不放坡，不加挡土支撑。当土质均匀，且挖土深度没有超过施工规范的有关规定或定额计算的规定时，开挖时可不放坡也不加支撑，垂直开挖，但要加基础施工的工作面宽度〔由于操作的需要在基坑（槽）边留作业面，称为工作面〕，如图1-29所示。这时基础底边尺寸加工作面就是灰线尺寸。基槽放灰线尺寸为

$$d = a + 2c \tag{1-26}$$

式中 d——基础放灰线宽，m；

a——基础底宽，m；

c——工作面宽，m，按不同的基础材料分别确定。

（2）留工作面并加支撑。当基础埋置较深，场地狭小不能放坡时，为防止孔壁坍塌，必须设置支撑。此时放线宽度除考虑基础底宽及工作面外，还要考虑支撑所需尺寸（一般为

100mm)。基槽放灰线尺寸为

$$d = a + 2c + 200 \tag{1-27}$$

（3）放坡。如果挖土深度超过施工规范或定额规定，即使土质均匀，也必须放坡（图1-30)。基槽放灰线尺寸为

$$d = a + 2c + 2b \tag{1-28}$$

$$b = mh$$

式中　b——放坡宽度，m;

　　　m——坡度系数;

　　　h——基槽开挖深度，m。

其他符号含义同前。

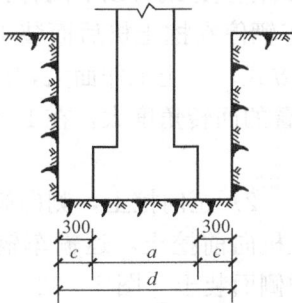

图 1-29　留工作面垂直开挖　　　　　　　图 1-30　放坡并留工作面

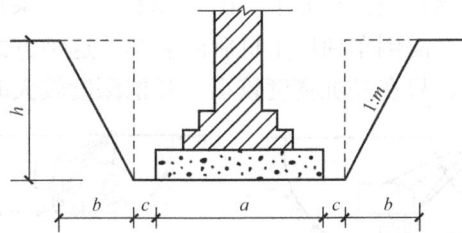

4．基坑（槽）土方开挖

基坑（槽）开挖有人工开挖和机械开挖两种形式。当深度和土方量不大或无法用机械开挖的桩间土等，可以采用人工开挖的方法。人工开挖可以保证放坡和坑底尺寸的精度要求，但人工开挖劳动强度大，作业时间长。当基坑较深，土方量大时一般采用机械开挖的方式。即使采用机械开挖，在接近基底设计标高时通常也用人工来清底，以免超挖和机械扰动基底。

开挖较深基坑时，土方施工必须遵循"开槽支撑，先撑后挖，严禁超挖，分层开挖"的原则。

（1）基坑开挖深度控制。当基坑（槽）挖到离坑底 0.5m 左右时，根据龙门板的标高及时用水准仪进行抄平，在土壁上打水平桩，作为控制开挖深度的依据。挖至设计标高后，应对槽（坑）底进行保护，防止雨水浸蚀和阳光曝晒，经验槽合格后，立即进行基底施工。

（2）及时弃土。在施工过程中，基坑边、管沟边的堆土不应超过设计荷载。回填土距坑边要大于1m，弃土及时运走，既有利于施工又防止过多的堆土造成土壁坍塌。

（3）加强监测。在施工中或雨后，应对支护结构、周围环境进行检查和监测，出现异常情况及时处理，避免出现事故。

5．土方开挖机械

挖土机按挖土装置不同，可分为正铲、反铲、拉铲和抓铲四种（图1-31）。在土方施工中，单斗挖土机可以挖掘基坑、沟槽、平整场地等。

（1）正铲挖土机。正铲挖土机的工作特点是向前行驶，土斗由下向上强制切土，随挖土的进程向前开行。所以正铲挖掘机只开挖停机坪以上的一～四类土，并配备自卸车等运输车

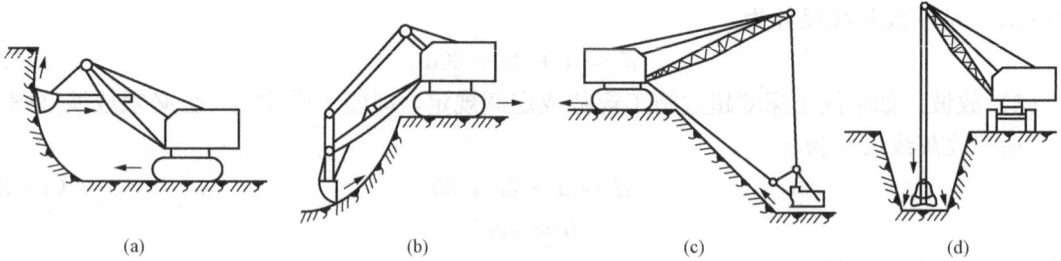

图 1 - 31　挖土机类型

(a) 正铲；(b) 反铲；(c) 拉铲；(d) 抓铲

辆运土。正铲挖土机挖掘力大，生产效率高，适于开挖土质较好，无地下水的土层。

正铲挖土机按开挖路线与运输车辆的相对位置不同，其作业方式有以下两种：

1) 正向挖土，反向卸土。即挖土机向前挖土，运输车辆停在挖土机后面装土，挖土机和运输车辆在同一平面上 [图 1 - 32 (a)]。采用这种挖土方式，挖土工作面大，汽车不宜靠近挖土机，需倒车到挖土机后面装车。这种方式卸土时铲臂的回转角度大，在 180°左右，生产率较低，只在基坑宽度较小，开挖深度较大时才采用。

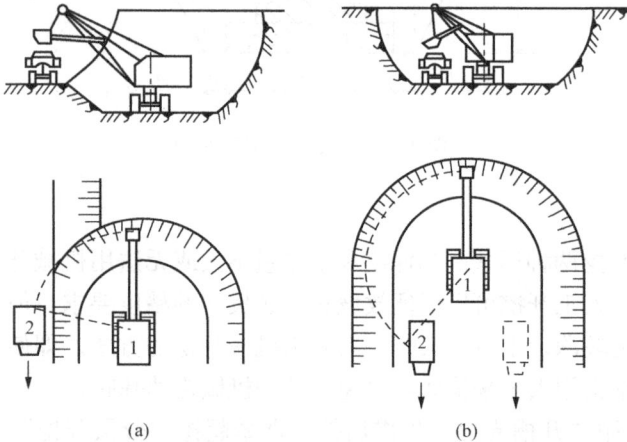

图 1 - 32　正铲挖土机作业方式

(a) 正向挖土，侧向卸土；(b) 正向挖土，反向卸土

1—正铲挖土机；2—自卸汽车

2) 正向挖土，侧向卸土。即挖土机向前挖土，运输车辆在挖土机的侧面装土 [图 1 - 32 (b)]。这种开挖方法，由于挖土机卸土时铲臂的回转角度小，可避免汽车倒车和转弯较多的缺点，运输车辆行驶方便，因而应用较多。

当开挖基坑的深度超过挖土机工作面高度时，应对挖土机的开行路线和进出口通道进行规划，给出开挖平面和剖面图，以便于挖土机开挖。

(2) 反铲挖土机。反铲挖土机的工作特点是后退挖土，铲斗由上向下强制切土，用于开挖停机坪以下的一～三类土。尤适于挖掘深度不大于 4m 的基坑、槽、沟，还可以开挖湿土和含水量较大的土层。

反铲挖土机的开行方式有沟端挖土和沟侧挖土两种。

1) 沟端挖土。反铲挖土机停在沟端，向后退着挖土 [图 1 - 33 (a)]。其优点是挖土方便，开挖深度和宽度都较大，视线好，机身平稳。

2) 沟侧挖土。挖土机在沟槽一侧挖土，挖土机移动方向与挖土方向垂直，这种方法要注意开挖时沟端的边坡稳定性，挖土的深度和宽度都较小，沟的截面形状不规则 [图 1 - 33 (b)]。

(3) 抓铲挖土机。抓铲挖土机的铲斗直上直下，自重切土。主要用于开挖土质松软、施工面狭窄的基坑、沟槽、沉井等工程，特别适用于水下挖土。抓铲挖出的土可直接运走，也可堆在坑槽边。

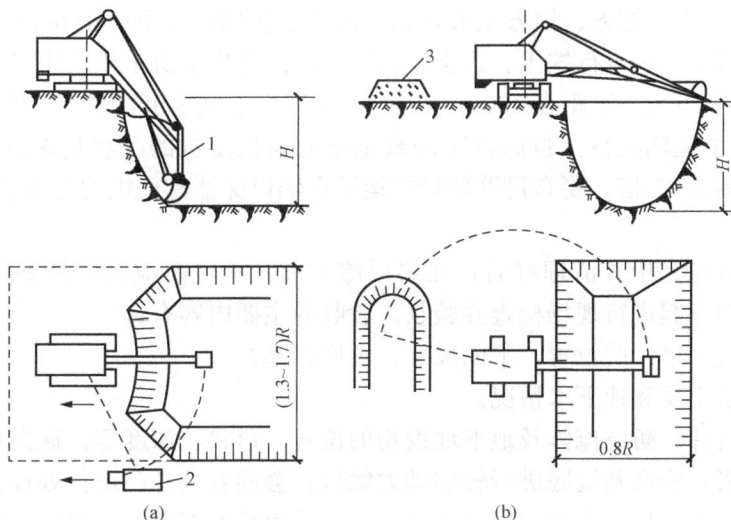

图 1-33 反铲挖土机的开挖方式

（a）沟端开挖；（b）沟侧开挖

1—反铲挖土机；2—自卸汽车；3—弃土

（4）拉铲挖土机。拉铲挖土时利用惯性，将铲斗甩出后靠收紧和放松钢丝绳进行挖土和卸土。铲斗由上而下，靠自重切土（图 1-34）。特别适合开挖含水量大的水下松软土和普通土的挖掘。拉铲的挖掘方式与反铲相似。与反铲相比，拉铲的挖土深度、挖土半径和卸土半径都较大，但开挖的精确性差。拉铲一般将土直接卸在基坑（槽）附近堆放，或配备自卸汽车装土运走，但工效较低。

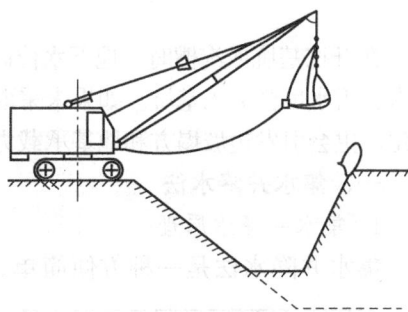

图 1-34 拉铲挖土机

6. 土方机械选择

（1）土方机械的选择原则。

1）土方机械的选择应与施工内容相一致。所以在土方施工中，应以主要的施工过程为主导来选择施工机械。根据土方量、土质条件、工期要求并结合土方机械特点、性能和应用范围选择合适的土方机械。

2）土方机械的选择应该与工程特点、施工现场的具体条件相结合。包括充分了解施工场地大小、形状、土质、含水量、地下水位等情况后，再进行机械的选择。

3）先选择主导施工机械，再合理配备其他辅助施工机械。尽可能地做到土方工程各施工过程均实现机械化，主导机械与辅助机械所配备的数量和生产效率尽可能协调一致，以充分发挥施工机械的效能。

四类以上的各类土必须采用爆破的方法破碎成块后，采用机械化施工。地下水位较高的大型基坑开挖，可采用井点降水法降到坑底标高以下再进行施工。施工场地土的含水率大时容易陷车，施工前应采用明沟排水，待场地干燥后再进行机械化施工。

（2）土方机械的选用要点。

1）地势较平坦、含水量适中的大面积平整场地，选用铲运机较适宜。

2）地形起伏较大，挖方、填方量大且集中的平整场地，运距在 1000m 以上时，可选择正铲挖土机配合自卸汽车进行挖土、运土，在填方区配备推土机平整及压路机碾压施工。

3）挖填方高度不大，运距在 100m 以内时，采用推土机施工，灵活、经济。

4）选择配套的运输机械。自卸汽车的载重量应与挖土机的斗容量保持一定倍率关系，一般宜为每斗土的 3～5 倍，要有足够数量的运输车辆以保证挖土机的连续工作。

7. 验槽

基坑（槽）开挖完毕并清理好后，在垫层施工前，承包商应会同勘察设计、监理、业主、质量监督部门一起进行现场检查并验收。验收的主要内容有：

（1）核对基坑（槽）的位置、平面尺寸、坑底标高。

（2）核对基坑土质和地下水情况。

（3）孔穴、古井、防空掩体及地下埋设物的位置、形状、深度等。遇到持力层明显不均匀或软弱下卧层者，应在基坑底进行轻型动力触探，会同有关部门进行处理。

（4）验槽的重点应选择在桩基、承重墙或其他受力较大部位。验槽后应填写验槽记录或隐蔽工程验收报告。

第四节　基　坑　降　水

在开挖基坑或沟槽时，地下水位高于开挖底面，地下水就会不断渗入基坑。另外，地面上的雨水、雪水也会流入基坑。如果未采取降水措施或未及时排走流入坑内的水，不但会使施工条件恶化，更会引发边坡塌方和地基承载力下降。常采用的措施有集水井降水法和井点降水法。

一、集水井降水法

1. 集水井降水原理

集水井降水法是一种方便简单、应用普遍的方法。在挖坑槽过程中，遇到地下水或地表水时，在基础范围以外、地下水的上游，沿坑底的周围或中央开挖排水沟、设置集水井，使水由排水沟流入集水井，然后用水泵抽出坑外（图 1-35）。

2. 排水沟的确定

排水沟的截面尺寸和集水井的个数是根据坑底涌水量的大小、基础的形状和水泵的抽水能力来确定的。一般沟底低于挖土面为 0.4～0.5m，集水井应设在基础范围以外的边角处。排水沟向集水井方向保持 1‰～2‰ 的纵向坡度，每间隔 20～40m 设置一个集水井，其直径或宽度为 0.6～0.8m，集水井深度随挖土深度增加而加深，始终低于挖土面 0.7～1.0m。

集水井积水到一定深度，将水抽出坑外。基坑底挖至设计标高后，集水井底应低于坑底 1.5m 左右，并铺设砾石滤水层。以免在抽水时

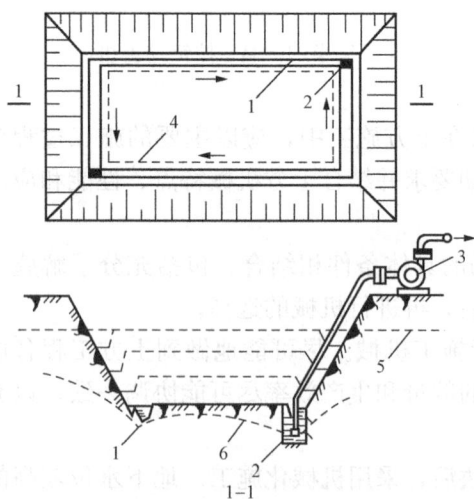

图 1-35　集水井降水法
1—排水沟；2—集水井；3—离心式水泵；4—基础边线；5—原地下水位线；6—降低后地下水位线

将泥砂抽走，并防止井底的土被搅动。

集水井降水法适用于水流较大的粗粒土层的排水、降水，也可用于渗水量较小的黏性土层降水，但不适宜于细砂土和粉砂土层，因为地下水渗出并用水泵抽水时，会带走细土颗粒而发生流砂现象。

3. 降水设备

基坑抽水设备主要有离心泵（图 1-36）、潜水泵、软轴水泵等。其主要性能指标包括流量、扬程和功率等。水泵的流量和扬程应满足基坑涌水量和坑底降水深度的要求。通常情况下，水泵的抽水量应大于集水井的涌水量，否则坑内水会越积越多，将基坑土泡软。

4. 流砂的防治

当开挖深度大、地下水位较高而土质为细砂或粉砂时，如果采用集水井法降水开挖，当挖至地下水位以下时，坑底下面的土会形成流动状态，随地下水涌入基坑，这种现象称为流砂。发生流砂时，土完全丧失承载能力，施工条件恶化，并有引起附近建筑物下沉的危险。如果土层中产生局部流砂现象，应采取使坑底动水压力减小的措施使土颗粒稳定，不受水压干扰。流砂的防治措施如下：

（1）枯水期施工。如条件许可，尽量安排在枯水期施工，使最高地下水位距坑底不小于 0.5m。

（2）水下挖土法。水中挖土时，不抽水或少抽水，保持坑内水压与地下水压基本平衡。

（3）抢挖法。即组织分段抢挖，使挖土的速度大于冒砂速度，挖到标高后立即抛大石头以平衡动水压力，压住流砂。

（4）采用井点降水法、打钢板桩法、地下连续墙法防止流砂产生。

二、井点降水法

在基坑开挖深度较大、地下水位较高、土质较差（如细砂、粉砂等）情况下，要考虑采用井点降水法。

井点降水法就是在基坑开挖前，在基坑四周预先埋设一定数量的滤水管（井），利用抽水设备不断抽出地下水，使地下水位降到坑底以下，直至土方和基础工程施工结束为止。其优点是改善了施工条件，消除了流砂现象，还能使土层密实，增加地基的承载能力，提高边坡的稳定性。

在降水过程中，基坑附近的地基土则会有一定的沉降，施工时应加以注意。

井点降水法有：轻型井点、喷射井点、电渗井点、管井井点、深井井点。其中轻型井点应用较多。可根据土质、渗透系数、工程特点来选择井点类型（表 1-3）。

1. 轻型井点

轻型井点就是沿基坑周围或一侧以一定间距将井点管（下端为滤管）埋入蓄水层内，井点管上部与总管连接，利用抽水设备使地下水经滤管进入井管，经总管不断抽出，从而将地下水位降至坑底以下的降水设施（图 1-37）。

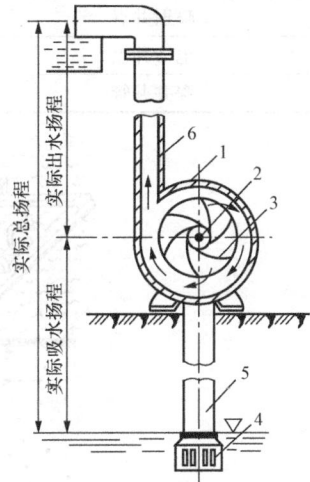

图 1-36 离心式水泵
1—泵壳；2—泵轴；3—叶轮；
4—滤网与底阀；5—吸水管；
6—出水管

井点类型	渗透系数（cm/s）	可能降低的水位深度（m）
轻型井点	$10^{-2} \sim 10^{-5}$	3～6
多级轻型井点		6～12
喷射井点	$10^{-3} \sim 10^{-6}$	8～20
电渗井点	$< 10^{-6}$	宜配合其他形式降水使用
深井井管	$\geqslant 10^{-5}$	＞10

表 1-3　　　　　　　　　　各种井点的适用范围

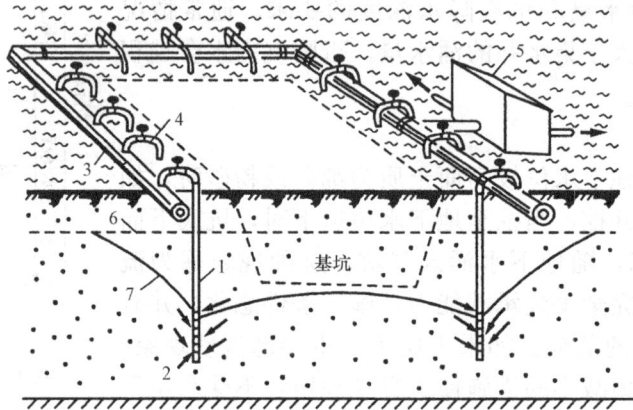

图 1-37　轻型井点系统降低地下水位示意图
1—井点管；2—滤管；3—总管；4—弯联管；5—水泵房；
6—原地下水位；7—降低后地下水位

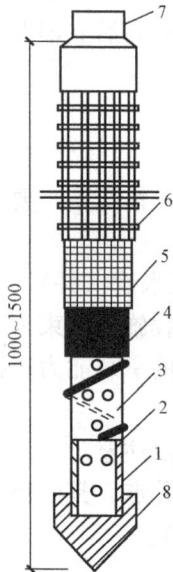

图 1-38　滤管构造
1—钢管；2—管壁上小孔；
3—缠绕的铁丝；4—细滤网；
5—粗滤网；6—粗铁丝保护网；
7—井点管；8—铸铁头

轻型井点对于含有大量细砂和粉砂土层降水效果较好，可以防止流砂现象并增加边坡稳定性。

（1）轻型井点设备的组成。轻型井点设备由管路系统和抽水设备组成。管路系统包括滤管、井点管、弯联管及总管等。

滤管为进水设备，其构造是否合理对抽水设备影响很大。滤管直径为 38～50mm，长度为 1～1.7m，选择时长度应不小于蓄水层厚的 2/3。管壁上钻有直径为 13～19mm 的梅花状小圆孔，外包两层滤网（图 1-38）。滤管下端为一铸铁圆锥体堵头，其上端与井点管连接。井点管采用直径为 38～50mm 的无缝钢管，长度 5～7m，上端用弯联管与总管相连。弯联管上装有阀门，用于检修井点。

总管一般用内径为 100～127mm 的无缝钢管，分节连接，每节长 4m，其上每隔 0.8～1.6m 设有一个与井点管连接的短接头。

（2）轻型井点的布置。井点布置应根据基坑平面形状与大小、土质、地下水位高低及流向、降水深度要求等决定。

当基坑或沟槽宽度小于 6m，水位降低深度不超过 5m 时，可用单排线状井点布置在地下水流的上游一侧，两端延伸长度一般不小于沟槽宽度（图 1 - 39）。如基坑或沟槽宽度大于 6m 或土质不稳定，渗透系数较大时，宜用双排井点，面积较大的基坑宜用环状井点（图 1 - 40）。为便于挖土机械和运输车辆出入，井点可不封闭，布置为 U 形环状。井点距离基坑壁一般不宜小于 1~1.5m，以防局部发生漏气。

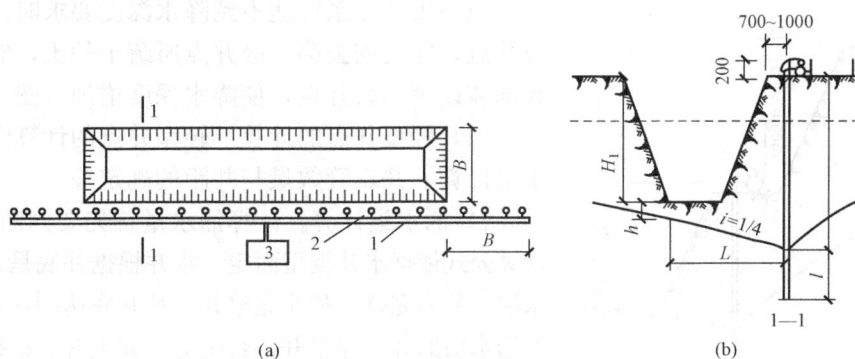

图 1 - 39 单排线状井点布置

(a) 平面布置；(b) 高程布置

1—总管；2—井点管；3—抽水设备

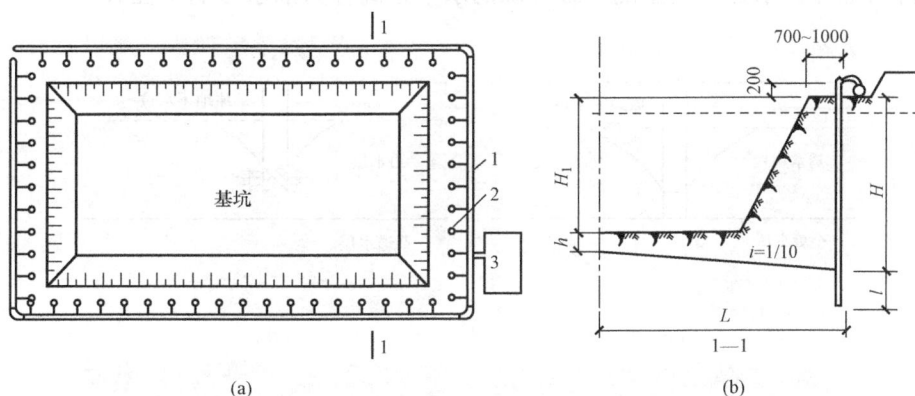

图 1 - 40 环状井点布置图

(a) 平面布置；(b) 高程布置

1—总管；2—井点管；3—抽水设备

在考虑到抽水设备的水头损失后，井点降水深度一般不超过 6m。井点管的埋设深度 H（不包括滤管）按式（1 - 29）计算

$$H \geqslant H_1 + h + iL \tag{1 - 29}$$

式中 H_1——井点管埋设面至基坑底的距离，m；

h——基坑中心线底面至降低后的地下水位线的距离，一般取 0.5~1.0m；

i——地下水降落坡度，环状井点为 1/10，单排线状井点为 1/4；

L——井点管至基坑中心的水平距离（单排井点中为井点管至基坑另一侧坡角水平距离），m。

此外，确定井点管埋设深度时，还要考虑井点管一般要露出地面 0.2m 左右。如果计算

出的 H 值大于 6m，则应降低井点管抽水设备的埋置面，以适应降水深度的要求。在任何情况下，滤管必须埋设在蓄水层内。为了充分利用抽吸能力，要求先挖槽然后再布置总管，使总管尽量接近地下水位线。水泵轴心标高宜与总管集水管平行或略低于总管，总管应具有 0.25%～0.5%坡度坡向泵房。各段总管与滤管最好分别设在同一水平面。

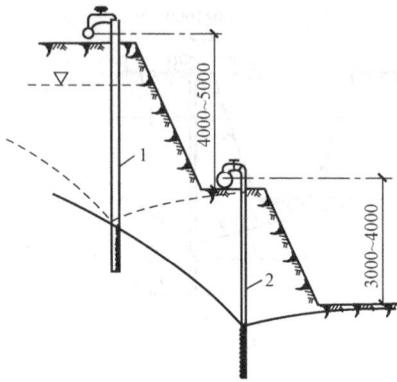

图 1-41　二级轻型井点布置图
1—第一级井点管；2—第二级井点管

当一级井点系统达不到降水深度要求时，可采用二级井点，即先挖去第一级井点所疏干的土，然后在基坑底部装设第二级井点，使降水深度增加（图 1-41）。

（3）轻型井点的计算。轻型井点的计算内容包括涌水量计算、井点管数量与井距的确定等。

1）涌水量计算。计算涌水量首先要判断水井类型，计算公式依据水井类型而定。水井根据井底是否达到不透水层，分为完整井和非完整井。凡井底达到含水层下面的不透水层的井为完整井，否则为非完整井。根据抽取的地下水层有无压力，水井又分为无压井与承压井（图 1-42）。

无压完整井涌水量计算（图 1-43）。无压完整井抽水时，井周围的水面最后将落成为渐趋稳定的漏斗状曲面，称为降落漏斗。水井轴线至漏斗最外缘的水平距离称为抽水影响半径 R。

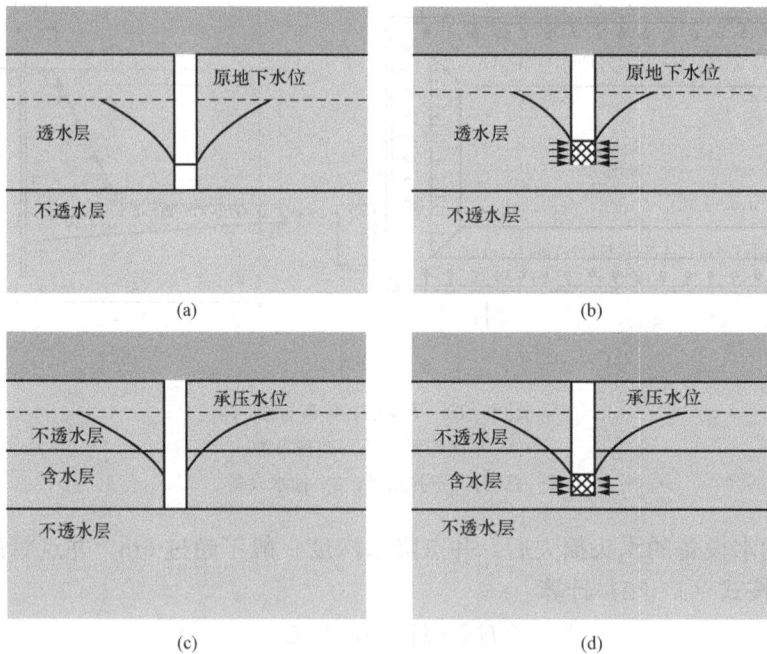

图 1-42　水井的分类
（a）无压完整井；（b）无压非完整井；（c）承压完整井；（d）承压非完整井

对于无压完整井的环状井点系统，群井涌水量计算公式为

$$Q = 1.364K\frac{(2H-s)s}{\lg R - \lg x_0} \tag{1-30}$$

$$R = 1.95s \sqrt{HK} \qquad (1-31)$$

$$x_0 = \sqrt{\frac{F}{\pi}} \qquad (1-32)$$

式中 Q——井点系统的涌水量，m^3/d；

      K——土的渗透系数，m/d，可由试验室或现场抽水试验确定；

      H——含水层厚度，m；

      s——水位降低值，m；

      R——抽水影响半径，m；

      x_0——环状井点系统的假想半径，m；

      F——基坑周围井点所包围的面积，m^2。

当矩形基坑的长宽比大于 5，或基坑宽度大于抽水影响半径的两倍时，需将基坑分块，分别计算涌水量后再相加得到总涌水量。

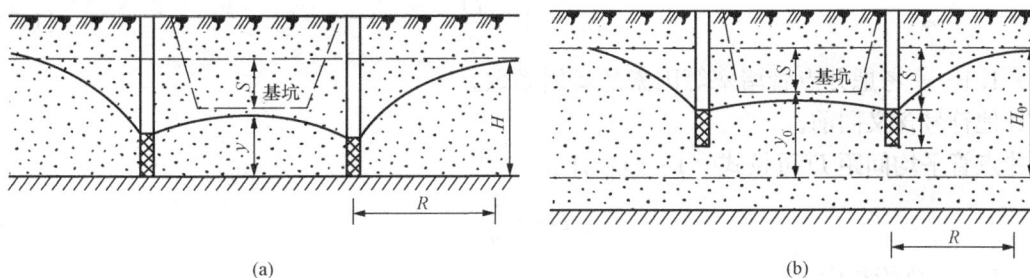

图 1-43 环状井点涌水量计算简图
(a) 无压完整井；(b) 无压非完整井

无压非完整井涌水量计算。无压非完整井涌水量计算较为复杂，为了简化计算，仍可采用完整井公式计算，但需将含水层厚度 H 换成有效深度 H_0，即

$$Q = 1.364K \frac{(2H_0 - s)s}{\lg R - \lg x_0} \qquad (1-33)$$

$$R = 1.95s \sqrt{H_0 K} \qquad (1-34)$$

其中有效深度 H_0 为经验数值，可查表 1-4 得到。

表 1-4   有效深度 H_0 值   m

$S'/(S+l')$	0.2	0.3	0.5	0.8
H_0	1.3 $(S'+l)$	1.5 $(S'+l)$	1.7 $(S'+l)$	1.84 $(S'+l)$

注 S' 为井管内水位降低深度；l 为滤管长度。

承压完整井涌水量计算。承压完整井环状井点涌水量计算公式为

$$Q = 2.73K \frac{Ms}{\lg R - \lg x_0} \qquad (1-35)$$

式中 M——承压含水层厚度，m。

其他符号含义同前。

承压非完整井涌水量计算。承压非完整环状井点系统的涌水量计算公式为

$$Q = 2.73K \frac{Ms}{\lg R - \lg x_0} \cdot \sqrt{\frac{M}{l + 0.5r}} \cdot \sqrt{\frac{2M - l}{M}} \tag{1-36}$$

式中 r——井点管的半径，m；

l——滤管长度，m。

其他符号含义同前。

2）确定井点管数量与井距。单井最大出水量 q 主要取决于土的渗透系数、滤管的构造与尺寸，按式（1-37）计算

$$q = 65\pi dl \cdot \sqrt[3]{K} \tag{1-37}$$

式中 d——滤管直径，m；

l——滤管长度，m；

K——土的渗透系数，m/d。

井点管数量由式（1-38）确定

$$n \geqslant 1.1 \frac{Q}{q} \tag{1-38}$$

式中 1.1——考虑井点管堵塞等因素的备用系数。

其他符号含义同前。

井点管平均间距 D 可按式（1-39）计算

$$D = \frac{L}{n} \tag{1-39}$$

式中 L——总管长度，m。

实际采用的井点管间距应大于 $15d$（滤管直径），不能过小，以免彼此干扰，影响出水量。还应与总管接头的间距（0.8、1.2、1.6m）相吻合。最后根据实际采用的井点管间距，确定井点管根数。

（4）轻型井点的施工准备和安装。轻型井点的施工准备工作包括井点设备、动力、水泵及必要材料准备；排水沟的开挖；附近建筑物的标高监测及防止附近建筑沉降的措施等。

井点系统安装的顺序：根据降水方案放线、挖管沟、布设总管、冲孔、埋设井点管、埋砂滤层、黏土封口、弯联管连接井点管与总管、安装抽水设备、试抽。其中井点管的埋设质量是保证轻型井点顺利抽水、降低地下水位的关键。

井点管的埋设一般用水冲法施工，分为冲孔和埋管两个过程。

冲孔时，先用起重设备将井点管吊起并垂直插在井点位置上，利用高压水在井管下端冲刷土体，井点管则边冲边沉，直至比

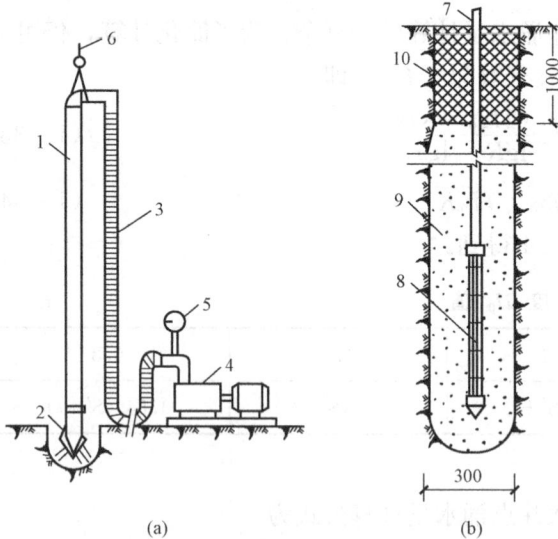

图 1-44 井点管的埋设
（a）冲孔；（b）埋管
1—冲管；2—冲嘴；3—胶皮管；4—高压水泵；
5—压力表；6—起重机吊钩；7—井点管；8—滤管；
9—填砂；10—黏土封口

滤管底深 0.5m 时停止冲水（图 1-44）。

　　井孔冲成后，拔出冲管，立即将井点管居中插入，并在井点管与孔壁之间及时均匀地填灌砂滤层，以防孔壁塌土。砂滤层宜选用干净粗砂，以免堵塞滤管网眼。距地面以下 0.5～1.0m 范围内用黏土填塞封口，以防漏气。

　　井点系统全部安装完毕后，应进行试抽，以检查有无漏气、漏水现象，出水是否正常，井点管有无淤塞。如有异常，进行检修后方可使用。

　　（5）轻型井点的使用。轻型井点运行后，应保证连续不断地抽水。若时抽时停，滤网易堵塞。中途停抽，地下水回升，也会引起边坡塌方事故。地下工程竣工后，用机械或人工拔除井管，井孔用砂石回填，地面下 2m 范围内用黏土填实。

　　2. 喷射井点

　　当开挖基坑（槽）的深度较大，且地下水位较高时，若布置一层轻型井点则不能满足降水深度的要求。如采用多层轻型井点布置，则挖土方量大，经济上又不合理。因此，通常在降水深度超过 6m 时，采用喷射井点。

　　喷射井点按其工作时喷射的介质不同，可分为喷气井点与喷水井点，常用为喷水井点。

　　喷射井点的平面布置：当基坑宽度小于 10m 时，井点可作单排布置；当基坑宽度大于 10m 时，可作双排布置；当基坑面积较大时，宜用环形布置，井点间距一般取 2～3m。涌水量计算与井点埋设和轻型井点相同。

　　3. 电渗井点

　　在深基坑施工中，有时会遇到渗透系数小于 0.1m/d 的土质，这类土含水量大，压缩性高，稳定性差。由于土料间微小毛细孔隙的作用，将水保持在孔隙内，采用真空吸力降水的方法效果不好，此时宜采用电渗井点降水。在饱和黏土中插入两根电极，通入直流电，黏土粒即能沿磁力线向阳极移动，称为电泳。水分电子向阴极移动为电渗，如图 1-45 所示。

　　电渗井点就是利用上述现象，将一般轻型井点或喷射井点的井管作为阴极，并在其内侧相距约 1.2m 处加设垂直的阳极。阳极可用钢筋或其他金属材料插入，通电后土层中的水分子即迅速渗到井管周围，方便抽出排水。

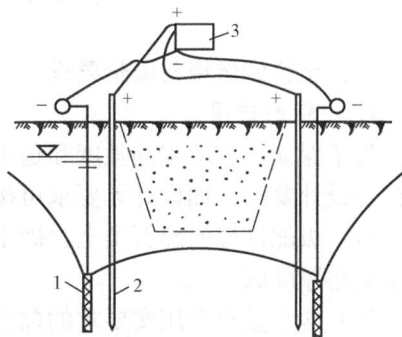

图 1-45　电渗井点

1—井点管；2—电极；

3—24～48V 直流电源

　　4. 管井井点和深井井点

　　在土的渗透系数更大（20～200m/d），地下水含量丰富的土层中降水，宜采用管井井点或深井井点。管井井点就是在基坑的四周每隔 10～50m 钻孔成井，然后放入钢筋混凝土管或钢管，底部设滤水管。每个井管用一台水泵抽水，以使水位降低。图 1-46 所示分别为钢管和混凝土管管井点。

　　深井井点与管井井点基本相同，只是井较深，用深井泵抽水。深井泵的扬程可达 100m，当要求降水深度很大，用管井井点降水不能满足要求时，则用深井井点。深井井点一般按 200～250m² 的密度布置井距。

　　管井井点和深井井点设备简单，但一次性投资较大。

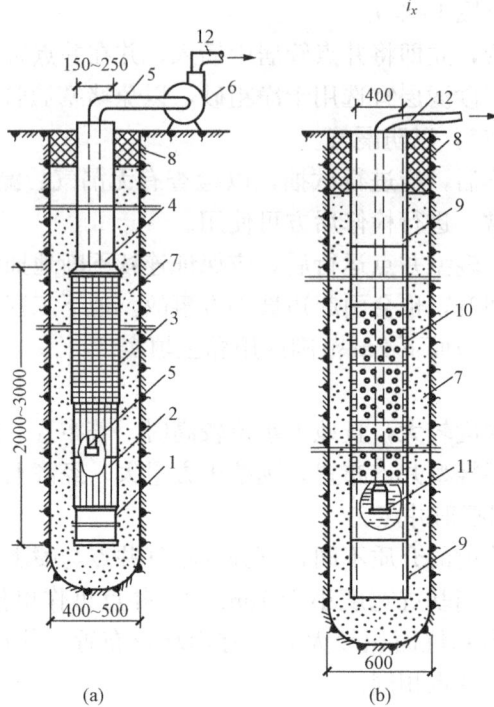

图 1-46　管井井点

(a) 钢管管井；(b) 混凝土管管井

1—沉砂管；2—钢筋焊接骨架；3—滤网；4—管身；5—吸水管；6—离心泵；7—小砾石过滤层；
8—黏土封口；9—混凝土实壁管；10—混凝土过滤管；11—潜水泵；12—出水管

第五节　土方的填筑与压实

一、土料的选用与填筑要求

1. 土料的选用

为了保证填方工程的强度和稳定性要求，必须正确地选择土料和填筑方法。填土的土料应符合设计要求。如设计无要求可按下列规定：

(1) 级配良好的碎石类土、砂土和爆破石渣可作表层以下填料，但其最大粒径不得超过每层铺垫厚度的 2/3。

(2) 含水量符合压实要求的黏性土，可用作各层填料。

(3) 以砾石、卵石或块石作填料时，分层夯实最大料径不宜大于 400mm，分层压实不得大于 200mm，尽量选用同类土填筑。

(4) 碎块草皮类土，仅用于无压实要求的填方。

不能作为填土的土料：含有大量有机物、石膏和水溶性硫酸盐（含量大于 5%）的土及淤泥、冻土、膨胀土等，含水量大的黏土也不宜作填土用。

2. 填筑要求

土方填筑前，要对填方的基底进行处理，使之符合设计要求。如设计无要求，应符合下列规定：

（1）基底上的树墩及主根应清除，坑穴应清除积水、淤泥和杂物等，并分层回填夯实。基底为杂填土或有软弱土层时，应按设计要求加固地基，并妥善处理基底的空洞、旧基、暗塘等。

（2）如填方厚度小于 0.5m，还应清除基底的草皮和垃圾。当填方基底为耕植土或松土时，应将基底碾压密实。

（3）在水田、沟渠或池塘填方前，应根据具体情况采用排水疏干、挖出淤泥、抛填石块、砂砾等方法处理后，再进行填土。

应根据工程特点、填料种类、设计压实系数、施工条件等合理选择压实机具，并确定填料含水量的控制范围、铺土厚度和压实遍数等参数。

填土应分层进行，并尽量采用同类土填筑。当选用不同类别的土料时，上层宜填筑透水性较小的填料，下层宜填筑透水性较大的土料。不能将各类土混杂使用，以免形成水囊。压实填土的施工缝应错开搭接，在施工缝的搭接处应适当增加压实遍数。

当填方位于倾斜的地面时，应先将基底斜坡挖成阶梯状，阶宽不小于 1m，然后分层回填，以防填土侧向移动。

填方土层应尽量水平地分层压实。在测定压实后土的干密度，并检验其压实系数和压实范围符合设计要求后，才能填筑上层。由于土的可松性，回填高度应预留一定的下沉高度，以备行车碾压和自然因素作用下，土体逐渐沉落密实。其预留下沉高度（以填方高度为基数）：砂土为 1.5%，亚黏土为 3%～3.5%。

如果回填土湿度大，又不能采用其他土换填，可以将湿土翻晒晾干、均匀掺入干土后再回填。

冬雨季进行填土施工时，应采取防雨、防冻措施，防止填料（粉质黏土、粉土）受雨水淋湿或冻结，并防止出现"橡皮土"。

二、填土压实方法

填土压实的方法一般有碾压、夯实、振动压实等几种。

1. 碾压法

碾压机械有平碾（压路机）、羊足碾、振动碾等（图 1-47）。砂类土和黏性土用平碾的压实效果好；羊足碾只适宜压实黏性土；振动碾是一种振动和碾压同时作用的高效能压实机械，适用于碾压爆破石渣、碎石类土等。

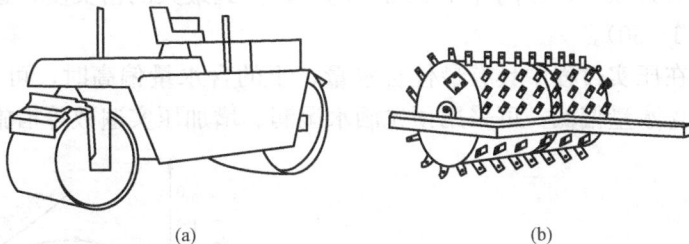

图 1-47 碾压机械
(a) 光轮压路机；(b) 羊足碾

用碾压机械进行大面积填方碾压时，宜采用"薄填、低速、多遍"的方法。碾压应从填土两侧逐渐压向中心，并应至少有 15～20cm 的重叠宽度。机械的开行速度不宜过快，一般不应超过下列规定：平碾、振动碾 2km/h，羊足碾 3km/h。除了按规定的速度行驶，还应有一定的压实遍数才能保证压实质量。为了保证填土压实的均匀和密实度的要求，提高碾压效率，宜先用轻型机械碾压，使其表面平整后，再用重型机械碾压。

2. 夯实法

夯实法是用夯锤自由下落的冲击力来夯实土壤，主要用于小面积回填土。其优点是可以夯实较厚的黏性土层和非黏性土层，使地基原土的承载力加强。方法有人工和机械夯实两种。人工夯实用木夯和石夯，机械夯实有夯锤和蛙式打夯机等。夯锤借助起重设备提起落下，其重力大于 15kN，落距 2.5~4.5m，夯实厚度可达 1.5~2.0m，但是费用高。常用于夯实黏性土、砂砾土、杂填土及分层填土施工等。

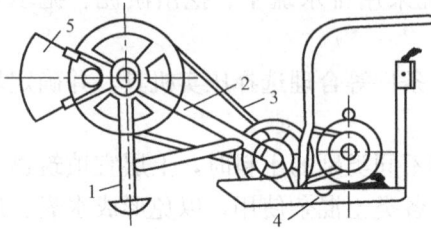

图 1-48 蛙式打夯机
1—夯头；2—夯架；3—三角胶带；
4—拖盘；5—偏心块

蛙式打夯机轻巧灵活、构造简单、操作方便，在小型土方工程中应用最广（图 1-48）。夯打遍数依据填土的类别和含水量确定。

3. 振动压实法

振动压实法是借助振动机构令压实机振动，使土颗粒发生相对位移而达到密实状态。振动压路机是一种振动和碾压同时作用的高效能压实机械，比一般压路机提高功效 1~2 倍。这种方法更适用于填方为爆破石渣、碎石类土、杂填土等。

三、影响填土压实的因素

填土压实的影响因素为压实功、土的含水量及每层铺土厚度。

1. 压实功的影响

土的干密度与压实功的关系如图 1-49 所示。当土的含水量一定，开始压实时，土的密度急剧增加。当接近土的最大密度时，虽经反复压实，压实功增加很多，而土的密度变化很小。因此，在实际施工中，不要盲目地增加填土压实遍数。

2. 含水量的影响

填土含水量的大小直接影响碾压（或夯实）遍数和质量。

较为干燥的土，由于摩阻力较大而不易压实。当土具有适当含水量时，土的颗粒之间因水的润滑作用使摩阻力减小，在同样压实功作用下，得到最大的密实度，这时土的含水量称作最佳含水量（图 1-50）。

为了保证填土在压实过程中具有最佳含水量，土的含水量偏高时，可采取翻松、晾晒、掺干土等措施。如含水量偏低，可采用预先洒水湿润、增加压实遍数等措施。

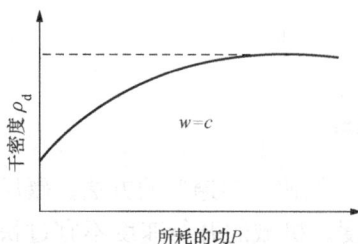

图 1-49 土的干密度与压实功的关系

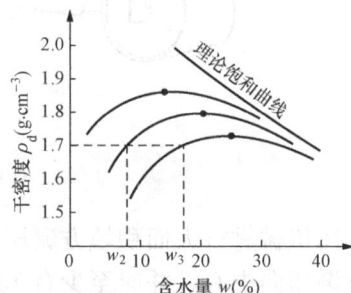

图 1-50 土的干密度与含水量的关系

各种土的最佳含水量和所能获得的最大干密度，可由试验确定，也可参考表1-5。

表1-5　　　　　　　　　　　　土的含水量和最大干密度关系表

项次	土的种类	变动范围		项次	土的种类	变动范围	
		最佳含水量（%）（质量比）	最大干密度（g/cm³）			最佳含水量（%）（质量比）	最大干密度（g/cm³）
1	砂　土	8～12	1.80～1.88	3	粉质黏土	12～15	1.85～1.95
2	黏　土	19～23	1.58～1.70	4	粉　土	16～22	1.61～1.80

3. 铺土厚度的影响

在压实功作用下，土中的应力随深度增加而逐渐减小（图1-51）。其影响深度与压实机械、土的性质及含水量有关。铺土厚度应小于压实机械的有效作用深度。铺得过厚，要增加压实遍数才能达到规定的密实度。铺得过薄，机械的总压实遍数也要增加。恰当的铺土厚度能使土方压实而机械的耗能最少。

对于重要填方工程，达到规定密实度所需要的压实遍数、铺土厚度等，应根据土质和压实机械在施工现场的压实试验来决定。若无试验依据可参考表1-6的规定。

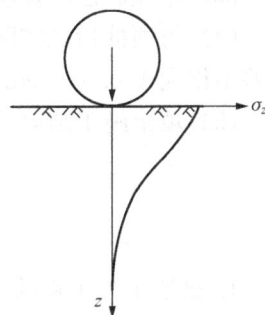

图1-51　压实作用
沿深度的变化

表1-6　　　　　　填土施工时的分层厚度及压实遍数

压实机具	分层铺土厚度（mm）	每层压实遍数
平　碾	250～300	6～8
振动压实机	250～350	3～4
柴油打夯机	200～250	3～4
人工打夯	<200	3～4

四、填土压实的质量控制与检查

1. 填土压实的质量控制

填土经压实后必须达到要求的密实度，以避免建筑物产生不均匀沉陷。填土密实度以设计规定的控制干密度 ρ_d 作为检验标准。土的控制干密度 ρ_d 与最大干密度 ρ_{max} 之比称为压实系数 λ_c。利用填土作为地基时，（GB 50202—2002）《建筑地基基础工程施工质量验收规范》（以下简称规范）规定了不同结构类型、不同填土部位的压实系数值（表1-7）。

表1-7　　　　　　　　　　　　填土压实的质量控制

结　构　类　型	填　土　部　位	压实系数 λ_c	控制含水量（%）
砌体承重结构和框架结构	在地基主要受力层范围以内	≥0.97	$w_{op}\pm2$
	在地基主要受力层范围以下	≥0.95	
排架结构	在地基主要受力层范围以内	≥0.96	$w_{op}\pm2$
	在地基主要受力层范围以下	≥0.94	
地坪垫层以下及基础底面标高以上的压实填土		≥0.94	$w_{op}\pm2$

注　w_{op} 为最佳含水量。

填土压实的最大干密度一般在试验室由击实试验确定，再根据规范规定的压实系数，即可算出填土控制干密度 ρ_d 值。在填土施工时，土的实际干密度 ρ_d' 大于或等于控制干密度 ρ_d 时，即

$$\rho_d' \geqslant \rho_d = \lambda_c \rho_{max} \tag{1-40}$$

则符合质量要求。

式中　λ_c——要求的压实系数；

　　ρ_{max}——土的最大干密度，g/cm^3。

2. 填土压实的质量检验

（1）填土施工过程中应检查排水措施、每层填筑厚度、含水量控制和压实程序。

（2）填土经夯实或压实后，要对每层回填土的质量进行检验，一般采用环刀法（或灌砂法）取样测定土的干密度，符合要求后才能填筑上层。

（3）按填土对象不同，规范规定了不同的抽取标准：基坑回填，每 $100\sim500m^2$ 取样一组（每个基坑不少于一组）；基槽或管沟，每层按长度 $20\sim50m$ 取样一组；室内填土，每层按 $100\sim500m^2$ 取样一组；场地平整填方，每层按 $400\sim900m^2$ 取样一组。取样部位在每层压实后的下半部，用灌砂法取样应为每层压实后的全部深度。

（4）每项抽检之实际干密度应有 90% 以上符合设计要求，其余 10% 的最低值与设计值的差不得大于 $0.08g/cm^3$，且应分散，不得集中。

（5）填土施工结束后应检查标高、边坡坡高、压实程度等，均应符合规范标准。

思　考　题

1. 试述土方工程的特点。进行土方规划时应考虑什么原则？

2. 试述土的可松性及其对土方规划的影响。

3. 试述土壁边坡的作用、表示方法、留设原则及影响边坡的因素。

4. 土方量计算的基本方法有哪几种？

5. 确定场地计划标高 H_0 时应考虑哪些因素？

6. 试述按挖、填平衡定 H_0 的步骤和方法。

7. 为什么要对计划标高 H_0 进行调整？如何调整？

8. 试述场地设有单向、双向泄水坡度时，土方量和边坡土方量的计算方法。

9. 如何计算沟槽和基坑的土方量？

10. 土方调配应遵循哪些原则？调配区如何划分？如何确定平均运距？

11. 试分析土壁塌方的原因和预防塌方的措施。

12. 进行明排水和人工降水时应注意什么问题？

13. 试述管井井点、轻型井点、喷射井点、电渗井点的构造及适用范围。

14. 试述水井的类型及涌水量计算方法。在哪种情况下容易产生"管涌冒砂"，如何防治？

15. 试述轻型井点的布置方案和设计步骤。

16. 影响填土压实的主要因素有哪些？如何检查填土压实的质量？

17. 试解释土的最佳含水量和最大干密度，它们与填土压实的质量有何关系？

18. 常用的土方机械有哪些？试述其工作特点及适用范围。

19. 如何提高推土机、铲运机和单斗挖土机的生产率？如何组织土方工程综合机械化施工？

第二章　地基处理与桩基础

◯ 本章要点

地基处理的基本原则和常见处理方法的原理，以及适用条件；常见地基处理施工时的主要技术要点和质量要求。桩基础的种类，各种桩的施工原理，适用范围，施工机械工作原理，施工技术要点和质量要求。

◯ 基本要求及重点、难点

(1) 熟悉地基处理的主要方法和施工工艺。

(2) 了解桩基础的分类。

(3) 熟悉钢筋混凝土预制桩的制作、起吊、运输、堆放方法。了解打桩机械的特点与选择、熟悉打桩顺序和方法的确定、掌握打桩的质量控制。了解接桩方法及打桩给邻近建筑和地下管线等带来的影响，以及防止方法等。

(4) 对灌注桩要了解灌注桩的种类、特点和适用性。重点掌握沉管灌注桩的施工工艺流程及施工方法、质量控制、施工中常见问题的分析与处理。

(5) 对其他灌注桩的施工方法、保证质量的措施作一般了解。

·重点：常见地基处理的施工原理和施工方法；预制桩和灌注桩基础施工原理和施工方法。

·难点：沉管灌注桩的施工方法和施工中常见问题的分析与处理。

·深度和广度：能够达到根据地质条件正确选择地基处理方法和制订施工方案。制订预制桩和灌注桩的施工方案，分析施工中出现的质量问题和处理方法。

第一节　地基处理及加固

一、地基处理的原则

任何建筑物都必须有可靠的地基和基础。建筑物的全部重量（包括各种荷载）最终将通过基础传给地基，所以对某些地基的处理及加固就成为基础工程施工中的一项重要内容。在施工过程中如发现地基土质过软或过硬，不符合设计要求时，应本着使建筑物各部位沉降尽量趋于一致，以减小地基不均匀沉降的原则对地基进行处理。

地基是指建筑物基础底部下方一定深度与范围内的土层。建筑物基础底面直接接触的土层，称为持力层。持力层以下的土层称为下卧层，低于持力层强度的下卧层称为软弱下卧层。一般将地层中由于承受建筑物全部荷载而引起的应力和变形不能忽略的那部分土层，称为该建筑物的地基。所以在设计与施工中，应针对具体工程明确其地基的范围。

好的天然地基应具备高承载力和低压缩性，从而满足工程建设的需要。软弱的地基必须经过技术处理，才能满足工程建设的要求。经处理达到设计要求的地基称为人工地基，反之则称为天然地基。建筑物一般宜建造在天然地基上，但为节约用地，在实际工程中常常需要充分利用工程性质较差而经过处理的地基。

建筑物对地基的基本要求是：不论是天然地基还是人工地基，均应保证其有足够的强度和稳定性，在荷载作用下地基土不发生剪切破坏或丧失稳定，不产生过大的沉降或不均匀的沉降变形，以确保建筑物的正常使用。对于土质良好的地基，当其难以承受建筑物全部荷载时，也同样需要对地基进行加固处理。

地基处理指的是为提高地基承载力，改善其变形性质或渗透性质而采取的人工处理地基的方法。地基处理除应满足工程设计要求外，还应做到因地制宜、就地取材、保护环境和节约资源等。

地基处理是涉及面广、影响因素多、技术复杂的工程技术问题。涉及地基土的强度与稳定性、地基的压缩与变形、水文地质条件的影响、软弱下卧层的影响、动力荷载作用下的液化、失稳和震陷等问题，必须根据不同的情况采取不同的处理方法。

在选择地基处理方案前，应做好如下的调查研究和技术准备工作。

（1）搜集详细的岩土工程勘察资料、上部结构及基础设计资料等。

（2）根据工程的要求和采用天然地基存在的主要问题，确定地基处理的目的、处理范围和处理后要求达到的各项技术经济指标等。

（3）结合工程情况，了解当地地基处理经验和施工条件，对于有特殊要求的工程，尚应了解其他地区相似场地上同类工程的地基处理经验和使用情况等。

（4）调查邻近建筑、地下工程和有关管线等情况。

（5）了解建筑场地的环境情况。

二、地基处理方案的选择

选择地基处理方案一般按以下步骤进行。

（1）根据建筑物的结构类型、荷载大小及使用要求，结合地形地貌、地层结构、土质条件、地下水特征、环境情况和对邻近建筑的影响等因素，初步选定几种可供考虑的地基处理方案。

（2）对初步选定的地基处理方案，分别从加固原理、适用范围、预期效果、材料来源与消耗、机具条件、施工进度和对环境的影响等方面进行技术经济分析和权衡比较，选择最佳的地基处理方法。必要时也可选择两种或多种地基处理措施组成的综合处理方案。

（3）对已选定的地基处理方式方法，宜按建筑物安全等级和场地复杂程度，在有代表性的场地上进行相应的现场试验或试验性施工，并进行必要的测试，以检查设计参数和处理效果。如果达不到设计要求，应查找原因、采取措施，或是对设计进行修正。

三、地基处理的方法

1. 地基处理的原理

地基处理的方法很多，其加固处理的原理主要有以下几种。

（1）换土。挖去地表浅层软弱土层或不均匀土层，回填坚硬较大粒径的材料，并夯压密实，形成垫层。

（2）拌入置换。在部分土体内掺入石灰、水泥等材料形成加固体，与周围的天然土层组合成复合地基。

（3）挤密（振密）。采用一定的施工方法，通过振动、挤压，改变地基土的三相组成，使土变密实。

（4）排水固结。软弱黏性地基土，在人为外加荷载作用下因孔隙水排出而固结，使土质加密。

（5）灌浆。用气压、液压或电化学原理，将某些能固化的浆液注入土的裂缝或孔隙，改善天然地基的性状。

根据上述地基加固处理的原理，目前在工程实践中有多种处理地基的实用方法，可根据工程的具体条件加以选用。

2. 地基处理的方法

（1）换土垫层法。挖去地表浅层软弱土层或不均匀土层，回填坚硬、较大粒径的材料，并夯压密实，形成垫层的地基处理方法。

（2）强夯法。反复将夯锤提到高处使其自由落下，给地基以冲击和振动能量，将地基土夯实的地基处理方法。

（3）强夯置换法。将重锤提到高处使其自由落下形成夯坑，并不断夯击坑内回填的砂石、钢渣等硬粒料，使其形成密实墩体的地基处理方法。

（4）振冲法。在振冲器水平振动和高压水的共同作用下，使松砂土层振密，或在软弱土层中成孔，然后回填碎石等粗粒料形成桩柱，并和原地基土组成复合地基的地基处理方法。

（5）砂石桩法。采用振动、冲击或水冲等方式在地基中成孔后，再将碎石、砂或砂石挤压入已成的孔中，形成砂石所构成的密实桩体，并和原桩周土组成复合地基的地基处理方法。

（6）水泥粉煤灰碎石桩法。由水泥、粉煤灰、碎石、石屑或砂等混合料加水拌和形成高黏结强度桩，并由桩、桩间土和褥垫层一起组成复合地基的地基处理方法。

（7）夯实水泥土桩法。将水泥和土按设计的比例拌和均匀，在孔内夯实至设计要求的密实度而形成的加固体，并与桩间土组成复合地基的地基处理方法。

（8）水泥土搅拌法。以水泥作为固化剂的主剂，通过特制的深层搅拌机械，将固化剂和地基土强制搅拌，使软土硬结成具有整体性、水稳定性和一定强度的桩体的地基处理方法。分为深层搅拌法和粉体喷搅法。

深层搅拌法是使用水泥浆作为固化剂的水泥土搅拌法，简称湿法。粉体喷搅法是使用干水泥粉作为固化剂的水泥土搅拌法，简称干法。

（9）高压喷射注浆法。用高压水泥浆通过钻杆由水平方向的喷嘴喷出，形成喷射流，以此切割土体并与土拌和形成水泥土加固体的地基处理方法。

（10）石灰桩法。由生石灰与粉煤灰等拌和均匀，在孔内分层夯实形成竖向增强体，并与桩间土组成复合地基的地基处理方法。

四、常见的地基处理施工方法

（一）换填法

当建筑物基础下的持力层比较软弱，不能满足上部荷载对地基的要求时，常采用换填法来处理软弱地基。此时先将基础下一定范围内承载力低的软土层挖去，然后回填强度较大的砂、碎石或灰土等，并夯至密实。实践证明：换填法可以有效地处理某些荷载不大的建筑物地基问题，例如，一般的三、四层房屋，路堤，油罐和水闸等的地基。换填法按其回填的材料可分为砂地基、碎（砂）石地基、灰土地基等。

1. 砂地基和砂石地基

砂地基和砂石地基是将基础下一定范围内的土层挖去，然后用强度较大的砂或碎石等回填，并经分层夯实至密实，以起到提高地基承载力，减少沉降，加速软弱土层的排水固结，防止冻胀和消除膨胀土的胀缩等作用。该地基具有施工工艺简单、工期短、造价低等优点。适用于处理透水性强的软弱黏性土地基，但不宜用于湿陷性黄土地基和不透水的黏性土地基，以免聚水而引起地基下沉和降低承载力。

（1）材料要求。砂和砂石地基所用材料，宜采用颗粒级配良好，质地坚硬的中砂、粗砂、砾砂、碎（卵）石、石屑或其他工业废粒料。在缺少中、粗砂和砾砂的地区可采用细砂，但宜同时掺入一定数量的碎（卵）石，其掺入量应符合地基材料含石量不大于 50% 的要求。所用砂石料，不得含有草根、垃圾等有机杂物，含泥量不应超过 5%，兼作排水地基时，含泥量不宜超过 3%，碎石或卵石最大粒径不宜大于 50mm。

（2）构造要求。砂地基和砂石地基的厚度，一般根据地基底面处土的自重应力与附加应力之和不大于同一标高处软弱土层的容许承载力确定。地基厚度一般不宜大于 3m，也不宜小于 0.5m。地基宽度除要满足应力扩散的要求外，还要根据地基侧面土的容许承载力来确定，以防止地基土向两边挤出。关于宽度的计算目前还缺乏可靠的理论方法，在实践中常常按照当地某些经验数据（考虑地基两侧土的性质）或经验方法确定。一般情况下，地基的宽度应沿基础两边各放出 200～300mm，如果侧面地基土的土质较差时，还要适当增加。

（3）施工要点。

1）铺筑地基前应验槽，先将基底表面浮土、淤泥等杂物清除干净，边坡必须稳定，防止塌方。基坑（槽）两侧附近如有低于地基的孔洞、沟、井和墓穴等，应在未做换土地基前加以处理。

2）砂和砂石地基底面宜铺设在同一标高上，若深度不同时，施工应按先深后浅的程序进行。土面应挖成踏步或斜坡搭接，搭接处应夯压密实。分层铺筑时，接头应做成斜坡或阶梯形搭接，每层错开 0.5～1.0m，并注意充分夯实。

3）人工级配的砂、石材料，应按级配拌和均匀，再进行铺填捣实。

4）换土地基应分层铺筑，分层夯（压）实，每层的铺筑厚度不宜超过表 2-1 规定数值，分层厚度可用样桩控制。施工时应对下层的密实度检验合格后，方可进行上层施工。

表 2-1　　　　　　　　　　砂和砂石地基每层铺筑厚度及最佳含水量

压实方法	每层铺筑厚度（mm）	施工时最优含水量（%）	施 工 说 明	备 注
平振法	200～300	15～20	用平板式振捣器往复振捣	不宜使用干细砂或含泥量较大的砂铺筑的砂地基
插振法	振捣器插入深度	饱和	1. 用插入式振捣器； 2. 插入点间距离可根据机械振幅大小决定； 3. 不应插至下卧黏性土层； 4. 插入振捣完毕后所留的孔洞，应用砂填实	不宜使用细砂或含泥量较大的砂铺筑的砂地基

续表

压实方法	每层铺筑厚度（mm）	施工时最优含水量（%）	施 工 说 明	备 注
水撼法	250	饱和	1. 注水高度应超过每次铺筑面层； 2. 用钢叉摇撼振实，插入点间距离 100mm； 3. 钢叉分四齿，齿的间距为 80mm，长 300mm	
夯实法	50～200	8～12	1. 用木夯或机械夯； 2. 木夯重 40kg，落距 400～500mm； 3. 一夯压半夯，全面夯实	
碾压法	50～350	8～12	6～2t 压路机往复碾压	适用于大面积施工的砂和砂石地基

注 在地下水位以下的地基，其最下层的铺筑厚度可比表中数值增加 500mm。

5）在地下水位高于基坑（槽）底面施工时，应采取排水或降低地下水位的措施，使基坑（槽）保持无积水状态。如用水撼法或插入振动法施工时，应有控制地注水和排水。

6）冬期施工时，不得采用夹有冰块的砂石作地基，并应采取措施防止砂石内水分冻结。

（4）质量检查。

1）环刀取样法。用容积不小于 200cm³ 的环刀压入垫层的每层 2/3 深处取样，测定其干密度，以不小于通过试验所确定的该砂料在中密状态时的干密度数值为合格。如是砂石地基，可在地基中设置纯砂检验点，在相同的试验条件下，用环刀测其干密度。

2）贯入测定法。检验前先将垫层表面的砂刮去 30mm 左右，再用贯入仪、钢筋或钢叉等以贯入度大小来定性地检验砂垫层的质量，以不大于通过相关试验所确定的贯入度为合格。钢筋贯入法所用钢筋的直径为 20mm，长 1.25m，垂直距离砂垫层表面 700mm 处自由下落，或用水撼法使用的钢叉距离砂层面 500mm 自由下落，测其贯入深度。

2. 灰土地基

灰土地基是将基础底面下一定范围内的软弱土层挖去，用按一定体积比配合的石灰和黏性土拌和均匀，在最优含水量情况下分层回填夯实或压实而成。该地基具有一定的强度、水稳定性和抗渗性，施工工艺简单，取材容易，费用较低。适用于处理 1～4m 厚的软弱土层。

（1）材料要求。灰土的土料宜采用就地挖出的黏性土及塑性指数大于 4 的粉土，但不得含有有机杂质或使用耕植土。使用前土料应过筛，其粒径不得大于 15mm。

用作灰土的熟石灰应将生石灰消解 3～4d 并过筛，粒径不得大于 5mm，并不得夹有未熟化的生石灰块，也不得含有过多的水分。灰土的配合比一般为 2∶8 或 3∶7（石灰∶土）。

（2）构造要求。灰土地基厚度确定原则同砂地基。地基宽度一般为灰土顶面基础砌体宽度加 2.5 倍灰土厚度之和。

（3）施工要点。

1）施工前应先验槽，清除松土，如发现局部有软弱土层或孔洞，应及时挖除后用灰土分层回填夯实。

2）施工时，应将灰土拌和均匀，颜色一致，并适当控制其含水量。现场检验方法是用手将灰土紧握成团，两指轻捏能碎为宜，如土料水分过多或不足时，应晾干或洒水润湿。灰土拌好后及时铺好夯实，不得隔日夯打。

3）铺灰应分段、分层夯筑，每层虚铺厚度应按所用夯实机具参照表 2-2 选用。每层灰土的夯打遍数，应根据设计要求的干密度在现场试验确定。

表 2-2　　　　　　　　　　　　　灰 土 最 大 虚 铺 厚 度

夯实机具种类	重　量（t）	厚　度（mm）	备　　注
石夯、木夯	0.04～0.08	200～250	人力送夯，落距 400～500mm，每夯搭接半夯
轻型夯实机械	0.12～0.4	200～250	蛙式打夯机或柴油打夯机
压路机	6～10	200～300	双轮压路机

4）灰土分段施工时，不得在墙角、柱基及承重窗间墙下接缝。上下两层灰土的接缝距离不得小于 500mm，接缝处的灰土应注意夯实。

5）在地下水位以下的基坑（槽）内施工时，应采取排水措施。夯实后的灰土，在 3d 内不得受水浸泡。灰土地基打完后，应及时进行基础施工和回填土，否则要做临时遮盖，防止日晒雨淋。刚打完毕或尚未夯实的灰土，如遭受雨淋浸泡，则应将积水及松软灰土除去并补填夯实，受浸湿的灰土，应在晾干后再夯打密实。

6）冬期施工时，不得采用冻土或夹有冻土的土料，并应采取有效的防冻措施。

（4）质量检查。灰土地基的质量检查，宜用环刀取样，测定其干密度。质量标准可按压实系数 λ_c 鉴定，一般为 0.93～0.95。压实系数 λ_c 为土在施工时实际达到的干密度 ρ_d 与室内采用击实试验得到的最大干密度 ρ_{dmax} 之比。

如无设计规定时，也可按表 2-3 的要求执行。如用贯入仪检查灰土质量时，应先进行现场试验以确定贯入度的具体要求。

表 2-3　　　　　　　　　　　　灰 土 质 量 标 准

土 料 种 类	黏　土	粉 质 黏 土	粉　土
灰土最小干密度（t/m³）	1.45	1.50	1.55

（二）强夯地基

强夯地基是用起重机械将重锤（一般 8～30t）吊起从高处（一般 6～30m）自由落下，给地基以冲击力和振动，从而提高地基土的强度，并降低其压缩性的一种有效的地基加固方法。该法具有效果好、速度快、节省材料、施工简便，但施工时噪声和振动大等特点。适用于碎石土、砂土、黏性土、湿陷性黄土及填土地基等的加固处理。

1. 机具设备

（1）起重机械。起重机宜选用起重能力为 150kN 以上的履带式起重机，也可采用专用三角起重架或龙门架作起重设备。起重机械的起重能力为：当直接用钢丝绳悬吊夯锤时，应大于夯锤的 3～4 倍；当采用自动脱钩装置，起重能力取大于 1.5 倍锤重。

（2）夯锤。夯锤可用钢材制作，或用钢板为外壳，内部焊接钢筋骨架后浇筑 C30 混凝土制成。夯锤底面有圆形和方形两种，圆形不易旋转，定位方便，稳定性和重合性好，应用较广。锤底面积取决于表层土质，对砂土一般为 3～4m²，黏性土或淤泥质土不宜小于 6m²。夯锤中宜设置若干个上下贯通的气孔，以减少夯击时的空气阻力。

（3）脱钩装置。脱钩装置应具有足够强度，且施工灵活。常用的工地自制自动脱钩器由吊环、耳板、销环、吊钩等组成，由钢板焊接制成。

2. 施工要点

（1）强夯施工前，应进行地基勘察和试夯。通过对试夯前后试验结果对比分析，确定正式施工时的技术参数。

（2）强夯前应平整场地，周围作好排水沟，按夯点布置测量放线、确定夯位。地下水位较高时，应在表面辅铺 0.5～2.0m 中（粗）砂或砂石地基，其目的是在地表形成硬层，可用以支撑起重设备，确保机械通行、施工，又可便于强夯产生的孔隙水压力消散。

（3）强夯施工须按试验确定的技术参数进行。一般以各个夯击点的夯击数为施工控制值，也可采用试夯后确定的沉降量控制。夯击时，落锤应保持平稳，夯位准确，如错位或坑底倾斜过大，宜用砂土将坑底整平，才可进行下一次夯击。

（4）每夯击一遍完后，应测量场地平均下沉量，然后用土将夯坑填平，方可进行下一遍夯击。最后一遍的场地平均下沉量，必须符合要求。

（5）强夯施工最好在干旱季节进行，如遇雨天施工，夯击坑内或夯击过的场地有积水时，必须及时排除。冬期施工时，应将冻土击碎。

（6）强夯施工时，应对每一夯实点的夯击能量、夯击次数和每次夯沉量等做好详细的现场记录。

（7）施工完毕后，静置一段时间待内部应力消散后，才能进行下一步施工。

3. 质量检查

强夯地基应检查施工记录及各项技术参数，并应在夯击过的场地选点作检验。一般可采用标准贯入、静力触探或轻便触探等方法，符合试验确定的指标时，即为合格。检查点数，每个建筑物的地基不少于 3 处，检测深度和位置按设计要求确定。

（三）重锤夯实地基

重锤夯实是用起重机械将夯锤提升到一定高度后，利用自由下落时的冲击能来夯实地基土表面，使其形成一层较为均匀的硬壳层，从而使地基得到加固。该法具有施工简便，费用较低；但布点较密，夯击遍数多，施工周期相对较长；同时夯击能量小，孔隙水难以消散，加固深度有限；当土的含水量稍高，易夯成橡皮土，处理较困难等特点。适用于处理地下水位以上稍湿的黏性土、砂土、湿陷性黄土、杂填土和分层填土地基。但当夯击振动对邻近的建筑物、设备及施工中的砌筑工程或浇筑混凝土等产生有害影响时，或地下水位高于有效夯实深度，以及在有效深度内存在软黏土层时，不宜采用。

1. 机具设备

（1）起重机械。起重机械可采用配置有电磁式卷扬机的履带式起重机、打桩机、龙门式起重机或悬臂式桅杆起重机等。其起重能力：当采用自动脱钩时，应大于夯锤重量的 1.5 倍；当直接用钢丝绳悬吊夯锤时，应大于夯锤重量的 3 倍。

（2）夯锤。夯锤形状宜采用截头圆锥体，可用 C20 钢筋混凝土制作，其底部可填充废铁并设置钢底板以使重心降低。锤重宜为 1.5～3.0t，底直径 1.0～1.5m，落距一般为 2.5～4.5m，锤底面单位静压力宜为 15～20kPa。吊钩宜采用自制半自动脱钩器，以减少吊索的磨损和机械振动。

2. 施工要点

（1）施工前应在现场进行试夯，选定夯锤重量、底面直径和落距，以便确定最后下沉量及相应的夯击遍数和总下沉量。最后下沉量系指最后二击的平均夯沉量，对黏性土和湿陷性黄土取 10～20mm，对砂土取 5～10mm。通过试夯可确定夯实遍数，一般试夯约 6～10 遍，施工时可适当增加 1～2 遍。

（2）采用重锤夯实分层填土地基时，每层的虚铺厚度以相当于锤底直径为宜，夯击遍数由试夯确定，试夯层数不宜少于两层。

（3）基坑（槽）的夯实范围应大于基础底面，每边应比设计宽度加宽 0.3m 以上，以便于底面边角夯打密实。基坑（槽）边坡应适当放缓。夯实前坑（槽）底面应高出设计标高，预留土层的厚度可为试夯时的总下沉量再加 50～100mm。

（4）夯实时地基土的含水量应控制在最优含水量范围以内。如土的表层含水量过大，可采用铺撒吸水材料（如干土、碎砖、生石灰等）或换土等措施；如土含水量过低，应适当洒水，加水后待全部渗入土中，一昼夜后方可夯打。

（5）在大面积基坑或条形基槽内夯击时，应按一夯压一夯的顺序进行［图 2-1（a）］。在一次循环中同一夯位应连夯两遍，下一循环的夯位应与前一循环错开 1/2 锤底直径，落锤应平稳，夯位应准确。在独立柱基基坑内夯击时，可采用先周边后中间［图 2-1（b）］，或先外后里的跳打法［图 2-1（c）］进行。基坑（槽）底面的标高不同时，应按先深后浅的顺序逐层夯实。

（6）夯实完后，应将基坑（槽）表面修整至设计标高。冬期施工时，必须保证地基在不冻的状态下进行夯击。否则应将冻土层挖去或将土层融化。若基坑挖好后不能立即夯实，应采取防冻措施。

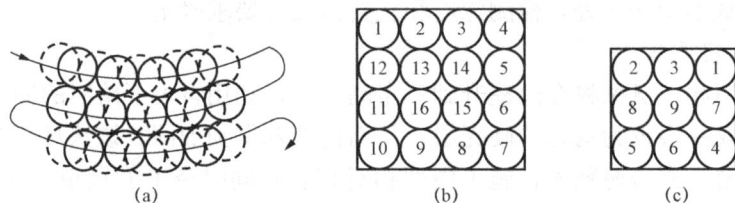

图 2-1 夯打顺序

3. 质量检查

重锤夯实后应检查施工记录，除应符合试夯最后下沉量的规定外，还应检查基坑（槽）表面的总下沉量，以不小于试夯总下沉量的 90% 为合格；也可采用在地基上选点夯击，检查最后下沉量。夯击检查点数：独立基础每个不少于 1 处，基槽每 20m 不少于 1 处，整片地基每 50m² 不少于 1 处。检查后如质量不合格，应进行补夯，直至合格为止。

（四）振冲地基

振冲地基又称振冲桩复合地基，是以起重机吊起振冲器，启动潜水电机带动偏心块，使振冲器产生高频振动，同时开动水泵，通过喷嘴喷射高压水流成孔，然后分批填以砂石骨料形成一根根桩体，桩体与原地基构成复合地基，以提高地基的承载力，减少地基的沉降量和沉降差的一种快速、经济有效的加固方法。该法具有技术可靠，机具设备简单，操作技术易于掌握，施工简便，节省材料，加固速度快，地基承载力高等特点。

振冲地基按加固机理和效果的不同，可分为振冲置换法和振冲密实法两类。前者适用于处理不排水、抗剪强度小于 20kPa 的黏性土、粉土、饱和黄土及人工填土等地基。后者适用于处理砂土和粉土等地基，不加填料的振冲密实法仅适用于处理黏土粒含量小于 10% 的粗砂、中砂地基。本书仅介绍振冲置换法的施工。

1. 机具设备

(1) 振冲器宜采用带潜水电机的振冲器，其功率、振动力、振动频率等参数，可按加固的孔径大小、达到的土体密实度选用。

(2) 起重机械的起重能力和提升高度均应符合施工和安全要求，起重能力一般为 80～150kN。

(3) 水泵及供水管道的供水压力宜大于 0.5MPa，供水量宜大于 20m³/h。

(4) 加料设备可采用翻斗车、手推车或皮带运输机等，其能力须符合施工要求。

(5) 控制设备的控制电流操作台，附有 150A 以上容量的电流表（或自动记录电流计）、500V 电压表等。

2. 施工要点

(1) 施工前应先在现场进行振冲试验，以确定成孔合适的水压、水量、成孔速度、填料方法、达到土体密实时的密实电流值、进料量和留振时间。

(2) 振冲前，应按设计图定出冲孔中心位置并编号。

(3) 启动水泵和振冲器，水压可用 400～600kPa，水量可用 200～400L/min，使振冲器以 1～2m/min 的速度徐徐沉入土中。每沉入 0.5～1.0m，宜留振 5～10s 进行扩孔，待孔内泥浆溢出时再继续沉入。当下沉达到设计深度时，振冲器应在孔底适当停留并减小射水压力，以便排除泥浆进行清孔。成孔也可采用将振冲器以 1～2m/min 的速度连续沉至设计深度以上 0.3～0.5m 时，将振冲器往上提到孔口，再同法沉至孔底。如此往复 1～2 次，使孔内泥浆变稀，排泥清孔 1～2min 后，将振冲器提出孔口。

(4) 填料和振密方法，一般采取成孔后，将振冲器提出孔口，从孔口往下填料，然后再下降振冲器至填料中进行振密（图 2-2），待密实电流达到规定的数值，将振冲器提出孔口。如此自下而上反复进行直至孔口，成桩操作即告完成。

(5) 振冲桩施工时桩顶部约 1m 范围内的桩体密实度难以保证，一般应予挖除，另做地基，或用振动碾压使之压实。

(6) 冬期施工应将表层冻土破碎后成孔。每班施工完毕后，应将供水管和振冲器水管内积水排净，以免冻结、影响施工。

3. 质量检查

(1) 振冲成孔中心与设计定位中心偏差不得大于 100mm，完成后的桩位偏差不得大于 0.2 倍桩孔直径。

(2) 振冲效果应在砂土地基完工半个月或黏性土地基完工一个月后方可检验。可采用载荷试验、标准贯入、静力触探等方法来检验桩的承载力，以不小于设计要求的数值为合格。如在地震区进行抗液化加固地基，尚应进行现场孔隙水压力试验。

（五）砂桩地基

砂桩地基是采用类似沉管灌注桩的机械和方法，通过冲击和振动，将砂挤入土中而成的。这种方法经济、简单且有效。对于砂土地基可通过振动或冲击的挤密作用，使地基达到

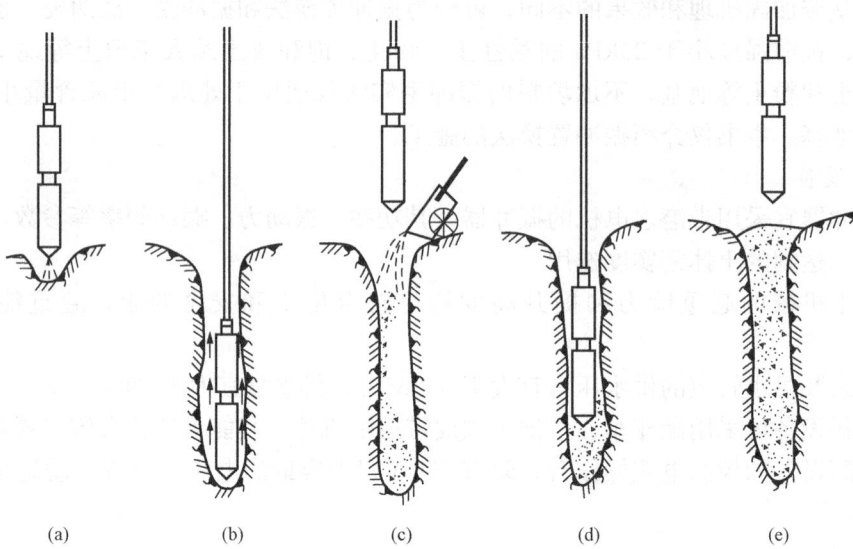

图 2-2 振冲法制桩施工工艺
(a) 定位；(b) 振冲下沉；(c) 加填料；(d) 振密；(e) 成桩

密实，从而增加地基承载力，降低孔隙比（孔隙比是土体中孔隙体积与固体颗粒体积之比），减少建筑物沉降，提高砂基抵抗振动液化的能力。对于黏性土地基，可起到置换和排水砂井的作用，加速土的固结，形成置换桩与固结后软黏土的复合地基，显著地提高地基抗剪强度。这种桩适用于挤密松散砂土、素填土和杂填土等地基。对于饱和软黏土地基，由于其渗透性较小，抗剪强度较低，灵敏度又较大，要使砂桩本身挤密并使地基土密实往往较困难，相反地，却破坏了土的天然结构，使抗剪强度降低，因而对这类工程要慎重对待。

（六）水泥土搅拌桩地基

水泥土搅拌桩地基分为深层搅拌法和粉体喷搅法，其原理是利用水泥、石灰等材料作为固化剂，通过特制的深层搅拌机械，在地基深处就地将软土和固化剂（浆液或粉体）强制搅拌，利用固化剂和软土之间所产生的一系列物理、化学反应，使软土硬结成具有一定强度的优质地基。深层搅拌法施工步骤见图 2-3。粉体喷搅法是将粉状固化剂喷入进行强制搅拌。本法具有无振动、无噪声、无污染、无侧向挤压，对邻近建筑物影响很小，且施工期较短，造价低廉，效益显著等特点。适用于加固较深、较厚的淤泥、淤泥质土、粉土和含水量较高且地基承载力不大于 120kPa 的黏性土地基，对超软土效果更为显著。多用于墙下条形基础、大面积堆料厂房地基，在深基开挖时用于防止坑壁及边坡塌滑、坑底隆起，以及做地下防渗墙等工程上。

（七）预压地基

预压法是一种有效的软土地基的处理方法；该方法的实质是在建筑物或构筑物建造前，先在拟建场地上施加或分级施加与其相当的荷载，使土体中孔隙水排出，孔隙体积变小，土体密实，以提高地基承载力和稳定性。堆载预压法处理深度一般可达 10m 左右，真空预压法可达 15m 左右，如图 2-4 所示。

（八）高压喷射注浆法

高压喷射注浆就是利用钻机将带有喷嘴的注浆管钻进至土层预定深度后，将水泥浆（或

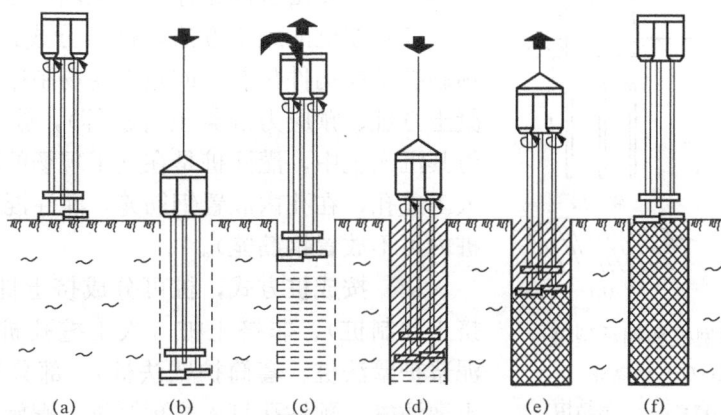

图 2-3　深层搅拌法施工工艺流程

(a) 定位；(b) 预拌下沉；(c) 喷浆搅拌机上提；(d) 重复搅拌下沉；
(e) 重复搅拌上升；(f) 施工完毕

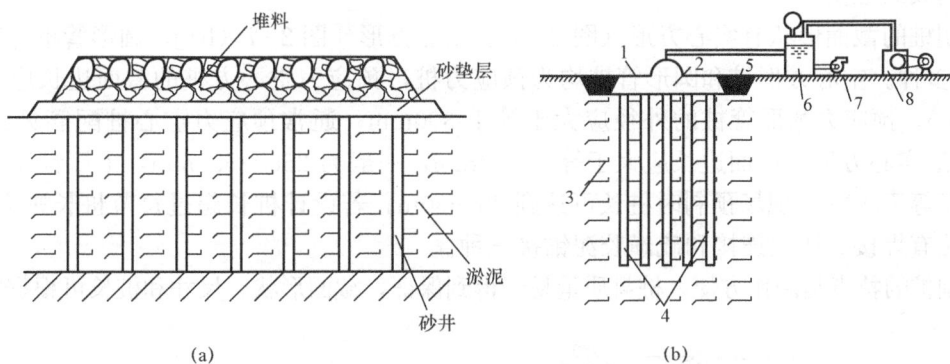

图 2-4　预压法处理地基

(a) 堆载预压法；(b) 真空预压法

1—橡皮布；2—砂垫层；3—淤泥；4—砂井；5—黏土；6—集水箱；7—抽水泵；8—真空泵

硅酸钠），通过压浆泵、灌浆管均匀地注入土体中，以填充、渗透和挤密等方式，驱走岩石裂隙中或土颗粒间的水分和气体，并填充其位置，硬化后将岩土胶结成一个整体，形成一个强度大、压缩性低、抗渗性高和稳定性良好的新岩土体。从而使地基得到加固，可防止或减少渗透和不均匀的沉降，在建筑工程中应用较为广泛。按照注浆使用的材料，主要分为水泥注浆和硅化注浆。而硅化注浆的主要材料是硅酸盐（水玻璃）和其他高分子材料。

第二节　桩　基　工　程

　　天然地基上的浅基础沉降量过大，或基础稳定性不能满足建筑物的要求时，常采用桩基础，它由桩和桩顶的承台组成，是深基础的一种形式。

　　(1) 按桩的受力情况，桩可分为摩擦型桩和端承型桩，如图 2-5 所示。端承桩是由桩的下端阻力承担全部或主要荷载，桩尖进入岩层或硬土层；摩擦桩是指桩顶荷载全部由桩侧

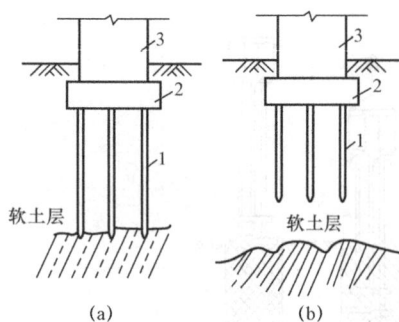

图 2-5 摩擦型桩和端承型桩

(a) 端承桩；(b) 摩擦桩

1—桩；2—桩承台；3—上部结构

摩擦力或主要由桩侧摩擦力和桩端的阻力共同承担。

（2）按桩的施工方法，桩可分成预制桩和灌注桩。预制桩是在构件预制厂或施工现场制作（木桩、钢筋混凝土方桩、预应力混凝土管桩等），施工时用沉桩设备将其沉入土中，灌注桩是在施工现场的桩位上用机械或人工成孔，在孔内放置钢筋笼，灌注混凝土（有些灌注桩内可不放置钢筋笼）。

（3）按成桩方式，桩可分成挤土桩（挤土灌注桩、挤土预制桩）、非挤土桩（人工挖孔桩、干作业法桩、泥浆护壁法桩、套筒护壁法桩）、部分挤土桩（部分挤土灌注桩、预钻孔打入式预制桩、螺旋成孔桩）等。

一、预制桩施工

（一）概述

预制桩是在工厂或施工现场预制成型后，通过锤击、振动打入、静压或旋入等方式设置于土中而成的桩基。

预制桩的截面形状有实心方形（图 2-6）、空心方形 [图 2-7 (b)]、圆形管桩 [图 2-7 (c)] 等多种。空心方形桩和圆形管桩均为预应力桩，预应力空心方桩的截面边长应大于等于 350mm，预应力圆形管桩的外径应大于等于 300mm；通常预应力空心桩配筋见图 2-7 (a)。普通实心方形桩截面边长应大于等于 200mm，一般为 250～550mm，工厂预制时每节桩长小于等于 12m；现场预制时桩长可达到 25～30m，若设计桩长超过每节桩长则需接桩。接桩方法有焊接、法兰连接和硫磺胶泥锚接三种。

预制桩的特点是制作方便，桩身质量易于得到保证，截面形状、尺寸和桩长可根据需要在

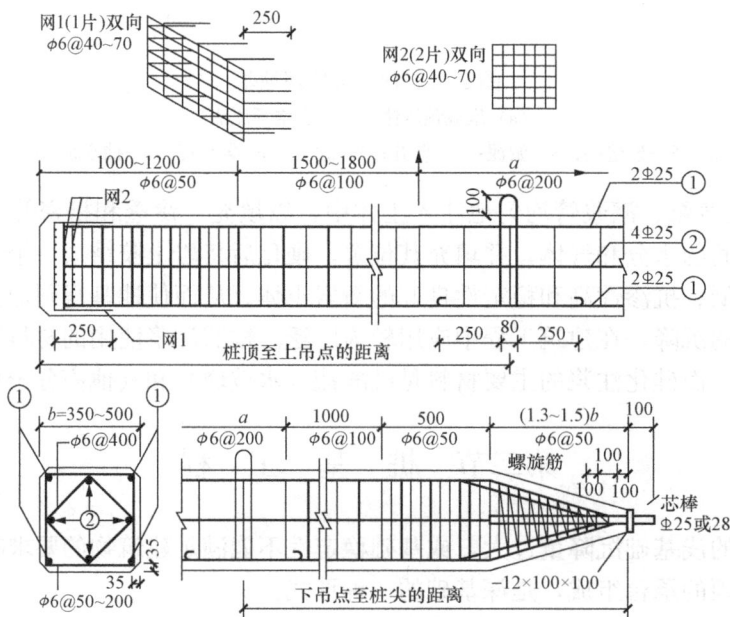

图 2-6 预制钢筋混凝土方桩详图

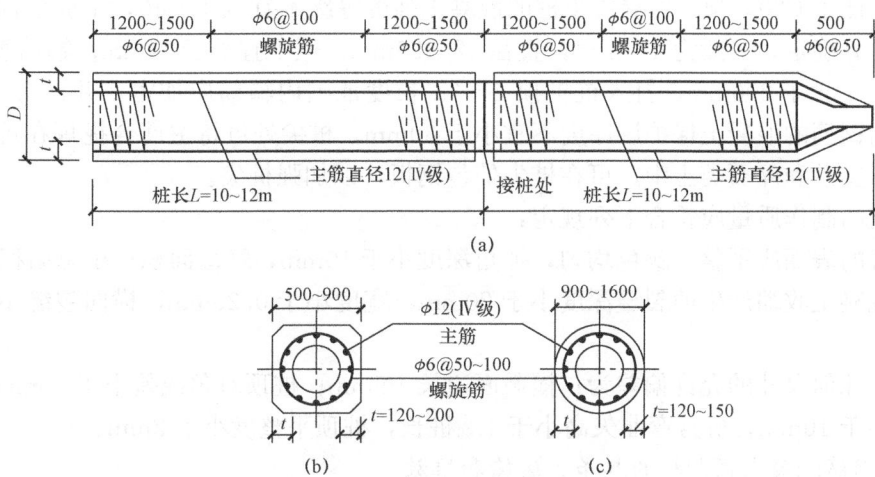

图 2-7　预应力管桩示意图

(a) 预应力管桩配筋示意图；(b) 空心方桩截面；(c) 圆形管桩截面

一定范围内选择，桩尖可进入坚硬土层或强风化岩层，桩的耐久性好，耐腐蚀性强，承载力高。但预制桩自重大，用钢量多，需大能量桩工机械，桩体不易穿透坚硬地层，且截桩困难。

（二）钢筋混凝土预制桩的制作

1. 制作程序

预制桩可以在工厂或施工现场预制。一般桩长不大于 12m 时多在预制厂生产，采用蒸汽养护；桩长在 30m 以下时，则在施工现场预制，采用自然养护。现场制作预制桩可采用重叠法生产，间隔制作，制作工艺流程为：现场布置—场地平整—场地地坪混凝土浇筑—支模—绑扎钢筋、安装吊环—浇筑混凝土—养护至设计强度的 30%拆模—支上层模板、涂刷隔离剂—重叠制作第二层桩—养护至设计强度的 70%起吊—达到 100%设计强度后运输—堆放—沉桩。

2. 制作方法

现场预制桩的制作方法多采用重叠法，重叠层数应根据地面承载力和吊装要求而定，一般不宜超过四层。

预制时可采用木模板或钢模，模板应支在坚实、平整的场地上，立模时必须保证桩身及桩尖部分的形状尺寸和相互位置正确。

桩主筋应通至桩顶钢筋网之下，并与钢筋网焊接在一起，以承受和传递打桩时的冲击力；为保证顺利沉桩，桩尖处主筋应与一根Φ22 或Φ25 的粗钢筋焊接在一起，箍筋应加密，如图 2-6 所示。主筋的接长宜用闪光对焊或气压焊，在桩的同一截面内，焊接接头的截面面积不得超过主筋截面面积的 50%，相邻两根主筋接头截面的距离应大于 $35d$（d 为主筋直径），并不小于 500mm。

桩混凝土的强度等级不应低于 C30，浇筑时应由桩顶向桩尖连续进行，严禁中断。以确保桩顶混凝土密实。浇筑完毕后，覆盖洒水养护不应少于 7d，且应自然养护一个月。

3. 质量要求

钢筋混凝土实心桩所用混凝土的强度等级不宜低于 C30。采用静压法沉桩时，可适当降低，但不宜低于 C20，预应力混凝土桩的混凝土强度等级不宜低于 C40，主筋根据桩断面大小及吊装验算确定，一般为 4～8 根，直径 12～25mm，但不宜小于 14mm；箍筋直径为 6～8mm，间距不大于 200mm；打入桩桩顶 2～3d 长度范围内箍筋应加密，并设置钢筋网片。预制桩纵向钢筋的混凝土保护层厚度不宜小于 30mm。桩尖处可将主筋合拢焊在桩尖辅助钢筋上，在密实砂和碎石类土中，可在桩尖处包钢板，以加强桩尖。

预制桩的制作质量应符合下列规定：

（1）桩的表面应平整，颜色均匀，掉角深度小于 10mm，蜂窝面积小于总面积的 0.5%。

（2）混凝土收缩产生的裂缝深度小于 20mm，宽度小于 0.25mm，横向裂缝不超过边长的一半。

（3）桩几何尺寸的允许偏差为：横截面边长±5mm；桩顶对角线差小于 10mm，桩尖中心线偏差小于 10mm，桩身弯曲矢高小于 1‰桩长，桩顶平整度小于 2mm。

（三）钢筋混凝土预制桩的起吊、运输和堆放

1. 起吊

预制桩混凝土强度达到设计值的 70%方可起吊。起吊时，吊点位置应符合设计规定，即吊点不大于 3 个时，其位置据桩身正负弯矩相等的原则确定；吊点大于 3 个时，其位置按反力相等原则确定。常见吊点位置的设置情况如图 2-8 所示。

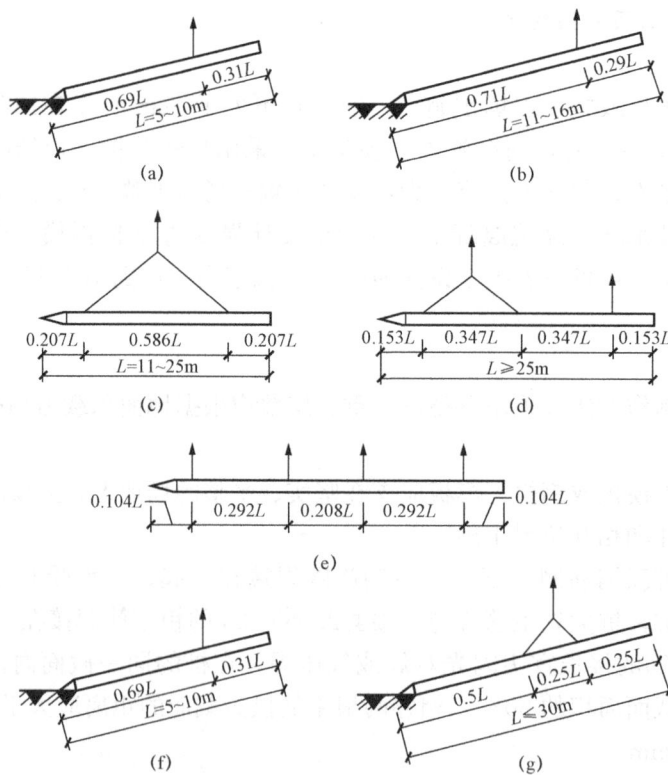

图 2-8 预制桩吊点位置

（a）、（b）实心方桩一点起吊法；（c）实心方桩两点起吊法；（d）实心方桩三点起吊法；（e）实心方桩四点起吊法；（f）预应力管桩一点起吊法；（g）预应力管桩两点起吊法若桩上吊点处未设吊环，则可采用绑扎起吊，吊索与桩身接触处应加衬垫。起吊时应平稳提升，避免桩身摇晃、受撞击和振动。

2. 运输

预制桩混凝土强度达到设计值的 100％后方可运输。一般情况下，宜根据沉桩进度随打随运，以减少桩的二次搬运。

桩的运输方式：对现场制作的桩，运距不大时，可在桩下垫以滚筒，用卷扬机拖动桩前进；运距较大时，可采用平板拖车运输；严禁在场地上以直接拖拉桩体方式代替运输。

3. 堆放

桩堆放时，地面必须平整、坚实，垫木位置应与吊点保持在同一横断面平面上，各层垫木应上下对齐，堆放层数不宜超过四层。

（四）钢筋混凝土预制桩的沉桩

1. 锤击沉桩法

锤击沉桩法亦称打入桩法，是利用桩锤下落产生的冲击能量，克服土对桩的阻力，将桩沉入土中。锤击沉桩法是钢筋混凝土预制桩最常用的沉桩方法，该法施工速度快，机械化程度高，适用范围广。但施工时有挤土、噪声和振动现象，在市区和夜间施工受到限制。

（1）打桩设备。打桩所用机具设备，主要包括桩锤、桩架和动力设备三部分。

1）桩锤：常见的桩锤有落锤、单动汽锤、双动汽锤、柴油锤、液压锤和振动锤等。

落锤：落锤由生铁铸成，一般重5～20kN。工作时利用人力或卷扬机拉起桩锤，然后使其自由下落，利用锤自重产生的冲击力夯击桩顶，逐渐将桩打入土中。适用于在一般土层和含有砾石的土层中打细长尺寸的预制桩。落锤构造简单，使用方便，可调节落距。但打桩速度慢（6～20次/min），生产效率低。

单动汽锤：单动汽锤的冲击体是汽缸，动力是蒸汽或压缩空气。工作原理是利用蒸汽或压缩空气推动汽缸升起，到达顶端位置，排出气体，汽缸即自由下落打击桩顶，如图2-9所示。单动汽锤冲击力大，打桩速度快（60～80次/min），锤重一般为15～150kN，适用于在各种土层中打各种桩。

双动汽锤：双动汽锤的冲击体是活塞杆，动力仍是蒸汽或压缩空气，活塞杆上下均可进气和排气。工作时双动汽锤需固定在桩顶上，蒸汽或压缩空气进入活塞杆下部，推动活塞杆上升到顶端位置后，活塞杆上部进气，下部排气，依靠活塞杆自重和上部气压的推力，共同打击桩顶，如图2-10所示。双动汽锤的冲击力更大，打桩速度更快（100～120次/min），锤重一般为6～60kN，适用于在各种土层中打各种桩，也可用于打设斜桩和钢板桩。

柴油锤：分导杆式、活塞式和管式三类。柴油锤的冲击体是上下运动的汽缸，当汽缸下降打桩时，汽缸中的空气受压，温度升高，与此同时将轻质柴油喷

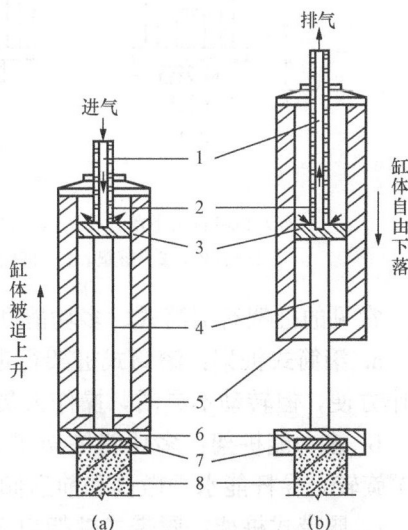

图2-9 单动汽锤构造示意图
（a）进气缸体上升；（b）排气缸体自由下落
1—上导杆进排气管；2—活塞上导杆；
3—活塞；4—活塞下导杆；5—缸体；
6—桩帽；7—桩垫；8—桩体

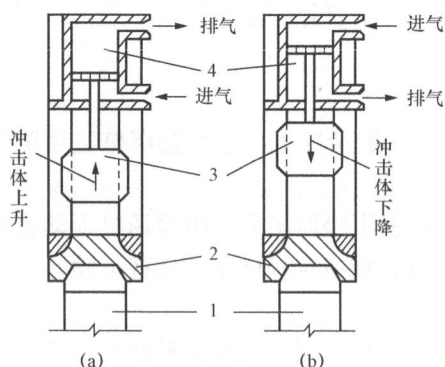

图 2-10　双动汽锤构造示意图

(a) 汽缸下部进气活塞杆上升；

(b) 汽缸上部进气活塞杆下降

1—桩体；2—垫座；3—冲击部分；4—蒸汽缸

入汽缸燃烧，所形成的压力将使汽缸上抛，然后汽缸再自由下落打击桩顶，如此反复，如图 2-11 所示。柴油锤重一般为 2～150kN，体积小，冲击能量大，打桩速度适中（40～80 次/min），机动性强。适用于一般土层中打设各类桩。但打桩时振动大、噪声大，且不适宜在软土中打设。

以上四种桩锤中，落锤打桩速度慢，生产效率低。单动汽锤和双动汽锤均属蒸汽锤，需配备空压机或锅炉，且要安装管道，生产准备时间较长，设备机动性差。而柴油锤一般自带机架，设备简单，机动性强，打桩速度较快。因此，柴油锤应用最普遍。

2）桩架：桩架是打桩时用于起重和导向的设备，其作用是：吊桩就位、起吊桩锤和支撑桩身，在打桩过程中引导锤和桩的方向，移动桩位。桩架的高度应为桩长、桩锤高度、桩帽厚度、滑轮组高度的总和，再加 1～2m 作为吊桩锤时的伸缩余量。

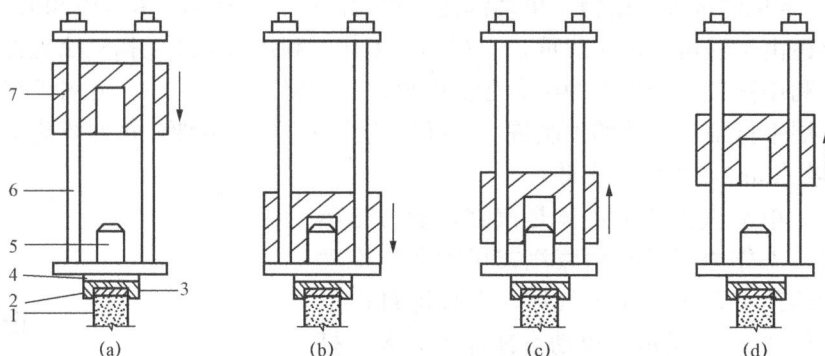

图 2-11　柴油锤工作原理示意图

(a) 汽缸自由下落；(b) 汽缸打击桩顶，喷油；(c) 柴油燃烧，汽缸上升；(d) 汽缸上抛

1—桩体；2—桩垫；3—桩帽；4—锤底；5—活塞（带喷油嘴）；6—导杆；7—缸体

常见的桩架有滚筒式、多功能和履带式桩架三种。

a. 滚筒式桩架：滚筒式桩架行走依靠两根钢滚筒在枕木上滚动进行。优点是结构简单、制作方便，但转动不灵活，操作人员多，如图 2-12 所示。

b. 多功能桩架：多功能桩架机动性大，适应性强，如图 2-13 所示。在水平方向可作 360°旋转，导杆能水平微调和前后倾斜打斜桩，底座下装有铁轮，可在轨道上行走。

c. 履带式桩架：履带式桩架以普通履带式起重机为主机，增加导杆和斜撑组成，导杆由起重机吊起，两者应连接牢固，如图 2-14 所示。与多功能桩架相比，履带式桩架移位更灵活。因此，目前应用最广泛。

3）动力装置：动力装置的设置取决于所选用的桩锤，如选用单动汽锤或双动汽锤，则需配备空压机、蒸汽锅炉和卷扬机。其作用在于提供打桩时的动力设施。

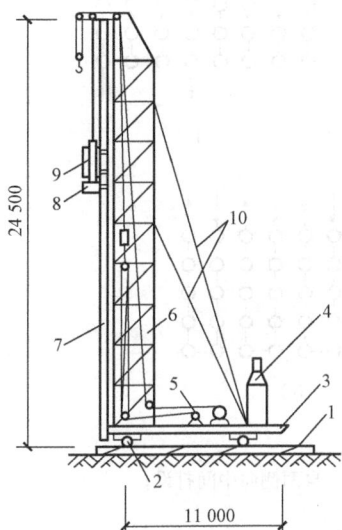

图 2-12 滚筒式桩架示意图
1—枕木；2—滚筒；3—底座；4—锅炉；
5—卷扬机；6—桩架；7—龙门架；
8—蒸汽锤；9—桩帽；10—牵绳

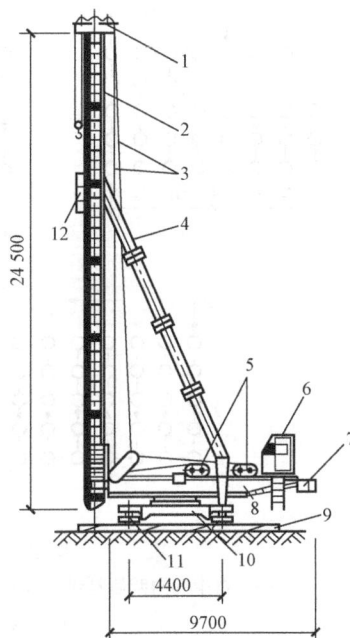

图 2-13 多功能桩架示意图
1—顶部滑轮组；2—导杆；3—锤和桩起吊用钢丝绳；
4—斜撑；5—锤和桩起吊用卷扬机；6—司机室；
7—配重；8—回转平台；9—枕木；10—底盘；
11—钢轨道；12—桩锤和桩帽

（2）打桩前的准备工作。

1）打桩施工前应查明场地的工程地质和水文地质条件，清除现场妨碍施工的高空和地下障碍物，并平整场地。场地地基承载力必须满足桩机作业时的要求，若土质较软，可在地表铺设碎石垫层，以提高地表土的强度。场地排水应保持通畅。

2）施工定位放线：沉桩施工前，应根据桩基平面设计图，将桩基轴线和桩位准确测设在地面上，以利桩基定位。为控制桩顶水平标高，应在施工现场附近不受沉桩影响的地方设置水准点，作为水准测量之用。水准点一般不超过两个。

3）确定打桩顺序：打入式钢筋混凝土预制桩属挤土桩，桩体对土有横向挤密作用，先打入的桩体可能因此产生偏移桩位、被垂直挤出等现象；而后打入的桩体又难以达到设计标高。因此，施打群桩前，应根据桩的几何尺寸、桩距等因素正确选择打桩的顺序。常见的打桩顺序如图 2-15 所示。

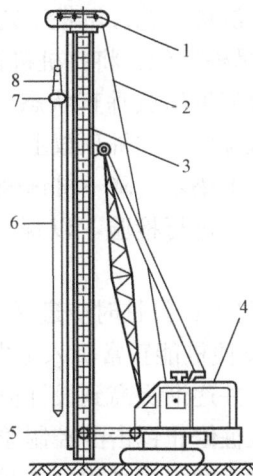

图 2-14 履带式桩架示意图
1—顶部滑轮组；2—锤和桩起吊用钢丝绳；
3—导杆；4—履带式起重机；5—龙门架；
6—桩体；7—桩帽；8—桩锤

当桩布置较密，即桩距 S 小于等于 4 倍的方桩边长或桩径 d 时，可采用自场地中间向

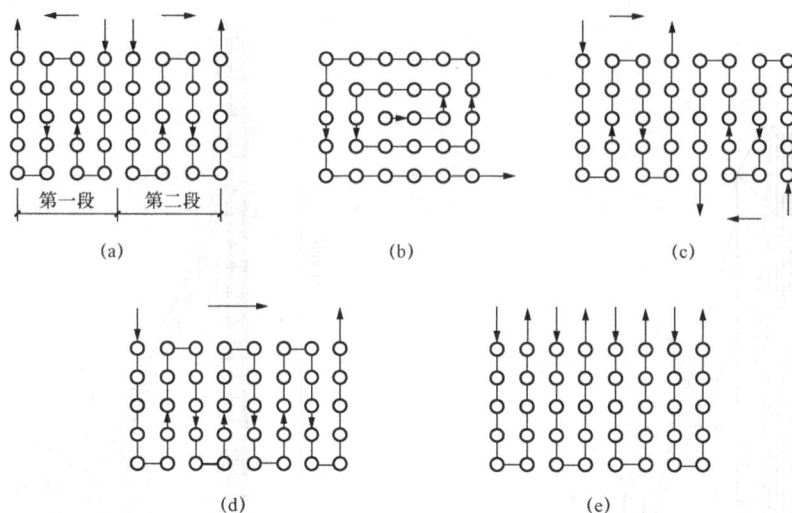

图 2-15　打桩顺序示意图

(a) 自中间向两侧打设；(b) 自中间向四周打设；(c) 自两侧向中间打设；
(d) 逐排打设；(e) 分段打设

两个方向或向四周对称施打的方法，如图 2-15（a）、（b）所示。当桩布置较稀，即 $S>4d$ 时，打桩顺序的选择对桩的打设影响不大，一般可采用从一侧开始沿单一方向逐排施打，或从两侧同时向中间施打，或分段施打等方法进行，如图 2-15（c）、（d）、（e）所示。

若建筑场地一侧毗邻已有建筑物，应自毗邻建筑物一侧向另一方向施打。若桩的规格、承台埋深和桩长不同，则宜按先大后小、先深后浅、先长后短的顺序施打。

（3）沉桩工艺。沉桩工艺包括吊桩就位、打桩和接桩。

1）吊桩就位：将打桩机移至设计桩位处，桩体运至桩架下，利用桩架上的滑轮组，通过卷扬机将桩吊成垂直状态，再送入桩架上的龙门导管内，扶正桩身，使桩尖准确对准桩位。桩就位后，在桩顶放上草垫、废麻袋等，以形成弹性衬垫，然后放下钢桩帽套入桩顶。桩帽上放上垫木，降下桩锤轻轻压住桩帽。在锤重力作用下，桩会沉入土中一定深度，待下沉停止，再进行检验，以保证桩锤底面、桩帽和桩顶水平，桩锤、桩帽和桩身在同一直线上。

2）打桩：打桩时应遵循"重锤低击"原则，桩开始打入时，桩锤落距宜小，一般小于1m，以便使桩能正常沉入土中，待桩入土一定深度，桩体不易发生偏移时，可适当增加桩锤落距，并逐渐提高到设计值，再连续锤击。

打入桩停止锤击的控制原则（或称沉桩深度的控制原则）是：摩擦桩以桩端设计标高为控制，贯入度（指平均每击桩的下沉量）为参考；端承桩以贯入度为控制，桩端标高为参考。当贯入度已达到而桩端标高未达到设计值时，应继续锤击 3 阵，按每阵 10 击的贯入度不大于设计规定值为准。施工控制贯入度应通过实验与有关单位会商确定。

需注意的是：建筑工程中的桩基多为低承台形式，承台需埋入地面一定深度。因此，桩体一般均需打入到桩架导杆以下。此时可采用与所打预制桩截面尺寸相同的送桩进行，送桩可用钢筋混凝土或钢材制作，长度应视桩顶标高而定。

3）接桩：当设计桩长过长时，由于受桩架和运输机械限制，通常将桩分节预制，再逐节沉桩，因此各桩节间需连接起来。桩的连接方法有焊接、法兰连接和硫磺胶泥锚接三种，前两种适用于各类土层；而硫磺胶泥锚接则适用于软土层，且接头承载力较低。

焊接法接桩的节点构造如图 2-16 所示。当下节桩打至桩顶离地面 1m 左右时，吊起上节桩开始接桩施工，上桩垂直对准下桩后，下落上节桩，经检查位置正确后，再由两人同时按对角对称的方法进行施焊，且应保证焊缝连续饱满。

法兰接桩法节点构造如图 2-17 所示。上下桩间通过法兰盘用螺栓连接起来，接桩速度快，一般用于预应力钢筋混凝土管桩。

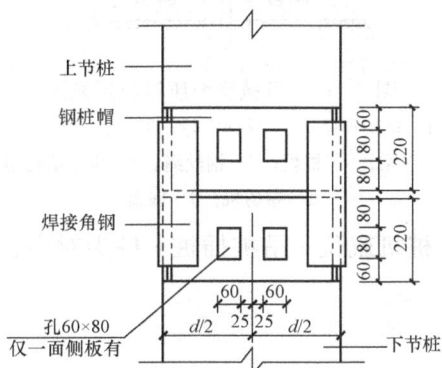

图 2-16　角钢绑焊接头构造示意图

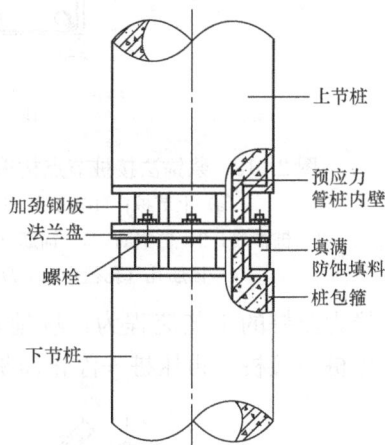

图 2-17　预应力管桩法兰接头构造示意图

浆锚法接桩节点构造如图 2-18 所示。上节桩下端伸出 4 根锚筋；下节桩顶上预留有 4 个锚筋孔，孔壁呈螺纹形，孔径为锚筋直径的 2.5 倍。而硫磺胶泥是一种热塑冷硬性胶结材料，由硫磺、水泥或石墨粉填充材料、砂和聚硫橡胶按一定比例配置而成。接桩时，先将上节桩对准下节桩，下落上节桩，使锚筋插入锚筋孔内，并结合紧密。再上提上节桩 200mm，然后将熔化的硫磺胶泥注满锚筋孔内和接头平面上，待硫磺胶泥冷却后，停歇 17min 以上，即可沉桩施工。

2. 静力压桩法

静力压桩是在软土地基上，利用机械或液压静力压桩机的自重及配重，产生无振动的静压力，将预制桩沉入土中的一种沉桩工艺。其优点是施工时无噪声、无振动、无空气污染，且静力压桩施工对桩身产生的应力小，所以可减少桩体钢筋用量，降低了工程成本。缺点是只适用于软土地基，若软土中存在厚度大于 2m 的中密以上砂层时，亦不宜采用静力压桩法。

机械静力压桩机是通过安置在压桩机底盘上的卷扬机、钢丝绳和压梁，将整个桩机的重量反作用于桩顶，使桩克服入土时的阻力而下沉，如图 2-19 所示。

液压静力压桩机如图 2-20 所示，其由液压起重机、液压夹持和压桩机构、短船行走及回转机构、液压系统、电控系统及压重等部分组成。压桩时，先通过液压起重机将预制桩吊入液压夹持机构内（图 2-20 中 2），调整桩垂直，用液压夹持机构夹紧，然后借助液压系统将夹持机构连同预制桩一起压入土中。

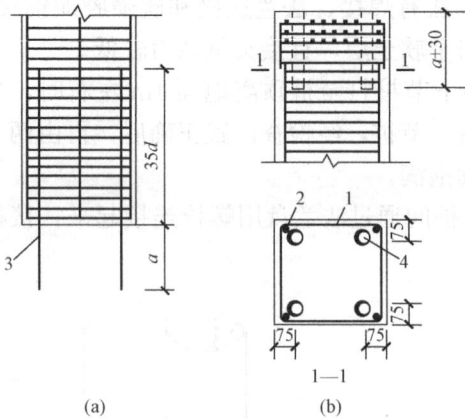

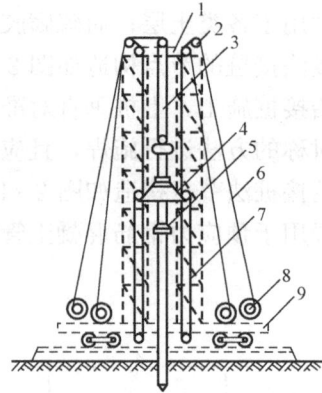

图 2-18　浆锚法接桩节点构造示意图
（a）上节桩；（b）下节桩
1—桩箍筋；2—桩主筋；3—锚筋（直径 d）；
4—锚筋孔（孔径为 2.5d）

图 2-19　机械静力压桩机示意图
1—桩架顶梁；2—导向滑轮；3—提升滑轮组；
4—压梁；5—桩帽；6—钢丝绳；7—压桩滑轮组；
8—卷扬机；9—底盘

静力压桩的工艺流程为：场地清理—测量定位—桩机就位—吊桩插桩—桩尖对中、调直—压桩—接桩—再压桩—停止压桩—送桩或截桩。

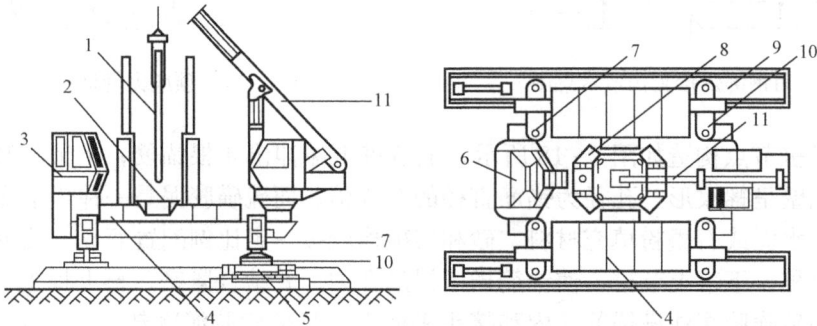

图 2-20　液压静力压桩机
1—桩体；2—夹持与压桩机构；3—操作室；4—配重铁块；
5—短船行走及回转机构；6—电控系统；7—液压系统；8—导向架；
9—长船行走机构；10—支腿式底盘结构；11—液压起重机

3. 振动沉桩法

振动沉桩法是借助固定于桩头上的振动沉桩机产生高频振动，使桩周土体产生液化，从而减少桩侧与土体间摩阻力，再靠振动桩锤和桩体自重将桩沉入土中。

振动沉桩机由电动机、弹簧支撑、偏心振动块和桩帽组成，如图 2-21 所示。振动桩锤内的偏心振动块分左右对称两组，其旋转速度相同，方向相反。工作时，偏心块旋转产生离心力的水平分力相互抵消，而垂直分力相互叠加，形成垂直方向上下振动力。由于桩头与振动桩锤通过桩帽刚性连接在一起，桩体亦沿垂直方向产生上下振动而沉桩。

振动沉桩法适用于松砂、粉质黏土、黄土和软土，不宜用于岩石、砾石和密实的黏性土层，也不适于打设斜桩。

4．水冲沉桩法

水冲沉桩法一般与锤击沉桩法联合使用。它是借助安装于桩身底部的射水管，通过高压水泵产生高压水流冲刷桩尖下土壤，从而减少桩身与土间摩阻力，使桩体在自重或锤击作用下，沉入土中。

水冲沉桩法适用于砂土和碎石土层，不能用于粗卵石和极坚硬的黏性土层。应注意的是水冲沉桩施工时，当桩体下落到最后1～2m，应停止射水，并改用锤击打至设计标高。

（五）钢管桩施工

钢桩材料强度高、承载力大，运输、断桩和接桩均很方便，因此虽耗钢量大、成本高，仍被广泛使用。常见的钢桩类型有钢管桩、H型钢桩和钢轨桩等，其中钢管桩使用比较普遍。

图 2-21　振动沉桩机
1—电动机；2—减速箱；
3—转动轴；4—偏心块；
5—箱体；6—桩帽；7—桩体

钢管桩一般由无缝钢管制成。为运输方便，分节长度通常不大于15m，若设计桩长过长需接桩时，宜用焊接的方法，焊接应对称进行，且应采用多层焊，各层焊缝接头应错开。运输钢管桩时，应防止桩体受撞击而损坏，钢管两端应设保护圈。钢管桩的堆放层数要求是：$\phi900$直径放置三层；$\phi600$直径放置四层；$\phi400$直径放置五层。

钢管桩的沉桩可采用锤击、振动、静力压桩和水冲等法。其施工工艺流程为：钢桩制作→场地清理→测设桩位→桩机就位→吊桩插桩→桩尖对中、调直→压桩→接桩→再压桩→停止压桩→送桩或截桩→质量检验。

二、灌注桩施工

（一）概述

混凝土灌注桩是指直接在施工现场采用机械或人工等方法成孔，孔内放置钢筋笼（也可不放置），再灌注混凝土所形成的桩基。根据成孔方法不同，一般可分为钻孔灌注桩、沉管灌注桩和人工挖孔灌注桩三类。其中钻孔灌注桩又分为干作业成孔灌注桩和泥浆护壁成孔灌注桩。常见灌注桩成孔方法和适用范围见表2-4。

表 2-4　　　　　　　　　常见灌注桩成孔方法和适用范围

类　型		成孔方法	适　用　范　围
钻孔灌注桩	干作业成孔	螺旋钻	地下水位以上的黏性土、粉土、填土、中等密实以上的砂土风化岩层
		钻孔扩底	
		机动洛阳铲（人工）	
	泥浆护壁成孔	冲抓	地下水位以下的碎石土、砂土、黏性土、粉土、强风化岩、软质与硬质岩
		冲击	地下水位以下的各类土层及风化岩、软质岩
		回转钻（正反循环）	地下水位以下的碎石类土、砂土、黏性土、粉土、强风化岩、软质与硬质岩
		潜水钻	地下水位以下的黏性土、粉土、淤泥、淤泥质土、砂土、强风化岩、软质岩

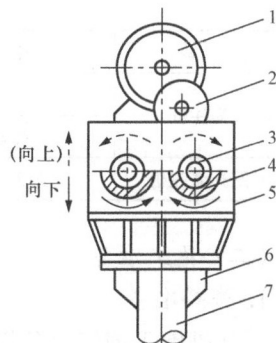

类　　　型	成孔方法	适　用　范　围
沉管灌注桩	锤击	黏性土、粉土、淤泥质土、砂土及填土
	振动	
人工挖孔灌注桩	人工成孔	同干作业成孔灌注桩

（二）施工准备

1. 资料准备

灌注桩施工前应具备以下资料：

（1）建筑场地工程地质资料和必要的水文地质资料；

（2）桩基工程施工图（包括同一单位工程中所有桩基础）及图纸会审记录；

（3）建筑场地和邻近区域内地下管线（管道、电缆）、地下构筑物、危房、精密仪器车间等的调查资料；

（4）主要施工机械及其配套设备的技术性能资料；

（5）桩基工程的施工组织设计或施工方案；

（6）水泥、砂、石、钢筋等原材料及其制品的质检报告；

（7）有关荷载、施工工艺的试验参考资料。

2. 场地准备

（1）为方便施工，灌注桩施工前应拆除场地内地下构筑物，迁移高架电线和地下管线；

（2）桩基施工用的临时设施，如供水、供电、道路、排水、临时房屋等，必须在施工前准备就绪；

（3）施工场地应进行平整处理；

（4）基桩轴线的控制点和水准基点应设置在不受施工影响的地方。

（三）一般施工规定

1. 成孔

（1）成孔设备就位规定：成孔设备就位后，必须平正、稳固，确保在施工中不发生倾斜、移动。为准确控制成孔深度，在桩架或桩管上应设置控制深度的标尺，以便在施工中进行观测记录。

（2）成孔控制深度的规定：灌注桩成孔深度的控制标准与桩型有关。对于摩擦桩是以设计桩长控制成孔深度；端承摩擦桩必须保证设计桩长及桩端进入持力层深度；采用锤击沉管法成孔时，桩管入土深度控制以桩端标高为主，以贯入度控制为辅。端承型桩中，当采用钻（冲）、挖掘成孔时，必须保证桩孔进入设计持力层的深度；当采用锤击沉管法成孔时，沉管深度控制以贯入度为主，以桩端持力层设计标高控制为辅。

（3）成孔施工的允许偏差：灌注桩成孔施工的允许偏差应满足有关要求。

（4）试成孔是为核对地质资料，检验设备、工艺及技术要求是否适宜，桩在施工前，宜进行"试成孔"。

2. 钢筋笼制作与安放

（1）钢筋笼制作应按设计要求进行。钢筋经除锈、调直和下料后，先在加劲筋上布置纵向主筋，以控制间距，将主筋与加劲筋焊接，再焊接箍筋，形成笼体。为了便于加工、吊装和运输，钢筋笼制作长度不宜超过 8m，较长者应分段制作。两端钢筋笼的连接宜采用焊接。

（2）主筋净距必须大于混凝土粗骨料粒径的三倍以上。主筋一般不设弯钩，根据施工工艺要求设置的弯钩不得向内圆伸露，以免妨碍导管施工。钢筋笼内径应比导管接头处外径大 100mm 以上。

（3）为防止钢筋笼在搬运、吊装和安放时变形，可每隔 2.0～2.5m 设置加劲筋一道，加劲筋宜设置在主筋外侧。

（4）混凝土灌注桩钢筋笼质量检验标准应符合有关规定。

钢筋笼制作好后，在运输、吊装过程中，可沿轴线方向于钢筋笼外侧或内侧安设铁、木支柱，以防止钢筋扭曲变形。笼体吊放入孔时，应对准孔位垂直缓慢地放入，避免碰撞孔壁。钢筋笼就位后，应立即采取措施固定好位置。钢筋笼主筋保护层的允许偏差，水下灌注混凝土桩应为±20mm；非水下灌注混凝土桩应为±10mm。

3. 混凝土灌注

灌注桩混凝土强度等级不应低于设计要求。所用粗骨料可选用碎石或卵石，其最大粒径不宜大于 50mm，并不得大于钢筋间距最小净距的 1/3；对于素混凝土桩，不得大于桩径的 1/4，并不宜大于 70mm。细骨料应选用洁净的中、粗砂。水下灌注时，混凝土坍落度宜为 160～220mm；干作业时，宜为 70～100mm。

混凝土灌注的方法有多种，当于孔内水下灌注时宜采用导管法；孔内无水或渗水量很小时的灌注宜用串管法；孔内无水或孔内虽有水，但能疏干时的灌注宜用短护筒直接投料法；大直径桩混凝土灌注宜用混凝土泵进行。

为控制混凝土灌注质量，桩身混凝土必须留有试块，直径大于 1m 的桩，每根桩应有 1 组试块，且每个浇筑台班不得少于 1 组，每组 3 件。混凝土的灌注充盈系数（桩身实际灌注混凝土体积与按设计桩身计算体积之比）必须大于 1。灌注后的桩顶标高应适当超过桩顶设计标高。

（四）沉管灌注桩

沉管灌注桩按施工方法不同，一般分为锤击沉管灌注桩和振动沉管灌注桩两种。它是利用锤击打桩法或振动打桩法，将带有活瓣桩尖或预制混凝土桩尖的钢管沉入土中，管内放入钢筋笼（也可不放），然后边灌注混凝土边锤击或振动拔管而成。施工程序是：桩机就位—沉入钢管—放钢筋笼—灌注混凝土—拔出钢管成桩。

1. 锤击沉管灌注桩

（1）施工机械设备。锤击沉管灌注桩成孔是利用落锤、蒸汽锤或柴油锤将钢管打入土中形成，如图 2-22 所示。其施工机械设备包括：桩架、由无缝钢管制成的桩管、桩锤、活瓣桩尖或预制钢筋混凝土桩尖组成。

（2）施工工艺。锤击沉管灌注桩施工方法一般有单打法和复打法。

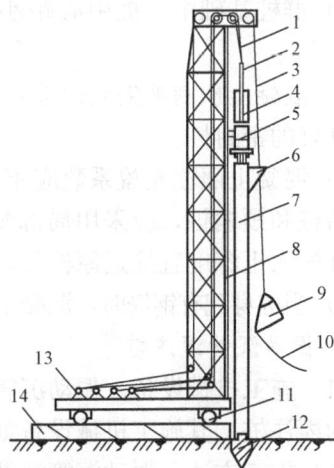

图 2-22　锤击沉管灌注桩机

1—桩锤钢丝绳；2—滑轮组；3—吊斗钢丝绳；

4—桩锤；5—桩帽；6—混凝土漏斗；7—桩管；

8—桩架；9—混凝土吊斗；10—回绳；

11—行驶钢管；12—桩尖；

13—卷扬机；14—枕木

　　1）单打法。先将桩机就位，利用卷扬机吊起桩管，垂直套入预先埋设在桩位上的预制钢筋混凝土桩尖上（采用活瓣桩尖时，需将活瓣合拢），借助桩管自重将桩尖垂直压入土中一定深度。预制桩尖与桩管接口处应垫以稻草绳或麻绳垫圈，以防地下水渗入桩管。检查桩管、桩锤和桩架是否处于同一垂线上，在确认桩管垂直度偏差不大于 5％后，即可于桩管顶部安设桩帽，起锤沉管。锤击时，宜先低锤轻击，观察桩管无偏差后，方进行正式施打，直至将桩管沉至设计标高或要求的贯入度。

　　桩管沉至设计标高后，应先检查桩管内有无泥浆和水进入，并确保桩尖未被桩管卡住，然后立即灌注混凝土。桩身配置钢筋时，第一次灌注混凝土应浇至钢筋笼底标高处，而后放置钢筋笼灌注混凝土。当混凝土灌满桩管后，即可上拔桩管，一边拔管，一边锤击混凝土。拔管速度应均匀，对一般土层以 1m/min 为宜；在软弱土层和软硬土层交界处，宜控制在 0.3～0.8m/min 以内。桩锤击打频率，对单动汽锤应不小于 50 次/min；落锤应不小于 40 次/min。拔管过程中，应继续向桩管内灌注混凝土，保持管内混凝土量略高于地面，直至桩管全部拔出地面为止。

　　2）复打法。单打法施工的沉管灌注桩有时易出现颈缩和断桩现象。颈缩是指桩身某部位进土，致使桩身截面缩小；断桩常见于地面下 1～3m 内软硬土层交界处，由打邻桩使土侧挤造成。因此，为保证成桩质量，避免颈缩和断桩现象产生，常采用复打法扩大灌注桩桩径，并可提高桩的承载力。

　　复打法施工是在单打法施工完毕并拔出桩管后，清除粘在桩管外壁上和散落在桩孔周围地面上的泥土，立即在原桩位上再次埋设桩尖，进行第二次沉管，使第一次灌注的混凝土向四周挤压扩大桩径，然后灌注混凝土，拔管成桩。施工中应注意使前后两次沉管轴线重合，复打施工必须在第一次灌注的混凝土初凝前完成。

　　（3）质量控制。

　　1）群桩基础中，桩中心距小于 4 倍桩径的桩基，应提出保证相邻桩桩身质量的技术措施。

　　2）混凝土预制桩尖或钢桩尖的加工质量和埋设位置应与设计相符，桩管和桩尖的接触应有良好的密封性。

　　3）混凝土灌注充盈系数应不小于 1.0；对充盈系数小于 1.0 的桩，宜全长复打，对可能的断桩和颈缩桩，应采用局部复打。成桩后桩身混凝土顶面标高应不小于 500mm。全长复打桩的入土深度宜接近原桩长，局部复打深度应超过断桩或颈缩区 1m 以上。

　　4）当桩身配有钢筋时，混凝土坍落度宜采用 80～100mm；素混凝土宜采用 60～80mm。

　　2. 振动沉管灌注桩

　　（1）施工机械设备。振动沉管灌注桩是采用激振器或振动冲击锤，将桩管沉入土中成孔而成的灌注桩。其施工机械设备如图 2-23 所示。

　　（2）施工方法。振动沉管灌注桩施工方法有单振法、反插法和复振法三种。

　　1）单振法。单振法施工宜采用预制桩尖，施工方法与锤击沉管灌注桩单打法基本相同。施工时，先将振动桩机就位，埋设好桩尖，起吊桩管并缓慢下沉，利用桩管自重将桩尖压入土中，当桩管垂直度偏差经检验不大于 5％后，即可启动激振器沉管。桩管沉至设计深度后便停止振动，立即灌注混凝土，混凝土灌注须连续进行。当混凝土灌满桩管时，先启动激振器 5～10s，然后开始拔管，应边振动边拔管。拔管速度，一般土层中宜为 1.2～1.5m/min，软弱土层中宜控制在 0.6～0.8m/min。拔管过程中，每拔起 0.5～1.0m，应停 5～10s 时间，但保持振动，如此反复进行，直至桩管全部拔出地面为止。

2）反插法。反插法施工的沉管方法与单振法相同，在桩管灌满混凝土后，也应先振动后拔管，但拔管速度应小于 0.5m/min，且每拔起 0.5～1.0m，需向下反插 0.3～0.5m。拔管过程中，应分段添加混凝土，保持管内混凝土面始终不低于地面或高于地下水位 1.0～1.5m 以上。如此反复进行，直至桩管全部拔出地面成桩。

3）复振法。施工方法与锤击沉管灌注桩的复打法相同，即完全拔出后，在进行打入。

振动沉管灌注桩的质量控制方法亦与锤击沉管灌注桩相同。

三、钻孔灌注桩施工

钻孔灌注桩施工主要分为干作业成孔灌注桩和泥浆护壁钻孔灌注桩。

（一）干作业成孔灌注桩

干作业成孔灌注桩是指在地下水位以上干土层中钻孔后形成的灌注桩。成孔用机械主要有螺旋钻孔机和机动洛阳铲挖孔机，在此主要介绍螺旋钻孔机。

1. 螺旋钻孔机

螺旋钻孔机由动力箱（内设电动机）、滑轮组、螺旋钻杆、龙门导架及钻头等组成，如图 2-24 所示。常用钻头类型有平底钻头、耙式钻头、筒式钻头和锥底钻头四种，如图 2-25 所示，钻头适用条件见表 2-5。

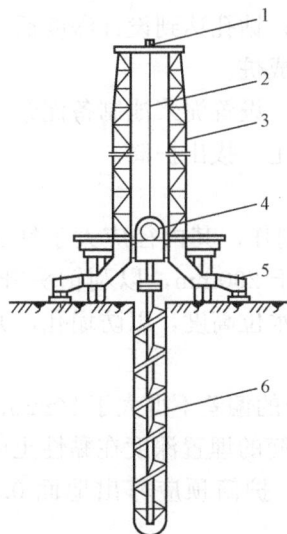

图 2-23　振动沉管灌注桩机
1—导向滑轮；2—滑轮组；3—激振器；
4—混凝土漏斗；5—桩管；6—加压钢丝绳；
7—桩架；8—混凝土料斗；9—回绳；
10—桩尖；11—缆风绳；12—卷扬机；
13—钢管；14—枕木

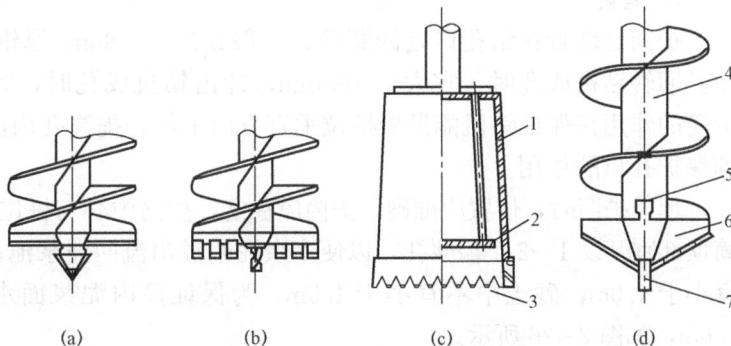

图 2-24　螺旋钻孔机示意图
1—导向滑轮；2—钢丝绳；
3—龙门导架；4—动力箱；
5—千斤顶支腿；6—螺旋钻杆

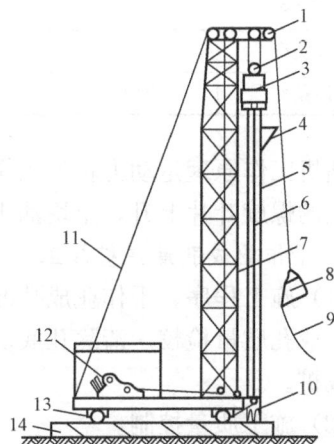

图 2-25　钻头类型示意图
（a）平底钻头；（b）耙式钻头；（c）筒式钻头；（d）锥底钻头
1—筒体；2—推土盘；3—八角硬质合金钻头；
4—螺旋钻杆；5—钻头接头；6—切削刀；7—导向尖

钻头类型	平底钻头	耙式钻头	筒式钻头	锥底钻头
适用条件	松散土层	杂填土	黏性土	钻混凝土、石块等硬物

表 2 - 5　　　　　　　　　　钻头适用条件表

钻机工作原理是动力箱带动螺旋钻杆旋转，钻头向下切削土层，切下的土块自动沿整个钻杆上的螺旋叶片上升，土块涌出孔外后成孔。

2. 干作业成孔灌注桩施工

(1) 施工程序。干作业成孔灌注桩施工程序是：场地清理—测设桩位—钻机就位—取土成孔—成孔质量检校—清除孔底沉渣—安放钢筋笼—安置孔口护孔漏斗—浇筑混凝土—拔出漏斗成桩。

(2) 施工质量控制。

1) 钻杆应保持垂直稳固、位置正确，防止因钻杆晃动引起扩大孔径；

2) 钻进速度应根据电流值变化及时调整；

3) 钻进过程中，应随时注意清理孔口积土，遇到有地下水、塌孔、缩孔等异常情况时，应及时处理；

4) 成孔达到设计深度后，孔口应予以保护，并按有关规定验收；

5) 浇筑混凝土前，应先放置孔口护孔漏斗，随后放置钢筋笼并测量孔内虚土厚度。浇筑桩顶以下 5m 范围内混凝土时，应随浇随振动，每次浇筑高度应不大于 1.5m。

(二) 泥浆护壁成孔灌注桩

1. 施工程序

泥浆护壁成孔灌注桩在钻孔过程中，为防止孔壁坍塌，于孔内注入泥浆护壁；钻孔的土屑与护壁泥浆混合后，通过循环泥浆的流动，被携带出孔外成孔；钻孔达到设计深度后，清除孔底泥渣，然后安放绑扎好的钢筋笼，在泥浆下灌注混凝土而成桩。

其施工程序是：场地清理—测设桩位—埋设护筒—桩机就位—设置泥浆池制备泥浆—钻机成孔—泥浆循环流动清渣—清孔—安放钢筋笼—灌注水下混凝土—拔出护筒。

2. 埋设护筒

护筒是埋置在钻孔口处的圆筒，一般是用 4～8mm 厚钢板制作，其内径应大于钻头直径，回转钻机成孔时，宜大于 100mm；冲击钻机成孔时，宜大于 200mm，以利钻头升降。护筒的作用是保证钻机能沿着桩位垂直方向工作，提高孔内泥浆水位高度，以防塌孔，并起到保护孔口的作用。

埋设护筒时，位置应准确，护筒应稳定，护筒中心与桩位中心的偏差不得大于 50mm；护筒顶部宜开设 1～2 个溢浆孔，以便多余泥浆溢出流回泥浆池；护筒的埋置深度在黏性土中不宜小于 1.0m，砂土中不宜小于 1.5m，为保证筒内泥浆面水头，护筒顶应露出地面 0.4～0.6m，如图 2 - 26 所示。

3. 泥浆制备

制备泥浆可采用两种方法，黏性土中成孔时，可于孔中直接注入清水，钻机钻削下来的土屑与清水混合后，即可自行造浆；其他土层中成孔时，应以高塑性黏土或膨胀土为原料，在桩孔外泥浆池中用水调制。

泥浆的作用是将孔内不同深度土层中的孔隙渗填密实，使孔内漏水减少到最低限度，保持孔内维持较稳定的液体压力，以防塌孔。泥浆循环排土时，还起着携渣、冷却和润滑钻头、减少钻进阻力的作用。

为平衡土中地下水对孔壁产生的侧向压力，护筒内的泥浆面应高出地下水位面 1.0m 以上，在受水位涨落影响时，泥浆面应高出地下水位面 1.5m 以上，如图 2-26 所示。泥浆比重应控制在 1.1～1.15 间。

4. 成孔及成孔质量控制

泥浆护壁成孔灌注桩有潜水钻机成孔、回转钻机成孔、冲击钻机成孔和冲抓钻机成孔等多种方式，在此主要介绍潜水钻机成孔和冲击钻机成孔。

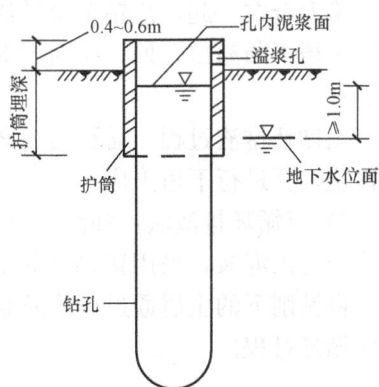

图 2-26 护筒埋设示意图

(1) 潜水钻机成孔。潜水钻机由潜水电钻、钻头、钻杆、桩架、卷扬机等组成，如图 2-27 所示。潜水电钻是将防水电机和齿轮减速器安置在具有绝缘及密封装置的钢制外壳内形成，属钻机主要工作部分，它与钻头紧密连接在一起，所以两者能共同潜入水下工作。钻头形式常用笼式钻头（图 2-28），当遇孤石或旧基础钻进时，可用筒式钻头 [图 2-25 (c)] 进行。

潜水钻机成孔是利用潜水电钻和钻头共同组成的专用钻具，潜进注有护壁泥浆的孔内作业，钻削下来的土屑通过泥浆的循环流动，被带出孔外而成孔。钻进时，先将钻具与钢丝绳通过钻杆连接，借助卷扬机吊起钻具对准护筒中心，钻具下放至土面后，先开始空转，待注入护壁泥浆后，再向下钻进，直至达到设计深度而成孔。

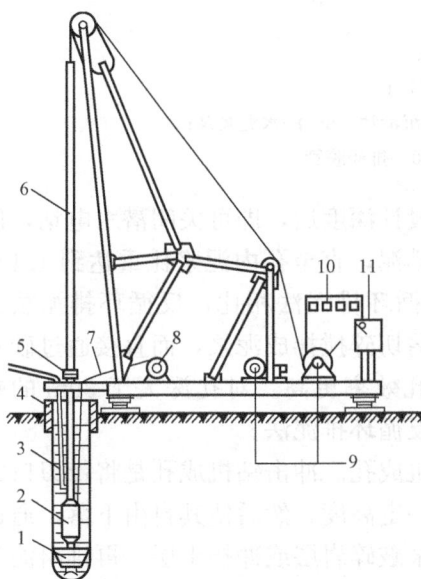

图 2-27 潜水钻机示意图

1—钻头；2—潜水电钻；3—水管；4—护筒；5—支点；6—钻杆；7—电缆线；8—电缆盘；9—卷扬机；10—电流电压表；11—启动开关

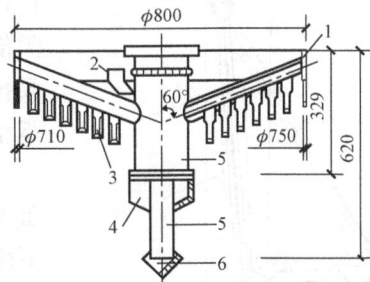

图 2-28 笼式钻头 (φ800，潜水钻用)

1—护圈；2—钩爪；3—腋爪；4—小爪；5—岩芯管；6—钻尖

钻削下来的土屑混合进护壁泥浆后，通过泥浆循环流动被带出孔外。泥浆循环流动方式有正循环和反循环两种。

1) 正循环排渣法：如图 2-29 (a) 所示，当设在泥浆池中的潜水泥浆泵，将泥浆和清水从位于钻机中心的送水管射向钻头后，下放钻杆至土面钻进，钻削下来的土屑被钻头切碎，与泥浆混合在一起，待钻至设计深度后，潜水电钻停转，但泥浆泵仍继续工作。因此，泥浆携带土屑不断溢出孔外，流向沉淀池，土屑沉淀后，多余泥浆再溢向泥浆池，形成排渣正循环过程。

正循环排渣过程，需孔内泥浆比重达到 1.1～1.15 后，方可停泵提升钻机，然后钻机迅速移位，再进行下道工序。

2）反循环排渣法：如图 2-29（b）所示，排渣应用砂石泵与潜水电钻连接。钻进时先向孔中注入泥浆，采用正循环钻孔，当钻杆下降使砂石泵叶轮位于孔口以下时，启动砂石泵，将钻削下的土屑通过排渣胶管排至沉淀池，土屑沉淀后，多余泥浆溢向泥浆池，形成排渣反循环过程。

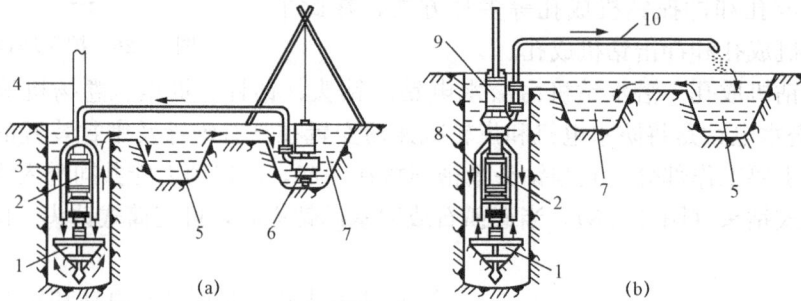

图 2-29　循环排渣方式

（a）正循环排渣；（b）反循环排渣

1—钻头；2—潜水电钻；3—送水管；4—钻杆；5—沉淀池；6—潜水泥浆泵；
7—泥浆池；8—抽渣管；9—砂石泵；10—排渣胶管

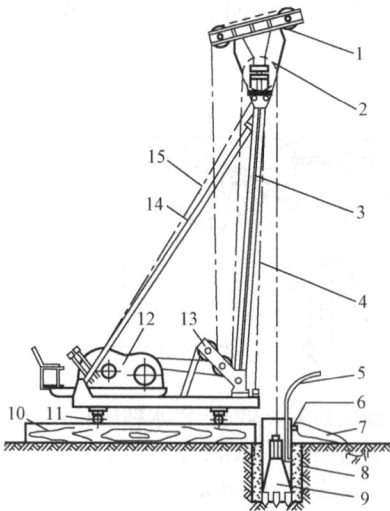

图 2-30　冲击钻机示意图

1—副滑轮；2—主滑轮；3—主杆；4—前拉索；
5—供浆管；6—溢流口；7—泥浆渡槽；
8—护筒回填土；9—钻头；10—垫木；
11—钢管；12—卷扬机；13—导向轮；
14—斜撑；15—后拉索

钻机钻孔至设计深度后，即可关闭潜水电钻，但砂石泵仍需继续排泥，直至孔内泥浆比重达到 1.1～1.15 为止。与正循环排泥法相比，反循环排泥法无需借助钻头将土屑切碎搅拌成泥浆，而直接通过砂石泵排土，因此钻孔效率更高。对孔深大于 30m 的端承型桩，宜采用反循环排泥法。

（2）冲击钻机成孔。冲击钻机成孔是将带刃口的重型钻头提升到一定高度，然后使其自由下落，通过下落时的冲击力来破碎岩层或冲挤土层，再排出泥渣成孔，如图 2-30 所示。

冲击钻机成孔时，应低锤密击，如表土为淤泥、细砂等软弱土层，可加黏土块夹小片石反复冲击造壁，孔内泥浆面应保持稳定，且每钻进 4～5m 深度应验孔一次。进入基岩后，应低锤冲击或间断冲击，如发现偏孔，应回填片石至偏孔上方 30～500mm 处，然后重新冲孔，每钻进 100～500mm 应清孔取样一次。

冲击成孔钻机在不同土层、岩层中钻进时，冲击能量（冲程）和泥浆的选用应符合表 2 - 6 的规定。

表 2 - 6　　　　　　　　　　**冲击成孔冲程和泥浆选用表**

适 用 土 层	冲程和泥浆的选用
在护筒刃脚以下 2m 以内	小冲程 1m 左右，泥浆比重 1.2～1.5，软弱层投入黏性土块夹小片石
黏性土层	中、小冲程 1～2m，泵入清水或稀泥浆，经常清理钻头上的泥块
粉砂或中粗砂层	中冲程 2～3m，泥浆比重为 1.2～1.5，投入黏性块，勤冲勤出渣
砂卵石层	中、高冲程 2～4m，泥浆比重 1.3 左右，勤出渣
软弱土层或塌孔回填重钻	小冲程反复冲击，加黏土块夹小片石，泥浆比重 1.3 左右，勤出渣

5. 清孔

当钻孔达到设计深度后，应及时进行孔底清理。清孔目的是清除孔底沉渣和淤泥，控制循环泥浆比重，为水下混凝土灌注创造条件。

清孔时，对利用黏性土自行造浆的钻孔，当钻孔达到设计深度后，可使钻机空转不钻进，同时射水，待孔底沉渣磨成泥浆后，再通过泥浆循环流动排出孔外；对在孔外泥浆池中制备泥浆的钻孔，宜采用泥浆循环清孔。清孔后，孔底 500mm 以内泥浆比重应小于 1.25，含砂率不大于 8%，孔底残留沉渣厚度应符合下列规定：

(1) 端承桩≤50mm；

(2) 摩擦端承桩、端承摩擦桩≤100mm；

(3) 摩擦桩≤300mm。

桩位清孔符合要求后，应立即吊放钢筋笼，再灌注混凝土。

6. 灌注水下混凝土

(1) 混凝土配合比。泥浆护壁成孔灌注桩混凝土灌注是在泥浆中进行，故亦称水下混凝土灌注。水下混凝土必须具备良好的和易性，配合比宜通过试验确定，坍落度应控制在 180～220mm 间。其中，水泥用量应不小于 360kg/m³，粗骨料最大粒径应小于 40mm，细骨料宜采用中粗砂。为改善和易性和缓凝，水下混凝土可掺入减水剂、缓凝剂和早强剂等外加剂。

(2) 主要机具。水下混凝土灌注的主要机具有导管、漏斗和隔水栓。

灌注混凝土用导管一般由无缝钢管制成，壁厚不小于 3mm，直径宜为 200～250mm，直径制作偏差不应超过 2mm。导管的分节长度视工艺要求确定，底管长度不宜小于 4m，两导管接头宜采用法兰或双螺纹方扣快速接头，接头连接要求紧密，不得漏浆、漏水，如图 2 - 31 所示。

为方便混凝土灌注，导管上方一般设有漏斗。漏斗可用 4～6mm 钢板制作，要求不漏浆、不挂浆。

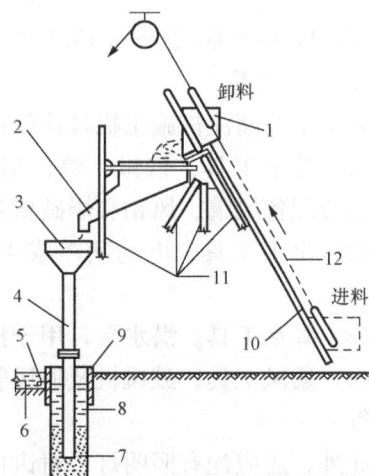

图 2 - 31　水下混凝土灌注示意图

1—进料斗；2—储料斗；3—漏斗；
4—导管；5—护筒溢浆孔；6—泥浆池；
7—混凝土；8—泥浆；9—护筒；10—滑道；
11—桩架；12—进料斗上行轨迹

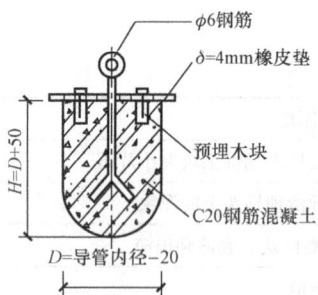

图 2-32　混凝土隔水栓示意图

隔水栓为设在导管内阻隔泥浆和混凝土直接接触的构件。隔水栓常用混凝土制作，呈圆柱形，直径比导管内径小 20mm，高度比直径大 50mm，顶部采用橡胶垫圈密封，如图 2-32 所示。

（3）混凝土灌注。混凝土灌注前，先将安装好的导管吊入桩孔内，导管顶部应高出泥浆面，且于顶部连接好漏斗；导管底部至孔底距离 0.3～0.5m，管内安设隔水栓，通过细钢丝悬吊在导管下口。

灌注混凝土时，先在漏斗中储藏足够数量的混凝土，剪断隔水栓提吊钢丝后，混凝土在自重作用下同隔水栓一起冲出导管下口，并将导管底部埋入混凝土内，埋入深度应控制在 0.8m 以上。然后连续灌注混凝土，相应地不断提升导管和拆除导管，提升速度不宜过快，应保证导管底部位于混凝土面以下 2～6m，以免断桩。当灌注接近桩顶部位时，应控制最后一次灌注量，使得桩顶的灌注标高高出设计标高 0.5～0.8m，以满足凿除桩顶部泛浆层后桩顶标高能达到其设计值。凿桩头后，还必须保证暴露的桩顶混凝土强度达到其设计值。

四、人工挖孔桩施工

人工挖孔灌注桩是指在设计桩位处采用人工挖掘方法进行成孔，然后安放钢筋笼，灌注混凝土所形成的桩。其施工特点是：设备简单；成孔作业时无噪声和振动，无挤土现象；施工速度快，可同时开挖若干个桩孔；挖孔时，可直接观察土层变化情况，孔底沉渣清除彻底，施工质量可靠。但施工时人工消耗量大，安全操作条件差。

人工挖孔灌注桩构造如图 2-33 所示。通常桩内径 d 应不小于 800mm，以便人工挖土；桩底扩大端尺寸应满足 $D \leqslant 3d$，$\dfrac{D-d}{2} : h = 0.33 \sim 0.5$，$h_1 \geqslant (D-d)/4$，$h_2 = (0.10 \sim 0.15)D$ 的要求。

1. 施工机具

人工挖孔灌注桩施工机具比较简单，主要有以下几种：

（1）挖土工具。铁锹、镐、钢钎和铁锤。当挖掘岩石时，还应配备风镐、风钻和爆破材料。

（2）出土工具。电动葫芦或手摇辘轳、提土桶及三脚支架。

（3）降水工具。潜水泵，用于抽出桩孔内积水。

（4）通风工具。鼓风机及输风管，用于向桩孔中输送新鲜空气。

此外，还应配有照明灯、对讲机、电铃及护壁模板等。

2. 施工工艺

人工挖孔灌注桩施工时，为确保挖孔安全，必须采取支护措施防止土壁坍塌。支护方法有：现浇混凝土护壁、喷射混凝土护壁、砖护壁和钢套管护壁等多种。下面以应用较广的现浇混凝土护壁为例，介绍人工挖孔灌注桩的施工工艺。

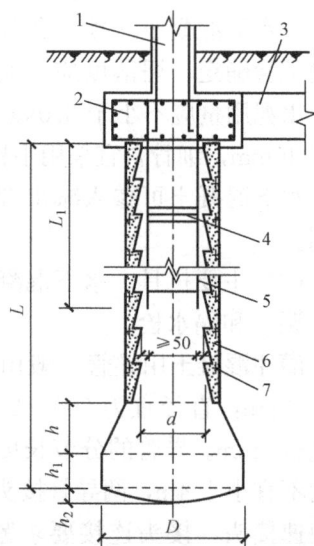

图 2-33　人工挖孔桩构造图
1—柱；2—承台；3—地梁；4—箍筋；
5—主筋；6—护壁；7—护壁插筋；
L_1—钢筋笼长度；L—桩长

（1）按设计图纸测设桩位、放线。

（2）开挖桩孔土方。采取人工分段开挖的形式，每段高度取决于土壁保持直立状态而不坍塌的能力，一般取 0.5～1m 为一施工段，开挖直径为设计桩芯直径 d 加 2 倍护壁厚度。现浇混凝土护壁厚度一般应不小于 $\left(\dfrac{d}{10}+5\right)$cm，且有 1：0.1 的坡度。

（3）支设护壁模板。模板高度取决于开挖桩孔土方施工段高度，一般为 1m，由 4～8 块活动钢模板（或木模板）组合而成。

（4）在模板顶部安设操作平台。平台可用角钢和钢板制成的两个半圆形合在一起形成，其置于护壁模板顶部，用以临时放置料具和浇筑护壁混凝土。

（5）浇筑护壁混凝土。护壁混凝土起着防止孔壁坍塌和防水的双重作用，因此混凝土应捣实。通常第一节护壁顶面应比场地高出 150～200mm，壁厚上端比下端宽 100～150mm。上下节护壁的搭接长度应不小于 50mm。

（6）拆除模板进行下段施工。护壁混凝土在常温下经 24h 养护（强度达到 1.0MPa）后，可拆除模板，开挖下一段桩孔土方。

开挖过程中，应保证桩孔中心线的平面位置偏差始终不大于 20mm，偏差经吊放锤球等方法检验合格后，再支设模板，浇筑混凝土，如此反复进行。桩孔挖至设计深度后，还应检查孔底土质是否符合设计要求，然后将孔底挖成扩大头，清除孔底沉渣。

（7）吊放钢筋笼、浇筑桩身混凝土。桩孔内渗水量不大时，应用潜水泵抽取孔内积水，然后立即浇筑混凝土，混凝土宜通过溜槽下落，在高度超过 3m 时，应用串筒，串筒末端离孔底高度不宜大于 2m。若桩孔内渗水量过大，积水不易排干，则应用导管法浇筑水下混凝土。当混凝土灌至钢筋笼底部设计标高后，开始吊放钢筋笼，再继续浇筑桩身混凝土而成桩。

五、桩基工程检测与验收

（一）成孔垂直度检测

成孔垂直度检测一般采用钻杆测斜法、测锤（球）法及测斜仪等方法。

（1）钻杆测斜法。将带有钻头的钻杆放入孔内到底，在孔口处的钻杆上装一个与孔径或护筒内径一致的导向环，使钻杆保持在桩孔中心线位置上。然后将带有扶正圈的钻孔测斜仪下入钻杆内，分点测斜，检查桩孔偏斜情况。

（2）测锤法。在孔口沿钻孔直径方向设标尺，标尺中点与桩孔中心吻合，将锤球系于测绳上，量出滑轮到标尺中心距离。将球慢慢送入孔底，待测绳静止不动后，读出测绳在标尺上的偏距，由此求出孔斜值。该法精度较低。

（二）孔径检测

孔径检测一般采用声波孔壁测定仪及伞形、球形孔径仪和摄影（像）法等测定。

1. 声波孔壁测定仪

声波孔壁测定仪可以用来检测成孔形状和垂直度。测定仪由声波发生器、发射和接收探头、放大器、记录仪和提升机构组成。

声波发生器主要部件是振荡器，振荡器产生一定频率的电脉冲，经放大后由发射探头转换为声波，多数仪器振荡频率是可调的，取得各种频率的声波以满足不同检测要求。

放大器将接收探头传来的电信号进行放大、整形和显示，也可将信号输入计算机进行谱分析或进一步计算处理，或者将波形通过记录仪绘图。

图 2-34 是声波孔壁测定仪检测装置，将探头固定在方形底盘 4 个角上，底盘是钢制的，通过两个定滑轮、钢丝绳和提升机构连接，两个定滑轮对钢丝绳的约束作用，以及底盘的自重，使探头在下降或提升过程中不会扭转，稳定探头方位。

钻孔孔形检测时安装 8 个探头，底盘 4 个角各安装 1 个发射探头和 1 个接收探头，可以同时测定正交两个方向形状。

探头由无级变速电动卷扬机提升或下降，它和热敏刻痕记录仪的走纸速度是同步的，或成比例调节，所以探头每提升或下降一次，可以自动在记录纸上连续绘出孔壁形状和垂直度（图 2-35），当探头上升到孔口或下降到孔底都设有自动停机装置，防止电缆和钢丝绳被拉断。

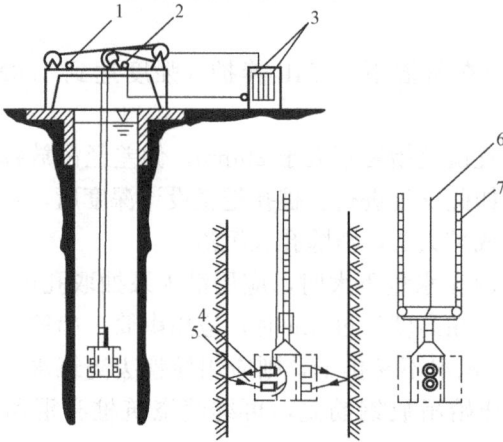

图 2-34 声波孔壁测定仪
1—电机；2—走纸速度控制器；3—记录仪；
4—发射探头；5—接收探头；6—电缆；7—钢丝绳

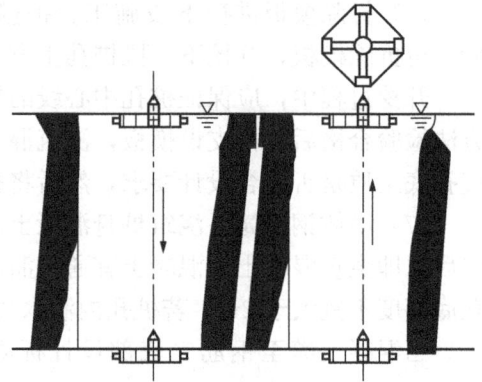

图 2-35 孔壁形状和偏斜

2. 井径仪

井径仪由测头、放大器和记录仪三部分组成［图 2-36（a）］，它可以检测直径为 0.08～0.6m、深数百米的孔，当将测量腿加大后，最大可检测直径 1.2m 的孔。

测头是机械式［图 2-36（b）］，当测头放入测孔之前，四条测腿合拢并用弹簧锁住，测头放入孔内，靠测头本身自重往孔底一墩，四条腿像自动伞一样立刻张开。测头往上提升时，由于弹簧力作用，腿端部紧贴孔壁，随着孔壁凹凸不平状态相应张开或收拢，带动密封筒内的活塞杆上下移动，从而使四组串联滑动电阻来回滑动。将电阻变化变为电压变化，信号经放大后，可用数字显示或记录仪记录，显示的电压值和孔径建立关系，当用静电影响记录仪记录时，可自动绘出孔壁形状。

井径仪四条腿靠弹簧弹力张开，如果孔壁是软弱土层，应注意腿端易插入土中引起检测误差。

（三）孔底沉渣厚度检测

对于泥浆护壁成孔灌注桩，假如灌注混凝土之前，孔底沉渣太厚，不仅会影响桩端承载力的正常发挥，也会影响桩侧阻力的正常发挥，从而大大降低桩的承载能力。因此，《建筑桩基技术规范》（JCJ 94—2008）规定：泥浆护壁成孔灌注桩在浇筑混凝土前，孔底沉渣厚度应满足以下要求。

端承型桩≤50mm；摩擦型桩≤100mm；抗拔、抗水平力桩≤300mm。

目前孔底沉渣厚度测定方法还不够成熟，以下介绍几种工程中使用的方法。

1. 垂球法

垂球法为工程中最常用的简单测定孔底沉渣厚度的方法。一般根据孔深、泥浆比重，采用质量为1~3kg的金属垂球，顶端是上测绳，将球慢慢沉入孔内，凭手感判断沉渣顶面位置，其施工孔深和量测孔深之差即为沉渣厚度。测量要点是每次测定后须立即复核测绳长度，以消除由于垂球或浸水引起测绳伸缩从而产生的测量误差。

2. 电容法

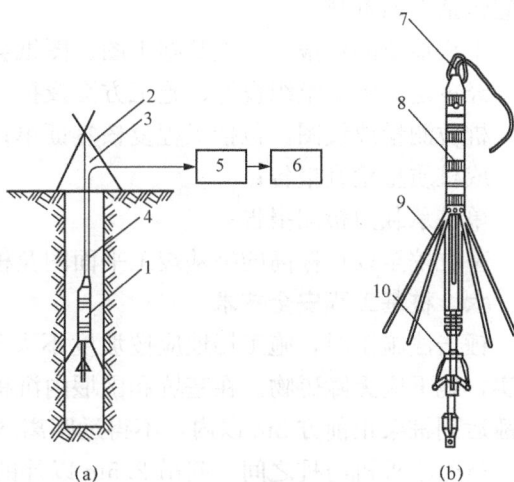

图 2-36 井径仪
(a) 井径仪检测装置；(b) 测头
1—测头；2—三脚架；3—钢丝绳；4—电缆；
5—放大器；6—记录仪；7—电缆；8—密封筒；
9—测腿；10—锁腿装置

电容法沉渣测定原理是当金属两极板间距和尺寸固定不变时，其电容量和介质的电解率成正比关系。水、泥浆和沉渣等介质的电解率有较明显差异，从而由电解率的变化量测定沉渣厚度。

仪器由测头、放大器、蜂鸣器和电机驱动源等组成（图2-37）。测头装有电容极板和小型电机，电机带动偏心轮可以产生水平振动。一旦测头极板接触到沉渣表面，蜂鸣器发出响声，同时面板上的红灯亮，当依靠测头重不能继续沉入沉渣深处时，可开启电机使水平激振器产生振动，将测头沉入更深部位。沉渣厚度为施工孔深和电容突然减小时的孔深之差。

3. 声纳法

声纳法测定沉渣厚度是通过以声波在传播中遇到不同介质产生反射而制成的测定仪来实现的。测定仪的同一个测头具有发射和接收声波的功能，声波遇到沉渣表面时，部分声波被反射回来由接收探头接收，发射到接收的时间差为 t_1，部分声波穿过沉渣厚度直达孔底原状土后产生第二次反射，得到第二个反射时间差 t_2，则沉渣厚度为

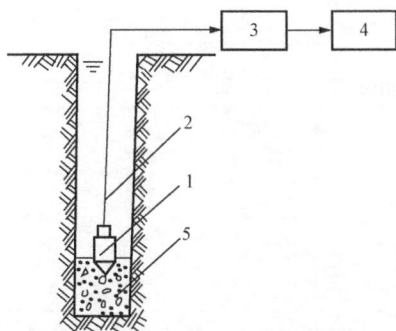

图 2-37 电容法沉渣测定仪
1—测头；2—电缆；3—驱动电源；
4—指示器；5—沉渣

$$H = \frac{t_2 - t_1}{2} C$$

式中　　H——沉渣厚度，m；

C——沉渣声波波速，m/s；

t_1、t_2——时间，s。

（四）桩基验收资料

当桩顶设计标高与施工场地标高相近时，桩基工程的验收应待成桩完毕后进行；当桩顶设计标高低于施工场地标高时，应待开挖到设计标高后进行验收。桩基验

收应包括下列资料：

　　工程地质勘察报告、桩基施工图、图纸会审纪要、设计变更单及材料代用通知单等；

　　经审定的施工组织设计、施工方案及执行中的变更情况；

　　桩位测量放线图，包括工程复核签证单；

　　成桩质量检查报告；

　　单桩承载力检测报告；

　　基坑挖至设计标高的桩基竣工平面图及桩顶标高图。

六、桩基工程安全技术

　　锤击法施工时，施工场地应按坡度不大于 1% 、地耐力不小于 85kPa 的要求进行平整、压实，地下应无障碍物。在基坑和围堰内沉桩，要配备足够的排水设备。桩锤安装时，应将桩锤运到桩架正前方 2m 以内，不得远距离斜吊。用桩机吊桩时，必须在桩上拴好溜绳，严禁人员处于桩机与桩之间。起吊 2.5m 以外的混凝土预制桩，应将桩锤落在下部，待桩吊近后，方可提升桩锤。严禁吊桩、吊锤、回转或行驶同时进行。卷扬机钢丝绳应经常处于油膜状态，防止硬性摩擦，钢丝绳的使用及报废标准应按有关规定执行。遇有大雨、雪、雾和六级以上大风等恶劣天气，应停止作业。当风速超过七级或有强台风警报时，应将桩机顺风停置，并增加缆风绳，必要时，应将桩架平放到地面上。施工现场电器设备外壳必须保护接零，开关箱与用电设备实行一机一闸一保险。

　　钻孔法施工时，应检查有无卡杆现象，起吊钢丝是否牢固，卷扬机刹车是否完好，信号设备是否明显。钻孔桩的孔口必须加盖。成桩附近严禁堆放重物。施工过程中应随时查看桩机施工附近地面有无开裂现象，防止机架和护筒等发生倾斜或下沉。每根桩的施工应连续进行，如因故停机，应及时提上钻具，保护孔壁，防止造成塌孔事故。

　　人工挖孔法施工时，井下应设通风设施，工人下井时应携带有害气体测定仪，电气设备要装安全漏电保护开关等。井下照明应采用安全矿灯或 12V 以下的安全照明电压。对易坍孔土层采取可靠的护壁措施。经常检查桩孔护壁施工质量和变形情况。对运土吊筐经常检查其质量，并检查吊绳是否扎牢，以防掉土、掉石砸伤井下施工人员。对挖土施工作业的设备应经常检查，摇把质量、滑轮、吊绳等应定期检查，防止断落、脱落等可能发生的事故。井口护圈应高出井口面 200mm ，并防止物件掉入桩孔砸伤井下人员。

思　考　题

1. 地基处理的目的是什么？常用的地基处理方法有哪些？

2. 地基处理方法一般有哪几种？各有什么特点？

3. 试述地基局部处理与加固的原则和方法。

4. 换填法的材料要求及施工要点有哪些？

5. 简述灰土垫层的适用情况与施工要点。

6. 简述砂石垫层的适用情况与施工要点。

7. 简述强夯的地基加固机理。

8. 钢筋混凝土预制桩在制作、起吊、运输和堆放过程中各有什么要求？

9. 摩擦型桩和端承型桩受力上有何区别？施工中应如何控制？

10. 应用最广泛的桩锤是哪种？打桩的桩锤选用条件是什么？

11. 打桩顺序有哪些？如何确定打桩顺序？

12. 接桩方法有哪些？各适用于什么情况？

13. 简述灌注桩的施工方法。

14. 试述正循环、反循环钻孔灌注桩的应用条件。

15. 套管成孔灌注桩的成孔方法有哪些？

16. 打桩对周围环境有什么影响？如何防止？

17. 预制桩和灌注桩各有什么优缺点？

18. 静力压桩有何特点？适用范围如何？施工时应注意哪些问题？

19. 泥浆护壁中，泥浆的作用是什么？

20. 人工挖孔桩有什么特点？施工中应注意哪些问题？

21. 灌注桩施工时护筒的作用是什么？埋设时有哪些要求？

第三章 砌筑与脚手架工程

本章要点

砌体工程对砌筑砂浆的材料要求和拌制要求，以及使用要求；掌握砖基础、砖砌体、中小型砌块、框架填充墙的砌筑要求及砌筑形式和构造要求，以及各种砌体的施工工艺、施工要点；掌握脚手架的种类、基本构成和搭设要求；了解常见的砌体运输机械和基本技术要求。

基本要求及重点、难点

(1) 熟悉砌筑砂浆的种类、材料要求和拌制、使用要求。

(2) 熟悉普通砖砌体的施工步骤、组砌形式、组砌要求及接槎要求。

(3) 了解配筋砖砌体的施工方法和基本要求。

(4) 掌握中小型砌块砌筑和框架填充墙的构造要求。

(5) 熟悉外脚手架的搭设要求，对其他脚手架作一般了解。

·重点：砌筑砂浆的拌制和使用要求；普通砖砌体的施工步骤、组砌形式、组砌要求及接槎要求；小型砌块砌筑和框架填充墙的构造要求和外脚手架的搭设要求。

·难点：小型砌块砌筑和框架填充墙的构造要求和外脚手架的搭设要求。

·深度和广度：能够根据工程实际制订砌体施工方案，并对砌体质量进行施工管理和检查，以及安全管理。能够对脚手架搭设进行质量检查。

第一节 砌筑工程基本知识

一、砌筑材料

1. 砌筑砂浆

砌筑砂浆包括水泥砂浆、石灰砂浆和混合砂浆等。水泥砂浆和混合砂浆宜用于砌筑潮湿环境，以及强度要求较高的砌体，对于湿土中的砖石基础一般只采用水泥砂浆。因为水泥为水硬性胶凝材料，不但能在潮湿的环境中结硬，增长强度，而且还可以更好地在水中结硬。

石灰砂浆宜砌筑干燥环境砌体和干土中的基础及强度要求不高的砌体，因为石灰是气硬性胶凝材料，在干燥的环境中吸收空气中的二氧化碳结硬；相反，在潮湿的环境中，石灰膏不但难以结硬，还会出现溶解流散的现象。

在一般情况下，砖石基础采用 M5 的水泥砂浆；多层房屋的墙采用 M2.5 或是 M5 混合砂浆；砖拱、砖柱及钢筋砖过梁等采用 M5、M10 水泥砂浆；二层楼房及平房一般采用石灰砂浆等。具体仍由设计决定。

砌筑砂浆的强度等级分为 M2.5、M5、M7.5、M10、M15、M20。

砂浆的拌制除砂浆用量少时可用人工拌制外，一般应用出料容积为 200L 或 350L 砂浆搅拌机进行拌制，砂浆搅拌机可选用活门卸料式、倾翻卸料式、立式等，要求搅拌均匀。搅拌时间从投料完算起，应符合下列规定：

（1）水泥砂浆和水泥混合砂浆不得少于 2min。

（2）水泥粉煤灰砂浆和掺用外加剂的砂浆不得少于 3min。

（3）掺有有机塑化剂的砂浆应为：3～5min，或按有关规定执行。

（4）预拌砂浆及蒸压加气混凝土砌块专用砂浆按照厂方提供的说明书确定。

砂浆应随拌随用。水泥砂浆和水泥混合砂浆必须分别在拌成后 3h 和 4h 内使用完毕；当施工期间气温超过 30℃时，必须分别在拌成后 2h 和 3h 内使用完。掺有缓凝剂的砂浆，使用时间可根据具体情况延长。

砂浆拌成后和使用时均应盛入储灰槽中。如砂浆出现泌水现象，应在砌筑前再次拌和，恢复流动性后方可使用。

砂浆适宜稠度（流动性）的选择，主要是根据墙体材料的不同和气候条件而定，见表 3-1。

表 3-1　　　　　　　　　　砌筑砂浆的稠度

砌 体 种 类	砂浆稠度（mm）	砌 体 种 类	砂浆稠度（mm）
烧结普通砖砌体	70～90	烧结普通砖平拱式过梁 空心墙、筒拱 普通混凝土小型空心砌块砌体 加气混凝土砌块砌体	50～70
轻骨料混凝土小型空心砌块砌体	60～90		
烧结多孔砖、空心砖砌体	60～80	石砌体	30～50

2. 砖

砌体工程中用的砖是指普通黏土砖、煤渣砖、烧结多孔砖、烧结空心砖、蒸压灰砂空心砖。

（1）常见的普通黏土砖尺寸为 240mm×115mm×53mm；配砖规格为 175mm×115mm×53mm。抗压强度分为 MU30、MU25、MU20、MU15、MU10 五个强度等级。

（2）煤渣砖尺寸为 240mm×115mm×53mm。抗压强度分为 MU20、MU10 和 MU7.5 三个强度等级。

（3）烧结多孔砖的外形为矩形体，其长度、宽度、高度尺寸有 290mm×240mm（190）×180mm 和 175mm×140mm（115）×90mm 两种。抗压强度分为 MU30、MU25、MU20、MU15、MU10 五个强度等级。

（4）烧结空心砖的外形为矩形体，在与砂浆的接合面上设有增加结合力的深度 1mm 以上的凹线槽。烧结空心砖的长、宽、高尺寸有 290mm×190mm（140）×90mm 和 240mm×180mm（175）×115mm 两种。烧结空心砖根据密度分为 800、900、1100kg/m³ 三个级别。

（5）蒸压灰砂空心砖。蒸压灰砂空心砖是以石灰、砂为主要原料，经坯料制备、压制成型、蒸压养护而制成的孔洞率大于 15% 的空心砖。蒸压灰砂空心砖的孔洞采用圆形或其他孔形。

蒸压灰砂空心砖根据抗压强度分为 MU25、MU20、MU15、MU10、MU7.5 五个强度等级。

二、砌体工程施工标准

按照自 2012 年 5 月 1 日起施行的《砌体工程施工质量验收规范》（GB 50203—2011）规定，砌筑工程施工主要是砖砌体工程、混凝土小型空心砌块工程、石砌体工程、配筋砌体工程、填充墙砌体工程等分项工程的施工。为了保证砌体工程的施工质量，必须全面执行国家现行有关标准，GB 50203—2011 中的最大变化是国家标准不再制定施工工艺标准，仅制定验收标准供施工质量验收之用并增加了部分新型建筑砌块的施工质量标准。施工工艺标准交给施工企业，由施工企业根据施工质量验收要求自主研究制定。

必须指出的是，施工时应该全面控制各种影响质量的要素。砌体的强度既不是砌块的强度，也不是砂浆的强度。砌体的强度是砌块的强度、砂浆的强度、水平灰缝砂浆饱满度、砌体的平整度和垂直度、水平灰缝厚度等多种因素共同作用的结果。

对砌体质量有显著影响的块材、水泥、钢筋、外加剂等主要材料应进行性能的复试，合格后方可使用。严禁使用国家明令淘汰的材料。

第二节　基　础　施　工

一、垫层施工

为了使基础与地基有较好的接触面，将基础承受的建筑结构荷载能够均匀地传递给地基，常在基础的底部采用不同的材料做垫层。目前根据地质情况不同及建筑结构荷载的大小，常用垫层材料有灰土、碎砖（或碎石、卵石）三合土、水泥砂浆、C10 以下的混凝土等。

1. 灰土垫层施工

灰土是用熟石灰粉和黏土按照 3∶7 或 2∶8 的比例配制而成。灰土作为一种建筑材料有着几千年的历史，夯实后坚固耐用，成本低廉。灰土垫层施工的步骤如下：

（1）基底夯 1～2 遍，保证基底坚实。

（2）将熟石灰粉和黏土分别过筛后按比例拌和。要求比例准确、拌和均匀、水分适中。拌和工作最好能提前进行，以便熟石灰粉和黏土能有充分的时间进行反应。

（3）灰土拌和好后，应分层进行夯实，每层厚度多采用 150mm，其虚铺厚度大多为 200～250mm，夯实数遍以达到设计要求为止。灰土垫层若分段施工时，接缝应避开墙角、柱墩及承重的窗间墙下，层与层之间的接缝应相互错开，间距不得小于 500mm。

（4）灰土垫层施工完成后应立即进行墙基施工，并迅速回填，以防止灰土早期浸水。

2. 碎砖三合土垫层施工

碎砖三合土垫层是用石灰、粗砂和碎砖按 1∶2∶4，或按 1∶3∶6 比例配制拌和而成。碎砖应干净均匀，粒径以 30～50mm 为宜，将这三种材料加水拌和均匀后铲入基槽中，铺平、分层夯实。虚铺厚度每层为 220mm，打夯至少三遍，厚度夯成 150mm，夯实平整后，在上面铺一层粗砂，以利于基础的弹线工作。

3. 水泥砂浆及混凝土垫层施工

水泥砂浆及混凝土垫层一般采用 M5 的水泥砂浆，或 C10 以下的混凝土，厚度为 100mm，既可以作为垫层使用，又可以作为墙下防潮层使用。

二、毛石基础施工

毛石基础可作为墙下条形和独立柱基础。

毛石基础所采用的毛石应质地坚实，无风化剥落和裂纹。砌筑前应清除毛石表面的杂质，以利于砂浆与块石的黏结。毛石的抗压强度不小于 20MPa，大小在 200～400mm 比较合适，每块毛石的质量在 20～30kg 左右。填心的石块应根据空隙的大小，选用整石块，而不是用几块小石块来填充一个空隙的填心砌法，填心石块的大小为 70～150mm，数量约占毛石总量的 20%，以免影响砌体的强度。

砌筑毛石基础一般采用 M5 的水泥砂浆，灰缝厚度宜为 20～30mm，砂浆饱满，砂浆饱满度不应小于 80%。毛石砌体宜分皮卧砌，上下错缝，内外搭砌，上下皮毛石的搭接长不小于 80mm，每皮厚度约在 300mm 左右（或按设计规定），毛石基础的顶面宽度应比墙厚大 200mm，即每边宽出 100mm。毛石基础的扩大部分做成阶梯形，如图 3-1 所示，俗称"大放脚"，上级阶梯的石块应至少压下级阶梯石块的 1/2，相邻阶梯的毛石应相互错缝搭砌，每一阶梯内至少砌两皮毛石。

砌筑毛石基础的第一皮石块坐浆，并将石块的大面向下。毛石砌体的第一皮及转角处、交接处和洞口处，应用较大的平毛石砌筑。毛石砌体的最上一层皮宜选用较大毛石砌筑。每砌筑一皮后，其表面必须大致平整，不可有尖角、放置不稳等现象，以便第二层砌筑时石块容易放稳，并有足够的接触面。毛石基础若需留槎时，不得留在外墙转角处及纵横墙交接处，要求至少应伸出外墙转角或纵横墙交接处的 1～1.5m 处，留踏步槎。

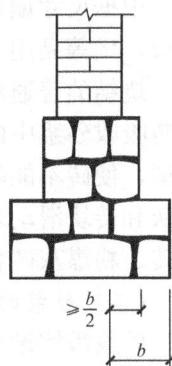
图 3-1 阶梯形毛石基础

毛石砌体的组砌形式，要求内外搭砌，上下错缝，拉结石、丁砌石交错设置。拉结石均匀分布，相互错开，同皮内每隔 1～2m 左右设置一块，其长度：若基础宽度不大于 400mm 时，应与基础宽度相等；若基础宽度大于 400mm 时，用两块拉结石内外搭砌，搭接长度不小于 150mm，其中一块拉结石长度不应小于基础宽度的 2/3。

三、砖基础的砌筑

砖基础一般砌成阶梯形称为"大放脚"，有等高式和间隔式两种。等高式砖基础是每二皮一收，每边各收 1/4 砖长，每一台阶都是 120mm 高，即基础的高度与基础挑出的宽度之比不小于 1.5。间隔式基础是第一阶是二皮一收，第二阶是一皮一收，即第一阶是 120mm，第二阶是 60mm，这样间隔进行，每边也是各收 1/4 砖长，基础的高度与基础挑出的宽度之比等于 1.5，如图 3-2 所示。

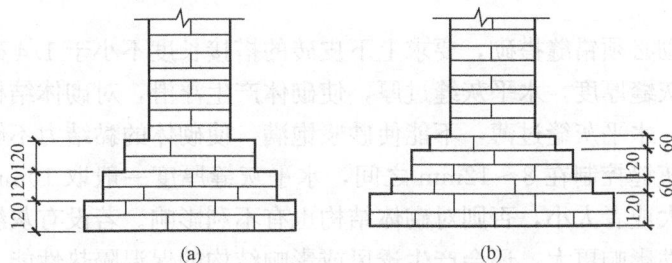
图 3-2 砖基础
(a) 等高式；(b) 间隔式

第三节 砖 墙 施 工

一、准备工作

（一）砖的准备

砖要按规定及时进场，砖的品种、规格、强度等级、外观必须符合设计要求，并应规格一致，按设计要求进行验收。无出厂证明或合格证的要送材料试验室鉴定。

根据尺寸偏差、外观质量、泛霜和石灰爆裂，砖分为优等品、一等品、合格品三个质量等级，优等品用于清水墙，一等品、合格品可用于混水墙。

烧结的普通砖、空心砖应提前浇水湿润，视天气情况提前一天或半天，以免在砌筑时因干砖吸收砂浆中的水分，使砂浆的流动性降低，并影响砌体的砂浆饱满度。也不能将砖浇得过湿，使砖不能吸收砂浆中多余的水分，而影响砂浆的密实性、强度和黏结力，从而产生落地灰和砖块滑动现象。在一般情况下，普通烧结砖、空心砖的含水率宜为 10%～15%，灰砂砖、粉煤灰砖含水率最好为 5%～8%。水渗入砖内的深度以 10mm 左右为宜。

（二）砂浆的准备

砂浆需按设计要求先向本单位的材料试验部门提出试验砂浆配合比申请单，通过试配确定砂浆配合比，以便施工时使用。试配时应采用工程中实际使用的材料，当砌筑砂浆的组分材料有变更时，其配合比应重新确定。砂浆的搅拌应采用机械搅拌。如采用混合砂浆应提前15 天将石灰膏化好备用，不得采用脱水硬化的石灰膏。搅拌混合的砂浆的投料顺序是：先加入少量的砂和水，随即将石灰膏全部加入进行充分搅拌，均匀后再加入砂用量的一半和水进行搅拌后，加入水泥和剩下的砂和水，经充分搅拌至颜色均匀，稠度适宜为止。

水泥砂浆拌和物的密度不宜小于 1900kg/m³，水泥用量不应小于 200kg/m³；水泥混合砂浆拌和物的密度不宜小于 1800kg/m³，水泥和掺加料总量宜为 300～350kg/m³。

（三）机具的准备

砌筑前，必须按施工组织设计所确定的垂直运输机械和机械设备方案组织进场和做好机械设备的安装，搭设搅拌棚，安设搅拌机，同时准备脚手工具，准备砌筑用的工具，如储灰槽、铲刀、砍斧、皮数杆、托线板等。

二、砖墙施工

（一）砖砌体的组砌原则

为了使砖砌体形成牢固的整体，保证结构的稳定性、安全性、耐久性，要求在砌筑时上下错缝，内外搭砌。

（1）砖砌体组砌必须错缝搭砌，要求上下皮砖的搭接长度不小于 1/4 砖长（约 60mm）。

（2）严格控制灰缝厚度，水平灰缝过厚，使砌体产生浮滑，对砌体结构不利和掉灰（落地灰）而造成浪费；水平灰缝过薄，不能使砂浆饱满，使砌体的黏结力不够，同样对砌体整体性不利。将水平灰缝控制在 8～12mm 之间，水平灰缝厚度一般取 10mm；垂直灰缝（俗称头缝）也不能太大或者太小，否则对砌体结构也有不利影响。若没有灰缝（俗称瞎缝）则对砌体结构的整体性影响更大，还会产生透风或影响结构的保温隔热性能。

（3）纵横墙交接处应同时砌筑，以保证墙体的整体性，若不可能同时砌筑时，应按规定在先砌的砌体上留出接槎（俗称留槎），后砌的砌体要镶入接槎内（俗称咬槎）。

（二）砖砌体的组砌形式

砖砌体的组砌形式主要是由墙体厚度决定的，目前我国烧结普通砖砌体的墙体厚度大约有以下几种：

120mm 砖墙（半砖墙）、180mm 砖墙（3/4 砖墙）、240mm 砖墙（一砖墙）、370mm 砖墙（一砖半墙）、490mm 砖墙（两砖墙）等。砖墙的厚度也决定着普通烧结砖的组砌形式。

烧结普通砖有三对相等的面，最大的面称大面，长的一面称条面（顺面），短的一面称丁面。当砌体的条面朝外时称顺砖，丁面朝外时称丁砖，大面朝外时称侧砖。

用普通烧结砖砌筑的砖墙，依其墙面的组砌形式不同，有以下几种砌筑方法，如图 3-3 所示。

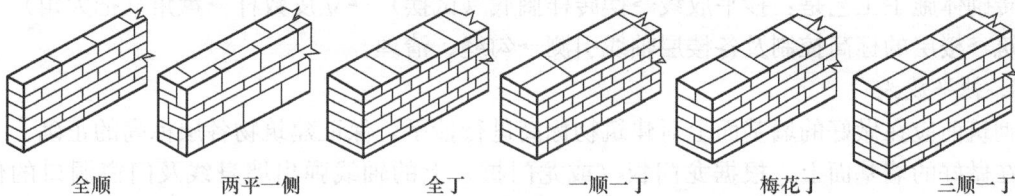

| 全顺 | 两平一侧 | 全丁 | 一顺一丁 | 梅花丁 | 三顺一丁 |

图 3-3　砖墙砌筑形式

1. 全顺

每皮砖全部用顺砖砌筑，两皮砖间竖缝搭接 1/2 砖长，这种组砌方法，仅用于 120mm 砖墙（半砖墙），非承重的隔墙。

2. 两平一侧

两平一侧砌筑法是在两皮砌筑的顺砖旁砌一块侧砖，将平砌砖和侧砌砖里外互换，即可组成两平一侧的砌体，这种组砌方法比较费工，但省料，墙体的抗震性能较差。这种砌筑方法仅用于 180mm 砖墙（3/4 砖墙），作为分隔房间的间壁墙或者是加保温层的外墙。

3. 全丁

丁砖砌筑法是全部用丁砖砌筑，上、下皮竖缝相互错开 1/4 砖长。这种砌法仅用于圆形砌体（圆形的建筑物、构筑物），适合砌一砖厚（240mm）的墙，如水池、烟囱、水塔等墙身。一般采用外圆放宽竖缝，内圆缩小竖缝的方法来形成圆弧。

4. 一顺一丁（满丁满条）

一顺一丁砌筑法是一皮顺砖与一皮丁砖间隔砌成，上、下皮竖缝都错开 1/4 砖长，这种组砌方法各皮间上、下错缝，内处搭砌，搭接牢靠，砖墙整体性好；易于操作，变化小；砌砖时容易控制墙面横平竖直。由于上、下皮都要错开 1/4 砖长，在墙的转角、丁字接头、门窗洞口等处都要砍砖；竖缝不易对齐，易出现游丁走缝等问题。这种砌筑方法主要适用于 370mm 墙（一砖半墙）、490mm（两砖墙）。

5. 梅花丁（沙包丁、十字式）

梅花丁砌筑法是在同一皮砖层内一块顺砖一块丁砖间隔砌筑（转角处不受此限），上、下两皮砖间竖缝错开 1/4 砖长，丁砖在四块顺砖中间形成梅花形。主要适合砌 240mm 砖墙（一砖墙）。这种组砌方法内外竖缝每皮都能错开，故受压时整体性能好，竖缝都相互错开 1/4 砖长，外形整齐美观，对清水墙尤为重要，特别是当砖的规格出现差异时，竖缝易控制。在施工中由于丁、顺砖交替砌筑，操作时容易搞混；砌筑费工，效率低。

6. 三顺一丁

三顺一丁砌筑法是由三皮顺砖与一皮丁砖相互交替组砌而成。上、下皮顺砖搭接长度为1/2 砖长，顺砖与丁砖的搭接长度为 1/4 砖长。同时要求檐墙与山墙的丁砖层不要同一皮，以利于搭接，一般情况下，在砌第一皮砖时为丁砖，主要用于 240mm 砖墙（一砖墙），承重的内横墙。这种组砌方法省工，同时在墙内的转角、丁字与十字接头、门窗洞口砍砖较少，提高工作效率。但对工人技术要求高，由于在墙面上露出条面较多，丁面少，顺砖层不易砌平，而且容易向外挤出，影响反面墙面（指操作人员的外侧面）的平整度。

（三）砖墙施工工艺

不同砖墙的厚度决定着不同砖的组砌形式，首先确定砖墙的组砌形式。

砖砌体施工工艺是：抄平放线→摆砖样撂底（试摆）→立皮数杆→盘角（把大角）→挂线砌筑→楼层的标高控制及各楼层轴线引测→勾缝、清理。

1. 抄平放线

砌筑前应在做好的墙基面上对建筑物标高进行抄平，保证建筑物各层标高的正确。

在做好的墙基面上，根据龙门板（或龙门桩）上的轴线弹出墙身线及门窗洞口的位置线，先放出墙的轴线，再根据轴线放出砖墙的轮廓线，以作为砌筑时的控制依据。

2. 摆砖样撂底（试摆）

摆砖撂底就是按照基底尺寸线和已确定的组砌方式，不用砂浆，按门、窗洞口分段，在此长度内将砖整个干摆一层。摆砖时注意，使每层砖的砖块排列和头缝宽度均匀。若不为整砖，可调整头缝宽度使其摆放均匀，这样就避免了砍砖，从而提高生产效率。要求山墙摆成丁砖，檐墙摆成顺砖，即所谓的"山丁檐跑"。摆砖结束后，用砂浆将干摆的砖砌起来，称为撂底。

3. 立皮数杆

皮数杆上画有每皮砖和灰缝的厚度，以及门窗洞口、过梁、楼板、楼层高度等位置，用来控制墙体各部构件的标高，并保证水平灰缝均匀、平整。皮数杆的画法是在画之前，从进场的各批次砖中随机抽取 10 块砖样，摞起来，量出砖垛的总厚度，取其平均值，作为画砖层厚度的依据，再加上灰缝厚度，就可以画出砖灰层的皮数。皮数杆常用截面为 50mm×70mm 木枋做成。

皮数杆一般立在墙的转角处、内纵横墙交接处、楼梯间及洞口多的地方，并每隔 10～15m 立一根，防止拉线过长产生挠度。立皮数杆时，要用水准仪定出室内地坪标高±0.000 的位置，使每层皮数杆上的±0.000 与房屋室内地坪的±0.000 位置相吻合。

4. 盘角（把大角）

墙角是确定墙角两面横平竖直的关键部位，从一开始砌筑时就必须认真对待，要求有一定砌筑经验的工人担任。其做法是在摆砖后，一般是先盘砌 5 皮大角，要求找平、吊直、对应皮数杆灰缝。砌大角要用平直、方整的块砖，作七分头搭接错缝进行砌筑，使墙角处竖缝错开。为了使大角砌得垂直，开始砌筑的几皮砖，一定要用线锤与托线板将它校直，来作为以后砌筑时向上引直的依据。标高与皮数控制要和皮数杆相符。

5. 挂线砌筑

在砖墙的砌筑中，为了保证墙面的水平灰缝平直，必须要挂线砌筑。盘角 5 皮砖完成后，（每次砌筑高度不超过 5 皮砖），就要进行挂线，以便砌筑墙的中间部分墙体。在皮数杆之间拉线，对于 240mm（一砖墙）的砖墙外手单面挂线；对于 370mm（一砖半墙）以上的砖墙，应双面挂线。挂线时，两端必须将线拉紧。线挂好后，在墙角处用别棍（小木棍）别住，防止线陷入灰缝中去。在砌筑过程中，经常检查有无砖顶线或小线中部塌腰的地方，为防止顶线和塌腰，需在中间设腰线砖。

6. 楼层的标高控制及各楼层轴线引测

各层墙体的轴线应重合，轴线位移必须在允许范围内。为满足这一要求，在底层施工时，根据龙门板上标注的轴线将墙体轴线引测到房屋的外墙基上。为防止轴线桩丢失给工作带来不便，所以要做引桩。

二层以上的轴线用经纬仪由引桩向上引，若没有经纬仪时，用线锤在墙面上向下引到楼面上。用线锤上引，有时会由风吹等原因有所晃动，造成误差，根据建筑物的轴线尺寸用钢尺进行校核。

各楼层的标高控制，除用皮数杆控制外，还可以用在室内弹出水平线方法控制。在底层砌到一定高度后，用水准仪根据龙门板上的±0.000标高，在各墙的里墙角引测出标高的控制点。相邻两墙角的控制点间用墨斗弹出水平线，控制点高度一般为 300mm 或 500mm 高（称 300mm 或 500mm 线），弹线要避开水平灰缝，用来控制底层过梁、圈梁及楼板的标高。第二层墙体砌到一定高度后，先从底层水平线用钢尺往上量取第二层水平线的第一个标高点，以此标志为准，用水准仪定出各墙面的标高点，将各标高点弹线连接，即为第二层的水平线，以此控制第二层的各标高。

7. 勾缝、清理

勾缝是清水墙施工的最后一道工序，勾缝要求深浅一致、颜色均匀、黏结牢固、压实抹光、清晰美观。

勾缝所用材料有原浆勾缝和加浆勾缝两种。原浆勾缝直接用砌筑砂浆勾缝；加浆勾缝用 1∶1～1∶1.5 水泥砂浆勾缝。砂为细砂，水泥采用 32.5 级的普通水泥，稠度为 40～50mm，因砂浆用量不多，一般采用人工拌制。

勾缝形式有平缝、斜缝、凹缝、凸缝等，如图 3-4 所示。常用是平缝和凹缝，深度一般凹进墙面在 4～5mm，勾缝的顺序是从上而下，先勾横缝，后勾竖缝，在勾缝前一天将墙面浇水润透，以利于砂浆的黏结。一段墙勾完以后要用笤帚将墙面清扫干净，勾完的灰缝不应有搭槎、毛疵、舌头灰等毛病。

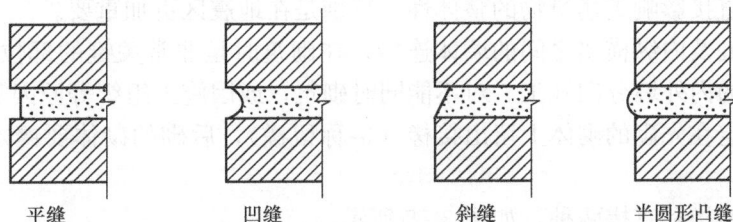

| 平缝 | 凹缝 | 斜缝 | 半圆形凸缝 |

图 3-4　勾缝形式

（四）砖墙砌体的质量要求与保证措施

1. 砖和砂浆对砌体质量的影响

砖的等级越高，其抗弯、抗拉强度也越高。因此，砌体的抗压强度也较高。同样，砂浆的等级越高，砖和砂浆横向变形的差异就减少，因而砌体强度则会高一点。需要说明的是，过高提高砂浆的强度等级来提高砌体强度的方法在经济上是划不来的。实践表明：当砂浆的等级较高时，砖砌体的强度虽然也随着砂浆强度有所提高，但提高比例很小，所以砂浆的等级一般不宜超过砖的等级，提高砌体强度和耐久性的关键在于砖的尺寸准确、表面平整、规格一致，砂浆和易性好，更主要的是精心施工，确保质量。

2. 施工操作对砖砌体的质量影响

施工操作对砖砌体工程质量的影响很大，也体现着施工的管理水平和技术水平。砖砌体工程总的质量要求是：横平竖直、砂浆饱满、组砌得当、接槎可靠。

（1）横平竖直：避免游丁走缝，砂浆厚度控制在 10mm 且均匀。每两层砖块的接合面必须水平，砌筑时严格按照皮数杆拉线，将每皮砖砌平，随时检查，做到"三线一吊、五线一靠"。

（2）砂浆饱满：水平灰缝的砂浆必须饱满，以保证传力均匀和使砖块紧密连接；竖向灰缝必须垂直对齐，对不齐而错位，称为游丁走缝，影响外观质量。竖缝的砂浆饱满能避免透风、漏水，且保温性能好。

砖砌体的砂浆饱满度应不小于 80%。砂浆是否饱满与砌筑的铺灰方法、砂浆的和易性及砖的湿润程度有关。因此，在施工中所采取的措施：砂浆采用和易性、保水性好的砂浆，因水泥砂浆保水性及和易性较差，砌筑时不易铺开摊平，所以采用混合砂浆；砌砖的操作方法对砂浆饱满度有一定的影响，砌砖方法操作采用"三一砌筑法"，即一铲灰、一块砖、一挤揉，操作时将灰浆铺在墙上，略微推开摊平（铺灰长度为一块砖），然后将砖按砌在砂浆面上，并稍用力挤一点浆在顶头立缝，称碰头灰，再揉一揉，随手刮去挤出的砂浆；砖的湿润程度对砂浆饱满度也有一定的影响，干砖铺灰后，迅速吸收砂浆中的水分，使砂浆的流动性及和易性降低，影响砖与砂浆间的黏结力和砂浆饱满度，所以砖要提前浇水湿润，避免吸收砂浆中的水分。

（3）组砌得当：砖砌体是由砖块组砌而成，为了保证砌体有一定的强度和稳定性，各种砌体必须按照一定的组合形式砌筑。基本原则是砖块间错缝搭砌，不能有过长的通天缝（指砌体内外），尽量减少砍砖，利于提高生产率，门窗位置要正。根据经验，最常用的组砌形式有"一顺一丁"、"三顺一丁"等。

（4）接槎可靠：接槎就是先砌和后砌的砌体之间的接合，接槎合理与否对建筑物的质量有很大的影响，直接影响到建筑物的整体性，特别是在地震区更加重要。

外墙的转角处及内纵横墙之间的墙体连接，在砌筑时是非常关键的部位，应同时砌筑，严禁无任何措施的内外墙分砌施工。对不能同时砌筑，或因施工组织等原因需留置的临时间断处，应按照规定在先砌的砌体上留出接槎（俗称留槎），后砌的砌体要镶入接槎内（俗称咬槎）。

留槎方式有斜槎和直槎两种，如图 3-5 所示。

斜槎又称踏步槎，对不能同时砌筑而又必须留置的临时间断处应砌成斜槎，因先砌和后砌的砌体接合面砂浆饱满，砌筑后不影响建筑物的整体性，所以尽量留斜槎。但斜槎的水平投影长度不应小于墙高度的 2/3，所以甩槎量大，如图 3-5（a）所示。

直槎又称阳槎。对于非抗震设防及抗震设防烈度为 6、7 度地区的砌筑临时间断处，当不能留斜槎时，除转角处外，可留成直槎，但直槎的形状必须做成阳槎。在留直槎处应加设拉结钢筋，拉结钢筋的数量为每 120mm 墙厚放置 1 ϕ 6 拉结钢筋（但 120mm 与 240mm 厚墙均需放置 2 ϕ 6 拉结钢筋），间距沿墙高不应超过 500mm；埋入长度从留槎处算起每边均不应小于 500mm。对抗震设防烈度 6、7 度地区的砖混结构砌体，拉结钢筋长度从留槎处算起每边均不应小于 1000mm；末端应有 90°或 180°弯钩，如图 3-5（b）所示。

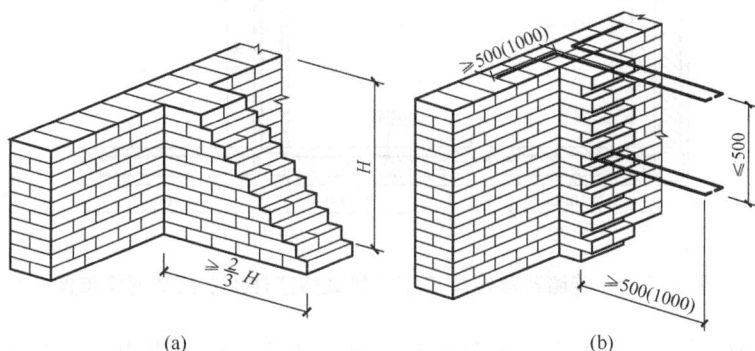

图 3-5　两种留槎方式

（a）斜槎；（b）直槎

三、配筋砌体施工

（一）钢筋砖过梁施工

钢筋砖过梁也称平砌配筋砖过梁，用于门窗宽度小于 1.5m 的情况下，最大跨度不超过 2m。这种过梁的底面为砂浆，砂浆厚度不宜小于 30mm。砂浆层中配置钢筋，直径为 6～8mm，其间距不宜大于 120mm，但不少于 3 根，钢筋两端伸入墙内的长度不宜小于 250mm，并弯成向上的直角弯钩。过梁的高度不应少于 5 皮砖和跨度的 1/4，如图 3-6 所示。砂浆宜用水泥砂浆，配合比为 1：3，其强度等级不小于 M5。

钢筋砖过梁在砌筑前，应先支设模板，要求洞口两侧墙应砌至高出洞口上边缘 15～20mm，支模板后，留出放置砂浆位置，防止钢筋外露。模板中央应略有起拱，起拱高为跨度的 0.5%～1%。

砌筑时，宜先铺 15mm 厚水泥砂浆层，将钢筋放在砂浆层上，使其弯钩向上，然后再铺 15mm 砂浆层，使钢筋位于 30mm 厚的砂浆层中间。之后按墙体组砌形式与墙体同时砌砖。

过梁范围内用一顺一丁砌法，最下一皮砖应为丁砖，在底层砂浆强度不低于设计强度 75%时，方可拆除钢筋砖过梁底部的模板。

（二）混凝土构造柱的施工

设有混凝土构造柱的墙体，构造柱截面不应小于 240mm×180mm，钢筋采用 HPB235 级钢筋，竖向受力钢筋一般采用 4 根，直径为 12mm。箍筋采用直径 4～6mm，其间距不宜大于 250mm。砖墙与构造柱应沿墙高每隔 500mm 设置 2 根直径 6mm 的水平拉结筋，拉结筋两边伸入墙内不应少于 1m，并将端部弯成弯钩。拉结钢筋穿过构造柱

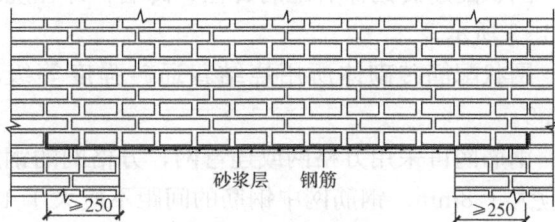

图 3-6　钢筋砖过梁

部位与受力钢筋绑牢。当墙上门窗洞边到构造柱边的长度小于1m时，拉结钢筋伸到洞口边为止。在外墙转角处，如纵横墙均为一砖半墙，则水平拉结钢筋应用3根。图3-7是一砖墙转角及T字交接处构造柱水平拉结筋的布置。

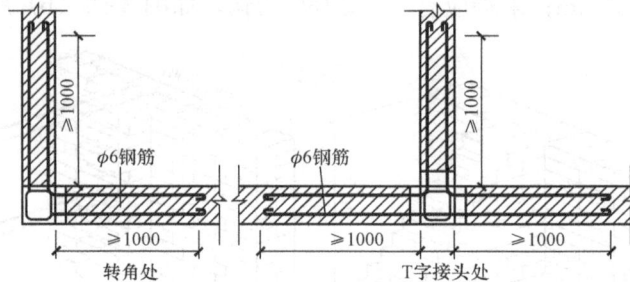

图3-7　一砖墙转角处及T字交接处构造柱水平拉结钢筋布置

当设计烈度为7度时，在砖墙与构造柱相接处，砖墙可砌成直边。当设计烈度为8、9度时，在砖墙与构造柱相接处，砖墙应砌成马牙槎，每个马牙槎沿高度方向的尺寸不宜超过300mm（或五皮砖高）；每个马牙槎退进应大于60mm。每个楼层面开始，马牙槎应先退槎后进槎（图3-8）。

在构造柱和圈梁相交的节点处应适当加密构造的箍筋，加密范围从圈梁上、下边算起均不应小于层高的1/6或450mm，箍筋间距不宜大于100mm。

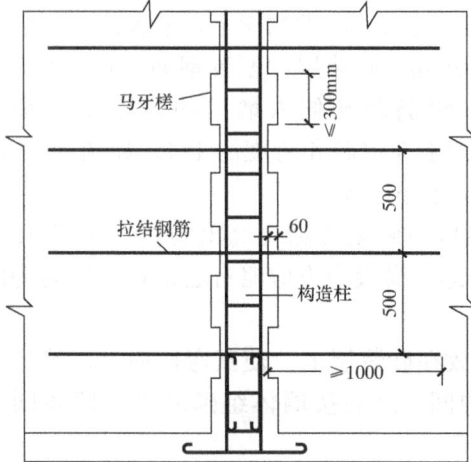

图3-8　砖墙的马牙槎布置

构造柱的施工顺序为：绑扎钢筋→砌砖墙→支模板→浇捣混凝土。

在浇筑构造柱混凝土前，必须将砖墙和模板浇水润湿（钢模板面不浇水，刷隔离剂），并清理模板内的砂浆残块、砖渣等杂物。混凝土坍落度一般以50～70mm为宜。构造柱混凝土可分段浇筑，每段高度不宜大于2m，或每个楼层分二次浇筑。在施工条件较好，并能确保浇捣密实时，也可每一楼层一次浇筑，宜采用插入式振动器分层捣实。必须在该层构造柱混凝土浇捣完毕后，才能进行上一层的施工。

（三）网状配筋砖砌体

1. 网状配筋砖砌体构造

网状配筋砖砌体有配筋砖柱、砖墙，即在烧结普通砖砌体的水平灰缝中配置钢筋网，如图3-9所示。

网状配筋砖砌体所用烧结普通砖强度等级不应低于MU10，砂浆强度等级不应低于M7.5。

钢筋网可采用方格网或连弯网，方格网的钢筋直径宜采用3～4mm；连弯网的钢筋直径不应大于8mm。钢筋网中钢筋的间距不应大于120mm，并不应小于30mm。

钢筋网在砖砌体中的竖向间距，不应大于五皮砖高，并不应大于400mm。当采用连弯网时，网的钢筋方向应互相垂直，沿砖砌体高度交错设置，钢筋网的竖向间距取同一方向网的间距。

设置钢筋网的水平灰缝厚度，应保证钢筋上下至少各有 2mm 厚的砂浆层。

2. 网状配筋砖砌体施工

钢筋网应按设计规定制作成型。砖砌体部分按常规方法砌筑。在配置钢筋网的水平灰缝中，应先铺一半厚的砂浆层，放入钢筋网后再铺一半厚砂浆层，使钢筋网居于砂浆层厚度中间。钢筋网四周应有砂浆保护层。

配置钢筋网的水平灰缝厚度：当用方格网时，水平灰缝厚度为 2 倍钢筋直径加 4mm；当用连弯网时，水平灰缝厚度为钢筋直径加 4mm。确保钢筋上下各有 2mm 厚的砂浆保护层。

网状配筋砖砌体外表面宜用 1：1 水泥砂浆勾缝或进行抹灰。

（四）面层和砖组合砌体

1. 面层和砖组合砌体构造

面层和砖组合砌体有组合砖柱、组合砖垛、组合砖墙，如图 3-10 所示。

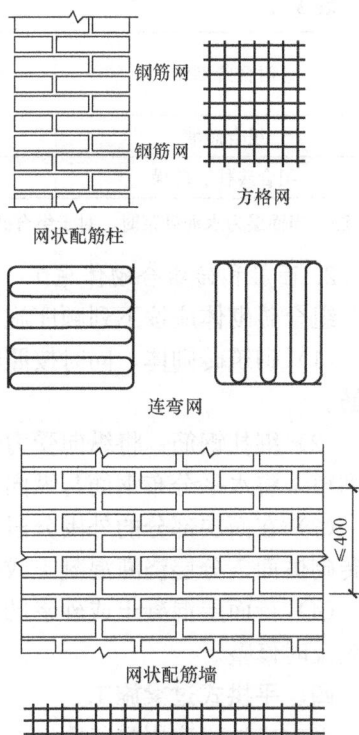

图 3-9 网状配筋砖砌体

面层和砖组合砌体由烧结普通砖砌体、混凝土或砂浆面层，以及钢筋等组成。

烧结普通砖砌体所用砖的强度等级不宜低于 MU10，砌筑砂浆强度等级不得低于 M7.5。

混凝土面层所用混凝土强度等级宜采用 C20，混凝土面层厚度应大于 45mm。

砂浆面层所用水泥砂浆强度等级不得低于 M7.5，砂浆面层厚度为 30～45mm。

竖向受力钢筋宜采用 HPB300 级钢筋，对于混凝土面层，亦可采用 HRB335 级钢筋。受力钢筋的直径不应小于 8mm，钢筋的净间距不应小于 30mm。受拉钢筋的配筋率不应小于 0.1%；受压钢筋一侧的配筋率，对砂浆面层不宜小于 0.1%，对混凝土面层不宜小于 0.2%。

箍筋的直径不宜小于 4mm 及 0.2 倍的受压钢筋直径，并不宜大于 6mm。箍筋的间距不应大于 20 倍受压钢筋的直径及 500mm，并不应小于 120mm。

当组合砖砌体一侧受力钢筋多于 4 根时，应设置附加箍筋或拉结钢筋。

对于组合砖墙应采用穿通墙体的拉结钢筋作为箍筋，同时设置水平分布钢筋。水平分布钢筋竖向间距及拉结钢筋的水平间距，均不应大于 500mm。

受力钢筋的保护层厚度，不应小于表 3-2 中的规定。受力钢筋距砖砌体表面的距离不应小于 5mm。

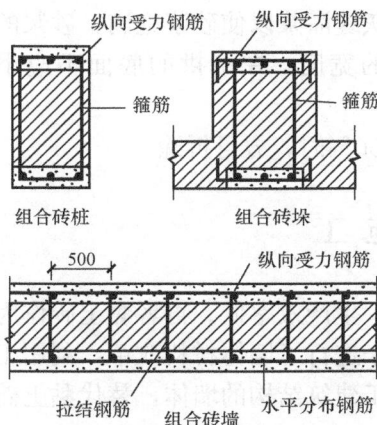

图 3-10 面层和砖组合砌体

表 3 - 2   受力钢筋的保护层厚度

组合砖砌体	保护层厚度（mm）	
	室内正常环境	露天或室内潮湿环境
组合砖墙	15	25
组合砖柱、砖垛	25	35

注 当面层为水泥砂浆时，对于组合砖柱保护层厚度可减 5mm。

2. 面层和砖组合砌体施工

组合砖砌体应按下列顺序施工：

（1）砌筑砖砌体，同时按照箍筋或拉结钢筋的竖向间距，在水平灰缝中铺置箍筋或拉结钢筋。

（2）绑扎钢筋：将纵向受力钢筋与箍筋绑牢。在组合砖墙中，将纵向受力钢筋与拉结钢筋绑牢，将水平分布钢筋与纵向受力钢筋绑牢。

（3）在面层部分的外围分段支设模板，每段支模高度宜在 500mm 以内，浇水润湿模板及砖砌体面，分层浇灌混凝土或砂浆，并用振捣棒捣实。

（4）待面层混凝土或砂浆的强度达到其设计强度的 30％以上，方可拆除模板。如有缺陷应及时修整。

四、平拱式过梁施工

平拱式过梁应用整砖侧砌，砖数应为单数。平拱高度不小于一砖长，一般为一砖或一砖

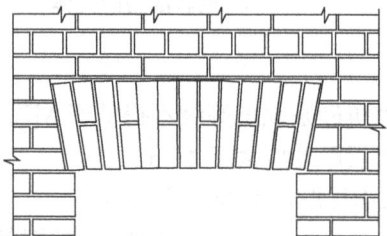

图 3 - 11 平拱式过梁

半，外观形状为梯形，上大下小。砖拱为一砖时倾斜 40～50mm，一砖半时为 60～70mm，垂直斜度 1/4～1/6。平拱砖过梁的拱脚下面应伸入墙内不小于 20mm，多用于跨度不大于 1.2m 的门、窗洞口上，如图 3 - 11 所示。

砖平拱砌筑时，应在其底部支设模板，模板中央应有 1‰的起拱。当砌砖砌至门窗口时，即开始砌拱脚。拱脚用砖提前砍好，砌第一皮拱脚时后退 20mm，以后各皮按砍好砖的斜面向上砌筑。砌筑时应从平拱两端同时向中间进行，正中一块砖可起楔子作用，砌好后应进行灰缝灌浆以使砂浆饱满，砂浆的强度等级在砖平拱截面计算高度内，不宜低于 M5。灰缝的宽度，在平拱的底面不应小于 5mm，在平拱的顶面不应大于 15mm。

砖平拱底部的模板，应在砂浆强度不低于设计强度的 50％时，方可拆除。

第四节 中小砌块施工

由于砖石砌体结构大多以手工操作为主，劳动强度大，生产效率低。再者黏土砖作为块材，在烧制时需占用较多的耕地，污染环境。因此，近年来进行了墙体材料改革，利用工业废渣或天然材料制作成砖、各种小型砌块和中型砌块，用于建筑结构的墙体，替代黏土砖作墙体材料。

砌块建筑具有适应性强，能满足使用功能的要求，劳动生产率高，成本低，并可利用工业废料处理城市废料等优点。适用于框架结构的填充墙。

目前我国各地采用的砌块种类、规格较多，按砌块使用的材料不同，分为普通混凝土空心砖砌块、粉煤灰硅酸盐砌块、轻骨料混凝土小型空心砌块、页岩陶粒混凝土空心砌块、加气混凝土砌块等。

普通混凝土小型空心砌块按其强度分为 MU3.5、MU5、MU7.5、MU10、MU15、MU20 六个强度等级，主规格尺寸为 390mm×190mm×190mm，有两个方形孔，最小外壁厚应不小于 30mm，最小肋厚应不小于 25mm，空心率应不小于 25%。

轻骨料混凝土小型空心砌块以水泥、轻骨料、砂、水等预制而成。按其强度分为 MU1.5、MU2.5、MU3.5、MU5、MU7.5、MU10 六个强度等级，主规格尺寸为 390mm×190mm×190mm，按其孔的排数有单排孔、双排孔、三排孔和四排孔四类。

粉煤灰砌块以粉煤灰、石灰、石膏和轻骨料为原料，加水搅拌、振动成型、蒸汽养护而成的密实砌块。主规格砌块外形尺寸为 880mm×380mm×240mm、880mm×430mm×240mm，砌块端面留有灌浆槽，坐浆面宜设抗剪槽。按其强度分为 MU10、MU13 两个强度等级。

中型砌块是指块长在 380～940mm，重量在 0.5t 以内，能用小型、轻便的吊装工具运输，而块高在 190～380mm 之间称为小型砌块。在工程中，小型砌块应用广泛。

一、砌块安装前的准备工作

砌块在砌筑安装前，包括材料、砌块堆放与运输和编制砌块排列图等准备工作，最后确定砌块安装方案等工作。

（一）材料、场地、施工机具的准备

1. 材料准备

根据设计要求准备好所用砌块，规格、型号、模数、强度等级等，对混凝土空心砖砌块的含水率应在 10%～15%。湿润程度以砌块表面呈现水影为准。并了解最大砌块的单块重量，确定砌块的运输方式。

2. 砖

当砌块模数不能符合设计尺寸的要求时，应准备好普通烧结砖来调整。

3. 其他材料

水泥、砂子、掺和料、预制混凝土砖、拉结钢筋的准备。

（二）砌块堆放与运输

1. 砌块的堆放

砌块的堆放应按规格、型号分别堆放在平整、坚实的地基上，利于排水，便于砌块的装卸和搬运，并考虑操作地点和砌块的安装顺序，尽可能减少二次搬运。小型砌块应上下皮交错叠放，堆放高度不宜超过 1.6m。

2. 砌块的运输

砌块建筑构件虽数量多，但重量不大，一般采用小型起重机械吊装。砌块的运输多采用在井架上安设一小拔杆来进行垂直运输，用台灵架进行安装。对于较大的工程，采用轻型塔吊进行垂直和水平运输。

（三）编制砌块排列图

排列图是根据建筑施工图上门、窗洞口大小，层高尺寸，砌块错缝、搭接的构造要求和灰缝大小确定。砌块的规格、型号应符合一定的模数，合理地确定砌块规格，其规格越少越好，其大小还要考虑施工时便于搬运和吊装等。在排列时，是以主规格砌块为主，

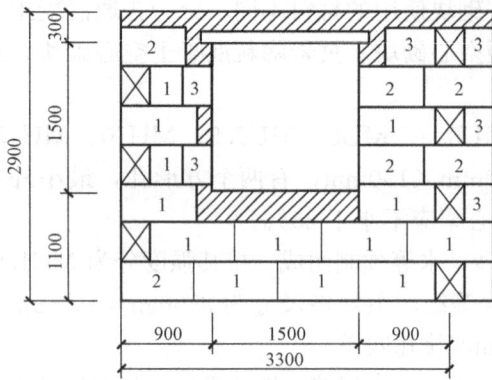

图 3-12　砌块排列图示例

1—主规格砌块；2、3—副规格砌块

不足一块时可以用副规格砌块替代，尽量做到不镶砖。排列图按上述要求将各种规格的砌块排列出来，同规格砌块为同一编码，有镶砖的地方在排列图上画出来，主要以立面图表示，每面墙绘制一张排列图，如图 3-12 所示。在施工前应编制砌块排列图，施工时按砌块排列图施工。

设计若无规定时，砌块排列图应按下列要求编制：

（1）尽量采用主规格砌块，主规格砌块量多，副规格砌块量少。

（2）砌块必须错缝搭砌，搭砌长度应为砌块长度的 1/2 或不得小于块高的 1/3。

（3）错缝与搭接小于 150mm 时，应在每皮砌块水平缝处采用 2Φ6 钢筋或 Φ4 的钢筋网片连接加固，加强筋长度不应小于 500mm。

（4）局部必须镶砖时，应尽量少镶砖，镶砖时采取分散、对称布置。

二、砌块砌体施工工艺

砌块安装的主要工序为：铺灰→吊砌块就位→校正→灌缝→镶砖等。

1. 铺灰

砌块墙体所用的砂浆应具有较好的和易性，以保证铺灰均匀，砂浆饱满，砂浆层厚度控制在 10～20mm（有配筋的水平缝控制在 15～25mm），砂浆的稠度控制在 70～80mm，宜采用混合砂浆，强度等级不低于 M2.5。水平灰缝铺设平整，铺设长度较砌块稍长些，但要不大于 5m，宽度宜缩进墙面约 5mm。竖缝灌浆应在安砌并校正好以后及时进行。

2. 吊砌块就位

吊装砌块的顺序一般先外墙后内墙，先远后近，从下到上按流水分段进行安砌。安砌时，先安装转角砌块（俗称定位砌块），再安装中间砌块，砌块应逐皮均匀地安装，不应集中安装一处。吊砌块采用摩擦式夹具，避免偏心。吊装时应直起直落，下落速度要慢，在离安装位置 300mm 左右时，对准位置徐徐下落，使其稳妥地引放在铺好的砂浆层上，待放平稳后才能松开夹具。

3. 校正

校正时一般将墙两端的定位砌块用垂球和托线板校正垂直度，用拉准线或水平尺的方法校正水平度。校正时可用人力轻微推动砌块或用撬杠拨正，重量在 150kg 以下的砌块可用木锤敲击偏高处。较大的偏差应抬起后重新安放，同时将原铺砂浆铲除后重新铺设。

4. 灌缝

在砌完两块以上的砌块，校正平直后进行灌竖缝。竖缝应用内外临时夹板夹住灌砂浆，用竹片插捣或铁棒捣实。灌缝要密实，当竖缝宽度大于 20mm 时，应采用细石混凝土灌缝，其强度不小于 C20。完成一段墙体的砌筑后，随即进行水平和垂直缝的勒缝（原浆勾缝）。此后，砌块一般不准撬动，以防止破坏砂浆的黏结力。

5. 镶砖

镶砖主要用于较大的竖缝和过梁找平等。镶砌砖的强度等级应不低于砌块的强度等级，一般不宜低于 MU10，砖应平砌，在任何情况下不得斜砌或竖砌。镶砖用的砂浆与砌块相同，灰缝厚度控制在 6～15mm，镶砖与砌块间的竖缝控制在 15～30mm。两砌块中间竖缝不足 145mm 时不应镶砖，应用细石混凝土灌注。

三、一般构造要求

混凝土小型空心砌块砌体所用的材料，除满足强度计算要求外，尚应符合下列要求。

（1）对室内地面以下的砌体，应采用普通混凝土小型砌块和不低于 M5 的水泥砂浆。

（2）五层及五层以上民用建筑的底层墙体，应采用不低于 MU5 的混凝土小型砌块和 M5 的砌筑砂浆。在墙体的下列部位，应用 C20 混凝土灌实砌块的孔洞：

1）底层室内地面以下或防潮层以下的砌体。

2）无圈梁的楼板支撑面下的一皮砌块。

3）没有设置混凝土垫块的屋架、梁等构件支撑面下，高度不应小于 600mm，长度不应小于 600mm 的砌体。

4）挑梁支撑面下，距墙中心线每边不应小于 300mm，高度不应小于 600mm 的砌体。

砌块墙与后砌隔墙交接处，应沿墙高每隔 400mm 在水平灰缝内设置不少于 2φ4、横筋间距不大于 200mm 的焊接钢筋网片，钢筋网片伸入后砌隔墙内不应小于 600mm，如图 3-13 所示。

四、芯柱设计

墙体的下列部位宜设置芯柱。

（1）在外墙转角、楼梯间四角的纵横墙交接处的三个孔洞，宜设置素混凝土芯柱。

（2）五层及五层以上的房屋，应在上述部位设置钢筋混凝土芯柱。

芯柱的构造要求如下：

（1）芯柱截面不宜小于 120mm×120mm，宜用不低于 C20 的细石混凝土浇灌。

（2）钢筋混凝土芯柱每孔内插竖筋不应小于 1φ10，底部应伸入室内地面下 500mm 或与基础圈梁锚固，顶部与屋盖圈梁锚固。

（3）在钢筋混凝土芯柱处，沿墙高每隔 600mm 应设 φ4 钢筋网片拉结，每边伸入墙体不小于 600mm，如图 3-14 所示。

（4）芯柱应沿房屋的全高贯通，并与各层圈梁整体现浇，可采用图 3-15 所示的做法。

在 6～8 度抗震设防的建筑物中，应按芯柱位置要求设置钢筋混凝土芯柱；对医院、教学楼等横墙较少的房屋，应根据房屋增加一层的层数，按表 3-3 的要求设置芯柱。

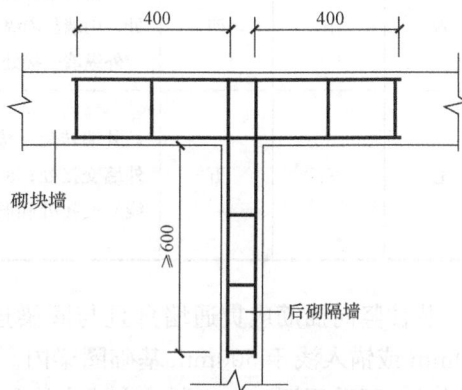

图 3-13 砌块墙与后砌隔墙交接处钢筋网片

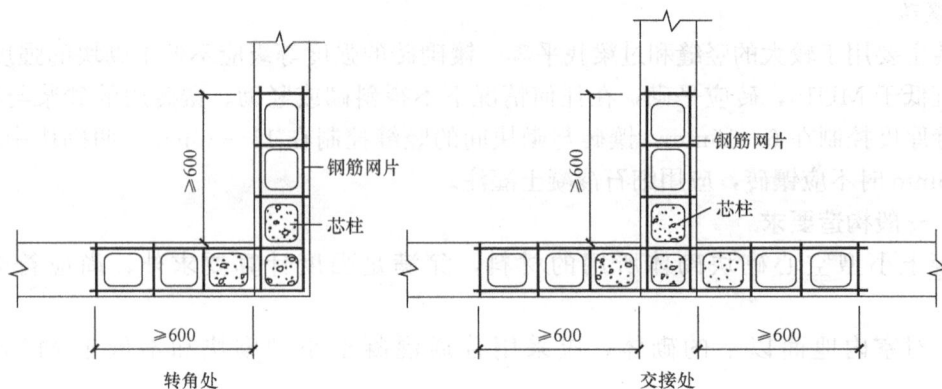

图 3-14　钢筋混凝土芯柱处拉筋

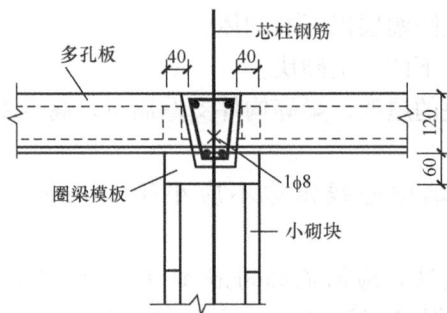

图 3-15　芯柱贯穿楼板的构造

表 3-3　　　　　　抗震设防区混凝土小型空心砌块房屋芯柱设置要求

房　屋　层　数			设　置　部　位	设　置　数　量
6 度	7 度	8 度		
四	三	二	外墙转角、楼梯间四角、大房间内外墙交接处	外墙转角灌实 3 个孔；内外墙交接处灌实 4 个孔
五	四	三		
六	五	四	外墙转角、楼梯间四角、大房间内外墙交接处，山墙与内纵墙交接处，隔开间横墙（轴线）与外纵墙交接处	
七	六	五	外墙转角，楼梯间四角，各内墙（轴线）与外墙交接处；8 度抗震时，内纵墙与横墙（轴线）交接处和洞口两侧	外墙转角灌实 5 个孔；内外墙交接处灌实 4 个孔；内墙交接处灌实 4~5 个孔；洞口两侧各灌实 1 个孔

　　芯柱竖向插筋应贯通墙身且与圈梁连接，插筋不应小于 1ϕ12。芯柱应伸入室外地下 500mm 或锚入浅于 500mm 基础圈梁内。芯柱混凝土应贯通楼板，当采用装配式钢筋混凝土楼板时，可采用图 3-16 所示方式实施贯通措施。

　　抗震设防地区芯柱与墙体连接处，应设置 ϕ4 钢筋网片拉结，钢筋网片每边伸入墙内不小于 1m，且沿墙高每隔 600mm 设置。

五、小型砌块施工

普通混凝土小型砌块不宜浇水；当天气干燥炎热时，可在砌块上稍加喷水润湿；轻集料混凝土小型砌块施工前可洒水，但不宜过多。龄期不足 28d 及潮湿的小型砌块不得进行砌筑。应尽量采用主规格小型砌块，其强度等级应符合设计要求，并应清除表面污物和用作芯柱砌块的孔洞底部毛边。

在房屋四角或楼梯间转角处设立皮数杆，皮数杆间距不得超过 15m。皮数杆上应画出各皮小型砌块的高度及灰缝厚度。在皮数杆上相对小型砌块上边线之间拉准线，小型砌块以此准线砌筑。

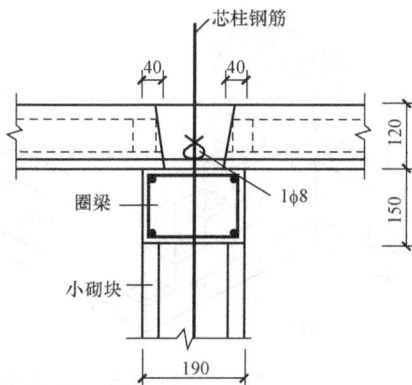

图 3-16 芯柱贯通楼板措施

小型砌块砌筑应从转角或定位处开始，内外墙同时砌筑，纵横墙交错搭接。外墙转角处应使小型砌块隔皮露端面；T 字交接处应使横墙小型砌块隔皮露端面，纵墙在交接处改砌两块辅助规格小型砌块（尺寸为 290mm×190mm×190mm，一头开口），所有露端面用水泥砂浆抹平，如图 3-17 所示。

小型砌块应对孔错缝搭砌，上下皮小型砌块竖向灰缝相互错开 190mm。个别情况当无法对孔砌筑时，普通混凝土小型砌块错缝长度不应小于 90mm，轻骨料混凝土小型砌块错缝长度不应小于 120mm。当不能保证此规定时，应在水平灰缝中设置 2φ4 钢筋网片，钢筋网片每端均应超过该垂直灰缝，其长度不得小于 300mm，如图 3-18 所示。

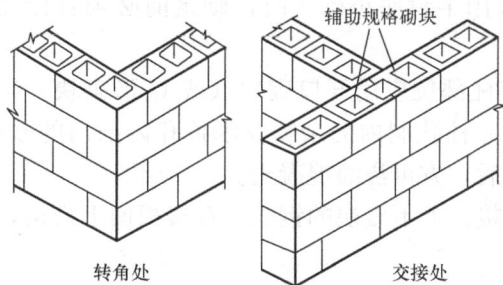

图 3-17 小型砌块墙转角处及 T 字交接处砌法

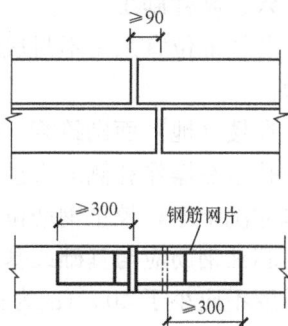

图 3-18 水平灰缝中拉结筋

小型砌块砌体的灰缝应横平竖直，全部灰缝均应铺填砂浆；水平灰缝的砂浆饱满度不得低于 90%，竖向灰缝的砂浆饱满度不得低于 80%；砌筑中不得出现瞎缝、透明缝。水平灰缝厚度和竖向灰缝宽度应控制在 8～12mm。当缺少辅助规格小型砌块时，砌体通缝不应超过两皮砌块。

小型砌块砌体临时间断处应砌成斜槎，斜槎长度不应小于斜槎高度。如留斜槎有困难，除外墙转角处及抗震设防地区，砌体临时间断处不应留直槎外，可从砌体面伸出 200mm 砌成阴阳槎，并沿砌体高每三皮小型砌块（600mm）设拉结筋或钢筋网片，接槎部位宜延至门窗洞口，如图 3-19 所示。

承重砌体严禁使用断裂小砌块或壁肋中有竖向凹形裂缝的小型砌块砌筑，也不得采用小

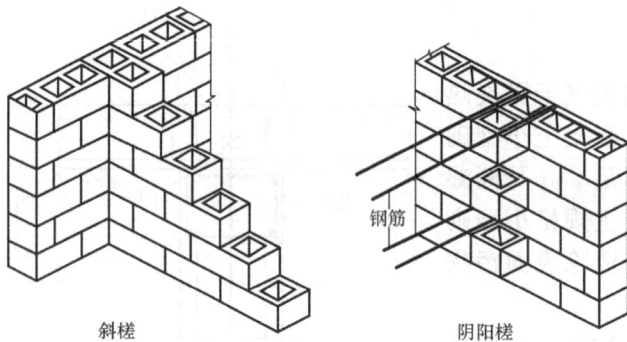

图 3-19　小型砌块砌体斜槎

型砌块与烧结普通砖等其他块体材料混合砌筑。

小型砌块砌体内不宜设脚手眼，如必须设置时，可用辅助规格为 190mm×190mm×190mm 小型砌块侧砌，利用其孔洞作脚手眼，砌体完工后用 C15 混凝土填实。但在砌体下列部位不得设置脚手眼：

（1）过梁上部，与过梁成 60°角的三角形及过梁跨度 1/2 范围内。

（2）宽度不大于 800mm 的窗间墙。

（3）梁和梁垫下及左右各 500mm 的范围内。

（4）门窗洞口两侧 200mm 内和砌体交接处 400mm 的范围内。

（5）结构设计规定不允许设脚手眼的部位。

小型砌块砌体相邻工作段的高度差不得大于一个楼层高度或 4m。

常温条件下，普通混凝土小型砌块的日砌筑高度应控制在 1.8m 内，轻骨料混凝土小型砌块的日砌筑高度应控制在 2.4m 内。

对砌体表面的平整度和垂直度及灰缝的厚度和砂浆饱满度应随时检查，校正偏差。在砌完每一楼层后，应校核砌体的轴线尺寸和标高，在允许范围内的轴线及标高的偏差，可在楼板面上予以校正。

六、芯柱施工

芯柱部位宜采用不封底的通孔小砌块，当采用半封底小砌块时，砌筑前必须打掉孔洞毛边。

在楼（地）面砌筑第一皮小型砌块时，在芯柱部位应用开口砌块（或 U 形砌块）砌出操作孔，在操作孔侧面宜预留连通孔，必须清除芯柱孔洞内的杂物及削掉孔内凸出的砂浆，用水冲洗干净，校正钢筋位置并绑扎或焊接固定后，方可浇灌混凝土。

芯柱钢筋应与基础或基础梁中的预埋钢筋连接，上下楼层的钢筋可在楼板面上搭接，搭接长度不应小于 40d（d 为钢筋直径）。

砌完一个楼层高度后，应连续浇灌芯柱混凝土。每浇灌 400～500mm 高度捣实一次，或边浇灌边捣实。浇灌混凝土前，先注入适量水泥砂浆；严禁灌满一个楼层后再捣实，宜采用插入式混凝土振动器捣实；混凝土坍落度不应小于 50mm。砌筑砂浆强度达到 1.0MPa 以上方可浇灌芯柱混凝土。

第五节　框架填充墙施工

一、轻质砌块填充墙施工

框架填充墙施工是先结构，后填充，施工时不得改变框架结构的传力路线。填充墙主要是高层建筑框架及框剪结构或钢结构中，用于维护或分隔区间的墙体。大多采用小型空心砌块、烧结实心砖、空心砖、轻骨料小型砌块、加气混凝土砌块及其他工业废料掺水泥加工而成的砌块等。要求有一定的强度，轻质、隔声隔热等效果。填充墙的施工除应满足一般砖砌体和各类砌块等相应技术、质量、工艺标准外，主要应注意以下几方面的问题。

（一）与结构的连接问题

与结构的连接分墙顶部和两端头与结构构件的连接。

1. 墙两端与结构的连接

砌体与混凝土柱或剪力墙的连接，一般采用构件上预埋铁件加焊拉结钢筋或植墙拉筋的方法。预埋铁件一般采用厚 4mm 以上，宽略小于墙厚，高 60mm 的钢板制成。在混凝土构件施工时，按设计要求的位置，准确固定在构件中，砌墙时按确定好的砌体水平灰缝高度位置准确焊好拉结钢筋。此方法的缺点是混凝土浇筑施工时铁件移位或遗漏，会给下步施工带来麻烦，如遇到设计变更则需重新处理。为了施工方便，目前许多工程采用植筋的方式，效果较好。

2. 墙顶与结构构件底部的连接

为保证墙体的整体性、稳定性，填充墙顶部应采取相应的措施与结构挤紧。通常采用在墙顶加小木楔，砌筑"滚砖"（实心砖）或在梁底做预埋铁件等方式与填充墙连接。不论采用何种连接方式，都应分两次完成一片墙体的施工，其中时间间隔 14d。这是为了让砌体砂浆有一个完成压缩变形的时间，保证墙顶与构件连接的效果。

3. 施工注意事项

填充墙施工最好从顶层向下层砌筑，防止因结构变形量向下传递而造成早期先砌筑的墙体产生裂缝。特别是空心砌块，裂缝的发生往往是在工程主体完成 3～5 个月后，通过墙面抹灰在跨中产生竖向裂缝。因而质量问题的滞后性给后期处理带来困难。

如果工期太紧，填充墙施工必须由底层逐步向顶层进行时，则墙顶的连接处理需待全部砌体完成后，从上层向下层施工，此目的是给每一层结构一个完成变形的时间和空间。

（二）门窗的连接问题

由于空心砌块与门窗框直接连接不易达到要求，特别是门窗较大时，施工中通常采用在洞口两侧做混凝土构造柱、预埋混凝土预制块及镶砖的方法。空心砌块在窗台顶面应做成混凝土压顶，以保证门窗框与砌体的可靠连接。

（三）防潮防水问题

空心砌块用于外墙面涉及防水问题。在雨季，墙的迎风迎雨面在风雨作用下易产生渗漏现象，主要发生在灰缝处。因此在砌筑中，应注意灰缝饱满密实，其竖缝应灌砂浆插捣密实。外墙面的装饰层采取适当的防水措施，如在抹灰层中加 3％～5％的防水粉，面砖勾缝或表面刷防水剂等，确保外墙的防水效果。目前市场上有多种防水砂浆材料，其工艺特点是靠砂浆材料自身在养护条件下产生较好的防水效果，以满足外墙防水要求，特别是对高孔隙率的墙体材料。

用于室内隔墙时，砌体下应用实心混凝土块或实心砖砌 180mm 高的底座，也可采用混凝土现浇。

（四）单片面积较大的填充墙施工问题

对于大空间的框架结构填充墙，应在墙体中根据墙体长度、高度的需要设置构造柱和水平现浇混凝土带，以提高砌体的稳定性。当大面积的墙体有转角时，可以在转角处设芯柱。施工中注意预埋构造柱钢筋的位置应正确。

由于不同的块料填充墙做法各异，所以要求也不尽相同，实际施工时应具体参照相应设计要求及施工质量验收规范和各地颁布实施的标准图集、施工工艺标准等。

二、加气混凝土小型砌块填充墙施工

（一）工艺流程

检验墙体轴线及门窗洞口位置→楼面找平→立皮数杆→设置拉结筋→选砌块、摆砌块→摆底→按单元砌外墙→砌内墙→砌第二步架外墙→砌内墙（砌筑过程中留槎、下拉结网片、安装混凝土过梁）→勾缝或斜砖砌筑与框架顶紧→检查验收。

（二）加气混凝土小型砌块填充墙施工要点

（1）砌筑前应弹好墙身位置线及门口位置线，在楼板上弹墙体主边线。

（2）砌筑前一天，应将预砌墙与原结构相接处洒水湿润，以保证砌体黏结。

（3）将砌筑墙部位的楼地面，剔除高出底面的凝结灰浆，并清扫干净。

（4）砌筑前按实际尺寸和砌块规格尺寸进行排列摆块，不够整块可以锯裁成需要的规格，但不得小于砌块长度的 1/3。最下一层砌块的灰缝大于 20mm 时，应用细石混凝土找平铺砌。

（5）砌体灰缝应保持横平竖直，竖向灰缝和水平灰缝均应铺填饱满的砂浆。竖向垂直灰缝首先在砌筑的砌块端头铺满砂浆，将砌块水平挤压至要求的尺寸。灰浆饱满度：水平灰缝的黏结面不得小于 90%，竖缝的黏结面不得小于 60%，严禁用水冲浆浇灌灰缝，也不得用石子垫灰缝。水平灰缝及竖向灰缝的厚度和宽度应控制在 80～120mm。

（6）砌筑前设立皮数杆，皮数杆应立于房屋四角及内外墙交接处，间距以 10～15m 为宜，砌块应按皮数杆拉线砌筑。

（7）砌筑砂浆必须用机械拌和均匀，随拌随用。砂浆稠度一般为 70～100mm。

（8）砌筑时铺浆长度以一块砌块长度为宜，铺浆要均匀，厚薄适当，浆面齐整。铺浆后立即放置砌块，一次摆正找平，严禁采用水冲缝灌浆的方法使竖向灰缝砂浆饱满。

（9）纵横墙应整体咬槎砌筑，外墙转角处和纵墙交接处应严格控制分批、咬槎、交错搭砌。临时间断应留置在门窗洞口处，或砌成阶梯形斜槎，斜槎长度不小于高度的 2/3。如留斜槎有困难时，也可留直槎，但必须设置拉结网片或采用其他措施，以保证有效连接。接槎时，应先清理基面，浇水湿润，然后铺浆接砌，并做到灰缝饱满。因施工需要留置的临时洞口处，每隔 500mm 应设置 2φ6 拉筋，拉筋两端分别伸入先砌筑墙体及堵洞砌体各 700mm。

（10）凡穿过墙体的管道应严格防止渗水、漏水。

（11）砌体与混凝土墙相接处，必须按照设计要求留置拉结筋或网片，且必须设置在砂浆中。设于框架结构中的砌体填充墙，沿墙高每隔 600mm 应与柱预留的钢筋网片拉结，伸入墙内不小于 700mm。铺砌时将拉结筋埋直、铺平。

（12）墙顶与楼板或梁底应按设计要求进行拉结，每 600mm 预留 1φ8 拉结筋伸入墙内 240mm，用 C15 素混凝土填塞密实。

（13）在门窗洞口两侧，将预制好埋有木砖或铁件的砌块，按洞口高度在 2m 以内每边砌筑三块，洞口高度大于 2m 时砌四块。混凝土砌块四周的砂浆要饱满密实。

（14）作为框架的填充墙，砌至最后一皮砖时，梁底可采用实心辅助砌块立砖斜砌，如图 3-20 所示。

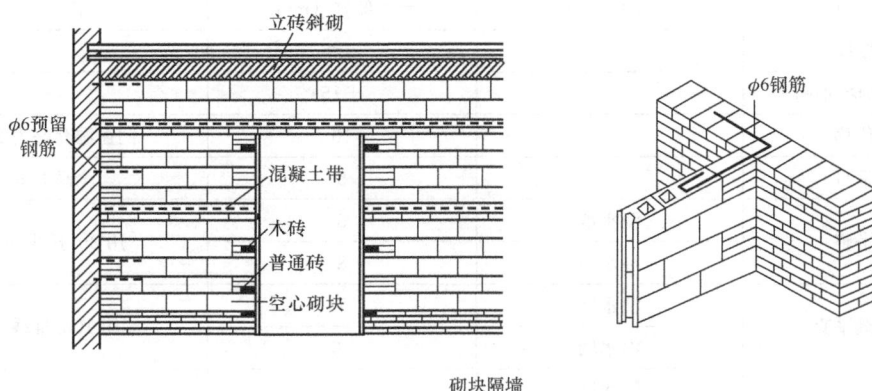

图 3-20　梁底采用实心辅助砌块立砖斜砌

每砌完一层厚，应校核检验墙体的轴线尺寸和标高，允许偏差可在楼面上予以纠正。砌筑一定面积的砌体以后，应随即用厚灰浆进行勾缝。一般情况下，每天砌筑高度不宜大于 1.8m。

（15）砌好的砌体不能撬动、碰撞、松动，否则应重新砌筑。

三、填充墙质量要求

填充墙质量要求：不得改变框架结构的传力路线，准确设置拉结钢筋，满足抗震要求；砌体灰缝应横平竖直，全部灰缝均应铺填砂浆；砂浆的强度等级应符合设计要求，砌筑砂浆必须搅拌均匀，随拌随用，并应在其技术性能规定的时间内（一般不大于 2.5h）使用完毕，也可采用掺外加剂等措施延长使用时间，其掺量应经试验确定；砂浆稠度宜为 80～90mm，分层度不大于 10mm，水泥混合砂浆拌和物的容重不应小于 1800kg/m³；砂浆的黏结性能一般以沿块体竖向抹灰后拿起转动 360°不掉砂浆为准；加气混凝土砌块砌体质量应符合验收规范的规定。

第六节　砌体质量检查及安全要求

一、砌块砌体质量检查

砌块砌体的质量要求和砖墙一样，必须横平竖直、灰浆饱满、上下错缝，断折砌块不宜使用，有裂缝的砌块不宜用在承重墙和清水墙上。墙面的平整度和垂直度应符合砖墙的标准。

（1）材料的检查。在每一楼层或 250m³ 砌体中，每种等级砂浆或细石混凝土至少制作一组试块（每组三块），其强度等级应符合设计要求。

（2）墙体的外观检查。砌体的组砌方法应正确，没有通缝、瞎缝，转角处和交接处的接槎通顺、密实。

（3）砌块墙体清洁。勾缝密实，深浅一致，横竖缝交接处平整，通顺。

（4）砌体尺寸的允许偏差见表 3-4。

表 3-4　　　　　　　　　　　砌体尺寸的允许偏差

项　　目	砌块类型	允许偏差（mm）	备　　注
砌体厚度	—	±8	—
基础顶面和楼面标高	—	±15	—
轴线位移	—	10	门窗洞允许为 20mm
墙面垂直	—	5	全高 20mm
表面平整	清水墙	5	用 2m 托线板检查
	混水墙	8	
水平灰缝平直	清水墙	7	用 10m 准线检查
	混水墙	10	
水平灰缝厚度偏差	清水墙	2	—
	混水墙	5	
游丁走缝	清水墙	20	—

二、砌体工程安全技术

（1）在操作之前必须检查操作环境是否符合安全要求，道路是否畅通，机具是否完好、牢固，安全设施和防护用品是否齐全，经检查符合要求后方可施工。

（2）砌基础时应检查和随时关注基坑土质变化情况，有无崩裂现象。堆放砌筑材料应离开坑边 1m 以上。当深基坑装设挡土板或支撑时，操作人员应设梯子上下，不得攀跳。运料不得碰撞支撑，也不得踩踏砌体和支撑。

（3）墙身砌体高度超过地坪 1.2m 以上时，应搭设脚手架。在一层以上或高度超过 4m 时，采用里脚手架必须支搭安全网；采用外脚手架应设护身栏杆和挡脚板后方可砌筑。墙身临时施工洞口应离开纵墙 500mm 以上，预留孔洞宽度大于 300mm 应设置钢筋混凝土过梁。

（4）脚手架上堆料量不得超过规定荷载，堆砖高度不得超过 3 皮侧砖，同一块脚手板上的操作人员不应超过两人。

（5）在楼层（特别是预制板面）施工时，堆放机具、砖块等物品不得超过使用荷载。如超过荷载时，必须经过验算采取有效加固措施后，方可进行堆放及施工。

（6）不准站在墙顶上做画线、刮缝及清扫墙面或检查大角垂直等工作。

（7）不准用不稳固的工具或物体在脚手板面垫高操作，更不准在未经过加固的情况下，在一层脚手架上随意再叠加一层。

（8）砍砖时应面向内打，防止碎砖跳出伤人。

（9）用于垂直运输的吊笼、滑车、绳索、刹车等，必须满足负荷要求，牢固无损；吊运时不得超载，并需经常检查，发现问题及时修理。

（10）用起重机吊砖要用砖笼，吊砂浆的料斗不能装得过满。吊杆回转范围内不得有人停留，吊件落到架子上时，砌筑人员要暂停操作，并避开一边。

（11）砖、石运输车辆两车前后距离平道上不小于 2m，坡道上不小于 10m；装砖时要先取高处、后取低处，防止垛倒砸人。

（12）已砌好的山墙，应临时用连系杆（如檩条等）放置各跨山墙上，使其连系稳定，或采取其他有效的加固措施。

（13）冬期施工时，脚手板上如有冰霜、积雪，应先清除后才能上架子进行操作。

（14）每天下班及雨天时，要做好防雨措施，以防雨水冲走砂浆，致使砌体倒塌。

（15）在同一垂直面内上下交叉作业时，必须设置安全隔板，下方操作人员必须佩戴安全帽。

（16）人工垂直往上或往下（深坑）传递砖石时，要搭递砖架子，架子的站人板宽度应不小于600mm。

（17）用锤打石时，应先检查铁锤有无破裂，锤柄是否牢固。打锤要按照石纹走向落锤，锤口要平，落锤要准，同时要看清附近情况有无危险，然后落锤，以免伤人。

（18）不准在墙顶或架上修改石材，以免振动墙体影响质量或石片掉下伤人。

（19）不准徒手移动上墙的料石，以免压破或擦伤手指。

（20）不准勉强在超过胸部以上的墙体上进行砌筑，以免将墙体碰撞倒塌或上石时失手掉下造成安全事故。

（21）石块不得往下掷。运石上下时，脚手板要钉装牢固，并钉防滑条及扶手栏杆。

（22）已经就位的砌块，必须立即进行竖缝灌浆；对稳定性较差的窗间墙、独立柱和挑出墙面较多的部位，应加临时稳定支撑，以保证其稳定性。

（23）在台风季节，应及时进行圈梁施工，加盖楼板，或采取其他稳定措施。

（24）在砌块砌体上，不宜拉锚缆风绳，不宜吊挂重物，也不宜作为其他施工临时设施及支撑的支撑点，如果确实需要时，应采取有效的构造措施。

（25）大风、大雨、冰冻等异常气候之后，应检查砌体是否有垂直度的变化，是否产生裂缝，是否有不均匀下沉等现象。

第七节　砌筑用脚手架

脚手架是建筑施工中重要的临时设施，是在施工现场为安全防护、工人操作、材料堆置而搭设的支架。

砌筑用脚手架由架子工搭设完成，对脚手架的基本要求是：有适当的宽度或面积、步架高度、离墙距离，能满足工人操作、材料堆置和运输的需要；具有稳定的结构和足够的承载能力，能保证施工期间在可能出现使用荷载的作用下，不变形、不倾斜、不摇晃；与垂直运输设施（电梯、井字架、升降机等）和楼层或作业高度相互适应，确保材料由垂直运输转入水平运输的需要；搭设、拆除和搬运方便，便于周转使用；因地制宜，就地取材，节约材料。

工人在施工现场砌筑砖墙时，适宜的砌筑高度为0.6m，这时的劳动生产率最高，砌筑到一定高度，不搭设脚手架则会影响砌筑工作。考虑砌砖工作效率和质量等因素，每次搭设脚手架的高度确定为1.2m左右，称"一步架"高度，又称为砖墙的可砌高度。

砌筑用脚手架按搭设的位置分外脚手架和里脚手架。外脚手架又分为多立杆式、桥式、框组式等；里脚手架分为折叠式、支柱式、悬挑式。脚手架的使用材料分为木、竹、金属等，其形式有固定式、移动式、升降式及吊、挑、挂等形式。

一、外脚手架

目前，使用较为广泛的外脚手架主要是由钢管扣件式外脚手架，主要构件有立杆、纵向水平杆（俗称大横杆）、横向水平杆（俗称小横杆）、剪刀撑、连墙杆和底座等组成。这种多立杆式外脚手架采用扣件连接，具有牢固可靠又便于装拆、强度高、稳定性好、适用性强等优点，可以重复周转使用，因而被广泛采用。扣件式钢管脚手架除用来搭设各种脚手架（外脚手架、里脚手架、满堂脚手架）外，还可以搭设模板支撑架、井架、上料平台架、斜道、栈桥及其他用途。以下分别介绍其构架的形式、特点和构造要求，如图 3-21 所示。

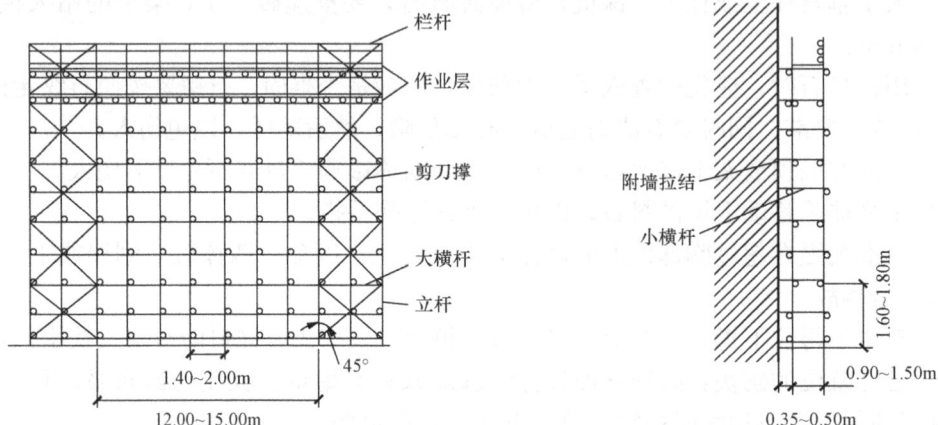

图 3-21　扣件式钢管外脚手架

钢管应优先选用外径为 48mm，壁厚为 3.5mm 的焊接钢管。立杆、大横杆、斜杆的钢管长度为 4.0～6.5m，小横杆的钢管长度以 2.1～2.3m 为宜，底座可用标准底座和焊接底座两种。标准底座为锻铸铁制作，有的带有丝扣可调节高度；焊接底座为钢板与钢管焊接，高度不可调节，如图 3-22 所示。

扣件为杆件的连接件，有可锻铸铁铸造扣件和钢板压制扣件两种。钢管扣件的基本形式有三种：直角扣件，也称十字扣件，用于连接扣紧两根互相垂直相交的钢管；旋转扣件，用于连接扣紧两根任意角度相交的钢管；对接扣件，也称一字扣件，用于钢管的对称接头。三种扣件如图 3-23 所示。

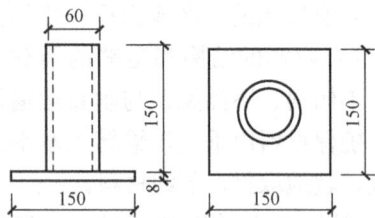

图 3-22　底座示意图

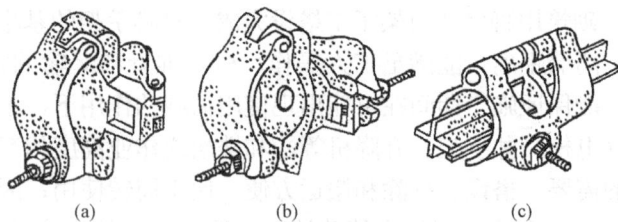

图 3-23　扣件形式图
（a）直角扣件；（b）旋转扣件；（c）对接扣件

（一）双排脚手架

双排脚手架在脚手架的里外两侧均设有立杆，稳定性好。双排脚手架的构造如图 3-24 所示，其构造组成要点如下：

1. 立杆

又称立柱、竖杆、冲天等，是脚手架中垂直于水平面的竖向杆件，是承受自重和施工荷载的主要受力杆件。立杆横距 l_b 为 0.9～1.5m（高层一般不大于 1.2m）；纵距 l_a 为 1.4～2.0m（当用单立杆时，35m 以下的架子用 1.4～2.0m；35m 以上架子用1.4～1.6m；当用双立杆时，为 1.5～2.0m）。单立杆双排脚手架的搭设高度限制在 50m 以内，若搭设高度超过 50m 时，35m 以下部分应采用双立杆，或自 35m 起采用分段卸载措施，并且上面的部分单立杆的高度应不小于 30m。立杆采用对接扣件连接时，两根相邻立杆的接头不应设置在同步内，同步内隔一根立杆的两个相隔接头在高度方向错开的距离不宜小于 500mm；各接头中心至主节点的距离不宜大于步距的 1/3；采用旋转扣件搭接时，搭接长度不应小于 1m，应采用不少于 2 个旋转扣件固定，端部扣件盖板的边缘至杆端距离不应小于 100mm。另外，立杆顶端宜高出女儿墙上皮 1m，高出檐口上皮 1.5m，如图 3-24 所示。

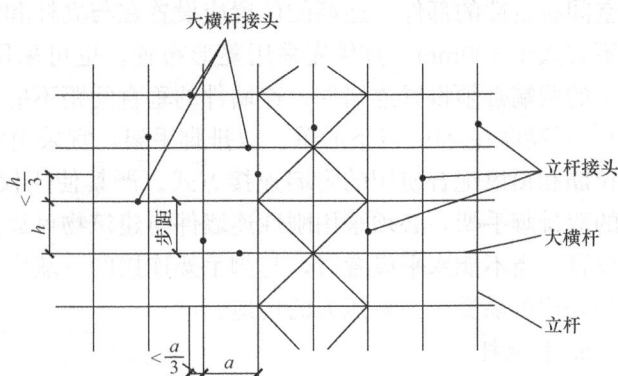

图 3-24 立杆、大横杆的接头位置

2. 纵向水平杆

又称大横杆、牵杠等，是连系立杆平行于墙面的水平杆件，起连系和纵向承重作用，步距为 1.5m～1.8m。纵向水平杆采用对接扣件连接时，两根相邻纵向水平杆的接头不宜设置在同步或同跨内；不同步或不同跨两个相邻接头，在水平方向错开的距离不应小于 500mm；各接头中心至最近主节点的距离不宜大于纵距的 1/3。采用旋转扣件连接时，搭接长度不应小于 1m，应等间距设置 3 个旋转扣件固定，端部扣件盖板边缘至搭接纵向水平杆杆端的距离不应小于 100mm。

3. 横向水平杆

横向水平杆又称小横杆，是垂直于墙面的水平杆，与立杆、大横杆相交，并支承脚手板，是承受并传递施工荷载给立杆的主要受力杆件。小横杆贴近立杆布置，搭设于纵向水平杆之上并用直角扣件扣紧。在同一步距的两个立杆之间根据需要搭设 1 根或 2 根。在任何情况下，作为基本构架结构杆件的纵向水平杆均不得拆除。

4. 剪刀撑

又称十字撑，在脚手架外侧面成对设置的交叉斜杆。每道剪刀撑应连系 3～4 根立杆，宽度不应小于 4 跨，且不应小于 6m，斜杆与水平面夹角宜为 45°～60°范围内，十字交叉地绑扎在脚手架的外侧，来加强脚手架的纵向整体刚度和平面稳定性。24m 以下脚手架除在两端设置剪刀撑外，中间每隔 12～15m 设一道。24m 以上的脚手架，沿两端和转角起，每 7～9 根立杆设一道，且每片架子不少于 3 道。在相邻两排剪刀撑之间，每隔 10～15m 高加设一组长剪刀撑，如图 3-25 所示。

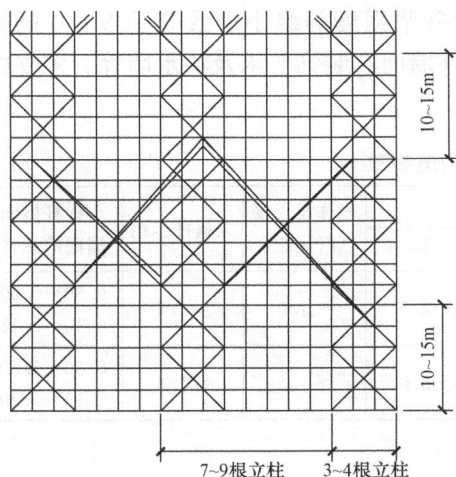

图 3-25 脚手架的剪刀撑布置

剪刀撑斜杆应用旋转扣件固定在与之相交的横向水平杆的伸出端或立杆上，旋转扣件中心线至主节点的距离不宜大于 150mm。主节点是指立杆、纵向水平杆、横向水平杆三杆紧靠的扣接点。

5. 连墙杆

连墙杆是连接脚手架与建筑物的构件，是防止脚手架的横向移动、承受风荷载、加强架子空间稳定性的部件。连墙的位置应设置在与立杆和纵向水平杆相交的节点处，离节点的间距不宜大于 300mm。宜优先采用菱形布置，也可采用方形、矩形布置。一字形、开口形脚手架的两端必须设置连墙件，连墙件的垂直间距不应大于建筑物的层高，并不应大于 4m（2步）。对高度在 24m 以下的单、双排脚手架，宜采用刚性连墙件与建筑物可靠连接，也可采用拉筋和顶撑配合使用的附墙连接方式。严禁使用仅有拉筋的柔性连墙件。对高度 24m 以上的双排脚手架，必须采用刚性连墙件与建筑物可靠连接。连墙件中的连墙杆或拉筋宜呈水平设置，当不能水平设置时，与脚手架连接的一端应下斜连接，不应采用上斜连接；连墙件必须采用可承受拉力和压力的构造。

6. 扫地杆

扫地杆是贴近地面，连接立杆根部的水平杆。有纵向扫地杆和横向扫地杆，用于连接立柱下端，以约束立柱底端纵横方向上的位移。脚手架必须设置纵、横向扫地杆。纵向扫地杆应采用直角扣件固定在距底座上皮不大于 200mm 处的立杆上。横向扫地杆也应采用直角扣件固定在紧靠纵向扫地杆下方的立杆上。当立杆基础不在同一高度上时，必须将高处的纵向扫地杆向低处延长两跨与立杆固定，高低差不应大于 1m。靠边坡上方的立杆轴线到边坡的距离不应小于 500mm。

7. 抛撑

抛撑是与脚手架外侧面斜交的杆件，与地面成 60°。横向撑住脚手架的斜杆，防止脚手板外倾。抛撑的间距不超过 6 倍的立杆间距，并应在地面支点处铺设垫板。

（二）单排脚手架

单排脚手架只有一排立杆，小横杆的另一端搁置在墙体上，构架形式与双排基本相同，在使用上受到一定的限制，单排脚手架不适用于：墙体厚度小于或等于 180mm；建筑物高度超过 24m；空斗砖墙、加气块墙等轻质墙体；砌筑砂浆强度等级小于或等于 M1.0 的砖墙；脚手眼的留设部位和孔眼尺寸有着严格的要求；外墙面有装饰要求及清水墙等。多立杆式外脚手架的一般构造参数见表 3-5。

表 3-5　　　　　　　　　多立杆式外脚手架的一般构造参数　　　　　　　　　　　　　m

用途	脚手架类型	里面立杆距墙面	立杆横距	立杆纵距		操作层小横杆间距	大横杆步距	小横杆挑向墙面的悬臂
				单立杆	双立杆			
结构	单排	—	—	1.4～2.0	1.5～2.0	≤1.0	≤1.5	0.30～0.50
	双排	0.35～0.50	0.9～1.5					0.10～0.15
装修	单排	—	—	1.4～2.0	1.5～2.0	≤1.5	≤1.8	0.30～0.50
	双排	0.35～0.50	0.9～1.5					0.15～0.20

二、里脚手架

里脚手架是搭设在建筑物内部，常为"一"字形的分段脚手架。一般用于墙体高度不大于 4m 的房屋。砖混结构墙体砌筑、室内墙面的粉刷大多采用工具式里脚手架，将脚手架搭设在墙体砌筑层的楼板上，待砌完一层墙体后，将脚手架全部转移到上一层楼面上，进行新一层砌体的砌筑。作为砌筑砌体作业架时，铺板 3～4 块，宽度应不小于 0.9m；为装饰作业架时，铺板宽度不少于 2 块或 0.6m。里脚手架用工料较少，较经济，因拆装频繁，故要求拆装方便灵活，被广泛应用于内外墙的砌筑和室内墙面装饰施工。里脚手架结构形式有折叠式、支柱式和门架式等多种形式。

1. 折叠式里脚手架

折叠式里脚手架按所用材料不同，分为角钢、钢管和钢筋折叠式。主要用于内墙的砌筑、抹灰及粉刷。

（1）角钢折叠式里脚手架搭设间距，砌筑时不超过 2m，抹灰或粉刷墙时不超过 2.5m。可搭设两步架，第一步架为 1m，第二步架为 1.65m，如图 3-26 所示。

（2）钢管折叠式和钢筋折叠式里脚手架搭设间距，砌筑时不超过 1.8m，抹灰或粉刷墙时不超过 2.2m。

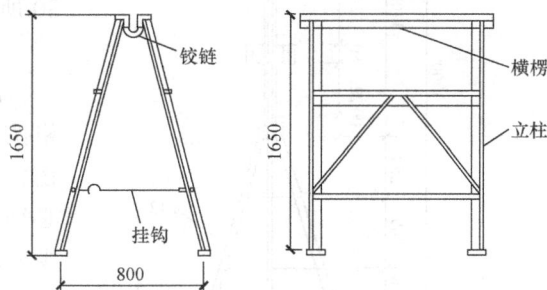

图 3-26 折叠式里脚手架

2. 支柱式里脚手架

支柱式里脚手架由若干个支柱和横杆组成，上铺脚手板。主要用于内墙的砌筑、抹灰及粉刷。支柱间距，砌墙时不超过 2.0m，抹灰或粉刷墙时不超过 2.2m。

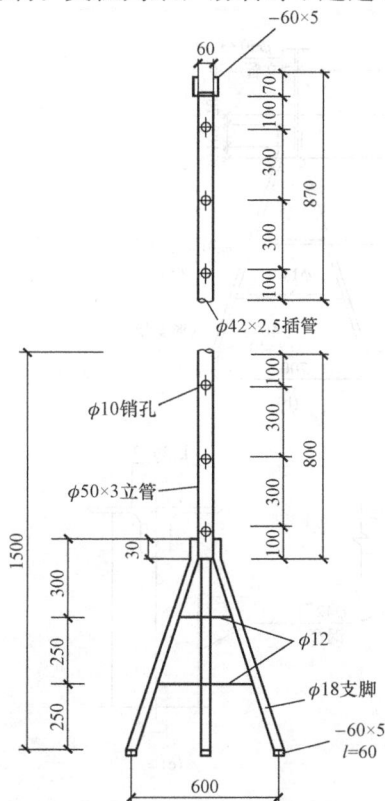

图 3-27 套管支柱里脚手架

支柱式里脚手架的支柱有套管式支柱和承插式支柱。

（1）套管式支柱（图 3-27）。由立管、插管组成，插管插入立管中，以销孔间距调节脚手架的高度，是一种可伸缩式的里脚手架，在插管顶端的凹形托架内搁置方木横杆，在横杆上铺设脚手板，其架设高度为 1.5～2.1m。

（2）承插式支柱（图 3-28）。在支柱立管上焊承插管，横杆的销头插入承插管中，横杆上面铺脚手板，其架设高度为 1.5～2.1m。

3. 门架式里脚手架

门架式里脚手架由两片 A 形支架与门架组成，如图 3-29 所示。A 形支架由立管和套管两部分组成，立管常用 $\phi50mm×3mm$，长度为 500mm，支脚大多用钢管、钢筋焊成，高度在 900mm，两支脚相距为 700mm。门架用钢管或角钢与钢管焊成，承插在套管中，承插式门架在架设第二步架时，销孔要插上销钉，防止 A 形支架在受到外力作用时发生转动。

三、悬挂式脚手架

悬挂式脚手架是悬挂在房屋结构上的一种脚手架，主要分为两种。一种是利用吊索将桁架式工作台悬吊在挑梁或挑架上，主要用于单层工业厂房或框架结构的围

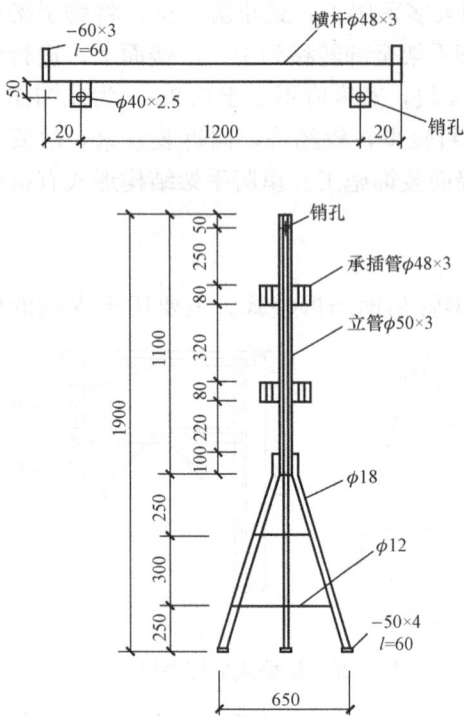

图 3-28　承插式支柱

护结构的砌筑，以及外墙的装饰抹灰，干挂理石等；另一种是在柱子上挂设支架，在支架上铺脚手板或搁置桁架式工作台，主要用于围护墙及填充墙的砌筑。

悬挂式脚手架固定方法要牢固可靠，在装饰施工阶段，工人按自上而下的施工顺序进行，逐层下降。脚手架的升降可用倒链、电动卷扬机、液压提升机及手动工具分节提升等方法，如图 3-30 所示。

四、脚手架安全技术管理措施

脚手架在搭设、使用和拆除过程中，必须严格按照规范及设计要求进行，否则将会造成人员伤亡和经济损失，带来严重的后果和不良影响。必须加强安全意识，改进技术和管理工作，以减少事故的发生。

脚手架工程在施工中常发生的事故类型有：整架失稳，造成整体坍塌；整架倾倒或局部垮架；人员从脚手架高处坠落；不当的操作事故（闪失、碰撞）等。造成这些事故的原因有直接原因和间

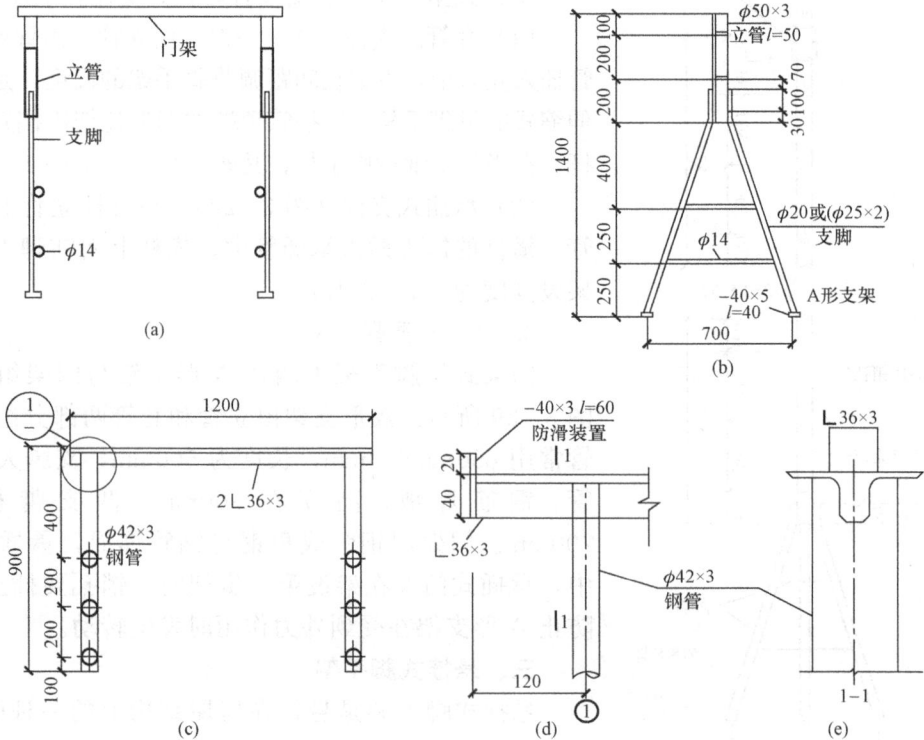

图 3-29　门架式里脚手架

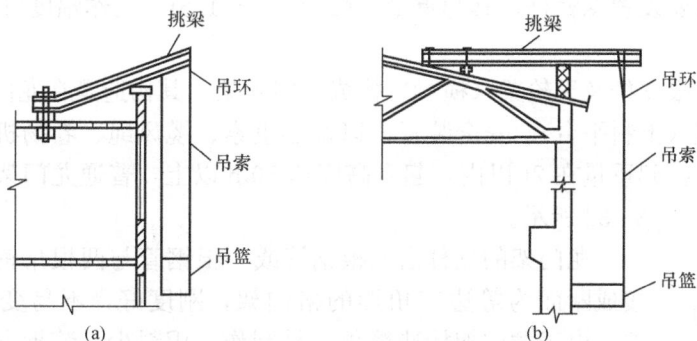

图 3-30 悬挂式脚手架
(a) 平屋面；(b) 坡屋面

接原因。直接原因有构造缺陷、承载能力不足、设计安全度不够及严重超载等技术方面；间接原因有违背操作规程、指挥不当及自然因素的作用。

为确保脚手架工程的施工安全，预防和杜绝安全事故的发生，必须加强安全的规范化管理。施工企业必须建立、健全安全管理细则、保证安全管理人员的配备。脚手架安全技术规范是实施规范化管理的依据，目前已公布实施的有《建筑施工扣件式钢管脚手架安全技术规范》（JGJ 130—2001）、《建筑施工门式钢管脚手架安全技术规范》（JGJ 128—2000）及相关规定。

五、材料运输设备

砌体工程所用的材料量很大，有实验证明，建筑 $1m^2$ 的砖混结构房屋，砖的用量为 $0.75m^3$，重量为 $0.7\sim0.9t$，砂浆为 $0.08m^3$，重量为 $0.15t$。不但要将这些砖、砂浆从地面运到所需的砌筑部位，还要运输大量的施工工具、脚手架和各种预制构件。材料及机具的运输主要有垂直运输设备、水平运输设备。

（一）垂直运输工具

目前使用的垂直运输工具主要有：井字架、龙门架、独杆提升机、施工电梯，以及采用葫芦式起重机或其他小型起重机具的物料提升设施等。

1. 井字架

井字架是施工中最常使用的，也是最为简便的垂直运输设施，如图 3-31 所示。它的稳定性能好、运输量大、安全可靠。除用型钢或钢管加工的定型井架之外，还可采用多种脚手架搭设，多为单孔井架，井架内设吊盘（也可在吊盘下加设混凝土料斗）。起重量在 3t 以内，起升高度达 60m 以上，设缆风绳保持井架的稳定，缆风绳一般采用钢丝绳，数量为 6～12 根，至少不少于 4 根，与地面的夹角一般在 30°～45°之间。角度过大，则对井架产生较大的轴向压力。

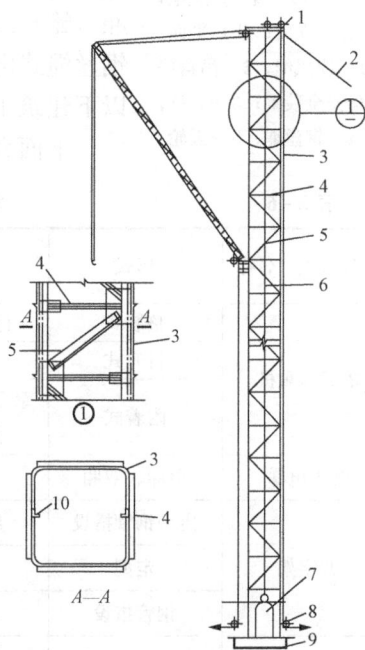

图 3-31 井字架
1—天轮；2—缆风绳；3—立柱；
4—平撑；5—斜撑；6—钢丝绳；
7—吊盘；8—地轮；9—垫木；
10—导轨

井字架可视需要设置悬臂杆，其起重量一般为 0.5～1.5t，工作幅度可达 10m。

2. 龙门架

龙门架是由两根立杆及天轮梁（横梁）构成的门式架。其构造是在龙门架上装有定滑轮及导向滑轮、吊盘（上料平台）、安全装置，以及起重索、缆风绳、卷扬机等，组成一个完整的垂直运输体系，起重量在 2t 以内，起升高度达 50m 以上，普通龙门架的基本构造如图 3-32 所示。

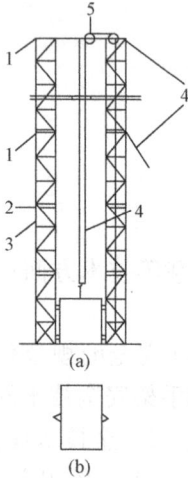

龙门架的立杆由三根钢管或一根钢管与两根角钢或三根圆钢经焊接成断面为等边三角形的格构架，刚度好，不易变形，但稳定性较差。由于龙门架构造简单、易制作、用料少、装拆方便，一般适合于 10 层以下的房屋建筑，用于超过 10 层的高层建筑施工时，必须采取附墙方式固定，成为无缆风绳高层物料提升架，并可在顶部设液压顶升装置，实现井架或塔架标准节的自升接高。

3. 施工电梯（施工升降机）

施工电梯是高层建筑施工中主要的垂直运输设备。它附着在建筑结构部位上或外墙上，随着建筑物的升高而升高，架设高度可达 200m 以上（国外施工电梯的最高起升高度已达 645m）。多数施工电梯为人货两用，少数为供货用。施工电梯按其传动方式分为：齿轮齿条式、钢丝绳式和混合式三种。齿轮齿条式电梯有单厢（笼）式和双厢（笼）式两种，并装有安全限速装置，适用于 20 层以上建筑工程；钢丝绳式电梯为单吊厢（笼），无限速装置，轻巧便宜，适用于 20 层以下建筑工程。

图 3-32 龙门架构造
（a）立面；（b）平面
1—缆风绳；2—吊盘停车安全装置；3—立杆；4—钢丝绳；5—天轮

下面介绍几种垂直运输设备的总体情况，见表 3-6。

表 3-6   垂直运输设备的总体情况一览表

设备（施）名称	形式	安装方式	工作方式	设备能力	
				起重能力	提升高度
塔式起重机	整装式	行走、固定	在不同的工作幅度内形成作业覆盖区	60～10 000kN·m	80m 内
	自升式	附着			250m 内
	附着式	装于天井道内、附着爬升		3500kN·m	一般在 300m 内
施工电梯	单厢、双厢	附着	吊笼升降	一般在 2t 以内	一般在 100m 内
井字架	定型钢管搭设	缆风固定	吊盘升降	3t 以内	60m 以内
	定型	附着			可达 200m 以上
	钢管搭设				100m 以内
龙门架		缆风固定	吊盘升降	2t 以内	50m 以内
		附着固定			100m 以内
独杆提升机	定型产品	缆风固定	吊盘升降	1t 以内	一般在 25m 内
墙头吊	定型产品	固定在结构上	吊盘升降	0.5t 以内	高度视配绳和吊物稳定而定

（二）水平运输

施工中的水平运输，目前使用最多的是手推车（双轮、独轮）和灰浆车。对于水平距离比较远的建筑工程，一般采用料斗容积为 0.4m³ 的机动翻斗车来运输砖及砂浆，以保证砌体工程对材料的需求。

（三）塔式起重机

塔式起重机俗称塔吊，具有提升、回转、水平运输（通过滑轮车移动和臂杆的仰俯）等功能，既可以垂直运输，又可以水平运输。在施工中是一个重要的吊装设备，用其垂直和水平吊运长、大、重的物料是井架、龙门架、施工电梯等垂直运输设备（施）所不能实现的，是高层建筑施工中常采用的起重吊装兼运输设备（施）。塔式起重机的分类见表 3-7。

表 3-7　　　　　　　　　　　塔式起重机的分类

分类方式	类别
按固定方式分	固定式、轨道式、附着式、内爬式
按架设方式分	自升式、分段架设、整体架设、快速拆装
按臂构造分	整体式、伸缩式、折叠式
按回转方式分	上回转式、下回转式
按变幅方式分	小车移动、臂杆仰俯、臂杆伸缩
按起重能力分	轻型（≤80t·m）、中型（≤250t·m）、 重型（≥250t·m，≤1000t·m）、超重型（≤1000t·m）

注　塔式起重能力是用起重力矩来表示的。

思 考 题

1. 砌筑砂浆的种类分哪几种？分别用于什么部位？
2. 砌筑砂浆的搅拌时间如何确定？采用何种搅拌方法？
3. 砖基础施工中"大放脚"有几种形式？有何要求？
4. 常见的砖砌体的组砌形式有哪几种？分别用于多厚的墙体？
5. 砖砌体的组砌原则包括哪些内容？施工中应注意些什么问题？
6. 砖墙砌体的施工工艺是什么？有什么要求？
7. 何为皮数杆？在施工中的作用是什么？
8. 砖墙砌体的质量要求是什么？保证砂浆饱满度的措施有哪些？
9. 砖墙砌体若不可能同时砌筑时，应按规定在先砌的砌体上留出接槎，留槎形式有哪几种？有什么要求？
10. 在不可能留斜槎时，方能留直槎，留直槎时需采取哪些措施来保证砌体的整体性？
11. 填充墙的施工应该注意什么？
12. 简述中小砌块的特点、种类及适用范围。

13. 编制砌块排列图需满足哪些要求？

14. 砌块砌体的施工工艺是什么？应满足哪些要求？

15. 脚手架的基本要求及作用是什么？何谓一步架高度？

16. 脚手架按搭设位置分为哪几种？按结构形式分为哪几种？按使用材料分为哪几种？

17. 扣件式钢管脚手架由哪些构件组成？作用是什么？

18. 扣件式双排钢管脚手架由哪些构件组成？作用是什么？

19. 垂直运输设备主要包括哪些种类？主要应用于哪些结构施工中？

第四章 混凝土结构工程

本章要点

模板类型、作用及基本要求，模板构造（框架结构模板、大模板、滑模、爬模、台模、隧道模等），模板搭设与拆除；钢筋的分类、验收及质量检验，钢筋冷加工、钢筋连接（焊接连接、绑扎连接、机械连接），钢筋的配料、代换、安装验收；混凝土原材料的选用，试配强度的确定、施工配合比换算，混凝土搅拌机类型及选用、搅拌制度的确定与搅拌站的布置；运输混凝土的要求及运输方法；混凝土浇筑的有关规定，浇筑方法，振捣设备及其使用，施工缝留置及处理；现浇框架结构混凝土、大体积混凝土的浇筑；混凝土养护原理及方法；混凝土工程质量检验与评定；混凝土冬期施工原理与方法；先张法台座与张拉设备、张拉控制应力，先张法施工工艺（预应力筋张拉、混凝土浇筑与养护、预应力筋放张）及技术措施；后张法锚具与张拉机具，预应力筋制作，后张法施工工艺（孔道留设、预应力筋张拉、孔道灌浆）及技术措施；无黏结预应力混凝土结构施工；电张法原理，设备选用。

基本要求及重点、难点

（1）了解混凝土结构工程的特点及施工过程，掌握为保证钢筋与混凝土共同工作，在施工工艺上应注意的问题。

（2）了解模板的构造、要求、受力特点及安拆方法，掌握模板的设计方法。

（3）了解钢筋的种类、性能及加工工艺，掌握钢筋冷拉、冷拔、对焊工艺及配料和代换的计算方法。

（4）了解混凝土原材料、施工设备和机具性能，掌握混凝土施工工艺原理和施工方法、施工配料、质量检验和评定方法。

（5）了解混凝土冬期施工工艺要求和常用措施。

（6）了解预应力混凝土工程的特点和工作原理。

（7）掌握先张法、后张法施工工艺及预应力值的建立传递原理，张拉力的计算和校验，了解建立张拉程序的依据及放张要求。

（8）了解预应力筋张拉的台座、锚（夹）具、张拉机具的构造及使用方法，正确计算预应力筋的下料长度。

· 重点：模板作用及要求，组合钢模板的组成与配板设计；钢筋质量检验、钢筋的冷加工及质量控制、钢筋焊接的方法及质量要求；混凝土拌制、运输、浇筑的要求，运输方法、浇筑方法、振实原理及方法，整体式钢筋混凝土结构的浇筑及施工缝；大体积混凝土的浇筑；影响混凝土工程质量的因素及保证混凝土工程质量的措施；先张法和后张法的施工工艺过程，质量控制与技术措施，施工过程中可能产生的应力损失及弥补的方法。

• 难点：组合钢模板的配板设计；钢筋下料长度的计算，钢筋焊接的方法及质量要求；混凝土振捣设备及其使用，施工缝留置及处理；现浇框架结构混凝土、大体积混凝土的浇筑；锚（夹）具、张拉机具的构造及使用方法；施工过程中可能产生的应力损失及弥补的方法，质量控制与技术措施。

• 深度和广度：达到能制订现浇钢筋混凝土结构的施工方案，分析钢筋混凝土结构施工的常见质量缺陷及预防处理；结合现行混凝土施工验收规范、规程和质量标准进行讲解；能根据预应力筋的类型，正确选择锚（夹）具、张拉机具；制订预应力混凝土的施工方案，分析施工过程中可能产生的应力损失及弥补的方法。

混凝土是土木工程结构中被广泛采用并占主导地位的一种复合材料，混凝土结构是指以混凝土为主要材料制成的结构，包括素混凝土结构，钢筋混凝土结构和预应力混凝土结构等。钢筋混凝土工程分为装配式钢筋混凝土工程和现浇钢筋混凝土工程；施工中可分为钢筋工程、模板工程和混凝土工程三个部分。

装配式钢筋混凝土工程的施工工艺是在构件预制厂或施工现场预先制作好结构构件，再在施工现场将其安装到设计位置。一般大型构件在施工现场生产制作，以避免运输的困难。中小型构件均可在预制构件厂生产制作。预制与整体现浇式结构相比，预制装配式结构耗钢量较大，施工时对起重设备要求高、依赖性强，结构的整体性和抗震性则不如整体现浇式结构。

现浇钢筋混凝土结构是在施工现场，在结构构件的设计位置支设模板、绑扎钢筋、浇灌混凝土、振捣成型，经养护混凝土达到拆模强度时拆除模板，制成结构构件。整体现浇式结构的整体性和抗震性能好，施工时不需要大型起重机械，但要消耗大量模板，劳动强度高，施工中受气候条件影响较大。

装配整体式结构是结合上述两种施工方法的优点，结合现场施工条件和技术装备条件而形成的施工方式。由于能够利用后张法进行混凝土预制构件整体拼装、梁板构件叠合浇制、节点区域整体浇筑等方法加强结构的整体性，因而同时具有预制装配式和整体现浇式的优点，有着良好的发展前景。

钢筋混凝土结构工程的施工工艺流程如图 4-1 所示。

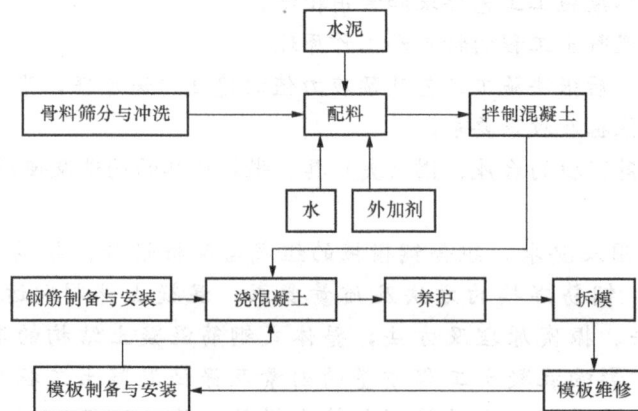

图 4-1 钢筋混凝土结构工程的施工工艺流程图

第一节　模　板　工　程

　　模板是混凝土结构构件成型的模具，已浇筑的混凝土需要在此模具内养护、硬化、增长强度，形成所要求的结构构件。模板系统由模板、支架及适量的紧固连接件组成。其中模板是指与混凝土直接接触使混凝土具有构件所要求形状的部分；支架是指支撑模板，承受模板、构件及施工中各种荷载的作用，并使模板保持所要求的空间位置的临时结构。正确选择模板形式、材料及合理组织施工，对加速现浇钢筋混凝土结构施工和降低工程造价具有重要作用。

　　为了保证所浇筑混凝土结构的施工质量和安全，模板和支架必须符合下列基本要求：

　　（1）保证结构和构件各部分形状、尺寸和相互位置的正确性。

　　（2）具有足够的承载能力、刚度和稳定性，能可靠地承受浇筑混凝土的重量、侧压力及施工荷载。

　　（3）构造简单，拆装方便，能多次周转使用。

　　（4）接缝严密，不易漏浆。

一、模板的常见种类

　　模板分类有多种方式，通常按以下方式分类：

　　1. 按材料分类

　　按材料分为木模、钢模、钢木模、木竹胶合板、铝合金、塑料、玻璃钢等。

　　2. 按结构类型分类

　　按结构类型分为基础模板、柱模板、梁模板、楼板模板、楼梯模板、墙模板、壳模板、烟囱模板等多种。

　　3. 按施工方法分类

　　（1）现场装拆式模板。

　　（2）固定式模板：各种台模。

　　（3）移动式模板：滑升模板、爬升模板、提升模板。

　　模板的选用要因地制宜，就地取材，要求形状、尺寸准确，接缝严密，有足够的强度、刚度和稳定性，并且要求装拆方便、灵活，能多次周转使用。

二、模板的构造

　　1. 木模板

　　木材是最早用来制作模板的工程材料，其优点是：制作方便、拼装随意，尤其适用于外形复杂和异形的混凝土构件。此外，因其导热系数小，对混凝土冬期施工有一定的保温作用。

　　木模板的木材主要采用松木和杉木，其含水率不宜过高，以免干裂。

　　木模板的基本元件是拼板，它由板条和拼条（木档）组成（图4-2）。板条厚25~50mm，宽度不宜超过200mm，以保证在干缩时缝隙均匀，浇水后缝隙要严密且板条不翘曲，但梁底板的板条宽度不受限制，

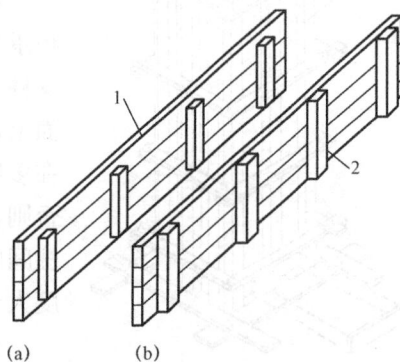

(a)　　　　　(b)

图4-2　拼板构造

（a）一般拼板；（b）梁侧模板的拼板

1—板条；2—拼条

以免漏浆。拼条截面尺寸为 25mm×45mm～50mm×50mm，拼条间距根据施工荷载的大小及板条的厚度而定，一般取 400～500mm。

木模板通常可拼装成以下几种形式：

(1) 基础模板。图 4-3 所示为木基础模板形式。

阶形——底阶可依土，或用木桩及撑木固定于地面或坑侧壁，上阶用轿杠木，有杯口时用杯芯模，外包铁皮，如图 4-3 (a) 所示。

锥形——斜坡如果不陡不用支模，拍上混凝土；陡时，随浇随封。

条形——上阶用吊模。

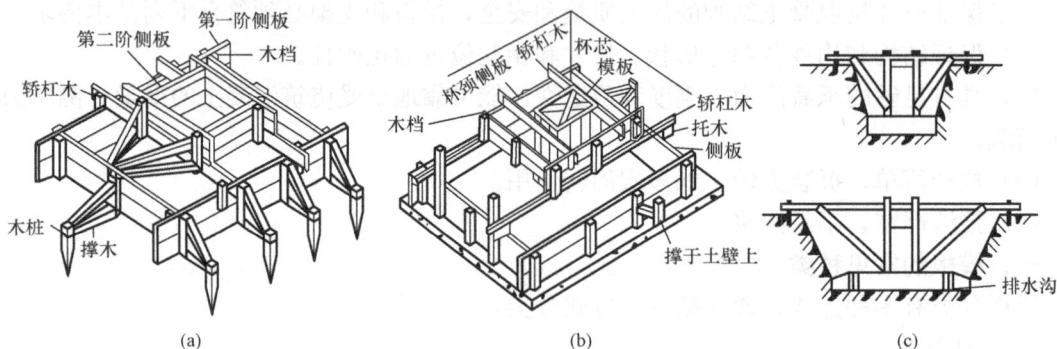

图 4-3　基础模板

(a) 阶形基础；(b) 锥形基础；(c) 条形基础

(2) 柱子模板。柱模板由内、外拼板组成（图 4-4），内拼板夹在两片相对的外拼板之内。为承受混凝土侧压力，拼板外要设柱箍，其间距与混凝土侧压力、拼板厚度有关，通常上稀下密，间距约为 500～700mm。柱模板底部设有钉在混凝土上的木框，用以固定柱模板的位置。

柱模板上部根据需要可开设与梁模板连接的缺口，底部开设清理孔，沿高度每隔约 2m 开设浇筑孔。对于独立柱模，四周应加设支撑，以免混凝土浇筑时产生倾斜。

(3) 梁、楼板模板。梁模板由底模板和侧模板组成。底模板承受垂直荷载，一般较厚，下面有支柱（顶撑）或桁架承托。支柱多为伸缩式，可调节高度，底部应支承在坚实的地面或楼面上，下垫木楔。如地面松软，底部应垫木板，以加大支撑面。在多层建筑施工中，应使上、下层的支柱在同一条竖向直线上。否则，要采取措施保证上层支柱的荷载能传到下层支柱上。支柱间应用水平和斜向拉杆拉牢，以增强整体稳定性。当层间高度大于 5m 时，宜用桁架支撑或多层支架支撑。

梁侧模板承受混凝土侧压力，为防止侧向变形，底部用夹紧条夹住，顶部可由支承楼板模板的格栅顶住，或用斜撑支牢。

楼板模板多用定型模板或胶合板，它放置在格栅上，格栅支承在梁侧模板外的横楞上（图 4-5）。

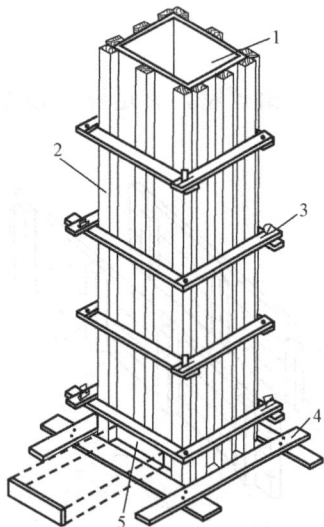

图 4-4　柱子模板

1—内拼板；2—外拼板；3—柱箍；
4—底部木框；5—清理孔

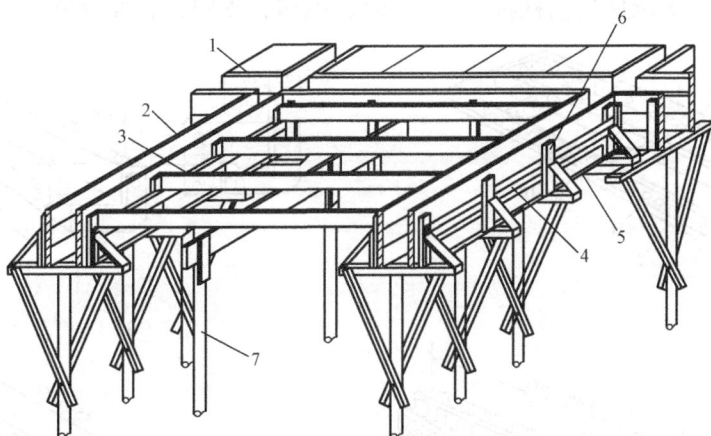

图 4 - 5　梁及楼板模板
1—楼板模板；2—梁侧模板；3—格栅；4—横楞；5—夹条；6—次肋；7—支撑

（4）楼梯模板。楼梯模板的构造与楼板相似，不同点是楼梯模板要倾斜支设，且要能形成踏步；踏步模板分为底板及梯步两部分；平台、平台梁的模板同前，如图 4 - 6 所示。

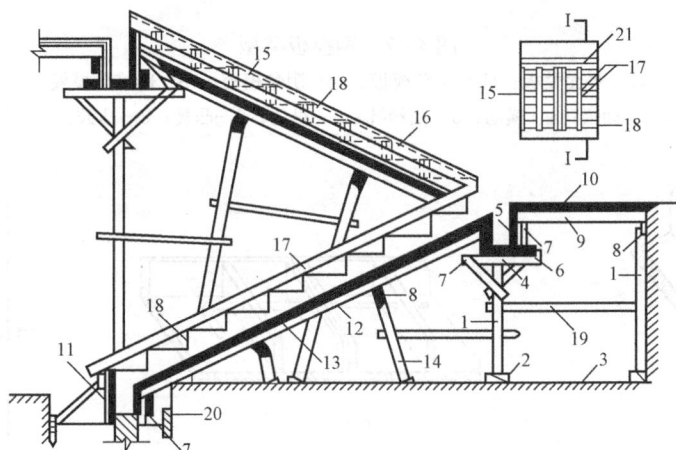

图 4 - 6　楼梯模板
1—支柱；2—木楔；3—垫板；4—平台梁底模；5—梁侧模；6—夹板；7—托木；8—杠木；
9—木楞；10—平台底板；11—梯基侧板；12—斜木楞；13—楼梯底板；
14—斜向顶撑；15—边板；16—横挡板；17—反三角板；
18—踏步侧板；19—拉杆；20—木桩；21—平台梁模

2. 组合钢模板

钢模板均为具有一定形状和尺寸的定型模板，由钢板和型钢焊成。主要类型有平面模板、阳角模板、阴角模板、连接角模板四种（图 4 - 7），另外还有角楞模板、圆楞模板、梁腋模板等与平面模板配套使用的专用模板。我国钢模板的宽度以 100mm 为基数，按 50mm 进级；长度以 450mm 为基数，按 150mm 进级；边肋孔距长向为 150mm，短向为 75mm，可以横、竖拼接，组拼成以 50mm 进级的任何尺寸模板。

钢模板配件中，连接件主要有 U 形卡、L 形插销、钩头螺栓、紧固螺栓、对拉螺栓和扣件等（图 4-8）。支承件包括柱箍（图 4-9）、钢楞、支架、斜撑及钢桁架等。

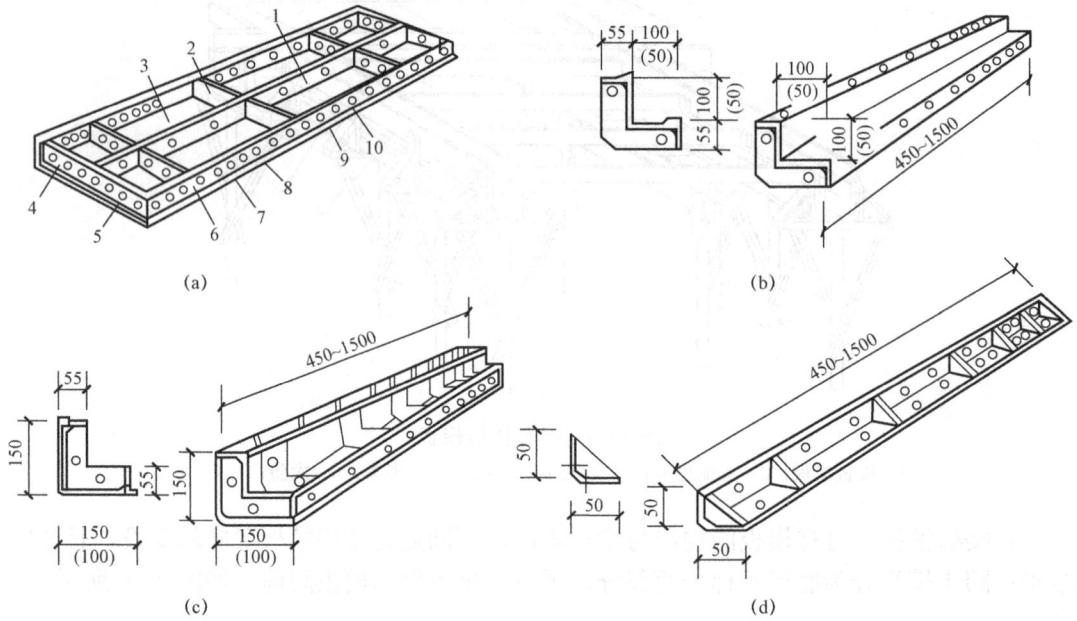

图 4-7　钢模板类型

（a）平面模板；（b）阳角模板；（c）阴角模板；（d）连接角模板

1—中纵肋；2—中横肋；3—面板；4—横肋；5—插销孔；6—纵肋；7—凸棱；8—凸鼓；9—U 形卡孔；10—钉子孔

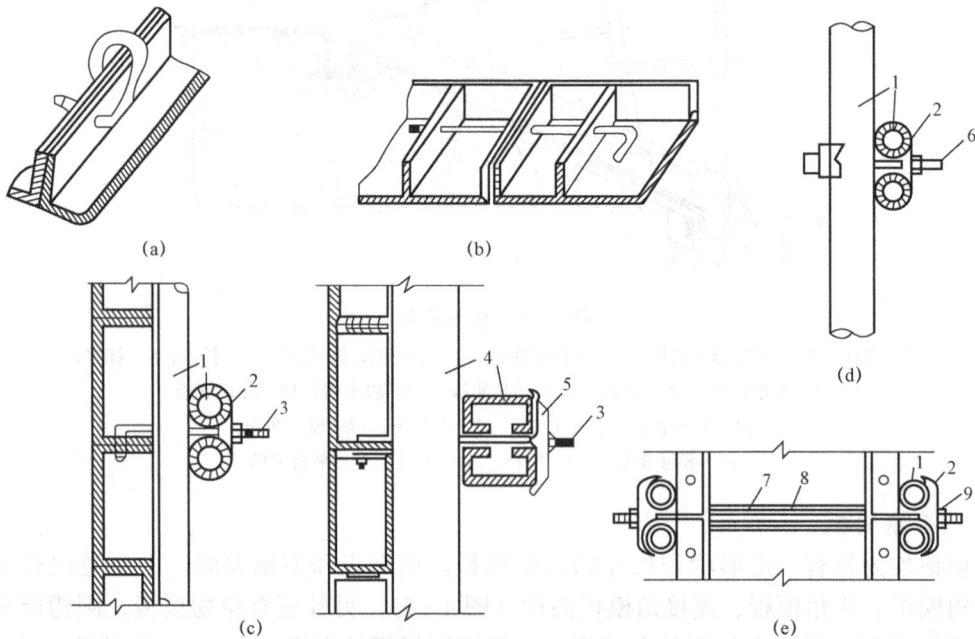

图 4-8　钢模板连接件

（a）U 形卡；（b）L 形插销；（c）钩头螺栓；（d）紧固螺栓；（e）对拉螺栓

1—圆钢管钢楞；2—扣件；3—钩头螺栓；4—内卷边槽钢钢楞；5—蝶形扣件；

6—紧固螺栓；7—对拉螺栓；8—塑料套管；9—螺母

钢模板适用于施工形状规则的各种混凝土结构，强度和刚度较大，通用性强，装拆、运输方便，周转次数多，板面平整，不吸水，不漏浆，易保证工程质量。缺点是一次性投资大，且应注意维护保养，否则易锈蚀，影响模板寿命及混凝土工程质量。

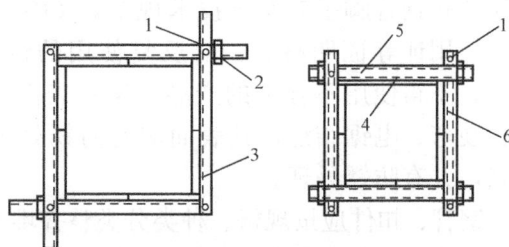

图 4-9 柱箍
1—插销；2—限位器；3—夹板；
4—模板；5—角钢；6—槽钢

（1）U 形卡。用于相邻模板间的拼接。其安装距离不大于 400mm，即每隔一个孔插一个卡，安装方向一顺一倒相互交错，以抵消 U 形卡可能产生的位移。

（2）L 形插销。插入钢模板端部的插销孔内，以加强两相邻模板接头处的刚度和保证接头处板面平整。

（3）钩头螺栓。用于钢模板与内、外钢楞的加固，使之成为整体，安装间距一般不大于 600mm，长度应与采用的钢楞尺寸相适应。

（4）紧固螺栓。用于紧固钢模板内、外钢楞，增强组合模板的整体刚度，长度应与采用的钢楞尺寸相适应。

（5）对拉螺栓。用于连接墙壁的两侧模板，保持模板与模板之间的设计厚度，并承受混凝土侧压力及水平荷载，使模板不致变形。

（6）扣件。用于钢楞与钢楞或钢楞与钢模板之间的扣紧，按钢楞的不同形状，分别采用蝶形扣件和十字形扣件。

柱箍又称柱卡箍、定型夹箍，用于直接支承和夹紧各类柱模的支承件，可根据柱模的外形尺寸和侧压力的大小来选用。

3. 胶合板模板

混凝土模板用的胶合板有木胶合板和竹胶合板两种。

胶合板用作混凝土模板具有以下特点：

（1）板幅大，板面平整。既可减少安装工作量，节省现场人工费用，又可减少混凝土外露表面的装饰及磨去接缝的费用。

（2）承载能力大，特别是经表面处理后耐磨性好，能多次重复使用。

（3）材质轻，厚 18mm 的木胶板，单位面积重量为 50kg，模板的运输、堆放、使用和管理等都较为方便。

（4）保温性能好，能防止温度变化过快，冬期施工有助于混凝土的保温。

（5）锯截方便，易加工成各种形状的模板。

（6）便于按工程的需要弯曲成形，用作曲面模板。

三、模板支架

模板支架是用于支撑模板的、采用脚手架材料搭设的架子。模板支架也广泛采用扣件式钢管搭设的支架。模板支撑架的施工要求如下：

（1）施工准备。钢管扣件搭设的模板支撑系统，应根据施工对象的荷载大小，支撑高度及使用要求编制专项施工方案。应对进入现场的钢管、扣件等配件进行验收，钢管应符合现行《碳素结构钢》（GB 700—2006）中 Q235 钢的标准，扣件应符合现行《建筑施工扣件式钢管脚手架安全技术规范》（JGJ 130—2001）标准，并有质量合格证、质检报告、准用证等证明材料，对反复使用的钢管应检测其壁厚，壁厚不得小于公称壁厚的90%，不得使用不合格的产品。钢管表面平直光滑，壁厚均匀，不应有裂缝、分层、毛刺、硬弯、电锯结疤，其表面应有防锈处理；扣件不得有裂纹、变形和螺栓出现滑丝等缺陷，并有防锈处理。

钢管、扣件应按规格、种类分类整齐堆放、堆稳，堆放的地方不得有积水。按照支撑系统专项施工方案，必须对地基的软松土、回填土进行平整、夯实，地基设有排水措施，支撑系统范围内的地基承载能力应满足支架施工时总荷载的要求。同时在模板支撑系统的搭设区域应设置安全警戒线。

（2）搭设。模板支撑系统的立杆间距应按施工方案进行设置，先在地平面放线确定立杆位置，将立杆与水平杆用扣件连接成第一层支撑架体，完成一层搭设后，应对立杆的垂直度进行初步校正，然后搭设扫地杆并再次对立杆的垂直度进行校正，扫地杆离地不大于200mm，逐层搭设支撑架体，每搭设一层纵向横向水平杆时，应对立杆进行垂直度校正。支撑架体的水平杆位置应严格按施工方案的要求设置，应一层一层进行搭设，不得错层搭设。立杆在同一水平面内对接接长数量不得大于总数量的1/3，接长点应在层距端部的1/3距离范围内，接长杆应均匀分布在支撑架体平面范围内。严禁相邻两根立杆同步接长，立杆的接长应采取满足支撑高度的最少节点原则。立杆接长后仍不能满足所需高度且接长高度小于800m时，可以在立杆顶部采用扣件绑接长，用于调节立杆标高，绑接扣件数量不得少于两只且两只扣件的距离应为350~400mm，扣件中心离立杆顶部距离不得小于100mm，同一只支撑架体上绑接扣件的距离应一致。搭设两层以上的支撑架体应设置登高措施。按施工方案搭设水平杆的层高，且按照支撑架体要求设置水平加强层，搭设外立面剪刀撑和中间立面剪刀撑，设置支撑架体与墙体的附着连接。支架作为承重系统一般不设置脚手板，不上人操作。剪刀撑包括水平剪刀撑和竖向剪刀撑，其设置也比外脚手架复杂。

（3）使用。模板支撑系统搭设至拆除的使用全过程中，立杆底部不得松动，不得任意拆除任何一根杆件，不得松动扣件，不得用作起重缆风的拉结。混凝土浇筑应尽可能使模板支撑系统均匀受载，严格控制模板支撑系统的施工荷载，不得超过设计荷载，在施工中应有专人监控。在混凝土浇筑过程中应有专人对模板支撑系统进行监护，发现有松动、变形等情况，必须立即停止浇筑并果断采取相应的加固措施。

（4）模板及其支架拆除的顺序及安全措施应按施工技术方案进行。

四、模板安装质量要求

模板安装必须符合《混凝土结构工程施工质量验收规范》（GB 50204—2002）及相关规范要求，即"模板及其支架应具有足够的承载能力、刚度和稳定性"能可靠地承受浇筑混凝土的重量、侧压力及施工荷载。

模板安装在组织上应做好分层分段流水施工，确定模板安装顺序，加速模板的周转使用。

模板与混凝土的接触面应清理干净并涂刷隔离剂。木模板在浇筑混凝土前应浇水湿润。竖向模板和支架的支承部分，当安装在基土上时，应设垫板，且基土必须坚实并有排水措施；对湿陷性黄土必须有防水措施；对冻胀土必须有防冻融措施。模板及其支架在安装过程中，必须设置防倾覆的临时固定措施。

现浇钢筋混凝土梁、板，当跨度不小于 4m 时模板应起拱，当设计无具体要求时，起拱高度宜为全跨长的 1‰～3‰（钢模 1‰～2‰，木模 1.5‰～4‰）。

现浇多层房屋和构筑物应采取分层、分段支模的方法。安装上层模板及其支架应符合下列规定：

（1）下层模板应具有承受上层荷载的承载能力或加设支架支撑。

（2）上层支架的立柱应对准下层支架的立柱，并铺设垫板。

（3）当采用悬吊模板、桁架支模方法时，其支撑结构的承载能力和刚度必须符合要求。

当层间高度大于 5m，宜选用桁架支模或多层支架支模。当采用多层支架支模时，支架的横垫板应平整，支柱应垂直，上下层支柱应在同一竖向中心线上。

当采用分节脱模时，底模的支点按模板设计设置，各节模板应在同一平面上，高低差不得超过 4mm。

模板安装后应仔细检查各部位构件是否牢固，在浇筑混凝土过程中要经常检查，如发现变形、松动等现象，要及时修整加固，位置准确，现浇结构模板安装的偏差应符合表 4-1 的规定。

表 4-1　　　　　　　　　现浇结构模板安装允许偏差和检验方法

项次	检验项目		规定值或允许偏差（mm）	检验方法
1	轴线位置		5	钢尺检查
2	底模上表面标高		±5	水准仪或接线、钢尺检查
3	截面内部尺寸	基础	±10	钢尺检查
		柱、墙、梁	+4　-5	
4	层高垂直度	不大于 5m	6	经纬仪或吊线、钢尺检查
		大于 5m	8	
5	相邻两板表面高低差		2	钢尺检查
6	表面平整度		5	2m 靠尺和塞尺检查

五、模板的拆除

现浇混凝土结构模板的拆除日期，取决于结构的性质、模板的用途和混凝土硬化速度。及时拆模，可提高模板的周转速度，为后续工作创造条件。如过早拆模，因混凝土未达到一定强度，过早承受荷载会产生变形甚至会造成重大的质量事故。

1. 模板拆除的规定

（1）非承重模板（如侧板）应在混凝土强度能保证其表面及棱角不因拆除模板而受损坏时，方可拆除。

（2）承重模板应在与结构同条件养护的试块达到表 4-2 规定的强度时，方可拆除。

表 4-2　　　　　　　　　整体式结构拆模时所需的混凝土强度

构件类型	构件跨度（m）	达到设计的混凝土立方体抗压强度标准值的百分率（%）
板	≤2	≥50
	>2, ≤8	≥75
	>8	≥100

构件类型	构件跨度（m）	达到设计的混凝土立方体抗压强度标准值的百分率（%）
梁、拱、壳	≤8	≥75
	>8	≥100
悬臂构件	—	≥100

（3）在拆除模板过程中，如发现混凝土有影响结构安全的质量问题时，应暂停拆除。经过处理后，方可继续拆除。

（4）已拆除模板及其支架的结构应在混凝土强度达到设计强度后，才允许承受全部计算荷载。当承受施工荷载大于计算荷载时，必须经过核算，加设临时支撑。

2. 拆除模板应注意的问题

（1）拆模时不要用力过猛，拆下来的模板要及时运走、整理、堆放，以便再用。

（2）模板及其支架拆除的顺序及安全措施应按施工技术方案执行。拆模程序一般应是后支的先拆，先拆除非承重部分，后拆除承重部分。一般是谁安谁拆。重大复杂模板的拆除，事先应制订拆模方案。

（3）拆除框架结构模板的顺序，首先是柱模板，然后是楼板底板，梁侧模板，最后是梁底模板。拆除跨度较大的梁下支柱时，应先从跨中开始，分别拆向两端。

（4）楼层板支柱的拆除，应按下列要求进行：上层楼板正在浇筑混凝土时，下一层楼板的模板支柱不得拆除，再下一层楼板模板的支柱仅可拆除一部分；跨度 4m 及 4m 以上的梁下均应保留支柱，其间距不大于 3m。

（5）拆模时，应尽量避免混凝土表面或模板受到损坏，注意整块板落下伤人。

六、模板设计

定型模板和常用的模板拼板，在其适用范围内一般不需进行设计或验算，但对于一些特殊结构、新型体系的模板，或超出适用范围的一般模板则应进行设计和验算。模板系统的设计，包括选型、选材、荷载计算、结构计算、拟订制作安装和拆除方案及绘制模板图等。模板及其支架的设计应根据工程结构形式、荷载大小、地基土类别、施工设备和材料供应等条件进行。

（一）模板设计内容和原则

1. 模板设计内容

模板设计的内容主要包括选型、选材、荷载计算、结构设计和绘制模板施工图等。各项设计的内容和详尽程度，可根据工程的具体情况和施工条件确定。

2. 模板设计原则

（1）实用性。应保证混凝土结构的质量，要求接缝严密、不漏浆，保证构件的形状、尺寸和相互位置正确，且构造简单、支拆方便。

（2）安全性。保证在施工过程中，不变形、不破坏、不倒塌。

（3）经济性。针对工程结构具体情况，因地制宜，就地取材，在确保工期的前提下，尽量减少一次投入，增加模板周转率，减少支拆用工，实现文明施工。

（二）荷载及组合

模板及其支架应根据工程结构形式、荷载大小、地基类别、施工设备和材料供应等条件进行设计。模板及其支架应具有足够的承载能力、刚度和稳定性，能可靠地承受浇筑混凝土的重量、侧压力及施工荷载。对重要结构的模板、特殊形式的模板、超出适用范围的一般模板，应进行设计或验算以确保质量和施工安全，防止浪费。

1. 在计算模板及支架时，可采用的荷载数值

（1）模板及支架自重：可根据模板设计图纸确定。肋形楼板模板及无梁楼板模板自重，可参考表 4-3。

表 4-3 模板及支架自重标准值 kN/m²

模板构件名称	木模板	定型组合钢模板	钢框胶合板模板
平板的模板及小楞	0.30	0.50	0.40
楼板模板（其中包括梁的模板）	0.50	0.75	0.60
楼板模板及其支架（楼层高度为 4m 以下）	0.75	1.10	0.95

（2）浇筑混凝土的重量：普通混凝土用 25kN/m³，其他混凝土根据实际重量确定。

（3）钢筋重量：根据工程图纸确定。一般梁板结构每立方米钢筋混凝土的钢筋重量为：楼板 1.1kN，梁 1.5kN。

（4）施工人员及施工设备重量在水平投影面上的荷载为：

1）计算模板及直接支承小楞结构构件时，均布活荷载为 2.5kN/m²，集中荷载为 2.5kN 进行验算，取两者中较大的弯矩值。

2）计算直接支承小楞结构构件时，均布活荷载为 1.5kN/m²。

3）计算支架支柱及其他支承结构构件时，均布活荷载为 1.50kN/m²。对大型浇筑设备如上料平台，混凝土输送泵等按实际情况计算。混凝土堆积高度超过 100mm 以上者按实际高度计算。如模板单块长度小于 150mm 时，集中荷载可分布在相邻两块板上。

（5）振捣混凝土时产生的荷载（作用范围在有效压头高度之内）：水平面模板荷载为 2.0kN/m²，垂直面模板荷载为 4.0kN/m²。

（6）新浇筑混凝土对模板的侧压力：采用内部振捣器时，新浇筑的混凝土作用于模板的最大侧压力，可按下列式（4-1）、式（4-2）计算，并取两式中的较小值

$$F = 0.22\gamma_c t_0 \beta_1 \beta_2 V^{\frac{1}{2}} \qquad (4-1)$$

$$F = \gamma_c H \qquad (4-2)$$

式中　F——板的最大侧压力，kN/m²；

　　　γ_c——混凝土的重力密度，kN/m³；

　　　t_0——新浇筑混凝土的初凝时间，h，可按实测确定，当缺乏试验资料时，可采用 $t_0 = 200/(T+15)$ 计算（T 为混凝土的温度℃）；

　　　V——混凝土浇筑速度，m/h；

　　　H——混凝土侧压力计算位置至新浇筑混凝土顶面的总高度，m；

　　　β_1——外加剂影响修正系数，不掺外加剂时取 1.0，掺具有缓凝作用的外加剂时取 1.2；

　　　β_2——混凝土坍落度影响修正系数，当坍落度小于 30mm 时，取 0.85；50～90mm 时，取 1.0；110～150mm 时，取 1.15。

(7) 倾倒混凝土时对垂直面模板产生的水平荷载：用溜槽、串筒或导管向内灌混凝土时为 2kN/m²；用容量不大于 0.2m³ 的运输器具向模内倾倒混凝土时为 2kN/m²；用容量为 0.2~0.8m³ 的运输器具向模内倾倒混凝土时为 4kN/m²；用容量为 0.8m³ 的运输器具向模内倾倒混凝土时为 6kN/m²。

(8) 风荷载按现行《建筑结构荷载规范》(GB 50009—2001) 的有关规定计算。

2. 计算模板及其支架时的荷载分项系数

计算模板及其支架时的荷载设计值，应采用荷载标准值乘以相应荷载分项系数求得。荷载分项系数为：

(1) 荷载类别为模板及支架自重或新浇筑混凝土自重或钢筋自重时，为 1.2。

(2) 当荷载类别为施工人员及施工设备荷载或振捣混凝土产生的荷载时，为 1.4。

(3) 当荷载类别为新浇筑混凝土对模板侧板的侧压力时，为 1.2。

(4) 当荷载类别为倾倒混凝土产生的荷载时，为 1.4。

3. 计算规定

(1) 模板荷载组合：计算模板和支架时，应根据表 4-4 的规定进行荷载组合。

(2) 验算模板及支架的刚度时，允许的变形值：结构表面外露的模板为模板构件跨度的 1/400；结构表面隐蔽的模板为模板构件跨度的 1/250，支架压缩变形值或弹性挠度为相应的荷载也应另行计算。

表 4-4　　　　　　　　　　计算模板及其支架的荷载组合

项次	项　目	荷　载　类　别	
		计算强度用	验算刚度用
1	平板和薄壳模板及其支架	(1)+(2)+(3)+(4)	(1)+(2)+(3)
2	梁和拱模板的底板	(1)+(2)+(3)+(5)	(1)+(2)+(3)
3	梁、拱、柱（边长≤300mm）、墙（厚≤100mm）的侧面模板	(5)+(6)	(6)
4	厚大结构、柱（边长>300mm）、墙（厚>100mm）的侧面模板	(6)+(7)	(6)

注　表中 (1)～ (7) 分别指模板及支架自重、浇筑混凝土的重量、钢筋重量、施工人员及施工设备重量在水平投影面上的荷载、振捣混凝土产生的荷载、新浇筑混凝土对模板的侧压力、倾倒混凝土时对垂直模板产生的水平荷载。

第二节　钢　筋　工　程

一、钢筋的种类和性能

钢筋混凝土结构所用的各种钢材，基本上都是碳素结构钢和低合金结构钢等钢种，主要有热轧钢筋、冷轧带肋钢筋、冷拉热轧钢筋（略）、冷拔低碳钢丝（略）、预应力混凝土用钢筋、钢丝及钢绞线。

1. 热轧钢筋

热轧钢筋是钢筋混凝土中应用最广泛的钢筋，主要用于钢筋混凝土结构和预应力钢筋混

凝土结构。按力学性能分为 4 个级别，各级代号与主要力学性能见表 4-5。

表 4-5　　　　　　　　　　　　　　热轧钢筋性能指标

钢筋级别	表面形状	强度等级代号	符号	公称直径（mm）	屈服强度（MPa）	极限强度（MPa）	伸长率（%）	主要用途
					不小于			
Ⅰ	光圆	HPB300	Φ	6～22	300	420	25	非预应力钢筋
Ⅱ	月牙肋	HRB335 HRBF335	Φ ΦF	6～50	335	455	16	非预应力和预应力钢筋
Ⅲ	月牙肋	HRB400 HRBF400 RRB400	Φ ΦF	6～50	400	540	14	非预应力和预应力钢筋
Ⅳ	等高肋	HRB500 HRBF500	Φ ΦF	6～50	500	630	12	预应力钢筋

HPB300 钢筋是用 Q300 碳素结构钢轧制而成的光圆钢筋，屈服强度不小于 300MPa，具有强度较低、伸长率大、便于弯折成形、容易焊接等特点；可用作中小型钢筋混凝土结构的受力主筋、构件的箍筋、钢木结构的拉杆等；也可作为冷拉钢筋的原材料，盘条还可作为冷拔低碳钢丝的原材料。

HRB335 和 HRB400 钢筋是用低合金镇静钢和半镇静钢轧制而成的，具有强度高、塑性和可焊性好等特点。钢筋表面轧有通长的纵肋和均匀分布的横肋，肋形为月牙肋，从而加强了与混凝土之间的黏结力。钢筋代号 "HRB335" 分别表示热轧、带肋、钢筋屈服强度不小于 335MPa。HRB335 和 HRB400 钢筋主要用作大、中型钢筋混凝土结构的受力主筋，经冷拉后可作为预应力钢筋。

HRB500 钢筋是用中碳低合金镇静钢轧制而成的，具有强度高，但塑性、韧性与可焊性较差的特点，主要用作预应力筋。其中 HRBF 系列表示细晶粒钢筋。

2. 冷轧带肋钢筋

根据《冷轧带肋钢筋》（GB 13788—2008）规定，冷轧带肋钢筋按抗拉强度最小值可分为五级牌号，即 CRB550、CRB650、CRB800、CRB970、CRB1170，其中 C、R、B 分别表示 "冷轧"、"带肋"、"钢筋" 的英文首位字母，后面的数字表示钢筋抗拉强度最小数值。

冷轧带肋钢筋的公称直径范围为 4～12mm，CRB650 以上牌号钢筋的公称直径为 4、5、6mm。制造冷轧带肋钢筋的盘条应符合《低碳钢热轧圆盘条》（GB/T 701—2007）和《优质碳素钢热轧盘条》（GB/T 4354—2008）或其他有关标准的规定，其力学性能和工艺性能应符合表 4-6 的要求。

冷轧带肋钢筋具有强度高、塑性好、综合性能优良及握裹力强等优点，既可节约钢材，又可提高结构的整体强度和抗震能力。CRB550 为普通钢筋混凝土用钢筋，用于有抗震要求的结构，其他牌号为预应力钢筋。

表4-6　　　　　　　　　　　　冷轧带肋钢筋性能

牌号	σ_b（MPa）不小于	伸长率（%）不小于		冷弯180°	反复弯曲次数	松弛率不大于（%）	
		δ_{10}	δ_{100}			1000h	10h
CRB550	550	8	—	$D=3d$	—	—	—
CRB650	650	—	4	—	3	8	5
CRB800	800	—	4	—	3	8	5
CRB970	970	—	4	—	3	8	5
CRB1170	1170	—	4	—	3	8	5

注　D—弯心直径；
　　d—钢筋公称直径。

3. 预应力混凝土用钢筋、钢丝及钢绞线

预应力混凝土用钢筋是用热轧带肋钢筋经淬火和回火调质热处理而成的，其特点是塑性降低不大，但强度提高很多，综合性能比较理想，热处理钢筋的力学性能应符合表4-7的要求。

表4-7　　　　　　　　　　　预应力筋强度标准值　　　　　　　　　　　N/mm²

种　　类		符号	公称直径d(mm)	屈服强度标准值f_{pyk}	极限强度标准值f_{ptk}
中强度预应力钢丝	光面	ϕ^{PM}	5、7、9	620	800
	螺旋肋	ϕ^{HM}		780	970
				980	1270
预应力螺纹钢筋	螺纹	ϕ^T	18、25、32、40、50	785	980
				930	1080
				1080	1230
消除应力钢丝	光面	ϕ^P	5	1380	1570
				1640	1860
			7	1380	1570
	螺旋肋	ϕ^H	9	1290	1470
				1380	1570
钢绞线	1×3（三股）	ϕ^S	8.6、10.8、12.9	1410	1570
				1670	1860
				1760	1960
	1×7（七股）		9.5、12.7、15.2、17.8	1540	1720
				1670	1860
				1760	1960
			21.6	1590	1770
				1670	1860

热处理钢筋主要应用于预应力混凝土轨枕、预应力梁等，具有与混凝土黏结性能好、应力松弛率低、施工方便等优点，已开始用于预应力混凝土工程中。使用时应按所需长度切割，不能用电焊或氧气进行切割，也不能焊接。

预应力混凝土用钢丝是以优质碳素结构钢盘条，经淬火、回火等调质处理后，再经冷加工制得的钢丝，称为预应力钢丝。《预应力混凝土用钢丝》（GB/T 5223—2002）规定：预应力混凝土用钢丝按加工状态分为冷拉钢丝（代号为 WCD）和消除应力钢丝两种。消除应力钢丝按松弛性能又分为低松弛级钢丝（代号为 WLC）和普通松弛级钢丝（代号为 WNR）；按外形分为光圆钢丝（代号为 P）、螺旋肋钢丝（代号为 H）和刻痕钢丝（代号为 I）三种。钢绞线则由数根冷拉钢丝捻制而成。

预应力混凝土用钢丝具有强度高（抗拉强度 σ_b 在 1470～1770MPa 以上，屈服强度 $\sigma_{0.2}$ 在 1100～1330MPa 以上）、柔性好（标距为 200mm 的伸长率大于 1.5％，弯曲 180°达 4 次以上）、无接头等优点，且施工方便，免冷拉、焊接等加工，质量稳定、安全可靠。主要用于大跨度预应力混凝土屋架及薄腹梁、大跨度吊车梁、桥梁、轨枕等的预应力钢筋。

根据《预应力混凝土用钢绞线》（GB/T 5224—2003）的规定，预应力混凝土用钢绞线由 2 根、3 根或 7 根 2.5～5.0mm 的高强碳素钢丝绞捻后消除内应力而制成，主要有用 2 根冷拉钢丝捻制的钢绞线（代号为 1×2），用 3 根钢丝捻制的钢绞线（代号为 1×3），用 3 根刻痕钢丝捻制的钢绞线（代号为 3×3I），用 7 根钢丝捻制的标准型钢绞线（代号为 1×7），用 7 根钢丝捻制又经模拔的钢绞线［代号为（1×7）C］。钢绞线强度高，柔性好，主要用于大型屋架、薄腹梁、大跨度桥梁等大负荷的预应力大跨度结构，以及山体、岩洞等岩体锚固工程等。

二、钢筋的验收和储存

钢筋的性能包括钢筋的化学成分及力学性能（屈服点、抗拉强度、伸长率及冷弯指标）。

钢筋进场应有出厂质量证明书或实验报告单，并按照品种、批号及直径分批验收，每批热轧钢筋重量不超过 30t，钢绞线重量不超过 20t。验收内容包括钢筋标牌和外观检查，并按照有关规定取样，进行机械性能试验。

外观检查要求热轧钢筋平直、无损伤，表面不得有裂纹、油渍、颗粒状或片状老锈；表面凸块不得超过横肋的最大高度，外形尺寸应符合规定；钢绞线表面不得有折断、横裂和相互交叉的钢丝，无润滑剂、油渍和锈斑。

力学性能试验时，从每批外观尺寸检查合格的钢筋中任取两根，每根取两个试件分别进行拉力试验（包括屈服点、抗拉强度和伸长率）和冷弯试验。如有一项试验结果不符合规定，则从同一批中另取双倍数量的试样重做各项试验，如果仍有一个试件不合格，则该批钢筋为不合格品，应不予验收或降级使用。

对有抗震设防要求的框架结构，其纵向受力钢筋的强度应满足设计要求；当设计无具体要求时，对一、二级抗震等级，检验所得的强度实测值应符合下列规定：

钢筋的抗拉强度实测值与屈服强度实测值的比值不应小于 1.25；

钢筋的屈服强度实测值与强度标准值的比值不应大于 1.3。

当发现钢筋脆断、焊接性能不良或力学性能显著不正常等现象时，应对该批钢筋进行化学成分检验或其他专项检验。检验有害成分如硫（S）、磷（P）、砷（As）的含量是否超过规定范围。

三、钢筋的配料与代换

1. 钢筋配料

钢筋配料是钢筋工程施工中的重要一环，应由识图能力强，熟悉钢筋加工工艺的人员进行。钢筋加工前应根据设计图纸和会审记录按不同构件编制配料单，然后进行备料加工。

（1）钢筋下料长度计算。钢筋因弯曲或弯钩会使其长度变化，配料时不能直接根据图纸中的尺寸下料，必须了解混凝土保护层、钢筋弯曲及弯钩等规定，再根据图中尺寸计算其下料长度。各种钢筋下料长度计算如下

直钢筋下料长度＝构件长度－保护层厚度＋弯钩增加长度

弯起钢筋下料长度＝直段长度＋斜段长度－弯折量度差值＋弯钩增加长度

箍筋下料长度＝直段长度＋弯钩增加长度－弯折量度差值（或箍筋下料长度＝箍筋周长

＋箍筋调整值）

上述钢筋采用绑扎接头搭接时，还应增加钢筋的搭接长度，受拉、受压钢筋绑扎接头的搭接长度应符合《混凝土结构设计规范》（GB 50010—2010）的规定。钢筋的锚固长度应符合设计要求和结构规范的规定。

（2）混凝土保护层厚度。混凝土保护层厚度是指结构构件中钢筋外边缘至构件表面间的距离。保护层的功能是使混凝土结构中的钢筋免于大气的锈蚀作用。如设计无要求时应符合表 4-8 的规定。

表 4-8   纵向受力钢筋的混凝土保护层最小厚度   mm

环 境 等 级	板 墙 壳	梁 柱
一	15	20
二 a	20	25
二 b	25	35
三 a	30	40
三 b	40	50

注 混凝土强度等级不大于 C25 时，表中保护层厚度数值应增加 5mm。

（3）钢筋弯钩增加长度和弯曲量度差值。钢筋在弯曲时，其外边缘伸长而内边缘缩短，钢筋的中轴线则保持弯曲前的长度。但钢筋长度的度量采用的是其外包尺寸，因此弯曲后的钢筋，其外包尺寸与轴线尺寸间存在一个差值，称为量度差值。在计算钢筋下料长度时必须从外包尺寸中扣除，才能确保按钢筋的轴线实际长度准确下料。

1）弯钩增加长度。根据《混凝土结构工程施工质量验收规范》规定，钢筋的弯钩形式有三种：半圆弯钩、直弯钩及斜弯钩（图 4-10）。HPB300 级钢筋末端应作半圆弯钩，其弯弧内直径不应小于钢筋直径的 2.5 倍，弯钩的弯后平直部分长度不应小于钢筋直径的 3 倍。半圆弯钩是最常用的一种弯钩，直弯钩只用在柱钢筋的下部、箍筋和附加钢筋中，斜弯钩只用在直径较小的钢筋中。

半圆弯钩的全长为

$$(2.5d + d)\pi/2 + 3d = 8.5d$$

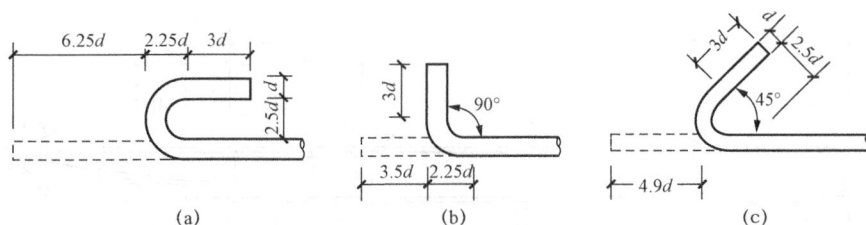

图 4-10　钢筋弯钩增加长度计算

(a) 半圆弯钩；(b) 直弯钩；(c) 斜弯钩

半圆弯钩增加长度为

$$8.5d - 2.25d = 6.25d$$

同理可以计算得到直弯钩为 $4.5d$，斜弯钩为 $4.9d$。

2) 弯曲量度差值。《混凝土结构设计规范》规定：钢筋作不大于90°的弯折时，弯折处的弯弧内直径不应小于钢筋直径的5倍。钢筋中部弯折的量度差值与钢筋的弯心直径和弯折角度有关。弯曲调整值根据理论推算并结合实践经验，其数值见表4-9。

表 4-9　　　　　　　　　　钢筋弯曲调整值

钢筋弯曲角度	30°	45°	60°	90°	135°
钢筋弯曲调整值	$0.45d$	$0.5d$	$0.85d$	$2d$	$2.5d$

注　d—钢筋直径。

3) 箍筋的下料长度。为了计算方便，一般将箍筋弯钩增加长度和弯折量度差值两项合并成一项箍筋调整值，见表4-10。计算时将箍筋周长加上相应的箍筋调整值即为箍筋下料长度，即

箍筋下料长度＝箍筋周长＋箍筋调整值

表 4-10　　　　　　　　　　箍 筋 调 整 值

箍筋	使用结构	箍筋弯钩不直段长度 l_p	箍 筋 直 径										
			HPB300 级				HRB335 级			CRB550 级			
			6	8	10	12	8	10	12	5	6	7	8
90°/90°	一般结构	$l_p \geqslant 5d$	5d				6d			5.28d			
			30	40	50	60	50	60	70	30	30	40	40
135°/135°	抗震结构	$l_p \geqslant 10d$	18d				20d			18.4d			
			110	140	180	220	160	200	240	90	110	130	150

【例4-1】　某工程中共有8根相同型号的钢筋混凝土外伸梁 L_1，混凝土等级为C30，环境类别为二 a，抗震结构，梁的配筋如图4-11所示，钢筋级别为 HPB300 级（光圆钢筋）和 HRB335 两种。求各种钢筋的下料长度并填写钢筋配料单。

解　钢筋下料长度计算：

按照上述公式计算各根钢筋的下料长度，填入钢筋配料单（表4-11）。

①号筋（Φ20）(6400－50)＋2×6.25×20＝6600mm

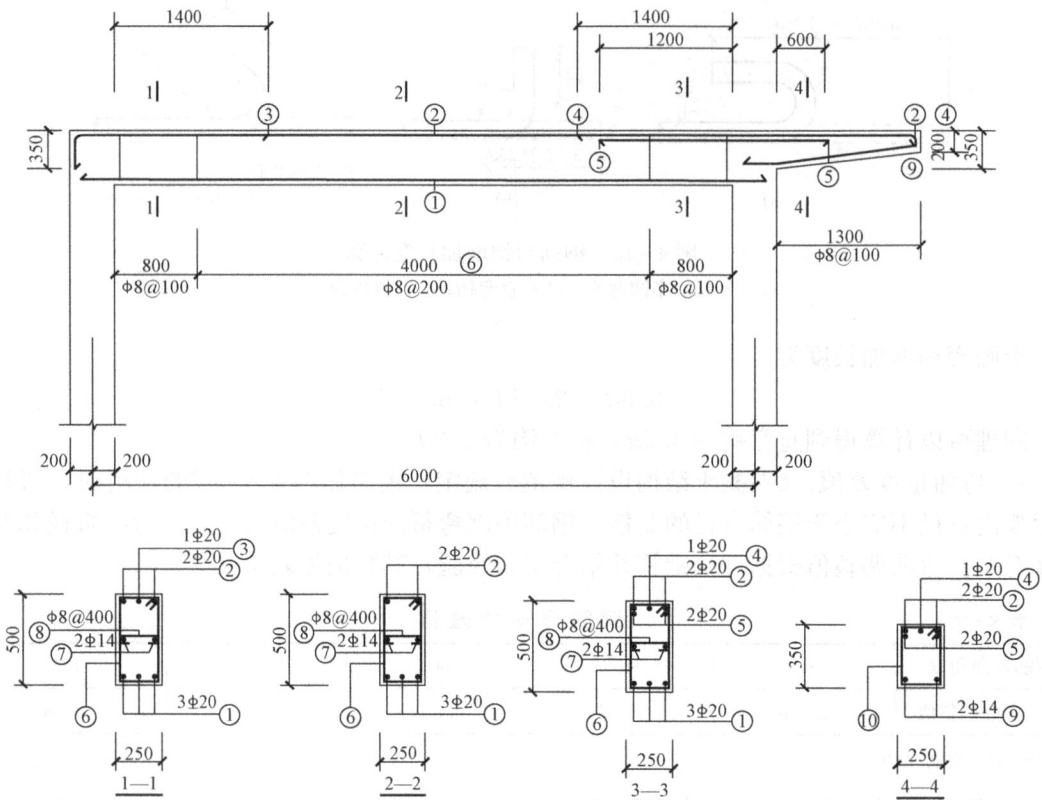

图 4-11　钢筋混凝土外伸简支梁 L_1 的配筋详图

②号筋（Φ 20）（6000＋400＋1300－50＋350－25－8＋200－50－16）＋2×6.25×22－2 ×2×20＝8296mm

③号筋（Φ 20）（1400＋400－25＋350－25－8）＋2×6.25×20－2×20＝2302mm

④号筋（Φ 20）（1400＋400＋1300－25＋200－50－16）＋2×6.25×20－2×20 ＝3419mm

⑤号筋（Φ 20）2200＋2×6.25×20＝2450mm

⑥号筋（Φ 8）（250－50＋500－50）×2＋140＝1440mm

　　箍筋根数（800/100＋1）×2＋（4000/200－1）＝37 根

⑦号筋（Φ 14）6400－50＋2×6.25×14＝6525mm

⑧号筋（Φ 8）250－50＋2×6.25×8＝300mm

　　架立筋根数（6400/400）＋1＝17 根

⑨号筋（Φ 14）1284＋400－25＋2×6.25×14－0.35×14＝1829mm

⑩号筋（Φ 8）（250－50＋350－50）×2＋140＝1140mm（仅以最左侧箍筋为例）

　　箍筋根数（1300/100）＋1＝14 根

2. 钢筋代换

（1）代换原则。当施工中遇有钢筋品种或规格与设计要求不符时，可参照以下原则进行钢筋代换：

1）等强度代换。当构件受强度控制时，钢筋可按强度相等的原则进行代换。

表 4-11　　　　　　　　　　　钢 筋 配 料 单

构件名称	钢筋编号	简　图	钢号	直径	下料长度（mm）	单位根数	合计根数	重量（kg）
某工程 L_1 梁（共8根）	①	6350	Φ	20	6600	3	24	368
	②	317 7650 134	Φ	20	8296	2	16	320
	③	317 1775	Φ	20	2302	1	8	40
	④	134 3075	Φ	20	3419	1	8	64
	⑤	2200	Φ	20	2450	2	16	80
	⑥	200 450	φ	8	1440	37	296	168
	⑦	6350	Φ	14	6525	2	16	120
	⑧	216	φ	8	300	17	136	16
	⑨	375 1284	Φ	14	1829	2	16	32
	⑩	200 150~300	φ	8	1140	14	112	48
							总重量：1256	

2）等面积代换。当构件按最小配筋率配筋时，钢筋可按面积相等的原则进行代换。

当构件受裂缝宽度或挠度控制时，代换后应进行裂缝宽度或挠度验算。

（2）代换方法。

1）等强度代换方法。如设计图中所用的钢筋设计强度为 f_{y1}，钢筋总面积为 A_{s1}，代换后的钢筋设计强度为 f_{y2}，钢筋总面积为 A_{s2}，则

$$A_{s2}f_{y2} \geqslant A_{s1}f_{y1} \tag{4-3}$$

即

$$n_2 d_2^2 f_{y2} \geqslant n_1 d_1^2 f_{y1} \tag{4-4}$$

式中　n_1——原设计钢筋根数；

　　　n_2——代换钢筋根数；

　　　d_1——原设计钢筋直径；

　　　d_2——代换钢筋直径；

　　　f_{y1}——原设计钢筋抗拉强度设计值；

　　　f_{y2}——代换钢筋抗拉强度设计值，见表 4-12。

表 4-12　　　　　　　　　　钢 筋 强 度 设 计 值　　　　　　　　　N/mm²

钢 筋 种 类	抗拉强度设计值 f_y	抗压强度设计值 f_y'
HPB300	270	270
HRB335、HRBF335	300	300
HRB400、HRBF400、RRB400	360	360
HRB500、HRBF500	435	435

2）等面积代换方法，即

$$A_{s1} \leqslant A_{s2} \qquad (4-5)$$

则

$$n_2 \geqslant n_1 \frac{d_1^2}{d_2^2} \qquad (4-6)$$

式中符号含义同式（4-4）。

钢筋代换后，有时由于受力钢筋直径加大或根数增多而需要增加排数，则构件截面的有效高度 h_0 减少，截面强度降低。通常对这种影响可凭经验适当增加钢筋面积，然后再作截面强度复核。

对于矩形截面的受弯构件，可根据弯矩相等，按式（4-7）复核截面强度

$$N_2 \left(h_{02} - \frac{N_2}{2f_c b} \right) \geqslant N_1 \left(h_{01} - \frac{N_1}{2f_c b} \right) \qquad (4-7)$$

式中　N_1——原设计的钢筋拉力，$N_1 = A_{s1} f_{y1}$；

　　　N_2——代换钢筋拉力，$N_2 = A_{s2} f_{y2}$；

　　　h_{01}——原设计钢筋的合力点至构件截面受压边缘的距离；

　　　h_{02}——代换钢筋的合力点至构件截面受压边缘的距离；

　　　f_c——混凝土的抗压强度设计值，对 C20 混凝土为 9.6N/mm^2，对 C25 混凝土为 11.9N/mm^2，对 C40 混凝土为 14.4N/mm^2；

　　　b——构件截面宽度。

（3）钢筋代换注意事项。钢筋代换时必须充分了解设计意图或代换材料性能，并严格遵守现行《混凝土结构设计规范》的各项规定。凡重要结构中的钢筋代换应征得设计单位同意，并应符合下列规定：

1）对重要受力构件，如吊车梁、薄腹梁、桁架下弦等，不宜用 HPB300 级光圆钢筋代替 HRB335 和 HRB400 级带肋钢筋。

2）钢筋代换后，应满足《混凝土结构设计规范》中配筋构造的规定，如钢筋间距、锚固长度、最小直径、根数等要求。

3）同一截面内可同时配有不同种类和直径的钢筋，但每根钢筋的拉力差不应过大（同品种钢筋的直径差不大于 5mm），以免构件受力不匀。

4）当构件受裂缝宽度或挠度控制时，钢筋代换后应进行刚度、裂缝验算。

5）梁的纵向受力钢筋与弯曲钢筋应分别代换，以保证正截面与斜截面强度。偏心受压构件（如框架柱、有吊车梁的厂房柱、桁架上弦等）或偏心受拉构件作钢筋代换时，不取整个截面配筋量计算，应按受力面（受拉或受压）分别代换。

6）有抗震要求的梁、柱和框架，不宜以强度等级较高的钢筋代换原设计中的钢筋。如必须代换时，其代换的钢筋检验所得实际强度，应符合抗震钢筋的要求。

7）预制构件的吊环，必须采用未经冷拉的 HPB300 级光圆钢筋制作，严禁以其他钢筋代换。

四、钢筋加工

钢筋加工主要包括调直、切断和弯折。

1. 钢筋调直

钢筋调直宜采用机械方法，也可采用冷拉方法。当采用冷拉方法调直钢筋时，HPB300 级钢

筋的冷拉率不宜大于 4％，HRB335 级、HRB400 级和 RRB400 级钢筋的冷拉率不宜大于 1％。

为了提高施工机械化水平，钢筋的调直宜采用钢筋调直切断机，它具有自动调直、定位切断、除锈、清垢等多种功能。

2. 钢筋切断

钢筋下料时需按计算的下料长度切断。钢筋切断可采用钢筋切断机或手动切断器。手动切断器只用于切断直径小于 16mm 的钢筋，钢筋切断机可切断直径 40mm 以内的钢筋。

在大中型建筑工程施工中，提倡采用钢筋切断机，它不仅生产效率高、操作方便，而且确保钢筋端面垂直钢筋轴线，不出现马蹄形或翘曲现象，便于钢筋进行焊接或机械连接。钢筋的下料长度力求准确，其允许偏差为 ±10mm。

3. 钢筋弯折

(1) 钢筋弯钩和弯折的一般规定。

1) 受力钢筋。HPB300 级钢筋末端应作 180°弯钩，其弯弧内直径不应小于钢筋直径的 2.5 倍，弯钩的弯后平直部分长度不应小于钢筋直径的 4 倍。当设计要求钢筋末端需作 135°弯钩时，HRB335 级、HRB400 级钢筋的弧内直径 D 不应小于钢筋直径的 4 倍，弯钩的弯后平直部分长度应符合设计要求。钢筋作不大于 90°的弯折时，弯折处的弯弧内直径不应小于钢筋直径的 5 倍。

2) 箍筋。除焊接封闭环式箍筋外，箍筋的末端应作弯钩。弯钩形式应符合设计要求，当设计无具体要求时，应符合下列规定：

①箍筋弯钩的弯弧内直径不小于受力钢筋的直径。

②箍筋弯钩的弯折角度：对一般非抗震结构不应小于 90°；对有抗震等要求的结构应为 135°。

③箍筋弯后的平直部分长度：对一般结构不宜小于箍筋直径的 5 倍；对有抗震等级要求的结构不应小于箍筋直径的 10 倍。

(2) 钢筋弯曲。

1) 画线。钢筋弯曲前，对形状复杂的钢筋（如弯起钢筋），根据钢筋料牌上标明的尺寸，用石笔将各弯曲点位置画出。

2) 钢筋弯曲成型。钢筋在弯曲机上成型时（图 4-12），芯轴直径应是钢筋直径的 2.5～5.0 倍，成型轴宜加偏心轴套，以便适应不同直径的钢筋弯曲需要。弯曲细钢筋时，为了使弯弧一侧的钢筋保持平直，挡铁轴宜做成可变挡架或固定挡架（加铁板调整）。

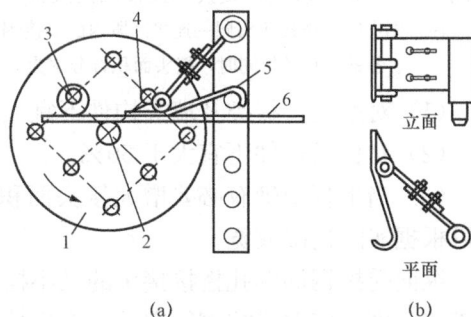

图 4-12 钢筋弯曲成型
(a) 工作简图；(b) 可变挡架构造
1—工作盘；2—芯轴；3—成型轴；
4—可变挡架；5—插座；6—钢筋

钢筋弯曲点和芯轴的关系，如图 4-13 所示。由于成型轴和芯轴同时转动，就会带动钢筋向前滑移。因此，钢筋弯 90°时，弯曲点线约与芯轴内边缘齐；弯 180°时，弯曲点线距芯轴内边缘为 1.0～1.5d（钢筋硬时取大值）。对 HRB335 级与 HRB400 级钢筋，不能弯过头再弯过来，以免钢筋弯曲点处产生裂纹。

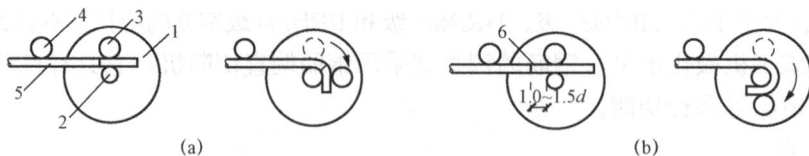

图 4-13　弯曲点线与芯轴关系

(a) 弯 90°；(b) 弯 180°

1—工作盘；2—芯轴；3—成型轴；4—固定挡铁；5—钢筋；6—弯曲点线

五、钢筋连接

钢筋连接方法有绑扎连接、焊接连接和机械连接。绑扎连接由于需要较长的搭接长度，浪费钢筋，且连接不可靠，故宜限制使用。焊接连接的方法较多，成本较低，质量可靠，宜优先选用。机械连接无明火作业，设备简单，节约能源，不受气候条件影响，可全天候施工，连接可靠，技术易于掌握，适用范围广。

1. 绑扎连接

采用绑扎连接其基本要求为：同一构件中相邻纵向受力钢筋的绑扎搭接接头宜相互错开。绑扎搭接接头中钢筋的横向净距不应小于钢筋直径，且不应小于 25mm。

钢筋绑扎搭接接头连接区段的长度为 $1.3l_1$（l_1 为搭接长度），凡搭接接头中点位于该连接区段长度内的搭接接头均属于同一连接区段。同一连接区段内，纵向钢筋搭接接头面积百分率为该区段内有搭接接头的纵向受力钢筋截面面积与全部纵向受力钢筋截面面积的比值（图 4-14）。同一连接区段内，纵向受拉钢筋搭接接头面积百分率应符合设计要求，无设计具体要求时，应符合下列规定：

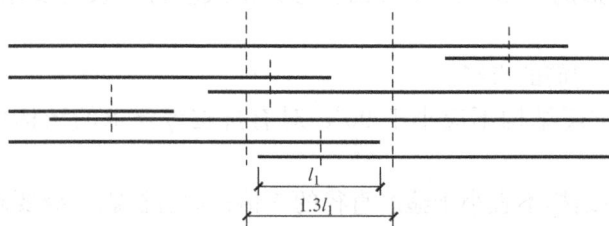

图 4-14　钢筋绑扎搭接接头连接区段及接头面积百分率
注：图中所示搭接接头同一连接区段内的搭接钢筋为两根，各钢筋直径相同时，接头面积百分率为 50%。

（1）对梁类、板类及墙类构件不宜大于 25%。

（2）对柱类构件不宜大于 50%。

（3）当工程中确有必要增大接头面积百分率时，对梁类构件不应大于 50%；对其他构件可根据实际情况放宽。

纵向受拉钢筋绑扎搭接接头的最小搭接长度应符合表 4-13 的规定。受压钢筋绑扎接头的搭接长度，应取受拉钢筋绑扎接头搭接长度的 0.7 倍。

表 4-13　　　　　　　　　　　　　纵向受拉钢筋的最小搭接长度

钢筋类型		混凝土强度等级			
		C15	C20～25	C40～45	≥C40
光圆钢筋	HPB300 级	$45d$	$35d$	$40d$	$25d$
带肋钢筋	HRB335 级	$55d$	$45d$	$35d$	$40d$
	HRB400 级、RRB400 级	—	$55d$	$40d$	$45d$

注　两根直径不同钢筋的搭接长度，以较细钢筋的直径计算。

在梁、柱类构件的纵向受力钢筋搭接长度范围内，应按设计或构造要求配置箍筋。

2. 焊接连接

钢筋焊接代替钢筋绑扎可节约钢材、改善结构受力性能、提高工效、降低成本。常用的钢筋焊接方法有闪光对焊、电弧焊、电渣压力焊、电阻点焊、气压焊（略）、埋弧压力焊（略）等。

（1）闪光对焊。钢筋闪光对焊是利用钢筋对焊机，将两根钢筋安放成对接形式，压紧于两电极之间，通过低电压强电流，将电能转化为热能，使钢筋加热到一定温度后，即施以轴向压力顶锻，产生强烈火花飞溅，形成闪光，使两根钢筋焊合在一起（图 4 - 15）。

钢筋对焊常用的是闪光焊。根据钢筋品种、直径和所用对焊机的功率不同，闪光焊的工艺又可分为连续闪光焊、预热闪光焊、闪光—预热—闪光焊和焊后通电热处理等，根据钢筋品种、直径、焊机功率、施焊部位等因素选用。

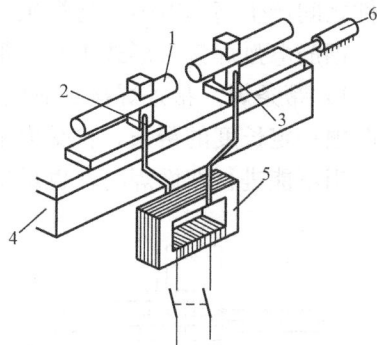

图 4 - 15　钢筋闪光对焊
1—焊接的钢筋；2—固定电极；
3—可动电极；4—机座；5—变
压器；6—手动顶压机构

1）连续闪光焊。当钢筋直径小于 25mm、钢筋级别较低、对焊机容量在 80～160kVA 的情况下，可采用连续闪光焊。连续闪光焊的工艺过程包括连续闪光和轴向顶锻，即先将钢筋夹在对焊机电极钳口上，然后合上电源，使两端钢筋轻微接触。由于钢筋端部凸凹不平，开始仅有较小面积接触，故电流密度和接触电阻很大，这些接触点很快熔化，形成"金属过梁"。"金属过梁"进一步加热，产生金属蒸气飞溅，形成闪光现象。然后再徐徐移动钢筋保持接头轻微接触，形成连续闪光过程，整个接头同时被加热，直至接头端面烧平、杂质闪掉。接头熔化后，随即施加适当的轴向压力迅速顶锻，使两根钢筋对焊成为一体。

2）预热闪光焊。由于连续闪光焊对大直径钢筋有一定限制，为了发挥对焊机的效率，对于大于 25mm 的钢筋且端面较平整时，可采用预热闪光焊。此种方法实际上是在连续闪光焊之前增加一个预热过程，以扩大焊接端部热影响区，即在合上电源后使钢筋两端面交替接触和分开，在钢筋端面的间隙中发出断续的闪光而形成预热过程。当钢筋端部达到预热温度后，随即进行连续闪光和顶锻。

预热闪光焊适用于焊接直径为 20～36mm 的 HPB300 级钢筋，直径为 16～32mm 的 HRB335 级及 HRB400 级钢筋，直径为 12～28mm 的 RRB400 级钢筋。

3）闪光—预热—闪光焊。在预热闪光焊前，再增加一次闪光过程，使钢筋端部预热均匀。对于 RRB400 级钢筋，因碳、锰、硅的含量较高，加上合金元素钛、钒的存在，故对氧化淬火和过热比较敏感，其焊接性能较差，关键在于掌握适当的焊接温度，温度过高或过低都会影响接头的质量。采用闪光—预热—闪光焊是保证大直径、高强度钢筋质量的良好办法。

4）焊后通电热处理。RRB400 级钢筋对焊时，应采用预热闪光焊或闪光—预热—闪光焊工艺。当接头拉伸试验结果发生脆性断裂，或弯曲试验不能达到规范要求时，应在对焊机上进行焊后通电处理，以改善接头金属组织和塑性。通电热处理的方法是：待接头冷却至常温，将两电极钳口调至最大间距，重新夹住钢筋，采用最低的变压器级次，进行脉冲式通电加热，每次脉冲循环，应包括通电时间和间歇时间，一般为4s；当加热至750~850℃，钢筋表面呈橘红色时停止通电，随后在环境温度下自然冷却。

（2）电弧焊。钢筋电弧焊是钢筋接长、接头、骨架焊接、钢筋与钢板焊接等常用的方法。其工作原理是：以焊条作为一极，焊件为另一极，利用送出的低电压强电流，使焊条与焊件之间产生高温电弧，将焊条与焊件金属熔化，凝固后形成一条焊缝。

钢筋电弧焊接头形式主要有帮条焊、搭接焊、坡口焊和熔槽帮条焊（略）等。

1）帮条焊。帮条焊接头适用于直径10~40mm的HPB300~HRB400级钢筋。焊接时，用两根一定长度的帮条，将受力主筋夹在中间，并采用两端焊点定位，然后用双面焊形成焊缝。当不能进行双面焊时，也可采用单面焊（图4-16）。

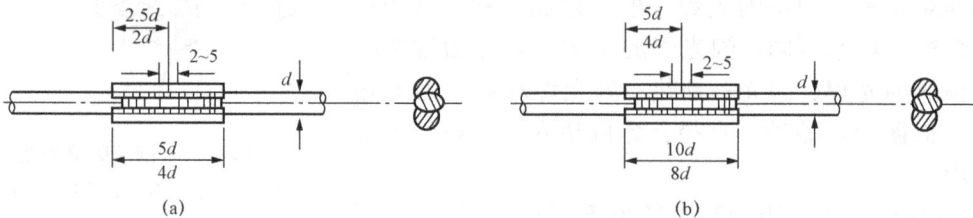

图4-16　钢筋帮条焊接头
(a) 双面焊缝；(b) 单面焊缝

帮条钢筋应与主筋的直径、级别尽量相同，如帮条与被焊接钢筋的级别不同时，还应按钢筋的计算强度进行换算。所采用的帮条总截面面积应满足：当被焊接的钢筋为HPB300级时，应不小于被焊接钢筋截面面积的1.2倍；当被焊接的钢筋为HRB335~HRB400级时，应不小于被焊接钢筋截面面积的1.5倍。

帮条长度与钢筋级别和焊缝形式有关，对HPB300级钢筋，双面焊≥4d，单面焊≥8d，对HRB335级、HRB400级及RRB400级，双面焊≥5d，单面焊≥10d。

帮条焊接头与焊缝厚度，不应小于主筋直径的0.3倍，且不小于4mm；焊缝宽度不小于主筋直径的0.8倍，且不小于10mm。两主筋端面的间隙为2~5mm。

2）搭接焊。搭接焊所适用范围与帮条焊相同。焊接时，先将主钢筋的端部按搭接长度预弯，使被焊钢筋与其在同一轴线上，并采用两端点焊定位，然后用双面焊焊在一起，当双面施焊有困难时，也可采用单面焊（图4-17）。

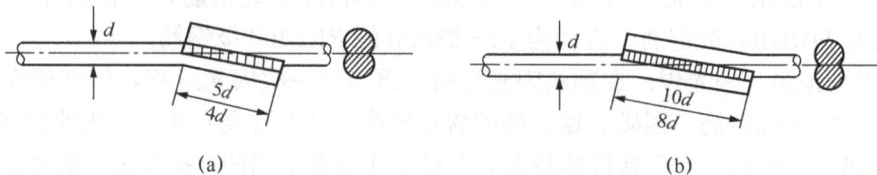

图4-17　钢筋搭接焊接头
(a) 双面焊缝；(b) 单面焊缝

搭接焊的焊缝厚度、焊缝宽度、搭接长度等技术参数与帮条焊相同。焊接时，应在搭接焊形成焊缝中引弧，在端头收弧前应填满弧坑，并使主焊缝与定位焊缝的始端和终端熔合。

3）坡口焊。坡口焊有平焊和立焊两种接头形式（图 4 - 18）。坡口平焊时，V 形坡口角度宜为 55°～65°；坡口立焊时，V 形坡口角度宜为 40°～55°，其中下钢筋宜为 9°～10°，上钢筋宜为 35°～45°。

坡口尖端一侧加焊钢板，钢板厚度宜为 4～6mm，长度宜为 40～60mm。坡口平焊时，钢垫板宽度应为钢筋直径加 10mm；

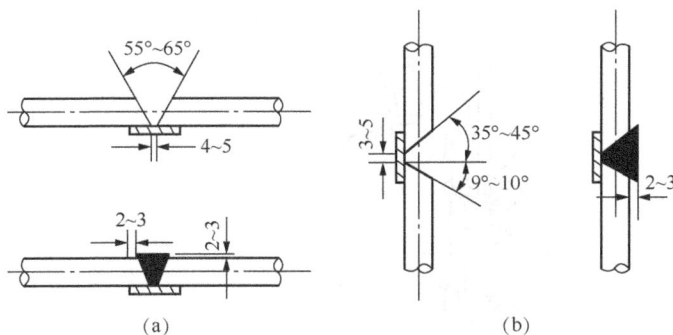

图 4 - 18 钢筋坡口焊接头
(a) 坡口平焊；(b) 坡口立焊

坡口立焊时，钢垫板宽度宜等于钢筋的直径。钢筋根部的间隙，坡口平焊时宜为 4～5mm，坡口立焊时宜为 3～5mm，其中最大间隙均不宜超过 10mm。

坡口焊宜采用几个接头轮流进行施焊，坡口焊面应平顺，切口边缘不得有裂纹、钝边和缺棱现象。坡口焊接时，焊接根部、坡口端面及钢筋与钢板之间均应熔合一体；钢筋与钢垫板之间，应加焊 2～4 层面焊缝，焊缝的宽度应大于 V 形坡口的边缘 2～3mm，焊缝余高不得大于 4mm，并平缓过渡至钢筋表面；焊接过程中应经常清渣，以免影响焊接质量；当发现接头中有弧坑、气孔及咬边等缺陷时，应立即补焊。

坡口焊适用于焊接直径 18～40mm 的热轧 HPB300～HRB400 钢筋及直径 18～25mm 的 RRB400 级余热处理钢筋。

（3）电渣压力焊。钢筋电渣压力焊是将钢筋安放成竖向对接形式，利用电流通过渣池产生的电阻，在焊剂层下形成电弧过程和电渣过程，产生电弧热和电阻热，将钢筋端部熔化，然后加压使两根钢筋焊合在一起。适用于焊接直径 14～40mm 的热轧 HPB300、HRB335 级钢筋。这种方法操作简单、工作条件好、工效高、成本低，比绑扎连接和帮条搭接焊节约钢筋 40%，可提高工效 6～10 倍。适用于现浇钢筋混凝土结构中竖向或斜向（倾斜度在 4∶1 以内）钢筋的连接。

1）焊接设备与焊剂。电渣压力焊的设备为钢筋电渣压力焊机，主要包括焊接电源、焊接机头、焊接夹具、控制箱和焊剂盒等。焊接电源采用 BX$_2$-1000 型焊接变压器；焊接夹具应具有一定刚度，使用灵巧，坚固耐用，上下钳口同心；控制箱内安有电压表、电流表和信号电铃，能准确控制各项焊接参数；焊剂盒由铁皮制成，内径为 90～100mm 的圆形，与所焊接的钢筋直径大小相适应。

电渣压力焊所用焊剂，一般采用 HJ441 型焊药。焊剂在使用前必须在 250℃温度下烘烤 2h，以保证焊剂容易熔化形成渣池。

焊接机头有杠杆单柱式和丝杆传动式两种。杠杆式单柱焊接机头，有单导柱、夹具、手柄、监控表、操作把等组成。下夹具固定在钢筋上，上夹具利用手动杠杆可沿单柱上下滑动，以控制上钢筋的运动和位置（图 4 - 19）。丝杆传动式双柱焊接机头，有伞形齿轮箱、手柄、升降丝杆、夹紧装置、夹具、双导柱等组成。上夹具在双导柱上滑动，利用丝杆螺母的自锁特性，使上钢筋易定位，夹具定位精度高，卡住钢筋后无需调整对中度，电流通过特制焊把钳直接加在钢筋上（图 4 - 20）。

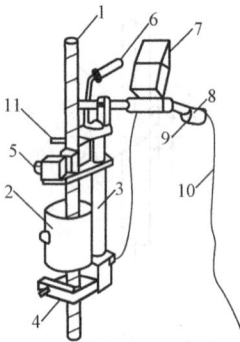

图 4-19　杠杆式单柱焊接机头
1—钢筋；2—焊剂盒；3—单导柱；4—固定夹具；
5—活动夹具；6—手柄；7—监控仪表；8—操
作把；9—开关；10—控制电缆；11—电缆插座

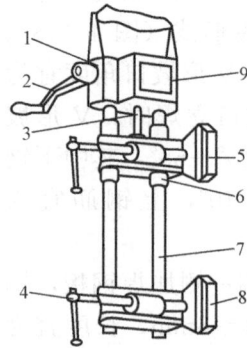

图 4-20　丝杆传动式双柱焊接机头
1—伞形齿轮箱；2—手柄；3—升降丝杆；
4—夹紧装置；5—上夹具；6—导管；
7—双导柱；8—下夹具；9—操作盒

2）焊接参数。钢筋电渣压力焊的焊接参数，主要包括焊接电流、焊接电压和焊接通电时间，这三个焊接参数应符合相关规范规定。

3）焊接工艺。钢筋电渣压力焊的焊接工艺过程，主要包括端部除锈、固定钢筋、通电引弧、快速施压、焊后清理等工序，具体工艺过程为：钢筋调直后，对两根钢筋端部120mm 范围内，认真地除锈和清除杂质；将焊接机头上的上、下夹具分别夹紧上、下钢筋，钢筋应保持在同一轴线上，一经夹紧不得晃动；采用直接引弧法或铁丝圈引弧法引弧。直接引弧法是通电后迅速将上钢筋提起，使两端头之间的距离为 2～4mm 引弧；铁丝圈引弧法是将铁丝圈放在上下钢筋端头之间，电流通过铁丝圈与上下钢筋端面的接触点形成短路引弧。引燃电弧后，应先进行电弧过程，然后加快上钢筋的下送速度，使钢筋端面与液态渣池接触，转变为电渣过程，最后在断电的同时，迅速下压上钢筋挤出熔化金属和熔渣。接头焊完应停歇后，方可回收焊剂和卸下焊接夹具，并敲掉渣壳；四周焊包应均匀，凸出钢筋表面的高度应大于或等于 4mm。

4）电渣压力焊接头质量检验包括外观检查和拉伸试验。

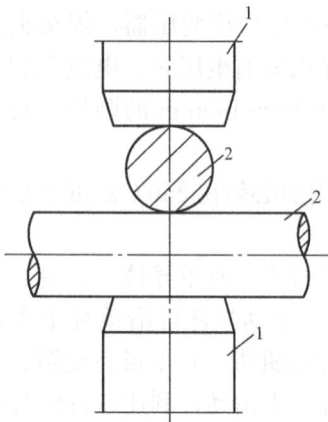

图 4-21　电阻点焊原理
1—电极；2—钢筋

（4）电阻点焊。钢筋电阻点焊是将两根钢筋安放成交叉叠接形式，压紧于两极之间，利用电阻熔化钢材金属，加压形成焊点的一种压焊方法，电阻点焊原理如图 4-21 所示。混凝土结构中的钢筋焊接骨架和钢筋焊接网，宜采用电阻点焊制作。电阻点焊生产效率高，节约材料，故应用广泛。

在焊接骨架中，当较小钢筋直径不大于 10mm 时，大、小钢筋直径之比不宜大于 4；当较小钢筋直径为 12～14mm 时，大、小钢筋直径之比不宜大于 2（较小钢筋指焊接骨架、焊接网两根不同直径钢筋焊点中直径较小的钢筋）。

电阻点焊的工艺过程包括预压、通电、锻压三个阶段（图 4-21）。电阻点焊应根据钢筋级别、直径及焊机性能等具体情况选择变压器级次、焊接通电时间和电极压力。

电阻点焊中焊点的压入深度对热轧钢筋电焊时，压入深度应为较小钢筋直径的18％～25％；对冷拔低碳钢丝、冷轧带肋钢筋电焊时，压入深度应为较小钢筋（丝）直径的25％～40％。

3. 机械连接

钢筋机械连接常用挤压连接、锥螺纹套管及直螺纹套管连接三种形式，是近年来大直径钢筋现场连接的主要方法。

（1）钢筋挤压连接。钢筋挤压连接也称钢筋套筒冷压连接。它是将需连接的变形钢筋插入特制钢套内，利用液压驱动的挤压机进行径向或轴向挤压，使钢套筒产生塑性变形，使它紧紧咬住变形钢筋实现连接（图4-22）。它适用于竖向、横向及其他方向的较大直径变形钢筋的连接。与焊接相比，它具有节省电能、不受钢筋可焊性能的影响、不受气候影响、无明火、施工方便和接头可靠度高等特点。

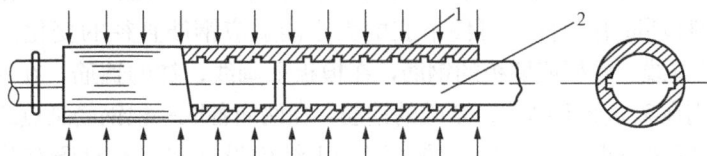

图 4-22 钢筋径向挤压连接原理图
1—钢套筒；2—被连接钢筋

钢筋挤压连接的工艺参数，主要是压接顺序、压接力和压接道数。压接顺序从中间逐道向两端压接。压接力要能保证套筒与钢筋紧密咬合，压接力和压接道数取决于钢筋直径、套筒型号和挤压机型号。

（2）钢筋套管螺纹连接。钢筋套管螺纹连接分锥螺纹套管和直螺纹套管两种形式。用于这种连接的钢套管内壁上有用专用机床加工出的螺纹，钢筋的对端头也在套丝机上加工有与该套管相匹配的螺纹。连接时，在对螺纹检查无油污和操作后，先用手旋入钢筋，然后用扭矩扳手紧固至规定的扭矩即完成连接（图4-23）。它施工速度快、不受气候影响、质量稳定、对中性好。

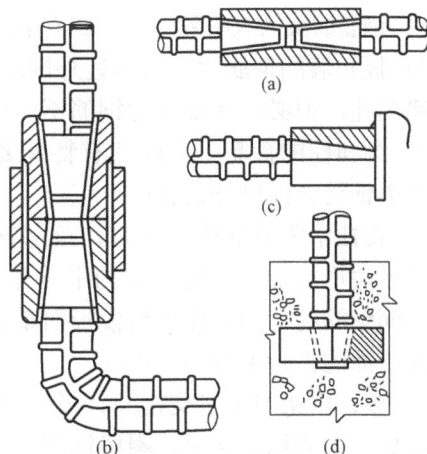

图 4-23 钢筋套管螺纹连接
（a）两根直钢筋连接；（b）一根直钢筋与一根弯钢筋连接；（c）在金属结构上接装钢筋；（d）在混凝土构件中插接钢筋

六、钢筋绑扎与安装

单根钢筋经过调直、配料、切断、弯曲等加工后，即可成型为钢筋骨架或钢筋网。钢筋成型应优先采用焊接，并最好在车间预制好后直接运往现场安装，只有当条件不具备时，可在施工现场绑扎成型。

钢筋在绑扎和安装前，应首先熟悉钢筋图，核对钢筋配料单和料牌，根据工程特点、工作量大小、施工进度、技术水平等，研究与有关工种的配合，确定施工方法。

1. 钢筋现场绑扎

钢筋绑扎与安装应符合《混凝土结构工程施工质量验收规范》的规定。

（1）准备工作。

1）核对成品钢筋的钢号、直径、形状、尺寸和数量等是否与料单牌相符，如有错漏应纠正增补。

2）准备绑扎用的铁丝、绑扎工具（如钢筋钩、带扳口的小撬棍）、绑扎架等。钢筋绑扎用的铁丝可采用 20～22 号铁丝，其中 22 号铁丝只用于绑扎直径 12mm 以下的钢筋。

3）准备控制混凝土保护层用的水泥砂浆垫块或塑料卡。水泥砂浆垫块的厚度应等于保护层厚度。垫块的平面尺寸：当保护层厚度等于或小于 20mm 时，为 40mm×40mm；大于 20mm 时，为 50mm×50mm。当在垂直方向使用垫块时，可在垫块中埋入 20 号铁丝。塑料卡的形状有塑料垫块和塑料环圈两种。塑料垫块用于水平构件（如梁、板），在两个方向均有槽，以便适应两种保护层厚度。塑料环圈用于垂直构件（如柱、墙），使用时钢筋从卡嘴进入卡腔，由于塑料环圈有弹性，可使卡腔的大小能适应钢筋直径的变化。

4）画出钢筋位置线。平板或墙板的钢筋，在模板上画线；柱的箍筋，在两根对角线主筋上画点；梁的箍筋，则在架立筋上画点；基础的钢筋，在两向各取一根钢筋画点或在垫层上画线。

钢筋接头的位置应根据来料规格，按《混凝土结构设计规范》对照有关接头位置、数量的规定，使其错开，在模板上画线。

5）绑扎形式复杂的结构部位钢筋时，应先研究逐根钢筋穿插就位的顺序。

（2）钢筋绑扎要点。

1）钢筋的交叉点应采用 20～22 号铁丝绑扎，绑扎不仅要牢固可靠，而且铁丝长度要适宜。

2）板和墙的钢筋网，除靠近外围两行钢筋的交叉点全部扎牢外，中间部分交叉点可间隔交错绑扎，但必须保证受力钢筋不产生位置偏移；对双向受力钢筋，必须全部绑扎牢固。

3）梁和柱的箍筋，除设计有特殊要求外，应与受力钢筋垂直设置；箍筋弯钩叠合处，应沿受力钢筋方向错开设置。

4）在柱中竖向钢筋搭接时，角部钢筋的弯钩平面与模板面的夹角，对矩形柱应为 45°角；对多边形柱应为模板内角的平分角；对圆形柱钢筋的弯钩平面应与模板的切线平面垂直，中间钢筋的弯钩平面应与模板面垂直；当采用插入式振捣器浇筑小型截面柱时，弯钩平面与模板面的夹角不得小于 15°。

5）板、次梁与主梁交接处，板的钢筋在上，次梁钢筋居中，主梁钢筋在下；主梁与圈梁交接处，主梁钢筋在上，圈梁钢筋在下，绑扎时切不可放错位置。

6）框架梁、牛腿及柱帽等的钢筋应放在柱的钢筋内侧。

2. 钢筋网与钢筋骨架安装

钢筋网与钢筋骨架的安装应符合以下要求：

（1）焊接骨架和焊接网的搭接接头，不宜设置于构件的最大弯矩处。

（2）焊接网在非受力方向的搭接长度，宜为 100mm。

（3）焊接骨架和焊接网在构件宽度内，其接头位置应错开。在绑扎接头区段内，受力钢筋截面面积不得超过受力钢筋总截面面积的 50%。

（4）钢筋焊接骨架和焊接网采用绑扎连接时，受拉焊接骨架和焊接网在受力钢筋方向的搭接长度，应符合技术规程的规定；受压焊接骨架和焊接网在受力钢筋方向的搭接长度，可取受拉焊接骨架和焊接网在受力钢筋方向搭接长度的 0.7 倍。

3. 钢筋安装质量检验

钢筋绑扎要求位置正确、绑扎牢固，钢筋安装位置的偏差应符合表 4-14 的规定。钢筋安装完毕后，应根据施工规范认真检查，做好隐蔽工程记录。主要检查内容有：

表 4-14　　　　　　　钢筋安装位置的允许偏差和检验方法

项　目			允许偏差（mm）	检验方法
绑扎钢筋网	长、宽		±10	钢尺检查
	网眼尺寸		±20	钢尺量连续三档，取最大值
绑扎钢筋骨架	长		±10	钢尺检查
	宽、高		±5	钢尺检查
受力钢筋	间距		±10	钢尺量两端、中间各一点，取最大值
	排距		±5	
	保护层厚度	基础	±10	钢尺检查
		柱、梁	±5	钢尺检查
		板、墙、壳	±4	钢尺检查
绑扎箍筋、横向钢筋间距			±20	钢尺量连续三档，取最大值
钢筋弯起点位置			20	钢尺检查
预埋件	中心线位置		5	钢尺检查
	水平高差		+4，0	钢尺和塞尺检查

注　1. 检查预埋件中心线位置时，应沿纵、横两个方向量测，并取其中的较大值。

　　2. 表中梁类、板类构件上部纵向受力钢筋保护层厚度的合格点率，应达到 90% 及以上，且不得超过表中数值的 1.5 倍。

（1）根据设计图纸，检查钢筋的钢号、直径、根数、间距是否正确，特别要检查负筋的位置是否正确。

（2）检查钢筋接头的位置、搭接长度、同一截面接头百分率及混凝土保护层厚度是否符合要求。水泥垫块是否分布均匀、绑扎牢固。

（3）钢筋的焊接和绑扎是否牢固，钢筋有无松动、移位和变形现象。

（4）预埋件的规格、数量、位置等是否正确。

（5）钢筋表面是否有油渍、漆污和颗粒（片）状铁锈等，钢筋骨架里有无杂物。

第三节　混 凝 土 工 程

混凝土工程包括混凝土的拌制、运输、浇筑捣实和养护等施工过程，各个施工过程既相互联系又相互影响。在混凝土施工过程中，除按有关规定控制混凝土原材料的质量外，任一施工过程处理不当都会影响混凝土的最终质量，混凝土施工应保证结构具有设计的外形和尺寸，施工后混凝土符合设计要求的强度等级，有良好的整体性，并满足设计和施工的特殊要求。因此，如何在施工过程中控制每一施工环节，是混凝土工程需要研究的课题。

一、混凝土制备

混凝土制备应采用符合质量要求的原材料，按规定的配合比配料。混合料应拌和均匀，以保证结构设计所规定的混凝土强度等级，满足设计提出的特殊要求（如耐腐蚀、抗冻、抗渗、快硬和缓凝等）和施工和易性的要求，并应符合节约水泥，减轻劳动强度等原则。为此，在配制混凝土时，必须了解混凝土的主要性能，重视原材料的选择和使用，严格控制施工配料，正确确定搅拌机的工作参数。

（一）混凝土强度

1. 混凝土配制强度

混凝土是非匀质材料，施工中的混凝土硬化后所能达到的强度也不稳定，具有较大的离散性。为了保证混凝土的实际施工强度基本不低于结构设计要求的等级，混凝土的施工试配强度应比设计的混凝土强度标准值提高一个数值，以达到 95% 的保证率。因此，混凝土配制强度应按式（4-8）计算

$$f_{cu,0} \geqslant f_{cu,k} + 1.645\sigma \tag{4-8}$$

式中　$f_{cu,0}$——混凝土配制强度，MPa；

　　　　$f_{cu,k}$——混凝土立方体抗压强度标准值，MPa；

　　　　σ——混凝土强度标准差，MPa。

混凝土强度标准差宜根据同类混凝土统计资料，按式（4-9）计算确定

$$\sigma = \sqrt{\frac{\sum_{n-1}^{n} f_{cu,i}^2 - n f_{cu,m}^2}{n-1}} \tag{4-9}$$

式中　$f_{cu,i}$——统计周期内同一品种混凝土第 i 组试件的强度值，MPa；

　　　　$f_{cu,m}$——统计周期内同一品种混凝土 n 组强度的平均值，MPa；

　　　　n——统计周期内同一品种混凝土试件的总组数，$n \geqslant 25$。

当混凝土强度等级为 C20 和 C25 级，若强度标准差计算值小于 2.5MPa 时，计算配制强度用的标准差应取不小于 2.5MPa；当混凝土强度等级等于或大于 C30 级，若强度标准差计算值小于 3.0MPa 时，计算配制强度用的标准差应取不小于 3.0MPa。

施工单位如无近期混凝土强度统计资料时，σ 可根据混凝土设计强度等级取值：当混凝土设计强度不大于 C20 时，取 4.0MPa；当混凝土设计强度在 C25～C40 时，取 5.0MPa；当混凝土设计强度不小于 C45 时，取 6.0MPa。

2. 混凝土施工配合比及施工配料

混凝土的配合比在实验室初步计算时要经过试配和调整，再经强度复核和和易性调整即得到新的配合比，称为实验室配合比。确定实验室配合比所用的骨料（砂、石）都是干燥的。但是，施工现场使用的砂、石都含有一定量的水分，其含水率大小随季节、气候不断变化。为保证混凝土工程质量，保证按配合比投料，施工时应将实验室配合比换算为骨料在实际含水量情况下的施工配合比。

设实验室配合比为：水泥：砂：石 $= 1:S:G$，水灰比 W/C，现场砂、石含水率分别为 W_S、W_G，则施工配合比为：水泥：砂：石 $= 1:S(1+W_S):G(1+W_G)$，水灰比 W/C 不变，但加水量应扣除砂、石中的含水量。

【例 4-2】某混凝土实验室配合比为 $1:2.25:4.45$，水灰比 $W/C=0.6$，每立方米混

凝土水泥用量 m_C＝290kg，现场测得砂、石含水率分别为3％、1％，求施工配合比及每立方米混凝土各种材料用量。

解　施工配合比为

$1：S(1＋W_S)：G(1＋W_G)＝1：2.25(1＋0.03)：4.45(1＋0.01)＝1：2.32：4.49$

按施工配合比及每立方米混凝土各种材料用量：

水泥　m_C＝290kg

砂　　m_S＝290×2.32＝673kg

石　　m_G＝290×4.49＝1302kg

用水量　m_W＝290×0.6－673×0.03－1302×0.01

　　　　　　＝174－20.19－13.02＝141kg

（二）混凝土搅拌

混凝土的搅拌就是将水、水泥和粗细骨料进行均匀拌和的过程，同时通过搅拌还可使材料达到强化、塑化的作用。如混凝土搅拌得不均匀就不能获得密实的混凝土，影响混凝土的质量，所以搅拌是混凝土施工工艺中很重要的一道工序。

1. 混凝土搅拌机械

混凝土搅拌机按其工作原理可分为自落式和强制式两类。

自落式混凝土搅拌机（图4-24）多用于搅拌塑性混凝土和低流动性混凝土，搅拌机的鼓筒内壁装有径向布置的叶片，搅拌时圆形鼓筒绕轴旋转，装入筒内的物料被叶片提高到一定高度，在重力作用下自由降落。由于各物料颗粒下落的时间、速度、落点和滚动距离不同，使物料相互穿插、翻拌、混合，直到拌和均匀。

强制式混凝土搅拌机（图4-25）多用于搅拌干硬性混凝土、低流动性混凝土和轻骨料混凝土，容纳物料的圆筒固定不动，圆筒内装有转轴和叶片，装入圆筒内的物料在叶片的强制搅动下被剪切和旋转，形成交叉的物流，直至搅拌均匀。

我国规定混凝土搅拌机以其出料容量（m^3）×1000标定规格，现行混凝土搅拌机的系列为50、150、250、350、500、750、1000、1500和3000。

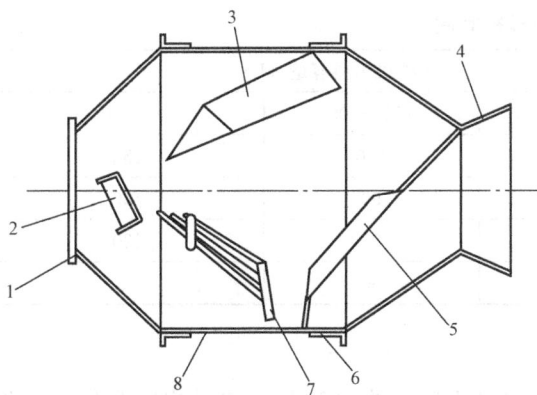

图4-24　自落式搅拌机

1—进料口圈；2—挡料叶片；3—主叶片；4—出料口圈；

5—出料叶片；6—滚道；7—副叶片；8—筒身

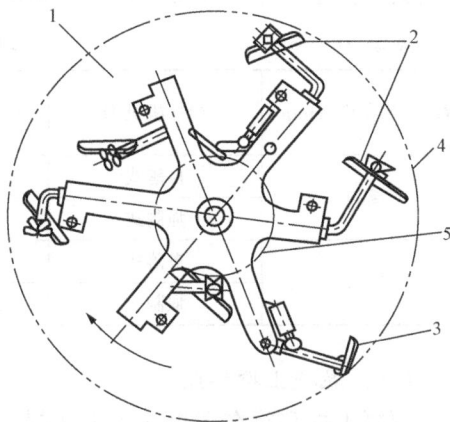

图4-25　强制式搅拌机

1—搅拌盘；2—拌和铲；3—刮刀；

4—外筒壁；5—内筒壁

选择搅拌机时要根据工程量大小和混凝土的坍落度而定，既要满足技术上的要求，也要考虑经济效果和节约能源。

2. 搅拌机的制度

搅拌机的制度包括工作容量、投料顺序和搅拌时间。

（1）搅拌机的工作容量。搅拌机的工作容量可以用进料容量（进料总体积）或出料容量（出料总体积）来表示。过去我国是以进料容量来表示混凝土搅拌机的规格，现在已改用出料容量来表示。选工作容量时，除要满足生产率的要求，还要考虑骨料的最大粒径，否则会影响混凝土的搅拌质量，又易损坏机械部件。

（2）投料的顺序。投料的顺序应从提高搅拌质量，减少叶片、衬板的磨损，减少拌和物与搅拌筒的黏结，减少水泥飞扬，改善工作环境，提高混凝土强度，节约水泥等方面综合考虑确定。常用一次投料法和二次投料法。

1）一次投料法。这是目前最普遍采用的方法。它是将砂、石、水泥和水一同加入搅拌筒中进行搅拌，为了减少水泥的飞扬和水泥的粘罐现象，对自落式搅拌机常采用的投料顺序是将水泥夹在砂、石之间，最后加水搅拌。

2）二次投料法。它又分为预拌水泥砂浆法和预拌水泥净浆法。预拌水泥砂浆法是先将水泥、砂和水加入搅拌筒内进行充分搅拌，成为均匀的水泥砂浆后，再加入石子搅拌成均匀的混凝土。预拌水泥净浆法是先将水泥和水充分搅拌成均匀的水泥净浆后，再加入砂和石搅拌成混凝土。

国内外的试验表明，二次投料法搅拌的混凝土与一次投料相比，混凝土强度可提高约15%，在强度等级相同的情况下可节约水泥15%～20%。

（3）搅拌时间。混凝土的搅拌时间与搅拌机类型、容量、混凝土材料与配合比有关，是指自全部材料装入搅拌筒起到开始卸料止。搅拌时间过短，不能使混凝土拌和均匀，混凝土的最短搅拌时间可参照表4-15所示。掺有外加剂时，搅拌时间可适当延长。对于含泥砂石延长搅拌时间可在一定程度上减少砂石含泥对混凝土的不利影响。适当延长搅拌时间，可提高混凝土拌和物的均匀性，使水化作用更完全，强度也可适当提高。但搅拌时间不能过长，否则会降低生产率，还可能产生离析现象。

表4-15　　　　　　　　　　　　混凝土搅拌的最短时间　　　　　　　　　　　　s

混凝土坍落度（mm）	搅拌机机型	搅拌机出料容量（L）		
		<250	250～500	>500
≤30	自落式	90	120	150
	强制式	60	90	120
>30	自落式	90	90	120
	强制式	60	60	90

（三）混凝土搅拌站

混凝土拌和物在搅拌站集中拌制，可以做到自动上料、自动称量、自动出料和集中操作控制，机械化、自动化程度较高，劳动强度大大降低，同时混凝土的质量得到改善，可以取得较好的技术经济效果。施工现场可根据工程任务的大小、现场的具体条件、机具设备的情况，因地制宜的选用，如采用移动式混凝土搅拌站等。

一些城市已建立了混凝土集中搅拌站，搅拌站的机械化及自动化水平一般较高，用自卸汽车直接供应搅拌好的混凝土，然后直接浇筑入模。这种供应"商品混凝土"的生产方式，在改进混凝土的供应，提高混凝土的质量及节约水泥、骨料等方面有很多优点。图4-26所示为一大型搅拌站竖向布置示意图。

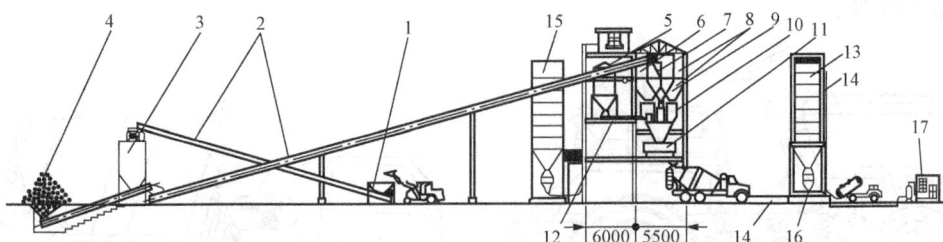

图4-26　大型搅拌站竖向布置示意图

1—砂子上料斗；2—皮带机；3—砂子料仓；4—石子坑；5—粉煤灰储料仓；

6—石子储料仓；7—砂石分料斗；8—水泥储料仓；9—砂子储料仓；

10—称量系统；11—搅拌机；12—粉煤灰螺旋输送机；13—水泥筒仓；

14—气力输送管；15—粉煤灰筒仓；16—单仓泵；17—空压机房

二、混凝土的运输

1. 对混凝土拌和物运输的要求

（1）在混凝土运输过程中，应控制混凝土运至浇筑地点后，不离析、不分层，组成成分不发生变化，并能保证施工所必需的稠度。混凝土运送至浇筑地点，如混凝土拌和物出现离析或分层现象，应进行二次搅拌。

（2）运送混凝土的容器和管道，应不吸水、不漏浆，并保证卸料及输送通畅。容器和管道在冬期应有保温措施，夏季最高气温超过40℃时应有隔热措施。混凝土拌和物运至浇筑地点时的温度，最高不超过45℃，最低不低于5℃。

（3）混凝土从搅拌机卸出后到浇筑完毕的延续时间不应超过表4-16的规定。

表4-16　　　　　　　　混凝土从搅拌机卸出到浇筑完毕的延续时间

气温（℃）	延续时间（min）			
	采用搅拌车		采用其他运输设备	
	≤C40	>C40	≤C40	>C40
≤25	120	90	90	75
>25	90	60	60	45

注　掺有外加剂或采用快硬水泥时延续时间应通过试验确定。

（4）混凝土运至浇筑地点时，应检测其坍落度，所测值应符合设计和施工要求。其允许偏差应符合表4-17的规定。

2. 混凝土运输机具

混凝土运输机具的种类很多，主要有以下几种。

表4-17　　　　坍落度允许偏差

坍落度（mm）	允许偏差（mm）
≤40	±10
50~90	±20
≥100	±40

（1）水平运输工具。地面运输，现场搅拌或近距离运输可用皮带运输机、窄轨斗车；运距在 1km 以内时可用机动翻斗车（图 4-27）、手推车；运距在 10km 以内时可用自卸汽车；长距离运输时可用混凝土搅拌运输车（图 4-28），可装搅拌好的混凝土；当运距在 10km 以上时可装干料，卸料前 10～15min 加水搅拌。楼面运输可用双轮手推车，塔吊兼顾，混凝土泵加布料杆等。

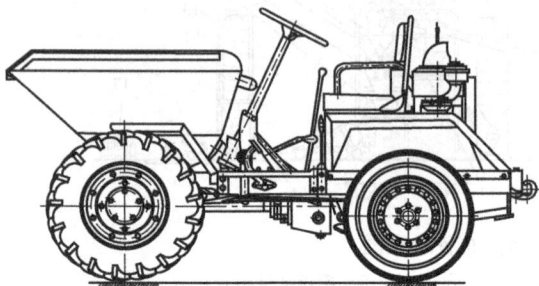

图 4-27　机动翻斗车

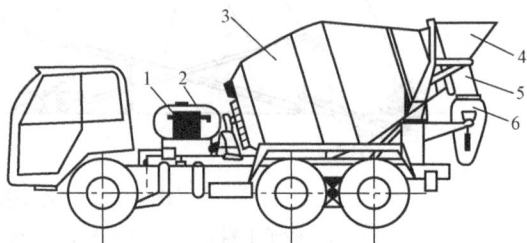

图 4-28　混凝土搅拌运输车

1—水箱；2—外加剂箱；3—搅拌筒；4—进
料斗；5—固定卸料溜槽；6—活动卸料溜槽

（2）垂直运输设备。施工现场的混凝土垂直运输，可利用塔式起重机、井架、施工升降机（施工电梯）等起重设备。利用塔式起重机，应配备相应的混凝土料斗（图 4-29）；利用井架、施工升降机时，可将装载混凝土的手推车直接推入吊盘中，运送到混凝土浇筑面。

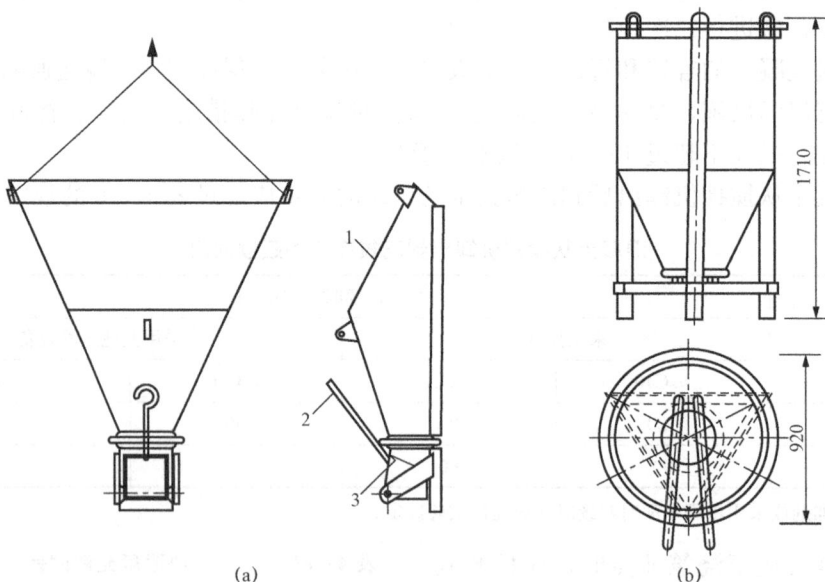

(a)　　　　　　　　　(b)

图 4-29　混凝土料斗

（a）卧式料斗；（b）立式料斗

1—混凝土入口；2—手柄；3—扇形门

（3）混凝土泵。混凝土泵具有可连续浇筑、加快施工速度、保证工程质量、特别适合狭窄施工场所施工、具有较高的技术经济效果等优点。我国在高层及超高层的建筑、桥梁、水

塔、烟囱、隧道和大型混凝土结构的施
工中已广泛应用。

混凝土泵有活塞泵、气压泵和挤压
泵等类型，活塞泵应用较多。活塞泵根
据构造原理不同，又可分为机械式和液
压式两种，以液压式比较先进。液压式
活塞泵主要由料斗、液压缸、活塞、混
凝土缸、分配阀、Y形输送管、冲洗设
备、液压系统和动力系统等组成（图
4-30）。活塞泵工作时，搅拌机卸出的
或由混凝土搅拌运输车卸出的混凝土倒
入料斗，水平分配阀开启，竖向分配阀
关闭，在液压作用下通过活塞杆带动活
塞后移，料斗内的混凝土在重力和吸力

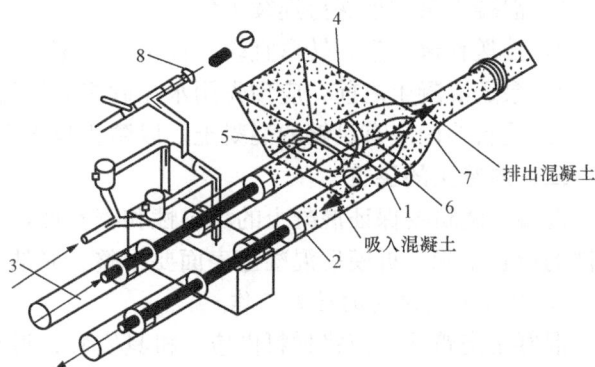

图 4-30　液压活塞式混凝土泵工作原理图
1—混凝土缸；2—活塞；3—液压缸；
4—料斗；5—控制吸入的水平分配阀；
6—控制排出的竖向分配阀；
7—Y形输送管；8—冲洗系统

作用下进入混凝土缸。然后，液压系统中压力油的进出反向，活塞向前推压，同时水平分配
阀关闭，而竖向分配阀开启，混凝土缸中的混凝土拌和物就通过 Y 形输送管压入输送管。
由于有两个缸体交替进料和出料，因而能连续稳定的排料。常用混凝土泵的混凝土排量为
40~90m³/h，水平运距为 200~900m，垂直运距为 50~300m。目前我国已能一次垂直泵送
达到 400m，如一次泵送有困难时可采用接力泵送。

混凝土输送管为钢管、橡胶和塑料软管，直径为 75~200mm，每段长约 3m，还配有
45°、90°等弯管和锥形管。

将混凝土泵装在汽车上变成为混凝土泵车（图 4-31），在车上还装有可以伸缩或曲折的
布料杆，其末端是一软管，可将混凝土直接送到浇筑地点，使用十分方便。

采用混凝土泵运送混凝土，必须做到以下几点：

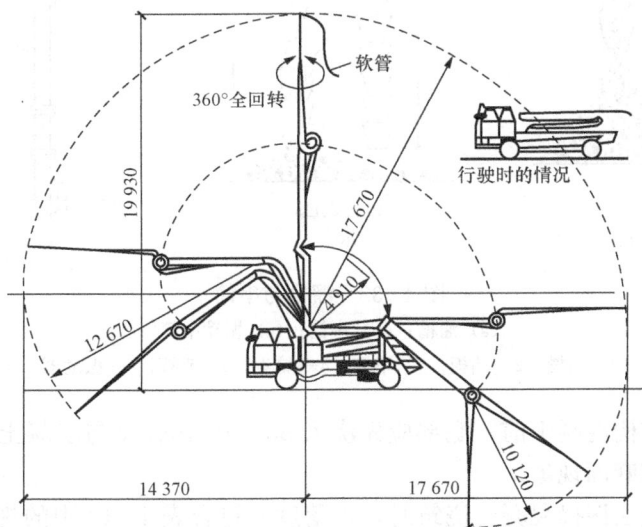

图 4-31　带布料杆的混凝土泵车

1）混凝土泵必须保持连续工作。

2）输送管道宜直，转弯宜缓，接头应严密。

3）泵送混凝土之前，应预先用水泥砂浆润滑管道内壁，以防堵塞。

4）受料斗内应有足够的混凝土，以防止吸入空气阻塞输送管道。

三、混凝土的浇筑

混凝土浇筑要保证混凝土的均匀性和密实性，要保证结构的整体性、尺寸准确和钢筋预埋件的位置正确，拆模后混凝土表面要平整、光洁。

1. 混凝土浇筑前的准备工作

混凝土浇筑前，应将材料供应、机具安装、道路平整、劳动组织等安排就绪，应检查模板和支架、钢筋及预埋件，并做好记录。模板应检查其尺寸、位置（轴线及标高）、垂直度是否正确，支撑系统是否牢靠，模板接缝是否严密；钢筋种类、规格、数量、位置和接头是否正确；预埋件位置和数量是否正确，并做好隐蔽工程验收记录。浇筑混凝土前应清除模板内的垃圾、泥土及钢筋上的油污；木模板应浇水湿润，但不应有积水；模板的缝隙和孔洞应堵严，做好安全技术交底。

2. 混凝土浇筑的一般要求

（1）混凝土应在初凝前浇筑，如果出现初凝现象，应再进行一次强力搅拌才能入模，如果在浇筑前有离析现象，也应重新拌和后才能浇筑。

（2）混凝土自由倾落高度应符合以下规定：对于素混凝土或少筋混凝土，由料斗、漏斗进行浇筑时，不应超过2m；对于竖向结构（如柱、墙），浇筑混凝土的高度不超过4m；对于配筋较密或不便捣实的结构，不宜超过60cm。否则，应采用串筒、溜槽和振动串筒下料，以防产生离析（图4-32）。

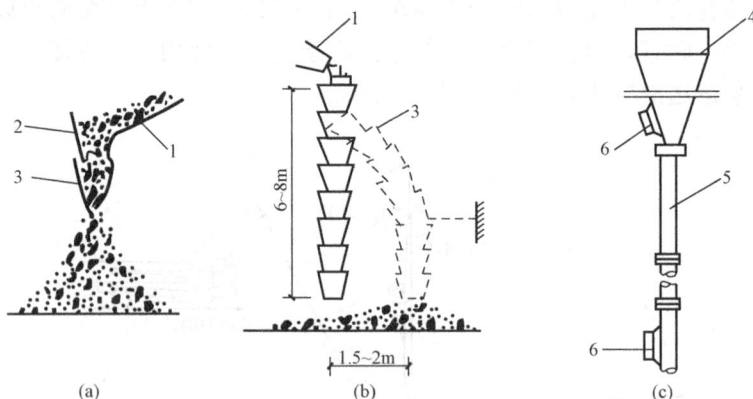

图4-32 溜槽与串筒
(a) 溜槽；(b) 串筒；(c) 振动串筒
1—溜槽；2—挡板；3—串筒；4—漏斗；5—节管；6—振动器

（3）浇筑竖向结构混凝土前，底部应先浇入50～100mm厚与混凝土成分相同的水泥砂浆，以避免产生蜂窝麻面现象。

（4）当采用机械法振捣混凝土浇筑时，坍落度应符合表4-18中的规定。当为人工振捣时坍落度可相应增加。

表 4 - 18 混凝土浇筑时的坍落度

项次	结 构 种 类	坍落度（mm）
1	基础或地面等垫层、无配筋的厚大结构（挡土墙、基础或厚大的块体）或配筋稀疏的结构	10～40
2	板、梁及大、中型截面的柱子	40～60
3	配筋密列的结构（薄壁、斗仓、筒仓、细柱等）	50～70
4	配筋特密的结构	70～90

（5）为了使混凝土上、下层结合良好并振捣密实，混凝土必须分层浇筑，其浇筑厚度应符合表 4 - 19 的规定。

表 4 - 19 混 凝 土 浇 筑 层 厚 度

捣实混凝土的方法		浇筑层的厚度（mm）
插入式振捣		振动器作用部分长度的 1.25 倍
表面振捣		200
人工振捣	在基础、无筋混凝土或配筋稀疏结构中	250
	在梁、板、柱结构中	200
	在配筋密列的结构中	150

（6）为保证混凝土的整体性，浇筑工作应连续进行。当由于技术上或施工组织上的原因必须间歇时，其间歇的时间应尽可能缩短，并保证在前层混凝土初凝之前，将次层混凝土浇筑完毕。其间歇的最长时间（包括混凝土的运输与浇筑时间），应按所用水泥品种、混凝土强度等级及施工气温确定，且不超过表 4 - 20 中的规定，当超过时应留置施工缝。当混凝土中掺促凝剂或缓凝剂时，其允许间歇时间由试验确定。

表 4 - 20 混凝土浇筑允许间歇时间 min

混凝土强度等级	施 工 气 温	
	≤25℃	>25℃
≤C40	210	180
>C40	180	150

（7）在混凝土浇筑过程中，应时刻观察模板及其支架、钢筋、预埋件及预留孔洞的情况，当发现有不正常的变形、移位时，应及时采取措施进行处理，以保证混凝土的施工质量。

（8）在混凝土浇筑过程中，应及时认真填写施工记录，这是施工验收的基本依据，也是保证混凝土质量的重要措施。

3. 留置施工缝

混凝土结构大多要求整体浇筑，如因技术或组织上的原因，混凝土不能连续浇筑完毕，且停顿时间有可能超过混凝土的初凝时间，则应预先确定在适当位置留置施工缝。

（1）施工缝的位置。施工缝的位置宜留在结构剪力较小的部位，同时要方便施工，柱子宜留在基础顶面，梁或吊车梁牛腿的下面，吊车梁的上面，无梁楼盖柱帽的下面［图 4-33（a）］；和板连成整体的大截面梁应留在板底面以下 20～30mm 处，当板下有梁托时，留置在梁托下部；单向板应留在平行于短边的任何位置，有主交梁的楼盖宜顺着次梁方向浇筑，施工缝应留在次梁跨度的中间 1/3 梁跨长度范围内［图 4-33（b）］；墙可留在门洞口过梁跨中1/3 范围内，也可留在纵横墙的交接处；双向受力的楼板、大体积混凝土结构、拱、薄壳、多层框架等及其他复杂结构，应按设计要求留置施工缝。

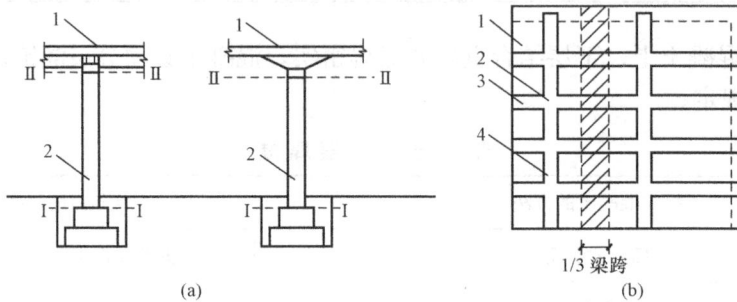

图 4-33　施工缝的留设

（a）柱子；（b）主次梁楼板

1—楼板；2—柱；3—次梁；4—主梁

（2）施工缝的处理。在施工缝处继续浇筑混凝土时，应除掉水泥浮浆和松动石子，并用水冲洗干净，待已浇筑的混凝土强度不低于 1.2MPa 时才允许继续浇筑，在结合面应先铺抹一层水泥浆或与混凝土砂浆成分相同的砂浆；在重新浇筑混凝土的过程中，施工缝处应仔细捣实，使新旧混凝土结合牢固。

4. 后浇带的设置

后浇带是为在现浇钢筋混凝土过程中，克服由于温度收缩而可能产生有害裂缝而设置的临时施工缝。该缝需根据设计要求保留一段时间后再浇筑，将整个结构连成整体。

后浇带的设置距离，应考虑在有效降低温差和收缩应力条件下，通过计算来确定。在正常的施工条件下，一般规定是：如混凝土置于室内和土中则为 40m；如在露天则为 20m。

后浇带的保留时间应根据设计确定，宜在混凝土浇筑完成两个月后，进行后浇带的混凝土浇筑。后浇带的宽度一般为 800～1000mm，后浇带内的钢筋应完好保存，其构造如图 4-34 所示。

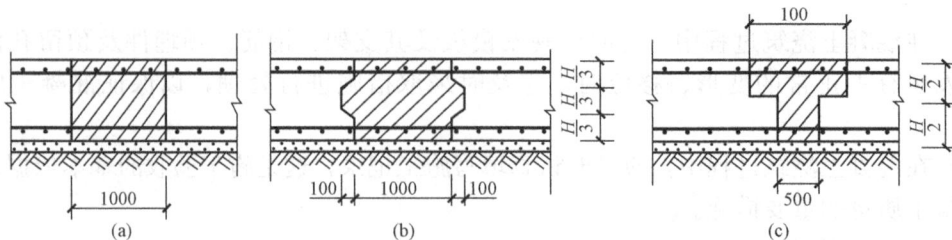

图 4-34　后浇带构造图

（a）平接式；（b）企口式；（c）台阶式

后浇带在浇筑混凝土前，必须将整个混凝土表面按照施工缝的要求进行处理。填充后浇带混凝土可采用微膨胀或无收缩水泥，也可采用普通水泥加入相应的外加剂拌制，但必须要求混凝土的强度等级比原结构强度提高一级，并保持至少 15 天的湿润养护。

5. 浇筑方法

(1) 基础的浇筑。

1) 台阶式混凝土基础的浇筑，可按台阶分层一次浇筑完成，不允许留施工缝。每层混凝土的浇筑顺序是先边角后中间，使混凝土能充满模板边角。施工时应注原防止垂直交角处混凝土出现脱空（即吊脚）、蜂窝现象，其措施是：将第一台阶混凝土捣固下沉 2～3cm 后暂不填平，继续浇筑第二台阶时，先用铁锹沿第二台阶模板底圈内外均做成坡，然后再分层浇筑，待第二台阶混凝土灌满后，再将第一台阶外围混凝土铲平、拍实、抹平。

2) 杯形基础的浇筑，应注意杯口底部标高和杯口模板的位置，防止杯口模板上浮和倾斜。浇筑时先将杯口底部混凝土振实并稍停片刻，然后对称、均衡浇筑杯口模板四周的混凝土。为加快杯口芯模的周转，可在混凝土初凝后、终凝前将芯模拔出。

3) 锥形基础的浇筑，应注意斜坡部位混凝土的振捣密实。在用振动器振捣完毕后，再用人工将斜坡表面修正、拍实、抹平，使其符合设计要求。

4) 柱下独立基础的浇筑，应特别注意柱子插筋位置的准确，防止其移位和倾斜。在浇筑开始时，先满铺一层 5～10cm 厚的混凝土并捣实，以免底部产生蜂窝现象；并使柱子插筋下端和钢筋网片的位置基本固定，然后再继续对称浇筑，并在下料过程中注意避免碰撞钢筋，有偏差时应及时纠正。

5) 条形基础的浇筑，应根据基础高度分段分层连续浇筑，一般不留施工缝。每段浇筑长度控制在 2～3m 左右，各段各层间应相互衔接．呈阶梯形向前推进。

(2) 框架结构的整体浇筑。框架结构的主要构件包括柱、梁、板等，其中框架梁、板、柱等构件是沿垂直方向重复出现的。因此，一般按结构层分层施工。如果平面面积较大，还应分段进行，以便各工序组织流水作业。在框架结构整体浇筑中，应注意如下事项：

1) 在每层每段的施工中，其浇筑顺序应为先浇柱，后浇梁、板。

2) 柱子宜在梁板模板安装后钢筋未绑扎前浇筑，以便利用梁板模板作为横向支撑和柱浇筑操作平台；一排柱子的浇筑顺序，应从两端同时向中间推进，以防柱模板在横向推力作用下向一方倾斜；柱子应分段浇筑，当边长大于 400mm 且无交叉箍筋时，每段的高度不应大于 4.5m，当柱子的断面小于 400mm×400mm 并有交叉箍筋时，可在柱模板侧面每段不超过 2m 的高度开口（不小于 400mm 高），插入斜溜槽分段浇筑。

3) 在浇筑与柱墙连成整体的梁和板时，应在柱或墙浇筑完毕后 1～1.5h 再继续浇筑，使柱混凝土充分沉实。肋型楼板的梁板应同时浇筑，其顺序是先根据梁高分层浇筑成阶梯形，当达到板底位置时再与板的混凝土一起浇筑；当梁高大于 1m 时，可单独先浇筑梁的混凝土，施工缝可留在板底以下 20～30mm 处；无梁楼板中，板和柱帽应同时浇筑混凝土。

4) 当浇筑主梁及主次梁交叉处的混凝土时，一般钢筋较密集，特别是上部负筋又粗又多，因此，这一部分可改用细石混凝土进行浇筑。同时，振捣棒头可改用片式并辅以人工捣固配合。

(3) 剪力墙浇筑。剪力墙浇筑应采取长条流水作业，分段浇筑，均匀上升。墙体浇筑混凝土前或新浇混凝土与下层混凝土结合处，应在底面上均匀浇筑 50mm 厚与墙体混凝土成分相同的水泥砂浆或细石混凝土。砂浆或混凝土应用铁锹入模，不应用料斗直接灌入模内，混凝土应分层浇筑振捣，每层浇筑厚度控制在 600mm 左右，浇筑墙体混凝土应连续进行。墙体混凝土的施工缝一般宜设在门窗洞口上，接槎处混凝土应加强振捣，保证接槎严密。

洞口浇筑混凝土时，应使洞口两侧混凝土高度大体一致。振捣时，振捣棒应距洞边 400mm 以上，从两侧同时振捣，以防止洞口变形，大洞口下部模板应开口并补充振捣。构造柱混凝土应分层浇筑，内外墙交接处的构造柱和墙同时浇筑，振捣要密实。

墙体浇筑振捣完毕后，将上口甩出的钢筋加以整理，用木抹子按标高线将墙上表面混凝土找平。

混凝土浇捣过程中，不可随意挪动钢筋，要经常检查钢筋保护层厚度及所有预埋件的牢固程度和位置的准确性。

（4）大体积混凝土结构浇筑。现代建筑中时常涉及大体积混凝土施工，如高层楼房基础、大型设备基础、水利大坝等。它主要的特点就是体积大，一般实体最小尺寸等于或大于 1m。它的表面系数比较小，水泥水化热释放比较集中，内部升温比较快。混凝土内外温差较大时，会使混凝土产生温度裂缝，影响结构安全和正常使用。所以必须从根本上分析它，来保证施工的质量。

1）大体积混凝土的裂缝。大体积混凝土内出现的裂缝按深度的不同，分为贯穿裂缝、深层裂缝及表面裂缝三种。贯穿裂缝是由混凝土表面裂缝发展为深层裂缝，最终形成贯穿裂缝。它切断了结构的断面，可能破坏结构的整体性和稳定性，其危害性是较严重的；而深层裂缝部分地切断了结构断面，也有一定危害性；表面裂缝一般危害性较小。但出现裂缝并不是绝对地影响结构安全，它都有一个最大允许值。处于室内正常环境的一般构件最大裂缝宽度不大于 0.3mm；处于露天或室内高湿度环境的构件最大裂缝宽度不大于 0.2mm。

对于地下或半地下结构，混凝土的裂缝主要影响其防水性能。一般当裂缝宽度在 0.1～0.2mm 时，虽然早期有轻微渗水，但经过一段时间后裂缝可以自愈。如超过 0.2～0.3mm，则渗水量将随着裂缝宽度的增加而迅速加大。所以，在地下工程中应尽量避免超过 0.3mm 贯穿全断面的裂缝。如出现这种裂缝，将大大影响结构的使用，必须进行化学灌浆加固处理。

大体积混凝土施工阶段所产生的温度裂缝，一方面是混凝土内部因素：由于内外温差而产生的；另一方面是混凝土的外部因素：结构的外部约束和混凝土各质点间的约束，阻止混凝土收缩变形，混凝土抗压强度较大，但受拉力却很小，所以温度应力一旦超过混凝土能承受的抗拉强度时，即会出现裂缝。这种裂缝的宽度在允许限值内，一般不会影响结构的强度，但却对结构的耐久性有所影响，因此必须予以重视并加以控制。产生裂缝的主要原因有以下几方面：

①水泥水化热。水泥在水化过程中要释放出一定的热量，而大体积混凝土结构断面较厚，表面系数相对较小，所以水泥发生的热量聚集在结构内部不易散失。这样，混凝土内部的水化热无法及时散发出去，以致越积越高，使内外温差增大。单位时间混凝土释放的水泥水化热，与混凝土单位体积中水泥用量和水泥品种有关，并随混凝土的龄期而增长。由于混凝土结构表面可以自然散热，实际上内部的最高温度，多数发生在浇筑后的最初 3～5d。

②外界气温变化。大体积混凝土在施工阶段，其浇筑温度随着外界气温变化而变化。特别是气温骤降，会大大增加内外层混凝土温差，这对大体积混凝土是极为不利的。

温度应力是由于温差引起温度变形造成的，温差越大，温度应力也越大。同时，在高温条件下，大体积混凝土不易散热，混凝土内部的最高温度一般可达60～65℃，并且有较长的延续时间。因此，应采取温度控制措施，防止混凝土内外温差引起的温度应力。

③混凝土的收缩。混凝土中约20％的水分是水泥硬化所必需的，而约80％的水分要蒸发。多余水分的蒸发会引起混凝土体积的收缩，混凝土收缩的主要原因是内部水蒸发引起混凝土收缩。如果混凝土收缩后再处于水饱和状态，还可以恢复膨胀并几乎达到原有的体积。干湿交替会引起混凝土体积的交替变化，这对混凝土是很不利的。

影响混凝土收缩的主要因素包括水泥品种、混凝土配合比、外加剂和掺和料的品种及施工工艺（特别是养护条件）等。

2）大体积混凝土的配制。大体积混凝土所选用的原材料应注意以下几点：

①粗骨料宜采用连续级配，细骨料宜采用中砂。

②外加剂宜采用缓凝剂、减水剂；掺和料宜采用粉煤灰、矿渣粉等。

③大体积混凝土在保证混凝土强度及坍落度要求的前提下，应提高掺和料及骨料的含量，以降低单方混凝土的水泥用量。

④水泥应尽量选用水化热低、凝结时间长的水泥，优先采用中热硅酸盐水泥、低热矿渣硅酸盐水泥、大坝水泥、矿渣硅酸盐水泥、粉煤灰硅酸盐水泥、火山灰质硅酸盐水泥等。

但是，水化热低的矿渣水泥的析水性比其他水泥大，在浇筑层表面有大量水析出。这种泌水现象，不仅影响施工速度，也影响施工质量。因析出的水聚集在上下两浇筑层表面间，使混凝土水灰比改变，而在掏水时又带走了一些砂浆，这样便形成了一层含水量多的夹层，破坏了混凝土的黏结力和整体性。混凝土泌水性的大小与用水量有关，用水量多，泌水性大；且与温度高低有关，水完全析出的时间随温度的提高而缩短；此外，还与水泥的成分和细度有关。所以，在选用矿渣水泥时应尽量选择泌水性的品种，并应在混凝土中掺入减水剂，以降低用水量。在施工中，应及时排出析水或拌制一些干硬性混凝土均匀浇筑在析水处，用振捣器振实后，再继续浇筑上一层混凝土。

3）大体积混凝土的浇筑。浇筑方案，除应满足每一处混凝土在初凝以前就被上一层新混凝土覆盖并捣实完毕外，还应考虑结构大小、钢筋疏密、预埋管道和地脚螺栓的留设、混凝土供应情况及水化热等因素的影响，常采用分层法进行浇筑，如图4-35所示。

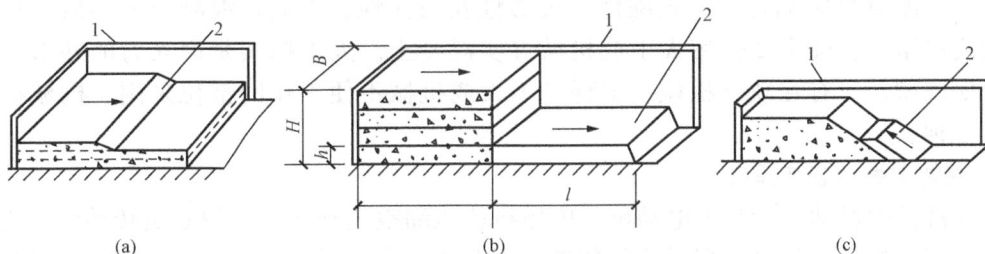

图4-35　大体积混凝土浇筑方案图
(a) 全面分层；(b) 分段分层；(c) 斜面分层
1—模板；2—新浇筑的混凝土

① 全面分层。即在第一层全面浇筑完毕后，再浇筑第二层，此时应使第一层混凝土还未初凝，如此逐层连续浇筑，直至完工为止。采用这种方案，适用于结构的平面尺寸一般不

宜太大，施工时从短边开始，沿长边推进比较合适。必要时可分成两段，从中间向两端或从两端向中间同时进行浇筑。

② 分段分层。混凝土浇筑时，先从底层开始，浇筑至一定距离后浇筑第二层，如此依次向前浇筑其他各层。由于总的层数较多，所以浇筑到顶后，第一层末端的混凝土还未初凝，又可以从第二段依次分层浇筑。这种方案适用于单位时间内要求供应的混凝土较少，不像第一种方案那样集中。这种方案适用于结构物厚度不太大而面积或长度较大的工程。

③ 斜面分层。要求斜面的坡度不大于 1/3，适用于结构的长度大大超过厚度 3 倍的情况。混凝土从浇筑层下端开始，逐渐上移。

4）大体积混凝土养护时的温度控制。大体积混凝土的养护，不仅要满足强度增长的需要，还应通过人工的温度控制，防止因温度变形引起混凝土的开裂。

温度控制就是对混凝土的浇筑温度和混凝土内部的最高温度进行人为的控制。在混凝土养护阶段的温度控制应遵循以下几点：

① 混凝土的中心温度与表面温度之间、混凝土表面温度与室外最低气温之间的差值均应小于 20℃；当结构混凝土具有足够的抗裂能力时，不大于 25～30℃。

② 混凝土拆模时，混凝土的温差不超过 20℃。其温差应包括表面温度、中心温度和外界气温之间的温差。

③ 采用内部降温法来降低混凝土内外温差。内部降温法是在混凝土内部预埋水管，通入冷却水，降低混凝土内部最高温度。冷却在混凝土刚浇筑完时就开始进行，还有常见的投毛石法，均可以有效地控制因混凝土内外温差而引起的混凝土开裂。

④ 保温法是在结构物外露的混凝土表面及模板外侧覆盖保温材料（如草袋、锯木、湿砂等），在缓慢的散热过程中，使混凝土获得必要的强度，以控制混凝土的内外温差小于 20℃。

⑤ 混凝土表层布设抗裂钢筋网片，防止混凝土收缩时产生干裂。

在大体积混凝土施工时掌握住它的基本知识，并根据实际采取有效措施，会使施工质量得到很好的保证。

四、混凝土振捣

混凝土浇入模板以后是较疏松的，里面含有空洞与气泡不能达到要求的密实度，而混凝土的密实度直接影响强度、抗冻性、抗渗性及耐久性。因此，混凝土入模后，还需经振捣密实成型。目前主要是用人工或机械捣实混凝土。人工捣实是用人力的冲击来使混凝土密实成型，只有在缺乏机械、工程量不大或机械不便工作的部位采用。机械捣实的方法有多种。

1. 混凝土振动密实原理

振动机械的振动一般是由电动机、内燃机或压缩空气马达带动偏心块转动而产生的简谐振动。产生振动的机械将振动能量传递给混凝土使其受到强迫振动。在振动力作用下，混凝土内部的黏着力和内摩擦力显著减少，使骨料犹如悬浮在液体中，在其自重作用下向新的位置沉落，紧密排列，水泥砂浆均匀分布填充空隙，气泡逸出，孔缝减小、游离水被挤压上升，混凝土填满了模板并形成密实体积。机械振实混凝土可以大大减轻工人的劳动强度，减少蜂窝麻面的发生，提高混凝土的强度和密实度，加快模板周转，节约水泥 10%～15%。

2. 振动机械的选择

振动机械可分为内部振动器、外部振动器、表面振动器和振动台四种（图 4-36）。

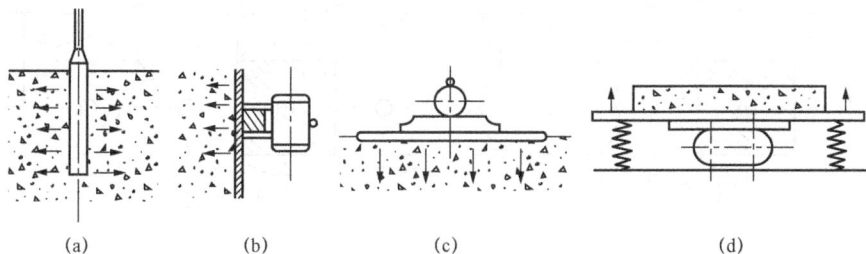

图 4-36　振动机示意图
(a) 内部振动器；(b) 外部振动器；(c) 表面振动器；(d) 振动台

(1) 内部振动器又称插入式振动器，是建筑工地应用最多的一种振动器，多用于振实梁、柱、墙、厚板和基础等。其工作部分是一棒状空心圆柱体，内部装有偏心振子，在电动机带动下高速转动而产生高频微幅的振动。根据振动棒激振的原理，内部振动器有偏心轴式和行星滚锥式（简称行星式）两种，其激振结构的工作原理如图 4-37 所示。偏心轴式内部振动器振动频率为 5000～6000 次/min。电动软轴行星式内部振动器振动频率为 12 000～15 000 次/min，振捣效果好，且构造简单，使用寿命长，是当前常用的内部振动器，其构造如图 4-38 所示。

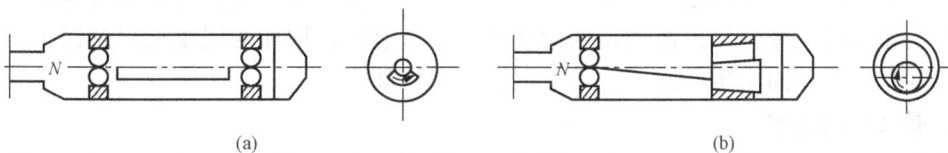

图 4-37　振动棒的激振原理图
(a) 偏心轴式；(b) 行星滚锥式

用插入式振动器振动混凝土时，应垂直插入，并插入下层混凝土 50mm，以促使上下层混凝土结合成整体。每一振点的振捣延续时间，应使混凝土捣实（即表面呈现浮浆和不再沉落为限）。采用插入式振动器捣实普通混凝土的移动间距不宜大于作用半径的 1.5 倍。捣实轻骨料混凝土的间距，不宜大于作用半径的 1 倍；振动器与模板的距离不应大于振动器作用半径的 1/2，并应尽量避免碰撞钢筋、模板、预埋件等。插点的分布有行列式和交替式两种，如图 4-39 所示。

(2) 附着式振动器又称外部振动器，它通过螺栓或夹钳等固定在模板外侧的横挡或竖挡上，偏心块旋转所产生的振动力通过模板传给混凝土，使之振实，但模板应有足够的刚度。对于小截面直立间距，插入式振动器的振动棒很难插入，可使用附着式振动

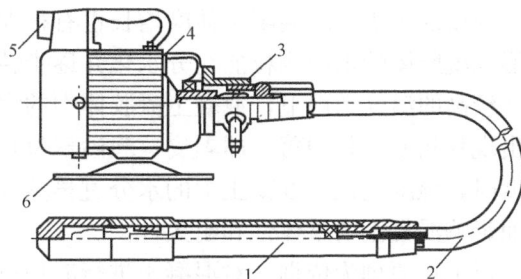

图 4-38　电动软轴行星式内部振动器
1—振动棒；2—软轴；3—防逆装置；
4—电动机；5—电器开关；6—支座

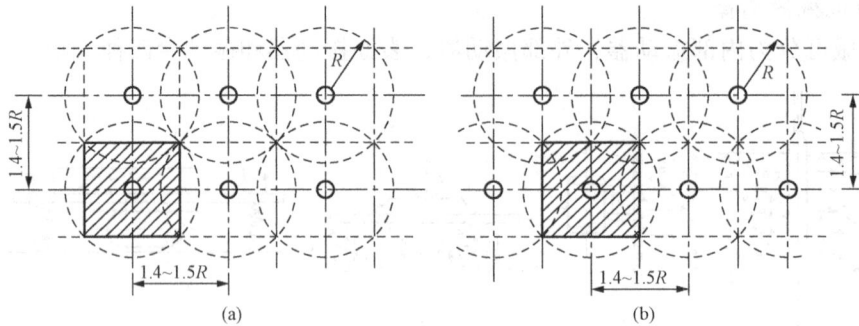

图 4 - 39　插点的分布
(a) 行列式；(b) 交替式

器，附着式振动器的设置间距应通过试验确定。在一般情况下，可每隔 1.0～1.5m 设置一个。

（3）表面振动器又称平板振动器，它是将在电动机转轴上装有左右两个偏心块的振动器固定在一块平板上而成，其振动作用可直接传递到混凝土面层上。这种振动器适用于捣实楼板、地面、板形构件和薄壳等薄壁结构。在无筋或单层钢筋结构中，每次振实的厚度不大于 250mm；在双层钢筋的结构中，每次振实厚度不大于 120mm。表面振动器移动间距，应保证振动器的平板覆盖已振实部分的边缘，以使该处的混凝土振实出浆为准。

（4）振动台是一个支承在弹性支座上的工作平台，在平台下面装有振动机构，当振动机构运转时，即带动工作台强迫振动，从而使在工作台上制作构件的混凝土得到振实。振动台是混凝土制品厂中的固定生产设备，用于振实预制构件。

五、混凝土的养护

混凝土成型后，为保证水泥水化作用能正常进行，必须对混凝土进行养护。混凝土的养护就是创造一个具有一定湿度和温度的环境，使混凝土凝结硬化，达到设计要求的强度，因而养护对于保证混凝土的质量是至关重要的。

温度的高低对混凝土强度增长有很大影响，在合适的湿度条件下，温度越高水泥水化作用就越迅速、完全，强度就越大；但是温度也不能过高，过高则会使水泥颗粒表面迅速水化，结成外壳，阻止内部继续水化。反之，当温度低于 -3℃ 时，混凝土中的水会结冰，混凝土的强度增长非常缓慢。

湿度的大小，对混凝土强度增长也有很大影响。合适的湿度，使混凝土在凝结硬化期间已形成凝胶体的水泥颗粒能充分水化并逐步转化为稳定的结晶，促进混凝土强度的增长。如果在较高的温度条件下，混凝土凝胶体中的水泥颗粒尚未充分水化时缺水，就会在混凝土表面出现片状或粉状剥落（即剥皮、起砂现象）的脱水现象。如果在新浇混凝土尚未达到充分强度时，湿度过低，混凝土中的水分过早蒸发，就会产生很大的收缩变形，出现干缩裂纹，从而影响混凝土的整体性和耐久性。

以上述原理为依据，对混凝土进行养护可以采用自然养护和人工养护的方法来进行。

1. 自然养护

自然养护是指利用平均气温高于 5℃ 的自然条件，用保水材料或草帘等对混凝土加以覆盖后适当浇水，使混凝土在一定的时间内在湿润状态下硬化。当最高气温低于 25℃ 时，混凝土浇筑完后应在 12h 内加以覆盖和浇水；最高气温高于 25℃时，应在 6h 内开始养护。

浇水养护时间的长短视水泥品种而定，采用硅酸盐水泥、普通硅酸盐水泥或矿渣硅酸盐水泥拌制的混凝土，不得少于 7 天；对掺用缓凝型外加剂或有抗渗性要求的混凝土，不得少于 14 天。浇水次数应使混凝土保持足够的湿润状态。养护初期，水泥的水化反应较快，需水也较多，所以要特别注意在浇筑以后前几天的养护工作。此外，在气温高、湿度低时，也应增加洒水的次数。

混凝土必须养护至其强度达到 1.2MPa 以后，方准在其上踩踏和安装模板及支架。

2. 人工养护

人工养护就是用人工来控制混凝土的养护温度和湿度，使混凝土强度增长，如蒸汽养护、热膜养护、太阳能养护等。主要用来养护预制构件，现浇构件大多用自然养护。

蒸汽养护就是将构件放在充有饱和蒸汽或蒸汽空气混合物的养护室内，在较高的温度和相对湿度的环境中进行养护，以加速混凝土的硬化。预制构件厂生产的预制构件一般多采用常压蒸汽养护。

热膜养护是将模板做成加热模板，热量通过模板与刚成型的混凝土进行交换。此法养护用汽少，加热均匀，既可用于预制构件，又可用于现浇墙体。

六、混凝土的质量检查

混凝土质量检查包括施工全过程中的检查和施工后检查。施工中检查主要是对混凝土拌制和浇筑过程中所用材料的质量及用量、搅拌地点和浇筑地点的坍落度等的检查，在每一工作班内至少检查两次；当混凝土配合比由于外界影响有变动时，应及时检查；对混凝土的搅拌时间也应随时检查。施工后的检查主要是对已完成混凝土的外观质量检查及其强度检查。对有抗冻、抗渗要求的混凝土，尚应进行抗冻、抗渗性能检查。

（一）混凝土施工过程中的检查

检查内容包括：水泥品种及标号、砂石的质量及含泥量、混凝土配合比、配料称量、搅拌时间、坍落度、运输振捣过程中有无分层离析、混凝土的振捣、养护等环节。在《混凝土结构工程施工质量验收规范》中对上述各环节的检查频率都作了规定，一般要求在每一工作班至少两次，如混凝土配合比有变化时还应随时检查。

（二）混凝土施工后检查

混凝土养护后的质量检验，主要包括混凝土的强度及外观质量和结构构件的轴线、标高、截面尺寸和垂直度的偏差。如设计上有特殊要求时，还需对抗冻性、抗渗性等进行检验。

1. 混凝土强度的检验

混凝土强度的检验主要指抗压强度的检查。混凝土的抗压强度应以边长为 150mm 的立方体试件，在温度为 20℃±2℃和相对湿度为 95% 以上的标准养护室中，经 28 天养护后试验确定。

结构混凝土的强度等级必须符合设计要求。用于检查结构构件混凝土强度的试件，应在混凝土的浇筑地点随机抽取。每拌制 100 盘且不超过 100m³ 的同配合比的混凝土，其取样不得少于一次。每工作班拌制的同配合比的混凝土不足 100 盘时，其取样不得少于一次。当一次连续浇筑超过 1000m³ 时，同一配合比的混凝土每 200m³ 取样不得少于一次。每一现浇楼层、同配合比的混凝土，其取样不得少于一次。

每次取样应至少留置一组标准试件，同条件养护试件的留置组数根据实际需要确定。对有抗渗要求的混凝土结构，其混凝土试件应在浇筑地点随机取样。同一工程、同一配合比的混凝土，取样不应少于一次。留置组数可根据实际需要而确定。

每组 4 个试件应在同盘混凝土中取样制作，并按下列规定确定该组试件的混凝土强度代表值。

(1) 取 4 个试件强度的平均值。

(2) 当 4 个试件强度中的最大值或最小值之一与中间值之差超过中间值的 15％时，取中间值。

(3) 当 4 个试件强度中的最大值和最小值与中间值之差均超过 15％时，该组试件不应作为强度评定的依据。

2. 混凝土强度的其他检验方法

(1) 钻芯检验法。当需要对混凝土结构物的强度复验，或由于其他原因需要重新核对结构物的承载能力时，可以在混凝土结构物上钻取芯样，做抗压强度试验，以确定混凝土的强度等级。由于芯样是在结构物上直接钻取，因此所得结果能较真实地反映结构物的强度情况。

钻取混凝土芯样是采用内径为 100mm 或 150mm 的金刚石或人造金刚石薄壁钻头钻取高度和直径均为 100mm 或 150mm 的芯样。钻取芯样的数量视实际需要而定，芯样的两个端面需使用切割机切割平整，如表面不平可用硫磺、硫磺砂浆或环氧水泥等材料抹平。取芯部位应该是在结构或构件受力较小部位，避开主筋、预埋件和管线的位置，便于钻芯机的安装与操作的部位。钻芯检验法对薄壁构件不能采用。

(2) 非破损检验方法。

1) 回弹法。回弹法是利用回弹仪根据事前预测好的硬度——强度曲线，来测定结构或构件的抗压强度。回弹仪可直接测得的是结构或构件已硬化表层的混凝土硬度数据。因此，需要事先对混凝土表面的碳化深度准确地测定，只有确信表层和内部的质量一致时，所测得的强度才是该构件的平均强度。当混凝土处于：混凝土存在内部缺陷或表层与内部质量有明显差别，遭受化学腐蚀或火灾，硬化期间遭受冻伤，长期处于高温、潮湿环境，粗骨料粒径大于 6cm，测试部位曲率半径小于 25cm 等情况时，不宜采用回弹法。

2) 超声法。超声法是利用超声波在密实度不同的混凝土中行进速度也不同的原理，将超声波检测仪发射器放出的超声波，经过混凝土后在接收器中记录下来，通过仪器读数，按事先建立的强度与速度的关系曲线，换算成所需要测定的混凝土强度的一种测试方法。

超声波测定混凝土强度时，因参数太多，难度较大，构件的几何尺寸、配筋情况、混凝土的配合比、浇灌方向、养护方法、测试时的含水量、温度、预加荷载的影响，以及测试技术等都会影响测试结果。

超声波可以较准确地检测混凝土的缺陷位置、大小和性质，因而它是用来判断混凝土连续性、均匀性的一种常用方法。

3) 超声回弹综合法。超声回弹综合法是建立在超声波传播速度和回弹值同混凝土抗压强度之间相互联系的基础之上的，以声速和回弹值综合反映混凝土的抗压强度，因而可以较好反映整个混凝土的质量情况。综合法与单一法相比可以抵消一些影响因素的干扰，互相弥补各自的不足。因此，精度高、适用范围广，已在我国混凝土工程上广泛应用。

3. 外观质量检查

主要是在模板拆除后，可查看混凝土的外观质量来检验混凝土浇筑的质量是否存在一定的缺陷，通常有以下几个方面：

（1）麻面：麻面是结构构件表面上呈现无数的小凹点，但无露筋现象。这种现象是由于模板湿润不够，拼缝不严密而漏浆，振捣时间不足、漏振，气泡未排出，混凝土过干等原因造成的。

（2）露筋：露筋是钢筋暴露在混凝土外面。产生原因是钢筋紧贴模板，混凝土保护层不够或浇筑时垫块移位。有时也因保护层的混凝土振捣不密实或模板吸水过多而造成掉角而露筋。

（3）蜂窝：蜂窝是结构构件中有蜂窝形状的窟窿，骨料间有空隙存在。产生原因主要有混凝土配合不当产生离析，钢筋过密、石子粒径偏大而卡在钢筋上使其产生间隙，搅拌不匀、浇筑方法不当、振捣不足或漏振，以及模板拼缝不严而产生严重漏浆等。

（4）孔洞：孔洞是指混凝土内部存在空隙，局部部位全部没有混凝土。这种现象主要是由于混凝土浇筑方法不当、钢筋布置太密或一次下料过多，下部无法振捣而形成。混凝土受冻也可能产生孔洞。

（5）裂缝：裂缝分表面裂缝和深度裂缝，而后者一般为结构裂缝，应高度重视。产生的原因有结构设计承载能力不够，施工荷载过重太集中，施工缝设置不当，或大面积混凝土施工时气温发生突变等。

（6）内部缺陷：混凝土内部缺陷，主要有混凝土强度不足，保护性能不良。前者的产生原因是多方面的，如配合比设计不当，水灰比控制不严，含砂率过高，搅拌不均，养护不及时等。后者的产生原因主要是混凝土保护层严重不足，钢筋外露发生锈蚀，铁锈膨胀引起混凝土开裂。另外，过量使用氯盐外掺剂造成钢筋锈蚀，严重的可使混凝土脱落而露筋。

当混凝土拆模后，如果发现缺陷，应该找出原因，采取措施加以修补。数量不多的小蜂窝、麻面或露石，主要是由于浇筑前模板湿润不够，吸收了混凝土中大量的水分，或由于振捣不够仔细所致。其修补方法一般是先用钢丝刷、压力水或压缩空气清洗，再用 1∶2～1∶2.5 的水泥砂浆填满、抹平并加强养护。对较大面积的蜂窝、露石、露筋应按其全部深度凿去薄弱的混凝土层，然后用钢丝刷或压力水冲刷，再用比原混凝土强度等级高一个级别的细骨料混凝土填塞，并仔细捣实。对影响结构性能的缺陷，应与设计单位研究处理。

第四节　混凝土冬期施工

新浇筑混凝土中的水可分为三部分，一部分是游离水（也称自由水），它充满在混凝土各种材料的颗粒孔隙之间；第二部分是物理结合水，是吸附在各种颗粒的表面和毛细管中的薄膜水；第三部分是与水泥颗粒起水化作用的水化水。在混凝土冬期施工中，气温较低，对混凝土的凝结硬化和强度增长有较大影响。

根据当地多年气温资料，室外日平均气温连续 5 天稳定低于 5℃时，混凝土结构工程应按冬期施工要求组织施工。冬期施工时，气温低，水泥水化作用减弱，新浇混凝土强度增长明显地延缓，当温度降至 0℃以下时，水泥水化作用基本停止，混凝土强度也停止增长。特别是温度降至混凝土冰点温度以下时，混凝土中的游离水开始结冰，结冰后的水体积膨胀约

9％。在混凝土内部产生冰胀应力，致使结构强度降低。受冻的混凝土在解冻后，其强度虽能继续增长，但已不能达到原设计的强度等级。试验证明，混凝土的早期冻害是由于内部析水结冰所致。混凝土在浇筑后立即受冻，抗压强度约损失 50％，抗拉强度约损失 40％，强度就越低。试验证明，混凝土遭受冻结带来的危害与遭受冰冻的时间早晚、水灰比、水泥标号、养护温度等有关。

冬期浇筑的混凝土在受冻以前必须达到的最大强度称为混凝土受冻临界强度。我国现行规范规定：在受冻前，混凝土受冻临界强度应达到：硅酸盐水泥或普通硅酸盐水泥配制的混凝土不得低于其设计强度标准的 30％；矿渣硅酸盐水泥配制的混凝土不得低于其设计强度标准值的 40％；C10 及以下的混凝土不得低于 $5.0N/mm^2$；掺防冻剂的混凝土，温度降低到防冻剂规定温度以下时，混凝土的强度不得低于 $3.5N/mm^2$。

一、混凝土冬期施工的一般规定

一般情况下，混凝土冬期施工要求在正温下浇筑，正温下养护，使混凝土强度在冰冻前达到受冻临界强度，在冬期施工时对原材料和施工过程均要求有必要的措施，来保证混凝土的施工质量。

1. 对材料的要求及加热

（1）冬期施工中配制混凝土用的水泥，应优先选用活性高、水化热大的硅酸盐水泥和普通硅酸盐水泥。水泥的强度等级不应低于 32.5R 级。最小水泥用量不宜少于 $300kg/m^3$，水灰比不应大于 0.6。使用矿渣硅酸盐水泥时，宜采用蒸汽养护，使用其他品种水泥，应注意其中掺和材料对混凝土抗冻抗渗等性能的影响。掺用防冻剂的混凝土，严禁使用高铝水泥。

（2）混凝土所用骨料必须清洁，不得含有冰雪等冰结物及易冻裂的矿物质。冬期骨料所用储备场地应选择地势较高不积水的地方。

（3）冬期施工对组成混凝土材料的加热，应优先考虑加热水，因为水的热容量大，加热方便，但加热温度不得超过表 4-21 所规定的数值。当水、骨料达到规定温度仍不能满足热工计算要求时，可提高水温到 100℃，但水泥不得与 80℃ 以上的水直接接触。水的常用加热方法有三种：用锅烧水、用蒸汽加热水、用电极加热水；水泥不得直接加热，使用前宜运入暖棚存放。

冬期施工拌制混凝土的砂、石温度要符合热工计算需要的温度。骨料加热的方法有：将骨料放在下部加热的铁板上面直接加热，或者通过蒸汽管、电热线加热等。但不得用火焰直接加热骨料，并应控制加热温度（表 4-21）。加热的方法可因地制宜，其中蒸汽加热法较好。其优点是加热温度均匀，热效率高，缺点是骨料中的含水量增加。

表 4-21	拌和水及骨料的最高温度		℃
项目	水泥品种及强度等级	拌和水	骨料
1	强度等级小于 42.5 级的普通硅酸盐水泥、矿渣硅酸盐水泥	80	60
2	强度等级等于和大于 42.5 级的普通硅酸盐水泥、硅酸盐水泥	60	40

（4）钢筋冷拉可在负温下进行，但冷拉温度不宜低于 -20℃。当采用控制应力方法时，冷拉控制应力较常温下提高 $30N/mm^2$；采用冷拉率控制方法时，冷拉率与常温时相同。钢筋的焊接宜在室内进行，如必须在室外焊接，最低气温不低于 -20℃，并具有防雪和防风措

施。刚焊接的接头严禁立即碰到冰雪，避免造成冷脆现象。

（5）冬期浇筑的混凝土，宜使用无氯盐类防冻剂，对抗冻性要求高的混凝土，宜使用引气剂或引气减水剂。

2．混凝土的搅拌、运输和浇筑

混凝土不宜露天搅拌，应尽量搭设暖棚，优先选用大容量的搅拌机，以减少混凝土的热损失。混凝土搅拌时间应根据各种材料的温度情况，考虑相互间的热平衡过程，可通过试拌确定延长的时间，一般为常温搅拌时间的 1.25～1.5 倍。拌制混凝土的最短时间应按表 4-22 选用，搅拌混凝土时，骨料中不得带有冰、雪及冻团。

<table>
<tr><td>表 4-22</td><td colspan="2" style="text-align:center">拌制混凝土的最短时间</td><td colspan="3" style="text-align:right">s</td></tr>
<tr><td rowspan="2">混凝土坍落度（cm）</td><td rowspan="2">搅拌机机型</td><td colspan="3">搅拌机容积（L）</td></tr>
<tr><td>＜250</td><td>250～650</td><td>＞650</td></tr>
<tr><td rowspan="2">≤3</td><td>自落式</td><td>135</td><td>180</td><td>225</td></tr>
<tr><td>强制式</td><td>90</td><td>135</td><td>180</td></tr>
<tr><td rowspan="2">＞3</td><td>自落式</td><td>135</td><td>135</td><td>180</td></tr>
<tr><td>强制式</td><td>90</td><td>90</td><td>135</td></tr>
</table>

拌制掺有防冻剂的混凝土，当防冻剂为粉剂时，可按要求掺量直接撒在水泥上和水泥同时投入；当防冻剂为液体时，应先配制成规定浓度溶液，然后再根据使用要求，用规定浓度溶液再配制成施工溶液。各溶液应分别置于明显标志的容器内，不得混淆，每班使用的外加剂溶液应一次配成。

配制与加入防冻剂，应设专人负责并做好记录，严格按剂量要求掺入。混凝土拌和物的出机温度不宜低于 10℃。

混凝土的运输过程是热损失的关键阶段，应采取必要的措施减少混凝土的热损失，同时应保证混凝土的和易性。常用的主要措施为减少运输时间和距离，使用大容积的运输工具并采取必要的保温措施，保证混凝土入模温度不低于 5℃。

3．混凝土的浇筑

混凝土在浇筑前，应清除模板和钢筋上的冰雪和污垢，尽量加快混凝土的浇筑速度，防止热量散失过多。当采用加热养护时，混凝土养护前的温度不得低于 2℃。

冬期不得在强冻胀性地基土上浇筑混凝土，当在弱冻胀性地基土上浇筑混凝土时，地基土应进行保温，以免遭冻。对加热养护的现浇混凝土结构，混凝土的浇筑程序和施工缝的位置，应能防止在加热养护时产生较大的温度应力。当分层浇筑厚大整体结构时，已浇完层的混凝土温度在被上一层混凝土覆盖前，不得低于按热工计算的温度，且不得低于 2℃。

冬期施工混凝土振捣应用机械振捣，振捣时间应比常温时有所增加。

二、混凝土冬期施工方法

混凝土冬期施工的方法，主要有蓄热法、蒸汽加热法、电热法、暖棚法和掺外加剂法等。但无论采用什么方法，均应保证混凝土在冻结以前，至少应达到临界强度。

1．蓄热法

蓄热法就是将具有一定温度的混凝土浇筑后，在其表面用草帘、锯木、炉渣等保温材料加以覆盖，避免混凝土的热量和水泥的水化热散失太快，以此来维持混凝土冻结前达到所要求强度的温度。

蓄热法适用于地下工程和表面系数（指结构冷却的表面积与结构体积之比）不大于5及室外最低温度不低于－15℃的情况。如选用适当的保温材料，采用快硬早强水泥，在混凝土外部进行早期短时加热和采取掺早强型外加剂等措施，则可进一步扩大蓄热法的应用范围，这是混凝土冬期施工最经济、简单而有效的方法。

2. 蒸汽加热法

蒸汽加热法就是利用蒸汽使混凝土保持一定的温度和湿度，以加速混凝土硬化。此法除预制厂用的蒸汽养护法外，在现浇结构中则有汽套法、毛管法和构件内部通汽法等。

汽套法是在构件模板外再加密封的套板模，模板与套板间的空隙不宜超过15cm，在套板内通入蒸汽加热养护混凝土。此法加热均匀，但设备复杂、费用大，只适宜在特殊条件下用于养护梁、板等水平构件。

毛管法是指一种所谓"毛细管模板"，即在模板内侧做成凹槽，凹槽上盖以铁皮，在凹槽内通入蒸汽进行加热。毛管法用汽少、加热均匀，适宜养护柱、墙等垂直结构。此外，也有在大模板的背面装设蒸汽管道，再用薄铁皮封闭适当加以保温，用于大模板工程冬期施工。

构件内部通汽法是在浇筑构件时先预留孔道，再将蒸汽送入孔道内加热混凝土。等混凝土达到要求的强度后，随即用砂浆或细石混凝土灌入孔道内加以封闭。

采用蒸汽加热的混凝土，宜选用矿渣及火山灰水泥，严禁使用矾土水泥。普通水泥加热温度不得超过80℃，矿渣、火山灰水泥可提高到85～95℃，湿度必须保持90%～95%。为了避免温差过大，防止混凝土产生裂缝，应严格控制升温、降温速度。当表面系数 M 不小于6时，每小时升温不大于15℃，降温不大于10℃；当表面系数 $M<6$ 时，每小时升温大于10℃，降温不大于5℃。模板和保温层，应在混凝土冷却到5℃后方可拆除。当混凝土与外界温差大于20℃时，拆模后的混凝土表面还应用保温材料临时覆盖，使其缓慢冷却。未完全冷却的混凝土有较高的脆性，不能承受冲击或动荷载，以防开裂。

3. 电热法

电热法是利用电流通过不良导体混凝土或电阻丝发出的热量来养护混凝土，主要有电极法和电热器法两类。

电极法即在新浇筑的混凝土中，每隔一定间距（200～400mm）插入电极（$\phi6\sim12mm$ 短钢筋），接通电源，利用混凝土本身的电阻，变电能为热能。电热时，要防止电极与钢筋接触而引起短路。对于较薄的构件，也可将薄钢板固定在模板内侧作为电极。

电热器法是利用电流通过电阻丝产生的热量进行加热养护。根据需要，电热器可制成板状，用以加热现浇楼板；也可制成针状，用以加热装配整体式的框架节点；对用大模板施工的现浇墙板，则可用电热模板（大模板背面装电阻丝形成热夹具层，其外用铁皮包矿渣棉封严）加热等。

电热应采用交流电（因直流电会使混凝土内水分分解），电压为50～110V，以免产生强烈的局部过热和混凝土脱水现象。只有在无筋或少筋结构中，才允许采用电压为120～220V的电流加热。电热应在混凝土表面覆盖后进行。电热过程中，需注意观察混凝土外露表面的温度，当表面开始干燥时，应先断电，并浇温水湿润混凝土表面，当混凝土强度达到50%时，即可停止电热。

电热法设备简单，施工方便有效，但耗电量大，费用高，应慎重选用，并注意施工安全。

4. 暖棚法

暖棚法是在混凝土浇筑地点，用保温材料搭设暖棚，在棚内采暖使温度提高，混凝土养护如同在常温中一样。

采用暖棚法养护时，棚内温度不得低于 5℃，并应保持混凝土表面湿润。

5. 掺外加剂法

根据不同性能的外加剂，可以起到抗冻、早强、促凝、减水、降低冰点的作用，能使混凝土在负温下继续硬化，而无需采取任何加热保温措施，这是混凝土冬期施工的一种有效方法，可以简化施工、节约能源，还可改善混凝土的性能。

第五节 预应力混凝土工程

普通钢筋混凝土构件的抗拉极限应变值只有 $(1.0 \sim 1.5) \times 10^{-5}$，相当于每米钢筋只能拉长 $0.1 \sim 0.15$mm，超过这个数值混凝土就会开裂。如要混凝土不开裂，受拉钢筋应力只能用到 $20 \sim 30$MPa，即使对允许出现裂缝的构件，当裂缝宽度限制在 $0.2 \sim 0.3$mm 时，受拉钢筋应力也只能达到 $150 \sim 250$MPa，因此限制了在钢筋混凝土构件中采用高强钢材来节约钢材的可能性。为了推迟裂缝出现、限制裂缝开展、提高抗裂度和刚度、充分利用材料，通常使用预应力混凝土结构。

预应力混凝土结构的定义是：在结构承受外荷载前，预先对其在外荷载作用下的受拉区施加预压应力，以改善结构使用性能，这种结构形式称为预应力混凝土结构。其特点是增加构件的耐久性、减少自重等优点，但制作工艺也较复杂；与钢筋混凝土同样条件下，具有构件截面小、自重轻、构件的抗裂性能较好，刚度较大、耐久性好，节约材料；可节约钢材 $40\% \sim 50\%$，节约混凝土 $20\% \sim 40\%$，减轻构件自重可达 $20\% \sim 40\%$；预应混凝土强度不宜低于 C30，当用碳素钢丝、钢绞线、热处理钢筋时混凝土强度不宜低于 C40；工序较多，施工较复杂，反拱不易控制，且需要张拉设备和锚具等设施；不仅用于一般的工业与民用建筑结构，也应用于大型整体或特殊结构上。

预应力混凝土按预应力施加工艺的不同分为先张法预应力混凝土和后张法预应力混凝土。先张法是指预应力筋的张拉在混凝土浇筑之前进行，后张法是指预应力筋的张拉在混凝土浇筑之后进行。

预应力混凝土按预应力度大小可分为全预应力混凝土和部分预应力混凝土。全预应力混凝土是指构件在全部使用荷载作用下，其受拉边缘不允许出现拉应力的预应力混凝土，适用于要求混凝土不开裂的结构；部分预应力混凝土是指构件在全部使用荷载作用下，其受拉边缘允许出现一定的拉应力或裂缝的混凝土。

预应力混凝土按预应力筋在体内和体外的位置不同，分为体内预应力混凝土和体外预应力混凝土。

一、先张法施工

先张法施工工艺是先将预应力筋张拉到设计控制应力，用夹具临时固定在台座或钢模上，然后浇筑混凝土；待混凝土达到一定强度后，放松预应力筋，靠预应力筋与混凝土之间

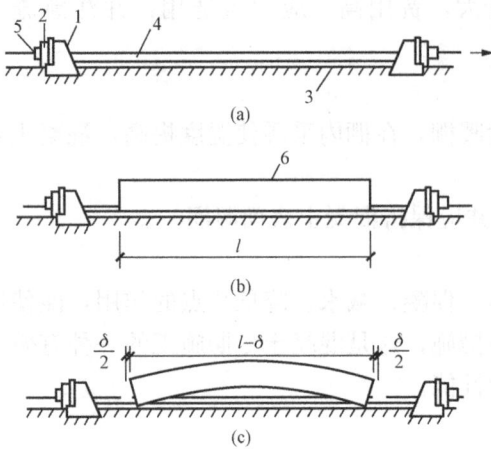

图 4-40　台座法施工顺序示意图
(a) 预应力筋张拉；(b) 混凝土浇
筑养护；(c) 放松预应力筋
1—台座；2—横梁；3—台面；4—预应
力筋；5—夹具；6—构件

的黏结力或锚具使混凝土构件获得预压应力，适用于生产中小型预应力混凝土构件。如空心板、屋面板、吊车梁等。

台座法是应用较广的先张法，也可用于现场施工。构件在固定的台座上生产，预应力筋的张拉力由台座承受，施工顺序如图 4-40 所示。

采用台座法时，构件是在固定的台座上生产，预应力钢筋张拉力由台座承受，不需复杂的机械设备，可露天生产、自然养护。采用机组流水法时，预应力钢筋的张拉力由钢模承受，构件连同钢模按流水方式，通过张拉、浇筑、养护等固定机组完成每一生产过程，此法适合于工厂化大批量生产，但模板耗钢量大，需采用蒸汽养护，不适合大、中型构件的制作。

先张法施工的优点是生产效率高、施工工艺简单、夹具可重复使用等。

（一）先张法施工设备

1. 台座

台座由台面、横梁和承力结构等组成，是先张法生产的主要设备。预应力筋张拉、锚固，混凝土浇筑、振捣和养护及预应力筋放张等全部施工过程都在台座上完成；预应力筋放张前，台座承受全部预应力筋的拉力。因此，台座应具有足够的强度、刚度和稳定性，以免台座变形、倾覆、滑移而引起预应力值的损失。台座按构造形式不同，可分为墩式台座和槽式台座两种。选用时应根据构件的种类、张拉吨位和施工条件而定。

（1）墩式台座。墩式台座由台墩、台面与横梁等组成，一般用于平卧生产的中小型构件，如屋架、空心楼板、平板等。台座尺寸由场地大小、构件类型和产量等因素确定，一般长度为 100～150m，这样张拉一次可生产多根构件，既可减少张拉及临时固定工作，又可减少预应力损失。

生产中型构件或多层叠浇构件可用墩式台座（图 4-41），台面局部加厚，以承受部分张拉力。

1）台墩。台墩是台座的重要组成部分，一般由现浇钢筋混凝土制作而成，分为重力式和构架式两种。台墩除应具有足够的强度

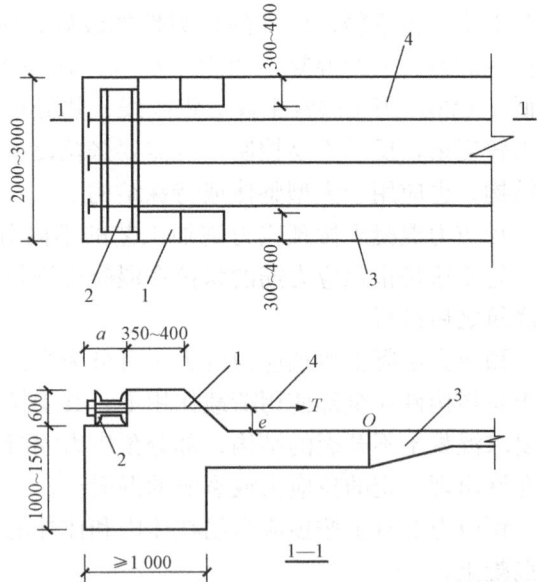

图 4-41　墩式台座
1—混凝土；2—钢横梁；3—局部加
厚的台面；4—预应力筋

和刚度外，还应进行抗倾覆与抗滑移稳定性验算。

墩式台座抗倾覆验算的计算简图如图 4-42 所示，抗倾覆稳定性按式（4-10）计算

$$K = \frac{M_1}{M} = \frac{GL + E_p e_2}{N e_1} \geqslant 1.5 \quad (4-10)$$

式中　K——抗倾覆安全系数；

　　　M——倾覆力矩，由预应力筋的张拉力产生；

　　　N——预应力筋的张拉力；

　　　e_1——张拉力合力作用点至倾覆点的力臂；

　　　M_1——抗倾覆力矩，由台座自重力和土压力等产生；

　　　G——台墩的自重力；

　　　L——台墩重心至倾覆点的力臂；

　　　E_p——台墩后面的被动土压力合力，当台墩埋置较浅时，可忽略不计；

　　　e_2——被动土压力合力至倾覆点的力臂。

墩式台座抗滑移验算，可按式（4-11）进行

$$K_C = \frac{N_1}{N} \geqslant 1.3 \quad (4-11)$$

式中　K_C——抗滑移安全系数；

　　　N_1——抗滑移合力；

　　　N——预应力筋的张拉力。

对于台墩与台面共同作用的台座，台墩的水平推力几乎全部传给台面，不存在滑移问题，可以不做抗滑移验算。但台墩与台面分设时，必须进行抗滑移验算。

2）台面。台面是预应力构件成型的胎模，要求地基坚实平整，它是在厚 150mm 夯实碎石垫层上，浇筑 60～80mm 厚 C20 混凝土面层，原浆压实抹光而成。台面要求坚硬、平整、光滑，沿其纵向有 3% 的排水坡度。长度较长的台面，应每 10m 左右设置一条伸缩缝，以适应温度的变化。

3）横梁。横梁以台墩为支座，直接承受预应力筋的张拉力，其挠度不应大于 2mm，并且不得产生翘曲。预应力筋的定位板必须安装准确，其挠度不应大于 1mm。

（2）槽式台座。槽式台座由钢筋混凝土压杆、上下横梁和砖墙等组成（图 4-43）。这种台座既可承受张拉力，又可作为蒸汽养护槽，适用于张拉较高的大型构件，如吊车梁、箱梁等。

槽式台座的长度一般不大于 76m，宽度随构件外形及制作方式而定，一般不小于 1m。

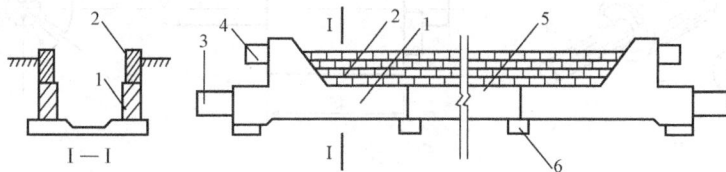

图 4-43　槽式台座

1—钢筋混凝土端柱；2—砖墙；3—下横梁；4—上横梁；5—传力柱；6—柱垫

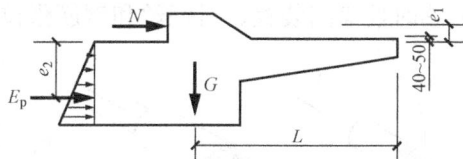

为便于混凝土的运输、浇筑及蒸汽养护，台座宜低于地面。为便于拆迁和重复使用，台座应设计成装配式。槽式台座也应进行强度和稳定性验算。

2. 夹具

夹具是在先张法施工中，为保持预应力筋的张拉力并将其固定在张拉台座或设备上所使用的临时性锚固装置。对钢丝和钢筋张拉所用夹具不同。

(1) 钢丝夹具。先张法中钢丝的夹具分两类：一类是将预应力筋锚固在台座或钢模上的锚固夹具；另一类是张拉时夹持预应力筋用的张拉夹具。锚固夹具与张拉夹具都是重复使用的工具。图 4-44 所示为钢丝的锚固夹具，图 4-45 所示为钢丝的张拉夹具。

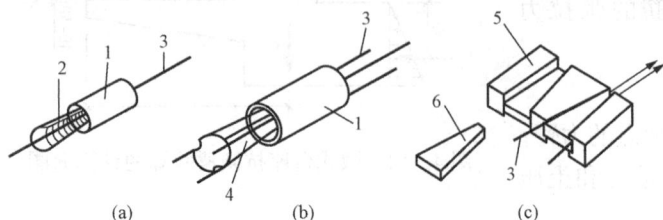

图 4-44　钢丝的锚固夹具

(a) 圆锥齿板式；(b) 圆锥槽式；(c) 楔形

1—套筒；2—齿板；3—钢丝；4—锥塞；5—锚板；6—楔块

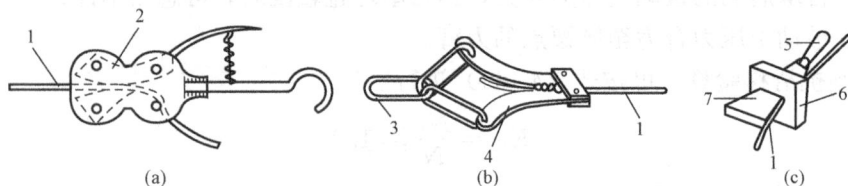

图 4-45　钢丝的张拉夹具

(a) 钳式；(b) 偏心式；(c) 楔形

1—钢丝；2—钳齿；3—拉钩；4—偏心齿条；5—拉环；6—锚板；7—楔块

(2) 钢筋夹具。钢筋锚固多用螺母锚具、镦头锚具和销片夹具等。张拉时可用连接器与螺母锚具连接，或用销片夹具等。

钢筋镦头，直径 22mm 以下的钢筋用对焊机热镦或冷镦，大直径钢筋可用压模加热锻打成型。镦过的钢筋需经过冷拉，以检验镦头处的强度。

销片式夹具是由圆套筒和圆锥形销片组成（图 4-46），套筒内壁呈圆锥形，与销片锥度吻合，销片有两片式和三片式，钢筋夹紧在销片的凹槽内，其型号有 YJ12、YJ14，适用于先张法；用 YC18 型千斤顶张拉时，适用于锚固直径为 12、14mm 的单根冷拉 HRB335、HRB400、RRB400 级钢筋。

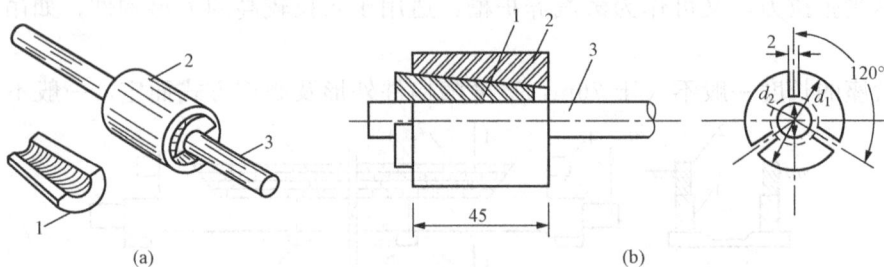

图 4-46　销片式夹具

(a) 两片式夹具；(b) 三片式夹具

1—圆锥形销片；2—圆套筒；3—预应力筋

3. 张拉设备

张拉设备应当操作方便、可靠,准确控制张拉应力,以稳定的速率增大拉力。在先张法中常用的是拉杆式千斤顶、穿心式千斤顶、台式千斤顶、电动螺杆张拉机和电动卷扬机等。

(1) 拉杆式千斤顶。拉杆式千斤顶用于螺母锚具、锥形螺杆锚具、钢丝镦头锚具等。它由主油缸、主缸活塞、回油缸、回油活塞、连接器、传力架、活塞拉杆等组成。图4-47所示为用拉杆式千斤顶张拉时的工作示意图。

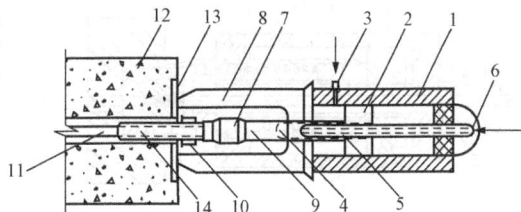

图 4-47 拉杆式千斤顶张拉工作示意图
1—主油缸;2—主缸活塞;3—进油孔;4—回油缸;
5—回油活塞;6—回油孔;7—连接器;8—传力架;
9—拉杆;10—螺母;11—预应力筋;12—混凝土构件;
13—预埋铁板;14—螺丝端杆

拉杆式千斤顶上利用单活塞张拉预应力的单元作用千斤顶,主要用于带有螺丝端杆的冷拉HRB335、HRB400级钢筋和带镦头锚具的钢丝束和钢筋束等预应力筋。YL60型千斤顶是一种常用的拉杆式千斤顶,还有YL400型和L500型千斤顶,其张拉力分别为4000kN和5000kN,主要用于大吨位预应力筋。

(2) 穿心式千斤顶。穿心式千斤顶用于直径为12~20mm的单根钢筋、钢绞线或钢丝束的张拉。

用YC20型穿心式千斤顶(图4-48)张拉时,高压油泵启动,从后油嘴进油,前油嘴回油,被偏心夹具夹紧的钢筋随液压缸的伸出而被拉伸。

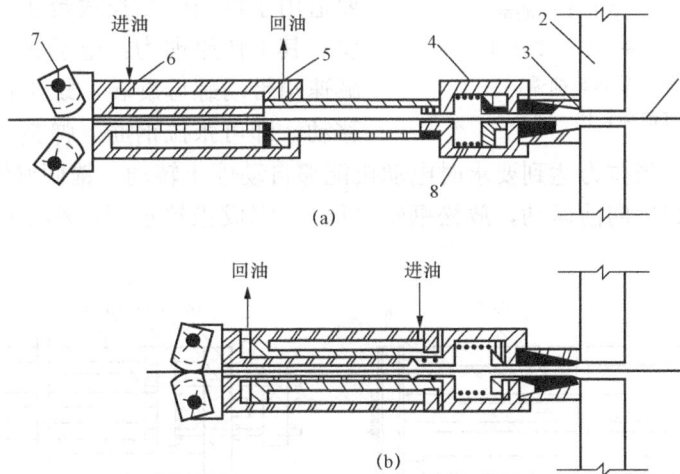

图 4-48 YC20型穿心式千斤顶
(a) 张拉;(b) 复位

1—钢筋;2—台座;3—穿心式夹县;4—弹性顶压头;5、6—油嘴;7—偏心式夹具;8—弹簧

YC20型穿心式千斤顶的最大张拉力为20kN,最大行程为200mm,适用于用圆套筒三片式夹具张拉锚固12~20mm单根冷拉HRB335、HRB400和RRB400级钢筋。还有YCD型和YCQ型系列产品。常用YC20型、YC60型和YC120型。

图4-49为YC60型千斤顶构造图,沿千斤顶纵轴线有一穿心通道,供穿过预应力筋用。

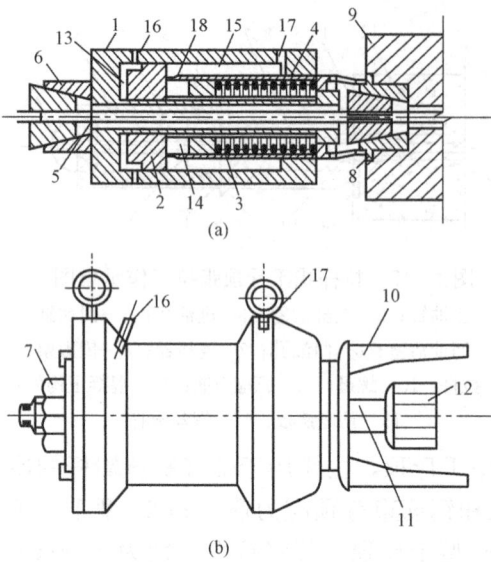

图 4-49　YC60 型千斤顶构造图
(a) 构造与工作原理；(b) 加撑脚后的外形
1—张拉油缸；2—顶压油缸（张拉活塞）；
3—顶压活塞；4—弹簧；5—预应力筋；
6—工具锚；7—螺帽；8—锚环；
9—构件；10—撑套；11—张拉杆；
12—连接器；13—张拉工作油室；
14—顶压工作油室；15—张拉回
程油室；16—张拉缸油嘴；
17—顶压缸油嘴；18—油孔

沿千斤顶的径向分内外两层工作油室。外层油缸为张拉工作油室，工作时张拉预应力筋；内层为顶压工作油室，工作时进行锚具的预压锚固，故称 YC60 型为穿心式双作用千斤顶。

穿心式千斤顶根据使用功能不同，可分为 YC 型、YCD 型与 YCQ 型等系列产品，常用的是 YC 型千斤顶，其中 YC20D 型、YC60 型和 YC120 型千斤顶应用较广。

（3）台式千斤顶。台式千斤顶是在先张法四横梁式或三横梁式台座上，成组整体张拉或放松预应力筋的设备。当采用三横梁式装置时，台式千斤顶与活动横梁组装在一起，张拉时台式千斤顶与活动横梁直接带动预应力筋成组张拉，如图 4-50 (a) 所示。当采用四横梁式装置时，拉力架由两根活动横梁和两根大螺杆组成，张拉时台式千斤顶推动拉力架横梁，带动预应力筋成组张拉，如图 4-50 (b) 所示。

（4）电动螺杆张拉机。电动螺杆张拉机主要适用于预制厂在长线台座上张拉冷拔低碳钢丝。其工作原理为：电动机正向旋转时，通过减速箱带动螺母旋转，螺母推动螺杆沿轴向后移动，即可张拉钢筋。弹簧测力计上装有计量标尺和微动开关，当张拉力达到要求时电动机能够自动停止转动。锚固好钢丝（筋）后，使电动机反向旋转，螺杆向前运动，放松钢丝（筋），完成张拉过程。小型电动螺杆张拉机如图 4-51 所示。

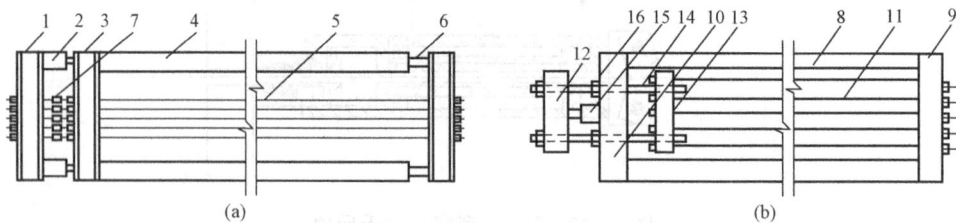

图 4-50　预应力钢筋成组张拉装置
(a) 三横梁式成组张拉装置；(b) 四横梁式成组张拉装置
1—活动横梁；2—千斤顶；3—固定横梁；4—槽式台座；5—预应力筋；6—放松装置；
7—连接器；8—台座传力柱；9、10—后、前横梁；11—钢丝（筋）；
12、13—拉力架横梁；14—大螺杆；15—台座式千斤顶；16—螺母

目前，工程上常用的是 DL 型电动螺杆张拉机，其最大张拉力为 10kN，最大张拉行程为 780mm，张拉速度为 2m/min，适用于 φᵇ3～φᵇ5 的钢丝张拉。

（5）电动卷扬机。电动卷扬机主要用于长线台座上张拉冷拔低碳钢丝。工程上常用的是LYZ-1型电动卷扬机，其最大张拉力为 10kN，最大张拉行程为 5m，张拉速度为 2.5m/min，电动机功率 0.75kW。LYZ-1 型又分为 LYZ-1A 型（支撑式）和 LYZ-1B 型（夹轨式）两种。A 型适用于多处预制场地，移动变换场地方便；B 型运用于固定式大型预制场地，左右移动灵活、轻便、动作快，生产效率高。

图 4-52 所示为采用卷扬机张拉单根预应力筋的示意图

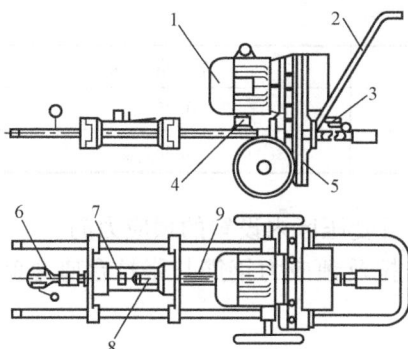

图 4-51　电动螺杆张拉机
1—电动机；2—手柄；3—前限位开关；
4—后限位开关；5—减速箱；6—夹具；
7—测力器；8—计量标尺；9—螺杆

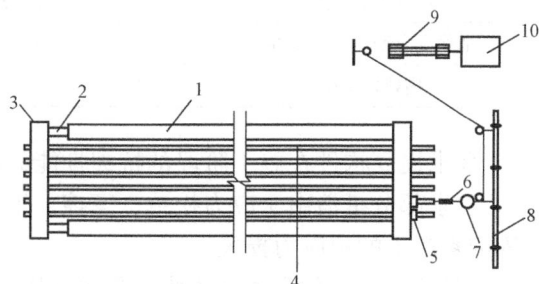

图 4-52　用电动卷扬机张拉预应力筋
1—台座；2—放松装置；3—横梁；4—预应力筋；
5—锚固夹具；6—张拉夹具；7—测力计；
8—固定梁；9—滑轮组；10—卷扬机

（二）先张法施工工艺

先张法施工工艺包括预应力筋的铺设、预应力筋的张拉、混凝土浇筑与养护和预应力筋的放张等施工过程。

1. 预应力筋的铺设

为了便于脱模，在预应力筋铺设前，应对台面及模板涂刷隔离剂；为避免铺设预应力筋时因其自重下垂破坏隔离剂，沾污预应力筋，影响预应力筋与混凝土的黏结，应在预应力筋设计位置下面先放置好垫块或定位钢筋后铺设。

预应力钢丝宜用牵引车铺设，如遇钢丝需要接长时，可使用钢丝拼接器，用 20～22 号铁丝将钢丝连接段密排绑扎。对冷拔低碳钢丝，绑扎长度不得小于 50d，对高强刻痕钢丝，不得小于 80d（d 为钢丝直径）。

预应力筋铺设时，钢筋接长或钢筋与螺杆的连接，可采用套筒双拼式连接器。钢筋采用焊接时，应合理布置接头位置，尽可能避免将焊接接头拉入构件内。

2. 预应力筋的张拉

先张法预应力筋的张拉有单根张拉和多根成组张拉。单根张拉所用的设备构造简单，易于保证应力均匀，但生产效率低、锚固困难；成组张拉能提高工效、减轻劳动强度，但设备构造复杂，需用较大张拉力。因此，应根据实际情况选取适宜的张拉方法，一般预制厂生产常选用成组张拉法，施工现场生产常选用单根张拉法。

预应力筋的张拉工作是预应力混凝土施工中的关键工序，为确保施工质量，在张拉中应严格控制张拉应力、张拉程序、计算张拉力和进行预应力值校核。

（1）张拉控制应力。预应力筋张拉时控制应力应符合设计规定。控制应力的大小影响预应力的效果。控制应力高，建立的预应力值则大，但控制应力过高，预应力筋处于高应力状态，构件出现裂缝时的荷载与破坏荷载接近，破坏前无明显的预兆，这种情况是不允许的。此外，施工中为减少由于松弛等原因造成的预应力损失，一般要进行超张拉，如果原定的控制应力过高，再加上超张拉就可能使预应力筋的应力超过张拉控制应力。因此，预应力筋的张拉控制应力值 σ_{con} 不宜超过表 4-23 规定的张拉控制限值，且不应小于 $0.5f_{ptk}$。

当符合下列情况之一时，表 4-23 中的张拉控制应力限值可提高 $0.05f_{ptk}$。

表 4-23 张拉控制应力限值

预应力筋种类	先 张 法	后 张 法
消除应力钢丝、钢绞线	$0.75f_{ptk}$	$0.75f_{ptk}$
热处理钢筋	$0.70f_{ptk}$	$0.65f_{ptk}$

1）要求提高构件在施工阶段的抗裂性能而在使用阶段受压区内设置的预应力筋。

2）要求部分抵消由于应力松弛、摩擦、钢筋分批张拉及预应力钢筋与张拉台座之间的温差等因素产生的预应力损失。

（2）张拉程序。预应力筋的张拉程序有以下两种：

①$0 \rightarrow 105\%\sigma_{con}$（持荷 2min）$\rightarrow \sigma_{con}$；

②$0 \rightarrow 103\%\sigma_{con}$。

在第一种张拉程序中，超张拉 5% 并持荷两分钟，目的是加速应力松弛的早期发展，减少应力松弛引起的预应力损失（约减少 50%）。在第二种张拉程序中，超张拉 3%，目的是为了弥补应力松弛引起的预应力损失。

成组张拉时，应预先调整初应力，以保证张拉时每根钢筋（丝）的应力均匀一致，初应力值一般取 $10\%\sigma_{con}$。

在张拉预应力筋的施工中应注意以下事项：

1）应首先张拉靠近台座截面重心处的预应力筋，以避免台座承受过大的偏心力。

2）张拉机具与预应力筋应在同一条直线上，张拉应以稳定的速率逐渐加大拉力。

3）拉到规定应力时要顶紧锚塞，用力不要过猛，以防钢丝折断。

4）在拧紧螺母时，应时刻观察压力表上的读数，始终保持所需要的张拉力。

5）预应力筋张拉完毕后与设计位置的偏差不得大于 5mm，且不得大于构件截面最短边长的 5%。

6）同一构件中，各预应力筋的应力应均匀，其偏差的绝对值不得超过设计规定的控制应力值的 5%。

7）台座两端应有防护设施，沿台座长度方向每隔 4～5m 放一个防护架，张拉钢筋时两端严禁站人，也不准进入台座。

（3）预应力值校核。预应力筋的预应力值一般用其伸长值校核。当实测伸长值与理论伸长值的差值与理论伸长值相比在 5%～10% 之间时，表明张拉后建立的预应力值满足设计要求。

预应力钢丝的预应力值，应采用钢丝内力测定仪直接检测钢丝的预应力值来对张拉结果进行校核。其检验标准为：对台座法钢丝预应力值定为 $95\%\sigma_{con}$；对模外张拉钢丝预应力值应符合表 4-24 的规定。

表 4 - 24　　　　　　　　　模外张拉力钢丝预应力值检测标准

检测时间	检 测 标 准	
	钢丝长 5m	钢丝长 6m
张拉完毕后 30min	$92\%\sigma_{con}$	$93.5\%\sigma_{con}$
张拉完毕后 1h 以上	$91\%\sigma_{con}$	$92.5\%\sigma_{con}$

3. 混凝土浇筑与养护

确定预应力混凝土的配合比时，应尽量减少混凝土的收缩和徐变，以减少预应力损失。收缩和徐变与水泥品种、水灰比、骨料孔隙率和振动成型有关。

预应力筋张拉完毕后，应立即绑扎骨架、支模、浇筑混凝土。台座内每条生产线上的构件，其混凝土应连续浇筑。混凝土必须振捣密实，特别对构件的端部要注意加强振捣，以保证混凝土的强度和黏结力。浇筑和振捣混凝土时，不可碰撞预应力筋；在混凝土未达到一定强度前，不允许碰撞或踩动预应力筋；当叠层生产时，必须待下层混凝土强度达到 $8\sim10N/mm^2$ 后方可进行。

混凝土可采用自然养护或湿热养护。当采用湿热养护时，采取二次升温制，初次升温的温差不宜超过 20℃，当构件混凝土强度达到 $7.5\sim10N/mm^2$ 时，再按一般规定继续升温养护，这样可以减少预应力的损失。

4. 预应力筋的放张

在进行预应力筋的放张时，混凝土强度必须符合设计要求；当设计无具体规定时，混凝土强度不得低于设计标准值的 75%。

(1) 放张顺序。预应力筋的放张顺序，应符合设计要求，当设计无具体要求时，应符合下列规定：

1) 对承受轴心预压力的构件（加压杆、桩等），所有预应力筋应同时放张。

2) 对承受偏心预压力的构件，应先同时放张预应力较小区域的预应力筋，再同时放张预应力较大区域的预应力筋。

3) 当不能按上述规定放张时，应分阶段、对称、相互交错地放张，以防止在放张过程中构件产生翘曲、开裂及断筋现象。

(2) 放张方法。

1) 对预应力钢丝或细钢丝的板类构件，放张时可直接用钢丝钳或氧炔焰切割，并宜从生产线中间处切断，以减少回弹量，且有利于脱模；对每一块板，应从外向内对称放张，以免构件扭转两端开裂。

2) 对预应力筋数量较少的粗钢筋构件，可采用氧炔焰在烘烤区轮换加热每根粗钢筋，使其同步升温，钢筋内应力均匀徐徐下降，外形慢慢伸长，待钢筋出现颈缩现象时即可切断。

3) 对预应力筋配置较多的构件，不允许采用剪断或割断等方式突然放张，以避免最后放张的几根预应力筋产生过大的冲击而断裂，致使混凝土构件开裂。为此，应采用千斤顶或在台座与横梁间设置砂箱和楔块，或在准备切割的一端预先浇筑混凝土块等方法，进行缓慢放张。

二、后张法施工

后张法是先制作构件,并在预应力筋的位置预留出相应的孔道,待混凝土强度达到设计规定的数值后,穿入预应力筋并施加预应力,最后进行孔道灌浆,张拉力由锚具传给混凝土构件而使之产生预压力。

(一)后张法施工工艺流程

后张法施工分为有黏结后张法施工和无黏结预应力结构施工。

有黏结后张法施工是先浇筑好混凝土构件,并在构件中预留孔道;待混凝土强度达到设计规定的数值后,在孔道内穿入预应力筋进行张拉并加以锚固,最后进行孔道灌浆。张拉力由锚具传给混凝土构件,并使之产生预压应力。有黏结后张法施工顺序如图4-53所示。

后张法施工不需要台座设备,大型构件可分块制作,运到现场进行拼装,利用预应力筋连成整体。因此,后张法施工灵活性较大,适用于现场预制或工厂预制块体现场拼装的大中型预应力构件、特种结

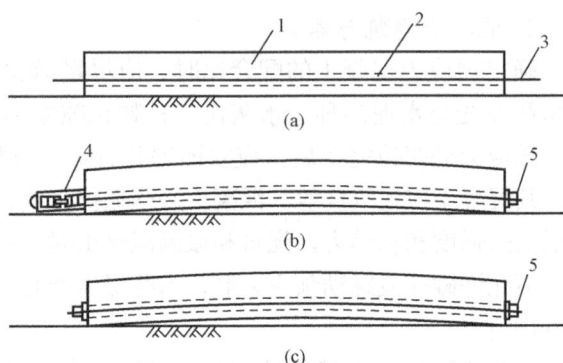

图4-53 有黏结后张法施工顺序简图
1—混凝土构件;2—预留孔道;3—预应力筋;
4—张拉千斤顶;5—锚具

构和构筑物等。但后张法施工工序较多,且锚具不能重复使用,耗钢量比先张法大。

(二)后张法张拉设备

后张法的张拉设备主要包括锚具和张拉千斤顶。

1. 锚具

锚具是后张法结构或构件中保持预应力筋的张拉力,并将其传递到混凝土上的永久性锚固装置。锚具是结构或构件的重要组成部分,是保证预应力值和结构安全的关键,故应尺寸准确,有足够的强度和刚度,工作可靠,构造简单,施工方便,预应力损失小,成本低廉。锚具的种类很多,按其锚固方式不同可分为支承式锚具、锥塞式锚具、夹片式锚具和握裹式锚具。

(1) 支承式锚具。

1) 螺母锚具。 螺母锚具由螺丝端杆、螺母及垫板组成(图4-54),适用于锚固直径18~36mm的冷拉HRB335、HRB400级钢筋。此锚具也可作先张法夹具使用。

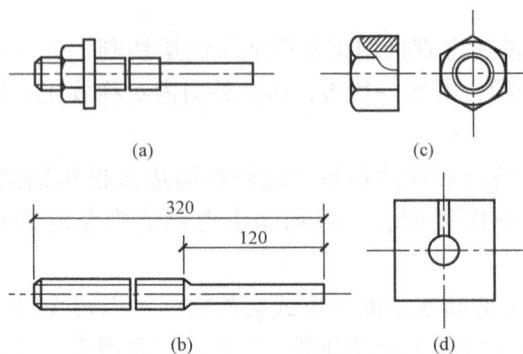

图4-54 螺母锚具
(a) 螺母锚具;(b) 螺丝端杆;(c) 螺母;(d) 垫板

螺母锚具是将螺丝端杆与预应力筋对焊成一个整体,用张拉设备张拉螺丝端杆,用螺母锚固预应力筋,具有施工简便、锚固可靠等优点。螺丝端杆可采用与预应力筋同级冷拉钢筋制作,也可采用冷拉或热处理的55号钢制作;螺母与垫板均采用Q235钢制作。螺母锚具的强度,不得低于预应力筋的抗拉强度实测值。

螺杆的长度一般为320mm,当构件长度

超过 30m 时，一般为 370mm；其净截面面积应不小于所对焊的预应力钢筋截面面积；螺丝端杆与预应力筋的焊接，应在预应力筋冷拉以前进行，以便检验焊接质量；冷拉时螺母的位置应在螺丝端杆的端部，经冷拉后螺丝端杆不得发生塑性变形。

2）镦头锚具。用于单根粗钢筋的镦头锚具，一般直接在预应力筋端部热镦、冷镦或锻打成型。镦头锚具也适用于锚固多根钢丝束。钢丝束镦头锚具分为 A 型和 B 型。A 型由锚环和螺母组成，可用于张拉；B 型为锚板，用于固定端。钢丝束镦头锚具构造如图 4 - 55 所示。

镦头锚具的工作原理是将预应力筋穿过锚环的蜂窝眼后，用专门的镦头机将钢筋或钢丝的端头镦粗，将镦粗头的预应力束直接锚固在锚环上，待千斤顶拉杆旋入锚环内螺纹后即可进行张拉，当锚环带动钢筋或钢丝伸长到设计值时，将螺母沿锚环外的螺纹旋紧顶在构件表面，于是螺母通过支承垫板将预压力传到混凝土上。

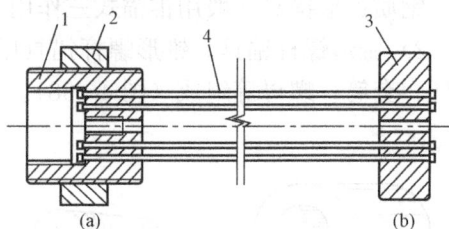

图 4 - 55　钢丝束镦头锚具构造
(a) 张拉端锚具（A 型）；(b) 固定端锚具（B 型）
1—锚环；2—螺母；3—锚板；4—钢丝束

镦头锚具的优点是操作简便迅速，不会出现锥形锚易发生的"滑丝"现象，故不发生相应的预应力损失。这种锚具的缺点是下料长度要求很精确，否则在张拉时会因各钢丝受力不均匀而发生断丝现象。

镦头锚具用 YC60 型千斤顶（穿心式千斤顶）或拉杆式千斤顶张拉。

3）精轧螺纹钢筋锚具。精轧螺纹钢筋锚具由垫板和螺母组成，是一种利用与该钢筋螺纹匹配的特制螺母锚固的支承式锚具。适用于锚固直径 25～32mm 的高强度精轧螺纹钢筋。

螺母分为锥面螺母和平面螺母两种，垫板也相应地分为锥面垫板与平面垫板两种（图 4 - 56）。与平面螺母相比，锥面螺母可通过锥体与锥孔的配合，保证预应力筋的正确对中，开缝的作用是增强螺母对预应力筋的夹持能力。

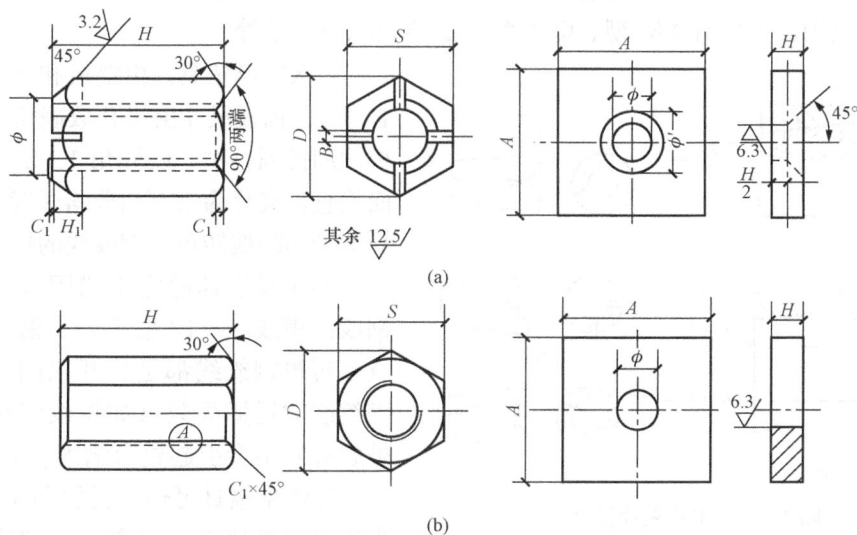

图 4 - 56　精轧螺纹钢筋锚具
(a) 锥面螺母与垫板；(b) 平面螺母与垫板

（2）锥塞式锚具。

1）锥形锚具。锥形锚具由钢质锚环和锚塞组成（图 4-57），用于锚固钢丝束。锚环内孔的锥度应与锚塞的锥度一致。锚塞上刻有细齿槽，可夹紧钢丝防止滑动。

锥形锚具的尺寸较小，便于分散布置。缺点是易产生单根滑丝现象，钢丝回缩量较大，所引起的应力损失也大，并且滑丝后无法重复张拉和接长，应力损失很难补救。此外，钢丝锚固时呈辐射状态，弯折处受力较大。

钢质锥形锚具一般用锥锚式三作用千斤顶进行张拉。

2）锥形螺杆锚具。锥形螺杆锚具用于锚固 15～28 根直径为 5mm 的钢丝束。它由锥形螺杆、套筒、螺母等组成（图 4-58）。

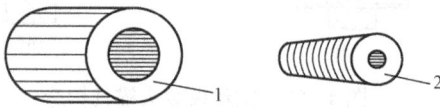

图 4-57 锥形锚具
1—锚环；2—锚塞

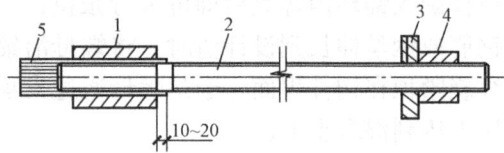

图 4-58 锥形螺杆锚具
1—套筒；2—锥形螺杆；3—垫板；
4—螺母；5—钢丝束

锥形螺杆锚具可与 YL60、YL90 拉杆式千斤顶配套使用，YC60，YC90 穿心式千斤顶也可应用。

（3）夹片式锚具。

1）单孔夹片锚具。单孔夹片锚具由锚环与夹片组成。夹片的种类很多，按片数可分为三片式与两片式；按开缝形式可分为直开缝与斜开缝（图 4-59）。

2）多孔夹片锚具。多孔夹片锚具又称预应力钢筋束锚具，是在一块多孔锚板上，利用每个锥形孔装一副夹片夹持一根钢筋或钢绞线的楔紧式锚具。这种锚具在现代预应力混凝土工程中广泛应用，主要有 XM 型、QM 型、QVM 型、BS 型等。

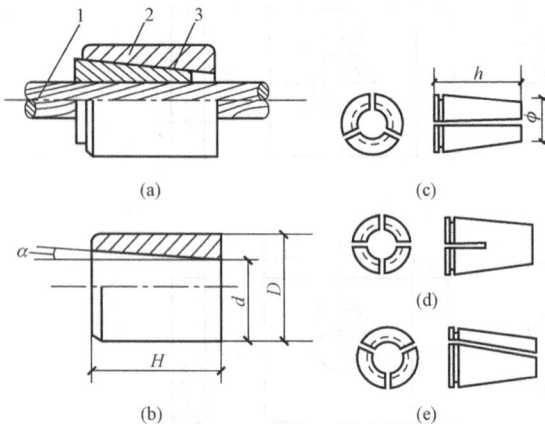

①XM 型锚具。由锚板和夹片组成（图 4-60）。锚板尺寸由锚孔数确定，锚孔沿锚板圆周排列，中心线倾角 1：20，与锚板顶面垂直，夹片为 120°均分斜开缝三片式，开缝沿轴向的偏转角与钢绞线的扭角相反。

XM 型锚具适应于锚固 3～37 根 ϕ15 钢绞线束或 3～12 根 7Φ5 钢丝束。其特点是每根钢绞线都是分开锚固，任何一根钢绞线的锚固失效（如钢绞线拉断、夹片破裂等）不会引起整束锚固的失效。

图 4-59 单孔夹片锚具
（a）组装图；（b）锚环；（c）三片式夹片；
（d）两片式夹片；（e）斜开缝夹片
1—钢绞线；2—锚环；3—夹片

XM 型锚具可作工具锚与工作锚使用。当用于工具锚时，可在夹片和锚板之间抹一层固体润滑剂（如石蜡、石墨等），以利于夹片松脱。用于工作锚时，具有连续反复张拉的功能，可用于行程不大的千斤顶张拉任意长度的钢绞线。

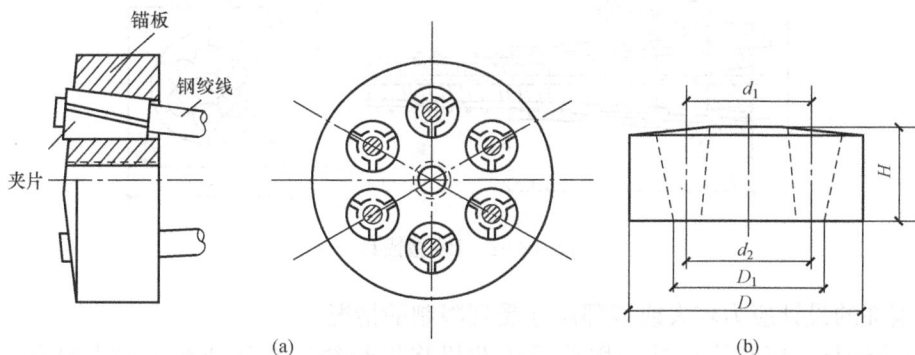

图 4-60　XM 型锚具

(a) 装配图；(b) 锚板

② QM 型锚具。由锚板与夹片组成（图 4-61）。它与 XM 型锚具的不同点是锚孔是直的，锚板顶面是平面，夹片垂直开缝，备有配套喇叭形铸铁垫板与弹簧圈等。由于灌浆孔设在垫板上，锚板的尺寸可稍小一些。

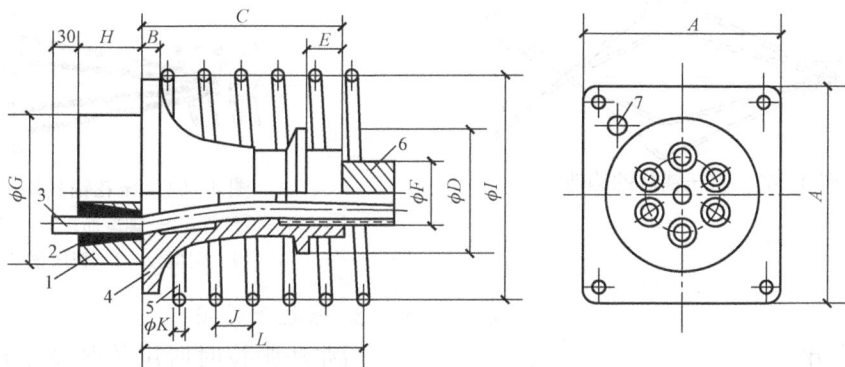

图 4-61　QM 型锚具及配件

1—锚板；2—夹片；3—钢绞线；4—喇叭形铸铁垫板；5—弹簧圈；6—预留孔道的螺旋管；7—灌浆孔

QM 型锚具适用于锚固 5～31 根 ϕ12.7 钢绞线和 3～10 根 ϕ15 钢绞线。QM 型锚具配有自动工具锚，张拉和退出十分方便，并可减少安装工具锚所花费的时间。

③ QVM 型锚具。QVM 型锚具是在 QM 型锚具的基础上发展起来的一种新型锚具，其与 QM 型锚具的不同点是夹片改用两片式直开缝，操作更加方便。

④ BS 型锚具。BS 型锚具采用钢垫板、焊接喇叭道与螺旋筋，灌浆孔设置在喇叭管上，并由塑料管引出（图 4-62）。此种锚具适用于锚固 3～55 根 ϕ15 钢绞线。

（4）握裹式锚具。钢绞线束固定端的锚具除了可以采用与张拉端相同的锚具外，还可选用握裹式锚具。握裹式锚具有挤压锚具和压花锚具两类。

1）挤压锚具。挤压锚具是利用液压压头机将套筒挤紧在钢绞线端头上的一种锚具（图 4-63）。套筒内衬有硬钢丝螺旋圈，在挤压后硬钢丝全部脆断，一半嵌入外钢套，一半压入钢绞线，从而增加钢套筒与钢绞线之间的摩阻力。锚具下设有钢垫板与螺旋筋。这种锚具适

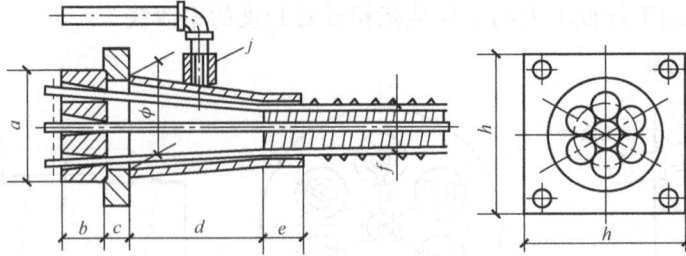

图 4-62 BS 型锚具

用于构件端部的设计应力较大或端部尺寸受到限制的情况。

2）压花锚具。压花锚具是利用液压压花机将钢绞线端头压成梨形散花状的一种锚具（图 4-64）。梨形头的尺寸对于 $\phi15$ 钢绞线，不小于 $\phi95mm\times150mm$，多根钢绞线梨形头应分排埋置在混凝土内。为提高压花锚四周混凝土及散花头根部混凝土抗裂强度，在散花头的头部配置构造筋，在散花头的根部配置螺旋筋，压花锚距构件截面边缘不小于 30cm。第一排压花锚的锚固长度，对 $\phi15$ 钢绞线不小于 95cm，每排相隔至少 30cm。多根钢绞线压花锚具构造如图 4-65 所示。

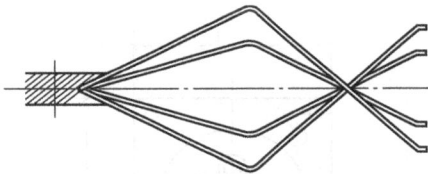

图 4-63 挤压锚具的构造

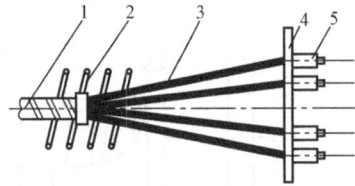

图 4-64 压花锚具构造
1—波纹管；2—螺旋筋；3—钢绞线；
4—钢垫板；5—挤压锚具

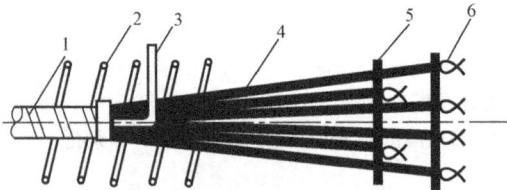

图 4-65 多根钢绞线压花锚具构造
1—波纹管；2—螺旋筋；3—灌浆管；
4—钢绞线；5—构造筋；6—压花锚

2. 张拉千斤顶

后张法张拉时所用的张拉千斤顶与先张法基本相同，关键是在施工时应根据所用预应力筋的种类及其张拉锚固工艺选用适合的张拉设备，以确保施工质量。在选用时，应特别注意以下三点：

（1）预应力的张拉力不得大于设备的额定张拉力。

（2）预应力筋的一次张拉伸长值，不得超过设备的最大张拉行程。

（3）当一次张拉不足时，可采取分级重复张拉的方法，但所用的锚具与夹具应适宜重复张拉的要求。

（三）后张法施工工艺

后张法的施工工艺主要包括预留孔道、预应力筋制作、预应力筋的穿束、预应力筋张拉和灌浆与封锚。

1. 预留孔道

预留孔道正确与否，是后张法构件生产的关键工作之一。预留孔道方法有钢管抽芯法、胶管抽芯法、预埋管法等，其基本要求是：孔道的尺寸与位置应正确，孔道应平顺，接头不漏浆，端部的预埋钢板应垂直于孔道中心线，灌浆孔及泌水管的孔径应能保证浆液畅通。

（1）钢管抽芯法。钢管抽芯法适用于直线孔道。预先将钢管埋设在模板内的孔道位置，在混凝土浇筑和达到终凝之前，应间隔一定时间缓慢转动钢管，不使混凝土与钢管黏结，待混凝土初凝后、终凝前将钢管抽出。为了保证预留孔道的质量，施工时应注意以下几点：

1）要求钢管平直、表面光滑，预埋前应除锈、刷油，安放位置准确；钢管在构件中用钢筋井字架定位，井字架间距不宜大于1m。钢管每根长度最好不超过15m，两端各应伸出构件100mm左右，钢管一端钻16mm小孔，以便于旋转和抽管。

2）掌握好抽管时间。抽管过早，混凝土未达到一定强度，会造成坍孔事故；抽管过晚，混凝土与钢管易黏结，造成抽管困难。具体抽管时间与水泥品种、施工温度和养护条件有关。一般掌握在混凝土初凝后、终凝前，手指按压混凝土表面不显指纹即可抽管，常温下抽管时间约在混凝土浇筑后3~6h。抽管前每隔10~15min转动一次钢管。

3）抽管顺序宜先上后下进行。抽管方法可用人工或卷扬机，抽管时必须速度均匀，边抽边转，并与孔道保持在一条直线上，抽管后应及时检查孔道情况并做好穿筋前的孔道清理工作。

由于孔道灌浆需要，在浇筑混凝土时，应在设计规定位置留设灌浆孔。一般情况下在构件两端和中间，每隔12m设置一个直径为20~25mm的灌浆孔，并在构件两端各设一个排气孔。

（2）胶管抽芯法。胶管有布胶管和钢丝网胶管两种。布胶管采用5~7层帆布夹层、壁厚6~7mm的普通橡皮管，可用于直线、曲线或折线孔道。胶管安放于设计位置后，用钢筋井字架固定，直线孔道井字架间距不宜大于0.5m，曲线孔道适当加密；在浇筑混凝土前，在胶管中以0.5~0.8N/mm²的压力充水或充气，管径增大约30mm，待浇筑的混凝土初凝后，放出压缩空气或压力水，管径缩小，混凝土脱离，随即抽出胶管形成孔道。钢丝网胶管质硬，具有一定的弹性，抽管时在拉力作用下断面缩小易于拔出。

胶管抽芯与钢管抽芯相比，具有弹性好，便于弯曲，不需转动等优点，不仅可以留设直线孔道，而且可以留设曲线孔道。使用胶管留设孔道时，胶管必须具有良好的密封装置，抽管时间应比钢管略迟。

（3）预埋管法。预埋管法是采用黑铁皮管、薄钢管、镀锌钢管和金属螺旋管（波纹管）等预先埋设在构件中，混凝土浇筑后不再抽出。

金属螺旋管是由镀锌薄钢带经压波后卷成，具有重量轻、刚度好、弯折方便、连接容易、与混凝土黏结良好等优点，可做成各种形状的孔道，并可省去抽管工序，是目前预埋管法的首选管材。

塑料波纹管是近年来国外发展起来的一种新型制孔器。它采用的塑料是聚丙乙烯或高密度聚乙烯。管道外表面的螺旋筋与周围的混凝土具有较高的黏结力，从而能将预应力传到管外的混凝土上。塑料波纹管具有耐腐蚀性能好、孔道摩擦损失小、可提高后张预应力结构的抗疲劳性能等优点。

2. 预应力筋制作

（1）钢丝下料与编束。消除应力钢丝放开后可直接下料，下料如发现钢丝表面有电接头或机械损伤，应随时剔除。采用镦头锚具时，钢丝的等长要求较严，同束钢丝下料长度的相对差值，即同束中最长与最短钢丝之差，不应大于 $L/5000$，且不得大于 5mm（L 为钢丝下料长度）。为了达到这一要求，钢丝直料可用钢管限位法或用牵引索在拉紧状态下进行下料。

编束可保证钢丝束两端钢丝的排列顺序一致，在穿束与张拉时不致紊乱。随着所用锚具形式不同，编束方法也有差异：采用镦头锚具时，先将内圈和外圈钢丝分别用铁丝顺序编扎，然后将内圈钢丝放入外圈钢丝内扎牢；采用钢质锥形锚具时，编束分为空心束和实心束两种，但都需要圆盘梳丝板理顺钢丝，并在距钢丝端部 5～10cm 处编扎一道，使张拉分丝时不致紊乱。

（2）钢绞线下料与编束。为了防止在下料过程中钢绞线紊乱并弹出伤人，应将钢绞线盘卷在事先制作的铁笼内，从盘卷中央逐步抽出。钢绞线下料宜用砂轮切割机切割，不得采用电弧切割。

钢绞线用 20 号铁丝绑扎编束，间距为 1～1.5m。编束时应先将钢绞线理顺，使各根钢绞线松紧一致。如果钢绞线是单根穿入孔道，则不必编束。

3. 预应力筋的穿束

（1）穿束顺序。预应力筋穿入孔道，简称穿束。穿束可分为先穿束法和后穿束法两种。先穿束法是在浇筑混凝土之前穿束，此法按穿束与预埋螺旋管之间的配合，可分为以下三种：

1）先穿束后装管。先将预应力筋穿入钢筋骨架内，后将螺旋管逐节从两端套入并连接。

2）先装管后穿束。先将螺旋管安装就位，后将预应力筋穿入。

3）二者组装放入。即在构件外侧的脚手架上将预应力筋与螺旋管组装后，从钢筋骨架顶部放入设计部位。

后穿束法是在混凝土浇筑之后穿束，此种穿束方法不占工期，便于用通孔器或高压水通孔，穿束后立即可以张拉，易于防锈，但穿束时比较费力。

（2）穿束方法。根据一次穿入数量，可分为整束穿和单束穿。对钢丝束一般应整束穿；对钢绞线优先采用整束穿也可用单根穿。穿束工作可由人工、卷扬机或穿束机进行。

1）人工穿束。可利用起重设备将预应力筋吊起，工人站在脚手架上将其逐步穿入孔内。束的前端应扎紧并裹胶布，以便顺利通过孔道。对多波曲线束，宜采用特制的牵引头，工人在前头牵引，后头推送，用对讲机随时联系，保持前后两端同时用力。

2）卷扬机穿束。主要用于超长束、特重束、多波曲线束等整束穿入。卷扬机的电动机功率为 1.5～2.0kW，卷扬机速度宜为 10m/min，束的前端应装有穿束网套或特别的牵引头。

3）穿束机穿束。穿束机是一种专门用来穿束的设备，主要用于大型桥梁与构筑物单根钢绞线的穿入。

4. 预应力筋张拉

预应力筋张拉是生产预应力构件的关键。张拉时结构的混凝土强度应符合设计要求，当设计无具体要求时，不应低于设计强度等级的 75%。在预应力筋张拉中，主要是解决好张拉控制应力、张拉方式、张拉顺序、张拉程序、张拉伸长值校核等问题。

（1）张拉控制应力。预应力钢筋的张拉控制应力值 σ_{con} 的限值见表 4-23。

（2）张拉的方式。

1）一端张拉方式。适用于长度不大于 30m 的直线预应力筋与锚固损失影响长度 $L_F \geqslant$

$L/2$（L 为预应力筋长度）的曲线预应力筋。设计认可放宽以上限制的，也可将张拉端分别设置在构件的两端。

2）两端张拉方式。适用于长度大于 30m 的直线预应力筋与锚固损失影响长度 $L_F<L/2$ 的曲线预应力筋。当张拉设备不足或由于张拉顺序安排关系，也可先在一端张拉完成后，再移到另一端张拉，补足张拉力后锚固。

3）分批张拉方式。适用于配有多束预应力筋的构件或结构。在确定张拉力时，应考虑束间的弹性压缩损失影响，或将弹性压缩损失平均值统一增加到每根预应力筋的张拉力内。

4）分段张拉方式。适用于多跨连续梁板的逐段张拉。在第一段混凝土浇筑与预应力筋张拉锚固后，第二段预应力筋利用锚头连接器接长。

5）分阶段张拉方式。这是为了平衡各阶段的荷载所采取的分阶段逐步施加预应力的方式，具有应力、挠度与反拱容易控制和节省材料等优点。

6）补偿张拉方式。这是一种在早期预应力损失基本完成后再进行张拉，以弥补损失，达到预期的预应力效果的方式，在水利工程与岩土锚杆中应用较多。

（3）张拉顺序。张拉顺序的安排，应满足使混凝土不产生超应力，构件不扭转与侧弯，结构不变形等要求，对称张拉是一项重要原则。同时，还应考虑到尽量减少张拉设备的移动次数。

（4）张拉程序。后张法预应力筋的张拉程序一般与先张法相同，应根据构件类型、张拉锚固体系、松弛损失取值等因素确定。

（5）张拉伸长值校核。对张拉伸长值进行校核，可以综合反映张拉力是否足够，孔道摩阻损失是否偏大，以及预应力筋是否有异常现象等。根据《混凝土结构工程施工质量验收规范》的规定：如实际伸长值比计算伸长值偏差超过 ±6％，应暂停张拉，在采取措施予以调整后方可继续张拉。预应力筋的伸长值 Δl（mm）可按式（4-12）计算

$$\Delta l = \frac{F_p l}{A_p E_s} \tag{4-12}$$

式中　F_p——预应力筋的平均张拉力，kN，直线筋取张拉端的拉力；两端张拉的曲线筋，取张拉端的拉力与跨中扣除孔道摩阻损失后拉力的平均值。

A_p——预应力筋的横截面面积，mm^2。

l——预应力筋的长度，mm。

E_s——预应力筋的弹性模量，kN/mm^2。

预应力筋的实际伸长值，应在初应力为张拉控制应力的 10％左右时开始量测，但必须加上初应力以下的推算伸长值；对后张法还应扣除混凝土构件在张拉过程中的弹性模量。

（6）张拉注意事项。

1）在预应力作业中应特别注意安全。在任何情况下，作业人员均不得站在预应力筋的两端操作，张拉千斤顶的后面应设防护装置。

2）操作千斤顶和测量伸长值的人员，应站在千斤顶的侧面工作；在油泵开动的过程中，不得擅自离开岗位。

3）确实做到千斤顶、孔道与锚环三对中，以使张拉工作顺利进行，使测得的数据准确，避免过大的孔道摩擦。

4）采用锥锚千斤顶张拉钢丝束时，应先使千斤顶张拉缸进油，至压力表略有启动时暂

停，检查每根钢丝的松紧并进行调整，然后再打紧楔块。

5）钢丝束镦头锚固体系，在张拉过程中应随时拧紧螺母，锚固时如遇钢丝束偏长或偏短，应增加螺母或用连接器解决。

6）新的工具锚夹片在第一次使用前，应在夹片背面涂上润滑剂，以后每使用5～10次，应将工具锚上的挡板连同夹片一同卸下，向锚板的锥孔中再涂上一层润滑剂，以防夹片在退楔时卡住。

7）多根钢绞线束所用的夹片锚固体系，如遇到个别钢绞线滑移，可在更换夹片后用小型千斤顶单根张拉。

8）当预应力筋是逐根或逐束张拉时，应保证各阶段不出现对结构不利的应力状态；同时宜考虑后批张拉预应力筋所产生的结构构件的弹性压缩对先批张拉预应力筋的影响，确定张拉力。

9）多根钢丝同时张拉时，构件截面中断丝和滑脱钢丝的数量，不得大于钢丝总数的3%，且一束钢丝中只允许一根；对多跨双向连续板，其同一截面应按每跨计算。

10）每个构件张拉完毕后，应检查端部和其他部位有无裂缝，并填写张拉记录表。

11）长期外露的锚具，应涂刷防锈油漆，或用混凝土、砂浆封裹，以防止腐蚀。

5. 灌浆与封锚

有黏结预应力筋张拉后应随即进行孔道灌浆，以防预应力筋锈蚀，同时可增加结构的抗裂性和耐久性。

灌浆前，用压力水冲洗和湿润孔道；灌浆过程中，用电动或手动灰浆泵，水泥浆应均匀缓慢地注入，中途不得中断。灌满孔道并封闭气孔后，宜再加注压力至0.5～0.6MPa，并稳定一段时间，以确保孔道灌浆的密实性。为使孔道灌浆密实，可在灰浆中加入0.05%～0.10%的铝粉或0.25%的木质素磺酸钙。对不掺外加剂的水泥浆，可采用二次灌浆法来提高灌浆的密实性。

灌浆宜用强度等级不低于52.5号的普通硅酸盐水泥配制水泥浆，水泥浆的水灰比不应大于0.45，搅拌后3h泌水率不宜大于2%。泌水应能在24h内全部重新被水泥浆吸收。灌浆用水泥浆的抗压强度不应小于30N/mm^2。

灌浆顺序应先下后上，曲线孔道灌浆应由最低点注入水泥浆，至最高点排气孔排尽空气并溢出浓浆为止。

预应力筋锚固后的外露部分应采用机械方法切割，其外露长度不宜小于30mm。锚固的封闭保护应符合设计要求，当设计无具体要求时，应符合下列规定：

（1）应采取防止锚具腐蚀和遭受机械损伤的有效措施。

（2）凸出式锚固端锚具的保护层厚度不应小于50mm。

（3）外露预应力筋的保护层厚度：处于正常环境时，不应小于20mm；处于易受腐蚀的环境时，不应小于50mm。

（四）无黏结预应力结构施工

1. 无黏结预应力结构的特点

后张法预应力混凝土中，预应力筋分为有黏结和无黏结两种。有黏结预应力是后张法的常规做法，张拉后通过灌浆使预应力筋与混凝土黏结。无黏结预应力是后张法的一项新工艺。其施工方法是在浇筑混凝土前，按设计要求将外包塑料包裹层内涂防腐油脂的预应力筋铺好，然后浇筑混凝土，待混凝土达到设计要求强度后，再张拉锚固。预应力筋与混凝土之间没有黏结，张拉力全靠锚具传递到混凝土上。这种预应力结构的优点是不需要预留孔道与灌浆，施工简单，摩擦力小，预应力筋易弯成多跨曲线形状；但预应力筋强度不能充分发挥（一般要降低10%～20%），对锚具要求高。根据其特点，无黏结预应力筋用在双向连续平板和密肋板中比较经济，适用于曲线配筋结构，在多跨连续梁中也有较大发展。无黏结后张法施工顺序如图4-66所示。

2. 无黏结预应力筋的制作

（1）无黏结预应力筋。无黏结预应力筋是指带有专用防腐油脂涂料层和外包层的无黏结预应力筋，施加预应力后沿全长与周围混凝土不黏结。它由预应力筋、涂料层和护套层组成（图4-67）。其质量要求应符合《无黏结预应力钢绞线》（JG 161—2004）及《无黏结预应力筋专用防腐润滑脂》（JG 3007—1993）标准的规定。

无黏结预应力筋用的钢绞线和钢丝不应有死弯，当有死弯时必须截断，其中每根钢丝应是通长的，严禁有接头。

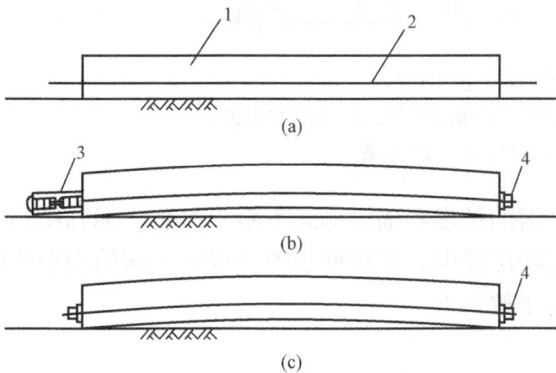

图4-66 无黏结后张法施工顺序简图
1—混凝土构件；2—无黏结预应力筋；
3—张拉千斤顶；4—锚具

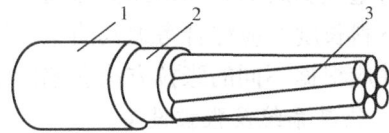

图4-67 无黏结预应力筋
1—护套层；2—涂料层；
3—预应力筋

（2）涂料。涂料的作用是使预应力筋与混凝土隔离，减少张拉时的摩擦损失，防止预应力筋腐蚀等。无黏结预应力筋涂料层应采用专用防腐油脂，其性能应符合下列要求：

1）在−20～+70℃温度范围内，不流淌，不裂缝变脆，并有一定韧性。

2）使用期内化学稳定性好。

3）对周围材料（如混凝土、钢材和外包材料）无侵蚀作用。

4）不透水、不吸湿、防水性好。

5）防腐蚀性能好。

6）润滑性能好，摩擦阻力小。

（3）外包层。无黏结预应力筋的外包层材料，应采用聚乙烯或聚丙烯，严禁使用聚氯乙烯。外包层的作用是使无黏结筋在运输、储运、铺设和浇筑混凝土等过程中不会发生不可修复的破坏。其性能应符合下列要求：

1）在−20～+70℃温度范围内，低温不脆化，高温化学稳定性好。

2）必须具有足够的韧性、抗破损性。

3）对周围材料（如混凝土、钢材和外包材料）无侵蚀作用。

4）防水性好。

制作单根无黏结预应力筋时，宜优先选用防腐油脂作涂料层，涂料层的涂敷和外包层的制作应一次完成，涂料层防腐油脂应完全填充预应力筋与外包层之间的环形空间，外包层宜采用挤塑成型工艺，并由专业化工厂生产。

（4）无黏结预应力筋的制作。无黏结预应力筋的制作，一般采用挤塑涂层工艺。挤塑涂层工艺设备主要由放线盘、给油装置、塑料挤出机、水冷装置、牵引机、收线装置等组成（图4-68）。钢绞线（或钢丝束）经给油装置涂油后，通过塑料挤出机的机头出口处，塑料熔融物被挤成管状包覆在钢绞线上，经冷却水槽塑料套管硬化，即形成无黏结预应力筋；牵引机继续将钢绞线牵引至收线装置，自动排列成盘卷。

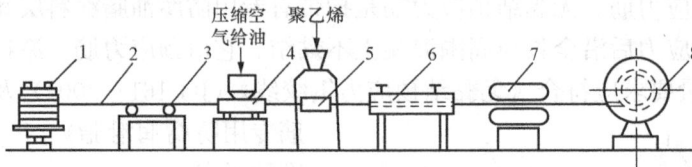

图 4-68　挤塑涂层工艺生产线
1—放线盘；2—钢绞线；3—滚动支架；4—给油装置；5—塑料挤出机；
6—水冷装置；7—牵引机；8—收线装置

挤塑成型后的无黏结预应力筋应按工程所需的长度和锚固形式下料、组装。无黏结预应力筋下料长度，应综合考虑其曲率、锚固端保护层厚度、张拉伸长值及混凝土压缩变形等因素，并应根据不同的张拉方法和锚固形式预留张拉长度。

3. 锚具系统及张拉设备

（1）锚具系统。无黏结预应力构件中，锚具是将预应力筋的张拉力传递给混凝土的工具，外荷载引起的预应力筋的变化全部由锚具承担。无黏结预应力筋的锚具不仅受力比有黏结预应力筋的锚具大，而且承受的是重复荷载。因此，对无黏结预应力筋的锚具应有更高的要求。

无黏结预应力筋锚具组装件的锚固性能，应符合下列要求。

无黏结预应力筋必须采用1类锚具。锚具的静载锚固性能，应同时符合下列要求

$$\eta_a \geqslant 0.95 \qquad\qquad (4-13)$$
$$\varepsilon_{apu} \geqslant 2.0\% \qquad\qquad (4-14)$$

式中　η_a——预应力筋锚具组装件静载实验测得的锚具效率系数；

　　　ε_{apu}——预应力筋锚具组装件达到实测极限拉力时的总应变。

无黏结预应力筋锚具的选用，应根据无黏结预应力筋的品种、张拉吨位及工程使用情况选定。对常用的直径为15、12mm单根钢绞线和7φ5钢丝束无黏结预应力筋的锚具可按表4-25选用。

表 4-25　　　　　　　　　　常用单根无黏结预应力筋锚具选用表

无黏结预应力筋品种	张拉端	固定端
$d=15mm$（7φ5）或 $d=12mm$（7φ5）	夹片锚具	挤压锚具、焊板夹片锚具、压花锚具
7φ5钢丝束	镦头锚具、夹片锚具	镦头锚具

注　1. 焊板夹片锚具是将夹片锚具的锚环同承压板焊在一起；
　　2. 压花锚具宜用于梁中，并应附加螺旋筋或网片等端部构造措施；
　　3. 镦头锚具也可以用于锚固多于7φ5的钢丝束。

（2）张拉设备。无黏结预应力筋的张拉设备可选用 YC（YC60、YC20 型）系列的油压千斤顶（配套油泵为 ZB-0.8/500 型），包括油泵、千斤顶、张拉杆、顶压器、工具锚等。该系列由于配备了轻型电动油泵，故重量轻、操作简便，适合在狭小场地及高空进行张拉。

无黏结预应力筋张拉机具及仪表，应由专人使用和管理，并定期维护和校验。

4. 无黏结预应力结构施工

在无黏结预应力结构施工中，主要问题是无黏结预应力筋的铺设、张拉和端部锚头处理。无黏结预应力筋送到现场后，应及时检查规格尺寸和数量，逐根检查端部配件无误后，方可分类堆放。对局部破损的外包层，可用水密性胶带进行缠绕修补，胶带搭接宽度不应小于胶带宽度的 1/2，缠绕长度应超过破损长度，严重破损的应予报废。

无黏结预应力筋铺设前，张拉端端部模板预留孔应按施工图中规定的无黏结预应力筋的位置编号和钻孔。张拉端的承压板应用钉子或螺栓固定在端部模板上，且应保持张拉作用线与承压板面相垂直。

（1）无黏结预应力筋铺放。多跨单向梁板的无黏结预应力筋采取纵向多波连续曲线配筋方式，钢筋的铺设比较简单；多跨双向平板在纵横两方向均采用多波连续曲线配筋的方式，两个方向的无黏结预应筋互相穿插，给施工操作带来困难，必须事先编出无黏结预应力筋的铺设顺序，其铺放、安装应按设计图纸的规定进行。

无黏结预应力筋允许采用普通钢筋相同的绑扎方法，铺放前应通过计算确定其位置，其垂直高度宜采用支撑钢筋控制，也可与其他钢筋绑扎。无黏结预应力筋位置的垂直偏差，在板内为 ±5mm，在梁内为 ±10mm。对支撑钢筋的要求：对于 2～5 根无黏结预应力筋组成的集束预应力筋，支撑钢筋的直径不宜小于 10mm，间距不宜大于 1.0m；对于 5 根或更多无黏结预应力筋组成的集束预应力筋，其直径不宜小于 12mm，间距不宜大于 1.2m；用于支撑平板中单根无黏结预应力筋的支撑钢筋，间距不宜大于 2.0m。支撑钢筋应采用 I 级钢筋。

无黏结预应力筋的位置应保持顺直，铺放双向配置的无黏结预应力筋时，应对每个纵横筋交叉点相应的两个标高进行比较，对各交叉点标高较低的筋应先进行铺放，标高较高的次之，宜避免两个方向的筋相互穿插铺放。敷设的各种管线不应将其垂直位置抬高或压低。当集束配置多根无黏结预应力筋时，应保持平行走向，防止相互扭绞。无黏结预应力筋采取竖向、环向或螺旋形铺放时，应有定位支架或其他构造措施控制位置。

镦头锚具系统张拉端的安装。先将塑料保护套插入承压板孔内，通过计算确定锚杯的预埋位置，并用定位螺杆将其固定在端部模板上。定位螺杆拧入锚杯内必须顶紧各钢丝镦头，并应根据定位螺杆露在模板外的尺寸确定锚杯预埋位置。

镦头锚具系统固定端的安装。按设计要求的位置将固定端锚板绑扎牢固，钢丝镦头必须与锚板贴紧，严禁锚板相互重叠放置。

夹片锚具系统张拉端的安装。无黏结预应力筋的外露长度应根据张拉机具所需的长度确定，其曲线筋或折线筋末端的切线应与承压板相垂直，曲线段的起始点至张拉锚固点应有不小于 300mm 的直线段。在安装带有穴模或其他预埋入混凝土中的张拉端锚具时，各部件之间不应有缝隙。

夹片锚具系统固定端的安装。将组装好的固定端按设计要求的位置绑扎牢固。

张拉端和固定端均必须按设计要求配置螺旋筋，螺旋筋应紧靠承压板或锚杯，并固定可靠。

　　无黏结预应力筋铺放、安装完毕后，应进行隐蔽工程验收，当确认合格后方能浇筑混凝土。在混凝土施工中，应严防氯化物对无黏结预应力筋的侵蚀，不得使用含有氯离子的外加剂，锚固区后浇混凝土或砂浆不得含有氯化物。在预应力筋全长及锚具与连接套管的连接部位，外包材料均应连续、封闭且能防水。

　　（2）无黏结预应力筋的张拉。无黏结预应力筋的张拉与后张法带有螺丝端杆锚具的有黏结钢丝束张拉相似。楼盖结构应先张拉楼板，后张拉楼面梁，板中的无黏结筋可依次张拉，梁中的无黏结筋应对称张拉。当无黏结预应力筋长度超过 25m 时，应采用两端张拉；当筋长超过 50m 时，应采取分段张拉和锚固。

　　安装张拉设备时，对直线的无黏结预应力筋，应使张拉力的作用线与其中心线重合；对曲线的无黏结预应力筋，应使张拉力的作用线与其中心线末端的切线重合。无黏结预应力筋的张拉控制应力，应符合设计要求。如需提高张拉控制应力值时，不宜大于碳素钢丝、钢绞线强度标准值的 75％。

　　无黏结预应力筋的张拉程序与一般后张法张拉程序相同。

　　当采用应力控制方法张拉时，应校核无黏结预应力筋的伸长值。如实际伸长值大于计算伸长值的 10％或小于计算伸长值的 5％，应暂停张拉，查明原因并采取措施予以调整后，方可继续张拉。

　　无黏结预应力筋张拉过程中，当有个别钢丝发生滑脱或断裂时，可相应降低张拉力。但滑脱或断裂的数量，不应超过结构同一截面无黏结预应力筋总量的 2％，且 1 束钢丝只允许 1 根。对于多跨双向连续板，其同一截面应按每跨计算。

　　张拉时混凝土立方体抗压强度应符合设计要求。当设计无具体要求时，不宜低于混凝土设计强度等级的 75％。无黏预应力筋的张拉顺序应符合设计要求，如设计无具体要求时，可采用分批、分阶段对称张拉或依次张拉。当需进行两端张拉时，可先在一端张拉并锚固，再在另一端补足张拉力后进行锚固。张拉时，应逐根填写张拉记录表。

　　无黏结预应力筋张拉锚固后实测预应力值与工程设计规定检验值的相对允许偏差为±5％。

　　张拉后，宜采用砂轮锯或其他机械方法切断超长部分的筋，严禁采用电弧切断。筋切断后露出锚具夹片外的长度不得小于 30mm。

　　（3）防火及防腐蚀。锚固区的耐火极限应不低于结构本身的耐火极限。为满足不同耐火等级的要求，无黏结预应力筋的混凝土保护层最小厚度应符合表 4-26 的规定。

表 4-26　　　　　　　　　　　　混凝土保护层最小厚度　　　　　　　　　　　　　　　mm

类别	约束条件	梁宽	耐火极限（h）			
			1	1.5	2	3
梁	简支	200	55	50	65	采取特殊措施
		≥300	50	55	50	65
	连续	200	50	50	55	50
		≥300	50	50	50	55
板	简支		25	30	50	55
	连续		20	20	25	30

　　注　1. 梁宽在 200～300mm 时，混凝土保护层可取表中的插入值；
　　　　2. 如防火等级较高，当混凝土保护层厚度不能满足本表要求时，应使用防火涂料。

无黏结预应力筋张拉完毕后，应及时对锚固区进行保护。对镦头锚具，应先用油枪通过锚杯注油孔向连接套管内注入足量防腐油脂（以油脂从另一注油孔溢出为止），然后用防腐油脂将锚杯内充填密实，并用塑料或金属帽盖严，再在锚具及承压板表面涂以防水涂料［图4-69（a）］。对夹片锚具可先切除外露无黏结预应力筋的多余长度，然后在锚具及承压板表面涂以防水涂料［图4-69（b）］。

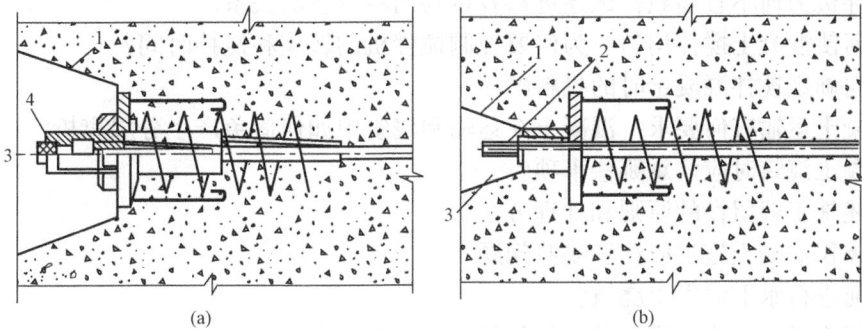

图 4-69 锚固区保护措施
（a）镦头锚具的保护；（b）夹片锚具的保护
1—涂黏结剂；2—涂防水涂料；3—后浇混凝土；4—塑料或金属帽

按以上规定进行处理后的无黏结预应力筋锚固区，应用后浇膨胀混凝土、低收缩防水砂浆或环氧砂浆密封。在浇筑混凝土前，宜在槽口内壁涂以环氧树脂类黏结剂，锚固区也可用后浇的外包钢筋混凝土圈梁进行封闭，外包圈梁不应突出在外墙面以外。

对不能使用混凝土或砂浆包裹层的部位，应对无黏结预应力筋的锚具全涂以与其涂料层相同的防腐油脂，并用具有可靠防腐和防火性能的保护套将锚具全部封闭。

思 考 题

1. 试述钢筋与混凝土共同工作的原理。
2. 简述钢筋混凝土施工工艺过程。
3. 试述钢筋的种类及其主要性能。
4. 试述钢筋冷拉原理和冷拉控制方法。
5. 试述钢筋冷拔原理及工艺，钢筋冷拔与冷拉有何区别？
6. 试述钢筋的焊接方法，如何保证焊接质量？
7. 简述机械连接方法。
8. 如何计算钢筋的下料长度？
9. 试述钢筋代换的原则及方法。
10. 对模板有何要求？设计模板应考虑哪些原则？
11. 试述钢定型模板的特点及组成。
12. 简述现浇结构工具式支撑的类型及构造。
13. 不同结构的模板（基础、柱、梁板、楼梯）构造有什么特点？
14. 模板设计应考虑哪些荷载？

15. 现浇结构拆模时应注意哪些问题？

16. 试述常用水泥的特性及适用范围。

17. 简述外加剂的种类和作用。

18. 试分析水灰比、含砂率对混凝土质量的影响。

19. 混凝土配料时为什么要进行施工配合比换算？如何换算？

20. 搅拌机为何不宜超载？试述进料容量与出料容量的关系。

21. 如何使混凝土搅拌均匀？为何要控制搅拌机的转速和搅拌时间？

22. 如何确定搅拌混凝土时的投料顺序？

23. 混凝土运输有何要求？混凝土在运输和浇筑中如何避免产生分层离析？

24. 混凝土浇筑时应注意哪些事项？

25. 试述施工缝留设的原则和处理方法。

26. 大体积混凝土施工应注意哪些问题？

27. 如何进行水下混凝土浇筑？

28. 混凝土成型方法有哪几种？如何使混凝土振捣密实？

29. 试述振动器的种类、工作原理及适用范围。

30. 使用插入式振捣器时，为何要上下抽动、快插慢拔？插点布置方式有哪几种？

31. 试述湿度、温度与混凝土硬化的关系。自然养护和加热养护应注意哪些问题？

32. 试分析混凝土产生质量缺陷的原因及补救方法。如何检查和评定混凝土的质量？

33. 为什么要规定冬期施工的"临界温度"？冬期施工应采用哪些措施？

34. 影响混凝土质量的因素有哪些？在施工中如何才能保证质量？

35. 简述预应力混凝土的主要施工工艺及其施工过程。

36. 锚具和夹具有哪些种类？简述其适用范围。

37. 预应力的张拉程序有几种？为什么要超张拉？

38. 先张法台座种类主要有哪几种？设计台座时主要验算什么？

39. 千斤顶为什么要配套校验？常用校验方法有哪几种？如何校验？

40. 后张法孔道留设方法有几种？留设孔道时应注意哪些问题？

41. 预应力筋张拉时为什么要校核其伸长值？如何量测？理论伸长值如何计算？

42. 根据预应力张拉和锚固阶段的应力分布规律，说明采用一端张拉和两端张拉的基本原理。

43. 后张法孔道灌浆的作用是什么？对灌浆材料的要求如何？怎样设置灌浆孔和泌水孔？

44. 简述无黏结筋的张拉端和锚固端的构造。铺设无黏结筋时应注意哪些问题？

第五章　结构安装工程

本章要点

　　了解结构安装的设备种类、构造特点和适用范围，以及稳定性验算。掌握单层厂房各种结构构件的吊装工艺及结构吊装方案的拟订。重点掌握构件在现场的平面布置、起重机的开行路线与停机位置的确定。具有合理选择起重机械类型、整机稳定性验算、确定起重机的开行路线与停机位置的能力。具有确定单层工业厂房各种构件的吊装工艺、吊装方法；进行构件在现场的平面布置（柱、屋架、吊车梁、层面板等）、拟订吊装方案的能力。

基本要求及重点、难点

　　（1）熟悉履带式起重机的基本参数和稳定性验算。
　　（2）熟悉主要构件的吊装工艺及结构吊装方法。
　　（3）重点掌握构件在现场的平面布置，起重机的开行路线与停机位置的确定。
　　（4）具有合理选择起重机械类型、进行整机稳定性验算、确定起重机的开行路线与停机位置的能力。
　　·重点：主要构件的吊装工艺及结构吊装方法；构件在现场的平面布置、起重机的开行路线与停机位置的确定；选择起重机械类型、进行整机稳定性验算、确定起重机的开行路线与停机位置。
　　·难点：构件吊装方法；构件的现场布置、起重机的开行路线与停机位置的确定。
　　·深度和广度：根据施工条件，确定吊装的起重设备和构件的预置位置，以及起重设备的行走路线，构件的吊装顺序和方法。具有制订吊装方案的能力。

第一节　索具与起重机械

一、索具设备

（一）钢丝绳

　　钢丝绳是吊装作业中最常用的绳索，它具有强度高、韧性好、耐磨性好、能承受冲击荷载等优点。同时，磨损后表面产生毛刺，容易发现，易于检查，便于防止发生事故。

　　1. 钢丝绳的构造与种类

　　结构吊装中常用的钢丝绳是由直径相同的光面钢丝捻成钢丝股，再由6股钢丝股围绕一股绳芯捻成。

　　钢丝绳按钢丝和钢丝股的搓捻方向分为：

　　（1）顺捻绳（又称同向绕）。每股钢丝的搓捻方向与钢丝股的搓捻方向相同。这种钢丝绳柔性好，表面平整，不易磨损；它与滑轮或卷筒凹槽的接触面较大，但容易松散和产生扭结卷曲，吊重时，易使重物旋转，故吊装中一般不用，多用于拖拉或牵引装置。

（2）反捻绳（又称交叉绕）。每股钢丝的搓捻方向与钢丝股的搓捻方向相反。这种钢丝绳较硬，强度高，不易松散，吊重时不易扭结和旋转，多用于吊装之中。

钢丝绳按每股中钢丝丝数不同分为：

（1）6×19+1。即每股 19 根钢丝，每根 6 股钢丝加一股麻芯。钢丝较粗，硬而耐磨，但不易弯曲，一般用作缆风绳。

（2）6×37+1。即每股 37 根钢丝，每根 6 股钢丝加一股麻芯。比较柔软，用于穿滑轮组和吊索。

（3）6×61+1。即每股 61 根钢丝，每根 6 股钢丝加一股麻芯。质地软，用于重型起重机械。

在吊装中 6×19+1、6×37+1 是最常用的两种。6×37+1 钢丝绳的技术性能见表5-1。

表 5-1　　　　　　　　　　　　**6×37+1 钢丝绳的技术性能**

直径（mm）		钢丝总断面积（mm²）	参考重量（kg/100m）	钢丝绳公称抗拉强度（N/mm²）				
钢丝绳	钢丝			1400	1550	1700	1850	2000
				钢丝破断拉力总和最小值（kN）				
8.7	0.4	27.88	26.21	39.0	43.2	47.3	51.5	55.7
11.0	0.5	43.57	40.96	60.9	67.5	74.0	80.6	87.1
13.0	0.6	62.74	58.98	87.8	97.2	106.5	116.0	125.0
15.0	0.7	85.39	80.57	119.5	132.0	145.0	157.5	170.5
17.5	0.8	111.53	104.8	156.0	172.5	189.0	206.0	223.0
19.5	0.9	141.16	132.7	197.5	213.5	239.5	261.0	282.0
21.5	1.0	174.27	163.3	243.5	270.0	296.0	322.0	348.5
24.0	1.1	210.87	198.2	295.0	326.5	358.0	390.0	421.5
26.0	1.2	250.95	235.9	351.0	388.5	426.5	464.0	510.5
28.0	1.3	294.52	276.8	412.0	456.5	500.5	544.5	589.0
30.0	1.4	341.57	321.1	478.0	529.0	580.5	631.5	683.0
32.5	1.5	392.11	368.6	548.5	607.5	666.5	725.0	784.0
34.5	1.6	446.13	419.4	624.5	691.5	758.0	825.0	892.0
36.5	1.7	503.64	473.4	705.0	780.5	856.0	931.5	1005.0
39.0	1.8	564.63	530.8	790.0	875.0	959.5	1040.0	1125.0
43.0	2.0	697.08	655.3	975.5	1080.0	1185.0	1285.0	1390.0
47.5	2.2	843.47	792.9	1180.0	1305.0	1430.0	1560.0	
52.0	2.4	1003.80	943.6	1405.0	1555.0	1705.0	1855.0	
56.0	2.6	1178.07	1107.4	1645.0	1825.0	2000.0	2175.0	
60.5	2.8	13 366.28	1234.3	1910.0	2115.0	2320.0	2525.0	
65.0	3.0	1568.43	1474.3	2195.0	2430.0	2665.0	2900.0	

2. 钢丝绳的允许拉力计算

钢丝绳允许拉力按式（5-1）计算

$$[F_g] = \frac{\alpha F_g}{K} \tag{5-1}$$

式中 $[F_g]$——钢丝绳的允许拉力，kN；

F_g——钢丝绳的破断拉力总和，kN；

α——换算系数按表5-2取用；

K——钢丝绳的安全系数按表5-3取用。

表 5-2　　　　　　　　　钢丝绳破断拉力换算系数

钢丝绳结构	换算系数	钢丝绳结构	换算系数
6×19+1	0.85	6×61+1	0.80
6×37+1	0.82		

表 5-3　　　　　　　　　钢丝绳安全系数

用　途	安全系数	用　途	安全系数
作缆风	3.5	作吊索、无弯曲时	6~7
用于手动起重设备	4.5	作捆绑吊索	8~10
用于机动起重设备	5~6	用于载人的升降机	14

【例 5-1】 用一根直径26mm、公称抗拉强度为1700N/mm² 的 6×37+1 钢丝绳作捆绑吊索，求它的允许拉力。

解 由表5-1查得 F_g=426.5kN

由表5-2查得 α=0.82

由表5-3查得 K=8

允许拉力 $[F_g] = \frac{\alpha F_g}{K} = \frac{0.82 \times 426.5}{8} = 43.72$kN

3. 钢丝绳的安全检查及报废标准

钢丝绳使用一定时间后，就会产生不同程度的磨损、断丝和腐蚀等现象，这将降低其承载能力。经检查有下列情况之一者，予以报废：钢丝绳整股破断；使用时断丝数目增加很快；钢丝绳在一个节距内断丝、锈蚀或磨损的数量超过一定数值等情况。

4. 钢丝绳使用注意事项

钢丝绳穿过滑轮时，滑轮槽的直径应比钢丝绳的直径大1~2.5mm。滑轮的直径不得小于钢丝绳直径的10~12倍，以减小钢丝绳的弯曲应力；应定期对钢丝绳加润滑油（一般以工作时间4月/次）；存放在仓库里的钢丝绳应成卷排列，避免重叠堆置，库中应保持干燥，以防钢丝绳锈蚀；在使用中，如绳股间有大量的油挤出，表明钢丝绳的荷载已相当大，这时必须勤加检查，以防发生事故。

（二）吊装工具

吊装工具是结构安装工程中不可缺少的绑扎、固定、吊升的工具。吊装工具包括卡环、吊索、横吊梁、滑轮组、倒链、卷扬机等。

1. 卡环（卸甲、卸扣）

卡环（又称卸甲或卸扣）用于吊索之间或吊索和构件吊环之间的连接，由弯环和销子两部分组成，如图5-1所示。

卡环按弯环形式分为D形卡环和弓形卡环两种；按销子和弯环的连接形式分为螺栓式卡环和活络式卡环两种。螺栓式卡环的销子和弯钩采用螺纹连接，而活络卡环的销子端头和弯环孔眼无螺纹，可直接抽出，销子的截面有圆形和椭圆形。

2. 吊索

吊索也称千斤绳、绳套。根据形式不同分为环状吊索（又称万能吊索或闭式吊索）和开式吊索，又可分为8股吊索和轻便吊索如图5-2所示。

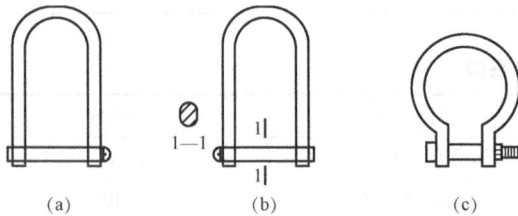

图 5-1 卡环
(a) 螺栓式卡环（D形）；(b) 椭圆销活络式
卡环（D形）；(c) 弓形卡环

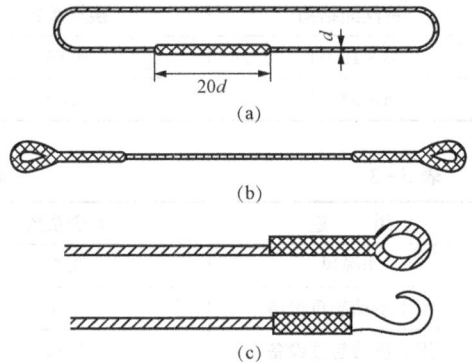

图 5-2 吊索
(a) 环状吊索；(b) 8股
吊索；(c) 轻便吊索

3. 横吊梁（铁扁担、平衡梁）

为了承受吊索对构件的轴向压力和减小起吊高度，可采用横吊梁。常用的横吊梁有滑轮横吊梁、钢板横吊梁（图5-3）、钢管横吊梁（图5-4）等。

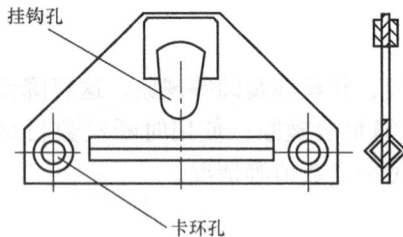

图 5-3 钢板横吊梁

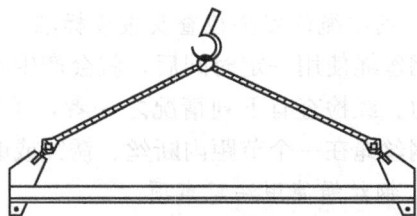

图 5-4 钢管横吊梁

4. 其他辅件

其他辅件主要有钢丝绳夹和钢丝绳卡扣，主要用来固定或连接钢丝绳端。钢丝绳夹的构造尺寸见《钢丝绳夹》（GB/T 5976—2006）标准，详见图5-5。

5. 滑轮、滑轮组

滑轮又名葫芦，可以省力，也可以改变用力的方向。滑轮按其滑轮的多少，可分为单门、双门和多门等；按使用方式不同，可分为定滑轮和动滑轮两种。

定滑轮可改变力的方向，但不能省力；动滑轮可以省力，但不能改变力的方向。滑轮的允许荷载，根据滑轮轴的直径确定，使用时不能超载。

滑轮组是由一定数量的定滑轮和动滑轮及绕过的绳索组成的。它既可以改变力的方向又可以达到省力的目的。

二、桅杆式起重机

桅杆式起重机又称把杆，其特点是制作简便，装拆方便，不受场地限制，起重量及起升高度都较大。桅杆一般用木材或钢材制作，但桅杆式起重机需设有多根缆风绳固定，移动较困难，灵活性差。一般多用于安装工程量集中，构件重量大，场地狭小的吊装作业。

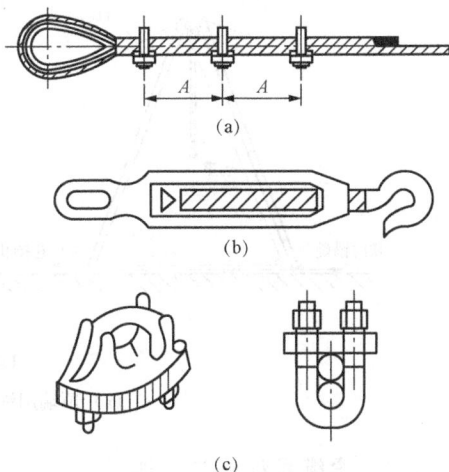

图 5-5 钢丝绳链接辅件
(a) 钢丝绳夹；(b) 花篮螺栓；(c) 钢丝绳卡扣

（一）独脚拔杆

独脚拔杆由拔杆、起重滑轮组、卷扬机、缆风绳和锚碇组成，如图 5-6 所示。

起重时，拔杆应保持一定的倾角（倾角 β 不宜大于 $10°$），以免吊装构件时碰撞到拔杆。

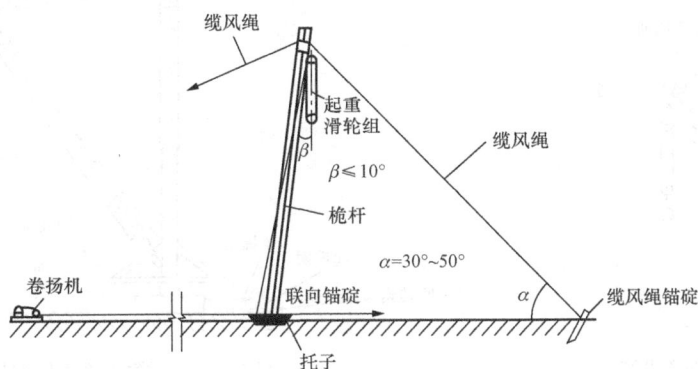

图 5-6 独脚拔杆

拔杆的稳定主要依靠缆风绳，其数量一般为 6～12 根。依据构件的重量、起升高度、及缆风绳所用的钢丝绳强度而定，但至少不能少于 4 根，缆风绳与地面的夹角一般取 $30°～50°$ 为宜，角度过大则对拔杆产生较大的压力。

（二）人字拔杆

人字拔杆一般是由两根圆木或两根钢管用钢丝绳绑扎或铁件铰接而成。人字拔杆上部两杆的绑扎点，离杆顶至少 600mm，并用 8 号钢丝线捆扎，起重滑轮组和缆风绳均应固定在交叉点处，两杆夹角一般为 $30°$，如图 5-7 所示。

（三）悬臂拔杆

悬臂拔杆是在独脚拔杆的中部或 2/3 高处安装一根起重杆而成，如图 5-8 所示。

悬臂起重杆可以回转和起伏，可以固定在某一部位，也可以根据需要上下升降。它的特点是起重高度和工作幅度都较大，起重臂左右摆动角度也很大，使用方便；缺点是悬臂拔杆起重量较小，多用于轻型构件的吊装。

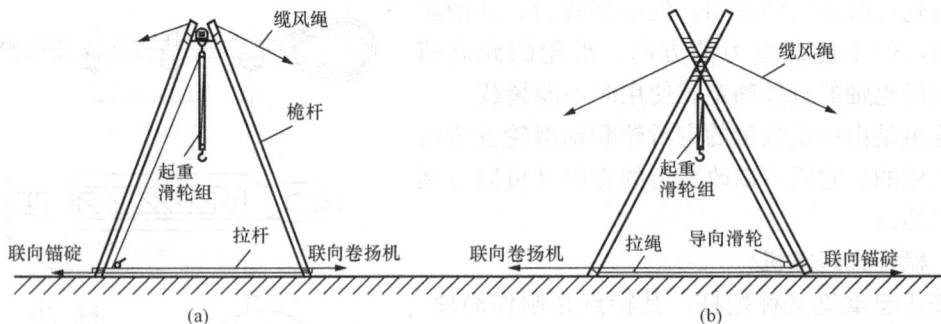

图 5-7 人字拔杆

(a) 顶端用铁件铰接；(b) 顶端用钢丝捆绑

（四）牵缆式桅杆起重机

牵缆式桅杆起重机是在独脚拔杆根部装上一根可以回转和起伏的起重臂而成，如图 5-9 所示。这种起重机机身可以回转 360°，能在工作幅度范围内将构件吊到任何位置。

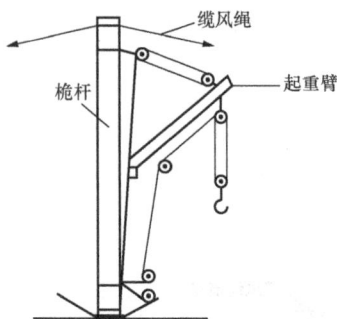

图 5-8 悬臂拔杆

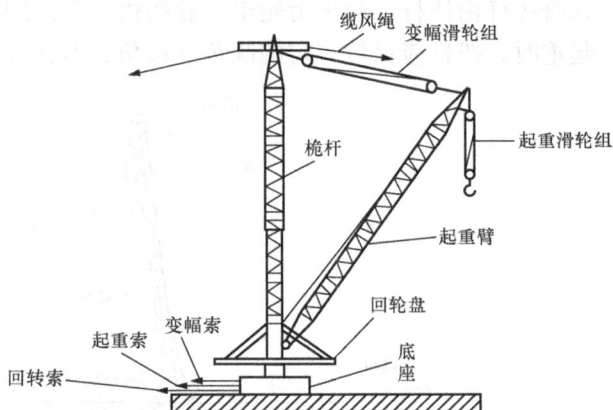

图 5-9 牵缆式桅杆起重机

牵缆式桅杆起重机需要设较多的缆风绳，以加强自身的稳定。比较适用于构件多且集中的建筑物或构筑物的结构安装工程。

三、自行式起重机

在结构安装工程中主要采用的自行式起重机有：履带式起重机、汽车式起重机和轮胎式起重机等。

（一）履带式起重机

1. 构造及分类

履带式起重机是在行走的履带底盘上装有起重装置，它由动力装置、传动机构、回转机构、行走机构、操作系统及工作机构（起重杆、起重滑轮组、卷扬机）等组成，如图 5-10 所示。履带式起重机稳定性差，行驶速度慢，且易损坏路面，转移时多用平板拖车装运。

2. 常用型号及性能

目前在结构安装工程中常用的履带式起重机，主要是国产的 W_1-50、W_1-100 和 W_1-200 等型号。履带式起重机的外形尺寸见表 5-4，性能见表 5-5。

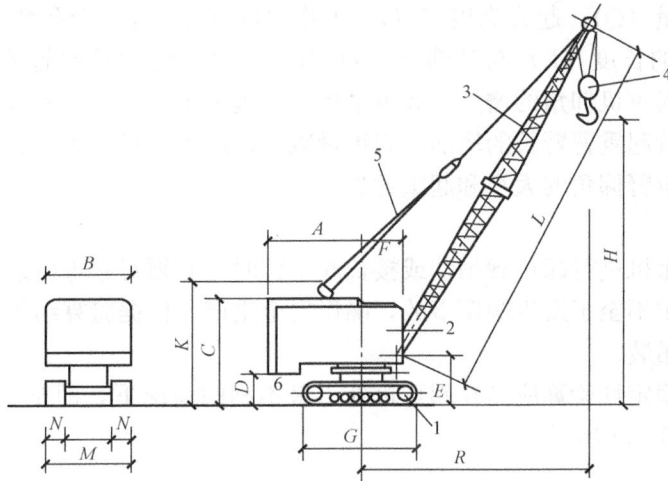

图 5-10　履带式起重机

1—底盘；2—机棚；3—起重臂；4—起重滑轮组；5—变幅滑轮组；6—履带；

A、B……—外形尺寸符号；L—起重臂长度；H—起升高度；R—工作幅度

表 5-4　　　　　　　　　　　　　　履带式起重机的外形尺寸　　　　　　　　　　　　　mm

符号	名　称	型　号		
		W₁-50	W₁-100	W₁-200
A	机身尾部至回转中心距离	2900	3300	4500
B	机身宽度	2700	3120	3200
C	机身顶部距地面高度	3220	3675	4125
D	机身底部距地面高度	1000	1045	1190
E	起重臂下铰点中心距地面高度	1555	1700	2100
F	起重臂下铰点中心距回转中心距离	1000	1300	1600
G	履带长度	3420	4005	4950
M	履带架宽度	2850	3200	4050
N	履带板宽度	550	675	800
J	行走底架距地面高度	300	275	390
K	机身上部支架距地面高度	3480	4170	6300

表 5-5　　　　　　　　　　　　　　履带式起重机性能表

参　数		单位	型　号							
			W₁-50			W₁-100				W₁-200		
			10	18	18 带鸟嘴	13	23	27	30	15	30	40
起重臂长度		m	10	18	18带鸟嘴	13	23	27	30	15	30	40
最大工作幅度		m	10.0	17.0	10.0	12.5	17.0	15.5	22.5	15.5	22.5	30.0
最小工作幅度		m	3.7	4.5	6.0	4.23	6.5	4.5	8.0	4.5	8.0	10.0
起重量	最小起重半径时	t(10kN)	10.0	7.5	2.0	15.0	8.0	50.0	20.0	50.0	20.0	8.0
	最大起重半径时	t(10kN)	2.6	1.0	1.0	3.5	1.7	8.2	4.3	8.2	4.3	1.5
起升高度	最小起重半径时	m	9.2	17.2	17.2	11.0	19.0	12.0	26.8	12.0	26.8	36.0
	最大起重半径时	m	3.7	7.6	14.0	5.8	16.0	3.0	19.0	3.0	19.0	25.0

　　起重机的起重量（Q）、起升高度（H）、工作幅度（R）这三个参数之间存在着相互制约的关系，起重臂的长度（L）与其仰角（α）有关。每一种型号的起重机都有几种臂长，当臂长一定时，随起重机仰角的增大，起重量增大，起重半径减少，起重高度增大。当起重臂仰角一定时，随着起重臂臂长的增加，起重量减少，起重半径增大，起重高度增大。其数值的变化取决于起重臂仰角的大小和起重臂长度。

　　3. 稳定性验算

　　使用履带式起重机进行超负载吊装或接长起重臂时，必须对起重机进行稳定性验算，以保证起重机在吊装中不至于发生倾覆事故，确保安全生产。根据验算结果，采取增加配重等措施后，才能进行吊装。

　　履带式起重机稳定性验算应是在起重机处于最不利的情况下，即车身旋转 90° 起吊重物时进行验算，如图 5 - 11 所示。

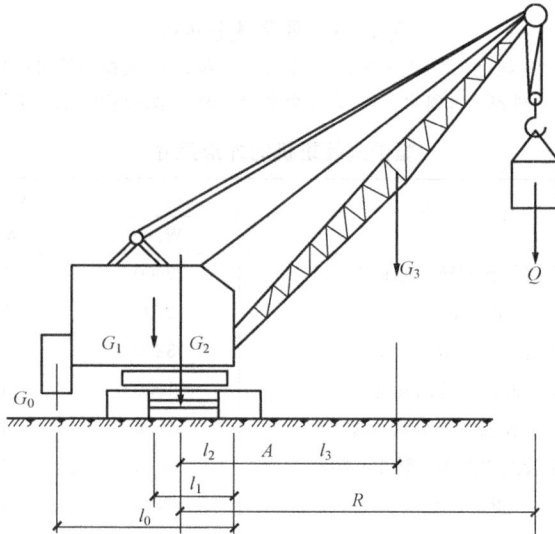

图 5 - 11　履带式起重机稳定性验算

$$K = \frac{\text{稳定力矩}}{\text{倾覆力矩}} \geqslant 1.4 \qquad (5 - 2)$$

　　对图 5 - 11 所示 A 点取力矩可得

$$K = \frac{G_1 l_1 + G_2 l_2 + G_0 l_0 - G_3 l_3}{(Q + q)(R - l_2)} \geqslant 1.4 \qquad (5 - 3)$$

式中　G_0——平衡重所受的重力；

　　　　G_1——起重机机身可转动部分所受重力（地面倾斜的影响忽略不计，下同）；

　　　　G_2——起重机机身不转动部分所受重力；

　　　　G_3——起重臂所受重力；

　　　　Q——吊装荷载（包括构件和索具）；

　　　　q——起重滑轮组所受重力；

　　　　l_0——G_0 重心至 A 点的距离；

　　　　l_1——G_1 重心至 A 的距离；

l_2——G_2 重心至 A 点的距离；

l_3——G_3 重心至 A 点的距离；

R——起重机的工作幅度。

4. 接长验算

当起重机的起重高度或工作半径不足时，在起重机本身的强度和稳定性达到保证下，可将起重臂接长。计算可根据力矩等量的原则进行验算，并采取相应措施，如在起重臂顶端设置缆风绳。

（二）汽车式起重机

汽车式起重机是装在通用载重汽车底盘或是专用载重汽车底盘上的一种起重机，其行驶的驾驶室与起重的操纵室是分开的，也是一种自行式起重机，车身回转 360°，构造与履带式起重机基本相同，如图 5 - 12 所示。其特点是机动灵活，行驶速度快，能快速转移到新的施工现场并迅速投入工作，对路面破坏性小，对路面要求也不高。特别适合中小型单层工业厂房结构的吊装。

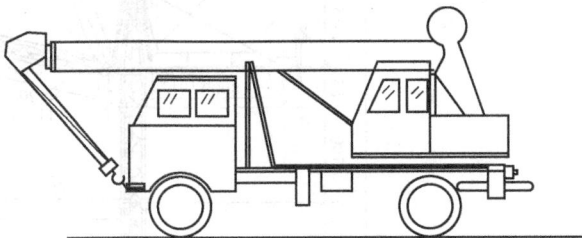

图 5 - 12　汽车式起重机

汽车式起重机吊装时稳定性差，所以起重机设有可伸缩的支腿，起重时支腿落地，以增加机身的稳定，并起到保护轮胎的作用，这种起重机不能负重行驶。

汽车式起重机按起重量大小分为轻型、中型和重型三种。起重量在 20t 以内的为轻型，20～50t 为中型，50t 及以上的为重型。按传动装置形式分为机械传动、电力传动、液压传动三种。

（三）轮胎式起重机

轮胎式起重机是一种将起重机构安装在专用加重型轮胎和轮轴组成的特制底盘上的一种全回转式起重机，构造与履带式起重机基本相同，但其横向尺寸较大，故横向稳定性好，并能在允许载荷下负荷行走。为了保证吊装作业时机身的稳定性，起重机设有 4 个可伸缩支腿，如图 5 - 13 所示。轮胎式起重机与汽车式起重机有许多相似之处，主要差别是行驶速度慢，所以不宜做长距离的行驶，适宜于作业地点相对固定而作业量较大的结构安装工程。

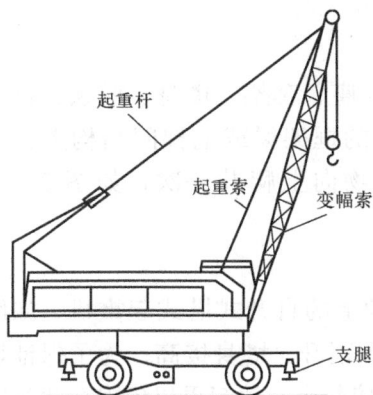

图 5 - 13　轮胎式起重机

四、塔式起重机

塔式起重机（简称塔吊）的起重臂安装在塔身上部，具有较大的起重高度和工作幅度，工作速度快，生产效率高，广泛应用于多层和高层的工业与民用建筑施工中。

塔式起重机按照性能可分为轨道式、爬升式和附着式三种。

（一）轨道式塔式起重机

轨道式塔式起重机是一种在轨道上行驶的自行式塔式起重机，有的只能在直线轨道上行驶，有的可沿"L"形或"U"形轨道行驶。其作业范围在两倍幅度的宽度和行走线长度的矩形面积内，并可负荷行驶。轨道式塔式起重机外形与构造以 QT$_1$-6 型示意图来说明，如图 5-14 所示。

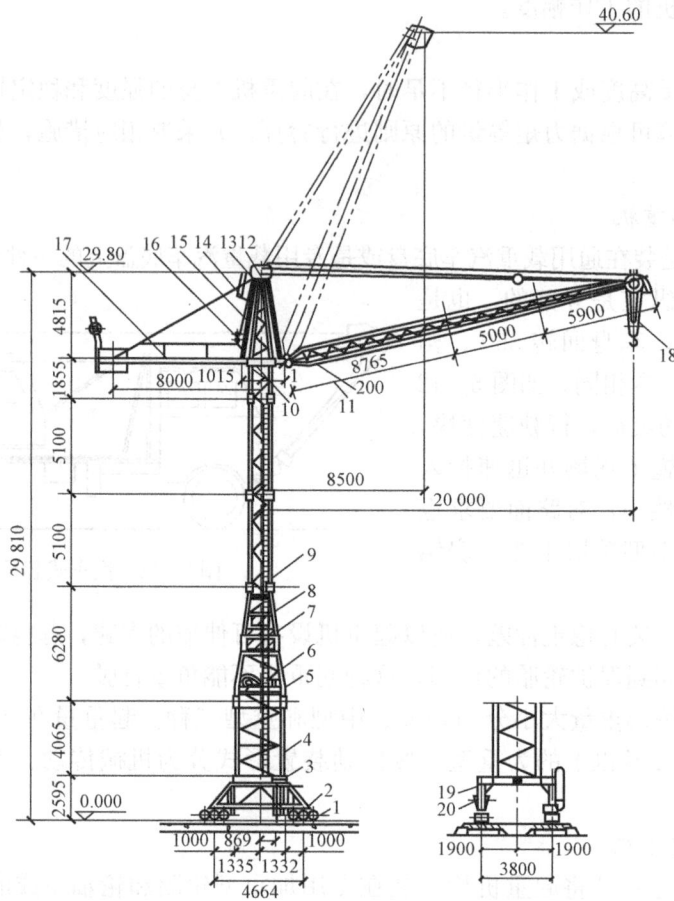

图 5-14　QT$_1$-6 型塔式起重机外形与构造示意
1—被动台车；2—活动侧架；3—平台；4—第一节架；5—第二节架；6—卷扬机构；7—操纵配电系统；
8—司机室；9—互换节架；10—回转机构；11—起重臂；12—中央集电环；13—超负荷保险装置；
14—塔顶；15—塔帽；16—手摇变幅机构；17—平衡臂；18—吊钩；19—固定侧架；20—主动台车

（二）爬升式塔式起重机

爬升式塔式起重机是自升式塔式起重机的一种，它由底座、套架、塔身、塔顶、行车式起重臂、平衡臂等部分组成。它安装在高层装配式结构的框架梁或电梯间结构上，每安装 1～2 层楼的构件，便靠一套爬升设备使塔身沿建筑物向上爬升一次，如图 5-15 所示。

（三）附着式塔式起重机

附着式塔式起重机是固定在建筑物近旁钢筋混凝土基础上的自升式塔式起重机，如图 5-16 所示。随建筑物的升高，利用液压自升系统逐步将塔顶顶升、塔身接高。为了保证塔身的稳定，每隔一定高度将塔身与建筑物用锚固装置水平连接起来，使起重机依附在建筑物上。锚固装置由套装在塔身上的锚固环、附着杆及固定在建筑结构上的锚固支座构成。第一

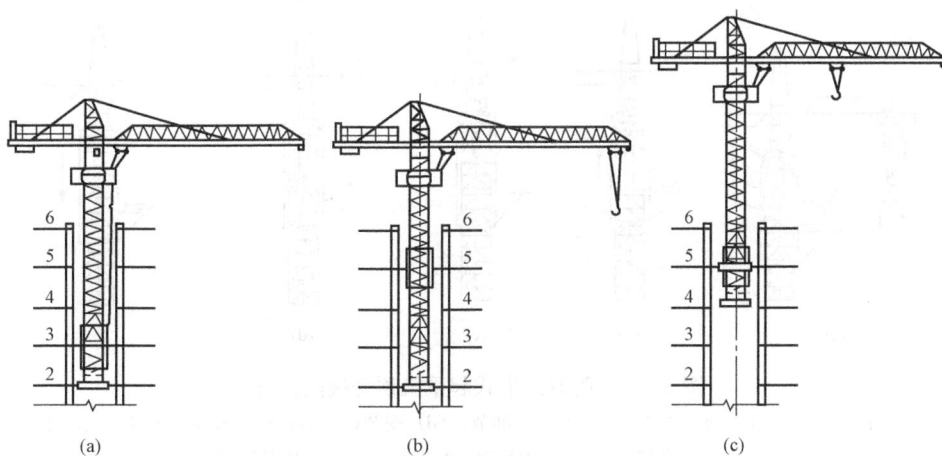

图 5-15 爬升式起重机及爬升过程示意图
(a) 套架提升前；(b) 提升套架；(c) 提升塔架
2~6—层数

道锚固装置设于塔身高度的 30~50m 处，自第一道向上每隔 20m 左右设置一道，一般锚固装置设 3~4 道。这种塔身起重机适用于高层建筑施工。附着式塔式起重机顶升接高过程，如图 5-17 所示。

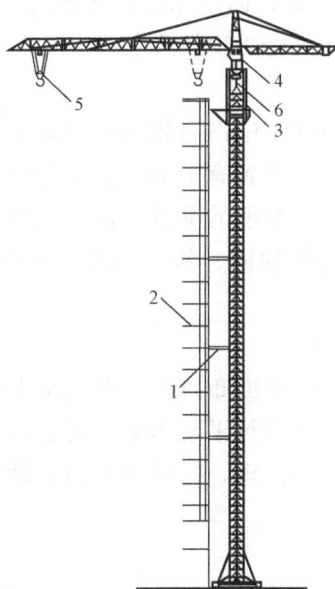

图 5-16 附着式塔式起重机
1—撑杆；2—建筑物；3—标准节；
4—操纵室；5—起重小车；
6—顶升套架

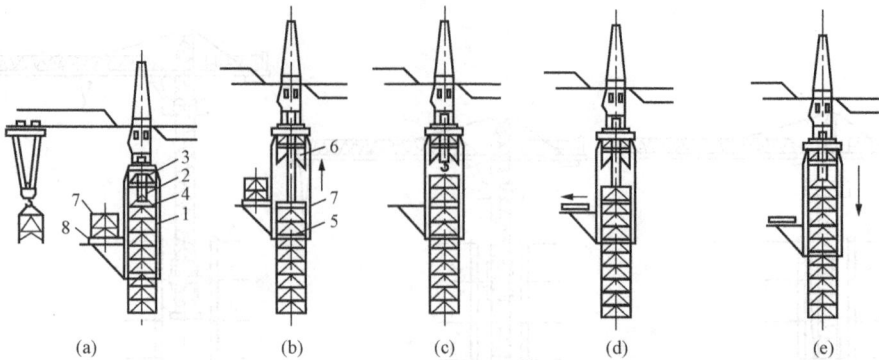

图 5 - 17　附着式塔式起重机顶升接高过程

(a) 准备状态；(b) 顶升塔顶；(c) 推入标准节；(d) 安装标准节；(e) 塔顶与塔身连成整体

1—顶升套架；2—液压千斤顶；3—支撑座；4—顶升横梁；

5—定位销；6—过渡节；7—标准节；8—摆渡小车

第二节　钢筋混凝土单层厂房构件吊装工艺

钢筋混凝土单层工业厂房，除基础在施工现场就地浇筑外，其他构件均为预制构件，对于重量大、不便运输的构件在现场制作，而对于中小型构件在预制厂制作生产。在现场制作的构件主要有柱子、屋架、吊车梁等，而连系梁、屋面结构（屋面板、天窗架、天沟板）、基础梁等都集中在预制厂制作，运到施工现场安装。

一、准备工作

在结构安装中准备工作在建筑施工中占有相当重要的地位。它不仅影响到施工进度与安装质量，而且对文明施工、组织施工达到有节奏、连续的进行起到相当大的作用。

钢筋混凝土单层工业厂房构件安装前的准备工作，包括场地清理、道路修筑、基础的准备、构件的运输、排放、堆放、拼装加固、检查清理、弹线与编号，以及机具、吊具的准备等。

（一）场地清理与修筑临时道路

起重机进场之前，根据现场施工平面布置图，在场地上标出起重机开行路线，清理开行道路上的杂物，修筑好临时道路，并进行平整压实。对于回填土或软地基土，用碎石夯实或用枕木铺垫。对整个场地进行平整与清理，挖设排水沟，做好场地的排水准备，以利于雨期施工排水的需要。

（二）基础的准备

装配式钢筋混凝土柱基础一般做成杯形基础，在浇筑杯形基础时，应保证定位轴线及杯口尺寸准确。在柱吊装之前要对杯底标高进行抄平；抄平后，用高等级水泥砂浆或 C20 细石混凝土找平到所需的标高上。

杯底抄平，即对杯底标高进行一次检查和调整，以保证柱子吊装后各柱顶面标高一致。

在基础杯口顶面弹出建筑物的纵、横定位轴线和柱的吊装准线，杯口顶面的轴线与柱的吊装准线相对应。以此作为对柱的对位、校正依据。

（三）构件的运输与堆放

钢筋混凝土单层工业厂房构件主要有柱、吊车梁、连系梁、屋架、天窗架、屋面板等。目前重量在 50kN 以下者，一般可在预制厂生产制作，一些尺寸及重量大，运输不便的构件，如柱、屋架可在现场制作。

1. 构件的运输

不仅要提高运输的效率，还要注意构件在运输过程中不至于损坏、变形，并且要为吊装作业创造有利的条件。

长度在 6m 以内的柱子一般用汽车运输；较长的柱子用拖车运输，两点或三点支撑运输；在运输车上应侧放，并采取稳定措施防止倾倒。屋架一般跨度大、厚度小、重量不大、侧向刚度差，易发生平面外变形，不易运输。因此，钢筋混凝土折线形屋架一般均在现场制作。

2. 构件的堆放

构件堆放在坚实平整的地基上，位置尽可能布置在起重机工作幅度范围以内。构件应按工程名称、构件型号、吊装顺序分别堆放，并考虑构件吊装的先后顺序和施工进度的要求，以免出现先吊的构件被压，影响施工进度和出现二次搬运。

预制构件运输到现场后，大型构件如柱子、屋架等，应按施工组织设计构件平面布置图就位；小型构件如屋面板、连系梁等，可在规定的适当位置堆放，垫木在一条垂直线上，一般连系梁可叠放 2～3 层，屋面板 6～8 层。场地狭小时，小构件也可考虑随运随吊的方法。

（四）构件检查与清理

预制构件在生产和运输过程中，可能会出现外形尺寸方面的误差，以及构件表面产生缺陷、损伤、变形、裂纹等问题。因此，对构件必须进行检查与清理，以保证吊装质量。检查内容包括以下几方面：

1. 强度检查

构件在吊装时，必须要求普通混凝土构件强度至少达到设计强度的 70％；跨度较大的梁和屋架混凝土，强度达到设计强度的 100％；对于预应力混凝土构件中的孔道灌浆的水泥浆强度，也不能低于 15MPa。

2. 构件的外形尺寸、接头钢筋、埋铁件的位置和尺寸、吊环的规格和位置

检查柱子的总长度、柱脚底面的平整度、截面尺寸、各部位预埋件的位置与尺寸，柱底到牛腿面的长度等，写详细检查记录。

检查屋架的总长度、侧向弯曲，连接屋面板、天窗架、支撑等构件的预埋铁件的数量与位置。

检查吊车梁总长度、高度、侧向弯曲、各埋铁件的数量与位置等。

检查吊环的位置是否正确，吊环有无变形和损伤，吊环的孔洞能否穿过钢丝索和卡环。

3. 构件表面检查

主要检查构件表面有无损伤、缺陷、变形及裂纹。另外，还应检查预埋件上是否有被水泥浆覆盖的现象或有污物，如发现及时清除，以免影响构件拼装（焊接等）和拼装质量。

4. 与设计要求核对

检查装配式钢筋混凝土构件的型号、规格与数量是否满足设计要求。

（五）构件的弹线与编号

构件的弹线：在吊装之前要在构件表面弹出吊装准线，此准线即为弹线，作为构件对位、校正的依据。

对于形状复杂的构件要标出它的重心及绑扎点的位置。构件的弹线一般在施工现场进行，主要包括柱子、屋架、吊车梁及屋面结构。

（1）柱子。应在柱身的三个面上弹吊装准线。对于矩形截面柱，可按几何中线弹吊装准线；对于工字型截面柱，为便于观测及避免视差，则应在靠柱边翼缘上弹一条与中心线平行的线，该线应与基础杯口面上的定位轴线相吻合。另外，在柱顶要弹出截面中心线，在牛腿面上要弹出吊车梁的吊装准线。

（2）屋架。在屋架上弦顶面应弹出几何中心线，并从跨度的中央向两端分别弹出天窗架、屋面板或檩条的吊装准线。在屋架的两个端头应弹出屋架纵横吊装准线。

（3）梁。在梁的两端及顶面应弹出几何中心线，作为梁的吊装准线。

（六）其他机具的准备

结构吊装工程除需要大型起重机械外，还要准备好钢丝绳、吊具、吊索、起重滑轮组等；配备电焊机、电焊条；为配合高空作业，保证施工安全，便于人员上下及解开吊索，准备好轻便的竹梯或挂梯；为临时固定柱和调整构件的标高，准备好各种规格的木楔、铁楔或铁垫片。

二、柱子的安装

单层工业厂房的柱子类型很多，重量和长度不一。装配式钢筋混凝土柱的截面形式有矩形、工字形、管形、双肢形等，但吊装工艺相同。

柱子安装的施工过程：绑扎→吊升→对位、临时固定→校正→最后固定等。

（一）绑扎

柱的绑扎方法应由柱的形状、几何尺寸、重量、配筋部位、吊装方法，以及所采用的吊具和起重机性能等情况确定。绑扎应牢固可靠，易绑易拆，自重在 13t 以下的中、小型柱，大多绑扎一点；重型或配筋少而细长的柱，则需绑扎两点，甚至三点。有牛腿的柱，一点绑扎的位置常选在牛腿以下。如柱上部较长，也可绑在牛腿以上。工字形截面柱的绑扎点应选在矩形截面处（实心处），否则应在绑扎的位置用方木加固翼缘。双肢柱的绑扎点应选在平腹杆处。绑扎柱子用的吊具，有铁扁担、吊索（千斤绳）、卡环（卸甲）等。为使在高空中脱钩方便，尽量采用活络式卡环。为避免起吊时吊索磨损构件表面，在吊索与构件之间用麻袋或木板铺垫。

柱子在现场制作，一般是平卧（大面向上）浇筑，在支模、浇混凝土前，就要确定绑扎方法，在绑扎点埋吊环、留孔洞或底模悬空，以便绑扎钢丝绳。

柱子常用的绑扎方法有以下几种：

1. 斜吊绑扎法

当柱子的宽面抗弯强度能满足吊装要求时，可采用斜吊绑扎法。柱吊起后呈倾斜状态，由于吊索歪在柱的一边，起重钩可低于柱顶，这样起重臂可以短些。另外，柱子在现场是大面向上浇筑，直接将柱子在平卧的状态下，从底模上吊起，不需翻身，也不用横吊梁。但这种绑扎方法，因柱身倾斜，就位时对正底线比较困难，如图 5-18 所示。

2. 直吊绑扎法

当柱子的宽面抗弯强度不能满足吊装要求时，应采用直吊绑扎法。即吊装前先将柱子翻身，再经绑扎进行起吊，这种绑扎法是用吊索绑牢柱身，从柱子宽面两侧分别扎住卡环，再与横吊梁相连。柱吊直后，横吊梁必须超过柱顶，柱身呈直立状态，所以需要较长的起重臂，如图 5-19 所示。

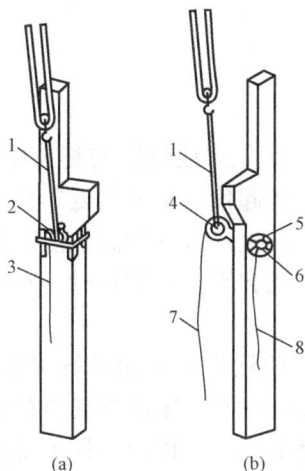

图 5-18　斜吊绑扎法
(a) 采用活络卡环；(b) 采用柱销
1—吊索；2—活络卡环；3—活络卡环插销拉绳；
4—柱销；5—垫圈；6—插销；7—柱销拉绳；
8—插销拉绳

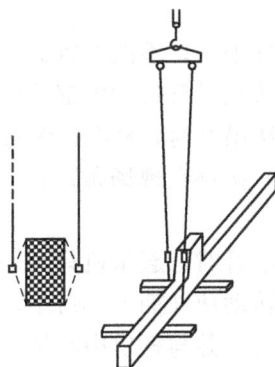

图 5-19　直吊绑扎法

3. 两点绑扎法

当柱身较长，一点绑扎抗弯强度不能满足时，可用两点绑扎起吊，如图 5-20 所示。当确定柱绑扎点的位置时，应使两根吊索的合力作用线高于柱子的重心。即下绑扎点至柱重心的距离小于上绑扎点至柱重心的距离。这样柱子在起吊过程中，柱身可自行转为直立状态。

(二) 吊升

柱子的吊升方法是根据柱子的重量、长度、起重机的性能和现场施工条件而定。对于重型柱子有时采用两台起重机起吊。用单机吊装时，基本上可用旋转法和滑行法两种吊升方法。

1. 旋转法

起重机边升钩、边回转起重杆，直到将柱子转为直立状态，使柱子绕柱脚旋转吊起插入杯口中。为了使在吊升过程中保持一定的工作幅度，起重杆不起伏，在预制或堆放柱子时，应使柱子的绑扎点、柱脚中心线、杯口中心线三点共弧，柱脚布置在杯口附近，如图 5-21 所示。

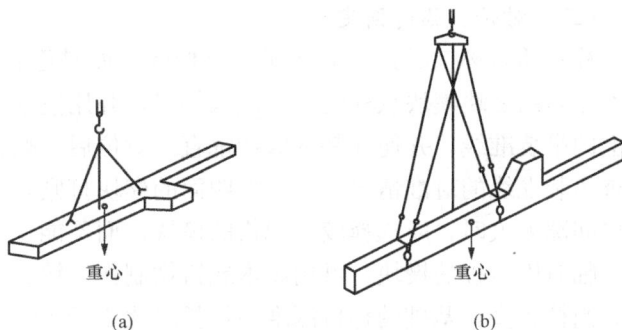

图 5-20　两点绑扎法
(a) 斜吊绑扎法；(b) 直吊绑扎法

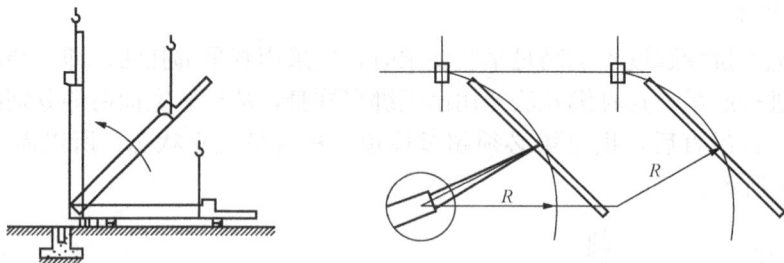

图 5-21　旋转法

由于条件限制，不能布置成三点共弧时，也可采取绑扎点或柱脚与杯口中心两点共弧。这种布置方法在吊升过程中都要改变工作幅度，起重杆要起伏，工效较低，且不够安全。

用旋转法吊升时，柱在吊装过程中所受的震动较小，生产效率较高，但对起重机的机动性要求较高，构件在现场布置要求也高。通常使用自行式起重机吊装柱时，宜采用旋转法。

2. 滑行法

柱子在吊升时，起重机只升吊钩，起重杆不转动，使柱脚沿地面滑行逐渐成直立状态，然后起重杆转动使柱插入杯口中，如图 5-22 所示。这样柱子靠杯基成纵向布置，绑扎点布置在杯口附近，并与杯口中心位于起重机同一工作幅度的圆上，以便将柱子吊离地面后，稍转动吊杆即可就位。用滑行法吊装时，柱在滑行过程中受到震动，对构件不利。因此，宜在柱脚处采取加滑橇等措施以减少柱脚与地面的摩擦。滑行法适用于柱子较重、较长、现场狭窄、柱子无法按旋转法布置排放的情况。但滑行法对起重机械的机动性要求较低，只需要起重钩上升，通常使用桅杆式起重机吊装柱时，宜采用滑行法。

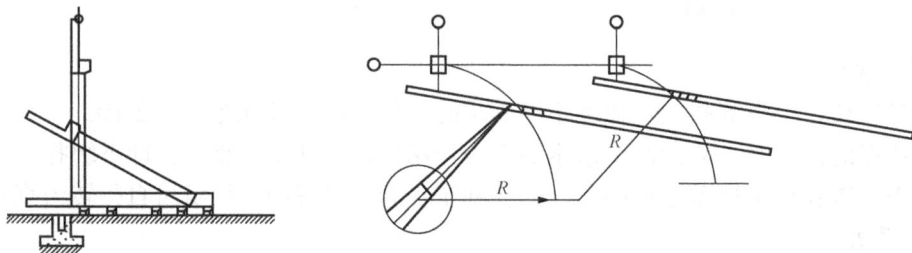

图 5-22　滑行法

（三）对位、临时固定

柱脚插入杯口后，并不立即落至杯底，而是停在离杯底 30～50mm 处进行对位。对位的方法是用 8 块楔块从柱的 4 边放入杯口，并用撬棍撬动柱脚，使柱的吊装准线对准杯口顶面上的吊装准线，并使柱基本保持垂直。对位后，略打紧楔块，放松吊钩，柱沉至杯底。经复查吊装准线的对准情况，随即将四面的楔块打紧，将柱临时固定，起重机脱钩。当柱身与杯口间隙太大时，应选择较大规格的楔块，而不能用几个楔块叠合使用。

临时固定柱的楔块，可用硬木或铸铁制作，铸铁楔块可以重复使用，且易拔出。

当柱较高，基础的杯口深度与柱长之比小于 1/20，或柱具有较大的悬臂（或牛腿）时，仅靠柱脚处的楔块将不能保证柱临时固定的稳定，这时则应采取增设缆风绳或加斜撑等措施来加强柱临时固定的稳定性。

（四）校正

如果柱的吊装就位不够准确，就会影响到与柱相连接的吊车梁、屋架等构件后续吊装的准确性。柱的校正包括垂直度、平面位置和标高等。其中柱的标高校正在杯形基础抄平时就已完成，而柱的垂直度、平面位置的校正在柱对位时进行。具体方法如图 5-23 和图 5-24 所示。

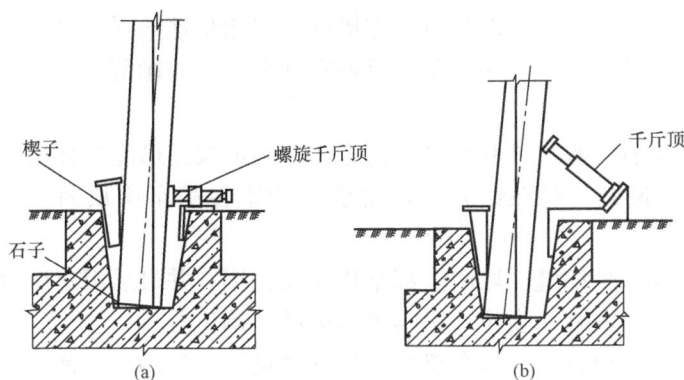

图 5-23　千斤顶校正法
（a）螺旋千斤顶；（b）千斤顶斜顶法

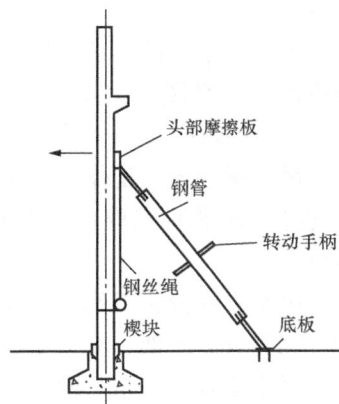

图 5-24　撑杆校正法

柱垂直偏差的检查方法是用两架经纬仪从柱相邻的两边去检查柱吊装准线的垂直度。

（五）最后固定

柱校正后应立即进行最后固定，最后固定的方法是在柱与杯口的空隙内浇筑细石混凝土，所用细石混凝土的强度等级应比构件混凝土强度等级提高一级。

在浇筑细石混凝土前，应将杯口空隙内杂质等清理干净，并用水湿润柱和杯口壁，然后浇筑细石混凝土。混凝土浇筑工作一般分两次进行。

第一次浇筑混凝土至楔块的底面，待混凝土强度达设计强度的 25% 后，拔出楔块。再进行一次柱的平面位置、垂直度的复查。无误后，进行二次浇筑混凝土至杯口的顶面。在捣实混凝土时，不要碰到楔块，以免影响柱子的垂直度或平面位置。

三、吊车梁的安装

吊车梁的类型通常有 T 型、鱼腹式和组合式等几种。当跨度为 12m 时，也可采用横吊梁吊升，一般为单机起吊，对于起吊物非常重的也可用双机抬吊。

吊车梁安装的施工过程：绑扎→吊升→对位、临时固定→校正→最后固定等。

（一）绑扎、吊升、对位、临时固定

吊车梁的吊装必须在基础杯口二次浇筑混凝土强度达到设计强度的 70% 以上才能进行。吊车梁起吊后应基本保持水平。因此，吊车梁绑扎时，两根吊索要等长，其绑扎点对称的设在梁的两端，吊钩应对准梁的重心，如图 5-25 所示。吊车梁两端绑扎溜绳以控制梁的转动，防止碰撞其他构件。

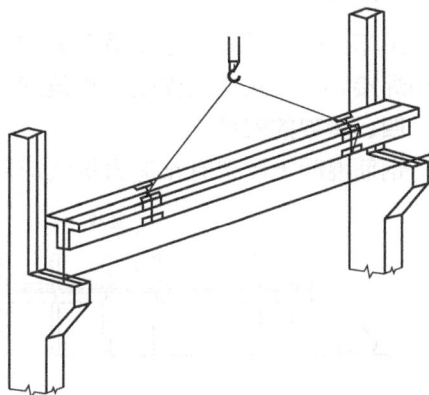

图 5-25　吊车梁吊装

当吊车梁吊升超过牛腿标高 300mm 左右时，即可停止升钩，然后缓缓下降进行就位。

吊车梁就位时，应使吊车梁端部的中心线基本上对准牛腿上安装吊车梁的安装准线，在对位过程中，纵轴方向上不宜用撬杠拨正吊车梁，因柱子在纵轴线方向上的刚度较差，撬动过度会使柱子发生弯曲而产生偏移。假若在横轴线上未对准，应将吊车梁吊起，再重新对位。

吊车梁本身的稳定性好，对位后一般不需要采取临时固定措施，仅用垫铁垫平即可，起重机即可松钩移走。当梁高与梁宽之比超过 4 时，用铁丝将梁捆在柱上，以防倾倒。

（二）校正

吊车梁的校正工作主要包括平面位置、垂直度和标高等内容。标高的校正已经在杯形基础的杯底抄平时完成，如果有微小的偏差，可在铺轨时，用铁屑砂浆在吊车梁顶面找平即可。

吊车梁的校正工作，要在一个车间或伸缩缝区段内全部结构安装完毕，并最后固定后进行。因为安装屋架、支撑等构件时可能引起柱子变位，影响吊车梁的准确位置。

吊车梁垂直度与平面位置的校正应同时进行。吊车梁的垂直度测量，一般用尺寸锤、靠尺、线锤检查。T 形吊车梁测其两端垂直度，鱼腹式吊车梁测其跨中两侧垂直度。

吊车梁平面位置的校正主要是检查各吊车梁是否在同一纵轴线上，以及两列吊车梁的纵轴线之间的跨距。跨距为 6m 长，5t 以内的吊车梁，可用拉钢丝法或仪器放线法校正；跨距为 12m 长，重型吊车梁通常采用边吊边校正的方法。

1. 拉钢丝法（通线法）

根据柱的定位轴线，在车间的两端地面定出吊车梁定位轴线位置，打下木桩，并设置经纬仪；用经纬仪先将两端的 4 根吊车梁位置校正准确，用钢尺检查两列吊车梁之间的跨距；在 4 根已校正好的吊车梁端部设置支架，高约 200mm。根据吊车梁的轴线拉钢丝线；发现吊车梁纵轴线与钢丝线不一致，根据钢丝线逐根拨正吊车梁的吊装中心线；拨正吊车梁可用撬杠或其他工具。如图 5 - 26 所示。

2. 仪器放线法

用经纬仪在各个柱侧面放一条与吊车梁中线距离相等的校正基线。校正基准线至吊车梁中线距离由放线者自行决定。校正时，凡是吊车梁中线与其柱侧基线的距离不等者，用撬杠拨正即可。

（三）最后固定

吊车梁的最后固定是在吊车梁校正完毕后，用连接钢板与柱侧面、吊车梁顶面的预埋铁件相焊接，并在接头处支模，浇筑细石混凝土。

四、屋架的安装

钢筋混凝土屋架有预应力折线形屋架、三角形屋架、多腹杆折线形屋架、组合屋架等。中小型单层工业厂房屋架的跨度一般为 12～24m，重量约 3～10t，屋架的制作一般在施工现场采取平卧叠浇，以 3～4 榀为一叠。

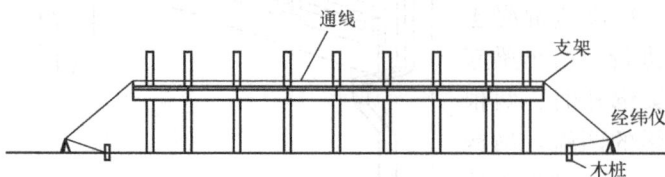

图 5 - 26　拉钢丝校正法

屋架安装的特点是安装高度

较高,屋架的跨度较大,但厚度较薄。吊升过程中容易产生平面外变形,甚至产生裂缝。因此,需要进行有关的吊装验算,采取必要的加固措施后方可进行。

屋架安装的施工过程包括:绑扎→翻身扶直、就位→吊升→对位、临时固定→校正→最后固定等。

(一)绑扎

屋架的绑扎点应根据跨度和不同类型进行选择,绑扎点应在节点上或靠近节点处,对称于屋架的重心,吊点的数目应满足设计要求,以免吊装过程中构件产生裂缝。翻身扶直时,吊索与水平线的夹角不宜小于 $60°$,吊升时不宜小于 $45°$,以免屋架产生过大的横向压力,必要时应采用横吊梁。屋架的绑扎方法应根据屋架的跨度、安装高度和起重机的吊杆长度确定。当屋架的跨度 $L \leqslant 18m$,采用两点绑扎起吊;当 $18m < L \leqslant 30m$,采用 4 点绑扎起吊;当 $L > 30m$,除采用 4 点绑扎外,应加横吊梁,以减少吊索高度,如图 5-27 所示。对于三角形组合屋架,由于整体性和侧向刚度较差,且下弦为圆钢或角钢,必须用铁扁担绑扎;对于钢屋架,侧向刚度很差,均应绑扎几道杉木杆,作为临时加固措施。

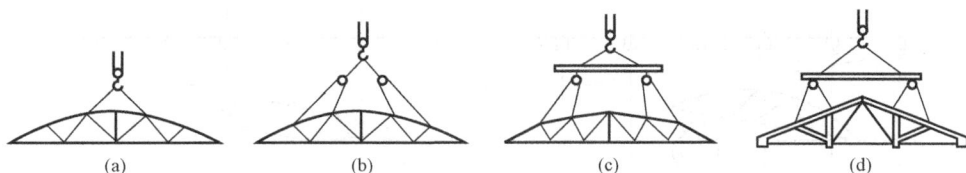

图 5-27 屋架的绑扎方法

(a)跨度≤18m 时;(b)跨度>18m 时;(c)跨度≥30m 时;(d)三角形组合屋架

(二)翻身扶直、就位

由于屋架在现场制作时均为平卧叠浇布置在跨内,所以在安装前先要翻身扶直,并将其吊运至预定的地点就位。

屋架是一个平面受力构件,侧向刚度较差。扶直时由于自重的影响改变了杆件受力性质,特别是上弦杆极易扭曲造成屋架损伤。因此,扶直时应注意以下几点:扶直屋架时,起重机的吊钩应对准屋架的中心,吊索左右对称,吊钩对准屋架下弦中点,防止屋架摆动;数榀叠浇跨度 18m 以上的屋架,为防止屋架扶直过程中突然下滑造成损伤,应在屋架两端搭设枕木垛,其高度与下一榀屋架上平面齐平;屋架在一起叠浇时,叠浇的屋架之间有黏结力存在,应用凿、撬棍、倒链消除黏结后再行扶直;凡屋架高度超过 1.7m,应在表面加绑木、竹或钢管横杆,用以加强屋架的平面刚度;如扶直屋架时采用的绑扎点或绑扎方法与设计不同时,应按实用的绑扎方法验算屋架的扶直应力。

扶直屋架时,由于起重机与屋架相对位置不同,可分为正向扶直与反向扶直。

1. 正向扶直

起重机位于屋架下弦一边,首先以吊钩对准屋架中心,收紧吊钩,接着起重机升钩,并提升起重臂,使屋架以下弦为轴缓慢转为直立状态,如图 5-28 所示。

2. 反向扶直

起重机位于屋架上弦一边,首先以吊钩对准屋架中心,收紧吊钩,然后降低起重臂使屋架脱模。接着起重机升钩,并升起重臂,使屋架以下弦为轴缓慢转为直立状态,如图 5-29 所示。

正向扶直与反向扶直中最大不同点就是在扶直过程中,起重臂一升一降,而升臂比降臂易于操作且较安全，所以应尽量采用正向扶直。

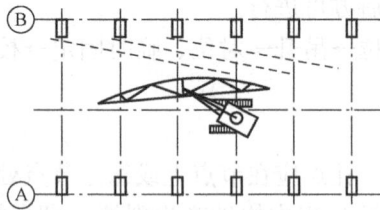

图 5-28 正向扶直　　　　　　　　图 5-29 反向扶直

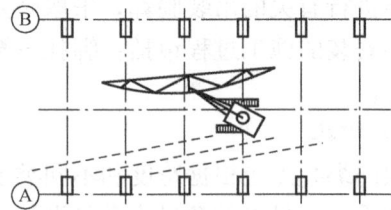

3. 就位

屋架扶直后应立即进行就位，就位位置与起重机的性能和安装方法有关，应力求少占地，便于吊装，且应考虑吊装顺序、两头朝向等问题，一般是靠柱斜放，就位范围在布置构件平面图时应确定。一般有同侧就位和异侧就位两种形式，就位位置与屋架预制位置在同一侧时称同侧就位；不在同一侧时称异侧就位。如图 5-30 所示。

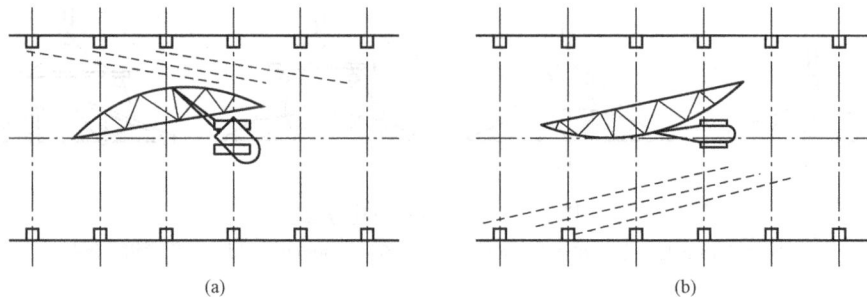

(a)　　　　　　　　　　　　　　(b)

图 5-30 屋架的就位

(a) 正向扶直同侧就位；(b) 反向扶直异侧就位

（三）吊升、对位与临时固定

屋架吊升是先将屋架垂直吊离地面约 300mm，然后将屋架转至吊装位置下方，再将屋架提升超过柱顶约 300mm，对准屋架的定位轴线，将屋架缓降至柱顶进行对位。

屋架对位后立即进行临时固定。临时固定稳妥后，起重机才可摘钩离去。

第一榀屋架的临时固定必须十分可靠。因为这时它只是单片结构，并且第二榀屋架临时固定还要以第一榀屋架作为支撑。第一榀屋架临时固定方法，通常是用 4 根缆风绳从两侧将屋架拉牢，也可将屋架与抗风柱相连接作为临时固定。

第二榀屋架的临时固定是用屋架校正器撑牢在第一榀屋架上，以后各榀屋架的临时固定都是用屋架校正器撑牢在前一榀屋架上。每榀屋架至少用两根校正器，如图 5-31 所示。

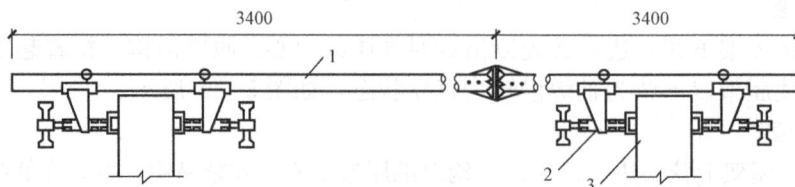

图 5-31 屋架校正器

1—钢管；2—撑脚；3—屋架上弦

（四）校正、最后固定

屋架的偏差校正主要是竖向偏差用线锤和经纬仪检查，用屋架校正器纠正。屋架校至垂直后，立即用电焊固定。焊接时，先焊接屋架两端成对角线的两侧边，再焊另外两边，避免两端同侧施焊，因焊接变形而引起屋架偏差。

五、屋面板的安装

钢筋混凝土单层工业厂房屋面结构所用的屋面板，一般为预应力大型屋面板，可单独安装。屋面板均埋有吊环，用吊索钩住吊环即可安装。为充分发挥起重机效率，一般采用一次多块。屋面板的安装顺序应自两边檐口左右对称地逐块铺向屋脊，避免屋架受荷不均匀；屋面板对位后，应用电焊固定，每块板至少焊 3 点，最后一块只能焊两点。

第三节　钢筋混凝土单层厂房结构安装方案

钢筋混凝土单层工业厂房结构的一般特点是平面尺寸大；承重结构的跨度与柱距大；构件类型少、重量大；厂房内还有各种设备基础等。因此，在拟定结构安装方案时，应着重解决起重机的选择、结构安装方法、起重机开行路线和停机位置的确定，以及构件在现场的平面布置等问题。

一、起重机的选择

（一）起重机类型的选择

钢筋混凝土单层工业厂房结构安装起重机的类型选择，主要根据厂房的外形尺寸（跨度、柱距）、构件尺寸与自重、吊装高度，以及施工现场条件和当地现有的起重设备等确定。

对于一般中小型厂房，由于平面尺寸不大，构件重量较轻，起升高度较小，厂房内设备为后安装，采用自行杆式起重机是较合理的。其中履带式起重机、汽车式起重机最为普遍。当厂房结构高度和长度较大时，选用塔式起重机吊装屋盖结构；对于大跨度的重型厂房，因厂房的跨度和高度都大，构件尺寸和重量也很大，往往需要结合设备安装同时考虑结构吊装问题，多选用大型自行式起重机、重型塔式起重机、大型牵缆桅杆式起重机；在缺乏自行杆式起重机的地方，或是厂房面积较小，构件较轻，可采用桅杆式起重机，如独脚拔杆、人字拔杆等；对于重型构件，当一台起重机无法满足吊装要求时，也可用两台或三台起重机进行吊装。

（二）起重机型号及起重臂长度的选择

起重机类型确定之后，还要进一步选择起重机的型号及起重臂长度，所选择起重机的三个重要参数起重量 Q、起重高度 H、工作幅度 R 应满足结构吊装要求。

1. 起重量 Q

所选起重机的起重量必须大于或等于所吊装构件的重量与索具之和，即

$$Q \geqslant Q_1 + Q_2 \tag{5-4}$$

式中　Q——起重机的起重量，kN；

　　　Q_1——构件的重量，kN；

　　　Q_2——吊具的重量，kN。

2. 起升高度 H

所选起重机的起升高度，必须满足吊装构件安装高度的要求，如图 5-32 所示。

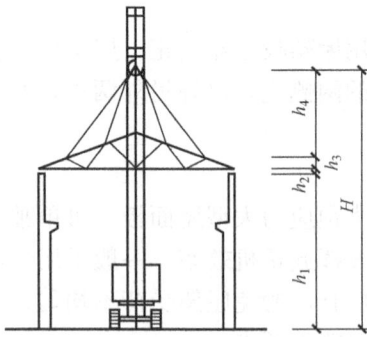

图 5-32　起升高度的计算简图

$$H \geqslant h_1 + h_2 + h_3 + h_4 \tag{5-5}$$

式中　H——起重机起重高度，m，从停机面算起至吊钩的距离；

h_1——吊装支座表面高度，m，从停机面算起；

h_2——吊装间隙，视工作情况而定，一般不小于 0.3m；

h_3——绑扎点至构件吊起后底面的距离；

h_4——索具高度，自绑扎点至吊钩钩口高度，视情况而定。

3. 工作幅度（回转半径）R

安装构件所需的最小工作幅度和起重机型号及所吊构件的横向尺寸有关，一般是根据所需的 Q_{min}、H_{min} 值初步选定起重机的型号，再按式（5-6）进行计算，如图 5-33 所示。

$$R_{min} = F + D + \frac{1}{2}b \tag{5-6}$$

$$D = g + (h_1 + h_2 + h'_3 - E)\cot\alpha \tag{5-7}$$

式中　R_{min}——起重机最小起重半径；

F——起重臂底铰至回转中心的距离；

D——起重臂底铰距所吊构件边缘的距离；

g——构件上口边缘起重杆之间的水平空隙，一般不小于 500mm；

E——起重臂底铰距地面的高度；

α——起重杆的倾角；

h'_3——所吊构件的高度；

b——构件高度。

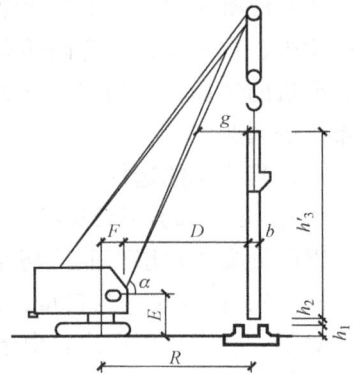

图 5-33　工作幅度计算简图

其他各项意义同前。

起重机工作幅度的确定通常考虑以下因素：当起重机可以不受限制地开到构件安装位置附近安装时，对工作幅度无要求，在计算起重量和起升高度后，便可查阅起重机性能表或性能曲线来选择起重机型号及起重臂长，并可查得在此起重高度下相应的工作幅度，作为确定起重机开行路线及停机位置时的参考；当起重机不能直接开到构件安装位置附近安装时，应根据起重量、起升高度和工作幅度三个参数，查起重机性能表或性能曲线来选择起重机型号及起重臂长。

4. 最小臂长的确定

当起重机的起重臂需跨过已安装好的结构去安装构件时，如跨过屋架安装屋面板，为了不触碰屋架，需求出起重机的最小臂长。决定最小臂长的方法有数解法〔图 5-34（a）〕和图解法〔图 5-34（b）〕。

（1）数解法。从图 5-34（a）中可得最小杆长 L_{min} 的计算公式为

$$L = L_1 + L_2 \tag{5-8}$$

$$L = \frac{f+g}{\cos\alpha} + \frac{h}{\sin\alpha} \qquad (5-9)$$

式中　L——起重机臂长，m；

f——起重机吊钩跨过已安装结构的距离，m；

h——起重臂底铰至构件吊装支座的高度，m，$h = h_1 - E$；

h_1——停机面至构件吊装支座的高度，m；

g——起重臂轴线与已吊装屋架间的水平距离，至少取 1m。

其余各项意义同前。

欲求最小杆长时的 α 值，对式（5-9）求导，并令 $\dfrac{\mathrm{d}l}{\mathrm{d}\alpha} = 0$ 解得

$$\alpha = \arctan\left(\frac{h}{f+g}\right)^{\frac{1}{3}} \qquad (5-10)$$

α 求出后代入式（5-9），即得起重机最小杆长的理论值，再根据所选起重机的实际杆长加以确定。

工作幅度为

$$R = F + L\cos\alpha \qquad (5-11)$$
$$H = l\sin\alpha + E - d \qquad (5-12)$$

式中　d——起重杆顶至吊钩中心的距离，取 2～3.5m 为安全高度。

按计算出的 R 值及已选定的起重杆长 L，查起重机性能表，复核起重量 Q 可求得起升高度 H，如果能满足构件的吊装要求，即可根据 R 值确定起重机吊装屋面板时的停机位置。

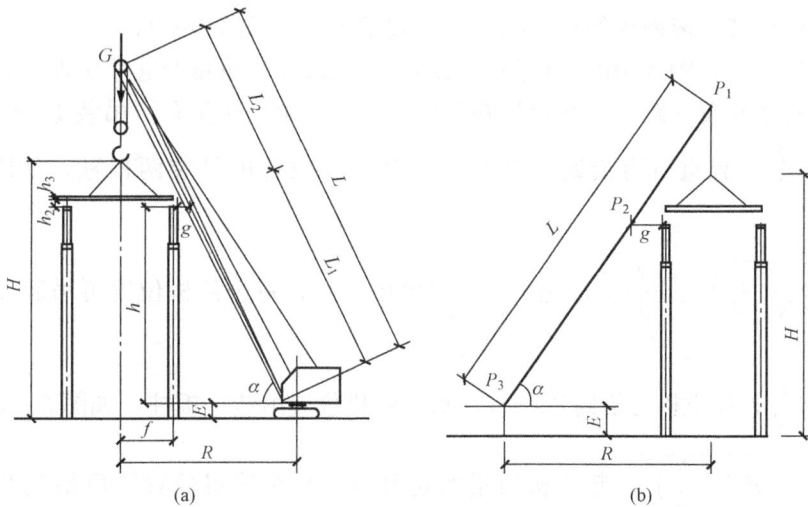

图 5-34　最小杆长的计算方法

(a) 数解法；(b) 图解法

（2）图解法。首先按比例（一般不小于 1：200）绘出构件的安装标高和实际地面线；由 $H+d$ 定出 P_1 点的位置，由 g 值定出 P_2 点位置。连接 P_1P_2 并延长到起重机回转中心至停机面的高度线，相交于 P_3 点，此点即为起重臂底铰的位置，测量出 P_1P_3 的长度，即为

所求的起重机最小杆长。

二、结构吊装方法及起重机开行路线、停机位置

(一)结构吊装方法

单层工业厂房的结构吊装方法有分件吊装法和综合吊装法两种。

(1)分件吊装法是指起重机在车间内每开行一次仅吊装一种或两种构件。起重机的第一次开行,吊装全部柱子,并对柱子进行校正和最后固定;第二次开行,吊装吊车梁、连系梁及柱间支撑等;第三次开行,分节间吊装屋架、天窗架、屋面板及屋面构件(如檩条、天沟板)等。

分件吊装法的优点是每次吊装基本是同类型构件,索具不需要经常更换,操作程序基本相同,速度快;能充分发挥起重机的工作能力;构件的校正、固定有足够的时间;构件可分批进场,供应较简单,现场平面布置较容易。其主要缺点是起重机行走频繁,开行路线长;不能按节间及早为下道工序创造工作面;屋面板吊装往往另需辅助起重设备。

(2)综合吊装法是指起重机在车间内的一次开行中,分节间吊装完所有各种类型的构件。通常起重机首先吊装 4~6 根柱子,进行校正和固定,接着吊装吊车梁、连系梁,屋架、屋面板等构件。然后开始下一个施工段。

综合吊装法特点:开行路线较短,停机位置较小;构件供应平面布置复杂,校正困难,平面位置很难保证;同时吊装多种构件,经常更换索具;起重机生产效率低。因此,很少在工程中使用。

(二)起重机的开行路线及停机位置

起重机的开行路线与停机位置、起重机的性能、构件的尺寸及重量、构件的平面布置、构件的供应方式及吊装方法等因素有关。

(1)当吊装屋架、屋面板等屋面构件时,起重机大多沿跨中开行。

(2)当吊装柱时,则视跨度、柱距的大小,柱的尺寸、重量及起重机性能,可沿跨中或跨边开行,若柱子布置在跨内,起重机在跨内开行,每个停机位置可吊装 1~4 个柱子。

1)当 $R \geqslant \dfrac{L}{2}$,起重机可沿跨中开行,每个停机位置可吊装两根柱,如图 5 - 35(a)所示。

2)当 $R \geqslant \sqrt{\left(\dfrac{L}{2}\right)^2 + \left(\dfrac{b}{2}\right)^2}$,起重机可沿跨中开行,每个停机位置可吊装 4 根柱,如图 5 - 35(b)所示。

3)当 $R < \dfrac{L}{2}$,起重机可沿跨边开行,每个停机位置吊装一根柱,如图 5 - 35(c)所示。

4)当 $R \geqslant \sqrt{a^2 + \left(\dfrac{b}{2}\right)^2}$,起重机可沿跨边开行,每个停机位置则可吊装两根柱,如图 5 - 35(d)所示。

其中,R 为起重机工作幅度,m;L 为厂房跨度,m;b 为柱间距,m;a 为起重机开行路线的跨边距离,m。

(3)当柱布置在跨外时,则起重机一般沿跨外沿边开行,停机位置与跨边开行相似。

(4)当单层厂房面积大,为加快工程进度,可将建筑物划分为若干段,选用多台起重机同时施工,每台起重机可以独立作业,负责完成一个区段的全部吊装工作,组成流水

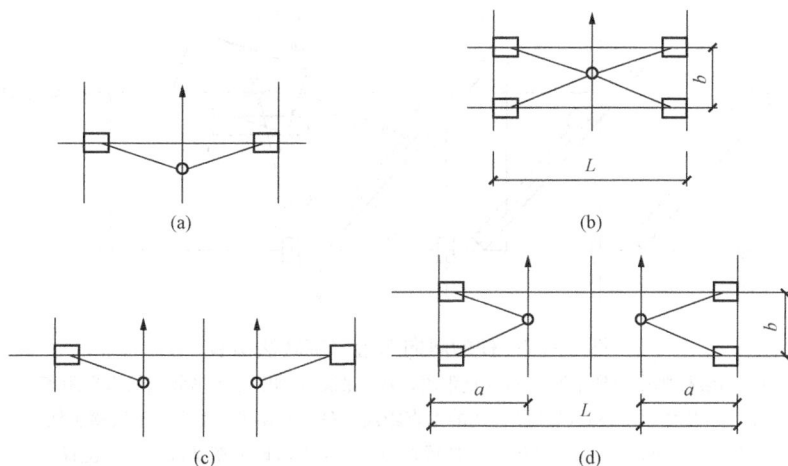

图 5-35 起重机吊装柱时的开行路线及停机位置

施工。

(5) 当建筑具有多跨并列，且有纵跨时，可先吊装各纵向跨，然后吊装横向跨，以保证在各纵向跨吊装时运输机械畅通，若纵向跨有高低跨，则应先吊装高跨，然后逐步向两边吊装。

图 5-36 所示为一般单跨车间采用分件吊装法起重机开行路线及停机位置示意图。工作流程为：起重机沿跨外从 A 轴开行，吊装 A 列柱→从 B 轴沿跨内开行，吊装 B 列柱→转到 A 轴一侧扶直屋架并将其就位→转到 B 轴一侧扶直屋架并将其就位→转到 B 轴安装 B 列连系梁、吊车梁和柱间支撑等→转到 A 轴安装 A 轴连系梁、吊车梁等构件→转到跨中安装屋面结构（屋面板、天窗架、天沟板）等。

三、构件的平面布置与运输堆放

构件平面布置应注意下列问题：每跨构件尽可能布置在本跨内。若有困难，才考虑布置跨外便于吊装的地方；构件的布置方式应满足吊装工艺要求，尽可能布置在起重机工作幅度内，尽量减少起重机负重行走的距离及起伏起重臂的次数；构件的布置应"重近轻远"。首先考虑重型构件的布置；构件的布置方式应便于支模及混凝土的浇筑，对预应力混凝土构件应留出抽管及穿筋场所。

构件的平面布置可分为预制阶段与吊装阶段的构件排放布置两种。

（一）预制阶段的构件平面布置

目前在现场预制的构件主要是柱和屋架，其他构件均在预制构件厂或场外制作。

1. 柱的布置

柱预制时，应按以后吊装阶段的排放要求进行布置。采用的布置方式有斜向布置（图 5-37）和纵向布置（图 5-38）两种。采用旋转法吊装时，一般按斜向布置；采用滑行法吊装时，可纵向布置，也可斜向布置。

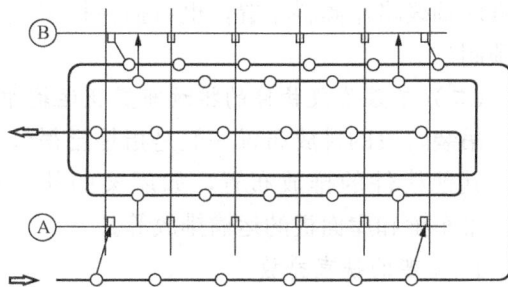

图 5-36 起重机开行路线及停机位置

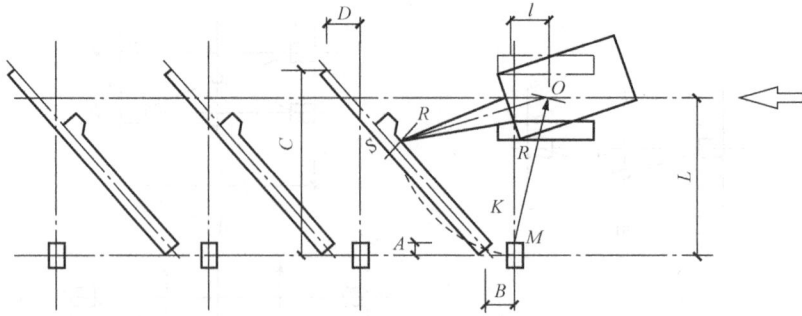

图 5-37　柱的斜向布置（旋转法吊装）

A—吊装柱脚中心到吊装点的垂直距离；B—吊装柱脚中心到吊装点的水平距离；
C—吊装柱顶中心到吊装纵轴线的垂直距离；D—吊装柱顶中心到吊装横轴线
的水平距离；S—吊装柱绑扎点位置；M—吊装点（即杯型基础中心）位置；
K—吊装柱脚中心位置；L—吊车开行路线距吊装点的垂直距离；
l—吊车停机点距吊装点的水平距离；R—吊车吊装时的工作半径

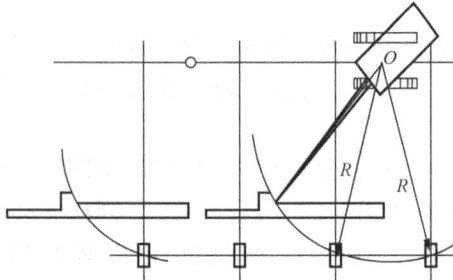

图 5-38　柱的纵向布置（滑行法吊装）

2. 屋架的布置

屋架一般在现场制作安装，在跨内平卧叠浇，以 3～4 榀为一叠。屋架叠浇时其布置方式有正面斜向布置、正反斜向布置和正反纵向布置三种。因正面斜向布置屋架扶直方便，故应优先选用斜向布置，只有在场地受限制时，才考虑采用其他两种形式。若为预应力混凝土屋架，在屋架一端或两端需留出抽管及穿筋必需的长度；若为钢管做留孔，一端抽管时需留出的长度为屋架全长另加抽管时所需工作场地（3m）；若用胶管做预留孔，则屋架两端的预留长度可以减少；屋架之间的间隙可取 1m 左右，以便支模及浇混凝土；屋架之间的搭接长度视场地大小而定；布置屋架的预制位置还应考虑到屋架的扶直、排放要求及先后次序，先扶直者放在上层；对屋架两端头的朝向也要注意，要符合屋架吊装时对朝向的要求，如图 5-39 所示。

3. 吊车梁的布置

当吊车梁安排在现场制作时，可靠近柱基顺纵向轴线略作倾斜布置，也可插在柱子空挡中预制。

（二）吊装阶段构件的排放布置及运输堆放

吊装阶段的排放布置一般是指柱已吊装完毕，其他构件的排放布置，如屋架的扶直排放，吊车梁和屋面板的运输排放等。

1. 屋架的扶直排放

屋架扶直后应立即进行排放，按排放位置不同分为同侧排放、异侧排放。常用的屋架排

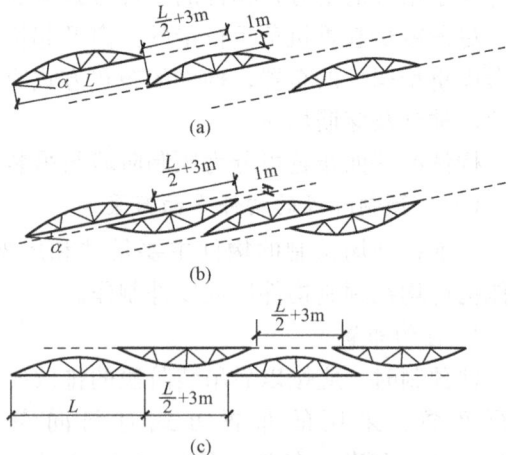

图 5-39　屋架的布置方式

(a) 斜向布置；(b) 正向斜向布置；
(c) 正反纵向布置

放方式有靠柱边斜向排放、靠柱边成组纵向排放两种。

（1）靠柱边斜向排放。斜向排放用于跨度及重量较大的屋架，用于在起重机开行路线上进行定点吊装。一般用作图法确定其排放位置。图 5-40 所示为屋架同侧斜向排放。

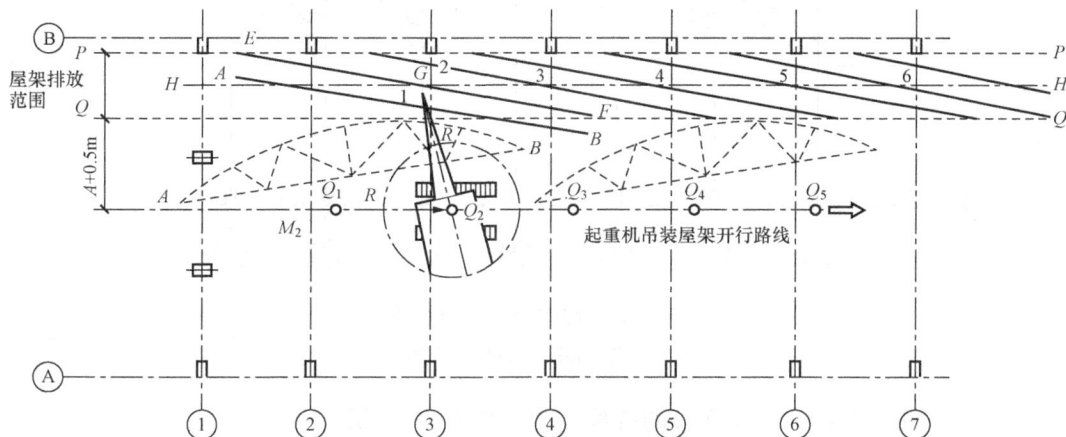

图 5-40　屋架同侧斜向排放

A、B、1~6—屋架吊装对应的轴线位置

以轴线②的屋架为例，排放作图方法如下：

1）确定吊装该榀屋架的停机点位置。如图 5-40 所示，起重机沿跨中开行，以轴线②与开行路线的交点 M_2 为圆心，以起重半径 R 为半径画圆弧交开行路线于 Q_2 点，Q_2 点即为停机点。

2）确定屋架排放范围。定外边线 PP，使其距柱边不小于 0.2m，再定里边线 QQ，使其距开行路线的距离满足 $A+0.5m$（A 为起重机尾长）。绘出与线 PP、线 QQ 平行的中线 HH，屋架应排放在 PP 和 QQ 两线之内，屋架的中点则应在 HH 线上。

3）确定屋架的排放位置。以 Q_2 为圆心，以 R 为半径画圆弧交线 HH 于 G 点，G 点即为屋架中点的位置。再以 G 点为圆心，取 1/2 屋架跨度为半径画圆弧交 PP 线于点 E，交线 QQ 于点 F，连接 E、F 两点，EF 即为屋架排放位置。

其他屋架的排放位置以此类推。第①轴线的屋架由于已安装了抗风柱，可灵活布置，一般后退至②轴线屋架排放位置附近排放。

（2）靠柱边成组纵向排放。屋架的成组纵向排放用于重量较轻的屋架，允许起重机负荷行驶。一般以 4~5 榀屋架为一组靠柱边顺轴线排放，屋架之间的净距不小于 200mm，相互之间用铁丝及支撑拉紧撑牢。每组屋架之间应留 3m 左右的距离作为横向通道。为避免在已安装好的屋架下绑扎吊装屋架，防止屋架起吊时与已安装好的屋架相碰，每组屋架排放的中心可安排在该组屋架倒数第二榀安装轴线之后约 2m 处（图 5-41）。

2. 吊车梁、连系梁、屋面板的运输、堆放与排放

（1）吊车梁、连系梁的排放位置，一般在其吊装位置柱列附近的跨内、跨外均可，有时也可从运输车辆上直接吊到牛腿上。

（2）屋面板的排放位置可布置在跨内或跨外，根据起重机吊装屋面板时所需的工作幅度。当屋面板在跨内排放时，大约应向后退 3~4 个节间开始排放；若在跨外排放时，应向

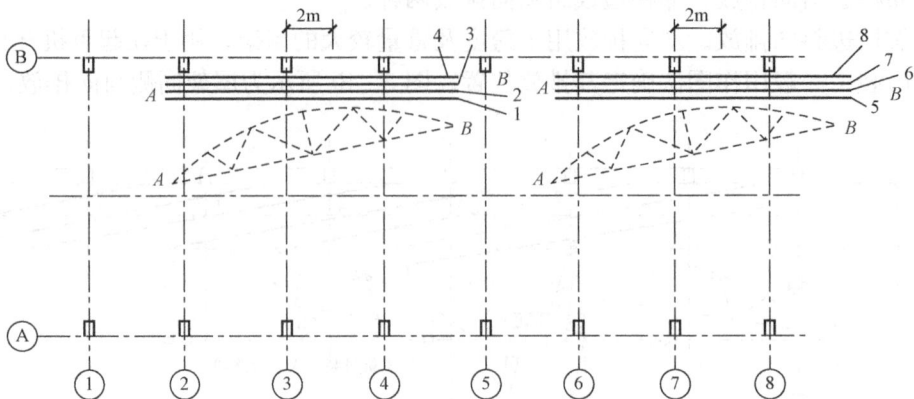

图 5-41　屋架分组纵向排放

A、B、1~8—屋架吊装对应的轴线位置

后退 1~2 个节间开始排放。屋面板的叠放高度一般为 6~8 层。

（3）若吊车梁、屋面板等构件，在吊装时已集中堆放在吊装现场附近，也可不用排放，而采用随吊随运的方法。

第四节　结构安装工程案例

某厂金工车间，跨度为 18m，长为 54m、柱距为 6m，共 9 个节间，建筑面积为 1002m²，主要承重结构采用装配式钢筋混凝土工字形柱，预应力混凝土折线形屋架，1.5m× 6m 大型屋面板，T 型吊车梁。车间为东西走向，北面紧靠围墙有 6m 间隙，南面有旧建筑物，相距 12m，东面为预留扩建场地，西面为厂区道路、可通汽车，车间的平面位置如图 5-42 所示。

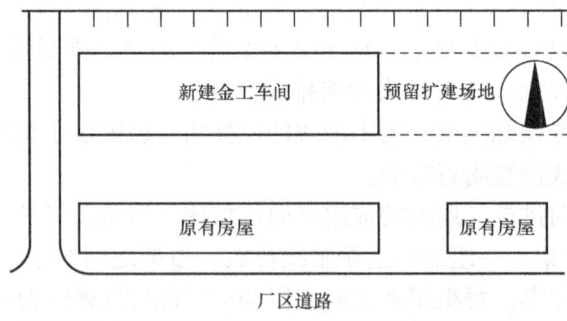

图 5-42　金工车间平面布置图

车间的柱基平面图、立面剖面图如图 5-43、图 5-44 所示。主要主承重结构参数见表 5-6。

一、起重机选择及工作参数计算

根据现有的起重设备，选择履带式起重机 W_1-100 进行结构吊装，对一些有代表性的构件的起重机工作参数（Q、H、R）进行计算。

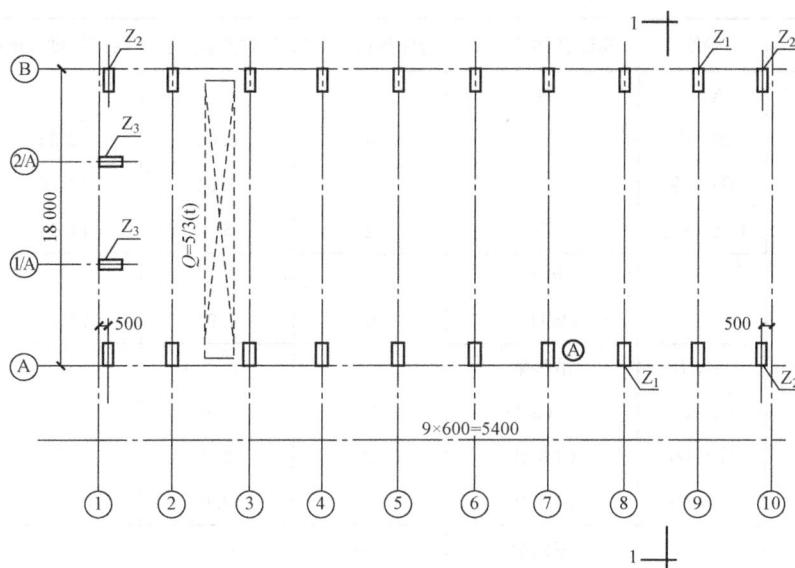

图 5-43 柱基布置图

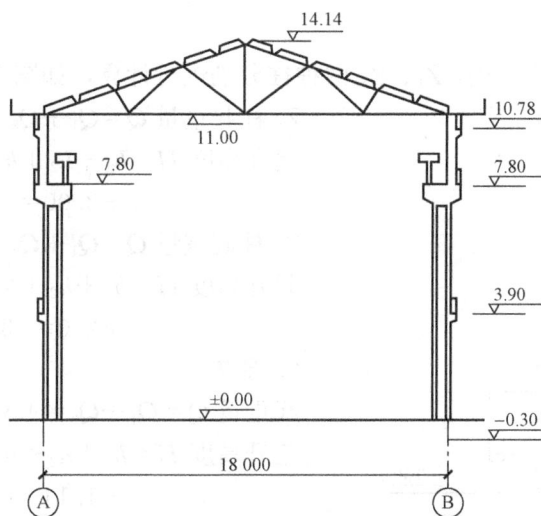

图 5-44 金工车间剖面图

表 5-6   某厂金工车间主要主承重结构一览表

项次	跨度	轴线	物件名称及编号	物件数量（个）	物件重量（t）	物件长度（m）	安装标高（m）
1		A、B	基础梁 YJL	18	1.43	5.97	
2	A~B 跨	A、B	连系梁				
		②~⑨	YLL$_1$	42	0.79	5.97	+3.90
		①~②	YLL$_2$	6	0.73	5.97	+7.80
		⑨~⑩	YLL$_2$	6			+10.78

续表

项次	跨度	轴线	物件名称及编号	物件数量（个）	物件重量（t）	物件长度（m）	安装标高（m）
3		A、B	柱				
		②～⑨	Z_1	16	6.04	12.25	−1.25
		①、⑩	Z_2	4	6.04	12.25	−1.25
		1/A、2/A	Z_3	2	5.4	14.14	
4			屋架				
			YWJ18-1	10	4.95	17.70	+11.00
5	A～B跨	A、B	吊车架				
		②～⑨	DCL_6-4Z	14	3.6	5.97	+7.80
		①～②	CL6-4B	2	3.6	5.97	+7.80
		⑨～⑩	CL6-4B	2	3.6	5.97	
6			屋面板	108	1.30	5.97	+13.90
7		A、B	天沟				
			TGB58-1	18	1.07	5.97	+11.60

1. 柱

采用斜吊绑扎法吊装，选择 Z_1、Z_3 两种柱分别进行计算，如图 5-45 所示。

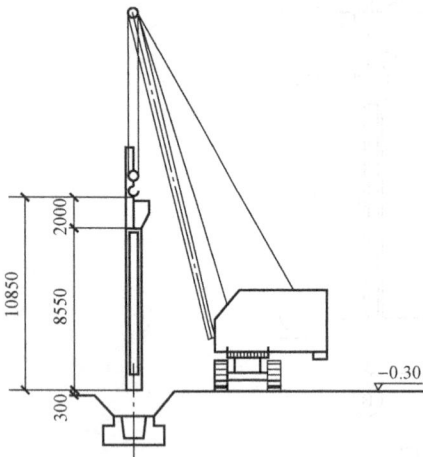

图 5-45　Z_1 柱起升高度计算简图

Z_1 柱起重量 $Q=Q_1+Q_2=6.04+0.2=6.24$t

起升高度 $H=h_1+h_2+h_3+h_4=0+0.3+8.55+2.00=10.85$m

Z_3 柱起重量 $Q=Q_1+Q_2=5.4+0.2=5.6$t

起升高度 $H=h_1+h_2+h_3+h_4=0+0.3+11.0+2.0=13.3$m

2. 屋架

起重量 $Q=Q_1+Q_2=4.95+0.2=5.15$t

起升高度 $H=h_1+h_2+h_3+h_4=11.3+0.3+1.14+6=18.74$m

屋架起升高度计算简图如图 5-46 所示。

3. 吊装屋面板

（1）考虑吊装跨中屋面板：

起重量 $Q=Q_1+Q_2=1.3+0.2=1.5$t

起升高度 $H=h_1+h_2+h_3+h_4=(11.30+2.64)+0.3+0.24+2.50=16.98$m

查表 5-4 得 $E=1.7$m，则 $h=h_1-E=(11.30+2.64)-1.7=12.24$m

起重机吊装跨中屋面板时，起重钩需跨过已吊装的屋架 3m，且起重臂轴线与已安装好的屋架上弦中线最少需保持 1m 的水平间隙，根据这个来计算起重机的最小起重臂长度和起重倾角，所需最小起重臂长度时的起重倾角按式（5-10）来计算，即

$$\alpha = \arctan\left(\frac{12.24}{4}\right)^{\frac{1}{3}} = 55.44°$$

代入式（5-9）得

$$L = \frac{12.24}{0.8235} + \frac{4}{0.5672}$$

$$= 14.86 + 7.05 = 21.95\text{m}$$

结合 W_1-100 型起重机的构造特点，采用 23m 长的起重臂，并取起重倾角 $\alpha = 55°$，可得工作幅度为

$$R = F + L - \cos\alpha = 1.3 + 23\cos55° = 14.49\text{m}$$

（2）对起重机起升高度进行验算，确定起重杆顶端至吊钩中心距离为 3.5m，即

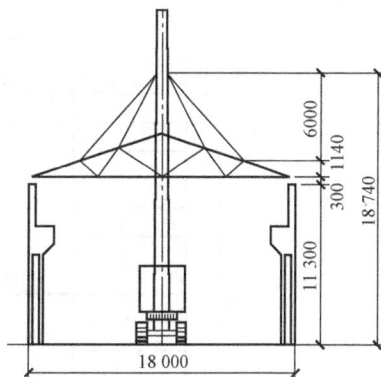

图 5-46 屋架起升高度计算简图

$$H = L\sin\alpha + E - d = 23 \times \sin55° + 1.7 - 3.5$$

$$= 17.3\text{m} > 16.98\text{m}$$

即 $d = 23 \times \sin55° + 1.7 - 16.98 = 3.56\text{m}$，满足要求。这说明选择起重臂长 $L = 23\text{m}$，起重倾角 $\alpha = 55°$，可以满足吊装跨中屋面板的需要，其吊装工作参数如图 5-47 所示。

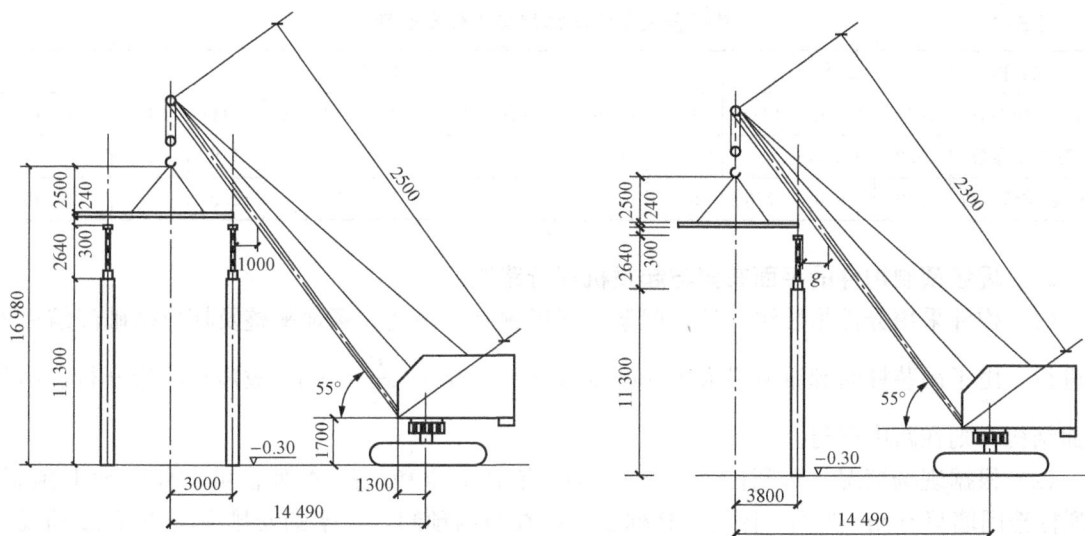

图 5-47 起重机最小杆长计算参数

（3）以 23m 起重臂长及 $\alpha = 55°$ 倾角，用作图法复核能否满足吊装最边缘一块屋面板的要求。

（4）如图 5-48 所示，以最边缘一块屋面板的中心 K 为圆心，以 $R = 14.49\text{m}$ 为半径画弧，交起重机开行路线于 O_1 点，O_1 点即为起重机吊装边缘一块屋面板的停机位置。

根据对以上各构件中吊装工作参数的计算及查表 5-4、表 5-5，经综合考虑之后，确定选用 23m 长起重臂的履带式起重机 W_1-100 可以完成结构吊装任务，见表 5-7。

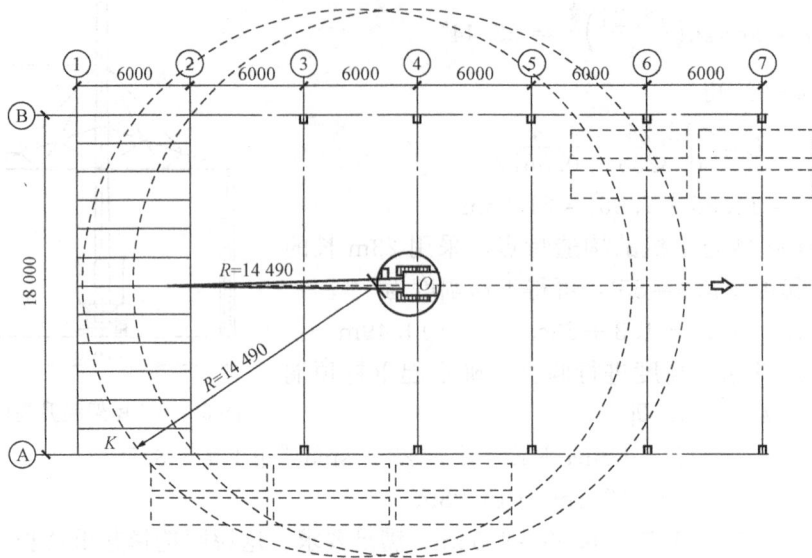

图 5-48　屋面板吊装参数计算简图及屋面板的排放布置图

表 5-7　　　　　　　　　　　某厂金工车间结构吊装工作参数表

构件名称	Z_1 柱			Z_3 柱			屋架			屋面板		
吊装工作参数	Q(t)	H(m)	R(m)	Q(t)	H(m)	R(m)	Q(t)	H(m)	R(m)	Q(t)	H(m)	R(m)
计算需工参数	6.2	10.85	—	5.6	13.3	—	5.15	18.74	—	1.5	16.94	—
23m 起重臂参数	6.2	19.0	7.8	5.6	19.0	8.5	5.15	19.0	9.0	2.3	17.3	14.49

二、现场预制构件的平面布置与起重机开行路线

（1）构件采用分件吊装法，柱与屋架在现场预制，吊装在场地平整及杯形基础浇筑后即可进行。由于吊装柱时起重机最大工作幅度 R（$=7.8\text{m}$）$<\dfrac{L}{2}=9\text{m}$，故需在跨边开行。吊装屋面结构时则在跨中开行。

（2）根据现场情况，车间南面距原有房屋有 12m 空地，故 A 列柱可在此空地上预制，B 列柱至围墙只有 6m 距离。因此，B 列柱安排在跨内预制，屋架则安排在跨内靠 A 轴线一侧预制。

（3）A 列柱的预制位置。A 列柱安排在跨外预制，为节约模板，采用两柱叠浇预制，柱采用旋转法吊装，每一停机位置吊装两根柱，起重机应停在两柱之间，有相同的工作幅度 R，且要求 R 大于最小工作幅度 6.5m（跨内预制时适当缩小 R）且小于最大工作幅度 7.8m，即要求起重机开行路线距基础中心线的距离应小于 $\sqrt{(7.8)^2-(3.0)^2}=7.2\text{m}$，但最小距离为 $\sqrt{(6.5)^2-(3.0)^2}=5.78\text{m}$，可取 5.8m，这样便可定出起重机开行路线到 A 轴距离为 $5.9-0.4=5.5\text{m}$（0.4 为柱基础中心至 A 轴的距离）。

（4）B 列柱的预制。B 列柱在跨内预制与 A 列柱一样，两根叠浇制作，用旋转法吊装，并取起重机开行路线至 B 列柱基础中心为最小值 5.8m，至 B 轴线则为 $5.8+0.4=6.2\text{m}$，由此可定出起重机吊 B 列柱的停机位置及 B 列柱的预制位置，如图 5-49 所示。但吊 B 列柱时起重机开行路线到跨中只有 9－6.2＝2.8m，小于起重机回转中心到尾部的距离（3.3m）。为避免碰撞屋架，屋架预制位置应自跨中线后退 3.3－2.8＝0.5m 以上，东侧为 1m。

（5）Z_3 抗风柱的预制位置。Z_3 柱较长，且只有两根，为避免妨碍交通，故放在跨外预制。吊装前，需先排放再排吊装。

（6）屋架的预制位置。屋架以 3～4 榀为一叠先安排在跨内预制，共分三步制作，在确定预制之前，应先定出各屋架排放的位置，据此来安排屋架预制的场地。

（7）按照上述方案，起重机的开行路线及构件的安排次序如下：

1）起重机自 A 轴跨外进场，接 23m 长起重臂；

2）自①～⑩先吊装 A 列柱，然后沿 B 轴自⑩～①吊装 B 列柱，再吊装两根抗风柱；

3）自①～⑩吊装 A 列吊车梁、连系梁、柱间支撑等；

4）自⑩～①扶直屋架，屋架就位；

5）吊装 B 列吊车梁、连系梁、柱间支撑及屋面板，卸车排放等；

6）起重机自①～⑩吊装屋架、屋面支撑、天窗板和屋面板，起重机退场。

预制构件平面布置及起重机平行路线如图 5-49 所示。

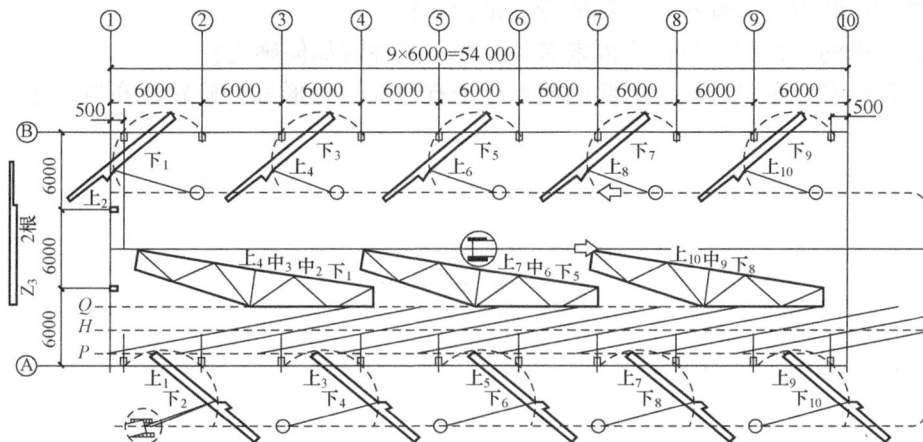

图 5-49　预制构件平面布置及起重机开行路线图

思　考　题

1. 何谓装配式结构？装配式结构安装的施工特点是什么？

2. 试述钢丝绳的种类与构造。钢丝绳的允许拉力如何确定？

3. 起重机械的种类有哪些？起重机械主要参数包括哪些？各主要参数间的相互关系是什么？

4. 试述桅杆式起重机的组成。桅杆式起重机主要包括哪些类型？独脚拔杆的固定方法有哪些？有何要求？

5. 塔式起重机主要包括哪些类型？三个主要技术参数是什么？何谓起重力矩？

6. 单层工业厂房构件安装工艺中，构件的检查与清理工作包括哪些内容？何谓构件的弹线？

7. 基础的准备包括哪些内容？有什么要求？

8. 柱子、屋架、吊车梁的吊装定位需要弹出哪些线？作用是什么？有什么要求？

9. 柱子的安装施工工艺包括哪些内容？绑扎柱子的方法有哪几种，各有什么要求？

10. 柱子的吊升方法根据何种情况确定？有几种吊升方法？各自的特点是什么？

11. 柱子的校正工作包括哪些内容？柱子最后固定的施工方法是什么？

12. 柱子的校正方法根据什么确定？有哪些校正方法？

13. 吊车梁的吊装工艺是什么？在什么阶段完成吊车梁的校正工作？

14. 屋架的安装特点及施工工艺是什么？屋架扶直有哪几种方法？正向扶直与反向扶直的不同点是什么？

15. 屋架的绑扎方法有哪些，各有何要求？扶直屋架时需注意哪些事项？

16. 屋面板安装时，对施工顺序有什么要求？

17. 起重机选择的三个参数是什么？何谓额定起重量，工作幅度及起重高度？

18. 起重机的最小臂长如何确定？应满足什么要求？用数字法求得的公式是什么？

19. 起重机的数量确定与哪些因素有关？怎样确定？

20. 结构吊装方法有哪些，各自的特点是什么？

21. 起重机的开行路线与什么因素有关？在吊装柱时如何确定？

22. 构件的平面布置应注意哪些问题？柱子有几种布置形式？旋转法布置柱子时应如何确定？

第六章 钢结构工程

本章要点

钢结构的类型、建筑钢结构材料、钢结构构件的加工制作工艺、钢结构的焊接工艺,以及钢结构的安装工艺等内容。

基本要求及重点、难点

(1) 了解钢结构的类型及组成,熟悉建筑钢结构材料、钢结构构件的加工制作工艺过程。

(2) 熟悉钢结构的各种焊接和安装的施工工艺、质量要求与检验方法。

· 重点:钢结构的加工制作、钢构件的验收、运输、堆放;钢结构构件常用的焊接方法。

· 难点:吊车梁安装、吊车轨道安装、屋盖系统结构安装、高层钢结构的安装、高强度螺栓的连接。

· 深度和广度:具备从事钢结构施工的技术、管理,以及进行钢结构的工料分析的能力和解决钢结构施工中实际问题的能力。

第一节 概　　述

一、钢结构的类型及构成

在土木工程中,钢结构有着广泛的应用。由于使用功能及结构组成方式不同,钢结构种类繁多,形式各异。例如房屋建筑中,有大量的钢结构厂房、高层钢结构建筑(包括框架及带支撑的框架体系、筒式结构体系等)、大跨度钢网架建筑(包括平板网架、空间网壳等)、悬索结构建筑等。在公路及铁路上有各种形式的钢桥,如板梁桥、桁架桥、拱桥、悬索桥、斜张桥等。钢塔及钢桅杆则广泛用作输电线塔、电视广播发射塔。此外,还有海上采油的钢结构平台、卫星发射钢塔架等。

所有这些钢结构尽管用途、形式各不相同,但它们都是由钢板和型钢经过加工,制成各种基本构件,如拉杆(有时还包括钢索)、压杆、梁、柱及桁架等,然后将这些基本构件按一定方式通过焊接和螺栓连接构成结构。

二、钢结构的特点及应用范围

1. 钢结构的特点

钢结构同土木工程的其他结构形式相比,具有如下特点:

(1) 强度高、重量轻。钢材的密度虽然比钢筋混凝土、砖石及木材大,但因其强度高得更多,因此在承载力相同的条件下,钢结构的自重比其他结构要小。如 24m 跨度的屋架,采用钢屋架时，仅为预应力钢筋混凝土屋架重量的 $1/3\sim1/4$。由于结构自重小，就可以承受更多的外加荷载或具有更大的跨度。自重小也便于运输和吊装。例如，在边远山区修建公路或输电工程时，由于交通不便，取材困难，通常考虑运输方便而选用钢桥或钢制输电线塔架。

（2）塑性、韧性好。钢材破坏前要发生很大的塑性变形，能吸收和消耗很大的能量。因此，一般情况下不会因偶然或局部超载而发生突然脆性破坏，对动力荷载的适应性强，抗震性能好。国内外大量的调查表明，地震后各类结构中钢结构所受的损害最小。

（3）材质均匀、工作可靠性高。钢材在冶炼和轧制过程中，质量受到严格的检验控制，因而材质比较均匀，质量比较稳定。钢材各向同性，弹性工作范围大，因此它的实际工作情况比较符合力学计算中对材料匀质各向同性的假定，工作可靠性高。

（4）适于机械化加工，工业化生产程度高。组成钢结构的各个部件一般是在专业化的金属结构加工厂制造，然后运至现场，用焊接或螺栓进行拼接和吊装。因此，钢结构加工精细，生产效率高，是工业化生产程度最高、施工现场工程量最小的一种结构，因而施工周期也最短。

（5）能制成不渗漏的密闭结构。

（6）耐热性能好，但耐火性能差。钢材在常温至 200℃ 以内性能变化不大，但超过200℃ 以后，钢材的强度及弹性模量将随温度升高而大大降低，到 600℃ 时就完全失去承载能力。另外，钢材导热性很好，局部受热（如发生火灾）也会迅速引起整个结构升温，危及结构安全。一般认为，当钢结构表面长期受高温辐射达 150℃ 以上，或短时间内可能受到高温作用，或可能受到炽热熔化金属喷溅，以及可能遭受火灾袭击时，应采取有效的防护措施，如用耐火材料做成隔热层等。

（7）易锈蚀，这是钢材的最大弱点。据有关资料估算，约有 $10\%\sim12\%$ 的钢材损耗是属于锈蚀损耗。低合金钢的抗锈能力比低碳钢好，其锈蚀速度比低碳钢慢。钢材锈蚀严重时会影响结构的使用寿命，因此钢结构必须采取防锈措施，彻底除锈并涂以油漆和镀锌等。此外，还应注意使结构构件及加工场所经常处于清洁和干燥的环境中，保持通风良好，及时排除侵蚀性气体和湿气。

2. 钢结构的应用范围

钢结构的应用范围与其特点和钢材供应情况密切相关。我国 20 世纪 60～70 年代，钢材供应短缺，节约钢材、少用钢材成为当时的重要任务，致使钢结构的应用范围受到很大限制。20 世纪 80 年代以来，钢产量逐年提高，钢材品种不断增加，使钢结构应用范围不断扩大。目前钢结构在我国建筑工程中的应用范围大致如下：

（1）承受荷载大的结构，如工业建筑中的重型厂房。

（2）大跨度结构。结构跨度越大，自重所占比例就越大，减轻自重提高经济效益就越显重要，因此大跨度的结构，如大型公共建筑物（体育馆、影剧院、大会堂等）、大型工业厂房、飞机维修库等常采用钢结构。

（3）高层建筑。高层建筑采用钢结构，由于结构自重轻、强度高，结构构件截面积小，因此可以获得较大的建筑空间，同时抗震性能好、工期短、施工方便，对高层建筑的修建极为有利。

（4）塔桅结构。这类结构的特点是高度大，主要承受风荷载，采用钢结构，自重轻，对运输及安装有利。同时还因材料强度高，所需构件截面小，可以减小风荷载，能取得较好的经济效益。

（5）可以拆卸和搬迁的结构。因为钢结构可以采用螺栓连接，拆卸搬迁方便，且结构自重较轻，韧性好，因此广泛用于建筑施工的吊装塔架，以及各种需要搬迁的活动房屋，如流动展览馆、移动式混凝土搅拌站、施工临时用的房屋等。

（6）挡水结构、容器及大直径管道。由于钢材易于制成不渗漏的密闭结构，故常用作水工建筑中的挡水闸门、各种容器及大直径管道等。

（7）轻型钢结构。屋面荷载轻或跨度小的房屋也常采用由冷弯薄壁型钢或小角钢及圆钢组成的轻型钢结构，由于自重轻，可取得显著的经济效果，同时这类结构布置灵活，制造、安装、运输都很方便。

三、建筑用钢材的基本要求

钢材品种很多，各自的性能、产品规格及用途都不相同。用于建筑的钢材，在性能方面要求具有较高的强度、较好的塑性和韧性，以及良好的加工性能。对于焊接结构还要求可焊性良好。在低温下工作的结构，要求钢材在低温下也能保持较好的韧性。在易受大气侵蚀的露天环境下工作的结构，或在有害介质侵蚀的环境下工作的结构，必要时要求钢材具有较好的抗锈能力。

根据上述要求，我国现行《钢结构设计规范》（GB 50017—2003）推荐承重结构的钢材宜采用平炉或氧气转炉 3 号钢、16 锰钢、16 锰桥钢、15 锰钒钢及 15 锰钒桥钢。新标准中碳素结构钢牌号表示方法由字母 Q、屈服点数值、质量等级代号（A、B、C、D）及脱氧方法代号（F、b、Z、TZ）四个部分组成。Q 是"屈"字汉语拼音的首位字母，质量等级中以 A 级最差、D 级最优，F、b、Z、TZ 则分别是"沸"、"半"、"镇"及"特、镇"汉语拼音的首位字母，分别代表沸腾钢、半镇静钢、镇静钢及特殊镇静钢。其中代号 Z、TZ 可以省略。新标准中低合金高强度结构钢全部为镇静钢或特殊镇静钢，所以它的牌号就只有 Q、屈服点数值及质量等级三个部分组成，其中质量等级有 A～E 五个级别。这样按照新的标准，钢号的代表意义为：

Q235-A 代表屈服点为 235N/mm^2 的 A 级镇静碳素结构钢；

Q235-BF 代表屈服点为 235N/mm^2 的 B 级沸腾碳素结构钢；

Q235-D 代表屈服点为 235N/mm^2 的 D 级特殊镇静碳素结构钢；

Q345-E 代表屈服点为 345N/mm^2 的 E 级低合金高强度结构钢。

新的钢材国家标准：《碳素结构钢》（GB/T 700—2006）将碳素结构钢按屈服点数值分为四个牌号，即 Q195、Q215、Q235 及 Q275。《低合金高强度结构钢》（GB/T 1591—2008）将低合金高强度结构钢按屈服点数值分为九个牌号：Q295、Q345、Q390、Q420、Q460、Q500、Q550、Q620 及 Q690。

各类钢种供应的钢材规格分为型材、板材、管材及金属制品四个大类。其中钢结构用得最多的是型材和板材。

第二节 钢结构构件的制作

一、钢结构加工制作

钢结构加工制作的主要工艺为加工制作图的绘制，样杆、样板的制作及清料，画线，切割，坡口加工，开孔，组装（包括矫正），焊接，摩擦面的处理，涂装与编号等环节。

1. 加工制作图的绘制

一般设计院提供的设计图，不能直接用来加工制作钢结构，而是要考虑加工工艺，如公差配合、加工余量、焊接控制等因素后，在原设计图的基础上绘制加工制作图。绘制加工制作图，应边绘制边审查边分析研究能否施工或施工的难易程度，分析有无难焊的部分，可否使用高强螺栓及紧固器具，在狭窄处能否保持焊条的焊接角度等。

在钢结构工程施工中，各工种应使用"同一把尺"，最好使用工厂用卷尺和现场用卷尺，它们属同一类产品。如果有困难，也应保证10m范围的相互差值在0.5mm之内。此外，上岗操作人员应进行岗前培训和考核，特殊工种应进行资格确认，持证上岗。技术负责人应充分做好各项工序的技术交底工作。

2. 样杆、样板的制作及清料

样杆、样板以加工制作图为基础，采用厚度0.3~0.5mm的薄钢板制成，其允许偏差见表6-1。

表6-1　　　　　　　　　　　　样板、样杆制作尺寸的允许偏差

项　目		允　许　偏　差
样板	长度	0 —0.5mm
	宽度	0 —0.5mm
	两对角线长度差	1.0m
样杆	长度	±1.0mm
	两最外排孔中心线距离	±1.0mm
同组内相邻两孔中心线距离		±0.5mm
相邻两组端孔间中心线距离		±1.0mm
加工样板的角度		±20′

清料指核对钢材规格、材质、批号，清除钢板表面油污等污物，钢材表面的质量应符合表6-2的要求。

表6-2　　　　　　　　　　　　钢材矫正后的允许偏差

序号	项　目	示意图	允许偏差（mm）
1	钢板的局部平面度（Δ） $t \leqslant 14$ $t \geqslant 14$		（在1m范围内） 1.5 1.0
2	型钢弯曲矢高（f）		1/1000 5.0

序号	项　目	示意图	允许偏差（mm）
3	角钢肢的垂直度（△）		$b/1000$ 双肢栓接角钢的角度 不得大于 90°
4	槽钢翼缘的倾斜度（△）		$h/80$
5	工字钢、H 型钢翼缘的 倾斜度（△）		$h/100$ 2.0

3. 画线

利用加工制作图、样杆、样板及钢卷尺进行画线。目前已有一些先进的钢结构加工厂采用程控自动画线机画线，不仅效率高，而且精确度高，节省材料。画线的要领有两点：一是画线作业场地要选在开阔、明亮的室内，以避免阳光直射及室外温度变化快的影响；二是应选用画线针画线，因为使用画线针比用墨尺及画线绳的画线精度高。下料部分画线时要考虑剪切余量、切削余量，气割机视其火口大小而定，当板厚小于 50mm 时，取 2mm 为宜；带锯及砂轮切割机的余量各自为锯刃及砂轮片的厚度；金属之间接触部分的切割余量一般为3mm 左右。

高质量的工作平台是制作高质量构件的必要条件，因此要求工作平台表面呈水平且整体结构牢固可靠，使构件在多次反转、反复冲击下也不易变形。

4. 切割

钢材的切割有气割、等离子切割和高温切割等方法，也有使用剪切、切削、摩擦热等机械力的方法。要综合考虑切割能力、切割精度、切割面的质量及经济性来选择切割方法。

5. 坡口加工

焊接质量与坡口加工的精度有直接关系，如果坡口表面粗糙有尖锐且深的缺口，就容易在焊接时产生不熔部位，将在事后产生焊接裂纹；如在坡口表面粘附油污，焊接时就会产生气孔和裂缝，因此要特别重视坡口质量。坡口加工一般可用气体加工或机械加工，在特殊的情况下采用手动气体切割的方法，但必须进行事后处理，如打磨等。现在坡口加工专用机已开始普及，应尽量采用专用加工机械加工。

6. 开孔

（1）开孔时间。在焊接结构中，将不可避免地产生焊接收缩和变形，因此在制作过程中把握好开孔时间将在很大程度上影响产品精度。特别是梁柱连接部位的孔群尺寸精度直接影响钢结构安装的精度，因此把握好开孔的时间是十分重要的，一般有以下四种方式：

1）在构件加工时预先画上孔位，待拼装、焊接及变形矫正完成后，再画线确认进行打孔加工。

2）在构件一端先进行打孔加工，待拼装、焊接及变形矫正完成后，再对另一端进行打孔加工。

3）待构件焊接及变形矫正后，对端面进行精加工，然后以精加工面为基准，画线、打孔。

4）在画线时，考虑了焊接收缩量、变形余量、允许公差等，直接进行打孔。

打孔方法有机械打孔和气体开孔。机械打孔有电钻、风钻、立式钻床、摇臂钻床、桁式摇臂钻床、多轴钻床、NC 开孔机等；气体开孔，最简单的方法是在气割喷嘴上安装一个简单的附属装置，可打出 $\phi30$ 的圆孔。

（2）钻模和板叠套钻制孔。这是目前国内比较流行的一种制孔方法，应用夹具固定，钻套应采用碳素钢或合金钢。如 T8、GCr13、GCr15 等制作，热处理后钻套硬度应高于钻头硬度 HRC2～HRC3。

钻模板上下两平面应保持平行，其偏差不得大于 0.2mm，钻孔套中心与钻模板平面应保持垂直，其偏差不得大于 0.15mm。整体钻模制作允许偏差为：相临两孔中心距：±0.2mm；两最外排孔中心距：±0.3mm；两对角线孔中心距：±0.45mm。

（3）开孔的允许偏差。A、B 级螺栓孔（1 类孔）孔壁表面粗糙度 $Ra \leqslant 12.5\mu m$，其允许偏差应符合表 6-3 的规定。

表 6-3　　　　　　　　　　B 级螺栓孔径的允许偏差　　　　　　　　　　mm

序号	螺栓公称直径、螺栓孔直径	螺栓杆公称直径允许偏差	螺栓孔直径允许偏差
1	10～18	0 −0.21	+0.18 0
2	18～30	0 −0.21	+0.21 0
3	30～50	0 −0.25	+0.25 0

高强度螺栓等 C 级螺栓和铆钉，孔的直径应比螺栓杆、铆钉杆公称直径大 1.0～3.0mm，孔壁表面粗糙度 $Ra \leqslant 25\mu m$，其允许偏差应符合表 6-4 的规定。

表 6-4　　　　　　　　　　高强度螺栓和铆钉制孔的允许偏差

名　称		公称直径及允许偏差（mm）						
螺栓	公称直径	12	16	20	(22)	24	(27)	30
	允许偏差	±0.43		±0.52			±0.84	

零件、部件孔的位置，在编制施工图时，可按照《形状和位置公差》（GB/T 1184—1996）的计算标准；如设计无要求时，孔距的允许偏差应符合表 6-5 的规定。

表 6-5　　　　　　　　　　孔 距 的 允 许 偏 差

序号	项目	允许偏差（mm）			
		≤500	>500～1200	>1200～3000	>3000
1	同一组内相邻两空间	±0.7	—	—	—
2	同一组内任意两空间	±1.0	±1.2	—	—
3	相邻两组的端孔间	±1.2	±1.5	±2.0	±3.0

孔的分组应符合下列规定：

在节点中连接板与一根杆件相连的所有连接孔划为一组。

接头处的孔：平接头——半个拼接板上的孔为一组；阶梯接头——两接头之间的孔为一组。

在两相邻节点或接头间的连接孔为一组，但不包括上述孔。

制孔后应用磨光机清除孔边毛刺，并不得损伤母材。

7. 组装

组装的零件、部件应经检查合格，连接件和沿焊缝边缘约 50mm 范围内的铁锈、毛刺、污垢、冰雪、油迹等应清除干净。钢材的拼接应在组装前进行，构件的组装应在部件组装、部件焊接、部件矫正后进行。

焊接变形的处理。部件或构件焊接后，均因焊接而产生弯曲或局部变形，其允许偏差应符合表 6-6 的规定，否则需矫正。矫正方法有冷矫正法（压力机矫正、辊式矫正）和热矫正法（线状加热法、楔形加热法）。虽然无法避免气割、焊接加热及冷却所产生的变形，但可以采取下列措施减少变形：

表 6-6 焊接接头组装的允许偏差

序号	项 目	允 许 偏 差	示 意 图
1	根部间隙（b）	±1.0mm	
	错边量（s） $4 < t \leqslant 8mm$ $8 < t \leqslant 20mm$ $t > 20mm$	1.0mm 2.0mm $t/10mm$ 3.0mm	
	坡口角度（α） 钝边（p）	±5.0° ±1.0mm	
2	搭接长度（L） 间隙（e）	±5.0mm 1.0mm	

（1）当由大块板材切割成长且细的杆件时，要边切割边水冷后方能切割。

（2）利用两个火口同时平行切割板材。

（3）从切割线的中间开始气割，待冷却后再切掉端部。

（4）对 T 型钢等一类非对称的构件，可先做对称的 H 型加工，最后在腹板中心处分割开。

（5）预先使其反向变形，再进行拼装和焊接。

（6）让两个构件或部件背靠背以约束变形。

（7）坡口角度及焊缝根部间隔不要大于要求值。

（8）要采用尽量减少焊接变形的焊接顺序。

（9）各工序中所产生的变形，要在该工序中予以矫正。

当构件在平台上组装时，平台的平面高低差不得超过 4mm。构件的组装应根据结构形式、焊接方法和焊接顺序等因素，确定合理的组装顺序。

组装的质量要求：除工艺要求外，零件组装的间隙不得大于 1.0mm。对顶接触面应有 75%以上面积紧贴，用 0.3mm 塞尺检查，其塞入面积不得大于 25%，边缘最大间隙不得大于 0.8mm。金属接触部分的精加工可用龙门铣床、卧式镗床、牛头刨床、斜面切削机等来进行。

板叠上所有螺栓孔等应采用量规检查，其通过率用比孔的直径小 1.0mm 的量规检查，应通过每组孔数的 85%；用比螺栓公称直径大 0.2~0.3mm 的量规检查应全部通过。量规不能通过的孔，经施工图编制单位同意后，可以扩钻或补焊后重新钻孔。扩孔后的孔径不得大于原设计孔径 2.0mm；补孔应制订焊补工艺方案，不得用钢块填塞，处理后做好记录。

部件组装的允许偏差不得超过表 6 - 7 所列数据。

表 6 - 7　　　　　　　　　　　　部件组装的允许偏差

序号	项　目	允许偏差（mm）	示　意　图
1	接头间隙（b）	1.0	
2	H 型钢 高度（h） 宽度（b） 偏心（e） 翼缘倾斜（△）	±2.0 b/100≤2.0 ±2.0 b/100≤2.0	
3	型钢组合错位（△） 连接处 其他处	1.0 2.0	
4	型钢组合缀板 间距（L）	±5.0	
5	箱型结构 翼缘倾斜（△） 组装高度（h） 宽度（b）	2.0<△<b/100 ±2.0 ±2.0	

组装定位焊应符合焊缝厚度要求，不宜超过设计焊缝厚度的 2/3，且不宜大于 8mm；焊缝长度不宜小于 25mm，应在焊道内。定位焊不得有裂纹、气孔等缺陷。在拆除夹具时不得损伤母材，并应对残留的焊疤进行打磨修整。组装的隐蔽部位应在焊接和涂装检查合格后方

可封闭。

8. 焊接

焊接是钢结构加工制作中的关键步骤，将在下一节中详细阐述。

9. 摩擦面的处理

高强度螺栓摩擦面处理后的抗滑移系数值应符合设计要求。采用砂轮打磨处理摩擦面时，打磨范围不应小于螺栓孔径的 4 倍，打磨方向宜与构件受力方向垂直。高强度螺栓的摩擦连接面不得涂装，高强度螺栓安装完后，应将连接板周围封闭，再进行涂装。

10. 涂装与编号

涂装环境温度应符合涂料产品说明书的规定，无规定时，环境温度应为 5～35℃，相对湿度不应大于 85%，构件表面没有结露和油污等，涂装后 4h 内不得淋雨。钢构件表面的除锈方法和除锈等级应符合表 6-8 的规定，其质量要求应符合现行国家标准《涂装前钢材表面锈蚀等级和除锈等级》（GB 8923—1988）的规定。构件表面除锈方法和除锈等级应与设计采用的涂料相适应。

表 6-8　　　　　　　　　　　　除 锈 质 量 等 级

除锈方法	喷射或抛射除锈			手工和动力工具除锈	
除锈等级	Sa2	Sa2$\frac{1}{2}$	Sa3	St2	St3

施工图中注明不涂装的部位和安装焊缝处的 30～50mm 宽范围内，以及高强度螺栓摩擦连接面不得涂装。

涂料、涂装遍数、涂层厚度均应符合设计要求。当设计对涂层厚度无要求时，宜涂装 4～5 遍；涂层干漆膜总厚度：室外应为 150μm，室内应为 125μm，其允许偏差为 25μm。底漆漆膜厚度：室内应大于 50μm，室外应大于 75μm。当喷涂防火涂料时，应符合现行《钢结构防火涂料应用技术规范》（CECS24：90）的规定。涂层应均匀饱满，不得漏涂、误涂，表面不应有起泡、脱皮和返锈，无明显起皱、流挂等缺陷，附着良好。前一涂层干燥后方可涂下一道涂层。当漆膜局部损伤时，应认真清理，按原涂装工艺进行补涂。

构件涂装后，应按设计图纸进行编号，编号的位置应符合便于堆放，便于安装，便于检查的原则。对于大型或重要的构件还应标注重量、重心、吊装位置和定位标记等记号。编号的汇总资料与运输文件、施工组织设计的文件、质检文件等统一起来。

二、钢构件的验收、运输、堆放

1. 钢构件的验收

钢构件加工制作完成后，要按照施工图和现行《钢结构工程施工及验收规范》（GB 50205—1995）的规定进行验收。验收可分为工厂验收和工地验收两种，工地验收还要增加运输的内容。钢构件出厂时，应提供的资料有：产品合格证，施工图的设计变更文件，构件制作中技术问题处理的协议文件，钢材、连接材料、涂装材料的质量证明或试验报告，焊接工艺评定报告，高强度螺栓摩擦面抗滑移系数试验报告、焊缝无损伤检验报告及涂层检测资料，主要构件检验记录，预拼装记录；对于分段出厂的构件，为了保证工地安装的顺利进行，在出厂前需进行预拼装，构件发运和包装清单等。

2. 构件的运输

构件单件超过 3t 时，宜在易见部位用油漆标上重量及重心位置标志，以免在装、卸车和起吊过程中损坏构件；节点板、高强度螺栓连接面等重要部分要有适当的保护措施，零星的部件等都要按同一类别用螺栓和铁丝紧固成束或包装发运。

大型或重型构件的运输应根据行车路线、运输车辆的性能、码头状况、运输船只来编制运输方案。在运输方案中，要根据吊装工程的堆放条件、工期要求来安排构件的运输顺序。运输构件时，应根据构件的长度、重量、断面形状选用车辆。构件在运输车辆上的支点、两端伸出的长度及绑扎方法均应保证构件不产生永久变形，不损伤涂层。构件必须按设计吊点起吊。

3. 构件的堆放

构件一般要堆放在工厂或现场的专用堆放场内，堆放场地应平整坚实，无水坑、冰层，有较好的排水设施，同时要保证车辆进出方便。构件应按种类、型号、安装顺序分区堆放，并竖上标志牌。构件底层垫块要有足够的支承面，不允许垫块有大的沉降量。堆放的高度应按计算确定，以最下面的构件不产生永久变形为准，不得随意堆高。在堆放中，发现有变形过大的构件，则应及时严格检查，进行矫正，然后再堆放。不得将不合格的变形构件堆放在合格的构件中，否则会严重影响安装进度。对于已堆放好的构件，要派专人汇总资料，建立完善的进出场动态管理制度，严禁乱翻、乱移，同时对已堆放好的构件进行适当保护，避免风吹雨打、日晒夜露。

第三节 钢结构构件的焊接

一、钢结构构件常用的焊接方法

焊接是借助于能源，使两个分离的物体产生原子（分子）间结合而连接成整体的过程。用焊接方法不仅可以连接金属材料，如钢材、铝、铜、钛等，还能连接非金属材料，如塑料、陶瓷，甚至还可以解决金属和非金属材料之间的连接，这些统称为工程焊接。用焊接方法制造的结构称为焊接结构，又称工程焊接结构。根据对象和用途大致可分为建筑焊接结构、储罐和容器焊接结构、管道焊接结构、导电性焊接结构四类。通常所称的钢结构包含了这四类焊接结构，选用的结构材料是钢材，而且大多为普通碳素钢和低合金结构钢，常用的钢号有 Q235（3 号钢）、Q345（16Mn、161Mnq 钢）、Q390（15MnV、15MnVq 钢）等。主要的焊接方法有手工电弧焊、气体保护电弧焊接、自保护电弧焊、埋弧焊、熔嘴电渣焊、窄间隙坡口焊、螺柱焊接、点焊等。

1. 手工电弧焊

依靠电弧热量进行焊接的方法称为电弧焊，手工电弧焊是用手工操作焊条进行焊接的一种电弧焊，是钢结构焊接中最常用的方法。手工电弧焊的原理见图 6-1，焊条和焊件就是两

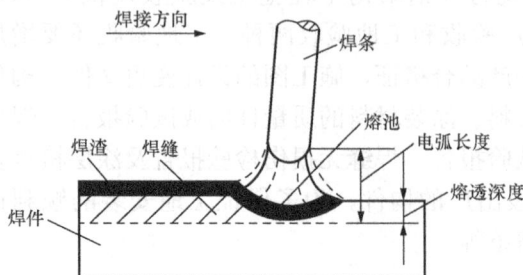

图 6-1 手工电弧焊原理

个电极，产生电弧，电弧产生大量的热量，熔化焊条和焊件。焊条端部熔化形成熔滴，过渡到熔化焊件的母材上融合，形成熔池并进行一系列复杂的物理——冶金反应。随着电弧的移动，液态熔池逐步冷却、结晶，形成焊缝。在高温作用下，冷敷于电焊条钢芯上的药皮熔融成熔渣，覆盖在熔池金属表面，它不仅能保护高温的熔池金属不与空气中有

害的氧、氮发生化学反应，还能参与熔池的化学反应和渗入合金等，在冷却凝固的金属表面，形成保护渣壳。

2. 气体保护电弧焊

气体保护电弧焊又称为熔化极气体电弧焊，以焊丝和焊件作为两个极，两极之间产生电弧热来熔化焊丝和焊件母材，同时向焊接区域送入保护气体，使电弧、熔化的焊丝、熔池及附近的母材与周围的空气隔开，焊丝自动送进，在电弧作用下不断熔化，与熔化的母材一起融合，形成焊缝金属，其原理如图 6-2 所示。

由于保护气体的不同，气体保护电弧焊可分为 CO_2 气体保护电弧焊、MIG 电弧焊和 MAG 电弧焊等几种，CO_2 气体保护电弧焊是目前最广泛使用的焊接法，特点是使用大电流和细焊丝，焊接速度快、熔深大、作业效率高；MIG 电弧焊，是将保护气体变成 Ar 或 He 等惰性气体；MAG 电弧焊，用 CO_2 和 Ar 的混合气体作为保护气体（80％Ar＋20％CO_2），这种方法既经济又有惰性气体保护焊的优越性能。

3. 自保护电弧焊

自保护电弧焊曾称为无气体保护电弧焊，这种方法比气体保护电弧焊的抗风性更好，风速达 10m/s 时仍能得到无气孔而且力学性能优越的焊缝。由于是自动焊接，因此焊接效率高、焊枪轻、不用气瓶、操作十分方便，但焊丝价格比 CO_2 保护焊要高。在海洋平台、超高层建筑钢结构中被广泛使用。

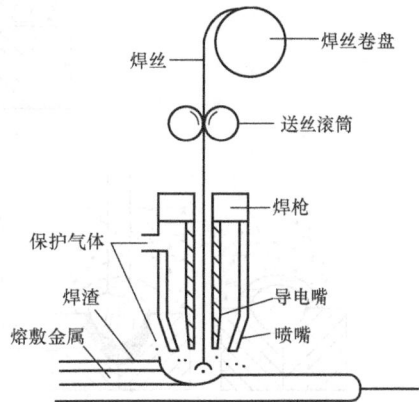

图 6-2 气体保护电弧焊焊接法简图

自保护电弧焊用的焊丝是药芯焊丝，使用的焊机为直流特性电源焊机，它比交流电源焊机更稳定，自保护电弧焊机的组成如图 6-3 所示。

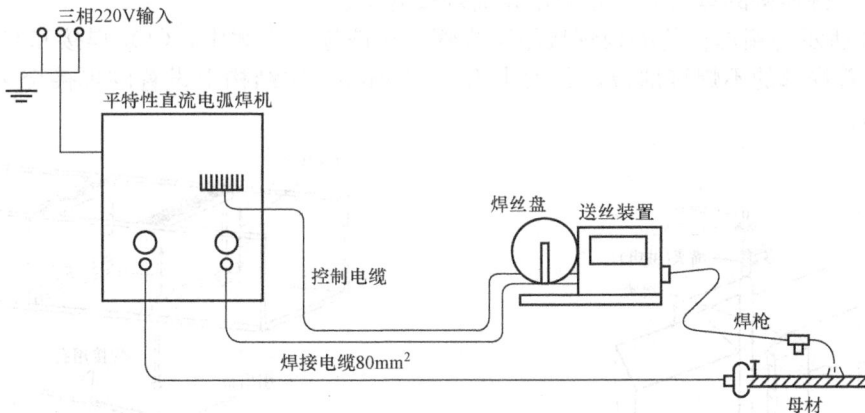

图 6-3 自保护电弧焊机的组成

4. 埋弧焊

埋弧焊是电弧在可熔化的颗粒状焊剂覆盖下燃烧的一种电弧焊，其焊接原理如图 6-4 所示。向熔池连续不断地送进裸焊丝，它既是金属电极，又是填充材料，电弧在焊剂层下燃烧，将焊丝、母材熔化而形成熔池，熔融的焊剂成为熔渣，覆盖在液态金属熔池的表面，使高温熔池金属与空气隔开。焊剂形成熔渣除了起保护作用外，还与熔化金属参与冶金反应，从而影响焊缝金属的化学成分。

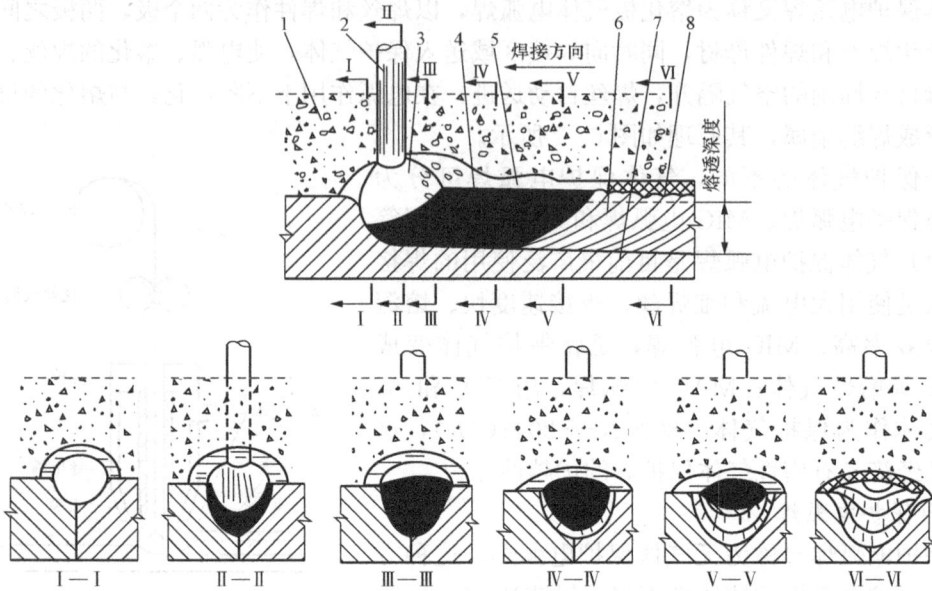

图 6-4　埋弧焊原理

1—焊剂；2—焊丝；3—电弧；4—金属熔池；5—熔渣；6—焊缝；7—工件；8—渣壳

5. 熔嘴电渣焊（CES 焊接）

这是一种竖向位置的自动焊接方法，如图 6-5 所示。在钢制滑块围起的焊接区，中间安置熔嘴，通过熔嘴连续供给焊丝，通过熔化渣的电流产生的电阻热为热源，在熔化焊丝和焊嘴的同时，待连接的母材坡口也被熔化而焊接起来。

图 6-6 所示为箱形柱的隔板焊接施工步骤。在该施工方案中，CO_2 焊接和 CES 焊接交叉部位存在着局部的不焊接部位，其大小为 5～25mm，比结构上设置的焊接交叉区的弧形缺口尺寸小。

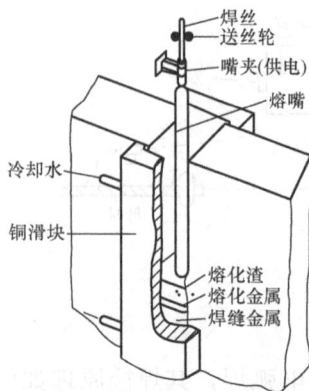

图 6-5　熔嘴电渣焊

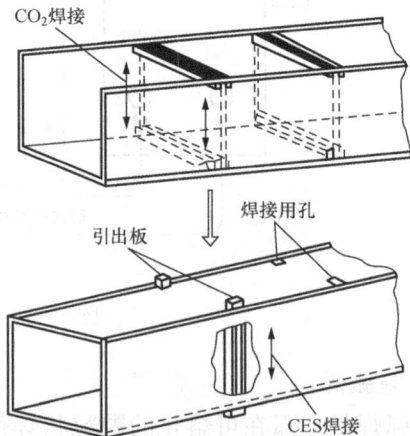

图 6-6　箱形柱的隔板焊接施工步骤

6. 窄间隙坡口焊

本方法利用已有的气体保护焊的特别技术，具有焊接接头的坡口截面面积比手工电弧焊或气体保护焊的坡口截面面积小，这是本方法的特点，详见图 6-7。窄间隙的坡口截面面积比 V 形坡口要小得多，导致熔敷金属量最少，因而焊接变形小，热影响区的性能比埋弧焊或电渣焊优越。具有节省焊接材料和缩短焊接作业时间等优点。从图 6-7 中可看出，板的厚度越大，这些优点就越明显，但是这种方法存在着焊缝根部未熔合等焊接缺陷；而且板越厚，则返修的就越多，因此使用本方法，首先必须解决好组装精度、工艺稳定性、施焊工技术水平、质量检查及检验方法等问题，确有把

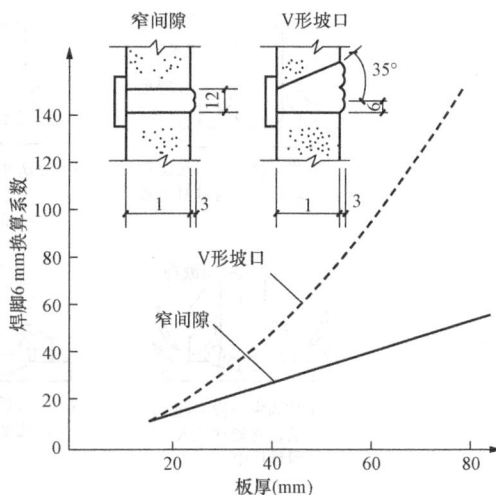

图 6-7 焊接量的比较

握方可施焊。窄间隙焊接可以在平焊、横焊和立焊位置进行，横焊适合工程现场的柱接头，平焊和立焊分别适合于工厂内箱形柱的角接头和柱与梁的焊接。

7. 螺柱焊

螺柱焊接是在螺柱与母材之间通以焊接电流，使相互接触的局部加热而结合的方法。主要用于抗剪连接件及混凝土锚栓等的焊接，另外还用于安装隔热材料和隔声材料的连接件。按结合的热源种类不同，螺柱焊接可分为：

电弧螺柱焊：使焊接的螺柱与母材接触，用称之为电弧罩的筒状保护筒围住螺栓周围，在其中产生电弧，使螺柱及母材熔融形成熔池，将螺柱压入熔池使之结合的焊接口，其过程如图 6-8 所示。

储能式冲击焊接方式：又称之为 CDC 焊接或称电容器放电焊接，特点是交流电流向大容量的电容器群中充电的电能在螺柱与母材之间瞬间放电，令螺柱及母材一小部分熔融接合的焊接。

阻焊焊接：这是一种利用螺柱与母材之间接触面的电阻发热结合的焊接。

螺柱埋弧焊：该焊接有两种热源，一种是利用螺柱与母材间电弧发热，另一种是利用流经熔融渣的电流由电阻发热。

8. 点焊

这里所说的点焊不同于钢结构构件组装中的点焊，是一种电阻焊，在焊接区直接通电，利用其电阻发热局部提高被焊部位的温度，在压力作用下结合的方法。点焊在汽车工业、家用电器中常用，钢结构构件中的复杂接头也有采用点焊的。

二、焊接应力和焊接变缝

1. 焊接应力及变形产生的原因

焊接过程中，焊接热源对焊件进行局部加热，产生了不均匀的温度场，导致材料热胀冷缩的不均匀。处于高温区域的材料在加热（冷却）过程中应该有较大的伸长（收缩）量，但由于受到周围材料的约束而不能自由伸长（收缩），于是在焊件中产生内应力，使高温区的材料受到挤压（拉伸），产生塑性变形。同时，金属材料在焊接过程中随着温度的变化还会

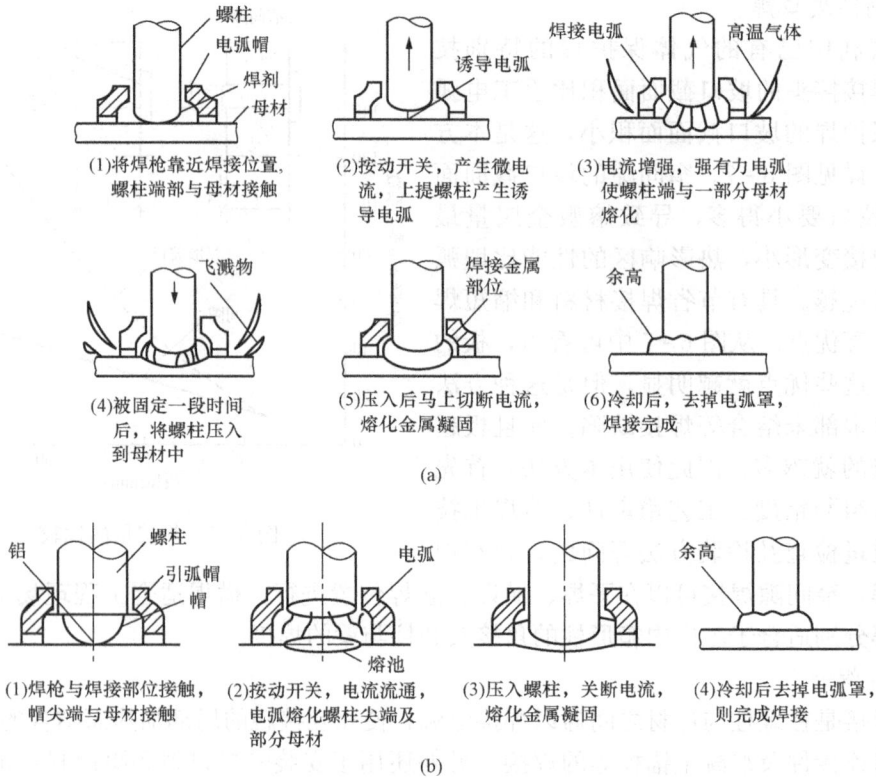

图 6-8 电弧螺柱焊焊接法的引弧方式及焊接顺序
（a）接触方式；（b）引弧帽方式

发生相应的相变，不同的金属组织是有不同的性能，其体积变化也不相同，从而对焊接应力及变形产生不同程度的影响。总而言之，焊接过程对焊件进行了局部的、不均匀的加热是产生焊接应力和焊接变形的主要原因。

焊接过程中，应力及变形是随时间而改变的。当焊件温度降至常温时，残存于焊件中的应力称为焊接残余应力，残留的变形称为焊接残余变形。焊接应力及变形的分布和大小与被焊材料的线膨胀系数、弹性模量、屈服点、焊件尺寸、形状和温度场等因素有关，而温度场又与被焊材料的热导率、热容、密度、焊接工艺参数、环境条件等密切相关。任何因素的波动均会对应力和变形产生影响。

2. 焊接残余应力和变形的控制

在钢结构设计和施工时，不仅要考虑到强度、稳定性、经济性，还必须要考虑焊缝的设置将产生的应力、变形对结构的影响。通常有以下几个方面值得注意：

（1）在保证结构具有足够强度的前提下，尽量减少焊缝的尺寸和长度，合理选取坡口形状，避免集中设置焊缝。

（2）尽量对称布置焊缝，将焊缝安排在近中心区域，如近中性轴、焊缝中心、焊缝塑性变形区中心等。

（3）在钢结构施焊中使用夹具加固。

（4）钢结构设计人员在设计时应考虑焊接工艺措施。

三、焊接的质量检验

焊接质量检验包括焊前检验、焊接生产中检验和成品检验三个环节。在此着重讲述后两种检验。

1. 焊前检验

焊前检验包括技术文件（图纸、标准、工艺规程等）检验，焊接材料（焊条、焊丝、焊剂、气体等）和钢材原材料的质量检验，构件装配和焊接件边缘质量检验，焊接设备（焊机和专用胎、模具等）检验。焊工必须是经过考试取得合格证的持证上岗的合格焊工，停焊时间达 6 个月及以上的，应重新考核。

2. 焊接生产中的检验

焊接生产中的检验主要是对焊接设备运行情况、焊接规范和焊接工艺的执行情况，以及多层焊接过程中夹渣、未焊透等缺陷的自检等。目的是防止焊接过程中缺陷的形成，一旦发现缺陷，要及时采取整改措施，尤其要提高焊工对产品质量的高度责任心和认真执行焊接工艺的纪律性。

（1）焊接工艺评定。首次使用的钢材应进行工艺评定，但当该钢材与已评定过的钢材具有同一强度等级和类似的化学成分时，可不再进行焊接工艺评定。

首次采用的焊接方法，采用新的焊接材料施焊，首次采用的重要的焊接接头形式，需要进行预热、后热或焊后热处理的构件，都应进行工艺评定。

进行工艺评定用的钢材、焊接材料和焊接方法应符合国家规范和工程设计的要求；对于要求熔透的 T 形接头焊接试件，应与工程实物相当。焊接工艺评定应由具有较高技能的焊工施焊。

（2）焊接工艺要求。施焊电源的网路电压波动值应在 ±5% 范围内，超过时应增设专用变压器或稳压装置。根据焊接工艺评定编制工艺指导书，在焊接过程中应严格执行。

对接接头、T 形接头、角接接头、十字接头等对接焊缝及组合焊缝，应在焊缝的两端设置引弧和引出板，其材料和坡口形式应与焊件相同。引弧和引击的焊缝长度为：埋弧焊应大于 50mm，手弧焊及气体保护焊应大于 20mm。焊接完成后应采用气割切除引弧和引出板，不得用锤击落，并修磨平整。

角焊缝转角处宜连续绕角施焊，起落弧点距焊缝端部宜大于 10mm，见图 6 - 9（a）；角焊缝端部不设引弧和引出板的连续焊缝，起落弧点距焊缝端部宜大于 10mm，见图 6 - 9（b），弧坑应填满。

下雪或下雨时不得露天施焊，构件焊区表面潮湿或冰雪没有清除前不得施焊，风速 ≥ 8m/s（CO_2 保护焊时，风速 > 2m/s）时，应采取挡风措施。

不得在焊道以外的母材表面引弧、熄弧。在吊车梁、吊车桁架及设计上有特殊要求的重要受力构件的拉应力区域内，不得焊接临时支架、卡具及吊环等。

多层焊接宜连续施焊，每一层焊道焊完后应及时清理并检查，如发现焊接缺陷应清除后再施焊，焊道层间接头应平缓过渡并

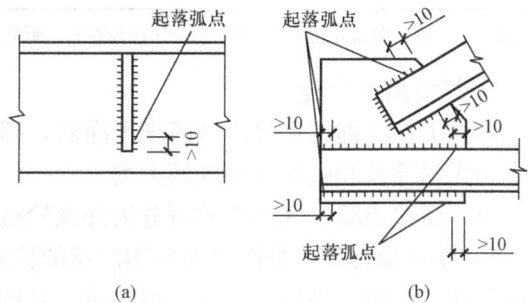

图 6 - 9　角焊缝焊接

错开。

焊缝同一部位返修次数不宜超过两次，超过两次时，应经焊接技术负责人核准后再进行。

焊缝坡口和间隙超差时，不得采用填加金属块或焊条的方法处理。

对接和 T 形接头要求熔透的组合焊缝，当采用手弧焊封底，自动焊盖面时，反面应进行清根。

T 形接头要求熔透的组合焊缝，应采用船形埋弧焊或双丝埋弧自动焊，宜选用直流电流；厚度 $t \leqslant 8mm$ 的薄壁构件宜采用二氧化碳气体保护焊，厚度 $t > 5mm$ 板的对接立焊缝宜采用电渣焊。

栓钉焊接前应用角向磨光机对焊接部位进行打磨，焊接后，焊接处未完全冷却之前，不得打碎瓷环。栓钉的穿透焊，应使压型钢板与钢梁上翼缘紧密相贴，其间隙不得大于 1mm。

轨道间采用手弧焊焊接时应按下列规定操作：轨道焊接宜采用厚度大于等于 12mm，宽度大于等于 100mm 的紫铜板弯制成与轨道外形相吻合的垫模；焊接的顺序由下向上，先焊轨底，后焊轨腰、轨头，最后修补四周。施焊轨底的第一层焊道时电流应稍大些以保证焊透和便于排渣。每层焊完后要清理，前后两层焊道的施焊方向应相反。采取预热、保温和缓冷措施，预热温度为 200～300℃，保温可采用石棉灰等，焊条选用氢型焊条。

当压轨器的轨板与吊车梁采用焊接时，应采用小直径焊条，小电流跳焊法施焊。

柱与柱、柱与梁的焊接接头，当采用大间隙加垫板的接头形式时，第一层焊道应熔透。

焊接 H 型钢，其翼缘板和腹板应采用半自动或自动气割机进行切割，翼缘板只允许在长度方向拼接，腹板在长度和宽度方向均可拼接，拼接缝可为"十"字形或"T"形，翼缘板的拼接缝与腹板的拼接缝应错开 200mm 以上，拼接焊接应在 H 型钢组装前进行。

焊接前预热及层间温度控制，宜采用测温器具测量（点温计、热电偶温度计等）。预热区在焊道两侧，其宽度应各为焊件厚度的两倍以上，且不少于 100mm，环境温度低于 0℃时，预（后）热温度应通过工艺试验确定。

对需要进行后热处理的焊缝，应在焊接后钢材还没有完全冷却时立即进行，后热温度为 200～300℃，保温时间可按板厚 1h/30mm 计，且不得少于 2h。

手弧焊的焊接电流应符合表 6-9 的规定。

表 6-9　　　　　　　　　　　焊条直径与电流匹配参照

焊条直径（mm）	1.6	2.0	2.5	3.2	4.0	5.0	5.8
电流（A）	25～40	40～60	50～80	100～130	160～210	200～270	260～300

注　立、横、仰焊电流应比平焊电流小 10% 左右，低氢型焊条电流比普通焊条电流大 10% 左右。

3. 焊接成品检验

焊接工作全部结束且焊缝清理干净后，即可进行成品检验。检验的方法有很多种，通常可分为无损检验和破坏性检验两大类。

（1）无损检验。无损检验可分为外观检查、致密性检验、无损探伤三种。

1）外观检查是一种简单而应用广泛的检查方法，焊缝的外观用肉眼或低倍放大镜检查表面气孔、夹渣、裂纹、弧坑、焊瘤等，并用测量工具检查焊缝尺寸是否符合要求。

2）致密性检验主要有水（气）压试验、煤油渗漏试验、渗氨试验、真空试验、氨气探漏试验等方法，这些方法对于管道工程、压力容器等是很重要的方法。

3）无损探伤，所谓无损探伤就是利用放射线、超声波、电磁辐射、磁性、涡流、渗透性等物理现象，在不损伤被检产品的情况下，发现和检查焊缝内部或表面缺陷的方法。常见的有磁粉探伤、涡流探伤、渗透探伤、射线探伤、超声波探伤等。

磁粉探伤（MT）是利用焊件磁化后，在缺陷部位会产生不规则的磁力线这一现象来判断焊缝中缺陷的位置，可分为干粉法、湿粉法、荧光法等几种。

涡流探伤（ET）是将焊件处于交流磁场的作用下，由于电磁感应的结果会在焊件中产生涡流，涡流产生的磁场将削弱主磁场，形成叠加磁场。焊件中的缺陷会使涡流发生变化，也会使叠加磁场发生变化，探伤仪通过测量线圈反映的磁场变化来发现缺陷。

渗透探伤（PT）是依靠液体的渗透性能来检查和发现焊件表面的开口缺陷，一般有着色法和荧光法。

射线探伤（RT）是检验焊缝内部缺陷的准确而可靠的方法之一。当射线透过焊件时，焊缝内的缺陷对射线的衰减和吸收能力与密实材料不同，射线作用在胶片上的强度则不同，胶片冲洗后影像深浅也不同，从而判断出内部缺陷。

超声波探伤（UT）是利用频率超过 20kHz 的超声波，在其渗入金属材料内部遇到异质界面时会产生反射的原理来发现缺陷的探伤方法。

（2）破坏性检验。焊接质量的破坏性检验包括焊接接头的机械性能试验、焊缝化学成分分析、金相组织测定、扩散含量测定、接头的耐腐蚀性能试验等，主要用于测定接头或焊缝的性能是否能满足使用要求。

第四节 钢结构构件的安装

一、钢结构构件安装前的准备工作

钢结构安装前，应按构件明细表核对进场的构件，核查质量证明书、设计变更文件、加工制作图、设计文件、构件交工时所提交的技术资料。

进一步深化和落实施工组织设计，确定起吊设备及安装工艺。对稳定性较差的构件，起吊前应进行稳定性验算，必要时应进行临时加固。大型构件和细长构件的吊点位置和吊环构造应符合设计或施工组织设计的要求，对大型或特殊的构件吊装前应进行试吊，确认无误后方可正式起吊。确定现场焊接的保护措施。

应掌握安装前后的外界环境，如风力、温度、风雪、日照等资料，做到心中有数。钢结构安装前，应对下列图纸进行自审和会审：

（1）钢结构设计图；

（2）钢结构加工制作图；

（3）基础图；

（4）钢结构施工详图；

（5）其他必要的图纸和技术文件。

项目管理班子的主要成员、质保体系的主要人员、监理公司的主要人员，都应熟悉图纸，掌握设计内容，发现和解决设计文件中影响构件安装的问题，同时提出与土建和其他专业工程的配合要求。特别要十分有把握地确认：土建基础轴线，房屋各部位及预埋件位置标高，檐口标高和钢结构施工图中的轴线、标高、檐高要一致。按照目前市场的惯例，钢结构柱与基础的预埋件是由钢结构安装单位来制作、安装、监督、浇筑混凝土的。因此，安装单位必须重视这项工作，一定要严格按照图纸制作好预埋件，同时要委派将来进行构件安装的技术负责人到现场指导安放预埋件，至少要做到以下两点：①安装的埋件在浇筑混凝土时不会由于碰撞而发生位移；②锚栓的外露部分，应用设计要求的钢夹板予以固定。

基础准备：基础混凝土强度达到设计强度的 75% 以上；基础周围回填完毕，且具有较好的密实性及足够的承载力，能确保吊车行走及起吊构件；基础的轴线、标高、编号等一律按照设计标注在基础面上；基础顶面平整，如不符合要求，要事先修补，预留孔应清洁，地脚螺栓应完好，二次浇灌处的基础表面应凿毛。基础顶面标高应低于柱底面安装标高 40~60mm；锚栓、地脚螺栓预留孔的允许偏差应符合表 6-10 和表 6-11 的规定范围。

表 6-10　　　　　　　　　　　　预埋地脚螺栓和螺栓锚板的允许偏差

序号	项　目	允 许 偏 差	
		预埋地脚螺栓	螺栓锚板
1	螺栓中心至基础中心距离偏移	2.0	5.0
2	螺栓露长	$+\dfrac{30.0}{0.0}$	—
3	螺栓的螺纹长度	$+\dfrac{30.0}{0.0}$	—

表 6-11　　　　　　　　　　　　地脚螺栓预留孔的允许偏差

序号	项　目	允许偏差（mm）
1	预留孔中心偏差	10.0
2	预留孔壁垂直度	$H/100$
3	预留孔深度较螺栓埋入长度	$+50$

注　H 为预留孔深度。

此外，在施工前还要对柱子、吊车梁、各种屋盖及屋面构件进行核对，并在其上进行轴线、安装基线、安装中心线的弹设等；安装、测量及焊接的仪器、工器具进行检查、调整、校正，以确保安装施工能顺利进行。

二、钢柱子安装

柱子安装前应设置标高观测点，并且与土建工程相一致。标高观测点的设置应以牛腿（肩梁）支撑面为基准，设在柱的便于观测处。无牛腿（肩梁）柱，应以柱顶端与桁架连接的最后一个安装孔中心为基准。

多节柱安装时，应将柱组装后再整体吊装。钢柱安装就位后需要进行第一次校正，校正时应排除阳光侧面照射所引起的偏差，并考虑气温（季节）的影响，待屋架、吊车梁安装后，再进行总体校正，然后固定连接。固定连接后还应进行复测，确保柱子安装的偏差在规范允许的范围内，超差的应进行校正。对长细比较大的柱子，吊装及校正时应增加临时固定措施。柱间支撑的安装应在柱子第一次校正后进行，只有在确保柱子垂直度符合标准要求的情况下，才可安装柱间支撑。

三、吊车梁安装

吊车梁的安装应在柱子第一次校正和柱间支撑安装后进行。安装顺序应从有柱间支撑的跨间开始，吊装后的吊车梁应进行临时固定。吊车梁的校正应在屋盖系统构件安装校正并永久连接后进行，其允许偏差应符合有关规范的规定。吊车梁顶面标高的校正可通过调整柱底板下垫板厚度和调整吊车梁与柱牛腿支承面间的垫板厚度来实现，调整后垫板应焊接牢固。

吊车梁下翼缘与柱牛腿间的连接有两种方式：一种是主要依靠制动桁架传递吊车制动力给柱子的简支吊车梁（梁的两端留有间隙，下翼缘的一端为长螺栓连接孔），连接螺栓不应拧紧，所留间隙应符合设计要求，并应将螺母与螺栓焊固；另一种是由吊车梁自身和辅助桁架共同传递制动力给柱的吊车梁，连接螺栓应拧紧后将螺母焊固。吊车梁与辅助桁架的安装宜采用拼装后整体吊装，其侧向弯曲、扭曲和垂直度应符合有关规范和标准的要求。

当制动板与吊车梁为高强螺栓连接，与辅助桁架为焊接连接时按以下顺序安装：

（1）制动板定位，制动板与吊车梁间应用冲钉和临时安装螺栓连接，制动板与辅助桁架则用点焊临时固定；

（2）经检查各部尺寸，并确认符合有关规定后，焊接制动板之间的拼接缝；

（3）安装并紧固制动板与吊车梁连接的高强度螺栓；

（4）焊接制动板与辅助桁架的连接焊缝。

安装吊车梁时，中部宜靠向辅助桁架，并应采取防止产生变形的焊接工艺施焊。

四、吊车轨道安装

吊车轨道的安装应在吊车梁安装校正后进行：吊车轨道的规格和技术条件应符合设计要求和国家现行有关标准的规定，如有变形应经矫正后方可安装。

吊车轨道安装前要在吊车梁顶面上弹放墨线作为安装基准线，也可在吊车梁顶面上拉设钢丝线，作为轨道安装基准线。

轨道连接常用下列两种方式：第一种是采用鱼尾板进行接头连接，要做到：轨道接头应顶紧，间隙不应大于3mm，接头错位不应大于1mm；伸缩缝应符合设计要求，其允许偏差为±3mm。第二种是轨道采用压轨器与吊车梁连接，要做到：压轨器与吊车梁上翼缘应紧密相贴，其间隙不得大于0.5mm，有间隙的长度不得大于压轨器长度的1/2；压轨器固定螺栓紧固后，螺纹露长不应少于2倍螺距；当设计要求压轨器底座焊接在吊车梁上翼缘时，应采取适当焊接工艺，以减少吊车梁的焊接变形；当设计要求压轨器由螺栓连接在吊车梁上翼缘时，其垫圈安装应符合设计要求。

轨道端头与车挡之间的间隙应符合设计要求，当设计无要求时，应根据当地环境温度留出轨道自由变形的间隙。两车挡应与起重机缓冲器同时接触。

五、屋盖系统结构的安装

屋架的安装应在柱子校正符合规定后进行。对分段出厂的大型桁架，现场组装时应符合以下条件：

（1）现场组装的平台，支点间距为 L，则支点的高度差不应大于 $L/1000$，且不超过10mm。

（2）构件组装应按制作单位的编号和顺序进行，不得随意调换。

（3）桁架组装，可先用临时螺栓和冲钉固定，腹杆应同时连接，经检查达到规定后方可进行节点的永久连接。

屋面系统结构可采用扩大组合拼装后吊装，扩大组合拼装单元应成为具有一定刚度的空间结构。每跨第一、第二榀屋架及屋面构件形成的结构单元是其他单元结构安装的基准。安全网、脚手架，临时栏杆等可在吊装前装设在构件上；垂直支撑、水平支撑、檩条和屋架角撑的安装应在屋架校正后进行，角撑安装应在屋架两侧对称进行，并应自由对位。有托架且上部为重型屋盖的屋盖结构，应将一个柱间的全部屋盖结构构件安装完，并且连接固定后再吊装其他部分。天窗架可组装在屋架上一起起吊，也可在屋架安装校正后再吊装。

安装屋面天沟应保证排水坡度，当天沟侧壁是屋面板的支承点时，则侧壁板顶面标高应与屋面板其他支承点的标高相匹配。

六、高层钢结构的安装

高层钢结构的安装应注意下列问题：

（1）柱安装时，每节柱的定位轴线均应从地面控制轴线直接引上，不得从下层柱的轴线引上。

（2）柱、梁、支撑等构件的长度应包括焊接收缩余量、荷载使柱产生的压缩变形值等。

（3）楼层标高可采用相对标高或设计标高进行控制。当采用设计标高进行控制时，应以每节柱为单位进行柱标高的调整，使每节柱的标高符合设计要求。建筑物总高度的允许偏差和同一层内各节柱的柱顶高度差应符合有关规范和标准的规定。

（4）高层钢结构安装的节点形式主要有柱—柱连接、柱—梁连接、梁—梁连接等。只有在每层的柱与梁轴线、标高及连接方式全部调整到符合安装标准后方可固定高强螺栓或施焊。

（5）安装使用的塔式起重机与主体结构相连时，其连接装置必须进行计算，并应根据施工荷载对主体结构的影响，采取相应的保障措施。

（6）楼面压型钢板的安装有两种：一种为简支板，另一种为连续板。简支时在钢梁上表面弹上定位线，先进行螺钉焊，清理干净后安装压型钢板，其端部的波形槽口应对正；连续时，压型钢板与钢梁表面要贴紧，并做好螺钉穿透焊。

（7）安装施工时，必须控制楼面的施工荷载，严禁在楼面堆放构件，严禁施工荷载（包括冰雪荷载）超过梁和楼板的承载能力。

（8）只有当同一流水作业段，同一安装高度的各柱及全部构件安装、校正、连接完成并经中间验收合格后，才能从地面引测上一节柱的定位轴线。

七、高强度螺栓的连接

钢结构的连接，除了前面讲过的焊接外，还有一类是机械式连接。机械式连接主要有铆钉连接、普通螺栓连接、高强度螺栓连接等。目前，铆钉连接已经完全不用了，高强度螺栓连接具有施工方便、拆除灵活、承载能力高、受力性能好、耐疲劳、自锁性能好、安全性能高等优点，因此已发展成为钢结构制作及安装工程中的主要连接手段。

高强度螺栓的连接按其受力状态可分为摩擦型连接、张拉型连接、承压型连接三种类型。其中摩擦型连接是目前世界各国广泛采用的主要连接形式。

高强度螺栓的规格及技术条件应符合设计要求和现行国家标准的规定，生产厂应出具质量证明书。螺栓存放应防潮、防雨、防粉尘，并按类型和规格分类存放。使用时应轻拿轻放，防止撞击，不得损伤螺纹。螺栓包装箱应在使用时才打开，并按当天使用的数量限额领取，未用完的应当天回收，螺栓的发放和回收应做好记录。不得使用生锈及沾染油污脏物的螺栓，除非清理后经重新测定符合使用要求并得到技术负责人同意后方可使用。

高强度螺栓连接构件的孔径、孔距应符合设计要求，其制作允许偏差应符合表 6 - 12 的规定。

表 6 - 12　　　　　　　　　　高强度螺栓和铆钉制孔的允许偏差

序号	名称		公称直径及允许偏差（mm）						
1	螺栓	公称直径	12	16	20	(22)	24	(27)	30
		允许偏差	+0.43		+0.52			+0.84	
	螺栓孔	直径	13.5	17.5	22	(24)	26	(30)	33
		允许偏差	+1 0						
2	铆钉	公称直径	16		20	(22)	24	30	
		允许偏差	±0.30		±0.35				
	铆钉孔	直径	17		21	(23)	25	31	
		允许偏差	+0.5 -0.2			+0.6 -0.2			
3	圆度（最大和最小直径之差）		1.00		1.50				
4	垂直度		不得大于 0.03t 且不大于 2.0；多层板叠组合不得大于 3.0						

高强度螺栓连接的板叠接触面应平整，当接触面有间隙时，小于 1.0mm 的间隙可不作处理；1.0～3.0mm 的间隙，应将高出的一侧磨成 1∶10 的斜面，打磨方向应与受力方向垂直，大于 3.0mm 的间隙应加垫板，垫板两面的处理方法应与构件相同。

1. 高强度螺栓的安装

当对结构进行组装和校正时，应采用临时螺栓和冲钉作临时连接，每个节点所需的临时螺栓和冲钉数量应按安装时可能产生的荷载计算确定。且必须符合以下规定：

（1）所用临时螺栓与冲钉之和不应少于节点螺栓总数的 1/3。

（2）临时用螺栓不应少于两颗。

（3）所用冲钉不宜多于临时螺栓的 30%。

高强度螺栓的安装要符合下列规定：

（1）螺栓穿入方向应力求一致，且便于操作。

（2）螺栓安装时，螺母凸台一侧应与垫圈有倒角的一面接触，大六角头螺栓的第二个垫圈有倒角的一面应朝向螺栓头。

（3）螺栓应自由穿入螺栓孔，对不能自由穿入的螺栓孔，应用铰刀或锉刀进行修整，不得将螺栓强行装入或用火焰切割。修整后的螺栓孔最大直径不得大于 1.2D（D 为螺栓孔的公称直径），修孔时应将周围螺栓全部拧紧，使板叠密贴，防止切屑落入板叠间。

（4）不得在雨（雪）中安装高强度螺栓。

若节点采用焊接和离强度螺栓连接，如设计无要求时，应按先栓后焊原则施工。

2. 高强度螺栓的紧固

高强度螺栓的紧固应分初拧和终拧两次进行，对大型节点还应进行复拧，直到板叠密贴方可进行终拧。紧固顺序一般应由接头中心依次向外侧进行。初拧、复拧和终拧螺栓应用不同颜色的涂料在螺母上做出标记。经初拧和复拧后的扭剪型高强度螺栓应采用专用扳手终拧，直至梅花卡头被拧掉。对不能使用专用扳手进行终拧的扭剪型高强度螺栓，应采用扭矩法紧固，并在尾部梅花卡头上做标记。

3. 高强度螺栓连接的检查验收

高强度螺栓连接的检查应提供下列必要的资料：高强度螺栓质量保证书、高强度螺栓施工记录、高强度螺栓的各项实验报告、高强度螺栓连接工程质量检验评定表。

高强度大六角头螺栓紧固检查可采用 0.3~0.5kg 的小锤逐个敲击，检查其紧固程度，防止螺栓漏拧。紧固扭矩检查：每个节点扭矩抽验数不少于节点螺栓数 10%，且不少于 1 个，测得的扭矩应在 0.9~1.1 计算标准值范围内。

对扭矩扳手使用前后都必须进行校核，其误差不得大于 3%。

如有节点的高强度螺栓检查不符合上述要求的，则扩大 10% 进行抽检，如仍有不符合者，则整个节点应重新紧固并检查；对扭矩低于下限值的螺栓应进行补拧，对超过上限值的应更换螺栓。

扭矩检查应在终拧 1h 后进行，并应在 24h 内检查完毕。

扭剪型高强度螺栓紧固检查：梅花卡头被专用扳手拧掉，即判终拧合格，对不能采用专用扳手紧固的螺栓，应按大六角头螺栓检验方法检查，不得采用专用扳手以外的方法将螺栓的梅花卡头取掉。

经检查合格的高强度螺栓节点，应及时用厚涂料腻子封闭，对于接触腐蚀性介质的接头，应用防腐腻子封闭。

思 考 题

1. 钢结构有哪些类型？其结构体系是怎样构成的？
2. 钢结构具有哪些特点？主要应用在哪些范围？
3. 为什么要加工坡口？可以采用哪些方法加工？
4. 如何防止构件在加工中的变形？
5. 施工现场堆放钢结构构件要注意哪些问题？
6. 钢结构构件主要的焊接方法有哪些？它们的原理各是什么？
7. 什么是焊接残余应力及残余变形？产生焊接应力和变形的主要原因是什么？
8. 如何进行焊接质量检验？
9. 简述焊接的工艺过程。
10. 高强度螺栓连接具有哪些优点？有哪些连接类型？
11. 简述高强度螺栓的安装工艺。
12. 如何进行高强度螺栓连接的质量检查？

第七章　高层建筑主体结构施工

本章要点

高层建筑的框架结构体系、剪力墙结构体系、框架剪力墙结构体系与施工方案的关系；滑升模板的组成及特点，液压滑升模板施工工序；大模板建筑的结构类型，大模板的形式与构造，大模板施工工艺；爬升模板的构造，爬升模板施工工艺。

基本要求及重点、难点

(1) 了解高层建筑发展概况，高层建筑的结构体系与施工方案。
(2) 熟悉高层建筑主体结构滑模施工。
(3) 熟悉液压滑升模板施工工艺。
(4) 掌握高层建筑主体结构大模板施工方法。
- 重点：滑升模板的组成及特点，液压滑升模板的施工工序。
- 难点：大模板建筑的结构类型，大模板的形式与构造，大模板施工工艺；爬升模板的构造，爬升模板施工工艺。
- 深度和广度：达到能进行高层建筑主体结构液压滑模施工、大模板施工和爬模施工。

第一节　概　　述

一、简介

根据我国规定，高层建筑是指 10 层以上的住宅及总高度超过 24m 的公共建筑及综合建筑。我国高层建筑的历史可以追溯到 1400 多年前，当时多为砖砌或木质的塔，这些高塔一般呈封闭的八边形或十二边形。这种形状在结构体系上很合理，同时有较好的抗震性，也有较大的刚度。除此之外，我国古代也有高层框架结构，如公元 984 年建于河北蓟县的独乐寺观音阁，即为高 22.5m 的木框架结构。在国外，古代也建有高层建筑，如公元 1100～1109 年，意大利的 Bologna 城就建造了 41 座砖石承重的塔楼，其中有的高达 98m。19 世纪前后，西欧一些城市还用砖石承重结构建造了高达 10 层左右的高层建筑。

近代高层建筑是从 19 世纪以后逐渐发展起来的，这主要与采用钢铁结构作为承重结构有关。1889 年美国芝加哥的一幢 9 层大楼，首次采用钢框架结构。与此同时，在法国和美国还出现了采用钢筋混凝土结构作为承重结构的高层建筑，这便开始了将钢、钢筋混凝土用于高层建筑的新时代。这时的高层建筑不仅高度增高到 20～50 层，而且在结构中还采用了剪力墙和钢支撑，建筑物的使用空间得到了扩大，但是因受到建筑材料和设计理论等因素的限制，一般结构自重较大，而且结构形式多为框架结构。

自 20 世纪 50 年代开始，由于轻质高强材料的出现，新的设计理论和电子计算机的应用，以及新的施工机械和施工技术的涌现，为大规模地、较经济地修建高层建筑提供了可能。到目前为止，在不少国家，高层建筑几乎占了整个城市建筑面积的 40%～50%。目前世界上最高的建筑是阿联酋的迪拜塔，共 160 层，高度为 828m，于 2009 年竣工。我国高层建筑在 20 世纪也得到了很大的发展，特别是 80 年代以后，发展更为迅猛。在 20 世纪 20～30 年代，我国建有 10 层以上的高层建筑 35 幢，主要集中在上海、广州、天津等沿海大城市。高度 82.5m 的上海国际饭店是当时远东最高建筑。50 年代，我国在北京、广州、沈阳等地建造了一批高层建筑，60 年代，在广州建造了 27 层、高 87.6m 的广州宾馆。70 年代，在北京、上海、天津、广州、南京、武汉等地兴建了一批高层建筑，其中以 1977 年建成的 33 层、高 115m 的广州白云宾馆为当时国内最高建筑（港澳地区除外）。进入 90 年代后，我国各大城市和一批中等城市都兴建了高层建筑。随着经济的发展，还有大批高层建筑不断涌现，如台北 101 大楼，共 101 层，高度为 508m，于 2004 年竣工，目前是国内最高的建筑。

自 70 年代中期以来，通过大量工程实践，我国的高层施工技术有了较大的发展。在基础工程方面，存在着深基坑支护、桩基础、大体积混凝土浇筑、深层降水等问题。因深基坑增多，支护技术有了较大发展，多采用钢板桩、灌注桩、地下连续墙、深层搅拌水泥土等，同时，施工工艺也有很大的改进，支撑方式既有传统的内部钢管（型钢）支撑，也有在坑外用土锚拉固，内部支撑形式有十字交叉支撑、环状支撑、中心岛式开挖的斜撑，以及钢筋混凝土角撑等，土锚随着钻孔、灌浆、预应力张拉工艺的更新而有了更广泛的应用。

在桩基础方面，钢筋混凝土方桩、预应力混凝土管桩、钢管桩等预制桩已广泛使用。近年来混凝土灌注柱也有很大的发展，随着钻孔机械、桩端压力注浆、成孔扩孔、动力试验等方面技术的提高，大直径灌注桩应用更加广泛。

大体积混凝土裂缝控制的计算理论日趋完善，在测温技术和信息化施工方面也积累了很多经验，商品混凝土和泵送技术的应用使得大体积混凝土浇筑变得容易，在深基坑施工降水方面，已能利用轻型井点、喷射井点、深井泵和电渗井点技术进行深层降水。

在结构工程方面，装配式大板、大模板、滑升模板如爬升模板等工艺均已广泛地应用于工程实践。大模板工艺在剪力墙结构和筒体结构中应用广泛，已形成"全现浇"、"内浇外挂"、"内浇外砌"成套工艺，而且已向大开间建筑方向发展。爬升模板不仅可用于浇筑外墙，也可浇筑内墙，且可与升降脚手结合应用。滑模工艺可以用于施工高耸结构、剪力墙或筒体结构的高层建筑，还可用于施工框架结构和一些特殊结构等。

二、高层建筑的结构体系与施工方案

钢筋混凝土高层建筑结构体系主要有框架、剪力墙、框架—剪力墙、筒体。结构体系与施工方案有密切的关系，因施工方案直接影响到结构体系，而施工方案的选择又必须以结构体系为依据。所以进行高层建筑设计时，应同时研究施工条件和施工方案，掌握目前常用的施工方法和新工艺、新技术，以求结构体系经济合理；施工时，则要深入了解结构体系的特点及其对施工的要求，方能正确选择施工方案。高层建筑主体结构施工与多层建筑施工的相同之处在于逐层施工方法和各工种工程的施工工艺，而不同之处在于起重机械及脚手架的特殊要求，以及高空作业带来的施工条件差异等。现结合各种结构体系的特点及宜采用的施工方案进行介绍。

1. 框架结构体系

框架结构体系是由梁与柱用刚性节点连接在一起的矩形网格结构，同时承受竖向荷载和水平荷载，是我国多层和高层建筑中应用较为广泛的结构形式之一。框架结构分为单向框架和双向框架（图 7-1）。单向框架仅在一个方向柱和梁构成受力框架，另一个方向多为横向，由于开间很

图 7-1　框架结构体系
(a) 单向框架；(b) 双向框架

多，柱和梁连接采取构造措施，不作框架计算 [图 7-1 (a)]。双向框架是两个方向尺寸相近，柱与梁的连接在纵、横两个方向皆为刚接，都作为框架受力考虑。框架结构的优点是：建筑物空间较大、平面布置灵活，但也存在着框架结构变形较大、抗震性能差等缺点。

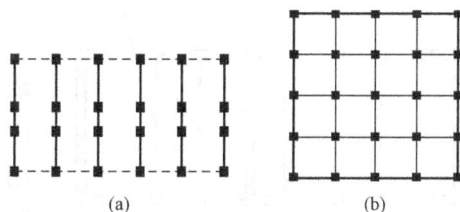

钢筋混凝土框架结构有现浇、装配及装配整体式等几种。现浇钢筋混凝土框架，主要采用装拆式定型组合模板施工，其柱子可用组装成整体的柱模，梁板用台模、早拆式体系模板等工具式模板施工。装配整体式钢筋混凝土框架，多用预制梁、板、楼梯段和现浇柱；也可用现浇柱、梁和预制板，后者装配化程度较低。装配式钢筋混凝土框架全部构件均为预制，在施工现场用起重机进行组装。其特点是节约模板、工期短，但柱与柱、柱与梁间的接头工作量大。对于无梁楼盖，则可采用升板法施工。

2. 剪力墙结构体系

剪力墙结构体系是利用建筑物的分隔墙和外墙承受竖向和水平荷载。此体系的侧向刚度大，能够承受很大的水平和竖向荷载。剪力墙结构按剪力墙的布置分为横墙体系、纵墙体系和双向体系（图 7-2）。横墙体系和纵墙体系承受垂直于墙面的水平力时，结构受力状态即类似由墙和楼板组成的框架。剪力墙结构的高度一般不宜超过 140m，这种体系适用于结构开间小、变化少的房屋，如居住建筑和旅馆建筑等。

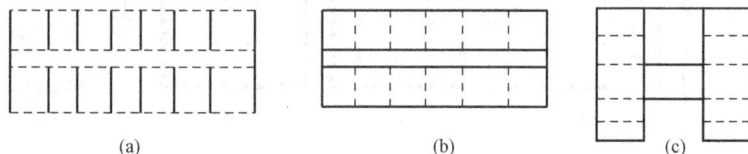

图 7-2　剪力墙结构体系
(a) 横墙体系；(b) 纵墙体系；(c) 双向体系

剪力墙结构可为装配式结构，也可为现浇结构。装配式多为装配式大板，现浇结构可用组合钢模板、大模板、爬模或滑模施工。组合钢模板主要用于非标准设计的住宅等建筑，用工量多，施工速度较慢。大模板是施工剪力墙结构的有效模板，具有装拆迅速，混凝土施工质量好等特点。大模板施工还可以采用现浇内承重墙，而围护墙则用预制墙板的方法（即内浇外挂）施工。爬模即大模板借助自身的提升工具逐层上爬，每浇筑一层墙体即浇筑一层楼板。高层钢筋混凝土剪力墙结构采用滑升模板施工也是一种常用的方法，当用滑模施工时，楼盖结构可用预制板，也可用降模法现浇，还可用工具式模板使滑升墙体与浇筑楼面施工交替进行。

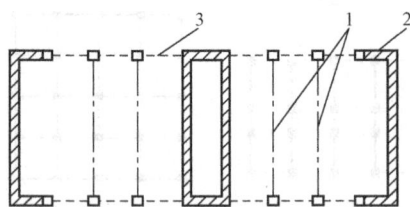

图 7-3 框架剪力墙结构体系
1—框架；2—剪力墙；3—连梁

3. 框架剪力墙体系

由框架和剪力墙共同承受竖向和水平作用的结构，称为框架剪力墙结构体系（图 7-3）。框架剪力墙结构应设计成双向抗侧力体系。该体系在基本振型地震作用下，框架部分承受的地震倾覆力矩大于结构总地震倾覆力矩的 50% 时，其框架部分的抗震等级应按框架部分结构采用。柱轴压比限值按框架结构的规定采用；其最大适用高度和高宽比限值可比框架结构适当增加。主体结构构件之间除个别节点外不能采用铰接。梁与柱或柱与剪力墙的中线应重合。

框架剪力墙结构的施工方案，剪力墙部分多用大模板现浇，框架部分则与框架体系的施工方案相同。除此之外，还可采用滑升模板或爬模施工。

4. 筒体结构体系

由竖向筒体力组成的承受竖向和水平作用的高层建筑结构。筒体结构的筒体分剪力墙围成的薄壁筒和由密柱框架或壁式框架围成的框筒等。它可利用建筑物中的电梯井、楼梯间、管道井及服务间等作为核心筒体［图 7-4 (a)、(b)］，也可利用四周外墙作为外筒体［图 7-4 (c)］。核心筒体和外筒体均属单筒体系。此外，单筒体系还有由外筒和内筒组成的［图 7-4 (d)、(e)］。筒体结构的楼盖外角宜设置双层双向钢筋，单层单向配筋率不宜小于 0.3%，钢筋的直径不应小于 8mm，间距不宜大于 150mm。配筋范围不宜小于外框架（或外筒）至内筒外墙中距的 1/3 和 3m。

筒体结构的施工，筒体部分可用大模板、爬模或滑模现浇；框架部分也可用滑模或工具式模板现浇；楼面结构则用台模、定型组合模板或永久模板（如瓦楞、波纹钢板、预应力混凝土薄板等）浇筑。

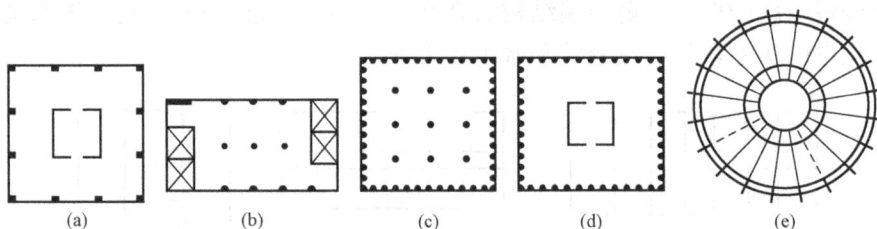

图 7-4 筒体体系
(a) 核心筒体（中央）；(b) 核心筒体（尽端）；(c) 外筒体；(d)、(e) 筒中筒

第二节 高层建筑主体结构滑模施工

一、滑升模板的组成及特点

滑升模板是一种具有自升设备，可随混凝土的浇筑而自行向上滑升的模板（图 7-5）。

滑模装置是由模板系统、操作平台系统和液压滑升系统三部分组成。模板系统包括模板、围圈和提升架等，其主要作用是成型混凝土。操作平台系统包括操作平台及内外吊脚手等，是施工操作场所。液压滑升系统包括支承杆、液压千斤顶及操纵控制装置等，是滑升动力。模板和操作平台由提升架连成整体，再通过固定的提升架上的液压千斤顶支承在支承杆上。当千斤顶沿支承杆向上爬升时，即带动整个滑模装置一起上升。随着模板的上升，不断地在模板内浇筑混凝土并绑扎钢筋，直到设计所要求的标高为止。滑升模板施工具有机械化程度高，速度快，结构整体性好，施工占地面积小，现场整洁、文明，用材省、劳动力消耗少，降低工程成本等优点。目前，滑升模板已成为施工现浇混凝土结构的有效方法之一，它不仅用于高层建筑物的施工，而且还可用于筒仓、烟囱、双曲线冷却塔及桥墩等构筑物的施工。

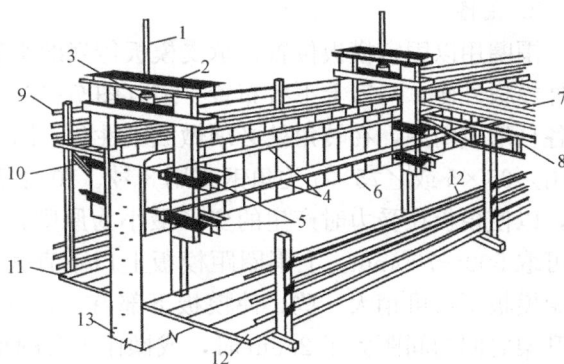

图 7-5　滑升模板组成示意图

1—支承杆；2—提升架；3—液压千斤顶；4—围圈；
5—围圈支托；6—模板；7—内操作平台；8—平台桁架；
9—栏杆；10—外挑三角架；11—外吊脚手；
12—内吊脚手；13—混凝土墙体

（一）模板系统

1. 模板

模板的作用使混凝土按设计所要求的形状成型，并承受新浇混凝土的侧压力、冲击力及滑升时混凝土与模板间的摩阻力。模板宜采用 1.5～2.0mm 厚的钢板冷弯成型，或者加焊 ∠30×4 或 ∠40×4 的角钢肋条制成（图 7-6）。模板的宽度一般为 200～600mm，高度则主要取决于模板的滑升速度和混凝土的凝结硬化时间，一般为 1.2m 左右。若滑升速度较快或气温较低时，模板高度可适当加大，如筒壁结构可采用 1.2～1.6m。

模板支撑在围圈上，它与围圈的连接一般有两种方法（图 7-7）：一种是模板挂在围圈上，另一种是搁在围圈上。前者装拆稍显不便，但不需另加固定措施；后者装拆方便，但需绑扎固定。为了减少滑升时的摩阻力，便于脱模，模板安装后，内外模板应形成上口小、下口大的倾斜度（图 7-7），单边模板的倾斜度一般取 0.2%～0.5%，可以取从模板上口以下 1/2～1/3 模板高度处作为结构截面的设计宽度。

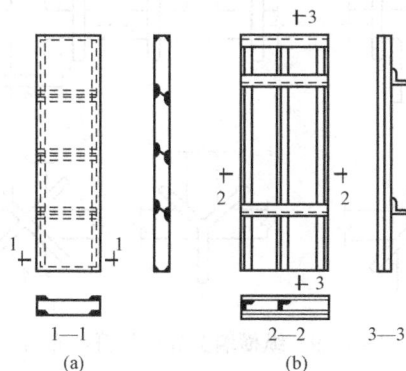

图 7-6　模板示意图

(a) 冷弯成型钢模板；(b) 角钢肋条钢模板

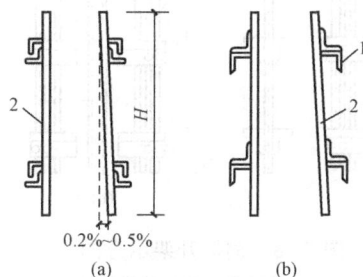

图 7-7　模板与围圈连接和模板倾斜度示意图

(a) 模板挂在围圈上；(b) 模板搁在围圈上

1—围圈；2—模板；H—模板高度

2. 围圈

围圈用以固定模板位置,承受模板传来的水平荷载和垂直荷载。围圈沿模板横向布置在内外模板外侧,一般上下各布置一道(图 7-7),分别支承在提升架的立柱上。内外围圈必须各自形成闭圈,在转角处必须做成刚性角,防止模板提升过程中产生较大的变形。围圈一般用∠65×5 或∠75×6 的角钢或用 8 号、10 号槽钢制成,上下围圈的间距视模板的高度而定,以使模板在受力时产生的变形最小为原则,对高度 1.0～1.2m 的模板,上下围圈的间距可取 500～700mm。上围圈距模板上口不宜大于 250mm,以保证模板上部的刚度;下围圈距模板下口可稍大一些,使模板下部有一定的柔性,以利脱模,但不宜大于 300mm。当提升架之间的间距大于 2.5m 时,或操作平台的承重骨架直接支承在围圈上时,围圈宜设计成桁架式,从而增大围圈的竖向刚度。在使用荷载作用下,两个提升架之间围圈的垂直与水平方向的变形不应大于跨度的 1/500。

3. 提升架

提升架的作用是固定围圈位置,防止模板侧向变形;承受模板系统和操作平台系统传来的全部荷载,并将荷载传递给千斤顶。提升架由横梁和立柱组成,可用槽钢或角钢制作。横梁一般用 12 号槽钢或∠60×5 角钢制成,立柱一般用 12～16 号槽钢或∠60×5 角钢焊接而成。横梁和立柱的交接处必须有足够的刚度,交接处用螺栓连接,其螺栓位置与孔径必须准确,以防止立柱在受力后产生松动变形。

提升架按横梁数目可分为单横梁提升架和双横梁提升架(图 7-8)。单横梁式轻便、节约材料。双横梁式刚度好,且上横梁可用作架设油管、电线等,使用方便。提升架按平面形式又可分为一形、Y 形和 X 形(图 7-9),一形应用广泛,Y 形用于转角墙处,X 形用于十字交叉墙处。提升架的内净宽应根据结构断面的最大宽度、模板的厚度、围圈的厚度、支撑围圈的支托宽度和由于模板的倾斜度要求而放宽的尺寸确定。提升架上放置千斤顶的横梁至模板顶部的净高度,对于配筋结构不宜小于 500mm,对于无筋结构不宜小于 250mm。

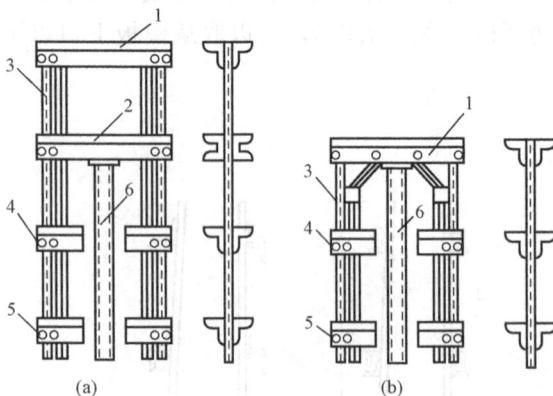

图 7-8　钢提升架示意图

(a) 双横梁式;(b) 单横梁式

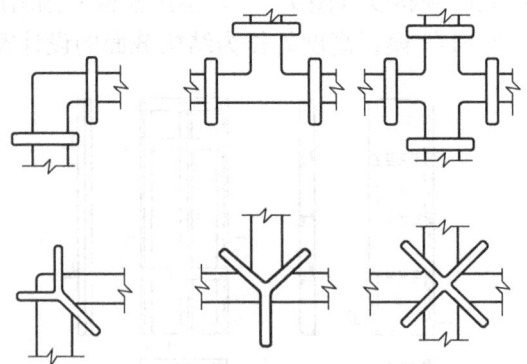

图 7-9　纵横墙交界处提升架布置

1—上横梁;2—下横梁;3—立柱;4—上围圈支托;

5—下围圈支托;6—套管

（二）操作平台系统

1. 操作平台

操作平台又称工作平台，供运输和堆放材料、机具、设备及施工人员操作之用，有时还利用操作平台架设起重设备。

操作平台一般用钢桁架或梁及铺板组成（图 7-10）。桁架可支承在提升架立柱上或通过托架支承在上下围圈上。桁架间应设置水平和垂直支撑，以保证平台有足够的强度、刚度和稳定性。建筑物外侧使用的操作平台是用悬挑三脚架和铺板组成。悬挑三脚架用型钢制作，固定在提升架的立柱或围圈上，平

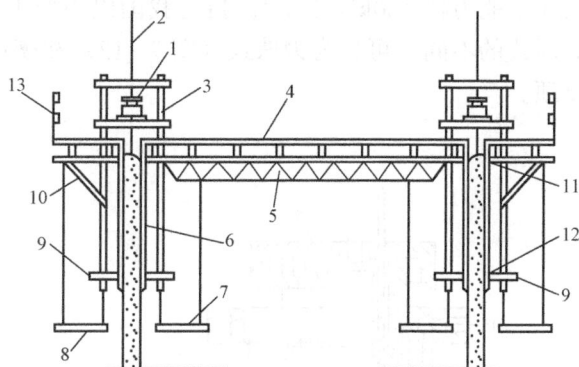

图 7-10　操作平台结构示意图
1—千斤顶；2—支承杆；3—提升架；4—平台铺板；5—桁架；
6—模板；7、8—吊脚手架；9—支托；10—三角挑架；
11—上围圈；12—下围圈；13—栏杆

台宽度一般为 0.8～1.0m。操作平台铺板的顶面标高，不宜低于模板上口，一般与模板上口平齐。

2. 内、外吊脚手

内、外吊脚手又称挂脚手，外吊脚手挂在提升架和外挑三脚架上，内吊脚手挂在提升架和操作平台上。吊脚手供修整混凝土表面、检查质量、调整和拆除模板、支设梁底模等之用。吊脚手的吊杆可用圆钢（直径不小于 16mm）制成，吊脚手外侧应挂安全网，吊脚手架的铺板宽度一般为 500～800mm。

（三）液压滑升系统

1. 支承杆

支承杆又称爬杆，它埋设在混凝土内，是千斤顶向上爬行的轨道，又是滑升模板的承重轴，用以承受施工过程中的全部荷载。支承杆一般用 $\phi25$ 的 Q235 圆钢或用 $\phi25\sim28$ 的螺纹钢制成。为便于施工，支承杆的长度宜为 3～5m。制作时，若采用圆钢需经冷拉调直，其冷拉率不超过 3%，支承杆的布置应均匀、对称且与千斤顶一致，相邻支承杆的接头，要相互错开，使在同一标高的接头数量不超过总量的 25%。因此，最初第一段支承杆应做成四种不同的长度，每一种长度相差为 500m，以后用同一长度支承杆接长，便能保证接头位置错开。

支承杆的连接方法有丝扣连接、榫接和焊接三种（图 7-11）。丝扣连接操作简单，安全可靠，但加工量大，承受弯曲能力差，该连接多用于支承杆外加套管的滑模施工。榫接连接施工方便，但加工量大，在滑升过程中易被液压千斤顶的卡头带起。焊接连接加工简单，承受弯曲能力好，但现场焊接量较大。

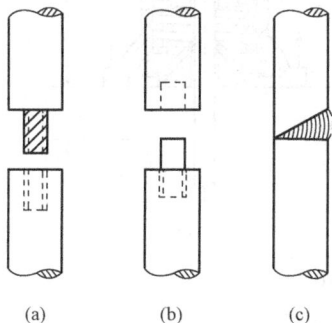

图 7-11　支承杆连接示意图
（a）丝扣连接；（b）榫接；（c）焊接

2. 液压千斤顶

液压千斤顶按其起重能力的大小，可分为小型（起重能力为 30～50kN）、中型（起重能力为 60～120kN）和大

型（起重能力在 120kN 以上）。目前我国以小型千斤顶应用最为广泛。液压千斤顶按其卡头构造形式的不同，可分为钢珠式（图 7-12）和楔块式（图 7-13）两种，均为穿心式单作用千斤顶。

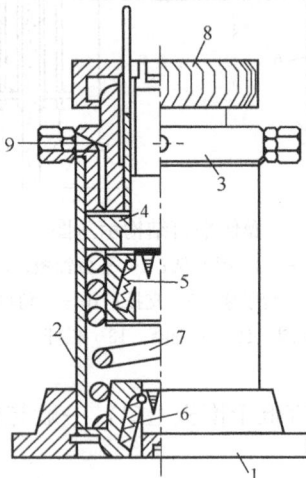

图 7-12 钢珠式液压千斤顶

1—底座；2—缸筒；3—缸盖；4—活塞；
5—上卡头；6—下卡头；7—排油弹簧；
8—行程调整帽；9—油嘴

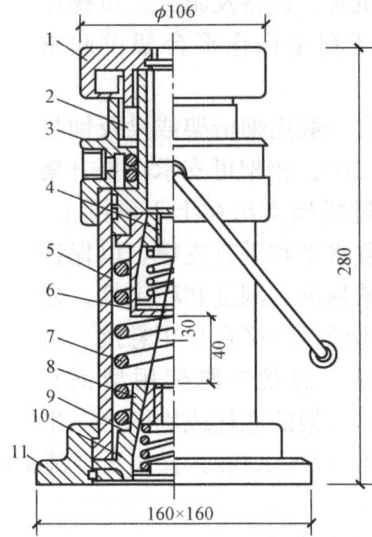

图 7-13 楔块式卡头液压千斤顶

1—行程调整帽；2—活塞；3—缸盖；4—上卡头卡块；
5—缸筒；6—上卡块座；7—排油弹簧；8—下卡头
卡块；9—弹簧；10—下卡块座；11—底座

钢珠式液压千斤顶的工作原理如图 7-14 所示。千斤顶工作时，高压油从千斤顶进油口

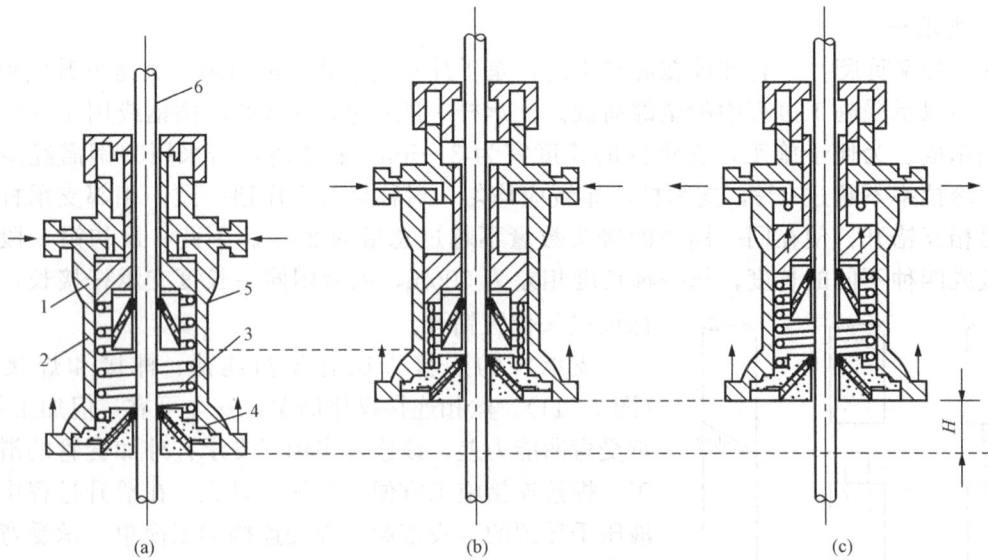

(a) (b) (c)

图 7-14 钢珠式液压千斤顶工作原理图

(a) 进油；(b) 上升；(c) 排油复位

1—活塞；2—上卡头；3—回油弹簧；4—下卡头；5—缸筒；6—支承杆

注入油缸，在缸筒与活塞之间加压，下压活塞。因上卡头盒内小钢珠与支承杆锁紧，故活塞不能下行，结果在油压作用下，缸筒连带底座和下卡头盒便向上提起，相应地带动提升架及整个滑升模板一起上升。当上升到上下卡头盒相接触时，即完成一个提升行程。这时回油弹簧处于压缩状态，上卡头承受滑模的荷载。当油泵停止供油并回油时，油压消失，在回油弹簧的作用下，将活塞向上推举，油便从进油口排出。排油开始瞬间，下卡头盒又由于小钢珠与支承杆的自锁作用，使缸筒和底座不能下降，这时千斤顶便完成一个工作循环，即上升一次行程约30mm。如此不断循环，千斤顶就沿支承杆不断上升，模板也随之上升。

钢珠式千斤顶的优点是体积小，动作灵活，但钢珠对支承杆的压痕较深，不利于工具支承杆的重复使用，而且还会引起钢珠卡头的回缩下降现象。此外，钢珠还有可能被杂质卡死在斜孔内，导致卡头失灵等。用楔块式卡头代替钢珠式卡头，具有加工简单，自锁能力强，压痕小等特点，可用于螺纹钢筋作支承杆爬升。

3. 液压控制台布置

液压千压顶的运转是由液压传动系统控制的。整个液压控制台（图7-15）由电动机、轮油泵、油箱、压力表、电磁换向阀等组成。工作时，电动机带动油泵，压力油经换向阀分流器、针阀和管路输送给各千斤顶，使千斤顶沿支承杆爬升并带动滑模上升，当千斤顶上升一行程后，电磁换向阀回油，千斤顶不再上升。

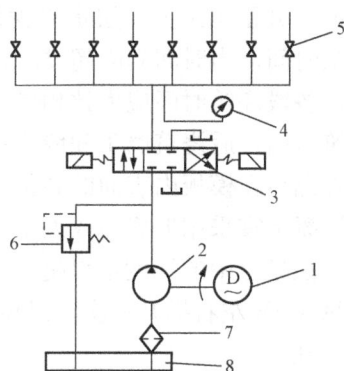

图7-15　液压控制台原理图

1—电动机；2—轮油泵；3—电磁换向阀；
4—压力表；5—针阀；6—溢流阀；
7—滤油器；8—油箱

二、液压滑升模板施工工艺

（一）液压滑升模板的组装

滑升模板一经组装好直至施工完毕中途一般不再拆、装。因此，模板组装要认真、细致，严格符合允许误差的要求。模板组装前，要检查起滑线以下已施工好的基础或结构的标高和几何尺寸，并标出结构的设计轴线、边线和提升架的位置等。

模板的组装顺序：

安装提升架→安装内外围圈→绑扎竖向结构钢筋和提升架横梁以下的水平结构钢筋→安装模板→安装内操作平台的桁架、支撑、檩条和铺板→安装外操作平台的支架、铺板和栏杆→安装液压提升系统、垂直运输系统及精度控制和观测装置等→安装支承杆→安装内外吊脚手架及挂安全网。

（二）混凝土配合比的选择

滑模施工所用混凝土的配合比，除必须满足设计强度要求外，还应满足滑模施工的工艺要求。

（1）混凝土的出模强度宜控制在0.2～0.4N/mm²或贯入阻力值为0.30～1.50kN/cm，以保证混凝土出模后既能易于抹光表面，不致拉裂或带起，又能支承上部混凝土的自重，不致流淌、坍落或变形。

（2）模板的滑升速度，取决于混凝土的出模强度、支承杆的受压稳定和施工过程中结构的整体稳定性。在浇筑上层混凝土时，下层混凝土仍处于塑性状态，故要求初凝时间控制在

2h 左右。出模时混凝土应接近终凝，故要求终凝时间控制在 4～6h。

（3）要求混凝土应有良好的和易性，宜用细粒多，粗粒少的骨料。石子最大粒径不宜大于构件截面最小尺寸的 1/80。混凝土坍落度要综合考虑滑升速度和混凝土垂直运输机械等来确定。混凝土浇筑时的坍落度：墙板、梁、柱为 4～6cm，筒壁结构及细柱为 5～8cm，配筋特密的结构为 8～10cm。当采用人工捣实时，坍落度可适当增加。如果由于气温条件、施工条件、水泥品种等因素的影响，混凝土凝结速度过快或过慢，在规定的滑升速度下，不能保证最优出模强度要求时，可在混凝土中掺入缓凝剂或促凝剂。

混凝土配合比应根据工程对象、预计滑升速度和现场气温变化情况分别试配，找出几种在不同温度下初凝、终凝及强度随时间增长的关系曲线，供施工时选用。

（三）混凝土的浇筑

混凝土的浇筑必须分层均匀交圈浇筑，分层的厚度以 200～300mm 为宜，对框架柱及平面较小的筒体，分层厚度可增至 400mm。每层表面高度需保持在模板上口以下 100～150mm，并留出最上一层水平钢筋，以便继续绑扎钢筋。各层浇筑时间间隔应不大于混凝土凝结时间，当时间间隔超过时，对接槎处应按施工缝要求进行处理。在分段浇筑时应对称浇筑，各段浇筑时间应大致相等。当气温较高时，宜先浇筑内墙，后浇筑阳光直射的外墙；先浇筑直墙，后浇筑墙角和墙垛；先浇筑较厚的墙，后浇筑薄墙。在浇筑混凝土的同时，随时清理黏结在模板内表面的砂浆或混凝土，以免增加滑行阻力，影响表面光滑，造成质量事故。混凝土宜采用振捣器或人工捣实。振捣时，不得触及钢筋、模板和支承杆，振捣棒插入下一层混凝土中的深度不得超过 5cm。若遇特殊原因混凝土浇筑工作不能连续进行，则使千斤顶每隔 1h 左右提升一次，以免混凝土与模板黏结。继续浇筑混凝土之前，尚应对施工缝进行处理。

（四）模板的滑升

模板的滑升可分为初升、正常滑升和末升三个阶段。

1. 初升阶段

初升阶段是指混凝土浇筑开始至模板第一次滑升结束这一阶段。该阶段只进行混凝土浇筑和模板滑升两项工作（钢筋已在模板组装时绑扎），混凝土浇筑高度由混凝土自重滑升阻力确定，一般取 600～700mm 分 2～3 层，在 3h 内浇筑完毕。当混凝土达到出模强度时，将模板试升 50mm，如混凝土不坍落，用手指按压出模的混凝土表面，可压出指印且不粘浆，随即将模板滑升 200～300mm，检查整个模板系统能否正常工作。

2. 正常滑升阶段

模板初升并经检查调整后，即可进入正常滑升阶段。

该阶段内混凝土浇筑、钢筋绑扎、模板滑升三项工作相互交替连续进行。一般混凝土浇筑和滑升速度控制在 200mm/h 左右。正常滑升时，每次滑升的间隔时间最好不超过 1h，并应保证在浇筑上一层混凝土时，下一层尚未初凝，应在保持一定的滑升速度下分多次提升。在滑升过程中，还应注意千斤顶的工作情况，尽量减少升差，每次提升时应保证所有的千斤顶充分供油，回油时，则应保证所有千斤顶充分排油，以免因加压、回油不充分而造成升差不一致。

3. 末升阶段

当混凝土浇筑至距建筑物顶标高 1m 左右时，混凝土的浇筑及模板的滑升速度应比正常速度稍慢。当混凝土全部浇筑完毕后，尚应继续滑升，直至模板与混凝土脱离不致被粘住为止。

在模板的滑升过程中，应严格控制平台和模板的水平及结构物的垂直度，并随时注意检查校正。预埋件和门窗洞口留设也应与滑升相配合，既要保证标高、尺寸、数量和位置的准确性，又不影响滑升模板的正常滑升。此外，当混凝土出模后，应随后对表面缺陷加以修补抹光，并对混凝土进行养护。

（五）建筑物垂直度的观测

高层建筑物的允许垂直偏差为建筑物高度的 1/1000，且总偏差不得大于 50mm。常用的观测方法有线锤观测法、经纬仪观测法和激光铅直仪观测法。线锤观测法是在操作平面上对应于建筑物中心点和四角控制点，用铅丝吊挂在约 15～25kg 的线锤，并使线锤始终位于建筑物的底部，对照建筑物预先设置好的中心点和控制点，测量建筑物的垂直偏差和扭转程度。但建筑物较高时，因线锤摆动，测量精度较低。

经纬仪观测法是利用经纬仪根据地面所设的控制桩、建筑物中心线桩与建筑物上所画出的对应测点进行测量，观察两点间是否垂直。

激光铅直仪观测是利用激光铅直仪发出的竖向激光束射到设置在操作平台中心激光接收器（即用描图纸绘成环形或方格形，夹在两块透明的平板玻璃之间制成）上，根据激光束光斑在激光接收靶上的位置，即可观测建筑物的垂直偏差情况。采用两束垂直激光束则可以直接观测建筑物的扭转。

三、质量事故的预防和处理

（一）支承杆失稳

支承杆失稳的原因有支承杆加工或安装不直，操作平台荷载过大或受荷不均匀，遇有障碍强行滑行，相邻千斤顶升差太大及脱空长度太长等。当支承杆失稳而产生弯曲时必须及时处理，以免引起严重的质量安全事故。

当支承杆在混凝土上部出现弯曲时，可按图 7-16 所示方法处理。支承杆在混凝土内产生弯曲时，应停止使用该千斤顶，先将弯曲处已破坏的混凝土清除，然后按图 7-17 所示方法处理。当支承杆通过门窗洞口或无墙楼层之间时，由于周围没有混凝土造成支承杆脱空现象，使受压自由度过大，极易失稳而弯曲，应采取加固措施，缩短支承杆的自由长度。其处理方法如图 7-18 所示。

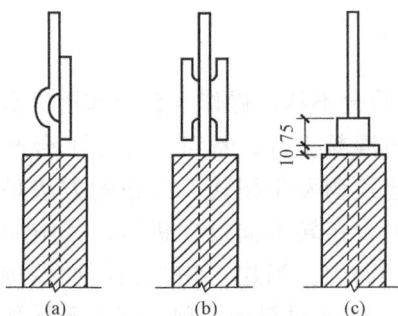

图 7-16 支承杆在混凝土上部弯曲时加固
(a) 弯曲不大时；(b) 弯曲较大时；
(c) 弯曲较长且严重时

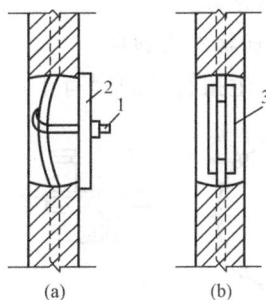

图 7-17 支承杆在混凝土内部弯曲时加固
(a) 弯曲不大时；(b) 弯曲严重时
1—带勾螺栓；2—垫板；3—钢筋

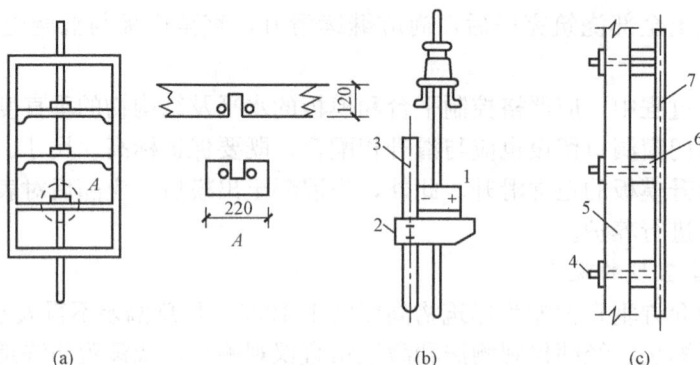

图 7 - 18　支承杆脱空加固法
（a）利用木窗衬模及木枋加固；（b）卸荷加固；（c）木柱加固
1—传力夹具；2—传力牛腿；3—钢管柱；4—带钩螺栓；
5—木柱；6—硬木顶板；7—支承杆

（二）建筑物发生倾斜

建筑物产生倾斜的原因有操作平台不水平，使模板向一侧倾斜；操作平台有较大的偏心荷载或受较大风荷载影响，使模板向一侧倾斜。影响平台水平度的主要因素有：操作平台上荷载分布不均；支承杆负载不一；产生升差后未予及时调整，操作平台不能水平上升；混凝土浇筑不均匀对称；操作平台刚度差，使水平度难以控制；支承杆布置不均匀或不垂直及模板受风荷载等水平外力的影响等。

纠偏的方法通常是调整平台的高差，即通过千斤顶将操作平台调升一倾斜度，其方向与建筑物倾斜方向相反，其倾斜度值最大不要超过模板的倾斜度，然后继续滑升浇筑混凝土，直至建筑物的垂直度归于正常，才将操作平台恢复水平。设平台倾斜方向长为 AB，偏移值为 Δ，现将倾斜的一边提高 h，使平台反倾斜，然后继续滑升浇筑混凝土。当滑升高度 H 为

$$H = \frac{\Delta \cdot AB}{h} \tag{7 - 1}$$

即可将平台恢复水平正常滑升，此时建筑物倾斜偏差已得到纠正。此外，还可采取在千斤顶下加斜垫，用倒链、卷扬机对平台施加水平外力及在与倾斜方向相反的操作平台一边堆放重物等措施来纠正倾斜。

（三）建筑物发生扭转

建筑物发生扭转的原因有千斤顶升差不一，模板收分不均，操作平台上起重机影响及经常沿一个方向浇筑混凝土等，都可使操作平台产生环向力矩，使平台和建筑物发生扭转。纠扭的方法是：浇筑混凝土时与操作平台扭转方向反向进行，或施加一对与扭转方向相反的环向力。当建筑物为圆筒形结构时，可沿圆周等间距布置 4～8 对双千斤顶，将两千斤顶设置于槽钢挑梁上，挑梁与提升横梁相接，使提升架由双千斤顶承担，通过调整两个千斤顶的不同提升高度来纠正操作平台和模板的扭转（图 7 - 19）。当操作平台和模板发

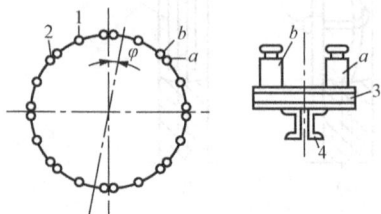

图 7 - 19　双千斤顶纠正扭转
1—单千斤顶；2—双千斤顶；3—挑梁；
4—提升架横梁；a、b—千斤顶

生顺时针方向扭转时，先将顺时针扭转方向一侧的千斤顶 a 升高一些，然后使全部千斤顶滑升一次，如此重复将模板提升数次，即可纠正过来。

（四）混凝土出现水平裂缝或断裂

混凝土出现水平裂缝或断裂的原因有滑升速度慢，混凝土与模板黏结在一起，模板安装未做倾斜度；滑升过程中模板产生严重倾斜等。处理的方法是：加快滑升速度；调整混凝土的配合比，或加入缓凝剂，以减慢混凝土的凝结速度；保证模板有足够的倾斜度；及时纠正滑升过程中模板的倾斜。若混凝土表面已出现细小裂纹，可抹平压实；若出现轻微裂缝，可在清除裂缝部分的混凝土后，用比原混凝土强度等级高一级的细石混凝土或水泥砂浆灌补；如裂缝较大，则应用压力喷浆补强。

第三节　高层建筑主体结构大模板施工

自 20 世纪 70 年代开始，大模板建筑在我国得到迅速发展，现已成为剪力墙体系高层建筑的主要施工方法之一，大量的高层住宅和公共建筑都采用这种模板进行施工，如广州白天鹅宾馆、南京金陵饭店、北京西苑饭店等。

所谓大模板就是一种工具式大型模板，其尺寸与整个房间或房间的每一面墙及楼地面的大小相吻合，按设计位置安装好后，在模板内浇筑混凝土。其特点是：便于机械化施工，可减轻劳动强度；模板装拆快，操作简便，节约劳动力；施工速度快；抗震能力强；混凝土表面质量好；装修湿作业减少；模板可多次周转使用，但一次投资大。

一、大模板建筑的结构类型

1. 内外墙全现浇

内外墙全现浇即内墙和外墙均利用大模板现场进行整体浇筑。根据保温隔热的需要，外墙可以采用轻骨料混凝土，如果内外都用普通混凝土，在北方地区有时需在外墙内侧加贴保温隔热材料。这种结构的优点是结构整体性好，建筑物水平刚度大，抗震性能好。但施工时，外墙的外侧模支模复杂，为满足保温隔热要求需增加外墙厚度，同时外装修工作量大，高空作业多，工期长。

2. 外墙预制、内墙现浇（简称内浇外挂）

外墙预制、内墙现浇，即现浇混凝土内墙与预制大型墙板相结合的大模板建筑。预制的外墙板有单一材料的，有复合材料的，门窗框和外饰面可以在工厂加工，也可以在现场制作。这种结构体系的特点是整体性和抗震性能好。发挥了现浇与预制装配的优越性，可减少现场外装修，加快施工进度，可以将工厂预制装配化和现场施工机械化有机结合起来。但该类型的结构用钢量较大、运输量大、施工占用场地大、外墙板缝防水要求高。

3. 外墙砌砖、内墙现浇（简称内浇外砌）

外墙砌砖、内墙现浇，即内墙为现浇混凝土，外墙采用砖砌体。此种体系抗震性能差，仅适用于六层以下的住宅。

二、大模板的形式与构造

大模板施工的关键在于模板。要求模板强度好、刚度大、自重轻、用料省、板型少、连接方便迅速、安全可靠且便于装拆、运输和保管。

大模板通常由面板、骨架、支撑系统和附件等组成。面板的作用是使混凝土成形，具有设计所要求的尺寸。骨架的作用是支承面板、保证所需的刚度，将荷载传给穿墙螺栓等，通常由薄壁型钢、槽钢等做成横肋、竖肋。支撑系统包括支撑架和地脚螺丝，一块大模板至少设两个，用于调整模板的垂直度和水平标高、支撑面板等。附件包括操作平台、穿墙螺栓、上口卡板、爬梯等。大模板根据面板材料可分为整块钢模、木模、组合钢模、高分子材料模、钢框胶合板模等。而根据组合形式可分为平模、角模和筒模。

（一）平模的构造与组拼

平模是大模板的主要组合形式，平模面板一般由4～6mm的薄钢板制作，固定部件则由带纵横肋的金属骨架制作。其中，横肋用以固定面板，纵肋则借助焊接或螺栓与横肋相连，承受由横肋传来的荷载。由于肋的布置方式不同，面板又分为单向板和双向板（图7-20）：双向板纵横肋常用角钢或槽钢制作，间距一般为300～500mm；单向板的横肋间距约为300～500mm、纵肋间距由连接拉杆的水平间距决定，一般为1000mm左右。模板背面设置1～3道钢桁架支撑，上加铺板作为操作平台，下设调整模板垂直度的底脚螺旋千斤顶。为抵抗新浇混凝土对模板的侧压力，保证墙体厚度的准确性，还需要设置连接拉杆。

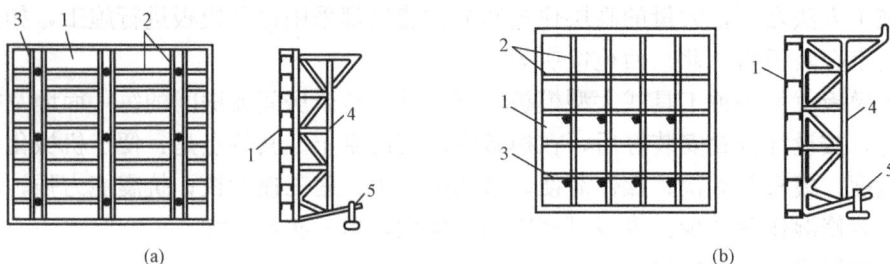

图7-20 平模
(a) 单向板平模；(b) 双向板平模
1—面板；2—纵横肋；3—连接拉杆；4—支架；5—底脚螺旋千斤顶

平模的组拼方式如图7-21所示。平模组拼是将纵横墙分两次组拼，先横墙（或纵墙），后纵墙（或横墙），施工缝较多，通常设置短筋增加纵横联系。

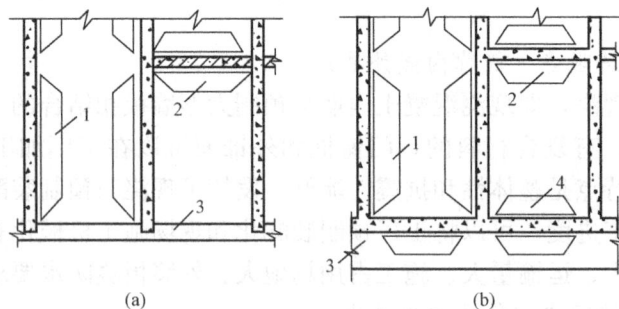

图7-21 平模的组拼
(a) 外墙预制、内墙现浇；(b) 内外墙均现浇
1—内纵墙平模；2—横墙平模；3—预制外墙板；4—外墙平膜

（二）角模的构造与组拼

1. 大角模

大角模是将两块平模组成L形模板，每一平模部分的平面尺寸均为1/2墙面的尺寸

（图 7-22）。

2. 小角模

小角模 [图 7-23（a）] 是为了适应纵横墙一起浇筑而在纵横墙相交处附加的一种模板，它设置平模转角，并在其一端焊上角钢制成，从而使每个房间的内模形成封闭的支撑体系。采用小模板布置时，模板的整体性好，组拆方便，墙面平整，但墙面接缝多，修理工作量大，角模加工精度也要求高。小角模有两种做法，如图 7-23（b）、（c）所示，一种是在角钢内侧焊扁钢，拆模后会在墙面形成突出的棱；另一种是在角钢外侧焊扁钢，拆模后会在墙面留有扁钢的凹槽。角模组拼可分为大角模组拼与小角模组拼（图 7-24）。

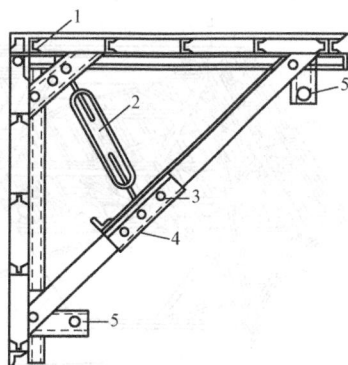

图 7-22 大角模的构造

1—合页；2—花篮螺栓；3—固定销子；
4—活动销子；5—调整用的螺旋千斤顶

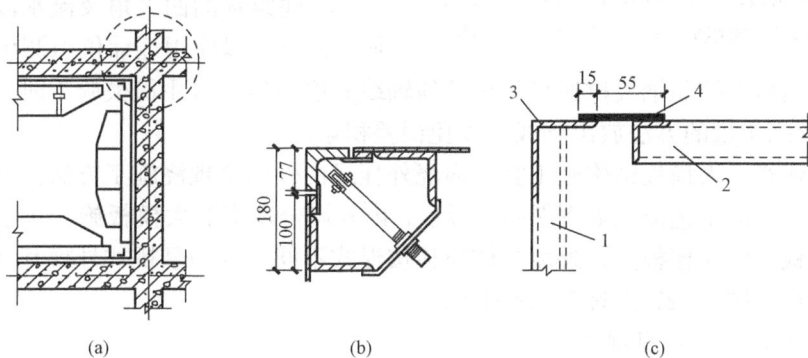

(a)   (b)   (c)

图 7-23 小角模阴角构造

（a）小角模布置；（b）扁钢焊在角钢内侧；（c）扁钢焊在角钢外侧

1—横墙模板；2—纵墙模板；3—角钢；4—扁钢

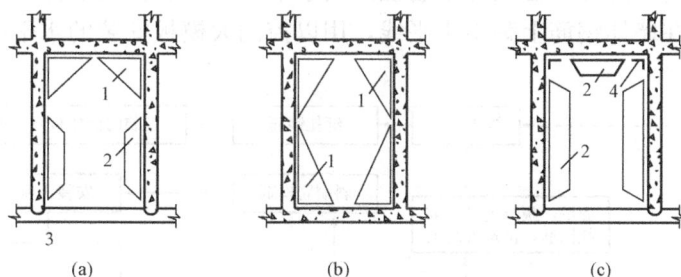

(a)   (b)   (c)

图 7-24 角模组拼

（a）大角模与平模组拼；（b）大角模组拼；（c）小角模与平模组拼

1—大角模；2—平模；3—预制外墙板；4—小角模

（三）筒模

筒模是将房间三个墙面的模板用刚架组合而成的大型模板，每侧墙模均借助两个吊轴悬挂在刚架的角柱上，模板可沿轴作微量水平拉移（约 2～3mm），以便拆模（图 7-25）。筒模中间的连接刚架可做成固定式或伸缩式，刚架上部即为操作平台，并设有爬梯和出入孔，刚架四支腿下端各设有一个螺旋千斤顶，用以调整高度和垂直度。每个筒模内还

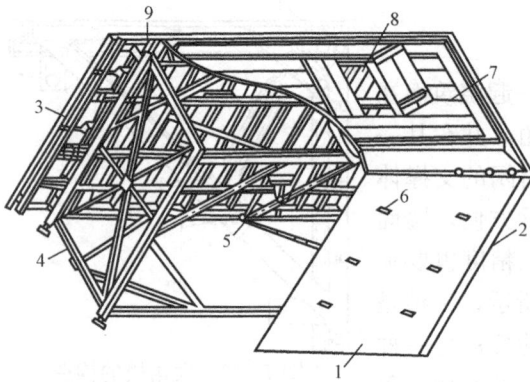

图 7-25　筒模
1—模板；2—内角模；3—外角模；4—刚架；5—爬梯；
6—穿墙螺栓；7—操作平台；8—出入孔；9—吊轴

设有内角模和外角模，内外角模与钢模板之间采用螺栓连接，当房屋尺寸有变化时，可按模数适当进行拼接或拆除。筒模具有刚度大，可一次吊装，整体性好，墙面平整，施工方便，操作安全，施工速度快等优点。但模板重量重（约 4～5t），需要较大的起重设备，且就位、拆模、清理均较困难。

三、大模板施工工艺

（一）测量放线

1. 轴线的控制和引测

在建筑物的四大角及流水段分界处，必须设标桩，以便用经纬仪引测山墙和对应墙的控制轴线。然后由控制轴线拉通尺放出其他轴线和墙体边线（用筒模施工时，应放出十字线），不得用分间丈量的方法放出轴线，以免误差积累。

对于高层建筑，大模板结构施工宜采内浇外挂或内外墙全现浇施工方法。外墙预制内墙现浇（内浇外挂）的工艺流程如图 7-26 所示。内外墙全现浇的大模板施工工艺，其内墙及外墙的内侧模板支承在楼板上；外墙外侧模板按形式不同，分为悬挑式外模和外承式外模两种，其工艺流程如图 7-27 和图 7-28 所示。

2. 水平标高的控制和引测

每幢建筑物设标准水平桩 1～2 个，并将水平标高引测到建筑物的第一层墙上作为控制水平线。各楼层的标高均以此线为基线，用钢尺引测上去，每个楼层设两条水平线，一条离地面 50cm 高，供立口和装修工程使用；另一条距楼板下皮 10cm，用以控制墙体顶部的找平层及楼板安装标高。另外，在墙体钢筋上弹出水平线，用以控制墙体顶部的找平层及楼板安装标高，还可以在墙体钢筋上弹出水平线，用以控制大模板安装的水平度。

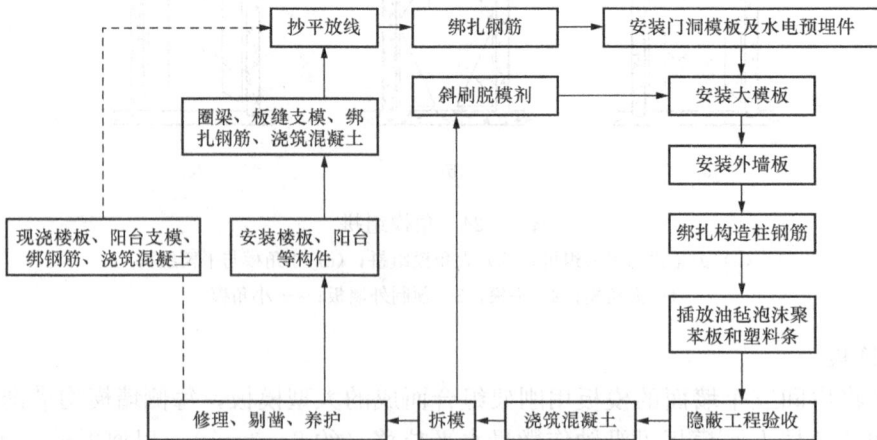

图 7-26　内浇外挂工艺流程

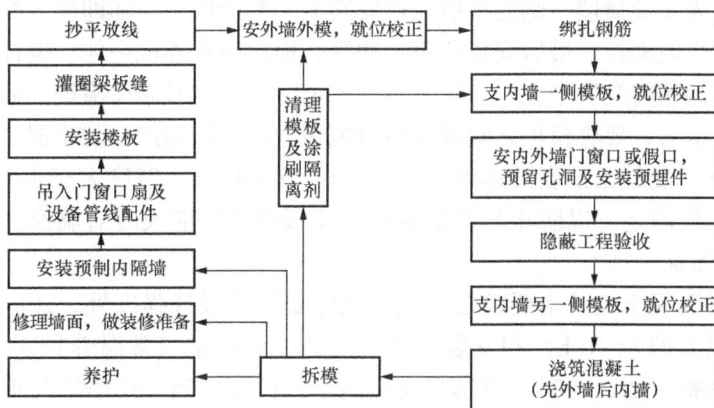

图 7-27 悬挑式外模工艺流程

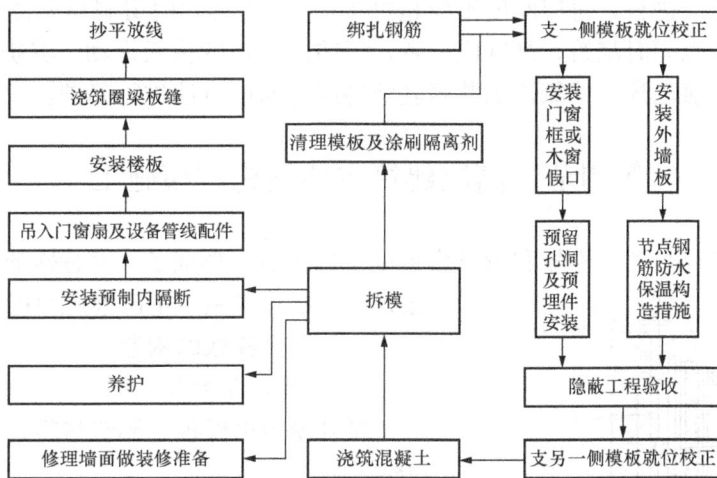

图 7-28 外承式外模工艺流程

（二）钢筋绑扎

大模板施工的墙体钢筋应优先采用点焊网片。网片间的搭接长度和搭接部位都应符合设计规定。网片在堆放、运输和吊装过程中，要放在专用的金属网片架上，防止钢筋弯曲变形和焊点脱落。上、下层墙体钢筋网片搭接部分应理直并绑扎牢固。双排钢筋网片之间应设足够的定位连接筋，钢筋与模板之间应绑扎砂浆垫块，其间距不宜大于 1m，以保证钢筋位置的准确和保护层厚度。

外墙板安装前，应将两侧伸出的钢筋套环理直。外墙板就位后，两块外墙板的套环和内墙的钢筋套环应重合，将本层的竖筋插入内外墙重合的套环内，对每块外墙板和内墙插入套环均不得少于 3 个，并绑扎牢固。在施工段的分界处，应按设计规定留出墙体连接钢筋，可预先弯折于模板内，等拆模板后理直，与下一施工段墙体钢筋绑扎连接。

（三）大模板的安装和拆除

大模板运到现场后，应清点数量、核对型号。清除表面锈蚀和焊渣并均匀地涂刷脱模剂。目前，常用的脱模剂有甲基硅树脂脱模剂、柴油机脱模剂、妥尔油脱模剂等。安装模板时，应按顺序吊装就位。先安装横墙一侧的模板，再安装另一侧的模板，随即放入穿墙螺栓和塑料套管，然后再安装内纵墙模板，最后安装角模，使纵、横墙模板连成一体。墙体厚度由放在两块模板间的穿墙螺栓的塑料套管来控制，垂直度用 2m 长双十字形靠尺检查，通过支架上的地脚螺栓调整。安装模板时，要将模板之间或模板与模板之间缝隙堵严，防止漏浆。

在常温条件下，混凝土强度需达到 $1.0N/mm^2$ 方可拆模。宽度大于 1m 的门洞口的拆模强度，应与设计单位商定，以防止其产生裂缝。模板拆除后应及时对墙面进行清理和修补。

（四）混凝土浇筑

大模板工艺对混凝土的基本要求是：混凝土除要达到设计强度外，还应满足 $1.0N/mm^2$ 的拆模强度（常温养护 8～10h）和安装楼板强度 $4.0N/mm^2$（常温养护 36～48h）的要求；混凝土墙体表面平整光洁；混凝土应具有良好的工艺性能，当采用塔式起重机吊运料斗上料时，坍落度为 6～8cm，当采用泵送混凝土时，坍落度为 12～18cm。

混凝土浇筑前，为防止烂根应先铺一层 3～5cm 厚与混凝土内砂浆成分相同的砂浆。墙体混凝土浇筑应分层进行，每层厚度不应超过 1m，当浇筑到门窗洞口两侧时，应由门窗洞口正上方下料，两侧同时浇筑，高度应一致，以防门窗口的模板走动，养护时间不得少于 3 天。也可采用喷涂氯乙烯—偏氯乙烯共聚乳液薄膜保水的方法进行养护。

第四节 高层建筑主体结构爬模施工

爬升模板施工综合了大模板和滑升模板施工的优点，形成了一套特殊的施工工艺，目前在我国高层建筑施工中已推广使用。

一、爬升模板的构造

（一）有爬架爬模

爬升模板由模板、爬架和爬升设备三部分组成（图 7 - 29）。

1. 模板

爬模的模板与大模板相似，构造也相同，其高度一般为层高加 100～300mm，新增部分为模板与下层已浇筑墙体的搭接高度，用作模板下端定位和固定。模板的宽度在可能条件下越宽越好，以减少模板间的拼接和提高墙面的平整度。在模板外侧需设悬挂脚手架，供模板安拆、墙面清理及嵌填穿墙螺栓洞等工作之用。悬挂脚手架的角钢焊在模板竖向大肋上，其宽度为 600～900mm，4～5 跨步，每步高 1800mm，有 2～3 步悬挂在模板之下，每步均满铺脚手板，外侧设栏杆和挂安全网。

2. 爬架

爬架的作用是悬挂模板和爬升模板。爬架由支承架、附墙架、挑横梁、爬升爬架的千斤顶架（或吊环）等组成（图 7 - 30）。支承架由 4 根角钢组

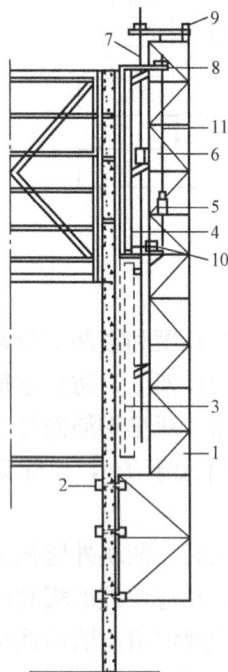

图 7 - 29 爬升模板

1—爬架；2—螺栓；3—预留爬架孔；4—爬模；
5—爬架千斤顶；6—爬模千斤顶；7、11—爬杆；
8—模板挑横梁；9—爬架挑横梁；10—脱模千斤顶

成，一般做成两个标准节，使用时再拼接，支承架的尺寸不应小于 650mm×650mm，以保证操作人员在支承架内上下的安全。附墙架由附墙螺栓与墙体相连，作为爬架的支承体。螺栓的位置应尽量与模板的穿墙螺栓孔相符，以减少墙上的留孔数目，附墙架的位置若在窗洞口处，也可利用窗台作支承。爬架顶端一般要超出上一层楼层 0.8～1.0m，而下端附墙架应在拆模层的下一层，爬架的总高度为 3～3.5 个楼层高度。挑横梁、千斤顶架的位置，要与模板上相应装置处于同一竖线上，以便千斤顶爬杆或环链呈竖直，使模板或爬架能竖直爬升，提高安装精度。

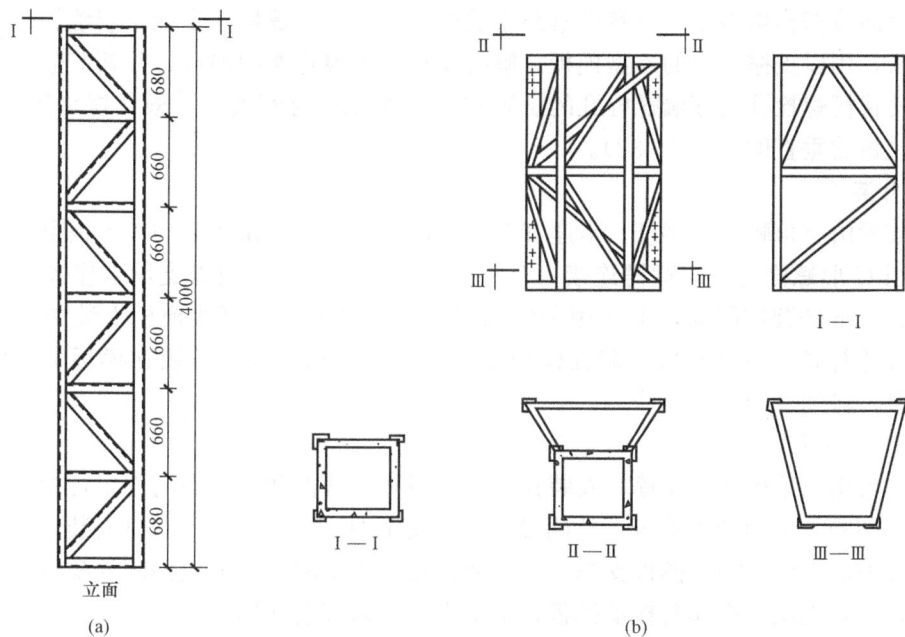

图 7 - 30　爬架构造示意图
(a) 支承架标准节（两节）；(b) 附墙架

3. 爬升装置

爬升装置有环链手动葫芦、单作用液压千斤顶、双作用液压千斤顶和专用爬模千斤顶。环链手动葫芦是用人力拉动环链使起重钩上升，每个爬架处设两个环链手动葫芦，是目前应用最广泛的一种爬升设备。液压千斤顶一般采用穿心式 QH-30 型或 QH-35 型。根据其设置位置的不同，有三种功能：第一种是竖向安装在模板背面的竖向龙骨上，位置要尽量接近重心平面，卡住爬杆，使模板悬吊在爬架上，供提升模板用；第二种是水平方向安装在模板背面，供脱模用；第三种是竖向安装在爬架上，供爬升支架爬升用。

(二) 无爬架爬模

无爬架爬模的特点是取消了爬架，模板由甲、乙两类组成，爬升时两类模板互为依托，用提升设备使两类相邻模板交替爬升。

1. 模板

在无爬架爬模的模板中，甲型模板为窄板，高度大于两个层高，乙型模板要按建筑物外墙尺寸配制，高度要略大于层高，与下层外墙稍有搭接，避免漏浆和错台（图 7-31）两种模板交替布置，甲型模板布置在内外墙交接处，或大开间外墙的中部，每块模板的左右侧均

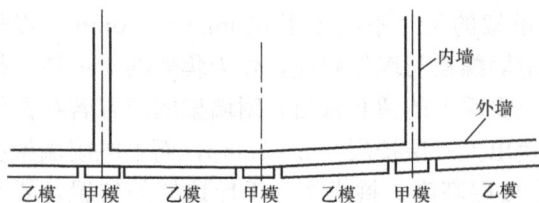

图 7-31 无爬架爬模布置示意图

拼接有调节板缝的钢板以调整板缝，并使模板两侧形成轨槽以利模板的爬升。模板背面设有竖向背楞，作为模板爬升的依托，并能加强模板的整体刚度。内、外模板用 $\phi16$ 穿墙螺栓连接固定。模板爬升时，要依靠其相邻的模板与墙体的拉接来抵抗爬升时的外张力，所以模板要有足够的刚度。在乙型模板的下面用竖向背楞作生根处理。背楞紧贴于墙面，并用 $\phi22$ 螺栓固定在下层墙体上。背楞上端设连接板，用以支撑其上的乙型模板，解决模板和生根背楞的连接，并调节生根背楞的水平标高，使背楞螺栓孔与穿墙螺栓孔的位置吻合。连接板与模板、生根背楞均用螺栓连接，以便调整模板的垂直度（图 7-32）。

2. 爬升装置

爬升装置由三角爬架、爬杆、卡座和液压千斤顶组成。三角爬架插在模板上口两端套筒内，套筒用 U 形螺栓与竖向背楞连接，三角爬架可自由回转，用以支承卡座和爬杆。爬杆用直径为 25mm 的圆钢制成，上端用卡座固定在三角爬架上。每块模板上装两台起重量为 3.5t 的液压千斤顶，甲型模板安装在模板中间偏下处，乙型模板安装在模板上口两端。供油用齿轮泵，输油管用高压胶管。

3. 操作平台挑架

操作平台用三角挑架作支撑，安装在乙型模板竖向背楞和它下面的生根背楞上，共设置三道（图 7-33），上面铺脚手板，外测设护栏和安全网。上、中层平台供安装、拆除模板时使用，并在中层平台上加设模板支撑一道，使模板、挑架和支撑形成稳固的整体，并用来调整模板的角度，也便于拆模时松动模板，下层平台供修理墙面用。

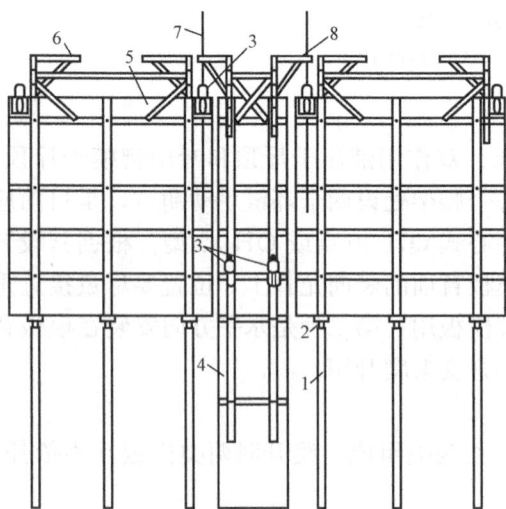

图 7-32 无爬架爬模构造示意图
1—生根背楞；2—连接板；3—液压千斤顶；
4—甲型模板；5—乙型模板；6—角爬架；
7—爬杆；8—卡座

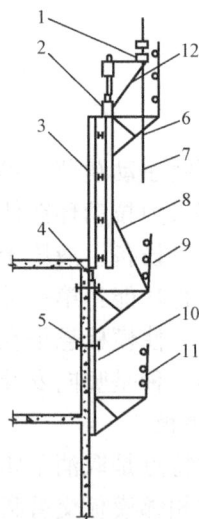

图 7-33 无爬架爬模构造示意图
1—卡座；2—液压千斤顶；3—模板；4—连接板；5—螺栓；
6—L挑架；7—爬杆；8—支撑；9—中挑架；10—生根
背楞；11—下挑架；12—三角爬架

二、爬升模板施工工艺

（一）有爬架爬升模板施工工艺

1. 外墙爬升模板施工

（1）工艺流程，如图 7 - 34 所示。

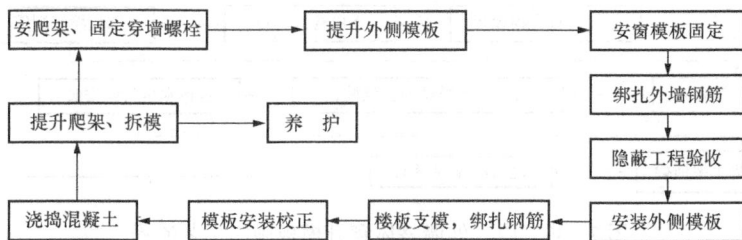

图 7 - 34　外墙爬升模板施工工艺流程

（2）爬升施工程序。模板爬升施工程序如图 7 - 35 所示。

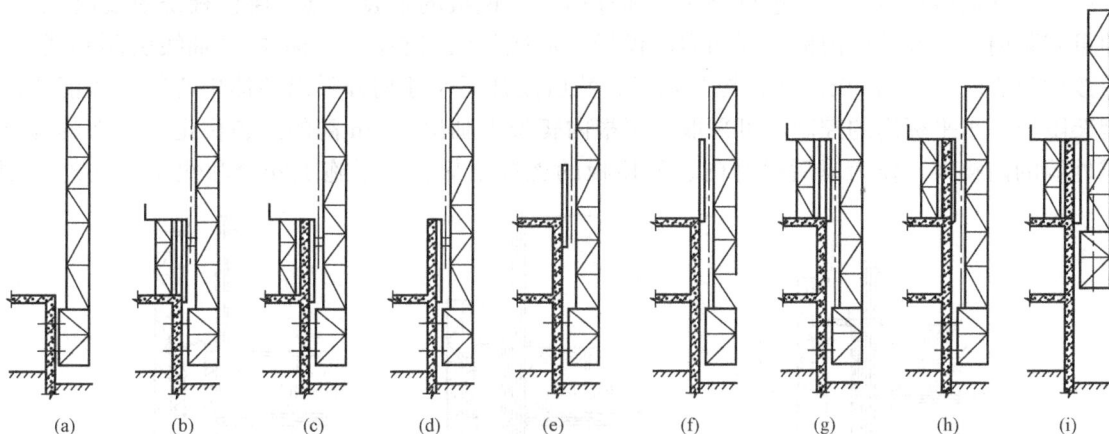

图 7 - 35　爬升模板的爬升施工程序

（a）底层墙完成后安装爬架；（b）安装外模、绑扎钢筋、安装内模；（c）浇筑二层墙体混
凝土；（d）拆除外、内模板；（e）三层楼板施工；（f）爬升外模并校正固定；
（g）绑扎三层墙钢筋、安装三层墙内模；（h）浇筑三层墙体混凝土；
（i）以外模为支承爬升爬架，固定在二层墙上

（3）施工要点。安装前，必须对爬模设备进行检查；连接螺栓应拧紧；组装后的爬架垂
直度必须控制在 1/1000 内；大模板在组装前，其表面应除锈并涂刷隔离剂。大模板的重量
应与起重机的起重能力相适应，否则应采取分块、分批吊装；首层大模板的安装用塔式起重
机吊装就位，以外模找正内模，在第一层墙体模板拆除后，即开始在墙体的预留穿墙螺栓孔
内安装爬架的固定螺栓，预留孔之间的相互位置偏差不得超过 ±2mm。绑扎钢筋时，要注
意留出大模板的对拉螺栓位置。外墙外侧模板的脱模，不准采取在模板上口撬拨或硬拉模板
的做法，模板和爬架的爬升应由专业小组完成，统一指挥，遇有 6 级以上大风时，应停止提
升模板和爬架。

2. 内、外墙整体爬升模板施工工艺

（1）工艺流程，如图 7 - 36 所示。

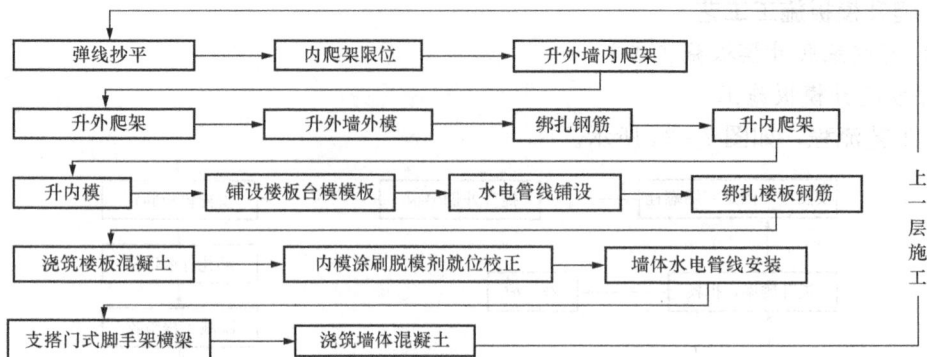

图 7-36　内、外墙整体爬升模板施工工艺流程

（2）爬升施工程序。内、外墙整体爬升模板施工程序如图 7-37 所示。

（3）施工要点。第一层墙体混凝土的浇筑，仍采用大模板工程一般常规施工方法进行。待第一层外墙拆模后，即可进行外爬架和外墙外侧模板的组装。待一层楼板浇筑混凝土后，即可安装内爬架及外墙内侧模板和内墙模板。内爬架的安装，应先将控制轴线引测到楼层，并按"偏心法"放出 50cm 通长控制轴线，然后按开间尺寸划分弹出墙体中心线，才能作内爬架限位。水平标高的控制，可采取在每根内爬架上画出 50cm 高的红色标记。爬架的提升靠外墙的内爬架，作为以后提升内、外模板的连接依靠。为了施工安全和便于绑扎外墙钢

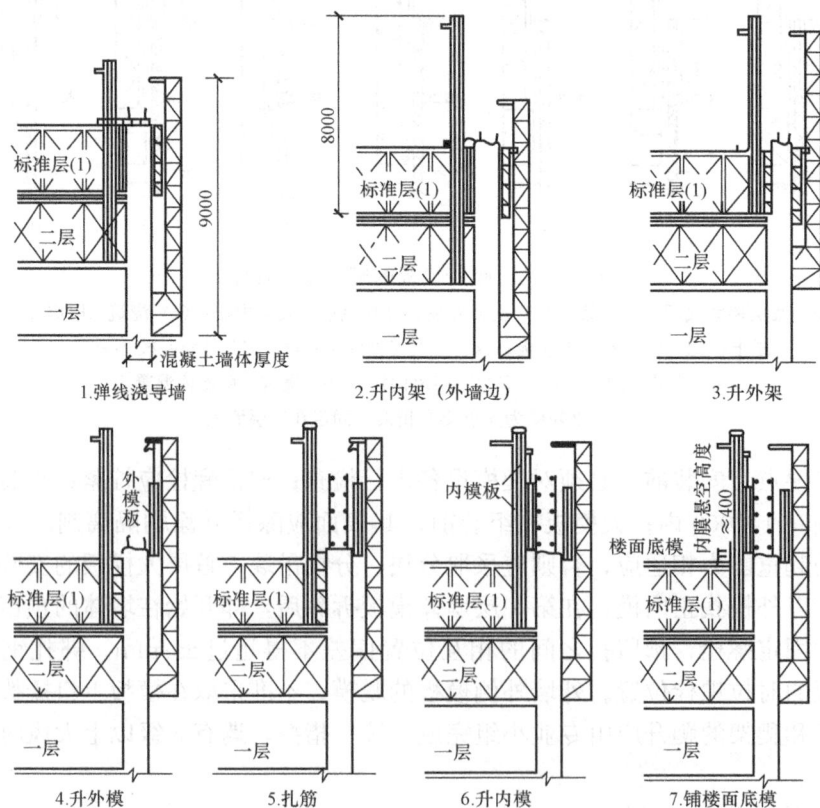

图 7-37　内、外墙整体爬升模板施工顺序示意图（一）

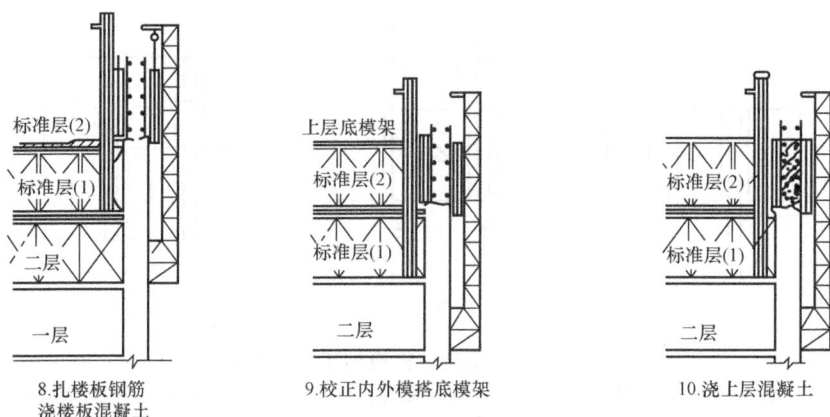

图 7-37　内、外墙整体爬升模板施工顺序示意图（二）

筋，当外爬架提升后应立即提升外墙外侧模板，并在模板到位后立即用螺栓与内爬架连接，随即清理模板和涂刷脱模剂。

（二）无爬架爬升模板施工工艺

无爬架爬升模板施工主要用于剪力墙结构标准层的外墙外侧模板，内墙模板和外墙内侧模板，仍采用大模板工程常规施工方法施工。

1. 工艺流程

工艺流程如图 7-38 所示。

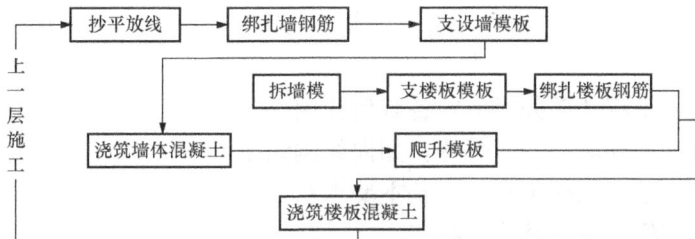

图 7-38　无爬架爬升模板施工工艺流程

2. 爬模的组装

爬模组装顺序是：先安装乙型模板下部的生根背楞，用穿墙螺栓固定在首层已浇筑的墙体上，再安装中挑架，然后将模板、三角爬架、液压千斤顶等组装好的乙型模板吊起置于连接板上，并用螺栓连接，同时在中挑台上设临时支撑和校正模板。首次安装甲型模板时，由于模板下端无支撑，故用临时支撑校正固定，等外墙内侧模板吊运就位后，即用穿墙螺栓将内、外侧模板固定，并校正垂直度。最后安装上、下两道平台挑架，铺放平台板、挂好安全网，即可浇筑墙体混凝土。

3. 爬升程序

无爬架爬升模板施工的爬升程序如图 7-39 所示。

4. 施工要点

爬升前先松开穿墙螺栓，拆除内模板，并使外墙外侧的甲、乙型模板与混凝土脱离，但穿墙螺栓未拆除。调整乙型模板上三脚架的角度，装上爬杆并用卡座卡紧，爬杆下端穿入甲

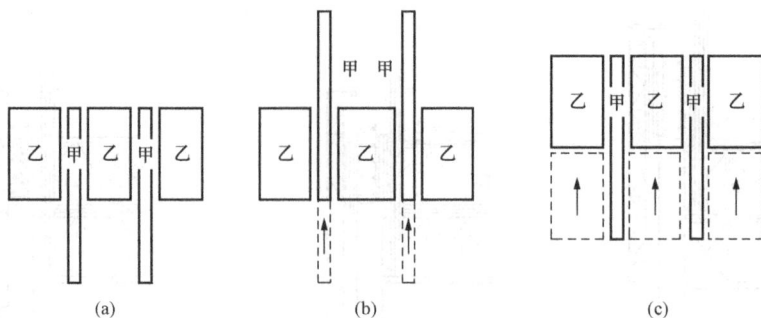

图 7 - 39 无爬架爬升模板施工的爬升程序

（a）模板就位，浇筑混凝土；（b）甲型模板爬升；（c）乙型模板爬升就位，浇筑混凝土

型模板中部的千斤顶中。然后拆除甲型模板底部的穿墙螺栓，装好限位卡，起动液压泵，将甲型模板爬至预定高度，随即用穿墙螺栓与墙体固定。待甲型模板爬升后，再爬升乙型模板，首先松开卡座，取出乙型模板上的爬杆，然后调整甲型模板三角爬架的角度，装上爬杆，用卡座卡紧，并使爬杆下端穿入乙型模杆上端的千斤顶中，再拆除乙型模板上口的穿墙螺栓，使模板与墙体脱离，即可爬升乙型模板。校正甲、乙两种模板，安装好内模，装好穿墙螺栓并紧固，即可浇筑混凝土。施工时应使每个流水段内的乙型模板同时爬升，模板不得单块爬升，模板的爬升，可安排在楼板支模和绑扎钢筋同时进行，故不占用施工工期，有利于加快工程进度。

思 考 题

1. 液压滑升模板由哪几部分组成？各有何作用？
2. 建筑物垂直度的观测方法有哪些？如何纠偏纠扭？
3. 大模板施工工艺对混凝土有哪些基本要求？
4. 简述有爬架爬模的组成及构造特点。
5. 试述爬模施工工艺流程及施工要点。

第八章 防 水 工 程

本章要点

卷材防水屋面的构造、材料要求及施工方法；涂膜防水屋面材料及施工方法；刚性防水屋面材料要求及施工方法；防水混凝土的材料要求、配合比设计及施工方法；水泥砂浆防水层的种类及施工操作方法；卷材防水层的要求及操作方法；涂料防水层的操作方法；厨卫间防水材料的选择及处理方法。

基本要求及重点、难点

(1) 了解卷材防水屋面及涂膜防水屋面的构造、材料要求。
(2) 熟悉卷材防水屋面及涂膜防水屋面的施工操作方法。
(3) 熟悉防水混凝土的材料要求、配合比设计、施工方法。
(4) 掌握水泥砂浆防水层的种类及施工操作方法。
(5) 掌握卷材防水层的要求及操作方法、涂料防水层的操作方法。
(6) 掌握厨卫间防水的操作方法及渗漏处理。

• 重点：防水混凝土的材料要求、配合比设计、施工方法；水泥砂浆防水层的种类及施工操作方法。

• 难点：卷材防水层的要求及操作方法、涂料防水层的操作方法；厨卫间防水的操作方法及渗漏处理。

• 深度和广度：达到能进行屋面防水和地下防水工程中的各种防水施工操作方法，以及厨卫间的渗漏处理。

第一节 屋 面 防 水 工 程

屋面防水工程中多采用多道设防和复合防水的做法，但不同类型、不同重要程度、不同使用功能的建筑对防水材料的要求不同。为了满足建筑物使用功能的要求，又不造成不必要的浪费，《屋面工程质量验收规范》（GB 50207—2002）根据建筑物的性质、重要程度、使用功能要求及防水层耐用年限等，将屋面防水分为四个等级，见表 8-1。

表 8-1 屋面防火等级和设防要求

项 目	屋 面 防 水 等 级			
	I	II	III	IV
建 筑 物类 别	特别重要或对防水有特殊要求的建筑	重要的建筑和高层建筑	一般的建筑	非永久性的建筑

续表

项 目	屋 面 防 水 等 级			
	Ⅰ	Ⅱ	Ⅲ	Ⅳ
防水层合理使用年限	25 年	15 年	10 年	5 年
防水层选用材料	宜选用合成高分子防水卷材、高聚物改性沥青防水卷材、金属板材、合成高分子防水涂料、细石混凝土等材料	宜选用高聚物改性沥青防水卷材、合成高分子防水卷材、金属板材、合成高分子防水涂料、高聚物改性沥青防水涂料、细石混凝土、平瓦、油毡等材料	宜选用三毡四油沥青防水卷材、高聚物改性沥青防水卷材、合成高分子防水卷材、金属板材、高聚物改性沥青防水涂料、合成高分子防水涂料、细石混凝土、平瓦、油毡瓦等材料	可选用二毡三油沥青防水卷材、高聚物改性沥青防水涂料等材料
设防要求	三道或三道以上防水设防	二道防水设防	一道防水设防	一道防水设防

一、卷材防水屋面

(一) 卷材防水屋面的构造

卷材防水屋面属柔性防水屋面，它具有重量轻、防水性能好，对结构振动和微小变形有一定适应性等优点，但同时也具有卷材易老化、易起鼓、耐久性差、渗漏时修补找漏困难等缺点。

卷材防水屋面的构造层次如图 8-1 所示，具体施工有哪些层次，根据设计要求而定。

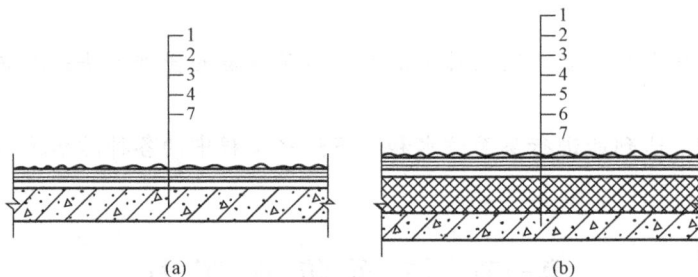

图 8-1 卷材防水屋面构造层次
(a) 不保温卷材防水屋面；(b) 保温卷材防水屋面
1—保护层；2—卷材防水层；3—结合层；4—找平层；5—保温层；6—隔气层；7—结构层

(二) 卷材防水屋面材料

1. 沥青

沥青是一种有机胶结材料，在常温下呈固体、半固体或液体形态，颜色是灰亮或褐色以至黑色。沥青的主要技术质量标准以针入度、延伸度、软化点等指标表示。目前我国以针入度指标确定沥青牌号。

工业与民用建筑中，目前常用的是石油沥青和焦油沥青（主要指煤沥青）。在我国石油沥青按其用途可分为道路石油沥青、建筑石油沥青和普通石油沥青三种。对同品种的石油沥青,其牌号减小,则针入度减小、延伸度减小,而软化点增高。

2. 防水材料

(1) 高聚物改性沥青卷材。高聚物改性沥青卷材是以合成高分子聚合物改性沥青为涂盖层,纤维织物或纤维毡为胎体,粉状、粒状、片状或薄膜材料为覆面材料制成的可卷曲的片状防水材料。

高聚物改性沥青卷材与传统的纸胎沥青相比,主要有两方面大的改进:一是胎体采用了高分子薄膜、聚酯纤维等,增强了卷材的强度、延性和耐水防腐性;二是在沥青中加入了高分子聚合物,改变了沥青在夏季易流淌,冬季易冷脆,延伸率低,易老化等性质,从而改善了油毡的性能。常用的高聚物改性沥青卷材主要有 SBS 改性沥青卷材、APP 改性沥青卷材、PVC 改性煤焦油卷材、再生胶改性沥青卷材、废胶粉改性沥青卷材等。

高聚物改性沥青卷材的宽度要求不小于 1000mm,厚度分别为 2.0、3.0、4.0、5.0mm 四种规格,第一种规格的每卷长度为 15.0～20.0m,后三种规格的每卷长度分别为 10.0、7.5、5.0m。其外观质量和物理性能应符合表 8-2、表 8-3 的要求。

表 8-2　　　　　　　　　高聚物改性沥青防水卷材外观质量

项　目	质 量 要 求
孔洞、缺边、裂口	不允许
边缘不整齐	不超过 10mm
胎体露白、未浸透	不允许
撒布材料粒度、颜色	均匀
每卷卷材的接头	不超过 1 处,较短的一段不应小于 1000mm,接头处应加长 150mm

表 8-3　　　　　　　　　高聚物改性沥青防水卷材物理性能

项　目		性 能 要 求		
		聚酯毡胎体	玻纤胎体	聚乙烯胎体
拉力 (N/50mm)		≥450	纵向≥350 横向≥250	≥100
延伸率(%)		最大拉力时≥30	—	断裂时≥200
耐热度 (℃,2h)		SBS 卷材 90,APP 卷材 110,无滑动流淌、滴落		PEE 卷材 90,无流淌、起泡
低温柔度(℃)		SBS 卷材−18,APP 卷材−5,PEE 卷材−10; 3mm 厚 $r=15mm$,4mm 厚 $r=25mm$; 3s 弯 180°,无裂纹		
不透水性	压力(MPa)	≥0.3	≥0.2	≥0.3
	保持时间(min)	≥30		

注　SBS—弹性体改性沥青防水卷材;APP—塑性体改性沥青防水卷材;PEE—改性沥青聚乙烯胎防水材料。

(2) 合成高分子防水卷材。合成高分子防水卷材是以合成橡胶、合成树脂或两者的共混体为基料,加入适量的化学助剂和填充料等,经不同工序加工而成的可卷曲的片状防水材料，或将上述材料与合成纤维等复合形成两层或两层以上可卷曲的片状防水材料。

合成高分子防水卷材具有高弹性、高延伸性、良好的耐老化性、耐高温性和耐低温性等优点。目前常用的合成高分子卷材主要有三元乙丙橡胶卷材、丁基橡胶卷材、再生橡胶卷材、氯化聚乙烯卷材、聚氯乙烯卷材、氯磺化聚乙烯卷材、氯化聚乙烯-橡胶共混卷材等。

合成高分子防水卷材的宽度要求不小于 1000mm，厚度分别为 1.0、1.2、1.5、2.0mm 四种规格，前三种规格每卷长度为 20m，第四种规格每卷长度为 10m，其外观质量和物理性能应符合表 8-4、表 8-5 的要求。

表 8-4　　　　　　　　　　　　合成高分子防水卷材外观质量

项 目	质 量 要 求
折痕	每卷不超过 2 处，总长度不超过 20mm
杂质	大于 0.5mm 颗粒不允许，每 1m² 不超过 9mm²
胶块	每卷不超过 6 处，每处面积不大于 4mm²
凹痕	每卷不超过 6 处，深度不超过本身厚度的 30%；树脂深度不超过 15%
每卷卷材的接头	橡胶类每 20m 不超过 1 处，较短的一段不应小于 3000mm，接头处应加长 150mm；树脂类 20m 长度内不允许有接头

表 8-5　　　　　　　　　　　　合成高分子防水卷材物理性能

项 目		性 能 要 求			
		硫化橡胶类	非硫化橡胶类	树脂类	纤维增强类
断裂拉伸强度（MPa）		≥6	≥3	≥10	≥9
拉断伸长率（%）		≥400	≥200	≥200	≥10
低温弯折（℃）		−30	−20	−20	−20
不透水性	压力（MPa）	≥0.3	≥0.2	≥0.3	≥0.3
	保持时间（min）	≥30			
加热收缩率（%）		<1.2	<2.0	<2.0	<1.0
热老化保持率（80℃，168h，%）	断裂拉伸强度	≥80			
	拉断伸长率	≥70			

3. 基层处理剂

基层处理剂是为了增强防水材料与基层之间的黏结力，在防水层施工前，预先涂刷在基层上的涂料，沥青卷材的基层处理剂主要是冷底子油。高聚物改性沥青卷材和合成高分子卷材的基层处理剂一般由卷材生产厂配套供应。

冷底子油是由 10 号或 30 号石油沥青加入挥发性溶剂配制而成的溶液，其配制方法有热配法和冷配法两种。采用轻柴油或煤油为溶剂配制的为慢挥发性冷底子油，沥青与溶剂的重量配合比为 4：6；采用汽油为溶剂配制的为快挥发性冷底子油，沥青与溶剂的重量配合比为 3：7。冷底子油具有较强的憎水性和渗透性，并能使沥青胶结材料与找平层之间的黏结力增强。

4. 沥青胶结材料（玛蹄酯）

用一种或两种标号的沥青按一定配合量熔合，经熬制脱水后，可作为胶结材料。为了提高沥青的耐热度、韧性、黏结力和抗老化性能，可在熔融后的沥青中掺入适当品种和数量的填充材料，配制成沥青胶结材料。

沥青防水卷材的胶结材料为沥青玛蹄酯（简称沥青胶）。沥青玛蹄酯可在使用时现场配制，也可采用已配好的冷玛蹄酯。热玛蹄酯的加热温度不应高于 240℃，使用温度不宜低于 190℃，并应经常检查。冷玛蹄酯使用时应搅匀，稠度太大时可加少量溶剂稀释。

5. 胶粘剂

胶粘剂可分为高聚物改性沥青胶粘剂和合成高分子胶粘剂。高聚物改性沥青胶粘剂的黏结剥离强度不应小于 8N/10mm；合成高分子胶粘剂的黏结剥离强度不应小于 15N/10mm，浸水 168h 后黏结剥离强度保持率不应小于 70%。

（三）卷材防水屋面施工

1. 屋面结构层处理

屋面结构刚度的大小，对屋面变形大小起主要作用。为了减少防水层受屋面结构变形的影响，必须提高屋面的结构刚度。因此，屋面结构层最好是整体现浇混凝土。在必须采用装配式钢筋混凝土板时，相邻板的板缝底宽不应小于 20mm。嵌填板缝时，板缝应清理干净，保持湿润，填缝采用强度等级不小于 C20 的细石混凝土。为增加混凝土密实性，宜在细石混凝土中掺入微膨胀剂，并振捣密实，板缝嵌填高度应低于板面 10～20mm。当板缝宽度大于 40mm 或上窄下宽时，为防止灌缝的混凝土干缩受振动后掉落，板缝内应设置构造钢筋。板端缝应进行密封处理。

2. 屋面找平层施工

找平层是铺贴卷材防水层的基层，其施工质量直接影响防水层和基层的黏结及防水层是否开裂。因而，要求找平层表面应压实平整，充分养护，屋面（含天沟、檐沟）找平层的排水坡度必须符合设计要求。找平层可采用水泥砂浆、细石混凝土或沥青砂浆。在采用水泥砂浆时，为提高找平层密实性，避免或减少因找平层裂缝而拉裂防水层，在水泥砂浆中可掺入微膨胀剂，同时，水泥砂浆抹平收水后应二次压光，并不得有酥松、起砂、起皮等现象。当找平层铺在松散的保温层上时，为增强找平层的刚度和强度，可采用细石混凝土找平层。当遇到基层潮湿不易干燥，工期又较紧的情况下，可采用沥青砂浆找平层。

为避免由于温度及混凝土构件收缩而使卷材防水层开裂，找平层宜留分格缝，缝宽宜为 20mm，缝内嵌填密封材料。分格缝兼作排汽屋面的排汽道时可适当加宽，并应与保温层连通。分格缝应留设在板端缝处，其纵横缝的最大间距为：水泥砂浆或细石混凝土找平层不宜大于 6m；沥青砂浆找平层不宜大于 4m。找平层施工质量应符合表 8-6 的要求。

表 8-6　　　　　　　　　　　　　　找平层施工质量要求

项　目	施　工　质　量　要　求
材料	找平均使用的原材料、配合比必须符合设计要求或规范的规定
平整度	找平层应黏结牢固，没有松动、起壳、起砂等现象；表面平整，用 2.0m 长的直尺检查，找平层与直尺间的空隙不应超过 5mm，空隙仅允许平缓变化，每米长度内不得多于 1 处
强度	采用全粘法铺贴卷材时，找平层必须具备较高的强度和抗裂性；采用空铺或压埋法铺贴时，可适当降低对找平层强度的要求

项 目	施 工 质 量 要 求
坡度	找平层的坡度必须准确,符合设计要求
转角	两个面的相接处,如女儿墙、天沟、屋脊等,均匀做成圆弧(其半径采用沥青卷材时为100~150mm,采用高聚物改性沥青卷材时为50mm,采用合成分子卷材时为20mm)
分格缝	分格缝留设位置应准确,其宽度及纵横间距应符合规范要求;分格缝应与板缝端对齐,均匀垂直,并嵌填密封材料
水落口	内部排水的水落口漏斗应牢固地固定在承重结构上,水落口所有零件上的铁锈均应预先清除干净,并涂上防锈漆;水落口周围的坡度应准确,水落口漏斗与基层接触处应留宽20mm、深20mm的凹槽,嵌填密封材料

3. 屋面保温层施工

根据材料形式划分,松散、板状保温材料和整体现浇(喷)保温材料均可用于屋面保温层。保温材料受潮后,其含水率增加,导热系数将增大,就会影响材料的保温性能,因此,保温层含水率必须符合设计要求。封闭式保温层的含水率应相当于该材料在当地自然风干状态下的平衡含水率;屋面保温层干燥有困难时,应采用排气措施。

铺设保温层的基层应平整、干燥和干净。松散保温材料应分层铺设并压实,压实的程度与厚度应经试验确定。板状保温材料应紧靠在需保温的基层表面上,并应铺平垫稳,分层铺设的板块上下层接缝应相互错开,板间缝隙应采用同类材料嵌填密实,粘贴的板状保温材料应贴正、粘牢。整体现浇(喷)保温层中的沥青膨胀蛭石、沥青膨胀珍珠岩宜用机械搅拌,并应色泽一致,无沥青团,压实程度根据试验确定,其厚度应符合设计要求,表面应平整。硬质聚氨酯泡沫塑料应按配比准确计量,发泡厚度均匀一致。

保温层施工完成后,应及时进行找平层和防水层的施工;雨季施工时,保温层应采取遮盖措施。

4. 基层处理剂的喷、涂

为使卷材与基层黏结良好,不发生腐蚀等侵害,在选用基层处理剂时,应与卷材材性相容。基层处理剂可采用喷涂法或涂刷法施工。施工时喷、涂应均匀一致,当喷、涂多遍时,后一遍喷、涂应在前一遍干燥后进行,在最后一遍喷、涂干燥后,方可铺贴卷材。节点、周边、拐角处若与大面同时喷、涂基层处理剂,边角处就很难均匀,并常常出现漏涂和堆积现象,为保证这些部位更好地黏结,对节点、周边、拐角等处应先用毛刷或其他小工具进行涂刷。

5. 卷材铺贴施工要点

(1) 细部节点附加增强处理。屋面卷材在大面铺贴之前,应先按防水节点设计要求在檐口、檐沟、泛水、水落口、伸出屋面管道等屋面节点和排水比较集中的部位做好附加增强处理。各节点增强处理如图8-2所示。

(2) 铺设方向。卷材的铺设方向应根据屋面坡度或屋面是否有振动来确定。当屋面坡度小于3%时,卷材宜平行屋脊铺贴;屋面坡度在3%~15%时,卷材可平行或垂直于屋脊铺贴;屋面坡度大于15%或屋面受振动时,沥青防水卷材应垂直于屋脊铺贴,高聚物改性沥青防水卷材和合成高分子防水卷材由于耐温性好,厚度较薄,不存在流淌问题,因此可平行或垂直于屋脊铺贴。卷材屋面的坡度不宜超过25%,当不能满足坡度要求时,应采取固定

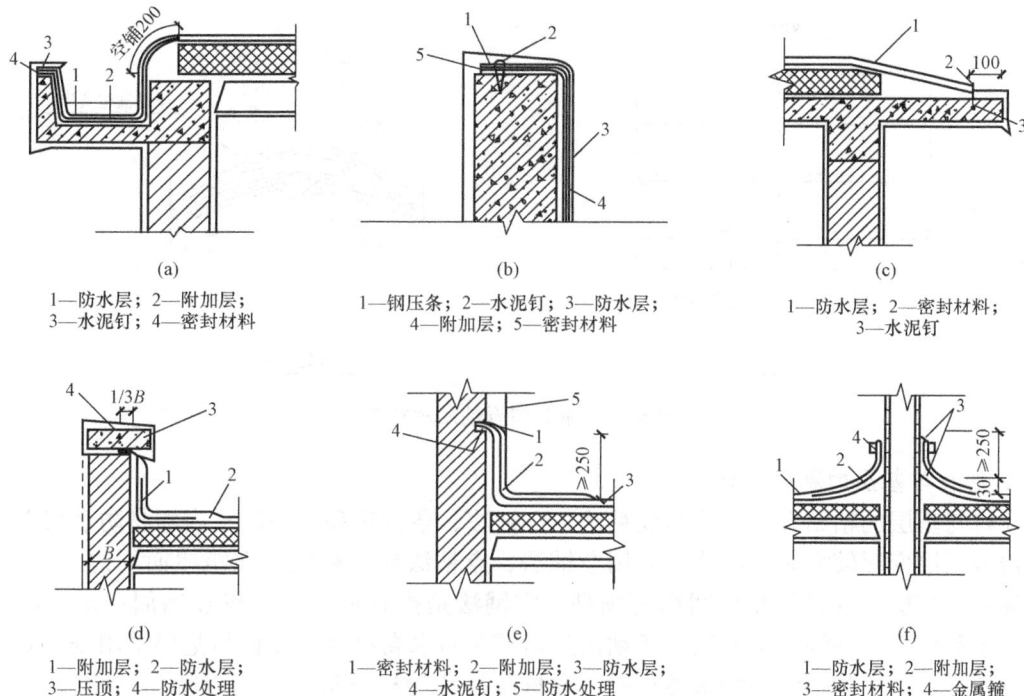

(a)
1—防水层；2—附加层；
3—水泥钉；4—密封材料

(b)
1—钢压条；2—水泥钉；3—防水层；
4—附加层；5—密封材料

(c)
1—防水层；2—密封材料；
3—水泥钉

(d)
1—附加层；2—防水层；
3—压顶；4—防水处理

(e)
1—密封材料；2—附加层；3—防水层；
4—水泥钉；5—防水处理

(f)
1—防水层；2—附加层；
3—密封材料；4—金属箍

图 8-2　节点增强处理示意图

(a) 檐沟；(b) 檐沟卷材收头；(c) 无组织排水檐口；(d) 卷材泛水收头；

(e) 砖墙卷材泛水收头；(f) 伸出屋面管道防水构造

措施以防止卷材下滑，固定点应密封严密。在卷材铺设时，上下层卷材不得相互垂直铺贴。

（3）搭接方法及宽度要求。铺贴卷材应采用搭接法，并且上下层及相邻两幅卷材的搭接缝应错开（图 8-3）。平行于屋脊的搭接缝应顺流水方向搭接，垂直于屋脊的搭接缝应顺年最大频率风向搭接（图 8-4）。各种卷材搭接宽度应符合表 8-7 的要求。

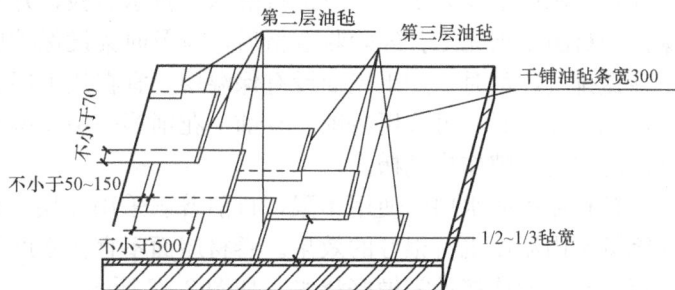

图 8-3　卷材水平铺贴搭接示意图

表 8-7　　　　　　　　　　卷 材 搭 接 宽 度　　　　　　　　　　　　　　　　mm

铺贴方法 卷材种类		短 边 搭 接		长 边 搭 接	
		满粘法	空铺、点粘、条粘法	满粘法	空铺、点粘、条粘法
沥青防水卷材		100	150	70	100
高聚物改性沥青防水卷材		80	100	80	100
合成高分子 防水卷材	胶粘剂	80	100	80	100
	胶粘带	50	60	50	60
	单缝焊	60，有效焊接宽度不小于 25			
	双缝焊	80，有效焊接宽度为 10×2＋空腔			

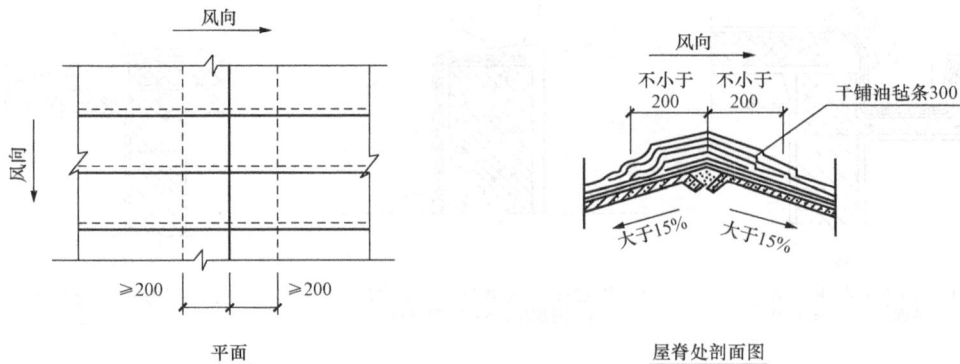

图 8-4　垂直屋脊铺贴示意图

6. 卷材与基层的粘贴方法

卷材与基层的粘贴方法可分为满粘法、空铺法、条粘法和点粘法。当卷材防水层上有重物覆盖或基层变形较大时，应优先采用空铺法、点粘法或条粘法。在距屋面周边 800mm 范围内卷材与基层、卷材与卷材间都应满粘。空铺法是指卷材与基层仅在四周一定宽度内黏结，其余部分不黏结的施工方法。条粘法是指铺贴防水卷材时，卷材与基层采用条状黏结的施工方法。点粘法是指铺贴防水卷材时，卷材或打孔卷材与基层采用点状黏结的施工方法。另外，按不同的施工工艺，卷材与基层、卷材与卷材之间还可采用冷粘法、热熔法、自粘法、热风焊接法等。

卷材铺贴应避免扭曲、皱折和出现空鼓未黏结现象；避免沥青胶黏结层过厚或过薄，滚压时应将挤出的沥青胶及时刮平、压紧、赶出气泡并予封严。

卷材防水层铺设完毕后，应进行淋水、蓄水检验，并要求卷材防水层不得有渗漏或积水现象。卷材防水层完工并经验收合格后，应及时铺设保护层，做好成品保护。

在做排气屋面时，如果屋面设有保温层，宜在找平层上留纵、横槽作排气槽（图 8-5）。在屋面无保温层时，可采用条铺、空铺、花铺第一层卷材或增加油毡条带等方法，利用油毡与基层之间的空隙作排气槽。

为延长屋面防水层的使用年限，目前普遍采用在层面防水层上加架空的预制板隔热层，这对降低室内温度也有很好的效果。卷材屋面不宜在零度以下施工。

屋面与墙面连接处需做好泛水，如图 8-6 所示。

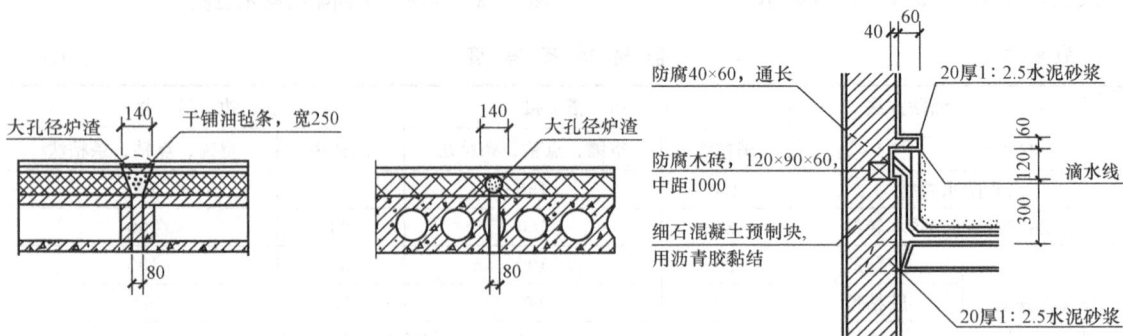

图 8-5　保温层中设排气槽

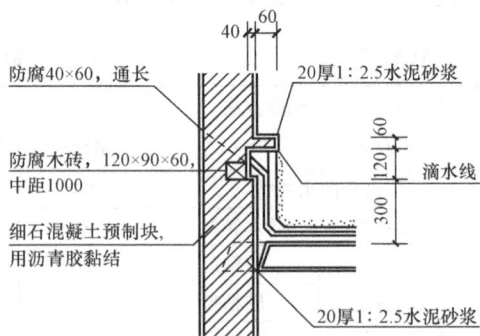

图 8-6　卷材防水泛水示意图

二、涂膜防水屋面

在钢筋混凝土装配结构无保温层屋盖体系中，板缝采用油膏嵌缝，板面压光具有一定的自防水能力，并附加涂刷一定厚度的无定型液态改性沥青或合成高分子材料，经常温胶结固化或溶剂挥发形成具有弹性且有防水作用的结膜，或在板面找平层及保温层面找平层上采用防水涂料层，均为涂膜防水，它主要适用于防水等级为Ⅲ、Ⅳ级的屋面防水，也可作为Ⅰ、Ⅱ级屋面多道防水设防中的一道防水。

（一）防水材料

1. 防水涂料

防水涂料是一种流态或半流态物质，涂刷于基层表面后，经溶剂（或水分）的挥发，或各组分之间的化学反应，形成有一定厚度的弹性薄膜，使表面与水隔绝，起到防水与防潮的作用。根据配制涂料的基料不同，防水涂料一般应采用高聚物改性沥青防水涂料和合成高分子防水涂料。

（1）高聚物改性沥青防水涂料。高聚物改性沥青防水涂料是以沥青为基料，用合成高分子聚合物进行改性，配制成的水乳型或溶剂型防水涂料。主要品种有氯丁胶乳沥青防水涂料、SBS 改性沥青防水涂料、APP 改性沥青防水涂料等。此类涂料均属薄质型防水涂料。高聚物改性沥青防水涂料质量要求应符合表 8-8 的要求。

表 8-8　　　　　　　　高聚物改性沥青防水涂料的质量要求

项　目		质　量　要　求
固体含量（%）		≥43
耐热度（80℃，5h）		无流淌、起泡和滑动
柔性（-10℃）		3mm 厚，绕 φ20mm 圆棒，无裂纹、断裂
不透水性	压力（MPa）	≥0.1
	保持时间（min）	≥30
延伸（20±2℃拉伸）（mm）		≥4.5

（2）合成高分子防水涂料。合成高分子防水涂料是以合成橡胶或合成树脂为主要成膜物质，配制成的单组分或多组分的防水涂料。其主要产品有：单组分（双组分）聚氨酯防水涂料、丙烯酸防水涂料、聚合物水泥防水涂料等。合成高分子防水涂料的物理性能应符合表 8-9 要求。

表 8-9　　　　　　　　合成高分子防水涂料的物理性能

项　目		质　量　要　求	
		Ⅰ	Ⅱ
固体含量（%）		≥94	≥65
拉伸强度（MPa）		≥1.65	≥0.5
断裂延伸率（%）		≥300	≥400
柔性（℃）		-30，弯折无裂纹	-20，弯折无裂纹
不透水性	压力（MPa）	≥0.3	≥0.3
	保持时间（min）	≥30 不渗透	≥30 不渗透

注　Ⅰ类为反应固化型，Ⅱ类为挥发固化型。

2. 密封材料

工程上对密封（嵌缝）材料的基本要求是质量稳定、性能可靠。常用的密封材料有嵌缝油膏和聚氯乙烯胶泥两类。

（1）嵌缝油膏。嵌缝油膏是以石油沥青为基料，加入改性材料及其他填充料配制而成的。目前主要品种有沥青嵌缝油膏、沥青橡胶油膏、塑料油膏等。改性石油沥青密封材料一般为冷施工，当气温低于15℃或油膏过稠时，可用热水烫后再使用。严禁用煤油、柴油等稀释油膏，施工时应使嵌填的密封材料饱满、密实、无气泡孔洞等现象。

（2）聚氯乙烯胶泥。聚氯乙烯胶泥是一种热塑型防水嵌缝材料，由煤焦油、聚氯乙烯树脂和增塑剂、稳定剂、填充料等配制而成。配制过程分三个阶段，首先是混合阶段，即将各种材料充分混合，形成均匀分散体；其次是塑化阶段；最后是成型阶段，即将塑化后的胶泥浇灌成型。其中，塑化阶段是一个重要工序，要求边加热、边搅拌，使之在130～140℃温度下保持5～10min，使其充分塑化，当浆料表面由暗淡无光变为黑亮时，表明胶泥已充分塑化。由于聚氯乙烯树脂热稳定性较差，当温度达到140℃时，开始分解出氯化氢，当温度超过140℃时，则发出强烈的刺激鼻腔、眼睛和喉咙的氯化氢气味，当温度低于110℃时，不仅大大降低密封材料的黏结性能，还会使材料变稠、不便施工。因此在配制出聚氯乙烯胶泥时，一定要严格控制好塑化温度。

（二）涂膜防水屋面施工

1. 自防水屋面板的制作要求

预应力或非预应力钢筋混凝土屋面板，其板面经滚压抹光后，自身具有防水能力，称为自防水屋面板。自防水屋面板必须有足够的密实性、抗渗性、抗裂性及抗风化和抗碳化性能。因此，在制作自防水屋面板时，水泥应用普通硅酸盐水泥，砂宜用中砂，含泥量不超过2%；石子的最大粒径不超过板厚的1/3且不超过15mm，含泥量不超过1%。每立方米混凝土中水泥最小用量不应少于330kg，水灰比不应大于0.55。混凝土宜采用高频低振幅平板振动器振捣密实并抹平，待混凝土稍收水后、初凝前，第二次稍用力抹光，在混凝土初凝后、终凝前，第三次再压实抹光，自然养护时间不少于14天。在防水屋面板的制作、堆放、运输、吊装等过程中，必须采取有效措施，防止裂缝的出现，以保证防水的质量。

2. 自防水屋面板板缝施工

屋面板板缝的处理和卷材防水屋面施工中对屋面板缝的处理相同，并还需在板端缝处进行柔性密封处理。对非保温屋面的板缝上应预留深度不小于20mm的凹槽，并嵌填密封材料。在油膏嵌缝前，板缝必须光用刷缝机或钢丝刷清除两侧表面浮灰杂物并吹净，随即满涂冷底子油一遍，待其干燥后，及时冷嵌或热灌油膏。油膏的覆盖宽度，应超出板缝每边不少于20mm。嵌缝后，应沿缝及时做好保护层。保护层有沥青胶粘贴油毡条、二油一布、涂刷防水涂料等做法。

3. 板面及找平层上防水涂料施工

当防水屋面板的板缝施工完毕或屋面找平层施工完毕并满足施工要求后，就可以进行防水涂料的施工。防水涂料在施工时，有加胎体增强材料和不加胎体增强材料两种做法。防水涂料在施工时应分层分遍涂布。待先涂的涂层干燥成膜后，才能涂布后一遍涂料。需要铺设胎体增强材料时，当屋面坡度小于15%，可平行于屋脊铺设；当屋面坡度大于15%时，应垂直于屋脊铺设，并由屋面最低处开始向上铺设。胎体材料长边搭接宽度≥50mm，短边搭接宽度≥70mm，上下层不能相互垂直铺设，搭接缝应相互错开，不小于1/3幅宽。在铺设胎体材料时，不能拉得过紧，也不能有皱折和张嘴现象。

涂膜防水屋面是靠涂刷的防水涂料固化后形成的一定厚度的涂膜来达到屋面防水目的的，如果涂膜太薄，将达不到所要求的防水作用和耐用年限要求。因此，为保证防水质量，各种防水涂料的厚度应符合表8-10的要求。

表 8-10　　　　　　　　　　　涂 膜 厚 度 选 用 表　　　　　　　　　　　　mm

屋面防水等级	设防道数	高聚物改性沥青防水涂料	合成高分子防水涂料
Ⅰ级	三道或三道以上设防	—	不应小于1.5mm
Ⅱ级	二道设防	不应小于3mm	不应小于1.5mm
Ⅲ级	一道设防	不应小于3mm	不应小于2mm
Ⅳ级	一道设防	不应小于2mm	—

屋面转角及立面的涂层应薄涂多遍，不得有流淌、堆积现象。防水涂膜严禁在雨天、雪天施工，风力在五级及其以上时也不得施工。涂膜防水层施工完毕后，应进行淋水、蓄水检验，并要求涂膜防水层不得有渗漏或积水现象。涂膜防水层完工并经验收合格后，应及时做好保护层。

三、刚性防水屋面

刚性防水屋面是指利用刚性防水材料作防水层的屋面。主要适用于防水等级为Ⅲ级的屋面防水，也可用作Ⅰ、Ⅱ级屋面多道防水设防中的一道防水层，不适用于设有松散材料保温层的屋面，以及受较大震动或冲击的和坡度大于15%的建筑屋面。刚性防水屋面的防水层主要有细石混凝土防水层、补偿收缩混凝土防水层和块体刚性防水层。

（一）材料要求

水泥宜用普通硅酸盐水泥或硅酸盐水泥，当采用矿渣硅酸盐水泥时应采取减小泌水性的措施。不得使用火山灰质水泥，石子粒径不宜大于15mm，含泥量不应大于1%，砂宜用中砂或粗砂，含泥量不应大于2%，拌和水应用不含有害物质的洁净水，防水层内一般宜配置$\phi4\sim\phi6$的钢筋。外加剂应按设计要求及规范规定的要求选用，块体刚性防水层使用的块材应无裂纹，无石灰颗粒、无灰浆泥面、无缺棱掉角、质地密实和表面平整。

（二）刚性防水屋面施工

1. 普通细石混凝土、补偿收缩混凝土防水层施工

（1）分格缝的设置。分格缝是为了减少防水层因温差、混凝土干缩、徐变、荷载和振动、地基沉陷等变形造成的防水层开裂而设置的。分格缝一般设在屋面板支承端、屋面转折处、防水层与突出屋面结构的交接处，并尽量与板缝对齐。分格缝纵横分格不宜大于6m，也可一间一分格，面积应不大于36m²，分格缝宽度宜为20～40mm，截面宜做成上宽下窄。分格缝要做好防水处理，如图8-7所示。

（2）防水层施工。混凝土浇筑前，应对基层进行处理，当屋面结构层为装配式钢筋混凝土板时，应用不小于C20的细石混凝土灌缝。当屋面板缝宽大于40mm或上窄下

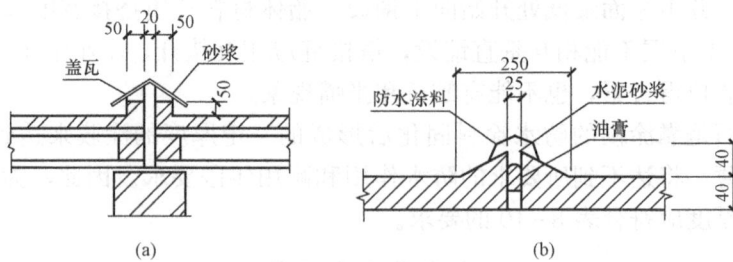

图 8-7　分格缝防水示意图

(a) 盖瓦式；(b) 油膏嵌缝

宽时，板缝内应设置构造筋，板端缝应进行密封处理。配制普通细石混凝土或补偿收缩混凝土时，水灰比不应大于 0.55，每立方米混凝土水泥最小用量不应小于 330kg，砂率宜为 35%～40%，灰砂比宜为 1:2～1:2.5。为使混凝土具有良好的抗裂和抗渗能力，在混凝土的中上部可配置直径 $\phi4$～$\phi6$、间距为 100～200mm 的双向钢筋网片，并宜用点焊焊接，钢筋在分格缝处应断开，钢筋的保护层厚度不应小于 10mm。混凝土在浇筑时应用机械振捣，表面泛浆后抹平，收水后再次压光，抹压时不得在表面洒水、加水泥浆或撒干水泥，每个分格板块的混凝土应一次浇筑完成。待混凝土初凝后，再取出分格条。混凝土浇筑 12～24h 后应进行养护，养护时间不少于 14 昼夜。养护初期屋面不得上人。另外，对于刚性防水屋面分格缝及天沟、檐沟、泛水、变形缝等细部构造的密封处理，密封材料嵌填必须密实、连续、饱满、黏结牢固，无气泡、开裂、脱落等缺陷。

细石混凝土防水层施工完毕后，应进行淋水、蓄水检验，并要求细石混凝土防水层不得有渗漏或积水现象。

2. 块体刚性防水层施工

块体刚性防水层是以掺入防水剂的水泥砂浆做垫层，在其上铺砌防水地砖等块材，再用防水水泥砂浆灌缝。一般是在结构层上先做 20～25mm 厚、掺入水泥重量 3% 的防水剂和 1:3 水泥砂浆垫层，铺抹时应均匀连续，不留施工缝。同时，在砂浆垫层上挤浆铺砌吸足水分的地砖等块材一层，块材之间缝宽为 12～15mm，且缝内挤浆高度宜为块材厚的 1/2～1/3，若有超出者，应及时将多余砂浆刮出。块材铺砌时，应直行平砌并与板缝垂直，不得采用人字形铺设，以便于雨水迅速排走。面层施工完后应进行养护，养护时间不少于 7 昼夜。

第二节　地下防水工程

地下工程由于受地形条件的限制，地下水一般很难降到地下工程底部标高以下。因而，地下工程防水质量的好坏将直接影响到地下工程的寿命，因此必须在施工中认真对待，确保地下防水工程的质量。在地下工程施工前，一般应事先确定工程的防水方案，地下工程的防水方案，大致可分为以下三类：

一类：防水混凝土方案利用提高混凝土结构本身的密实性和抗渗性来进行防水，它兼有承重、围护和抗渗的功能，是地下防水工程的一种主要形式。

二类：设防水层方案即在建筑物（或构筑物）表面设防水层，使地下水与建筑物（或构筑物）隔离，以达到防水的目的。常用的防水层有水泥砂浆、卷材、沥青胶结材料和金属防水层等。

三类：排水方案利用渗排水、盲沟排水等措施，将地下水排走，以达到防水要求。

在地下工程施工中，一般应采用"防排结合、刚柔并用、多道设防、综合治理"的原则，并根据建筑功能及使用要求，结合工程所处的自然条件、工程结构形式、施工工艺等因素，合理地确定防水方案。

结合地下工程不同要求和我国地下工程实际情况，按不同渗漏水量的指标将地下工程防水划分为四个等级，见表 8-11。

表 8-11　　地下工程防水等级标准

防水等级	标　　准
1 级	不允许渗水，结构表面无湿渍
2 级	不允许漏水，结构表面可有少量湿渍； 工业与民用建筑：湿渍总面积不大于防水面积的 1%，单个湿渍面积不大于 0.1m²，任意 100m² 防水面积不超过 1 处； 其他地下工程：湿渍总面积不大于总防水面积的 6%，单个湿渍面积不大于 0.2m²，任意 100m² 防水面积不超过 4 处
3 级	有少量漏水点，不得有线流和漏泥砂； 单个湿渍面积不大于 0.3m²，单个漏水点的漏水量不大于 2.5L/天，任意 100m² 防水面积不超过 7 处
4 级	有漏水点，不得有线流和楼泥砂，整个工程平均不大于 2L/(m²·天)，任意 100m² 防水面积的平均漏水量不大于 4L/(m²·天)

地下防水工程是一个子分部工程，其分项工程一般包括地下建筑防水工程、特殊施工法防水工程、排水工程、注浆工程。本节仅介绍地下建筑防水工程的内容。

一、防水混凝土

防水混凝土是以调整混凝土配合比或掺外加剂等方法来提高混凝土本身的密实性，使其具有一定防水能力的整体式混凝土或钢筋混凝土。防水混凝土适用于防水等级为 1~4 级的地下整体式混凝土结构。不适用于环境温度高于 80℃或处于耐侵蚀系数小于 0.8 的侵蚀性介质中使用的地下工程。目前，常用的防水混凝土主要有普通防水混凝土和外加剂防水混凝土。

普通防水混凝土是在普通混凝土骨料级配的基础上，通过调整和控制配合比的方法，提高混凝土自身密实性和抗渗性的一种混凝土，提高混凝土抗渗性的措施主要有控制水灰比、水泥用量、砂率、灰砂比、坍落度等。

外加剂防水混凝土是在混凝土中掺入适量外加剂，以此改善混凝土内部组织结构，增加密实性，提高抗渗性的混凝土。常用的外加剂防水混凝土有减水剂防水混凝土、加气剂防水混凝土、三乙醇胺防水混凝土，氯化铁防水混凝土等。

（一）防水混凝土的材料要求

（1）水泥：水泥品种应按设计要求选用，其强度等级不应低于 32.5 级，不得使用过期或受潮结块水泥。

（2）石：一般选用卵石或碎石，颗粒的自然级配要适宜，石子粒径宜为 5～40mm，含泥量不得大于 1.0%，泥块含量不得大于 0.5%。

（3）砂：一般宜选用中砂，含泥量不大于 3.0%，泥块含量不得大于 1.0%。

（4）水：拌制混凝土所用的水，应采用不含有害物质的洁净水。

（5）外加剂：外加剂的技术性能，应符合国家或行业标准一等品及以上的质量要求。

（6）粉煤灰：粉煤灰的级别不应低于二级，掺量不宜大于 20%；硅粉掺量不应大于 3%，其他掺和料的掺量应通过试验确定。

（二）防水混凝土的配合比设计

防水混凝土的配合比应通过试验确定。选定配合比时，应按设计要求的抗渗标号提高 0.2MPa。其他各项指标如下：每立方米混凝土水泥用量不少于 320kg；水灰比最大不超过 0.6；砂率宜为 35%～40%；灰砂比宜为 1：2～1：2.5；坍落度为 30～50mm，不宜大于 50mm。在掺用外加剂或采用泵送混凝土时可不受此限制，泵送时入泵坍落度宜为 100～140mm。掺用引气型外加剂的防水混凝土，含气量应控制在 3%～5%。

（三）防水混凝土施工

防水混凝土的配料、搅拌、运输、浇捣、养护等均应严格按施工及验收规范和操作规程的规定进行，以保证防水混凝土工程的质量。

防水混凝土配料时，各种材料的称量应严格按规范进行。钢筋保护层不应有负误差，留设保护层时，严禁用钢筋垫钢筋或将钢筋用铁钉、铅丝直接固定在模板上，以防止水沿钢筋浸入。防水混凝土应采用机械搅拌，搅拌时间不少于 2min，掺入引气型外加剂，搅拌时间为 2～3min。防水混凝土运输过程中不应产生离析现象及坍落度和含气量损失，混凝土在常温下应半小时内运到现场，于初凝前浇筑完毕。混凝土浇捣过程中，自由倾落高度应不超过 1.5m，否则应使用串筒、溜槽等工具进行浇筑。浇筑过程中应分层，每层厚度不宜超过 300～400mm，相邻两层浇筑时间间隔不应超过 2h，夏季可适当缩短；混凝土应采用机械振捣，振捣至混凝土开始泛浆和不冒气泡为准，避免漏振、超振和欠振。防水混凝土一般进入终凝（浇筑后 4～6h）后即应覆盖，并浇水养护不少于 14 天；防水混凝土不宜采用电热养护和蒸汽养护。

防水混凝土应连续浇筑，不宜留设施工缝。当必须留设施工缝时，墙体一般只允许留设水平施工缝，其位置不应留在剪力和弯矩最大处或底板与墙体交接处，而宜留在高出底板上表面不小于 300mm 的墙体上。拱（板）墙结合的施工缝，宜留在拱（板）墙接缝线以下 150～300mm 处。墙体有预留孔洞时，施工缝距孔洞边缘不应小于 300mm。如果必须要留垂直施工缝，应避开地下水和裂隙水较多的地段，如图 8-8 所示。

在施工缝上继续浇筑混凝土前，应将施工缝处的混凝土表面凿毛，消除浮粒和杂物，用水冲洗干净，保持湿润，再铺上一层 20～25mm 厚的水泥砂浆，水泥砂浆所用材料和灰砂比应与混凝土的材料和灰砂比相同。

二、水泥砂浆防水层

水泥砂浆防水层适用于混凝土或砌体结构的基层上，采用多层抹面的水泥砂浆防水层，不适用于有侵蚀性、持续振动或温度高于 80℃的地下工程。

水泥砂浆防水层所用的水泥品种应按设计要求选用，其强度等级不应低于 32.5 级，不

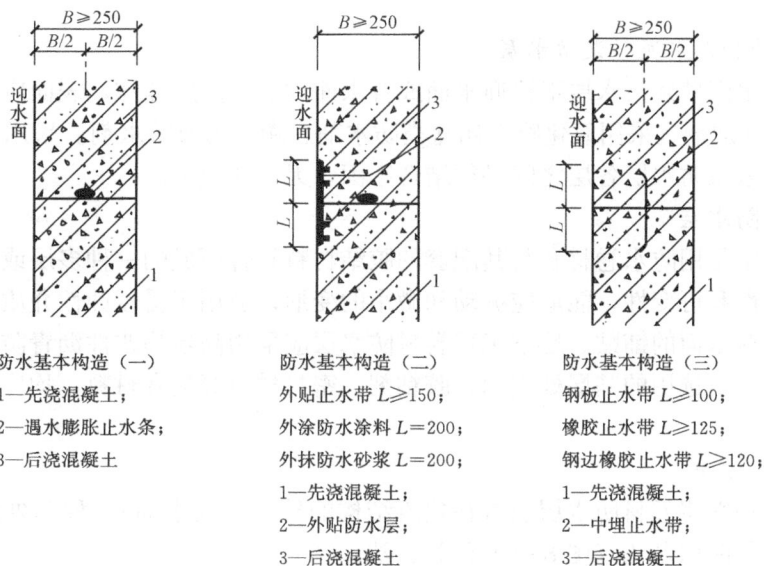

图 8-8 水平施工缝构造

得使用过期或受潮结块水泥；砂宜采用中砂，粒径 3mm 以下；含泥量不得大于 1%；硫化物和硫酸盐含量不得大于 1%；水应采用不含有害物质的洁净水；聚合物乳液的外观质量，无颗粒、异物和凝固物；外加剂的技术性能应符合国家或行业标准一等品及以上的质量要求。

水泥砂浆防水层可分为刚性多层做法防水层和掺外加剂水泥砂浆防水层两种。

（一）刚性多层做法防水层

刚性多层做法防水层，在迎水面宜用五层交叉抹面做法，在背水面宜用四层交叉抹面做法。防水层施工操作如下：

第一层：素灰层，厚 2mm，起着与基层黏结和防水的作用。先抹一道 1mm 厚素灰，用铁抹子往返用力刮抹，使素灰填实基层表面孔隙。随即在已刮抹过素灰的基层面再抹一道厚 1mm 的素灰找平层，找平后还要求用沾水毛刷按顺序刷均匀，以增加不透水性。

第二层：水泥砂浆层，厚 4～5mm，起保护、养护、加固素灰层作用。在第一层素灰初凝前随即抹 1∶2.5 水泥砂浆。为使两层牢固黏结在一起，形成一个整体，水泥砂浆层应稍压入素灰层厚度 1/4 左右，水泥砂浆初凝前，应将砂浆面扫出横向条纹，以利于第三层结合。

第三层：素灰层，厚 2mm，主要起防水作用。在第二层水泥砂浆终凝后，随即做第三层。操作方法同第一层。

第四层：水泥砂浆层，厚 4～5mm，起防水和保护作用。操作方法同第二层，并在水泥砂浆凝固前将其压光。

五层抹面做法前四层和上述做法相同，第五层在第四层水泥砂浆抹压两遍后，用毛刷均匀地将水泥浆刷在第四层表面，随第四层一起抹实压光。

刚性多层做法防水层每层宜连续施工，如必须留施工缝时应留成阶梯坡形槎，每层槎间距宜为 40mm，离阴阳角处不小于 200mm。防水层凝结后应立即进行养护，时间不少于 14 昼夜。

（二）掺外加剂水泥砂浆防水层

掺外加剂水泥砂浆防水层不论迎水面或背水面均须分两层铺抹，表面应压光，总厚度不小于 20mm。外加剂宜采用氯化物金属盐类防水剂、膨胀剂或减水剂。采用水泥砂浆防水层的工程，水泥砂浆防水层各层之间必须结合牢固，无空鼓现象。

三、卷材防水层

卷材防水层是用防水卷材和与其配套的胶结材料胶合而成的一种多层或单层防水层。它具有良好的韧性和可变性，能适应振动和微小的变形，适用于受侵蚀性介质或受振动作用的地下工程主体迎水面的铺贴。地下工程卷材防水层应采用高聚物改性沥青防水卷材和合成高分子防水卷材。所选用的基层处理剂、胶粘剂、密封材料等配套材料，均应与铺贴的卷材材性相容。

（一）防水方法

地下工程一般将卷材防水层设置在建筑结构的外侧（迎水面），称为外防水，外防水有外防外贴法和外防内贴法（图 8-9）两种方法。

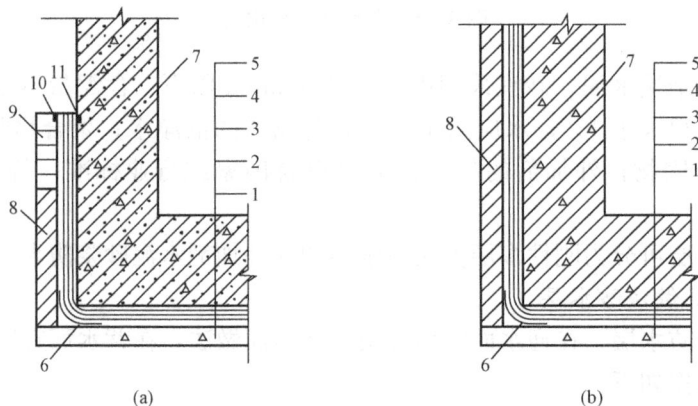

图 8-9 地下防水结构卷材防水层铺贴
（a）外防外贴法；（b）外防内贴法
1—垫层；2—找平层；3—卷材防水层；4—保护层；5—底板；6—卷材加强层；7—防水结构墙体；
8—永久性保护层；9—临时保护墙；10—临时固定木条；11—永久性木条

1. 外防外贴法

施工时，先铺贴底板卷材，四周留出卷材接头，然后浇筑防水结构的底板和墙身混凝土，待侧模拆除后，再铺四周防水层，最后砌筑保护墙。卷材铺贴如图 8-9（a）所示。外防外贴法施工程序如下：

（1）浇垫层。

（2）在垫层上砌筑永久性保护墙，墙下铺一层干油毡。墙高≥底板结构厚＋（200～500mm）。

（3）在永久性保护墙上用石灰砂浆接砌临时保护墙，墙高 150mm×（油毡层数＋1）。

（4）在垫层和永久性保护墙上抹 1：3 水泥砂浆找平层，转角处抹成圆弧状。

（5）待找平层基本干燥后，即在其上满涂冷底子油。

（6）铺贴立面和平面卷材防水层，并在转角处贴上一层卷材附加层，在永久性保护墙和垫层上应将卷材防水层黏结牢固；在临时保护墙上将卷材防水层临时贴附，并分层临时固定在保护墙最上端。

（7）在保护墙的卷材面上涂抹热沥青或玛蹄酯，并趁热撒上干净的热砂，冷却后在永久保护墙区段抹1∶3水泥砂浆，临时保护墙抹石灰砂浆，作为保护层。

（8）底板及墙体施工。

（9）在需防水结构外墙抹1∶3水泥砂浆找平层。

（10）拆除临时保护墙，清除砂浆，将卷材逐层揭开，清除表面浮灰和污物。同时，在已做好的找平上满涂冷底子油，将卷材分层错槎搭接向上铺贴。铺贴好后及时做好防水层保护结构。

2. 外防内贴法

外防内贴法是先在地下构筑物四周砌好保护墙，然后在墙面与底板铺贴防水层，再浇筑地下构筑物的混凝土。卷材铺贴如图8-9（b）所示。

外防内贴法施工程序如下：

（1）在混凝土垫层上砌永久性保护墙，并以1∶3水泥砂浆做好垫层及永久性保护墙的找平层，并在保护墙下干铺一层油毡。

（2）找平层干燥后随即涂刷冷底子油，待冷底子油干燥后方可铺贴卷材防水层。铺贴卷材时应先铺立面，后铺平面；先铺转角，后铺大面。

（3）卷材防水层做好后即应做好保护层。立面可按外贴法所述抹水泥砂浆，平面也可抹水泥砂浆或浇筑一层30～50mm厚的细石混凝土。

外防外贴法与外防内贴法相比，其优点在于：防水层绝大部分在结构外表面，故防水层较少受结构沉降变形影响；由于是后贴立面防水层，因此浇捣结构混凝土时不易损坏防水层，只需注意保护底板与留槎部位的防水层即可，施工后即可进行试水且易修补。缺点：工期长，施工繁琐，卷材接头不易保护好。因此，工程中只有当施工条件受限制时，才采用内贴法施工。

（二）铺贴卷材的要求

（1）卷材的搭接。墙面上卷材应按垂直方向铺贴，相邻卷材搭接宽度应不小于100mm，上下层卷材的接缝应相互错开不小于1/3幅卷材宽度，在墙面上铺贴的卷材如需接长时，应用错槎形接缝相连接，上层卷材盖过下层卷材不应少于150mm。

（2）铺贴操作。卷材铺贴前应将找平层清扫干净，在基面上涂刷基层处理剂；当基面较潮湿时，应涂刷湿固化型胶粘剂或潮湿界面隔离剂。底面宜平行于长边铺贴，墙面应自下而上铺贴。

（3）转角部位加固。平面的交角处，包括阳角、阴角及三面角，是防水层的薄弱部位，应加强防水处理。转角部位找平层应做成圆弧形。在立面与底面的转角处，卷材的接缝应留在底面上，距墙根不小于600mm。卷材防水层完工并经验收合格后应及时做保护层，顶板的细石混凝土保护层与防水层之间宜设置隔离层；底板的细石混凝土保护层厚度应大于50mm；侧墙宜采用聚苯乙烯泡沫塑料保护层，或砌砖保护墙（边砌边填实）和铺抹30mm厚水泥砂浆。

四、涂料防水层

地下工程涂料防水层适用于受侵蚀性介质或受振动作用的地下工程主体迎水面或背水面

的涂刷，一般采用外防外涂和外防内涂两种施工方法。涂料防水层应采用反应型、水乳型、聚合物水泥防水涂料或水泥基、水泥基渗透结晶型防水涂料。防水涂料厚度的选用应符合表 8-12 的规定。

表 8-12　　　　　　　　　　　　防 水 涂 料 厚 度　　　　　　　　　　　　mm

防水等级	设防道数	有 机 涂 料		无 机 涂 料		
		反应型	水乳型	聚合物水泥	水泥基	水泥基渗透结晶型
1 级	三道或三道以上设防	1.2～2.0	1.2～1.5	1.5～2.0	1.5～2.0	≥0.8
2 级	二道设防	1.2～2.0	1.2～1.5	1.5～2.0	1.5～2.0	≥0.8
3 级	一道设防	—	—	≥2.0	≥2.0	—
	复合设防	—	—	≥1.5	≥1.5	—

涂料涂刷前应先在基面上涂一层与涂料相容的基层处理剂。由于防水涂膜在满足厚度要求的前提下，涂刷的遍数越多对成膜的密实度越好，因此涂刷时应多遍涂刷，并且后遍涂刷应待前遍涂层干燥成膜后进行，每遍涂刷时应交替改变涂层的涂刷方向，同层涂膜的先后搭接宽度宜为 30～50mm。涂料防水层的施工缝（甩槎）应注意保护，搭接缝宽度应大于 100mm，接涂前应将其甩槎表面处理干净。涂刷程序应先做转角处、穿墙管道、变形缝等部位的涂料加强层，后进行大面积涂刷，涂料防水层中铺贴的胎体增强材料，同层相邻的搭接宽度应大于 100mm，上下层接缝应错开 1/3 幅宽。

另外，地下建筑防水工程中，还有塑料板防水层、金属板防水层等。

五、变形缝、后浇缝的处理

1. 变形缝的处理

对不受水压作用的地下防水工程，变形缝处应加铺两层抗拉强度较高的卷材作附加层，如玻璃布油毡或无胎油毡；对受水压作用的地下防水工程，变形缝处宜采用橡胶或塑料止水带；对受高温和水压作用的防水工程，变形缝处宜用紫铜板或不锈钢金属止水带。采用填入式橡胶或塑料止水带时，止水带应埋设在结构厚度中间，止水带的中心圆环应正对变形缝中央，采用埋入式金属止水带时，其两侧边缘应有可靠的锚固措施。在转角处，止水带应做成圆弧形。

2. 后浇缝的处理

后浇缝是一种混凝土刚性接缝，适用于不允许留柔性变形缝的工程。后浇部位的混凝土应采用补偿收缩混凝土，强度等级应与两侧先浇筑的混凝土强度等级相同，后浇混凝土与两侧先浇混凝土的施工间隔至少为 42 天。后浇缝浇筑前，应将两侧先浇混凝土表面凿毛，清洗干净，并保持湿润。浇筑完后，后浇缝混凝土应保持湿润养护至少 28 天的时间。

第三节　厨卫间防水工程

（一）防水材料选择

厨卫间面积一般较小，管道集中，形状复杂，因此施工中一般采用涂膜防水。根据工程性质与使用标准，可选用高中低档的防水涂膜材料。常用的防水涂料有聚氨酯（"851"）防水涂料、氯丁胶乳沥青防水涂料、硅橡胶防水涂料等，施工时也可采用胎体增强材料。

（二）卫生间楼地面基本要求

卫生间的楼面结构层应采用现浇混凝土或整块预制混凝土板，其混凝土强度等级不应小于 C30；楼面上的孔洞，一般采用芯模留孔的方法施工，位置应留准确；楼面结构层四周支承处除门洞外，应设置向上翻的边梁，高度不小于 120mm，宽度不小于 100mm。

（三）卫生间防水施工

1. 施工程序

穿过楼板的管件施工→地漏大便器、浴缸、面盆等用水器具施工→找平层施工→防水层施工→蓄水试验→保护层施工→面层施工。

2. 施工做法及质量要求

（1）穿过楼板的管件施工：穿过楼板的管件定位后，对管道孔洞、套管周围缝隙用掺膨胀剂的豆石混凝土浇灌严实，孔洞较大的应吊底模浇灌，对管根处应用中高档密封材料进行封闭，并向上刮涂 30～50mm。

（2）地漏、大便器、浴缸、面盆等用水器具施工：用水器具的安放要平稳，安放位置要准确，用水器具周边必须用中高档密封材料进行封闭。

（3）找平层施工：找平层一般为 1∶3 水泥砂浆 20mm 厚，找平层应平整坚实，表面平整度用 2m 直尺检查，最大间隙不应大于 3mm，基层所有转角应做成半径为 10mm 的均匀一致的平滑小圆角。

（4）防水层施工：当找平层基本干燥，含水率不大于 9％时即可进行防水层施工。铺设防水材料时，穿过楼面管道四周处，防水材料应向上铺涂，并超过套管上口；在靠近墙面处，防水材料应按设计高度向上铺涂；如高度无规定时，应高出面层 200～300mm。阴阳角和穿过楼板面管道根部应增加铺涂防水材料。防水材料的选择，可根据工程情况及使用标准确定，当使用高档防水涂料作防水层时，固化厚度不小于 1.5mm，中档防水涂料作防水层时，固化厚度不小于 2mm，低档防水涂料作防水层时，固化厚度不小于 3mm。

（5）蓄水试验：防水层施工完毕实干后，应进行蓄水试验，灌水高度应达找坡最高点水位 20mm 以上，蓄水时间不少于 24h，如发现渗漏，修补后再做蓄水试验，不渗漏方为合格。

（6）保护层施工：在蓄水试验合格，防水层实干后，再加盖 25mm 厚 1∶2 的水泥砂浆保护层，并对保护层进行保湿养护。

（7）面层施工：在水泥砂浆保护层上可铺贴地砖或其他面层装饰材料，铺贴面层饰料所用的水泥砂浆宜加 107 胶水，同时要充填密实，不得有空鼓和高低不平现象。施工时，应注意卫生间内的排水坡度和坡向，在地漏周边 50mm 处，排水坡度可适当加大。

质量要求：

（1）对进场的防水涂料及其配套材料必须附有产品合格证书和产品试验报告单，使用前，要进行复测，合格后才能使用。

（2）水泥砂浆找平层施工完成后，应对其平整度、强度、坡度和干燥程度进行验收，符合规范和施工要求后方能进行施工。

（3）穿楼板管道、地漏立管等预埋件应事先敷设固定，确无松动现象。

（4）涂膜防水层应牢固，不得有起皮、起鼓、裂纹、孔洞等现象，末端收头涂膜应黏结牢固、密封严密。涂膜的厚度应满足要求。

（5）胎体增强材料与基层之间黏结牢固，不得有空鼓、翘边、褶皱及封口不严等现象发生。

思　考　题

1. 屋面防水工程分为几级，分类的标准是什么？
2. 卷材防水屋面找平层为何要留分格缝？如何留？
3. 试述涂膜防水屋面的组成及其施工方法。
4. 试述地下卷材防水层的构造及铺贴方法，并简述其特点。
5. 试述厨卫间防水工程的基本质量要求。

第九章　复合保温墙体工程

本章要点

外保温复合墙体的特点及施工方法；EPS板薄抹灰外墙保温系统的构造形式；胶粉EPS颗粒保温浆料外墙外保温系统的构造形式；EPS板现浇混凝土外墙外保温系统的构造形式；EPS钢丝网架板现浇混凝土外墙外保温系统的构造形式；机械固定EPS钢丝网架板外墙外保温系统的构造形式；外保温复合墙体保温层厚度的设计计算；夹心保温复合墙体的特点、施工方法和设计计算；内保温复合墙体的特点、构造类型及施工方法。

基本要求及重点、难点

(1) 了解各复合保温墙体的特点。

(2) 熟悉各复合保温墙体的各种构造类型。

(3) 掌握各复合保温墙体的施工方法。

·重点：外保温复合墙体的各种构造形式和内保温复合墙体的各种构造形式。

·难点：各复合保温墙体的保温层厚度的计算方法及施工方法。

·深度和广度：达到能进行外墙各复合保温墙体的施工及相关的管理工作。

第一节　外墙内保温复合墙体

复合保温墙体以普通黏土砖实心墙或钢筋混凝土墙作为承重墙，在承重墙的内侧、外侧或中间部位复合保温材料，常用的保温材料为聚苯乙烯泡沫板（苯板）、岩棉板、玻璃棉、膨胀珍珠岩、矿物纤维等。

复合保温墙体的构造由承重墙体、保温层、纤维增强层（玻璃纤维网布，钢丝网片）、饰面层（抹灰、涂料、饰面板、防水层）组成。

复合保温墙体按照保温层的部位，具体分为内保温复合墙体、外保温复合墙体、中间保温复合墙体三大类。本节主要介绍外墙内保温墙体。

一、内保温复合墙体的构造

外墙内保温是指在外围护结构墙体的室内侧设置保温隔热层，可用于扩建、改建的建筑，尤其对既有建筑的外墙保温隔热等节能处理有一定的适应性，其构造如图9-1所示。

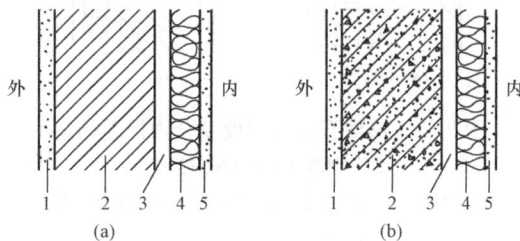

图9-1　墙体内保温的基本构造

(a) 砖墙；(b) 混凝土墙

1—墙体外饰面；2—墙体；3—空气层；

4—保温层；5—内饰面

内保温复合墙体的保温层应选用保温隔热性能、防火性能及耐久性能好的保温材料，采用胶粘剂黏结同时采用膨胀螺栓锚固。饰面层与保温层连接可靠，不得出现空鼓、裂缝和脱落现象。

二、内保温复合墙体的特点

（1）工艺简单，施工方便。由于在楼层间采用贴挂方式施工，不需要较为复杂的施工工种的配合，采用板材则不需要墙体大面积广泛拉结，可以减少公益设施和设备。

（2）干作业操作。

（3）材料选择范围小。由于居住和建筑使用过程中的环保卫生要求及建筑功能的限制，外墙内保温材料无法像其他外墙保温体系一样，具有广泛的选择性。

（4）外墙内侧蓄热能力差，居住使用的热环境不良。内保温材料的质量轻、密度小等特点决定了材料蓄热能力差，而蓄放热能力的差异，是人体体验热环境舒适与否的重要指标。

（5）热桥热损失大，保温隔热性能差。外墙内保温由于结构体系的要求，构造上形成了内外连通的节点，通过传热理论的研究表明，结构构件的内侧保温对解决热桥问题效果差，易使外墙内表面形成结霜。

（6）在墙上固定构件困难。由于外墙内保温的体系特点，决定了居民在进行二次装修时在墙上固定构件困难，对保温层损坏较多，影响保温效果。

三、内保温复合墙体的构造类型

1. 饰面石膏聚苯板内保温复合墙体（图 9-2）

饰面石膏聚苯板内保温复合、内保温墙体面层的饰面石膏分两遍涂抹施工，普遍用掺细砂的膏浆，次遍用不掺砂面的石膏，总厚度 5mm。

2. 纸面石膏板内保温复合墙体（图 9-3）

纸面石膏板内保温复合墙体保温层采用岩棉板或玻璃棉板，面层为纸面石膏板。

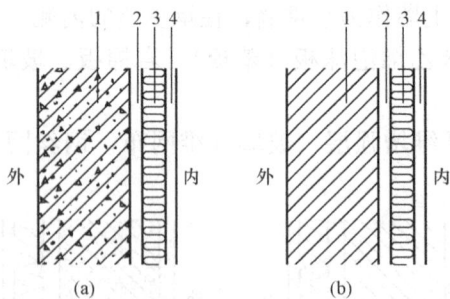

图 9-2 饰面石膏聚苯板复合内保温构造
（a）混凝土墙；（b）砖墙
1—墙体；2—空气层；3—保温层；4—饰面石膏

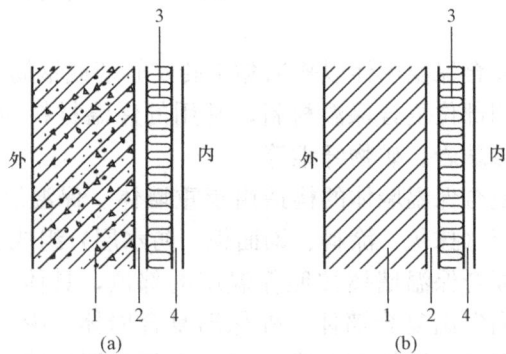

图 9-3 纸面石膏板内保温复合墙体构造
（a）混凝土墙；（b）砖墙
1—墙体；2—空气层；3—保温层；4—内面层

3. 无纸石膏板内保温复合墙体（图 9-4）

无纸石膏板内保温复合墙体，面层为无纸石膏板。

4. 加气混凝土内保温复合墙体（图 9-5）

加气混凝土内保温复合墙体抹灰层采用聚合砂浆。

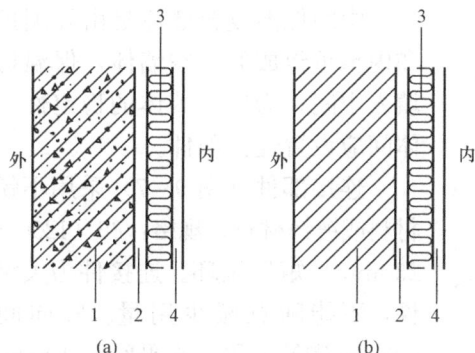

图 9-4　无纸石膏板内保温复合墙体构造
（a）混凝土墙；（b）砖墙

1—墙体；2—空气层；3—保温层；
4—内面层（无纸石膏板及罩面）

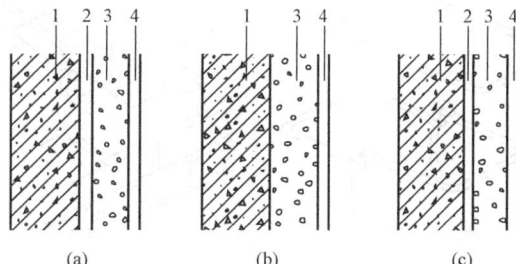

图 9-5　加气混凝土内保温复合墙体构造
（a）混凝土墙；（b）、（c）砖墙

1—墙体；2—空气层；3—加气混凝土；4—抹灰层

四、内保温复合墙体的施工

内保温复合墙体的施工作业面不大，多为干作业，有利于提高施工效率，减轻劳动强度，施工操作安全方便。施工时要求墙面必须平整及清理干净，平整度控制在不大于 2mm，预埋件必须做好防腐防锈，施工温度在 10℃以上。

EPS 板的规格为 600mm×900mm（小型板）、600mm×2500（2700）mm（大型板），现场安装采用胶粘剂黏结在承重墙上。

胶粘剂 EC5 型粘贴玻璃纤维网格布，胶粘剂 EC6 粘贴苯板。

使用石膏板加高效保温材料的复合保温板，应采用胶粘剂黏结，同时采用膨胀螺栓锚固与墙体固定；使用加气混凝土砌块必须采用聚合砂浆砌筑并与墙体进行可靠拉结。

饰面层与保温层间应设置玻璃纤维网格布，约束裂缝开裂，提高抗拉、抗弯强度，不得出现空鼓、裂缝和脱落现象。

围护结构易出现热桥的部位，应采用有效的保温措施。

第二节　夹芯保温复合墙体

中间保温复合墙体是以重质材料砌体在外墙内侧作结构主体，外围护砌体作防护墙，高效保温材料作填充材料的外墙保温体系，如图 9-6 所示。

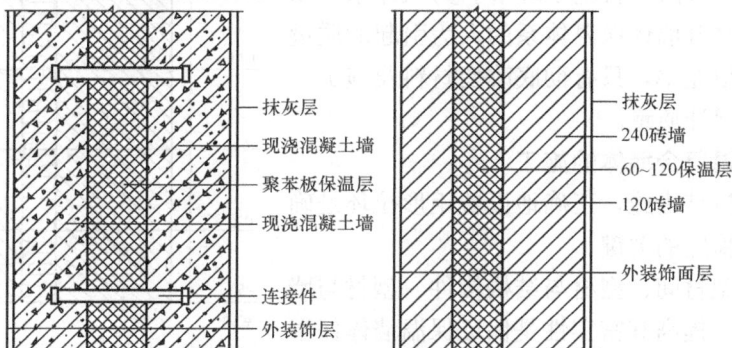

图 9-6　中间保温复合墙体

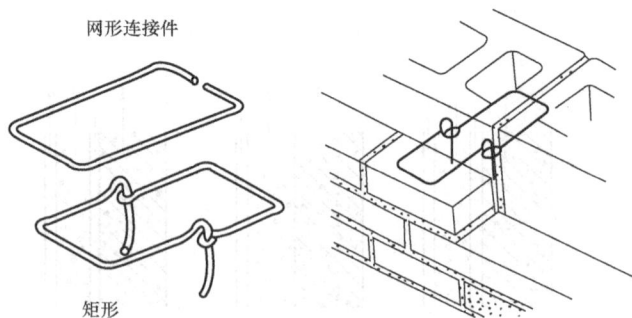

网形连接件

矩形

图 9-7　连接部件

中间保温复合墙体是由外围护墙和内承重组成的中空墙体，保温材料填入中间，为保证墙体的稳定性，墙体间应设置连接部件。

连接部件（图 9-7）采用不锈钢材料或镀锌材料，规格：$\phi 6$（120mm×250mm）矩形拉环。连接件为关键部件，不能随意减少用量。竖向间距 600mm 砌筑一层，水平间距 1000mm，每窗垛不少于两个。墙体砌筑施工应严格按设计及相关施工验收规范的标准进行。

一、中间保温复合墙体的特点

造价低廉是中空夹心墙保温体系的最大优势和特点——由于不必采用昂贵的聚合物胶浆，外墙饰面完全采用传统工艺处理，在材料和人工方面，较外墙外保温体系节省了至少 30％ 的造价。

与内保温体系相比，热桥影响较小——热桥只是存在于过梁、构造柱、拉结筋等部位。

由于内部的实体墙热容量较大，对环境温度变化造成的墙体温度波动缓冲明显，有利于使建筑冬暖夏凉。墙体温度梯度变化如图 9-8 所示。

有利于保证保温层的效率和防结露——采用重质砌体作为维护结构，由于内外结构均较致密，因而建筑的气密性较外墙外保温体系高。这对保证保温层的效率和防结露均有较大的实用效果。

耐火性能较内保温和外保温都有提高——无论是对来自室内或室外的火源，都有很好的阻断性能，且如果采用矿物纤维等无机填充材料，本身就具备不燃性能，对于外墙的耐火极限影响不大。

投入使用后保温体系保温质量效果波动大——多是由于材料填充率较低造成的。目前，我国中间保温复合墙采用的填充材料几乎全部为型材，主要为 EPS。体系空洞主要来源于三个方面：体系本身由于型材特性必然存在接缝；型材与结构构件及墙体间的结合缝隙；由于施工原因造成的施工质量下降。其中，人为因素造成的施工质量波动很大，多数质量事故来自施工环节。为从体系上彻底消除中间保温复合墙体保温体系的人为引起的质量波动，提高保温填充率，只有彻底改变材料及施工工艺，才能有效地保证质量。

二、中间保温复合墙体的施工

采取可靠的拉结措施，正确地设置矩形拉环是确保复合墙体安全稳定的关键。

施工中减小型材间、型材与结构构件、型材与墙体间的结合缝隙，提高其密实性是保证保温墙体保温质量效果的重要措施。

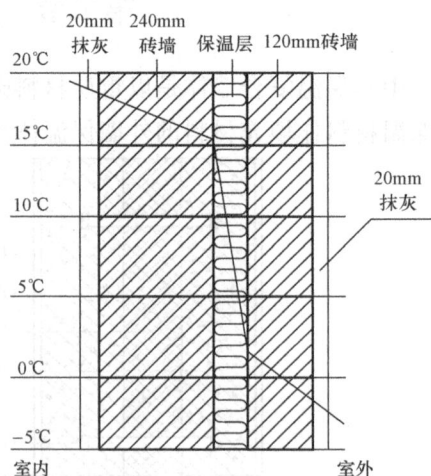

图 9-8　中空夹心墙体温度梯度变化情况

三、中间保温复合墙体矿物纤维灌注技术

矿物纤维灌注技术是利用专用设备，将预处理好的矿物纤维以风力输送的方式喷送到需要保温的部位。由于预处理后的矿物纤维可达到的分散程度非常高，在中空墙灌注过程中可以保持高流动性，因而对于拉结筋、过梁、构造柱等节点处可以充分填充，彻底消除了采用聚苯乙烯泡沫板出现的缝隙和空洞，提高了保温效率。

矿物纤维灌注技术的特点是保温层致密无缝、机械施工效率高、施工工艺稳定、便于维修、防火性能好。

矿物纤维采用密度为 40～48kg/m³，含水率控制在 3％以内，导热系数为 0.04W/(m·K) 的玻璃棉。其长度为 1/40mm 的纤维在中间墙体内流动性较好，可保证填充质量，提高可靠度。

矿物纤维灌注技术利用矿物纤维喷射机进行灌注施工，墙体留设 1.5m 或 2.0m 间距的灌注孔，孔径 60～80mm。灌注工作应均匀进行，不得中断，灌注顺序由下向上，从左至右，一次灌注，保证排气通顺。

第三节　外墙外保温复合墙体

外墙外保温是指在垂直外维护结构的外表面上建造保温层，该外墙用砌体或墙板建造。此种外保温，可用于新建墙体，也可用于已有建筑外墙的改造。该保温层对于外墙的保温效能增加明显，其热阻值要超过 1m²K/W。由于从外侧保温，其构造必须能满足水密度、抗风压及温度变化的要求，不致产生裂缝，并能抵抗外界可能产生的碰撞作用，还需与相邻部位（如门窗洞口、穿墙管道等）之间，以及在边角处、面层装饰的方面，均得到适当处理。否则，将造成外表面的开裂、渗漏，且施工复杂，造价高。其构造如图 9-9 所示。

外保温复合墙体采用钢丝网架与聚苯乙烯泡沫板或岩棉板。根据构造和热加工性能参数计算确定保护层厚度，尚应采取必要的构造措施，防止局部产生热桥；保温层与基层墙体连接要牢固、稳定，以提高其抵抗温度、湿度、风力、碰撞的能力；外保温复合墙体表面应采取密闭措施提高水密性，防止雨水渗入；墙体的组成材料（保温材料、黏结剂、固定连接件、加强材料、面层材料等）应具化学与物理的稳定性，以提高其耐久性。

一、外保温复合墙体的特点

外保温可以避免产生热桥——过去，外墙既要承重又要起到保温作用，其厚度必须较厚，采用高效保温材料后，墙厚得以减薄。但如果采用内保温，主墙体越薄，保温层越厚，热桥的问题就越趋于严重。在寒冷的冬天，热桥不仅能造成额外的热损

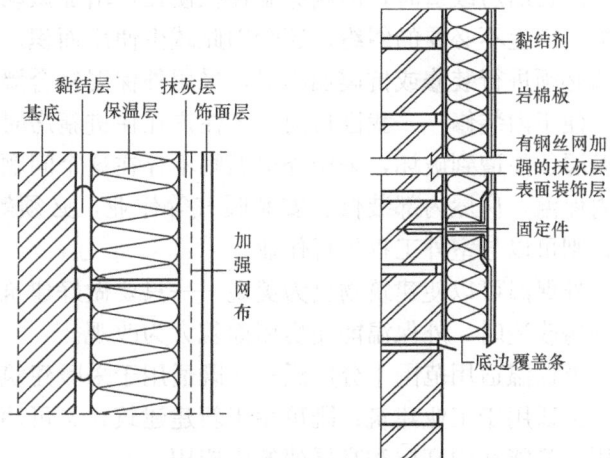

图 9-9　外墙保温构造

失，还可能使外墙内表面潮湿、结露，甚至发霉和淌水，而外保温则不存在这个问题。由于外墙温避免了热桥，在采用同样厚度保温材料的条件下（例如在北京用 500mm 膨胀聚苯乙烯板保温），外保温要比内保温的热损失少约 1/5，从而节约了热能。墙体蓄能有利于居住舒适——在进行外保温后，由于内部的实体墙热容量大，室温较为稳定，生活较为舒适；也使太阳辐射或间歇采暖造成室内温度变化减缓，室温较为稳定，生活较为舒适；也使太阳辐射的热、人体散热、家用电器及炊事散热等因素产生的"自由热"得到较好的利用，有利于节能。而在夏季，外保温层能减少太阳辐射热的进入和室外高气温的综合影响，室外墙内表面温度和室内空气温度可以降低。可见，外墙外保温有利于建筑冬暖夏凉。

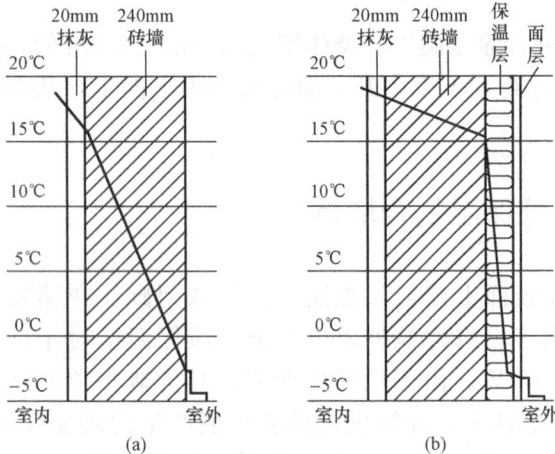

图 9 - 10　外墙内保温前后示意
(a) 未保温；(b) 外保温

在加强外保温、保持室内热环境质量的前提下，适当降低室温，可以减少采暖负荷，节约热能——室内居民实际感受到的温度，既有室内空气温度又有维护结构内表面温度的影响。这就表明，通过外保温提高外墙内表面温度，既使室内的空气温度有所降低，也能得到舒适的热环境，如图 9 - 10 所示。由此可见，在加强外保温、保持室内热环境质量的前提下，适当降低室温，可以减少采暖负荷，节约热能。

采用外保温使内部的砖墙或混凝土墙受到保护——室外气候不断变化引起墙体内部较大的温度变化产生在外保温层内，使内部的主体墙冬季温度提高，不同季节引起的温度变化小，破坏应力大为降低，寿命得以大大延长。

便于旧房改造——采用内保温的墙面上难以吊挂物件，甚至安装窗帘盒、散热器都相当困难。在旧房改造时，内侧保温存在使住户增加搬动家具、施工扰民，甚至临时搬迁等诸多麻烦，产生不必要的纠纷，还会因此减少使用面积。外保温则可以避免这些问题的发生。当外墙必须进行装修或抗震加固时，采用外保温复合墙体最为经济和有利。

便于内装修——我国目前许多住户在住进新房时，大多先进行装修。在装修时，房屋内保温层往往遭到破坏，采用外保温则不存在这个问题。外保温有利于加快施工速度。如果采用内保温，房屋内部装修、安装暖气等作业，必须等待内保温做好后才能进行。采用外保温，则可以与室外工程平行作业。

外保温可以使建筑物更为美观——只要做好建筑立面设计，建筑外貌会十分出色。特别在旧房改造时，外保温能使房屋面貌大为改观。

外保温适用范围十分广泛——既适用于采暖建筑，又适用于空调建筑；既适用于民用建筑，又适用于工业建筑；既可用于新建建筑，又可用于已有建筑；既能在低层、多层建筑中应用，又能在中高层和高层建筑中应用。

外保温复合墙体的外保温层长期处于室外环境，要能经受风雨等气候变化的影响，易出现裂缝、孔隙和脱落等现象。

外保温复合墙体的外保温层装饰施工难度大。

二、外保温复合墙体的构造类型

1. EPS板薄抹灰外墙保温系统

EPS板薄抹灰外墙保温系统（以下简称EPS板薄抹灰系统）由EPS板保温层、薄抹面层和饰面涂层构成，EPS板用胶粘剂固定在基层上，薄抹面层中满铺玻纤网，如图9-11所示。

建筑物的高度在20m以上时，在受负风压较大的部位宜使用锚栓辅助固定。

EPS板宽度不宜大于1200mm，高度不宜大于600mm，必要时应设置抗裂分隔缝。

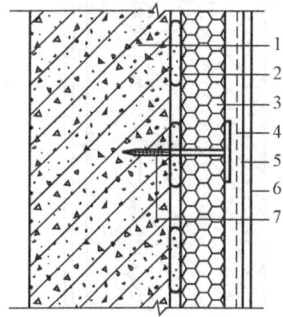

图9-11 EPS板薄抹灰系统
1—基层；2—胶粘剂；3—EPS板；
4—玻纤网；5—薄抹面层；
6—饰面涂层；7—锚栓

EPS板薄抹灰系统的基层表面应清洁，无油污、脱模剂等妨碍黏结的附着物。凸起、空鼓和疏松部位应剔出并找平。找平层应与墙体黏结牢固，不得有脱层、空鼓、裂缝，面层不得有粉化、起皮、爆灰等现象。

粘贴EPS板时，应将胶粘剂涂在EPS板背面，涂胶粘剂的面积不得小于EPS板面积的40%。

EPS板应按顺砌方式粘贴，竖缝应逐行错缝。EPS板应粘贴牢固，不得有松动和空鼓。墙角处的EPS板应交错互锁。门窗洞口四角处不得拼接，应采用整块的EPS板切割成形，EPS板接缝应离开角部至少200mm。变形缝处应做好防水和保温的构造处理。

2. 胶粉EPS颗粒保温浆料外墙外保温系统

胶粉EPS颗粒保温浆料外墙外保温系统（以下简称保温浆料系统），应由界面层、胶粉EPS颗粒保温浆料保温层、抗裂砂浆薄抹面层和饰面层组成，如图9-12所示。胶粉EPS颗粒保温浆料经现场拌和后喷涂或抹在基层上形成保温层。薄抹面层中应满铺玻纤网。

胶粉EPS颗粒保温浆料保温层设计厚度不宜超过100mm，必要时应该设置抗裂分隔缝。基层表面应清洁，无油污和脱模剂等妨碍黏结的附着物，空鼓、疏松部位应剔出。胶粉EPS颗粒保温浆料宜分遍抹灰，每遍间隔应在24h以上，每遍厚度不宜超过20mm。第一遍抹灰压实，最后一遍应找平，并用大杠搓平。现场取样EPS颗粒保温浆料干密度不应大于250kg/m³，并不应小于180kg/m³。现场检验保温层厚度应符合设计要求，不得有负偏差。

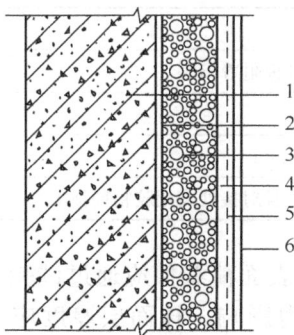

图9-12 保温浆料系统
1—基层；2—界面砂浆；3—胶粉EPS颗粒保温浆料；4—抗裂砂浆薄抹面层；
5—玻纤网；6—饰面层

3. EPS板现浇混凝土外墙外保温系统

EPS板现浇混凝土外墙外保温系统（以下简称无网现浇系统）以现浇混凝土外墙作为基层，EPS板为保温层。EPS板内表面（与现浇混凝土接触的表面）沿水平方向开有矩形齿槽，内外表面均满涂界面砂浆。在施工时将EPS板置于外模板内侧，并安装锚栓作为辅助固定件。浇灌混凝土后，墙体与EPS板及锚栓结合为一体。EPS板

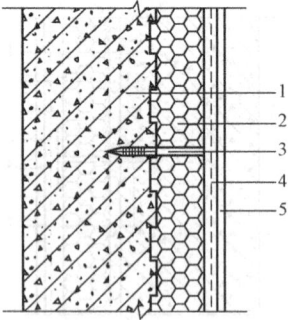

图 9-13 无网现浇系统

1—现浇混凝土外墙；2—EPS板；
3—锚栓；4—抗裂砂浆薄抹
面层；5—饰面层

表面抹抗裂砂浆薄抹面层，外表面以涂料为饰面层，如图 9-13 所示，薄抹面层中满铺玻纤网。

无网现浇系统 EPS 板两面必须预喷刷界面砂浆。EPS 板宽度宜为 1.2m，高度宜为建筑物层高。锚栓每平方米宜设 2～3 个。水平抗裂分隔缝宜按楼层设置。垂直抗裂分隔缝宜按墙面面积设置，在板式建筑中不宜大于 30m²，在塔式建筑中可视具体情况而定，宜留在阴角部位。应采用钢制大模板施工。

混凝土一次浇筑高度不宜大于 1m，且需振捣密实均匀，墙面及接槎处应光滑、平整。混凝土浇筑后，EPS 板表面局部不平整处宜抹涂胶粉 EPS 颗粒保温浆料修补和找平，修补和找平处厚度不得大于 10mm。

4. EPS 钢丝网架板现浇混凝土外墙外保温系统

EPS 钢丝网架板现浇混凝土外墙外保温系统（以下简称有网现浇系统）以现浇混凝土为基层，EPS 单面钢丝网架板置于外墙外模板内侧，并安装 φ8 钢筋作为辅助固定件。浇灌混凝土后，EPS 板单面钢丝网架板挑头钢丝和 φ8 钢筋与混凝土结合为一体，EPS 单面钢丝网架板表面抹掺外加剂的水泥砂浆形成厚抹面层，外表做饰面层，如图 9-14 所示。以涂料作饰面层时，应加抹玻纤网抗裂砂浆薄膜面层。

EPS 单面钢丝网架板每平方米斜插腹丝不得超过 200 根，斜插腹丝应为镀锌钢丝，板两面应预喷刷界面砂浆。加工质量除应符合表 9-1，尚应符合现行行业标准《钢丝网架水泥聚苯乙烯夹芯板》（JC 623—1996）有关规定。

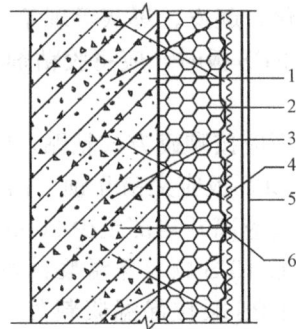

图 9-14 有网现浇系统

1—现浇混凝土外墙；2—EPS 单面钢丝网架板；
3—掺外加剂的水泥砂浆厚抹面层；4—钢丝
网架；5—饰面层；6—φ6 钢筋

表 9-1　　　　　　　　　　　EPS 单面钢丝网架板质量要求

项　目	质　量　要　求
外观	界面砂浆涂敷均匀，与钢丝和 EPS 板附着牢固
焊点质量	斜丝脱焊点不超过 3%
钢丝挑头	穿透 EPS 板挑头不小于 30mm
EPS 板对接	板长 3000mm 范围内 EPS 板对接不得多于两处，且对接处需用胶粘剂粘牢

有网现浇系统 EPS 钢丝网架板厚度、每平方米腹丝数量和表面荷载值应通过试验确定。EPS 钢丝网架板构造设计和施工安装应考虑现浇混凝土侧压力影响，抹面层厚度应均匀，钢丝网应完全包覆于抹面层中。φ8 钢筋每平方米宜设 4 根，锚固深度不得小于 100mm。

在每层层间宜留水平抗裂分隔缝，层间保温板外钢丝网应断开，抹灰时嵌入层间塑料分隔条或泡沫塑料棒，外表用建筑密封膏嵌缝。垂直抗裂分隔缝宜按墙面面积设置，在板式建筑中不宜大于 30m²，在塔式建筑中可视具体情况而定，宜留在阴角部位。应采用钢制大模板施工，并应采取可靠措施保证 EPS 钢丝网架板和辅助固定件安装位置准确。

混凝土一次浇筑高度不宜大于 1m，且需振捣密实均匀，墙面及接槎处应光滑平整，应严格控制抹面层高度并采取可靠抗裂措施确保抹面层不开裂。

5. 机械固定 EPS 钢丝网架板外墙外保温系统

机械固定 EPS 钢丝网架板外墙外保温系统（以下简称机械固定系统），由机械固定装置、腹丝非穿透型 EPS 钢丝网架板、掺外加剂的水泥砂浆厚抹面层和饰面层构成，如图 9-15 所示。以涂料作饰面层时，应加抹玻纤网抗裂砂浆薄抹面层。

机械固定系统不适用于加气混凝土和轻集料混凝土基层。腹丝非穿透型 EPS 钢丝网架板的腹丝插入 EPS 板中深度不应小于 35mm，穿透厚度不应小于 15mm，腹丝插入角度应保持一致，误差不应大于 3°。板两面应喷刷界面砂浆。钢丝网与 EPS 板表面净距不应小于 10mm。

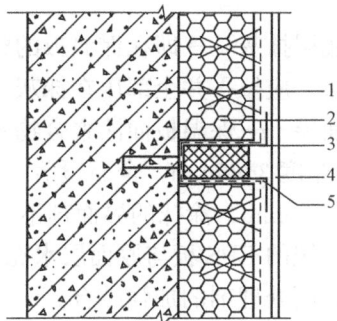

图 9-15　机械固定系统
1—基层；2—EPS 钢丝网架板；3—掺外加剂的水泥砂浆厚抹面层；4—饰面层；5—机械固定装置

腹丝非穿透 EPS 钢丝网架板除应符合本节规定外，尚应符合现行行业标准《钢丝网架水泥聚苯乙烯夹芯板》有关规定。同时，应根据保温要求，通过计算机或试验确定 EPS 钢丝网架板厚度。

机械固定系统锚栓、预埋金属固定件数量通过试验确定，并且每立方米不应小于 7 个。单个锚栓拔出力和基层力学性能应符合设计要求。

用于砌体外墙时，宜采用预埋钢筋网片固定 EPS 钢丝网架板。机械固定系统固定 EPS 钢丝网架板时，应逐层设置承托件，承托件应固定在结构构件上。其金属固定件、钢筋网片、金属锚栓和承托件均应做防锈处理。应按设计要求设置抗裂分隔缝。应严格控制抹灰层厚度并采用可靠措施确保抹灰层不开裂。

三、外保温复合墙体的施工

1. 施工材料

保温材料——选用自熄型聚苯乙烯泡沫板，保温性能好，吸湿性低。可选用岩棉或玻璃面板。

固定材料——胶粘剂的关键性能是保温材料和抹灰材料有较强的附着力，满足固定要求的拉伸黏结强度。不锈钢膨胀螺栓耐久性好，安装方便，牢固可靠。

加强材料——玻璃纤维网布极限拉伸率低，耐腐蚀，使用时必须在玻璃纤维网布加设耐碱保护层，网孔尺寸一般为 3.5mm×3.5mm 或 5mm×5mm。钢丝网片应采取防腐蚀处理的钢丝。

装饰面层——采用薄抹面层，厚度 3～6mm，减少饰面厚度，保证装饰质量；也可采用饰面砖或饰面板。

2. 施工机具

冲击钻，φ8 的塑料膨胀管，M4.5×80 的木螺钉和手提式搅拌机。

3. 施工工艺

底层处理——新建房屋建筑墙体必须抹平，粘贴保温板前一天应浸水一遍；改建旧房屋时，建筑墙体表面必须清除干净。墙面涂界面剂以增强黏结强度。

保温板的固定——施工环境温度应高于5℃，固定要求在板中间部位用冲击钻穿透至墙体内深25～30mm处，利用膨胀螺栓，将保温板固定在承重墙上，粘贴方法可为点贴式和铺贴式。点贴式是在周边涂抹80～100mm宽、10mm厚的胶粘剂，流出排气通道，中间涂抹直径为100mm的圆形胶粘剂，间距200mm。铺贴式是在苯板面涂抹厚3～4mm的胶粘剂。

底层抹灰——即在保温板的整个表面上均匀涂抹一层聚合物水泥砂浆，随抹随铺玻璃纤维网布，应拉平并全部压在抹灰层内，不得裸露。

面层——保温板面涂聚合物水泥砂浆，埋置玻璃纤维网格布（苯板）或钢丝网片（岩棉板），厚度3～5mm，全面覆盖，横向铺设玻璃网格布，要求完整、无皱纹，搭接宽度不小于50～70mm，涂抹的界面剂不得脱层和漏刷。

传统的EPS板与厚面层水泥砂浆之间，由于两种不同材料性质的不同，彼此结合需要一种界面处理剂的加强结合。

面层技术实际上是整个系统的核心技术，由于传统的EPS外保温面层采用后抹面层，砂浆干缩造成的开裂问题使厚面层工艺逐渐被淘汰。薄抹面层采用聚合物水泥胶浆抹面，较好地解决了开裂问题。但聚合物水泥胶浆生产较为复杂，其成本及市场价格较高。

外保温复合墙体易出现表面裂缝和空鼓现象，其原因有：

抹面砂浆水泥用量超过25%～30%，采用细砂；聚苯乙烯泡沫板密度低于15kg/m³，静置时间少于6周；玻璃纤维网布延伸率超过3%～5%，网孔太大或太小，没进行防腐处理；饰面抹灰层厚度太大。

应做好外保温工程的密封盒防水构造设计，确保水不会渗入保温层及基层，重要部位应有详图。水平或倾斜的外挑部位及延伸至地面以下的部位应做防水处理。在外墙外保温系统上安装的设备或管道应固定于基层上，并应做密封和防水设计。

外保温工程施工期间及完工后24h内，基层及环境空气温度不应低于5℃。夏季应避免阳光暴晒。在5级以上大风天气和雨天不得施工。

外保温复合墙体具有良好的保温效果和技术构造的科学合理性，以及显著的综合效益，是当前我国乃至世界最广泛采用的墙体建筑节能技术。

思 考 题

1. 分别简述外墙外保温、外墙内保温及夹芯墙体保温。
2. 简述内保温墙体的构造类型。
3. 简述外保温复合墙体的施工工艺。
4. 简述夹芯墙体的稳定性验算方法。

第十章 装 饰 工 程

本章要点

　　抹灰工程、饰面工程、玻璃工程、涂料工程、裱糊工程、刷浆工程、花饰工程等；一般抹灰的工艺流程、施工要点，装饰抹灰、抹灰工程的机械喷涂的施工方法；门窗制作与安装，吊顶和轻质隔墙的安装工艺和施工要点；外墙石材装饰及内墙瓷砖粘贴施工的材料、工艺及要点，饰面工程施工质量控制要点，玻璃幕墙安装要点和施工工艺。

基本要求及重点、难点

　　(1) 了解装饰工程的功用、特点和分类，掌握一般抹灰的工艺流程、施工要点和规范要求，熟悉装饰抹灰、抹灰工程的机械喷涂的施工方法和要求。

　　(2) 了解木制门窗和塑料门窗的制作与安装，熟悉金属门窗的安装，掌握吊顶和轻质隔墙的安装工艺和施工要点。

　　(3) 熟悉建筑外墙石材装饰及内墙瓷砖粘贴施工的材料、工艺及要点，了解饰面工程施工质量控制，熟悉地面工程基层铺设施工的要点，熟悉整体面层地面工程施工的材料、工艺及要点。

　　(4) 了解玻璃幕墙的分类，熟悉玻璃幕墙安装要点和施工工艺，熟悉涂饰工程施工方法、工艺流程，熟悉裱糊工程的施工准备、施工工艺。

　　• 重点：一般抹灰的工艺流程、施工要点和规范要求；一般吊顶与轻质隔墙的安装工艺和施工要点；玻璃幕墙、涂饰工程和裱糊工程的施工工艺。

　　• 难点：装饰抹灰、抹灰工程的机械喷涂的施工方法和要求；整体面层地面工程施工的材料、工艺及要点。

　　• 深度和广度：能制订装饰工程施工方案，选择施工方法、质量标准及检验方法。

　　装饰工程是指采用装饰装修材料或装饰物，对建筑物的内外表面及空间进行的艺术处理及加工过程。其主要功能是保护建筑物各种构件免受自然界风、霜、雨、雪、大气等的侵蚀，增强构件保温、隔热、隔音、防潮、防腐蚀等的能力，提高构件的耐久性，延长建筑物的使用寿命，改善室内外环境，使建筑物清新、整洁、明亮、美观。

　　装饰工程的主要内容有：抹灰工程、门窗工程、吊顶工程、轻质隔墙工程、饰面板（砖）工程、幕墙工程、涂饰工程、裱糊与软包工程及细部工程等。装饰工程的特点是工期长、用工多、造价高、质量要求高、成品保护难等。

第一节 抹 灰 工 程

　　抹灰工程是用灰浆涂抹在房屋建筑的墙、地、顶棚表面上的一种传统做法的装饰工程。

抹灰工程分内抹灰和外抹灰。

一、抹灰工程的组成与分类

1. 抹灰层的组成

底层——黏结层，砂浆应与基层相适应，厚5~7mm。主要起与基层黏结和初步找平的作用。当要求具有防潮防水功能时，底层抹灰需用水泥砂浆；当基层为混凝土时，用水泥混合砂浆和水泥砂浆；当基层为木板条时，用纸筋灰、麻刀灰和玻璃丝灰，如图10-1所示。

中层——找平层，厚5~12mm，所用材料基本与底层相同。

面层——装饰层，厚2~5mm，主要起装饰作用。麻刀灰罩面，厚度不大于3mm；纸筋灰或石膏灰罩面，厚度不大于2mm；水泥砂浆面层和装饰面层，不大于10mm。

2. 抹灰工程的分类

抹灰工程按装饰效果的要求不同分为一般抹灰和装饰抹灰两大类；按施工部位的不同可以分为墙面抹灰、地面抹灰和天棚抹灰。

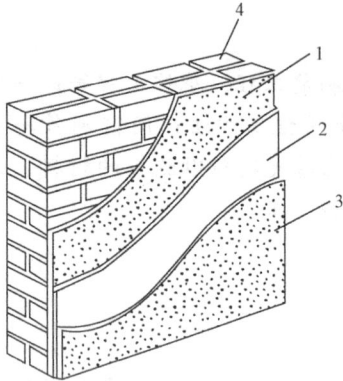

图10-1 抹灰组成
1—底层；2—中层；3—面层；
4—基层

(1) 一般抹灰的分类。按装饰质量要求的不同，一般抹灰可以分为普通抹灰、中级抹灰和高级抹灰。

普通抹灰：一遍底层，一遍面层。适用于装饰质量要求不高的仓库和地下室等的装饰。要求分层涂抹、表面光滑、洁净、接槎平整。

中级抹灰：一遍底层，一遍中层，一遍面层。适用于一般室内装饰。如住宅、办公楼等的内装饰。要求阳角找方、设置标筋、分层涂抹、表面光滑、洁净、接槎平整、灰缝清晰。

高级抹灰：一遍底层，数遍中层，一遍面层。适用于内装饰要求较高的宾馆、博物馆等的内装饰。要求阴阳角找方、设置标筋、分层涂抹、撑平、修整，表面光滑、洁净、颜色均匀、无抹纹、灰线平直方正、清晰美观。

(2) 装饰抹灰的分类。装饰抹灰面层有水刷石、斩假石、干粘石、水磨石、喷涂等。

二、一般抹灰

1. 材料

(1) 种类：胶结材料、砂石骨料、纤维材料、颜料、化工材料。

(2) 具体要求：

水泥：应采用硅酸盐水泥、普通硅酸盐水泥、矿渣硅酸盐水泥和白水泥。出厂三个月的水泥，应经试验后方能使用，受潮后结块的水泥应过筛试验后使用。水泥体积的安定性必须合格。

石灰：充分熟化，不冻结、不风化。

石膏：用于高级抹灰或抹灰龟裂的补平，磨成细粉无杂质，其凝结时间不迟于20min，高级装饰也可用模型石膏。

砂、炉渣：洁净、坚硬、过筛；抹灰用的砂最好是中砂或中粗砂，细砂也可以用，但特细砂不得使用。抹灰用的细粒炉渣应洁净，其中不应含有有机杂质和未燃尽的煤块，粒径不宜超过1.2~3mm，并浇水湿透，一般15天左右。

彩色石粒应洁净、坚硬，并根据使用要求选择颜色和粒径。

纸筋使用前应用水浸、捣烂、洁净，罩面纸筋宜用机碾磨细。

麻刀要求柔软干燥、敲打松散、不含杂质，长度为10～30mm，使用前四五天用石灰膏调好。

其他掺和料，主要包括108胶、乳胶、防裂剂、罩面剂，通过试验确定掺和量。

2. 抹灰工艺顺序

内墙抹灰时主体通过验收，上层不渗不漏，搭好架子，做好基层处理，必要时先做样板间。工艺顺序为：基层处理→浇水湿润→找规矩、做灰饼→冲筋→阳角做护角→抹底层、踢脚（或墙裙）→抹面层→清理。

外墙抹灰施工时应在门窗框、脚物架已安装合格验收后进行。工艺顺序为：基层处理→浇水湿润基体→吊垂直、套方、找规矩→抹灰饼、冲筋→抹底层灰→抹中层灰→弹线、分格、嵌分格条→抹面层灰→抹滴水线→养护。

3. 基层处理

抹灰工程施工前，必须对基层表面作适当的处理，使其坚实粗糙，以增强抹灰层的黏结。基层处理包括以下内容：

（1）将砖、混凝土、加气混凝土等基层表面的灰尘、污垢和油渍等清除干净，并洒水湿润。

（2）光滑的石面或混凝土墙面应凿毛，或刷一道纯水泥浆以增加黏结力。

（3）检查门、窗框安装位置是否正确，与墙体连接是否牢固，连接处的缝隙应用水泥砂浆或水泥混合砂浆或掺少量麻刀的砂浆分层嵌塞密实。

（4）墙上的施工孔洞及管道线路穿越的孔洞，应堵塞、填平、密实。

（5）室内墙面、柱面的阳角，宜先用1：2水泥砂浆作护角，其高度不应低于2m，每侧宽度不小于50mm。

（6）对不同材料交接处的基体表面的抹灰，应采取防止开裂的加强措施，在不同结构基层交接处（如砖墙、混凝土墙的连接）应先铺钉一层金属网或丝绸纤维布，每边搭接宽度不应小于100mm。

（7）检查基体表面平整度，对凹凸过大的部位应凿补平整。

4. 施工准备

为了控制抹灰层的厚度和平整度，抹灰前必须先找规矩，即四角规方、横线找平、立线吊直、弹出准线和墙裙、踢脚板线。

抹灰前先用托线板检查墙面平整垂直程度，大致决定抹灰厚度（最薄处一般不小于7mm）；再在墙的上角用打底砂浆或1：3水泥砂浆或1：3：9混合砂浆各做一个标准灰饼，灰饼大小为50mm见方，灰饼厚度则根据墙面平整和垂直程度决定；依据这两个标准灰饼，用托线板或线坠挂垂直做墙面下角两个标准灰饼，下角两个灰饼的位置一般在踢脚线上口，厚度以垂直度为准；在左右灰饼附近的墙缝里，钉上钉子并拴上小绳挂好通线（即引线），根据小绳位置每隔1.2～1.5m在上下相应位置加做若干标准灰饼（图10-2），待灰饼稍干后，在上下灰饼之间抹上宽约100mm的砂浆冲筋，用木杠刮平，厚度与灰饼相同，待冲筋稍干后可进行底层抹灰。

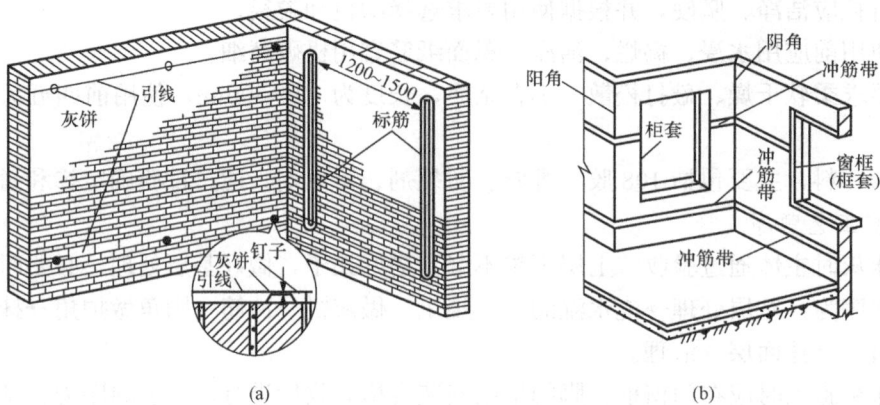

图 10 - 2　挂线做灰饼标筋（冲筋）

(a) 灰饼标筋位置图；(b) 水平横向标筋示意图

三、装饰抹灰工程

装饰抹灰与一般抹灰的区别：两者具有不同的装饰面层，底中相同。

（1）水刷石施工：常用于外墙面的装饰，也可用于檐口、腰线、窗楣、门窗套柱等部位。

（2）斩假石：在抹灰面层上做到有规律的槽缝，做成像石头砌成的墙面。

（3）干粘石：饰面效果类似于水刷石，但可节约材料。

（4）拉毛灰：用水泥石灰砂浆或水泥纸筋灰浆做成，包括有拉毛、搭毛、洒毛。

（5）聚合物喷涂、弹涂装饰施工：喷涂、弹涂、滚涂是聚合物砂浆装饰外墙面的施工办法，是在水泥砂浆中加入一定的聚乙烯醇缩甲醛胶（或 107 胶）、颜料、石膏等材料形成的。

第二节　门窗与幕墙工程

门窗类型（主要按材料）：木门窗、钢门窗、塑料门窗、彩板门窗和特种门窗。

一、木门窗

1. 木门窗洞口的留置

（1）立框安装。在墙砌到地面时立门樘，砌到窗台时立窗樘，临时支撑牢固，并校正垂直度和水平度，要注意各门框进出一致，上下对齐。砌墙时，两端沿高度每隔 0.5～0.7m 埋一块经防腐处理过的木砖。

（2）塞框安装。砌墙时留出门窗洞口，每边比门窗框大 20mm。安装时先用木楔临时固定，校正好垂直和水平度后，钉固在木砖上，再用水泥砂浆抹缝。

2. 木门窗的安装

（1）先立口法：在砌砖时先将门框放在设计的位置，经抄平、垂直、规方后临时固定，砖墙砌好后进行门框的最后固定。

（2）后塞口法：砌墙时按设计预留门洞和预埋木砖（115×115×53，每边不应少两块，间距不大于 1.2m），待砌墙好后将门框塞入洞口内加以固定。

（3）安装工艺和安装要点：找规矩弹线（保证门框顺直）→门窗框就位→临时固定→校正（用线坠校垂直、水平尺校水平）→固定（用铁钉钉牢）。

3. 木门窗扇的安装

（1）安装工艺：量裁口尺寸→第一次刨修→第二次刨修→剔合页槽→安装合页和门窗扇→调试→油漆→安装玻璃→安装五金件。

（2）安装要点：

1）木窗扇安装要点：安装窗扇及小五金配件等按图纸及规范要求进行施工，经检验合格后作为样板，其他窗按此标准施工。将扇靠在窗框上先定开启方向，后量窗扇尺寸并进行画线刨修，以刚好塞入框内为准，然后再按缝隙要求进行划线和第二次刨修，至刚好满足留缝要求为止。合页距离窗上、下端宜取梃高的 1/10，梃钩位置以与窗框保持 45℃，使扇开启后距墙 20mm 为宜。插销位置应安装在梃中间，插销插入插销鼻子内应不小于 10mm，以能自动转动为准；插销为暗时，应嵌入窗框内与框齐平。亮子拉手装在亮子中间，窗拉手位置一般距地面 1.5～1.7m 为宜，拉手均应装在窗梃中间。

2）木门扇安装要点：将门扇靠在框上进行第一次划线刨修，以刚好塞入框内为准，然后再按缝隙要求进行划线和第二次刨修，同时在距上、下端 1/10 处标划合页槽位；剔槽之后，对上门扇观察，看缝隙和口是否齐平，槽深应以口和扇平齐为准，若符合要求将螺丝拧紧。安装前先量好门框的高低、宽窄尺寸，然后在相应的扇边上画出高低宽窄的线，双扇门要打叠，先在中间缝处画出中线，并保证梃宽一致，上下冒头也要画线刨直。

二、塑料门窗安装

塑料门窗安装工艺：门窗框上安装铁件→立门窗框→门窗框校正→门窗框与墙体固定→嵌缝密封→安装门窗扇→镶配五金。

塑料门窗安装工艺流程与要点：采用后塞口施工，不得先立口后进行结构施工；门窗洞口尺寸比门窗框尺寸大 3cm，否则应先行剔凿处理；放好门窗框安装位置线及立口的标高控制线；安装门窗框上的铁脚；安装门窗框，并按线就位找好垂直度及标高，用木楔临时固定，检查正侧面垂直及对角线，合格后，用膨胀螺栓将铁脚与结构牢固固定好；门窗框与墙体的缝隙应按要求材料嵌缝（沥青麻丝或泡沫塑料）填实，表面用厚度为 5～8mm 的密封胶封闭；门窗附件安装（电钻，自攻螺丝，严禁用铁锤或硬物敲打）；安装塑料门窗。

三、玻璃幕墙施工

1. 玻璃幕墙分类

（1）明框玻璃幕墙：玻璃镶在铝框内，再固定在横梁上形成铝框分格明显的立面。

（2）隐框玻璃幕墙：是将玻璃用结构胶粘在铝框上，形成大面积全玻璃镜面。

（3）半隐框玻璃幕墙：两边镶在框内，另两边粘在框上。立柱外露横梁隐蔽，称竖框横隐；若横框外露，称竖隐横框。

（4）全玻璃墙幕：在建筑物的低层，外墙用玻璃板，支撑用玻璃肋。

2. 玻璃幕墙的安装要点

（1）定位放线：应与主体放线相结合，沿楼板外沿弹出墨线，或用钢琴线定出幕墙基准线，从基准线测出一定距离为幕墙平面。以此线为基准确定立柱的前后位置，从而决定整片幕墙的位置。

（2）骨架的安装：骨架在主体结构上固定的方式有两种：一是在主体上预埋铁件，将骨架连接件与铁件焊接；另一种是在主体结构上钻孔，用膨胀螺栓连接。一般是先安立柱，后安横杆。立柱安装：先临时固定在结构上，然后调整位置和垂直度，最后固定。一般一到两层楼为一根，接头要有一定空隙，用套筒连接。横梁的安装：一般用螺栓连接在立柱的角码上进行固定，尽量少焊接。

（3）玻璃安装：先清洁玻璃和铝框的污物，玻璃镀膜应朝室内方向，3m² 内可用人工安装，面积大的用真空吸盘吊装，玻璃四周应留有空隙，下部应有垫块，宽度与槽口相同，长度不小于 100mm。

（4）耐候胶嵌缝：玻璃四周的缝隙应用耐候胶密封，以防雨水渗漏。

第三节 吊顶与隔墙工程

一、吊顶工程

1. 吊顶的构造组成

（1）支撑：有木龙骨、轻钢龙骨、铝合金龙骨等，用吊杆与楼板连接。

（2）基层：由木材或金属材料制成的次龙骨组成，和主龙骨固定在一起。

（3）面层：木质吊顶常用人造板，或板条、金属网抹灰等；金属龙骨常用石膏板、泡沫板、纤维板等吸声板。

2. 吊顶施工工艺

木吊顶：

（1）弹水平线以墙＋50 线为准弹出吊顶高度水平线。

（2）安装主龙骨，可用预埋件、射钉或膨胀螺栓等固定并调平。

（3）铺钉罩面板，用钉固法和龙骨固定。

金属龙骨吊顶施工：

（1）龙骨安装：一般有 U 型和 T 型两种龙骨，弹出水平线后用射钉或膨胀螺栓和楼顶固定主龙骨并调平，然后安中龙骨和横撑龙骨。

（2）罩面板安装：有搁置法、嵌入法、粘贴法、钉固法、卡固法等。

3. 吊顶工程的质量要求

（1）材料品种、规格、颜色应符合要求。

（2）基层构造，固定方法应符合要求，牢固可靠。

（3）罩面板和龙骨应连接紧密，表面平整、无污染、折裂、缺棱掉角、锤伤等缺陷。

（4）黏结要牢固，胶合板不得有脱层、刨透之处，不得有翘角现象。

（5）检验方法和允许偏差见相关规范。

二、隔墙工程

1. 隔墙分类

隔墙按构造方式不同，可分为砌块式、骨架式和板材式三类；按骨架材料划分，可分为木材龙骨和金属龙骨两类。

2. 轻钢龙骨纸面石膏板隔墙施工

（1）弹线：弹出地面、墙面、高度位置线和宽度线。

（2）用射钉或膨胀螺栓固定地、顶龙骨。

（3）骨架连接：按设计要求和石膏板尺寸安装竖向龙骨，和地、顶龙骨固定。

（4）石膏板固定：用自攻螺钉将板与龙骨固定，板缝有明缝和暗缝两种。明缝要压装饰条。

3. 隔墙的质量要求

（1）材料的品种、规格、性能、颜色应符合设计要求，有隔声等特殊要求的要有检测报告。

（2）预埋件及连接件位置、数量、连接方式应符合要求，连接牢固。

（3）隔墙应垂直、平整、位置正确，板材不得有裂缝、缺损；表面应平整、光滑、颜色一致，接缝应均匀、密实，无凸凹现象。

（4）墙上的孔、洞、槽、盒位置正确、方正、整齐，允许误差应符合要求。

第四节 饰面板（砖）工程

饰面板（砖）工程是将块料材料镶贴（安装）在基层上，以形成良好装饰面层的施工。常用的块料面层按材料品种分为大理石、花岗石、瓷砖、预制水磨石、陶瓷锦砖、面砖、缸砖等。块料面层施工一般以挂、贴的方式镶贴于建筑物内外墙上。小块料一般用手工贴，大块料（边长大于 400mm）采用安装的方法施工。

一、材料与施工要求

1. 天然与人造石材

（1）天然大理石。

1）性能及规格。大理石是由石灰岩变质而成的一种变质岩。它结构密致、强度高、吸水率低，但表面硬度低、不耐磨、抗腐蚀性能差。主要用于建筑物的内墙面、柱面、室内地面等，一般不宜用于室外。

大理石饰面板的品种常以其磨抛光后的花纹、颜色及产地命名，有定型和不定型两种规格。一般厚度 20mm，新型品种有 7～10mm 的薄型板。不定型产品可根据用户要求加工。定型大理石饰面板的规格见表 10-1。

表 10-1　　　　　　　　　　　天然大理石定型材料规格　　　　　　　　　　　mm

长×宽×高	长×宽×高	长×宽×高	长×宽×高
300×150×20	400×200×20	610×610×20	1070×750×20
300×300×20	400×400×20	900×600×20	1200×600×20
305×152×20	600×300×20	915×610×20	1200×900×20
305×305×20	600×600×20	1067×762×20	1220×915×20

2）材料要求。表面应平整、边缘整齐、棱角不得损坏；不得有损伤、风化现象；安装用的各种连接件如锚固件等应镀锌或做防锈处理；施工所用胶结材料的品种、配合比应满足设计规定。

（2）天然花岗石。

1）性能及规格。花岗石是岩浆岩的统称，如花岗岩、片麻岩、安山岩等，质地坚硬，具有良好的抗风化作用。耐磨、耐酸碱、使用年限长。广泛用于室内外的墙面、柱面、地面装饰表面。按加工方法不同分为粗面板、镜面板、磨光板等，其规格见表 10 - 2。

表 10 - 2　　　　　　　　　天然花岗石规格　　　　　　　　　　mm

长×宽×高	长×宽×高	长×宽×高	长×宽×高
300×300×20	400×400×20	610×610×20	1067×762×20
305×305×20	600×300×20	900×600×20	1070×750×20
—	600×600×20	915×610×20	—

2）材料要求，同大理石。

（3）人造石饰面板。

人造石饰面板是用天然大理石、花岗石等碎石及石屑作为填充材料，用不饱和聚酯树脂或水泥为黏结剂，经搅拌成型、研磨、抛光等工序制成。人造大理石一般分为四类，有水泥型、聚酯型、复合型和烧结型。

质量要求同天然大理石。

2. 饰面砖

饰面砖包括室内釉面砖、室外面砖、陶瓷锦砖、玻璃锦砖等。

（1）内墙釉面砖。釉面砖又称瓷片、瓷砖、釉面陶土砖，是一种上釉的薄片状精陶装饰材料，主要用于墙柱面和灶台、浴台等装饰。它有一定的吸水率，方便与砂浆的黏结，但是因为吸湿后膨胀小，超过一定拉力会产生开裂，所以只适合在室内粘贴。使用时要求颜色均匀、尺寸一致、边缘整齐、棱角不得损坏，无缺釉、脱釉、裂缝及凹凸不平的现象。

（2）外墙面砖，是用优质耐火黏土为原料，经混炼成型、素烧、施釉、煅烧而成。它质地细密、釉质耐磨，具有较好的耐久性、耐水性。

3. 金属饰面板

金属饰面板属于中高档装饰材料。在现代装饰中，金属装饰以其独特的金属质感，丰富多变的色彩与图案、理想的造型而得到广泛使用。金属饰面板可分为单一材料和复合材料两类。前者为不锈钢板、铝合金板、铜板等；后者为烧漆板、彩色镀锌板、涂塑板等。要求表面平整光滑，无裂缝和皱折，颜色一致、边角整齐、涂膜厚度均匀。

金属饰面板一般安装在承重龙骨和外墙上，节点构造复杂，施工精度要求高。

二、饰面板（砖）的施工

1. 石材板镶贴安装

当板边长大于 400mm 或镶贴高度超过 1m 时，采用传统湿作业法、干挂法（即安装法）。尺寸小、板薄时采用粘贴法。

（1）湿作业安装法（挂装灌浆法）。

施工程序：基层处理→绑扎钢筋网片→弹基准线→预拼、选板、编号→板材钻孔→饰面板安装→分层灌浆→嵌缝、清洁板面→抛光打蜡。

1）基层处理。表面清扫干净并浇水湿润。对凹凸过大的应找平，表面光滑平整的应凿毛。

2）绑扎钢筋网片。先凿出墙、柱预埋钢筋使其裸露，按施工排板图要求在预埋钢筋处焊接或绑扎钢筋骨架。如墙上无预埋件，需在墙上钻孔埋膨胀螺栓或短钢筋固定钢筋网。

3）预排、选板、编号。为使安装好的大理石上下左右花纹一致，接缝严密，安装前必须预排、选板、编号。

4）板材钻孔。钢筋网固定于墙上预埋钢筋（间距不大于500mm）上，横向钢筋与块材孔眼位置一致。饰面板安装前，大饰面板须进行打眼。板宽500mm以内，每块板的上、下两边打眼数量均不少于两个。打眼的位置应与钢筋网横向钢筋的位置对齐。饰面板钻孔位置，一般在板的背面算起2/3处，使横孔、竖孔相连通，钻孔大小能满足穿丝即可（图10-3、图10-4）。

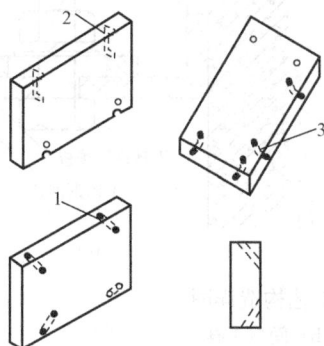

图10-3 饰面板打眼示意图
1—板面斜眼；2—板面打两面牛鼻子眼；3—打三面牛鼻子眼

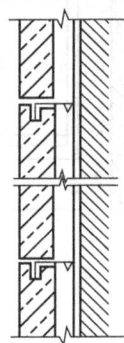

图10-4 花岗石直角挂钩

5）饰面板安装。从最下一行开始，拉上水平通线，从中间或一端开始固定板材。先绑板块下口，再绑上口绑丝，并用托线板靠直找平，用木楔垫稳。安装好一层板块，在板块横竖接缝处每隔100～150mm用糊状石膏作临时固定，竖向缝隙均用石膏灰或泡沫塑料条封严，待石膏凝结硬化后，清除填缝材料。湿作业安装法如图10-5所示。

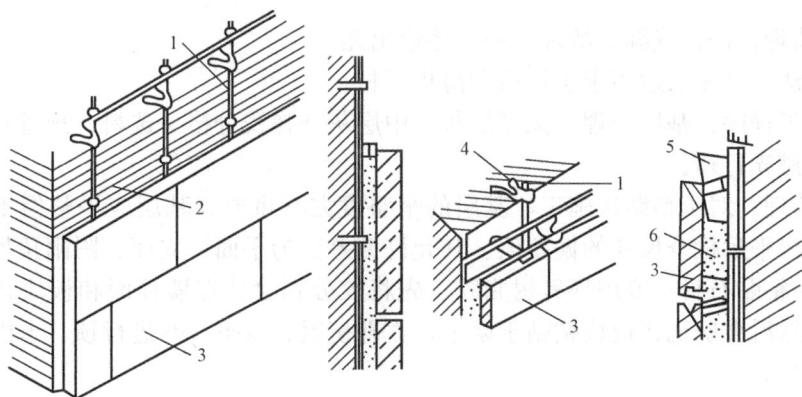

图10-5 湿作业安装法
1—直径6mm钢筋；2—铜丝；3—大理石；4—基体；5—木楔；6—砂浆

6）分层灌缝。用1∶2.5水泥砂浆分层灌注，每层灌高为200～300mm，插捣密实。块材和基层间的缝隙一般为20～50mm，即为灌浆厚度。待初凝后再继续灌浆，直到距上口50～100mm。剔除上口临时固定的石膏，清理干净缝隙，再安装第二行块材。依次由下向上安装固定、灌浆。每日安装加固后,需将饰面清理干净,光泽不够时,需打蜡处理。

(2) 干挂法。干挂法是将石材饰面板通过连接件固定于结构表面的施工方法。它与板块之间形成空腔,受结构变形影响小,抗震能力强,施工速度快,提高装饰质量,已成为大型公共建筑石材饰面安装的主要方法(图 10-6)。

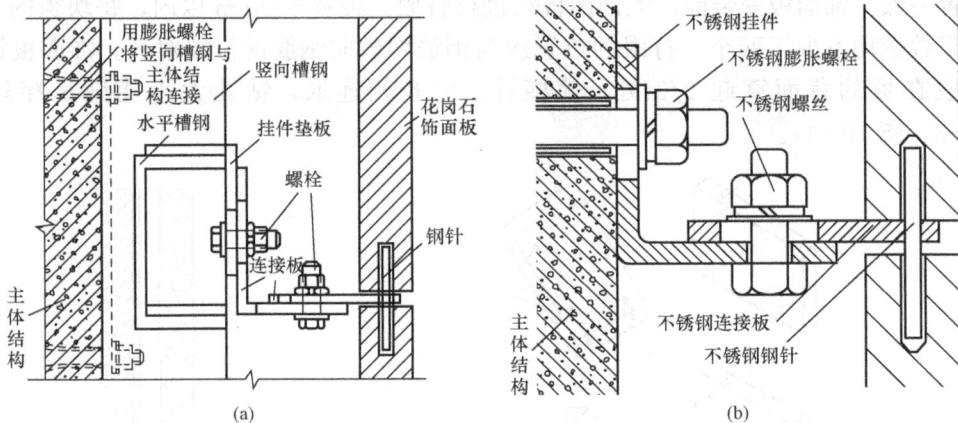

图 10-6 干挂工艺构造详图
(a) 直接干挂;(b) 间接干挂

1) 板材钻孔、粘贴增强层。根据设计尺寸在石板上下侧边钻孔,孔径 6mm,孔深 20mm。在石板背面涂刷合成树脂胶粘剂,粘贴玻璃纤维网格布。

2) 石板就位、临时固定。在墙面吊垂线及拉水平线,以控制饰面的垂直、平整。支底层石板托架,将底层石板就位并作临时固定。

3) 基体钻孔、安装饰面板。用冲击钻在基体结构钻孔,打入胀锚螺栓,同时镶装 L 型不锈钢连接件。用胶粘剂灌入石材的孔眼,插入销钉,校正并临时固定板块。如此逐层直到顶层。

4) 嵌缝清理。进行嵌缝、清理饰面,擦蜡出光。

(3) 粘贴法。粘贴法适用于小规格和薄板石材。

粘贴法施工程序:基层处理→抹底层灰、中层灰→弹线分格→选料、预排→石材粘贴→嵌缝、清理→抛光打蜡。

1) 基层清理。对于粘贴法施工,基层的平整度尤其重要。基层应平整但不应压光,中层抹灰用木抹搓平后检查尺寸的偏差值。其允许偏差值为平面、立面、阴阳角均为 2mm。

2) 粘贴。粘贴石材一般用环氧树脂胶。先将胶分别涂抹在墙柱面和板块背面上,刷胶要匀、饱满,然后准确地将板块粘贴于墙上,立即挤紧、找平,并进行顶、卡固定。如不平直可用木楔调整。

石材也可用灰浆粘贴,其方法与上述相似。

2. 面砖粘贴法

(1) 釉面砖施工。釉面砖一般用于室内墙面装饰。施工前,按设计要求挑选规格、颜色一致的釉面瓷砖,使用前应在清水中浸泡 2~3h,阴干备用。

墙面底层用 1:3 水泥砂浆打底,表面划毛;在基层表面弹出水平和垂直方向的控制线,自上向下,从左向右进行瓷砖预排,以使接缝均匀整齐。如有一行以上的非整砖,应排在阴角和接地部位。

用弹线做标志，控制粘贴的水平高度。靠地先贴一皮砖，拉好水平、厚度控制线，按自下而上、先左后右的顺序逐块镶贴。砖随贴随用铲子、橡皮榔头轻轻敲击，使其黏结牢固。饰面接缝无设计规定时，其宽度控制为1～1.5mm。

室内釉面瓷砖施工时，用与瓷砖颜色相同的水泥浆均匀擦缝，用布、棉丝清洗瓷砖表面，全部工程完后应彻底清理表面污垢。

如墙面留有洞口，应对准孔洞画好位置，然后用刀、钳子将瓷砖切割成所需要的形状。

（2）外墙面砖。施工工艺流程：施工准备→基体处理→排砖→拉通线、找规矩、做标志→刮糙找平→弹线分格→固定底尺→镶贴→起出分格条→勾缝清洗。

首先应按面砖颜色、大小、厚薄进行分选归类。其次根据设计要求确定面砖排列方法和砖缝大小，保证主要墙面不出现非整砖，然后进行弹线分格。

当采用落地式脚手架时外墙面砖的镶贴应自上而下进行，随镶贴随拆除脚手架。但在每步架高度内应自下而上进行。镶贴时先按水平线垫平底尺板，逐皮向上铺贴。窗台、腰线等仰面贴面砖时要等底灰七八成干后进行。

最后是勾缝和清洗。勾缝后的凹缝深度为3mm左右，密缝处用与面砖同色水泥浆擦缝。作业时随时将砖表面砂浆擦净。勾缝砂浆硬化后进行清洗。

3. 金属板施工

不锈钢、铜板比较薄，不能直接固定于柱、墙面上。为了保证安装后表面平整、光洁无钉孔，需用木方、胶合板做好胎模，组合固定于墙、柱面上。

（1）柱面不锈钢板、铜板饰面安装。将柱面清理干净，按设计弹好胎模位置边框线。胎模尺度：竖向按板材长度确定，宽度根据柱型决定。方柱每个柱面为一个胎模，圆柱一般以半圆柱面或1/3圆柱面为一个胎模。以柱外表尺寸为饰面胎模内径尺寸，胎模之间留出10mm左右的构造缝，用中密度板按柱外型裁出胎模。中密度板的外缘开槽固定木方尺寸为40mm×40mm或40mm×30mm，木方与中密度板形成胎模骨架，骨架的外表面要满足平整度、弧度和垂直度的要求；然后外侧铺钉一层三夹板，固定木条的钉帽应事先打扁，钉帽钉入板条内0.5～1mm，钉眼用同色腻子抹平。最后在三夹板表面包铜板或不锈钢板（图10-7）。

（2）墙面不锈钢板、铜板安

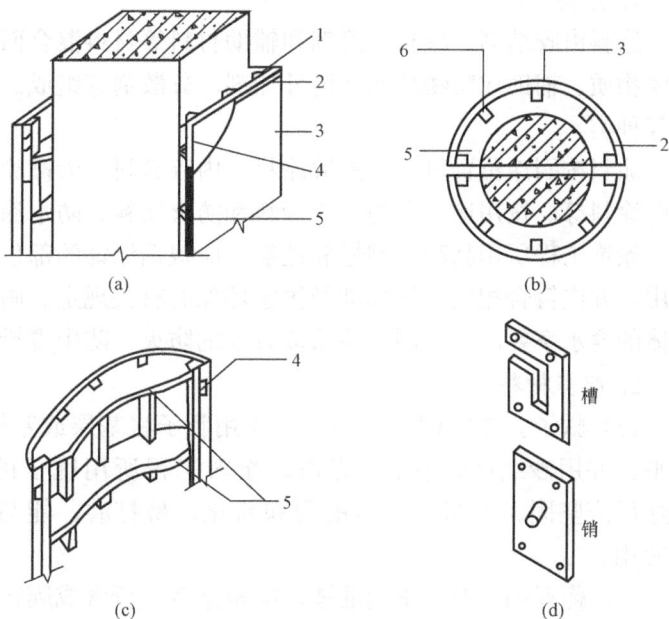

图10-7 柱面不锈钢板安装
（a）方柱；（b）圆柱；（c）圆柱胎；（d）销件
1—木骨架；2—胶合板；3—不锈钢板；4—销件；
5—中密度板；6—木质竖向龙骨

装。清理好基层，按设计弹好骨架位置纵横线。在墙面钉骨架时，其大小以饰面板定基本单元，用膨胀螺钉将木骨架固定于墙面上。骨架符合质量要求后，在表面钉一层夹板作为贴面板衬材，夹板边不超出骨架。不锈钢、铜板预先按设计压好四边，尺寸准确。最后用胶密封纵横缝（图 10 - 8）。

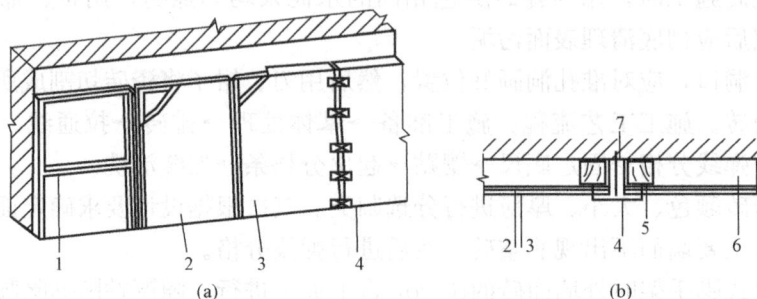

图 10 - 8　不锈钢墙面施工示意图
(a) 不锈钢板、铜板饰面；(b) 板缝构造
1—骨架；2—胶合板；3—饰面金属板；4—临时固定木条；5—竖筋；6—横筋；7—玻璃胶

第五节　涂　饰　工　程

一、涂饰材料

1. 涂料

涂料由胶结剂、颜料、溶剂和辅助材料等材料混合而成，其主要成分由成膜物质、次要成膜物质、辅助成膜物质和其他外加剂、分散剂等组成。涂料一般包括油脂、合成树脂及乳液等种类。

涂料按刷涂位置可分为外墙涂料、内墙涂料、天棚涂料、地面涂料、门窗涂料（油漆）、屋面涂料等。按用途可分为一般涂料和防火涂料、防水涂料等。

涂饰工程所用品种、型号和性能，应根据涂饰的部位、基体材料及功能特征按设计要求选用，并应符合相应质量标准及国家环保的有关规定。施工中对环境温度、湿度、清洁度及基体的含水率要严格控制，并采取有效的防火、防中毒措施。

2. 配套材料

（1）腻子。在涂刷涂料前，应先用腻子将基层或基体表面的缺陷和坑洼不平之处嵌实填平，并用砂纸打磨平整、光滑。涂料工程所用腻子的塑性和易涂性应满足施工要求，干燥后应坚固、不起皮、不龟裂和粉化，易打磨，能与基层、底涂料和面涂料的性能配套使用。

（2）稀释剂。对于不同的漆，应根据漆中所含成膜物质的性质和各种溶剂的溶解力、挥发速度和对漆膜的影响等选择并配制稀释剂。

二、涂饰工程施工

1. 基层处理

木材表面上的灰尘、污垢等应事先清理干净，木材表面的缝隙、毛刺和脂囊等修整后用与木材同色腻子填补，并用砂纸磨光。在涂饰前基层应刮腻子数遍找补，并在每遍腻子干燥后用砂纸打磨。通常情况下，第一遍涂料涂刷后仍要用腻子找补。

金属表面应事先将灰尘、油渍、鳞皮、焊渣等清除干净，并采用手工或机械的方式除锈。潮湿的表面不得涂刷涂料。旧墙面涂饰前，要清除疏松的旧装修层并涂刷界面剂。

基层腻子应平整、坚实、牢固，无粉化、起皮和裂缝，厨房和卫生间墙面必须使用耐水腻子。

2. 刷涂料（油漆）

涂料（油漆）在使用前必须搅拌均匀，用于同一表面的涂料，应注意颜色一致。涂料黏度应调整适合，如需稀释，用专用材料稀释。

涂料的涂刷遍数根据涂饰工程的质量等级而定，后一遍必须在前一遍干燥成膜后才能涂刷。涂料的涂刷方法一般采用刷涂、滚涂、喷涂、弹涂和抹涂法等。

（1）刷涂法。人工刷涂时，用刷子蘸上涂料直接涂于物件表面上，其涂刷方向和行程长短应均匀一致；应勤沾短刷，接槎应在分格缝处；所用涂料干燥较快时应缩短刷距。刷涂顺序为：从里向外，从上向下，从左到右。

（2）滚涂法。用辊子蘸上少量涂料后在被滚墙面上轻缓平稳地来回滚动，直上直下，避免蛇行，以保证厚度、色泽、质感一致。常用的辊子直径为 40～50mm，长 180～240mm。边角不到的部位，用刷子补刷。

（3）喷涂法。喷涂的机具有：手持喷枪、装有自动压力控制器的空气压缩机和高压胶管。喷涂时，涂料稠度、空气压力、喷射距离、喷枪运行中的角度和速度等方面均有一定的要求。涂料稠度必须适中，太稠不便施工，太稀影响涂层厚度，且易流淌；空气压力在 0.4～0.8N/mm^2 之间选择，喷射距离一般为 400～600mm；喷枪运行中心线必须与墙面垂直；喷枪移动过快，涂层较薄，色泽不均，运行过慢，涂料粘附太多，易流淌；喷涂施工应连续作业，争取到分格缝处再停歇。

室内一般先喷涂顶棚，后喷涂墙面，两遍成活，间隔时间约为 2h；室外喷涂一般为两遍，较好的饰面为三遍，作业分段线应设在水落管、接缝、雨罩等结构分格处。

（4）弹涂法。弹涂所用工具：电动彩弹机及相应的配套和辅助器具、料桶、料勺等。

彩弹饰面施工必须根据事先设计的样板上的色泽和涂层表面形状的要求进行。在基层上先刷涂 1～2 道底涂层，待干燥后进行弹涂。弹涂时，弹涂器的喷出口应垂直于墙面，距离应保持在 300～500mm，按一定的速度自上而下、由左向右弹涂。

（5）抹涂法。在底层刷涂或滚涂 1～2 道底层涂料，待其干燥后（常温 2h 以上），用不锈钢抹子将涂料抹到已刷的底层涂料上，一般抹 1～2 遍（总厚度 2～3mm），间隔 1h 后再用不锈钢抹子压平。

思 考 题

1. 试述装饰工程的作用、特点及发展方向。
2. 试述抹灰工程的分类及组成。
3. 试述一般抹灰的分层做法、操作要点及质量标准。
4. 试述机械抹灰的工作原理及施工要点。

5. 装饰抹灰有哪些种类？简述其做法和质量要求。

6. 喷涂、滚涂、弹涂饰面具有哪些特点？施工有何要求？

7. 常用的饰面板（砖）有哪些？如何选用？

8. 简述饰面板块的安装要点和饰面砖的镶贴方法。

9. 常用建筑涂料有哪几种？采用何种施工方法？

第二篇 建筑施工组织原理

第十一章 建筑施工组织概论

本章要点

建筑产品及其生产特点；建筑施工组织的概念和原则；建筑工程施工程序；施工准备工作的分类和内容；施工组织设计的概念、分类及内容；施工组织设计的贯彻、检查和调整。

基本要求及重点、难点

(1) 掌握建筑工程施工的特点。
(2) 明确建筑施工组织的概念，了解建筑施工组织的原则。
(3) 掌握施工准备工作的内容。
(4) 熟悉施工组织设计及其内容，了解施工组织设计的贯彻、检查和调整。
· 重点：建筑工程施工的特点，施工准备工作的内容，施工组织设计及其内容。
· 难点：施工组织设计的贯彻、检查和调整。
· 深度和广度：通过本章的学习，使学生对建筑施工组织及施工组织设计的概念有一个明确的理解；能够独立进行施工准备工作；理解和掌握施工组织设计的内容。

建设工程项目的全寿命周期总体上可划分为决策阶段、实施阶段和使用阶段。其中施工阶段是基本建筑项目实施的关键阶段，也是持续时间最长，人力、财力、物力消耗最大的一个阶段。

随着经济发展和技术的进步，现代建设工程项目规模日益庞大、技术更加复杂。一个大型建筑项目的施工建设，需要投入成千上万各种专业的工人和种类繁多的建筑材料、建筑机械设备，耗资几十亿甚至上百亿。不仅要组织人力、材料、机械设备在施工对象上进行施工建造，而且更要兼顾种类繁多、数量巨大的建筑物资及制品和构配件的生产、运输、储存和供应工作，另外施工机具的供应、维修和保养，施工现场临时供水、供电、安排生产，以及生活所需要的各种临时设施等也要进行有效的组织。由于现代工程建设的复杂性和综合性，在施工过程中，如何对各专业、各部门的工作进行协调，如何对工期、成本、质量进行有效控制等，都是有待解决的问题，这也是建筑施工组织所要解决的基本问题。

第一节 建筑产品及其生产特点

建筑产品包括各种不同类型的工业、民用、交通、公共建筑物或构筑物等。建筑产品与一般的工业产品相比较，从原材料加工到制成成品的过程基本是一致的。由于建筑产品的生产都是根据建设单位各自的需要，按设计图纸在指定地点建造的，加之建筑产品所用材料、结构、构造及平面与空间组合的变化多样，这也决定了建筑产品的生产具有与一般工业产品生产不同的方面。一般来讲，建筑产品及其生产具有以下特点。

1. 建筑产品在空间上的固定性决定了其生产的流动性

一般的建筑产品均由自然地面以下的基础和自然地面以上的主体两部分组成。基础承受其全部荷载，并传给地基，同时将主体固定在地面上。任何建筑产品都是在选定的地点上建造使用，一般从建设开始直至拆除均不能移动。所以，建筑产品的建造和使用地点在空间上是固定的。

在建筑产品的生产中，工人及其使用的机具和材料等不仅要随着建筑产品建造地点的不同而流动，而且还要在建筑产品的不同部位进行流动生产。施工企业要在不同地区进行机构迁移或流动施工。因此，组织施工时必须对施工活动的各种要素（人、机械、材料等）做出合理的安排，以适应流动性的需要。

如为适应建筑生产流动性的需要，施工的机械设备尽可能是较小型的；施工所需的房屋和水电动力等设施大多需要在现场临时安装或建造；施工所需的材料物资，如木材、水泥、砂、石、砖等，尽量就地取材，有些甚至还需自行组织生产，其规格、品种等都因地而异；场内外的运输要按照当地环境和交通条件进行组织，尽量合理安排运输方式、运输距离等问题；施工现场的平面布置也应考虑各要素间之间的关系，合理安排。

2. 建筑产品的多样性决定了其生产的单件性与明显的地区性

建筑产品种类繁多，用途各异，建筑产品不但需要满足业主对其使用的功能和质量的要求，而且还要按照当地特定的社会环境、人文背景和自然条件来设计和建造。因此，建筑产品在规模、形体、结构、构造、材料选用、装饰类型和基础等诸多方面变化繁多，从而构成了类型多样的建筑产品。

建筑产品的这一特点决定了其生产的单件性与明显的地区性。首先，由于每个工程的造型、结构、构造、材料并不完全一样，因此，每个工程所需要的材料品种、规格与要求就不同；随之而采取的施工方法、机械设备、劳动力的组织也必然彼此各异；施工的进度当然也就不同，各种生产要素在数量上的比例关系和供应的时间也就不会一样；它们的空间关系和整个施工场地的平面布置也要分别加以处理。总之，每个工程的施工都各具特点。每个工程的施工组织都必须单独进行设计。其次，同一使用功能的建筑产品，因其建造地点的不同必然受到建设地区的自然、技术、经济和社会条件的约束，不但其结构、构造、艺术形式等不同，而且在材料的选择、施工方案的确定等方面也因地区而异。因此，建筑产品的生产又具有明显的地区性。

3. 建筑产品的体形庞大决定了其生产周期长、露天作业和高空作业多

建筑产品比起一般的工业产品会消耗大量的人力和物质资源，为了满足特定的使用功能，必然占据较大的地面与空间，因而建筑产品的体形庞大。这一特点决定了其施工的工期比较长、露天作业和高空作业多。

因为建筑产品体形庞大，使得最终建筑产品的建成必然耗费大量的人力、物力和财力。同时，建筑产品的生产全过程还要受到工艺流程和生产程序的制约，使各专业、工种间必须按照合理的施工顺序进行配合和衔接。又由于建筑产品地点的固定性，使施工活动的空间具有局限性，从而导致建筑产品生产具有生产周期长、占用流动资金大的特点。

建筑产品地点的固定性和体形庞大的特点，使建筑产品不可能在工厂里直接进行施工，即使其生产达到了高度的工业化水平，仍然需要在施工现场内进行总装配后，才能形成最终建筑产品。

由于建筑产品体形庞大，特别是随着城市现代化的进展，高层建筑物的施工任务日益增多，建筑产品生产高空作业多的特点日益明显。

4. 建筑产品的复杂性决定了其生产的复杂性

建筑产品的生产涉及面很广，从企业内部来看，它涉及建筑造型、结构构造、地基基础、工程力学、建筑材料、机械设备、施工技术、施工管理、水暖电卫、系统化和自动化等多个学科的专业知识，要在不同时间，不同地点和不同产品上组织多专业，多工种的综合作业；从企业外部来看，需要不同种类的专业施工企业及城市规划、土地征用、勘察设计、公安消防、公共事业、环境保护、质量监督、科研试验、交通运输、银行财务、物资供应等单位和主管部门协作配合。

建筑产品生产的这些特点要求必须事先做好建筑施工组织的各项工作安排，否则根本无法胜任复杂的施工任务，更谈不上取得理想的经济效益。

第二节　建筑施工组织的概念和原则

一、建筑施工组织的概念

建筑施工是生产建筑产品的活动。要进行这种活动，就需要有建筑材料、施工机具及具有一定生产劳动经验和掌握专业技能的劳动者，并且需要将所有这些生产要素按照建筑施工的技术规律和组织规律及设计文件的要求，在空间上按照相互的位置，在时间上按照先后顺序，在数量上按照不同的比例，将它们合理地组织起来，让劳动者在统一的组织管理下进行活动，即由不同的劳动者运用不同的施工机具，以不同的施工方式对不同的建筑材料进行加工。只有通过建筑施工活动，才能建造出各种工厂、住宅、公共建筑、道路、桥梁等建筑物或构筑物，以满足人们的生产和生活需要。

建筑施工组织就是指建筑施工前对参与施工的各生产要素的计划安排。就狭义而言，建筑施工组织仅指建筑施工中组织实施和具体施工过程中进行的指挥调度活动，其中也包括施工过程中对各项工作的检查、监督、控制与调整等。就广义而言，除了包括组织施工的工作内容，还包括施工条件的调查研究、施工准备、施工方案的确定，施工进度计划的编制，施工场地平面布置等施工管理活动的内容。

二、建筑施工组织的原则

建筑施工过程中，需要对工程项目质量、进度、成本、安全等方面进行统筹安排和综合考虑，科学有序地组织高效率的施工是非常重要的，同时必须留有余地，以便充分发挥管理者和工人的积极性和创造性。这就要求在遵循施工组织基本原则的基础上，求得最佳方案，完成建筑施工任务。

根据我国建筑业施工长期积累的经验和建筑施工的特点，在施工组织的过程中，一般应遵循以下几项基本原则：

（1）严格遵守基本建设程序和施工程序；

（2）做好施工项目排队，保证重点，统筹安排工程项目；

（3）合理编制施工计划，组织连续、均衡、紧凑的施工；

（4）采用先进施工技术，提高施工机械化水平；

（5）强化施工管理，确保工程质量和施工安全；

（6）合理布置施工现场，组织文明施工；

（7）进行技术经济活动分析，贯彻增产节约方针，降低工程成本。

第三节　建筑工程施工程序

世界各国建设工程项目的建设周期大体相同，总体上可划分为决策阶段、实施阶段和使用阶段。建筑工程施工程序是整个建设程序中的一部分。施工程序也具有明显的阶段性，一般来说，前一阶段的活动为后一阶段的工作提供必要的前提和基础。根据施工组织与管理的需要，按照工作内容的重点不同，施工程序一般可分为如下几个阶段：

1. 承接施工任务，签订施工合同

施工单位承接任务的方式一般有两种：受建设单位（业主）直接委托而承接，通过投标而中标承接。无论哪种方式承接施工项目，施工单位均必须同建设单位签订施工合同。签订了施工合同的施工项目，才算落实了的施工任务。当然，签订合同的施工项目，必须是经建设单位主管部门正式批准的，有计划任务书、初步设计和总核算，已列入年度基本建设计划，落实了投资的建筑项目。否则不能签订施工合同。

施工合同是建设单位与施工单位根据《合同法》、《建筑安装工程承包合同条例》及有关规定而签订的具有法律效力的文件。施工合同应采用书面形式，经双方法定代表人签字盖章后具有法律效力。施工承包合同应规定承包的内容、要求、工期、质量、造价、安全及材料供应等，明确合同双方应承担的义务和职责及应完成的施工准备工作。双方必须严格履行合同，任何一方不履行合同给对方造成的经济损失，都要负法律责任并进行赔偿。

2. 全面统筹安排，编制施工组织设计

施工企业与建设单位签订施工合同后，施工单位应全面了解工程性质、规模、特点及工期要求等，进行场址勘察、技术经济和社会调查，收集有关资料、拟订施工规划、编制施工组织总设计、部署施工力量、安排施工总进度、确定主要工程施工方案、规划整个施工现场、统筹安排，做好全面施工规划。施工组织设计经批准后，便组织施工先遣人员进入现场，与建设单位和监理单位密切配合，做好施工规划中确定的各项全局性施工准备工作，为建筑项目全面正式开工创造条件。

3. 落实施工准备，提出开工报告

施工准备工作是建筑施工顺利进行的根本保证。施工准备工作主要有技术准备、物资准备、劳动组织准备、施工现场准备和施工场外准备。当一个施工项目进行了图样会审编制和批准了单位工程施工组织设计、施工图预算和施工预算，组织好材料、半成品和构配件的生产和加工运输，组织施工机具进场，搭设临时建筑物，建立现场管理机构，调遣施工队伍，拆迁原有建筑物，搞好"三通一平"，进行场区测量和建筑物定位放线等准备工作后，施工单位即可向主管部门提出开工报告。

4. 精心组织施工，加强科学管理

施工过程是施工程序中的主要阶段，应从整个阶段现场的全局出发，按照施工组织设计精心组织施工，加强各单位、各部门的配合与协作，协调解决各方面的问题，使施工活动顺利开展。

在施工过程中，应加强技术、材料、质量、安全、进度等各项管理工作，按工程项目管理方法，落实施工单位内部承包的经济责任制，全面做好各项经济核算与管理工作，严格执行各项技术、质量检验制度。

施工阶段是直接生产建筑产品的过程，所以也是施工组织工作的重点所在。这个阶段需要进行质量管理，以保证工程符合设计与使用的要求；抓好进度控制，使工程如期竣工；落实安全措施，不发生工程安全事故；并做好成本控制，以增加经济效益。施工过程中，往往有多单位、多专业进行共同协作，要加强现场指挥、调度、进行多方面的平衡和协调工作。在有限的场地上投入大量的材料、构配件、机具和人力，应进行全面统筹安排，组织均衡连续地施工。

5. 工程验收，交付使用

这是施工的最后阶段。在交工验收前，施工单位内部应先进行验收，检查各分部分项工程的施工质量，整理各项交工验收的技术经济资料。在此基础上，由建设单位组织竣工验收合格后，报政府主管部门备案，办理验收签证书并交付使用。

竣工验收也是施工组织工作的结束阶段，这一阶段主要做好竣工文件资料的准备工作和组织好工程的竣工收尾，同时也必须搞好施工组织工作的总结，以便积累经验，不断提高管理水平。

第四节　施工准备工作

施工准备工作是为了保证工程顺利开工和施工活动正常进行而必须事先做好的各项准备工作，它是施工程序中的重要环节。

现代建筑施工是一个复杂的管理和实施过程。这一过程中，参与的主体多，投入的生产要素多，影响因素多，而且在施工过程中还会遇到各种技术问题、协作配合问题、人事问题等。如果事先缺乏充分的统筹安排与考虑，这样一项复杂而庞大的系统工程的施工活动必然会陷于被动，无法正常进行，甚至还可能酿成重大的安全事故和质量事故。认真细致地做好施工准备工作，对充分发挥企业优势、合理组织资源、加快施工进度、提高工程质量、降低工程成本、实现文明施工、保证施工安全、增加企业经济效益、赢得企业社会信誉等，都具有重要的意义。

施工准备工作也是施工企业搞好目标管理，推行技术经济责任制的重要依据。同时，施工准备工作还是土建施工和设备安装顺利进行的根本保证。

进行施工准备工作，需要花费一定的时间、人力和物力，似乎推迟了建设进度，增加了施工的成本，但"磨刀不误砍柴工"，实践证明，凡是重视和做好施工准备工作，积极为工程项目创造一切有利的施工条件，施工进度不但不减慢，反而会加快，成本不会增加反而可能减少。因为做好了施工的充分准备，不但取得了施工的主动权，而且可以避免工作的无序性和资源的浪费，有利于保证工程质量和施工安全，提高工程项目的经济效益。

一、施工准备工作的分类

1. 按施工准备工作的范围分类

(1) 全场性施工准备，是以一个建设项目为对象而进行的各项施工准备，其目的和内容都是为全场性施工服务的。它既为全场性的施工做好准备，也要兼顾单位工程施工条件的准备。

(2) 单位工程施工条件准备，是以一个建筑物或构筑物为对象而进行的施工准备。其目的和内容都是为单位工程施工服务的。它不仅要为该单位工程的施工做好一切准备，而且要为分部分项工程做好施工准备。

(3) 分部分项工程作业条件准备，是以一个分部分项工程或冬雨期施工项目为对象而进行的作业条件准备。

2. 按工程项目施工阶段分类

(1) 开工前的施工准备，是在拟建工程正式开工之前所进行的一切施工准备工作。其目的是为施工项目正式开工创造必要的施工条件。

(2) 各施工阶段前的施工准备，是在施工项目开工之后，每个施工阶段正式开工之前所进行的一切施工准备工作。其目的是为施工阶段正式开工创造必要的施工条件。如钢筋混凝土框架结构建筑的施工，一般可分为地下工程、主体结构工程、装饰工程、屋面工程及围护工程等施工阶段，每个施工阶段的施工内容都不尽相同，所需要的技术条件、物资条件、组织要求和现场布置等方面也不同。因此，在每个施工阶段开工之前，都必须做好相应的施工准备工作。

3. 按工程项目行为主体分类

(1) 业主方（建设单位）的施工准备，是指按照常规或合同的约定应由业主方（建设单位）所做的施工准备工作，如土地征用、拆迁补偿、"三通一平"、施工许可、水准点与坐标控制点的确定，以及部分施工材料的采购等工作。

(2) 施工方（承包商）的施工准备，是指按照常规或合同的约定应由施工方（承包商）所做的施工准备工作，如施工组织设计、临时设施的建造、物资采购、施工机具租赁、施工人员进场等工作。

二、施工准备工作的内容

工程项目施工准备工作按其性质和内容，通常包括原始资料的调查分析、技术准备、物资准备、劳动组织准备、施工现场准备和施工场外准备等工作。

1. 原始资料的调查分析

原始资料调查分析的目的是为编制拟建工程施工组织设计提供全面、系统和科学的依据。

建筑产品生产的流动性决定了建设地区自然条件、技术经济条件对建设项目的影响和制约。因此，在编制施工组织设计时，应以建设地区自然条件和技术经济条件、地理环境等实际情况为依据。编制人若不熟悉这些原始资料，将给以后施工造成一定的损失。因此，必须进行原始资料调查分析。调查时应包括以下内容。

(1) 建设地区自然条件调查分析。主要内容包括：地区水准点和绝对标高等情况；地质构造、土的性质和类别、地基土的承载力、地震级别和烈度等情况；河流流量和水质，最高洪水和枯水期的水位等情况；地下水位的高低变化情况，含水层的厚度、流向、流量和水质等情况；气温、雨、雪、风和雷电等情况；土的冻结深度和冬雨期的期限等情况。这些资料来源于当地气象台、勘察设计单位和施工单位进行现场勘测的结果，用作确定施工方法和技术措施，并作为编制施工进度计划和施工平面布置设计的依据。

（2）建设地区技术经济条件调查分析。主要内容包括：地方建筑施工企业的状况；水、电、气供应情况；地方能源和施工现场的动迁状况。这些资料可向当地城建、电力、电信和建设单位等进行调查，主要用作选择施工临时供水供电的方式及进行经济分析比较的依据。

交通运输状况，交通运输资料可向当地铁路、公路运输和航运管理部门进行调查，主要用作组织施工运输业务，选择运输方式的依据。

施工项目的主要工艺设备，水泥、钢材、木材、砂、石、砖、预制构件等当地可利用的地方材料状况；材料供应状况，是确定供应计划、加工方式、储存和堆放场地及建造临时设施的依据。

地方劳动力和技术水平状况；当地生活供应、教育和医疗卫生状况，当地消防、治安状况。这些资料可以向当地劳动、卫生、教育等部门进行调查，主要用作拟订劳动力安排计划、建立职工生活基地、确定临时设施面积的依据。

2. 技术准备

技术准备是施工准备工作的核心，即通常所说的"内业"工作，它为项目施工提供各种指导性文件。在建筑施工过程中任何技术和管理方面的差错或隐患都可能引起人身安全事故或工程质量事故，造成生命、财产和经济的巨大损失。因此，必须认真做好技术准备工作。其内容主要有：

（1）熟悉和审查施工图纸。

1）审查拟建工程的地点和建筑总平面图同国家、城市或地区规划是否一致，以及建筑物或构筑物的设计功能和使用要求是否符合卫生、防火及美化城市方面的要求。

2）审查施工图纸是否完整和齐全；施工图纸和相关资料是否与国家有关建筑设计的方针、政策和规范要求相一致。

3）审查施工图纸与其说明书在内容上是否一致；施工图纸及其各组成部分间有无矛盾和错误。

4）审查建筑图与其相关的结构图、水电安装图，其坐标、尺寸、轴线、标高和说明方面是否一致，技术要求是否明确。

5）审查基础设计与地基处理方案同建造地点的工程地质和水文地质条件是否一致；弄清楚建筑物与地下原有构筑物、管线间的相互关系。

6）熟悉工业项目的生产工艺流程和技术要求；掌握配套投产的先后次序和相互关系；审查设备安装图纸及与其相配合的土建图纸在轴线和标高尺寸上是否一致，土建施工的质量标准能否满足设备安装的工艺要求。

7）掌握拟建工程的建筑和结构的形式及特点，需要采取哪些新技术；复核主要承重结构或构件的强度、刚度和稳定性是否满足施工要求。

8）对于工程复杂、施工难度大和技术要求高的分部分项工程，要审查现有施工技术和管理水平能否满足工程质量和工期要求；建筑设备及加工订货有何特殊要求等。

熟悉和审查施工图纸主要是为编制施工组织设计提供依据，通常按图纸自审、会审和现场签证等三个阶段进行。

　　第一阶段：图纸的自审阶段。施工企业收到拟建工程的设计图样和有关设计资料后，应尽快组织有关工程技术人员进行自审，写出自审图样的记录。一般自审图样的记录应包括对设计图样的疑问和对设计图样的有关建议。

　　第二阶段：图纸的会审阶段。一般由建设单位主持，设计单位和施工单位共同参加，三方进行设计图样的会审。图纸会审时，首先由设计单位本工程的主设计人向与会者说明拟建工程的设计依据、意图和功能要求，并对特殊结构、新材料、新工艺和新技术说明设计要求。然后施工单位根据自审记录及对设计意图的了解，提出对设计图样的疑问和建议。最后在统一认识的基础上，对所研讨的问题逐一做好记录，形成图样会审纪要，由建设单位正式行文，参加单位共同会签、盖章，作为与设计文件同时使用的技术文件和指导施工的依据，同时也是建设单位与施工单位进行工程结算的依据。

　　第三阶段：设计图样的现场签证阶段。在拟建工程施工的过程中，如果发现施工的条件与设计图样的条件不符，或者发现图样中仍然有错误，或者因为材料的规格、质量不能满足设计要求，或者因为施工单位提出了合理化建议，需要对设计图样进行修改时，应遵循技术核定和设计变更的签证制度，进行图样的施工现场签证。如果设计变更的内容对拟建工程的规模、投资影响较大时，要报请项目的原批准单位批准。施工现场的图样修改、技术核定和设计变更资料，都要有正式的文字记录，归入拟建工程施工档案，作为指导施工、竣工验收和工程结算的依据。

　　（2）编制施工图预算和施工预算。施工图预算应按照施工图纸所确定的工程量、施工组织设计拟订的施工方法、预算定额及其收费标准，由施工单位主持编制。它是确定建筑安装工程造价的经济文件，是施工企业签订工程承包合同、工程结算、建设银行拨付工程价款、进行成本核算、加强经营管理等方面工作的重要依据。

　　施工预算是根据中标后的合同价、施工图纸、施工组织设计或施工方案、施工定额等文件进行编制的。它是施工企业进行管理和内部经济核算的依据。

　　（3）编制施工组织设计。编制施工组织设计是施工准备工作的重要组成部分，是指导施工现场全部生产活动的技术经济文件，应根据拟建工程的规模、结构特点和建设单位的要求，在对原始资料调查分析的基础上，编制出一份能切实指导该工程全部施工活动的施工组织设计。

　　3. 物资准备

　　建筑材料、构件、制品、机具和生产工艺设备是保证施工顺利进行的物资基础，这些物资的准备工作必须在各阶段开工之前完成。根据各种物资的需要量计划，分别落实货源，组织运输和安排储备，使其满足连续施工的需要。

　　（1）建筑材料的准备。建筑材料的准备主要是根据施工预算进行工料分析，依照施工进度计划的使用要求、材料储备定额和消耗定额，分别按材料名称、价格、使用时间进行汇总，编制出材料需要量计划。为组织备料、签订供货合同、确定仓库及堆放场地所需的面积和组织运输等提供依据。

　　建筑材料进场应按施工进度要求分期分批进行，减少二次搬运，不能混放，做好防水、防潮的保护工作。

　　（2）构（配）件、制品的加工准备。根据施工预算提供的构（配）件和制品的名称、规格、质量及消耗量，确定加工方案和供应渠道及进场后的储存地点和方式，编制出其需要量计划，为组织运输、确定堆场面积等提供依据，也应注意做好保护工作，尽量减少二次搬运。

（3）施工机具的准备。根据采用的施工方案和安排的施工进度，确定施工机具的类型、数量、进场时间、供应方法及进场后的安装或存放地点，编制建筑安装机具的需要量计划，为组织运输、确定堆场面积等提供依据。

（4）周转性材料的准备。脚手架和模板等材料是建筑施工中的周转性材料。进场后应按施工平面图的布置位置进行堆放，同规格放在一起，不能混放，做好防水、防潮措施，拆下的脚手架和模板应注意维修和保养。

4. 劳动组织准备

劳动组织准备既有整个建筑施工企业的劳动组织准备，也有大型综合建筑项目的工区级劳动组织准备，还有单位工程的工地级劳动组织准备。对于单位工程来说，它的劳动组织准备一般如下：

（1）建立施工项目领导机构。根据工程规模、结构特点和复杂程度，确定施工项目领导机构的人选和名额；坚持合理分工与密切协作相结合的原则，将有施工经验、创新精神、工作效率高的人选入领导机构，因事设职与因职选人。

（2）建立精干的施工队组。施工队组的建立，要认真考虑专业工种的合理配合，技工和普工的比例要满足合理的劳动组织要求。按组织施工方式的要求，确定建立混合施工队组或是专业施工队组及其数量。组建施工队组要坚持合理、精干的原则，同时制订出该工程的劳动力需要量计划。

（3）集结施工力量，组织劳动力进场。工地的领导机构确定之后，按照开工日期和劳动力需要量计划，组织劳动力进场。同时要进行安全、防火和文明施工等方面的教育，并安排好职工的日常生活。

（4）做好职工进场教育工作。为落实施工计划和技术责任制，应向施工队组、工人进行施工组织设计和技术交底。技术交底的目的是将拟建工程的设计内容、施工计划和施工技术要求等，详尽地向施工队组和工人讲解说明，这是落实计划和技术责任制的必要措施。交底内容通常包括：项目施工进度计划和月旬作业计划；各项安全技术措施、降低成本措施和质量保证措施；质量标准和验收规范要求；设计变更和技术核定事项等，必要时进行现场示范。

同时健全各项管理制度，其内容包括：工程质量检验与验收制度，工程技术档案管理制度；建筑材料（构件、配件、制品）的检查验收制度；技术责任制度，技术交底制度；安全操作制度等，加强对职工的遵纪守法教育。

5. 施工现场准备

施工现场是进行施工的活动空间。施工的组织者为能够有节奏、均衡连续地进行施工，实现优质、高速、低消耗的目标，需对施工现场进行一系列的准备工作，主要是为工程的施工创造有利的施工条件和物资保证。其具体内容如下：

（1）清除障碍物。施工场地内的一切障碍物，都应在开工之前清除，包括地上的和地下的。这些工作一般是由建设单位来完成的，但也有委托施工单位来完成的。清除时，一定要认真了解现场实际情况。原有建筑物情况复杂、原始资料不全时，应采取相应的措施，防止发生事故。

对于原有电力、通信、给排水、煤气、供热网、绿化树木等设施和障碍物的排除、清理，要与有关部门联系并办好手续后方可进行，一般由专业公司来处理。房屋只有在水、电、气切断后，才能进行拆除。

（2）施工现场控制网测量。按照设计单位提供的施工总平面图及给定的永久性经纬坐标控制网和水准控制基桩，进行场区施工测量，设置场区的永久性经纬坐标位置、水准基点和建立场区工程测量控制网。

（3）做好"三通一平"工作。"三通一平"指的是工程开工前确保施工现场水通、电通、路通和场地平整。现有些建设工程也往往进一步要求工程开工前达到"四通一平"或"七通一平"的标准。"七通一平"即给水通、排水通、排污通、电力通、电信通、道路通、蒸汽及燃气通和场地平整。

1）给水通。应按施工总平面图的规划进行给水安排，施工给水尽可能与永久性的给水系统结合起来。临时管线的铺设，既要满足施工用水的需要量，又要施工方便，并且尽量缩短管线的长度，以降低工程的成本。同时也应满足生活用水和消防用水的需求。

2）排水通。施工现场的排水也十分重要，特别在雨期，如场地排水不畅，会影响到施工和运输的顺利进行。高层建筑的基坑深、面积大，施工往往要经过雨期，应做好基坑周围的挡土支护工作，防止坑外雨水向坑内汇流，并做好基坑底部雨水的排放工作。

3）排污通。施工现场的生活污水排放，直接影响到城市的环境卫生。由于环境保护的要求，有些污水不能直接排放，而需进行处理以后方可排放。因此，现场的排污也是一项重要工作。

4）电力通。电是施工现场的主要动力来源，施工现场用电包括施工生产用电和生活用电，应按施工组织设计要求，接通电力设施。电源首先应考虑从国家电力系统或建设单位已有的电源上获得。如供电能力不能满足施工用电需要，则应考虑在现场建立自备发电系统，确保施工现场动力设备和通信设备的正常运行。

5）电信通。接通施工现场电信设施，确保施工现场通信设备的正常运行。

6）道路通。施工现场的道路是组织物资进场的动脉。工程开工前，必须按照施工总平面图的要求，修建现场永久性道路和必要的临时道路，形成完整的运输网络，为物资的运输和堆放提供便利。

7）蒸汽及燃气通。施工中如需要通蒸汽、燃气，应按施工组织设计的要求进行安排，以确保施工的顺利进行。

8）场地平整。按照建筑施工总平面图的要求，首先拆除地上妨碍施工的建筑物或构筑物，然后根据建筑总平面图规定的标高和土方竖向设计图样，计算土方工程量，确定平整场地的施工方案，进行平整场地的工作。

对特大型工程或分期分批建设工程，有时"三通一平"或"七通一平"工作量非常大、牵涉面广、需要时间较长。为了使工程早日开工，可在统一规划下首先做好全场性的主干道路和水电管线，而支线和场地平整工作则分区分批进行。

（4）建造临时设施。按照施工总平面图的布置，为正式开工准备生产、办公、生活和仓库等临时用房，以及设置消防保安设施。

（5）组织施工机具进场、组装和保养。根据施工机具需要量计划，按施工平面图和施工方案要求，组织施工机械、设备和工具先后进场，按施工总平面图设置的地点和方式存放，并应进行相应的组装、保养和试运行等工作。

（6）组织建筑材料及构（配）件和制品的进场、储存和堆放。根据建筑材料、构（配）件和制品需要量计划，按工程进度要求组织其陆续进场，按施工总平面布置图规定地点和方式进行储存或堆放。

（7）制订有关试验项目计划。按照建筑材料的需要量计划，及时制订建筑材料的试验计划，如钢材的力学性能和化学成分试验，混凝土或砂浆的配合比和强度试验等，并均应在相关施工项目开工前实施。

（8）做好季节性施工准备。按照施工组织设计要求，认真落实冬雨期和高温季节施工项目的临时设施及技术组织措施。

6. 施工场外准备

施工现场外部的准备工作，一般包括如下内容：

（1）材料加工和订货。建筑材料、构（配）件和制品大部分均必须外购，工艺设备更是如此，应根据各项资源需要量计划，与有关加工厂、设备制造部门，构配件生产单位、供销部门签订供货合同，保证按时按质按量供应。

（2）施工机具租赁或订购。对于本单位缺少且需要的施工机具，应根据需要量计划，同有关单位签订租赁合同或订购合同。

（3）做好分包或劳务安排，签订分包或劳务合同。施工单位本身的力量和施工经验所限，对本单位难以承担的专业工程，如大型土石方、结构安装和设备安装工程等，通过经济效益分析，分包给专业单位施工，效益更佳，应尽早做好分包或劳务安排。采用招标或委托方式，同具有相应资质的承包单位签订分包或劳务合同，并保证合同履行。

（4）提交开工申请报告。在进行材料、构（配）件及设备的加工订货和进行分包工作、签订分包合同等施工场外准备工作的同时，应该及时地填写开工申请报告，并上报主管部门，等待批准。

第五节　施工组织设计

一、施工组织设计的概念

施工组织设计是规划和指导拟建工程从施工准备到竣工验收全过程的一个综合性技术经济文件，是沟通工程设计和施工之间的桥梁。它既要体现拟建工程的设计和使用要求，又要符合建筑施工的客观规律，对施工的全过程起战略部署或战术安排的作用。

施工组织设计既是施工准备工作的重要组成部分，又是做好施工准备工作的主要依据和重要保证。

施工组织设计是对拟建工程施工全过程合理安排，实施科学管理的重要手段，是编制施工预算和施工计划的主要依据。通过施工组织设计的编制，可以全面考虑拟建工程的各种施工条件，扬长避短，制订合理的施工方案、技术经济和组织措施，制订最优的进度计划，包括确保实施的准备工作计划；提供最优的临时设施，以及材料和机具在施工场地上的布置方案。只有这样，才能保证施工的顺利进行。

施工组织设计是检查工程质量、施工进度、投资（成本）三大目标的依据，也是建设单位与施工单位之间履行合同、处理关系的主要依据。编好施工组织设计，对于按科学规律组织施工，建立正常的施工秩序，有计划地开展各项施工过程；对于及时做好各项施工准备工作，保证劳动力和各种资源的均衡供应和使用；对于协调各施工单位之间、各工种之间、各种资源之间，以及空间布置与时间安排之间的关系；对于保证施工顺利进行，按期按质按量完成施工任务，取得更好的施工经济效益等，都将起到重要、积极的作用。

二、施工组织设计的分类及内容

施工组织设计有许多不同的分类，其中按施工组织设计编制对象范围的不同大致可分为三类，即建筑施工组织总设计、单位工程施工组织设计和分部分项工程施工组织设计。

1. 建筑施工组织总设计

建筑施工组织总设计是以一个建筑群或一个建筑项目为编制对象，用以指导整个建筑群或建筑项目施工全过程的各项施工活动的技术、经济和组织的综合性文件。它是整个工程项目施工的战略部署，涉及范围较广，内容比较概括。施工组织总设计一般在初步设计或扩大初步设计被批准之后，在总承包企业的总工程师领导下进行编制。它也是施工单位编制年度施工计划和单位工程施工组织设计的依据。

施工组织总设计的主要内容包括：工程概况，施工部署和施工方案，施工总进度计划，施工准备工作计划，各项资源需要量计划，全场性暂设工程，施工总平面图，主要技术组织措施及主要技术经济指标等。

2. 单位工程施工组织设计

单位工程施工组织设计是以单位工程（一个建筑物或一个构筑物）为编制对象，用来指导其施工全过程各项活动的技术、经济和组织的综合性文件。它是施工单位年度施工计划和施工组织总设计的具体化，内容更详细。一般在施工图审查通过后，拟建工程开工之前，在工程处的技术负责人领导下进行编制，可作为编制季度、月度计划和分部分项工程施工组织设计的依据。

单位工程施工组织设计的主要内容包括：工程概况、施工准备工作、施工方法与施工方案、施工进度计划、资源需要量计划、主要技术组织措施和施工平面布置图等。

3. 分部分项工程施工组织设计

分部分项工程施工组织设计是以施工难度较大或技术较复杂的分部分项工程为编制对象，用以具体指导其施工全过程的各项施工活动的技术、经济和组织的综合性文件，将单位工程施工组织设计进一步具体化，是专业工程的具体施工设计。一般在单位工程施工组织设计确定了施工方案后，由工程项目工程师负责编制。

分部分项工程施工组织设计的主要内容包括工程概况、施工方案、施工进度表、技术安全措施及施工平面图等。

总之，施工组织总设计是对整个建筑项目的全局性战略部署，其内容和范围比较概括；单位工程施工组织设计是在施工组织总设计的前提下，以施工组织总设计和企业施工计划为依据编制的，针对具体的单位工程，将施工组织总设计的有关内容具体化；分部（项）工程施工组织设计是以施工组织总设计、单位工程施工组织设计和企业施工计划为依据编制的，针对具体的分部（项）工程，将单位工程施工组织设计进一步具体化，它是专业工程具体组织施工的设计，也称为分部（项）工程作业计划。

三、施工组织设计的贯彻

施工组织设计编制的目的是为拟建工程项目的生产过程提供一个可行的最优的理想方

案，这个方案的经济效果到底如何，必须通过实践去检验。这个实践的过程，就是施工组织设计贯彻的过程，所以施工组织设计贯彻的意义是深远的。为了保证施工组织设计的顺利实施，应做好以下几个方面的工作：

1. 落实施工组织设计的内容和要求

经过审批的施工组织设计，在开工前要召开各级的生产技术会议，逐级进行交底，详细地讲解其内容、要求和施工的关键问题与保证措施，组织群众广泛讨论，拟订完成任务的技术组织措施、做出相应的决策。同时责成计划部门，制订出切实可行和严密的施工计划，责成技术部门拟订科学合理的具体技术实施细则，保证施工组织设计的贯彻执行。

2. 建立健全各项管理制度

施工组织设计贯彻的顺利与否，主要取决于施工企业的管理水平、技术水平及经营水平，而企业各项管理制度的健全与否恰恰是企业素质和水平的一种体现。实践经验证明，只有施工企业有了科学的、健全的管理制度，企业的正常生产秩序才能维持，才能保证工程质量，提高劳动生产率，预防可能出现的漏洞或事故。为此建立、健全各项管理制度，有利于保证施工组织设计的顺利实施。

3. 统筹安排及综合平衡

在拟建工程项目的施工过程中，必须搞好人力、物力、财力的统筹安排，保持合理的施工规模。这既能满足拟建工程项目施工的需要，又能带来较好的经济效果。施工过程中的任何平衡都是暂时的和相对的，平衡中必然存在不平衡的因素，要及时分析和研究这些不平衡因素，不断地进行施工条件的反复综合和各专业工种的综合平衡，进一步完善施工组织设计，保证施工的合理节奏，并使其具有连续性和均衡性。

4. 切实做好施工准备工作

施工准备工作是保证均衡和连续施工的重要前提，也是顺利贯彻施工组织设计的物质保证。不仅在拟建工程项目开工之前要做好一切人力、物力和财力的准备，而且在施工过程中的不同阶段也要做好相应的施工准备工作，这对于施工组织设计的贯彻执行是非常重要的。

四、施工组织设计的检查

1. 主要指标完成情况的检查

施工组织设计主要指标的检查，一般采用动态控制原理，就是在施工过程中对施工各个目标进行动态跟踪和控制，将这些指标的完成情况同计划规定的指标相对比。检查的内容应该包括工程进度、工程质量、材料消耗、机械使用和成本费用等，将检查主要指标数量同检查其相应的施工内容和施工方法等结合起来，为发现问题、分析原因和解决问题提供依据。

2. 施工总平面图合理性的检查

施工现场总平面布置必须按规定建造临时设施，按规定敷设管网和运输道路，合理地存放机具、堆放材料；施工现场要符合文明施工的要求；施工现场的局部断电、断水、断路等，必须事先得到有关部门批准；施工的每个阶段都要有相应的施工总平面图，施工总平面图的任何改变都必须经有关部门批准。如果发现施工总平面图存在不合理处，要及时制订改进方案，报请有关部门批准。

五、施工组织设计的调整

施工组织设计在贯彻执行的过程中，若检查发现问题便要分析其产生的原因，拟订改进措施或方案，及时对施工组织设计的有关部分或指标进行调整，必要时对施工总平面图进行修改，使施工组织设计在新的基础上实现新的平衡。

实际上，施工组织设计的贯彻、检查和调整是一项经常性的工作，必须随着施工的进展情况不断重复地进行，贯穿拟建工程项目施工过程的始终。

思　考　题

1. 简述建筑产品及其生产的特点。
2. 施工准备工作的内容有哪些？
3. 什么是施工组织设计？
4. 施工组织设计的基本内容有哪些？

第十二章 流水施工基本原理

本章要点

建筑工程施工的组织方式；流水施工的基本概念、特点；流水施工的表示方式；流水施工的基本参数及其确定；流水施工的组织方法。

基本要求及重点、难点

（1）熟悉流水施工的概念、特点；
（2）掌握流水施工的主要参数及其确定方法；
（3）熟悉流水施工的组织方法；
（4）掌握固定节拍流水、成倍节拍流水和分别流水的组织方法。
· 重点：根据实际情况，绘制流水施工进度计划。
· 难点：流水施工的主要参数及其确定方法。
· 深度和广度：通过本章的学习，使学生对建筑施工组织方式及流水施工组织的概念有一个明确的理解；明确流水施工各参数的意义，能够独立进行流水施工的组织；能够看懂，并且能够独立绘制横道图，会根据流水施工的组织形式计算工期。

1913 年，美国福特汽车公司的创始人亨利·福特创造了全世界第一条汽车装配流水线，开创了工业生产的"流水作业法"。这种方法使产品生产的速度大大地提高了，被广泛地运用于各个生产领域中，是一种组织产品生产的理想方法。

建筑工程的"流水施工"来源于工业生产中的"流水作业"，实践证明它也是建筑安装工程施工中的有效科学组织方法。由于建筑施工的技术经济特点与建筑产品本身的特点均和一般工业生产不同，流水施工的概念、特点、效果和组织方式与其他产品的流水作业有所不同。主要区别在于，一般工业生产是工人和机械设备固定，产品流动；而建筑施工是产品固定，工人连同所使用的机械设备流动。

本章主要介绍建筑工程流水施工的基本概念、组织方法及具体应用。

第一节 流水施工概述

一、组织施工的基本方式

当建造一个建筑物的时候，在具备了劳动力、材料、机械等基本生产要素的条件下，如何根据施工工艺的技术要求组织各施工过程的施工班组，是组织和完成施工任务的一项非常重要的工作，它将直接影响到工程的进度、资源管理和成本。

实践证明，完成一个工程项目的施工，考虑其施工特点、工艺流程、资源利用、平面和空间布置等要求，组织施工的方式有依次施工、平行施工和流水施工三种方式。

为了说明这三种施工组织方式的概念和特点，下面举例进行分析和对比。

【例 12 - 1】 有四个同类型宿舍楼，按同一施工图纸，建造在同一小区里。按每幢楼为一个施工段，现分为四个施工段组织施工，编号为Ⅰ、Ⅱ、Ⅲ和Ⅳ，每个施工段的基础工程都包括挖土方、做垫层、砌基础和回填土四个施工过程。成立四个专业工作队，分别完成上述四个施工过程的任务，挖土方工作队由 10 人组成，做垫层工作队由 8 人组成，砌基础工作队由 22 人组成，回填土工作队由 5 人组成。每个工作队在各个施工段上完成各自任务的持续时间均为 5 天。以该工程为例说明三种施工组织方式的不同。

1. 依次施工

依次施工是按照建筑工程内部各分项、分部工程内在的联系和必须遵循的施工顺序，不考虑后续施工过程在时间上和空间上的相互搭接，而依照顺序组织施工的方式。依次施工往往是前一个施工过程完成后，下一个施工过程才开始，即一个过程全部完成后，另一个工程的施工才开始。

如果按照依次施工组织方式组织示例中的基础工程施工，其施工进度、工期和劳动力需求量动态曲线如图 12 - 1 A 区域所示。

由图 12 - 1 A 区域可以看出，依次施工每天投入的劳动力少，材料供应单一，机具设备使用不集中，有利于资源供应的组织工作，现场的组织管理工作比较简单，适用于规模较小，工作面有限的工程。其突出的问题是由于各施工过程之间没有搭接进行，没有充分地利用工作面，所以必然拉长工期；各专业队不能连续作业，有时间间歇，若成立一个工作队独立完成所有施工过程，既不能实现专业化施工，又不利于提高工程质量和劳动生产率；在施工过程中，由于工作面的影响可能造成部分工人窝工。正是由于这些原因使依次施工组织方式的应用受到限制。

2. 平行施工

平行施工是将同类的工程任务，组织几个工作队，在同一时间、不同空间上，完成同样施工任务的施工组织方式。一般在拟建工程任务十分紧迫、工作面允许及资源保证供应的条件下，可采用平行施工组织方式。

如果按照平行施工组织方式组织示例中的基础工程施工，其施工进度、工期和劳动力需求量动态曲线如图 12 - 1 B 区域所示。

由图 12 - 1 B 区域可以看出，采用平行施工组织方式，可以充分地利用工作面，争取时间、缩短施工工期。可是，与此同时，单位时间内投入施工的劳动力、材料和机具数量成倍增长，不利于资源供应的组织工作；现场临时设施相应增加，施工现场组织、管理复杂；与依次施工组织方式相同，平行施工组织方式中，工作队也不能实现专业化生产，不利于提高工程质量和劳动生产率。

3. 流水施工

流水施工是将拟建工程的整个建造过程分解为若干个不同的施工过程，也就是划分成若干个工作性质不同的分部、分项工程或工序；同时将拟建工程在平面上划分成若干个劳动量大致相等的施工段，在竖向上划分成若干个施工层；按照施工过程成立相应的专业施工队；各专业施工队按照一定的施工顺序投入施工，在完成一个施工段上的施工任务后，在专业施工队的人数、使用的机具和材料均不变的情况下，依次地、连续地投入到下一个施工段，在规定时间内，完成同样的施工任务；不同的专业施工队在工作时间上最大限度地、合理地搭接起来；一个施工层的全部施工任务完成后，专业施工队依次地、连续地投入到下一个施工层，保证施工全过程在时间上、空间上有节奏、连续、均衡地进行下去，直到完成全部施工任务。

这种将拟建工程的整个建造过程分解为若干个不同的施工过程，按照施工过程成立相应的专业施工队，采取分段流动作业，并且相邻两专业施工队最大限度地搭接平行施工的组织方式，称为流水施工组织方式。

如果按照流水施工组织方式组织示例中的基础工程施工，其施工进度、工期和劳动力需求量动态曲线如图 12-1 C 区域所示。

由图 12-1 C 区域可以看出，流水施工组织方式综合了依次施工和平行施工组织方式的优点，克服了它们的缺点。与之相比较，流水施工组织方式科学地利用了工作面，争取了时间，工期比较合理；工作队实现了专业化生产，提高了劳动生产率，保证工程质量相邻专业工作队之间实现了最大限度的、合理的搭接；资源供应较为均衡。

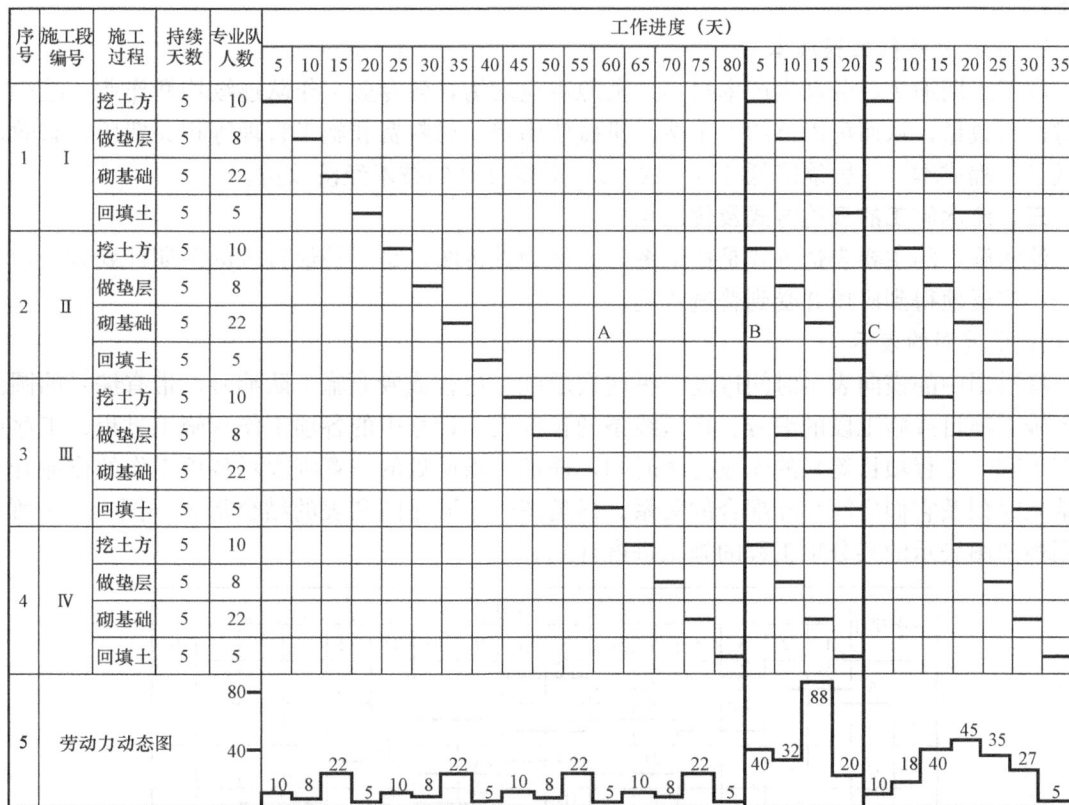

序号	施工段编号	施工过程	持续天数	专业队人数	工作进度（天）
1	I	挖土方	5	10	
		做垫层	5	8	
		砌基础	5	22	
		回填土	5	5	
2	II	挖土方	5	10	
		做垫层	5	8	
		砌基础	5	22	A B C
		回填土	5	5	
3	III	挖土方	5	10	
		做垫层	5	8	
		砌基础	5	22	
		回填土	5	5	
4	IV	挖土方	5	10	
		做垫层	5	8	
		砌基础	5	22	
		回填土	5	5	
5	劳动力动态图				A区：10 8 22 5 10 8 22 5 10 8 22 5 10 8 22 5；B区：40 32 88 20；C区：10 18 40 45 35 27 5

图 12-1 施工组织方式比较图
A—依次施工；B—平行施工；C—流水施工

二、流水施工的技术经济效果

从三种施工组织方式的对比中可以发现，流水施工组织方式是一种先进的、科学的施工组织方式。流水施工在工艺划分、时间安排和空间布置上的统筹计划，必然会带来显著的技术经济效果，具体可归纳为以下几点：

1. 施工工期比较理想

由于流水施工的连续性，加快了各专业工作队的施工进度，减少了施工间歇，充分地利用了工作面，因而可以缩短工期（一般能缩短 1/3 左右），使拟建工程尽早竣工。

2. 有利于提高劳动生产率

由于流水施工实现了专业化的生产，为工人提高技术水平、改进操作方法及革新生产工具创造了有利条件，从而改善了工人的劳动条件，促进了劳动生产力的不断提高（一般能提高 30%～50%）。

3. 有利于提高工程质量

专业化的施工提高了工人的专业技术水平和熟练程度，为全面推行质量管理创造了条件，有利于保证和提高工程质量。

4. 有利于施工现场的科学管理

由于流水施工是有节奏的、连续的施工组织方式，单位时间内投入的劳动力、机具和材料等资源较为均衡，有利于资源供应的组织工作，从而为实现施工现场的科学管理提供了必要条件。

5. 能有效降低工程成本

由于工期缩短、劳动生产率提高、资源供应均衡，各专业工作队连续均衡作业，减少了临时设施数量，从而可以节约人工费、机械使用费、材料费和施工管理等相关费用，有效地降低了工程成本（一般能降低 6%～12%），取得良好的技术经济效益。

三、流水施工的表达方式及优缺点

流水施工的主要表达方式是横道图，又称为甘特图，是一种最直观的工期计划方法，在工程中广泛地得到应用并受到普遍欢迎。

1. 横道图的表示

横道图中的横向表示时间进度，纵向表示施工过程或专业施工队编号，带有编号的圆圈表示施工项目或施工段的编号。横道线条的长度表示计划中的各项工作（施工过程、工序或分部工程、工程项目等）的作业持续时间，横道线条所处的位置则表示各项工作的作业开始和结束时刻及它们之间相互配合的关系。横道图的实质是图和表的结合形式。图 12-2 所示为用横道图表示的某分项工程的施工进度计划。

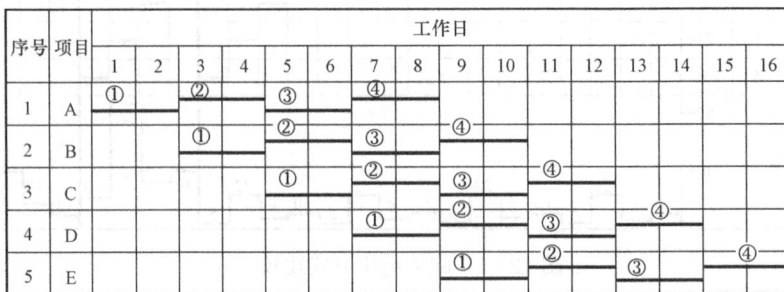

序号	项目	工作日															
		1	2	3	4	5	6	7	8	9	10	11	12	13	14	15	16
1	A	①		②		③		④									
2	B			①		②		③		④							
3	C					①		②		③		④					
4	D							①		②		③		④			
5	E									①		②		③		④	

图 12-2　横道图示例

2. 横道图的优缺点

（1）能够清楚地表达各项工作的开始时间、结束时间和持续时间，计划内容排列整齐有序，形象直观，计划的工期一目了然。

（2）不但能够安排工期，还可以在横道图中加入各分部、分项工程的工程量、机械需求量、劳动力需求量等，从而与资金计划、资源计划、劳动力计划相结合。

（3）使用方便，制作简单，易于掌握。

（4）不容易分辨计划内部工作之间的逻辑关系，一项工作的变动对其他工作或整个计划的影响不能清晰地反映出来。

（5）不能表达各项工作的重要性，不能反映出计划任务的内在矛盾和关键环节。

（6）不能利用计算机对复杂工程进行处理和优化。

3. 横道图的适用范围

实质上，横道图只是计划工作者表达施工组织计划思想的一种简单工具。由于它具有简单形象、易学易用等优点，所以至今仍是工程实践中应用最普遍的计划表达方式之一。同时，它的缺点又决定了其应用范围的局限性。

（1）可以直接运用于一些简单的较小项目的施工进度计划。

（2）项目初期由于复杂的工程活动尚未揭示出来，一般都采用横道图作总体计划，以供决策。

（3）作为网络分析的输出结果，现在几乎所有的网络分析程序都有横道图输出功能，而且已被广泛使用。

四、流水施工的分级

按照流水施工的组织范围划分，可以分为分项工程流水施工、分部工程流水施工、单位工程流水施工和群体工程流水施工。

1. 分项工程流水施工

分项工程流水施工又称为内部流水施工，是指组织分项工程或专业工种内部的流水施工。由一个专业施工队，依次在各个施工段上进行流水作业，例如，浇筑混凝土这一分项工程内部组织的流水施工。分项工程流水施工是范围最小的流水施工。

2. 分部工程流水施工

分部工程流水施工又称为专业流水施工，是指组织分部工程中各分项工程之间的流水施工。由几个专业施工队各自连续地完成各个施工段的施工任务，施工队之间流水作业，例如，现浇混凝土工程中由安装模板、绑扎钢筋、浇筑混凝土、混凝土养护、拆除模板等专业工种组成的流水施工。

3. 单位工程流水施工

单位工程流水施工又称为综合流水施工，是指组织单位工程中各分部工程之间的流水施工。例如，土建工程中由土方工程、基础工程、主体结构工程、屋面工程、装饰工程等分部工程组成的流水施工。

4. 群体工程流水施工

群体工程流水施工又称为大流水施工，是指组织群体工程中各单项工程或单位工程之间的流水施工。例如，一个工程项目中由土建工程、设备安装工程、电气工程、暖通空调工程、给排水工程等单位工程组成的流水施工。

第二节　流水施工的基本参数

在组织工程项目流水施工时，用以表达流水施工在工艺流程、空间布置和时间排列方面开展状态的参数，称为流水参数，包括工艺参数、空间参数和时间参数三类。

一、工艺参数

工艺参数是用以表达流水施工在施工工艺方面的进展状态的参数，一般包括施工过程和流水强度。

1. 施工过程

在组织流水的过程中，建筑物的整个建造过程被分解为若干施工过程，每个施工过程分别由固定的专业施工队负责实施完成。这样才能逐一实现局部对象的施工，进而使施工对象整体得以实现，也只有这种合理的解剖，才能组织专业化施工和有效的协作。施工过程所包含的施工内容，既可以是分项工程或者分部工程，也可以是单位工程或者单项工程。

施工过程数量用 n 来表示，它的多少与建筑物的复杂程度及施工工艺等因素有关，通常工业建筑物的施工过程数量要多于一般混合结构住宅的施工过程数量。如何划分施工过程，合理地确定 n 的数值，是组织流水施工的一项重要工作。

根据工艺性质不同，施工过程可以分为三类：

（1）制备类施工过程。制备类施工过程是指为制造建筑制品或为提高建筑制品的加工能力而形成的施工过程，如钢筋的成型、构配件的预制及砂浆和混凝土的制备过程。

（2）运输类施工过程。运输类施工过程是指将建筑材料、制品和设备等运输到工地仓库或施工操作地点而形成的施工过程。

（3）砌筑安装类施工过程。砌筑安装类施工过程是指在施工对象的空间上，进行建筑产品最终加工而形成的施工过程，例如砌筑工程、浇筑混凝土工程、安装工程和装饰工程等施工过程。

在组织施工现场流水施工时，砌筑安装类施工过程占有主要地位，直接影响工期的长短，因此必须列入施工进度计划。属于这一类的施工过程很多，且在施工中的作用、工艺性质和内容复杂程度不同，因此在编制施工进度计划时，要结合工程的自身特点，科学地划分施工过程，正确安排其在进度计划上的位置。由于制备类施工过程和运输类施工过程一般不占有施工对象的工作面，不影响工期，因此不列入流水施工进度计划表。只有当它们与砌筑安装类施工过程之间发生直接联系，占有工作面，对工期造成一定影响时，才列入流水施工进度计划，例如，单层装配式钢筋混凝土结构的工业厂房施工中大型构件的现场预制施工过程，以及边运输边吊装的构件运输施工过程。

施工过程数 n 是流水施工的主要参数之一，对于一个单位工程，n 并不一定等于计划中包括的所有施工过程数。因为并不是所有的施工过程都能够按照流水方式组织施工，可能只有其中的某些阶段可以组织流水施工。施工过程数 n 是指参与该阶段流水施工的施工过程数目。

2. 流水强度

流水强度是指流水施工的每一施工过程在单位时间内完成工程量的数量，又称为生产能力，用 σ 来表示。它主要与选择的施工机械或参与作业的人数有关，可以按照施工的主体是机械还是人，分别进行计算。

（1）机械作业施工过程的流水强度见式（12-1）

$$\sigma = \sum_{i=1}^{\lambda} R_i S_i \tag{12-1}$$

式中　R_i——某种主导施工机械的台数；

S_i——该种主导施工机械的产量定额；

λ——该施工过程所用主导施工机械的类型数。

（2）人工作业施工过程的流水强度见式（12-2）

$$\sigma = RS \qquad (12-2)$$

式中　R——参加作业的人数；

S——人工产量定额。

流水强度关系到专业工作队的组织，合理确定流水强度有利于科学地组织流水施工，对工期的优化有重要的作用。

二、空间参数

空间参数是指在组织流水施工时，用以表达流水施工在空间上开展状态的参数，主要包括工作面、施工段和施工层。

1. 工作面

工作面是指安排专业工人进行操作或者布置机械设备进行施工所需要的活动空间。工作面根据专业工种的计划产量定额和安全施工技术规程确定，反映了工人操作、机械运转在空间布置上的具体要求。施工过程不同，所对应的描述工作面的计量单位也不同。表12-1列出了主要专业工种的工作面参考数据。

表 12-1　　　　　　　　　部分主要工种工作面参考数据

工作项目	每个技工的工作面		说　明
砖基础	7.6	m/人	以 $1\frac{1}{2}$ 砖计 2砖乘以0.8 3砖乘以0.5
砌砖墙	8.5	m/人	以 $1\frac{1}{2}$ 砖计 2砖乘以0.71 3砖乘以0.57
毛石墙基	3	m/人	以60cm计
毛石墙	3.3	m/人	以40cm计
混凝土柱、墙基础	8	m³/人	机拌、机捣
混凝土设备基础	7	m³/人	机拌、机捣
现浇钢筋混凝土柱	2.5	m³/人	机拌、机捣
现浇钢筋混凝土梁	3.2	m³/人	机拌、机捣

在流水施工中，有的施工过程在施工一开始，就在整个操作面上形成了施工工作面，例如人工开挖基槽。有的工作面是随着前一个施工过程的结束而形成的。例如现浇钢筋混凝土的支模板、绑钢筋和浇筑混凝土。工作面有一个最小数值的规定，最小工作面所对应安排的施工人数和机械数是最多的，它决定了专业施工队人数的上限。因此，工作面确定的合理与否，将直接影响专业施工队的生产效率。

2. 施工段

施工段是指将施工对象在平面上划分为若干个劳动量大致相等的施工区段，在流水施工中，用 m 来表示施工段的数目。

划分施工段是组织流水施工的基础。建筑工程产品具有单件性，不像工业产品那样适于组织流水生产。但是，建筑工程产品的体积庞大，如果在空间上划分为多个区段，形成"假想批量产品"，就能保证不同的专业施工队在不同的施工段上同时进行施工，一个专业施工队能够按一定的顺序从一个施工段转移到另一个施工段依次连续地进行施工，实现流水作业的效果。

在同一时间内，一个施工段只容纳一个专业施工队施工，不同的专业施工队在不同的施工段上平行作业。所以，施工段数量的多少，将直接影响流水施工的效果。合理划分施工段，一般应遵循以下原则：

（1）为了保证流水施工的连续、均衡，划分的各个施工段上，同一专业施工队的劳动量大致相等，相差幅度不宜超过 10%～15%。

（2）为了充分发挥机械设备和专业工人的生产效率，应考虑施工段对于机械台班、劳动力的容量大小，满足专业工种对工作面的空间要求，尽量做到劳动资源的优化组合。

（3）为了保证结构的整体性，施工段的界限应尽可能与结构界限相吻合，或设在对结构整体性影响较小的部位。例如温度缝、沉降缝、单元分界或门窗洞口处。

（4）为便于组织流水施工，施工段数目的多少应与主要施工过程相协调，施工段划分过多，会增加施工持续时间，延长工期；施工段划分过少，不利于充分利用工作面。

3. 施工层

在组织多层建筑的竖向流水施工时，为了满足专业工种对操作高度和施工工艺的要求，将拟建工程项目在竖向上划分为若干个操作层，这些操作层称为施工层，用 r 来表示施工层的数目。

施工层的划分，通常以建筑物的结构层作为施工层，有时为方便施工，也可以按一定高度划分一个施工层，例如单层工业厂房砌筑工程一般按 1.2～1.4m（即一步脚手架的高度）划分为一个施工层。内抹灰、木装饰、油漆、玻璃和水电安装等，可按楼层进行施工层划分。

在多层建筑物分层流水施工中，总的施工段数等于 $m \times r$。为了保证专业工作队不仅能够在本层的各个施工段上连续作业，而且在转入下一个施工层的施工段时也能够连续作业，划分的施工段数目 m 必须大于或等于施工过程数 n，即

$$m \geqslant n \qquad (12-3)$$

式中　m——分层流水施工时的施工段数目；

　　　n——流水施工的施工过程数或专业工作队数。

现举例说明施工段数目 m 与施工过程数 n 的关系对分层流水施工的影响。

【例 12-2】　某二层现浇钢筋混凝土工程，结构主体施工中对进度起控制性的有支模板、绑钢筋和浇混凝土三个施工过程，每个施工过程在一个施工段上的持续时间均为 2 天，当施工段数目不同时，流水施工的组织情况也有所不同。

（1）取施工段数目 $m=4$，施工过程数 $n=3$，即 $m>n$；施工进度如图 12-3 所示。各专业施工队在完成第一施工层的四个施工段的任务后，都连续进入第二施工层继续施工；从施工段上专业施工队的作业情况来看，从第一层第一施工段完成所有三个施工过程到第二层第一施工段开始作业之间，第二层的第一施工段存在一段空闲时间，其他施工段也存在这种闲置情况。

施工层	施工过程	施工进度（天）									
		2	4	6	8	10	12	14	16	18	20
一	绑钢筋	①	②	③	④						
	支模板		①	②	③	④					
	浇混凝土			①	②	③	④				
二	绑钢筋					①	②	③	④		
	支模板						①	②	③	④	
	浇混凝土							①	②	③	④

图 12-3 $m>n$ 时，流水施工进展情况

由此可见，当 $m>n$ 时，流水施工呈现出的特点是：各专业工作队均能连续施工，施工段有闲置，但这种情况并不一定有害，可以利用它作为技术间歇或者组织间歇时间。

（2）取施工段数目 $m=3$，$n=3$，即 $m=n$；施工进度如图 12-4 所示。可以发现，各专业工作队均能连续施工，施工段不存在闲置的工作面。显然，从理论上来讲，这是最为理想的流水施工组织方式，但是如果采取这种方式，就意味着必须提高施工管理水平，不允许有任何时间上的延误，否则将导致总工期的延误。

（3）取施工段数目 $m=2$，$n=3$，即 $m<n$；施工进度如图 12-5 所示。各专业施工队在完成第一施工层第二施工段的任务后，不能连续进入第二施工层继续施工，这是由于一个施工段只能给一个专业施工队提供工作面，所以在施工段数目小于施工过程数的情况下，超出施工段数的专业施工队就会因为没有工作面而停工。从施工段上专业施工队的作业情况来看，从第一层第一施工段完成所有三个施工过程到第二层第一施工段开始作业之间，没有空闲时间，其他施工段也紧密衔接。

施工层	施工过程	施工进度（天）							
		2	4	6	8	10	12	14	16
一	绑钢筋	①	②	③					
	支模板		①	②	③				
	浇混凝土			①	②	③			
二	绑钢筋				①	②	③		
	支模板					①	②	③	
	浇混凝土						①	②	③

图 12-4 $m=n$ 时，流水施工进展情况

施工层	施工过程	施工进度（天）						
		2	4	6	8	10	12	14
一	绑钢筋	①	②					
	支模板		①	②				
	浇混凝土			①	②			
二	绑钢筋				①	②		
	支模板					①	②	
	浇混凝土						①	②

图 12-5 $m<n$ 时，流水施工进展情况

由此可见，当 $m<n$ 时，流水施工呈现出的特点是：各专业工作队在跨越施工层时，均不能连续施工而产生窝工，施工段没有闲置。但是，当组织建筑群施工时，与现场同类建筑物形成群体工程流水施工，可以使专业施工队连续作业。具体问题应当具体分析。

三、时间参数

时间参数是指在组织流水施工时，用以表达流水施工在时间上开展状态的参数，主要包括流水节拍、流水步距、间歇时间和搭接时间。

1. 流水节拍

流水节拍是指某一专业工作队,完成一个施工段的施工过程所必需的持续时间。一般用 t_j^i 来表示某专业施工队在施工段 i 上完成施工过程 j 的流水节拍。流水节拍表明流水施工的速度和节奏。流水节拍小,施工流水速度快、施工节奏快,因而单位时间内的资源供应量大。它是流水施工的基本时间参数,是区别流水施工组织方式的主要特征。

(1) 定额计算法。影响流水节拍的主要因素包括所采用的施工方法,投入的劳动力、材料、机械、工作班次的多少。对于人们熟悉的施工过程,已有了劳动定额、补充定额或实际经验数据,其流水节拍可由式 (12-4) 确定

$$t_j^i = \frac{Q_j^i}{S_j^i R_j^i N_j^i} = \frac{Q_j^i H_j^i}{R_j^i N_j^i} = \frac{P_j^i}{R_j^i N_j^i} \qquad (12-4)$$

式中 t_j^i ——某专业工作队在施工段 i 上完成施工过程 j 的流水节拍;

Q_j^i ——施工过程 j 在施工段 i 上的工程量;

R_j^i ——施工过程 j 的专业工作队人数或机械台数;

N_j^i ——施工过程 j 的专业工作队每天工作班次;

S_j^i ——施工过程 j 人工或机械的产量定额;

H_j^i ——施工过程 j 人工或机械的时间定额;

P_j^i ——施工过程 j 在施工段 i 上的劳动量(工日或台班)。

在特定施工段上工程量不变的情况下,流水节拍越小,所需的专业施工队的工人或机械就越多。

(2) 经验估算法(三时估算法)。它是根据以往的施工经验进行估算。为了提高其估算的准确程度,一般先估算出该流水节拍的最长、最短和正常(即最可能)时间,然后据此求出期望时间,作为专业工作队在某施工段的流水节拍。一般按式 (12-5) 进行计算

$$t = \frac{a + 4c + b}{6} \qquad (12-5)$$

式中 t ——某施工过程在某施工段上的流水节拍;

a ——某施工过程在某施工段上的最短估算时间;

b ——某施工过程在某施工段上的最长估算时间;

c ——某施工过程在某施工段上的正常估算时间。

这种方法适用于常见的、具有相关经验数据的民用、工业建筑工程的流水施工。

(3) 工期倒计算法。对于某些在规定日期内必须完成的工程项目,通常采用倒排进度法,具体步骤如下。

1) 根据工期倒排进度,确定各施工过程的工作持续时间。

2) 确定各施工过程在各施工段上的流水节拍。若同一施工过程的流水节拍不等,可用估算法;若相等,则按式 (12-6) 计算

$$t_j = \frac{T_j}{m} \qquad (12-6)$$

式中 t_j ——施工过程 j 的流水节拍;

T_j ——施工过程 j 的工作持续时间;

m ——施工段数目。

当施工段数目确定之后,流水节拍越大,工期就越长。因此,在理论上总是希望流水节

拍越小越好。但是实际上，流水节拍的确定受到工作面大小的限制，每一施工过程在各个施工段上都有其最小的流水节拍。施工段上最小的流水节拍可按式（12-7）计算

$$t_{\min} = \frac{A_{\min}\mu}{S} \qquad\qquad (12-7)$$

式中　$t_{\min}$——施工过程在某个施工段上的最小流水节拍；

　　　$A_{\min}$——每个工人所需的最小工作面；

　　　μ——单位工作面的工程量含量；

　　　S——该施工过程的产量定额。

式（12-7）计算出的数值应取整数或者半个工日的整数倍，流水节拍必须大于或等于最小流水节拍。

工期倒计算法适用于采用新工艺、新方法和新材料等没有定额可循的工程，对某些必须在规定日期内完成的工程项目，也常常采用此法。

（4）除了用公式确定流水节拍，还应该考虑下列要求：

1）专业工作队人数要符合施工过程对劳动组合的最少人数要求和工作面对人数的限制条件。

2）要考虑各种机械台班的工作效率或机械台班的产量大小。

3）要考虑各种建筑材料、构件制品的供应能力、现场堆放能力等相关限制因素。

4）要满足施工技术的具体要求。

5）数值宜为整数，最好为半个工作班次的整数倍。

2. 流水步距

流水步距是指两个相邻的专业工作队相继开始投入施工的时间间隔。

一般用 $K_{j,j+1}$ 来表示专业工作队投入第 j 个和第 $j+1$ 个施工过程之间的流水步距。流水步距是流水施工主要的时间参数之一。在施工段不变的情况下，流水步距越大，工期越长。若有 n 个施工过程，则有（$n-1$）个流水步距。每个流水步距的值是由相邻两个施工过程在各施工段上的流水节拍值而确定的。

确定流水步距时，一般要满足以下基本要求：

（1）流水步距要满足相邻两个专业工作队在施工顺序上的制约关系。

（2）流水步距要保证相邻两个专业工作队在各施工段上能够连续作业。

（3）流水步距要保证相邻两个专业工作队在开工时间上实现最大限度和最合理的搭接。

流水步距在等节拍流水施工、成倍节拍流水施工和无节拍流水施工中呈现出不同的规律特征，计算方法也各不相同，在本章第三节中将详细介绍。

3. 间歇时间

间歇时间是指在组织流水施工时，由于施工过程之间工艺上或组织上的需要，相邻两个施工过程在时间上不能衔接施工而必须留出的时间间隔。根据原因的不同，又分为技术间歇时间和组织间歇时间。

技术间歇时间是指流水施工中，某些施工过程完成后要有合理的工艺间隔时间，一般用 t_g 表示。技术间歇时间与材料的性质和施工方法有关。

组织间歇时间是指流水施工中，某些施工过程完成后要有必要的检查验收时间或为下一个施工过程做准备的时间，一般用 t_z 表示。例如，基础工程完成后，在回填土前必须留出

进行检查验收及做好隐蔽工程记录所需的时间。

4. 搭接时间

组织流水施工时，在某些情况下如果工作面允许，为了缩短工期，前一个专业工作队在完成部分作业后，空出一定的工作面，使得后一个专业工作队能够提前进入这一施工段，在空出的工作面上进行作业，形成两个专业工作队在同一个施工段的不同空间上同时搭接施工。

后一个专业工作队提前进入前一个施工段的时间间隔即为搭接时间，一般用 t_d 表示。

第三节 流水施工的基本组织方式

建筑工程流水施工的节奏是由流水节拍决定的，流水节拍的规律不同，流水施工的流水步距、施工工期的计算方法也有所不同，各个施工过程对应的需成立的专业施工队数目也可能受到影响，从而形成不同节奏特征的流水施工组织方式。所以，按照流水节拍和流水步距，可以将流水施工进行如下分类，见图 12-6。

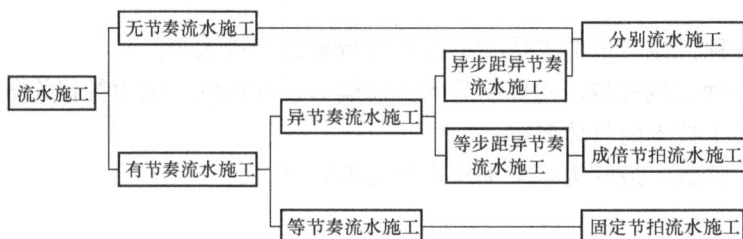

图 12-6 流水施工按流水节拍和流水步距分类图

无节奏流水施工是指在组织流水施工时，全部或部分施工过程在各个施工段上的流水节拍各不相等。

有节奏流水施工是指在组织流水施工时，每一项施工过程在各个施工段上的流水节拍都各自相等，又可分为等节奏流水施工和异节奏流水施工。

等节奏流水施工是指有节奏流水施工中，各施工过程之间的流水节拍各自相等，也称为固定节拍流水施工或全等节拍流水施工。

异节奏流水施工是指有节奏流水施工中，各施工过程的流水节拍各自相等而不同施工过程之间的流水节拍不尽相同。通常存在两种组织方式，即异步距异节奏流水施工和等步距异节奏流水施工。等步距异节奏流水施工是按各施工过程流水节拍之间的比例关系，成立相应数量的专业施工队，进行流水施工，也称为成倍节拍流水施工。当异步距异节奏流水施工，即各施工过程的流水步距不尽相同时，其组织方式属于分别流水施工组织的范畴，与无节奏流水施工相同。

在建筑工程流水施工中，常见的、基本的组织方式按节拍归纳为等节奏流水施工、异节奏流水施工和无节奏流水施工。

一、等节奏流水施工

等节奏流水施工是指各个施工过程在各个施工段上的流水节拍彼此相等的流水施工组织方式。这种组织方式一般是在划分施工过程时，将劳动量较小的施工过程进行合并，使各施工过程的劳动量相差不大，然后确定主要施工过程专业施工队的人数，并计算流水节拍；再根据流水节拍，确定其他施工过程专业施工队的人数，同时考虑施工段的工作面和合理劳动组合，适当地进行调整，也称为固定节拍流水施工。

1. 组织特点

(1) 各个施工过程在各个施工段上的流水节拍彼此相等，即 $t_j{}^i = t$（t 为常数）。

(2) 各施工过程之间的流水步距彼此相等，且等于流水节拍，即 $K_{j,j+1} = K = t$。

(3) 每个施工过程在每个施工段上均由一个专业工作队独立完成作业，即专业工作队数目 n' 等于施工过程数 n。

(4) 专业工作队能够连续作业，没有闲置的施工段，使得流水施工在时间和空间上都连续。

(5) 各个施工过程的施工所需时间相等，均等于 $m \times t$。

等节奏流水施工一般只适用于施工对象结构简单，工程规模较小，施工过程数不多的房屋工程或线型工程，如道路工程、管道工程等。

由于等节奏流水施工各个施工过程的流水节拍是定值，局限性较大，且建筑工程多数施工较为复杂，因而在实际建筑工程中采用这种组织方式的并不多见，通常只用于一个分部工程的流水施工中。

2. 计算工期

流水施工的工期是指从第一个施工过程开始施工，到最后一个施工过程结束施工的全部持续时间。对于所有施工过程都采取流水施工的工程项目，流水施工工期即为工程项目的施工工期。

等节奏流水施工的工期计算分为不分层施工和分层施工两种情况。

(1) 不分层施工，见式 (12-8)

$$T = (m+n-1)t + \sum t_g + \sum t_z - \sum t_d \tag{12-8}$$

式中　T——流水施工工期；

t——流水节拍；

m——施工段数目；

n——施工过程数目；

$\sum t_g$——技术间歇时间总和；

$\sum t_z$——组织间歇时间总和；

$\sum t_d$——搭接时间总和。

(2) 分层施工。等节奏流水施工不分施工层时，对施工段数目，按照工程实际情况划分即可，当分施工层进行流水施工时，为了保证在跨越施工层时，专业施工队能连续施工而不产生窝工现象，施工段数目的最小值 $m_{\min}$ 应满足下列要求。

1) 无技术间歇和组织间歇时间时，$m_{\min} = n$。

2) 有技术间歇和组织间歇时间时，为保证专业工作队能连续施工，应取 $m > n$，此时，每层施工段空闲数为 $m-n$，每层空闲时间则为

$$(m-n)t = (m-n)K \tag{12-9}$$

若一个楼层内各施工过程间的技术间歇和组织间歇时间之和为 Z，楼层间的技术间歇和组织间歇时间之和为 C，当为保证专业工作队能连续施工，则

$$(m-n)K = Z+C \tag{12-10}$$

由此，可得出每层的施工段数目 $m_{\min}$ 应满足式（12-11）

$$m_{\min} = n + \frac{Z+C-\sum t_d}{K} \tag{12-11}$$

式中　K——流水步距；

　　　Z——施工层内各施工过程间的技术间歇时间和组织间歇时间之和，即 $Z=\sum t_g + \sum t_z$；

　　　C——施工层间的技术间歇时间和组织间歇时间之和；

　　　其他符号含义同前。

如果每层的 Z 并不均等，各层间的 C 也不均等时，应取各层中最大的 Z 和 C，即

$$m_{\min} = n + \frac{Z_{\max}+C_{\max}-\sum t_d}{K} \tag{12-12}$$

分施工层组织等节奏流水施工时，其流水施工工期可按式（12-13）计算

$$T = (mr+n-1)t + Z_1 - \sum t_d \tag{12-13}$$

式中　r——施工层数目；

　　　Z_1——第一施工层内各施工过程间的技术间歇时间和组织间歇时间之和，即 $Z_1 = \sum_{r=1}(t_g+t_z)_r$；

　　　其他符号含义同前。

从流水施工工期的计算公式中可以看出，施工层数越多，施工工期越长，技术间歇时间和组织间歇时间的存在，也会使施工工期延长。在工作面和资源供应能保证的条件下，一个专业施工队能够提前进入这一施工段，在空出的工作面上进行作业，这样产生的搭接时间可以缩短施工工期。

【例 12-3】　某分部工程由Ⅰ、Ⅱ、Ⅲ、Ⅳ四个施工过程组成，划分为 4 个施工段，流水节拍均为 3 天，施工过程Ⅱ、Ⅲ有技术间歇时间 2 天，施工过程Ⅲ、Ⅳ之间相互搭接 1 天，试确定流水步距并计算工期，绘制流水施工进度计划。

解　因流水节拍均等，属于等节奏流水施工。

（1）确定流水步距

$$K = t = 3\text{ 天}$$

（2）计算工期 $\sum t_g = 2$，$\sum t_d = 1$，则工期为

$$T = (m+n-1)t + \sum t_g + \sum t_z - \sum t_d = (4+4-1)\times 3 + 2 - 1 = 22\text{ 天}$$

（3）用横线图绘制流水施工进度计划，见图 12-7。

图 12-7　[例 12-3] 流水施工进度计划

【**例 12 - 4**】　某工程项目由 Ⅰ、Ⅱ、Ⅲ、Ⅳ四个施工过程组成，划分为两个施工层组织流水施工，施工过程 Ⅰ 完成后需养护 1 天，下一个施工过程才能开始施工，且层间技术间歇时间为 1 天，流水节拍均为 2 天，试确定施工段数目，并计算工期，绘制流水施工进度计划。

解　因流水节拍均等，属于等节奏流水施工。

（1）确定流水步距

$$K = t = 2 \text{ 天}$$

（2）确定施工段数目。因分层组织流水施工，各施工层内各施工过程间的间歇时间之和为

$$Z_1 = Z_2 = 1$$

一、二层之间间歇时间为　　　　　　$C = 1$

施工段数目最小值为

$$m_{\min} = n + \frac{Z + C - \sum t_d}{K} = 4 + 2/2 = 5, \text{取 } m = 5$$

（3）计算工期

$$T = (mr + n - 1)t + Z_1 - \sum t_d = (5 \times 2 + 4 - 1) \times 2 + 1 = 27 \text{ 天}$$

（4）绘制流水施工进度计划，见图 12 - 8。

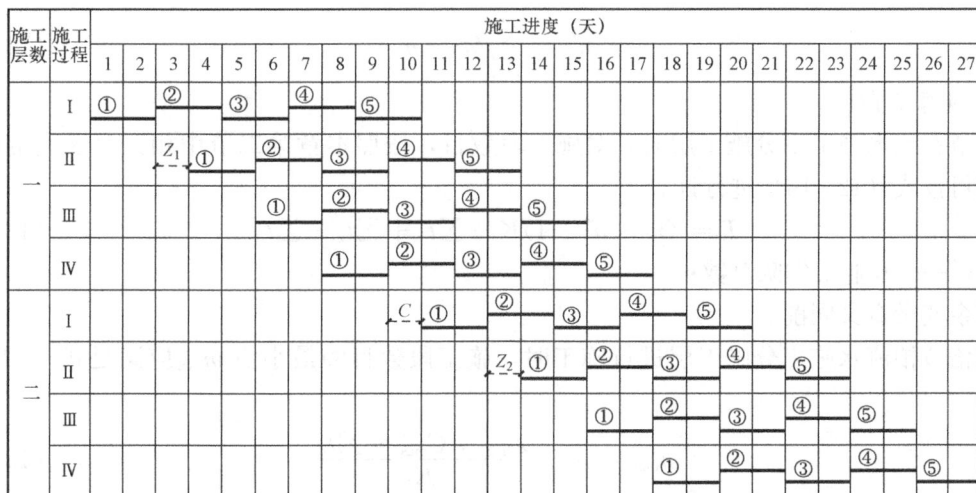

图 12 - 8　〔例 12 - 4〕流水施工进度计划

二、异节奏流水施工

在组织流水施工时，通常在同一施工段的固定工作面上，由于不同的施工过程，其施工性质、复杂程度各不相同，从而使得其流水节拍很难完全相等，不能形成等节奏流水施工。但是，如果施工段划分恰当，可以使同一施工过程在各个施工段上的流水节拍均等。这种各施工过程的流水节拍均等而不同施工过程之间的流水节拍不尽相同的流水施工组织方式属于异节奏流水施工。根据流水节拍的关系又可分为等步距异节拍流水施工和异步距异节拍流水施工。

在异节奏流水施工中，当同一施工过程在各个施工段上的流水节拍彼此相等，且不同施工过程的流水节拍为某一数的不同整数倍时，每个施工过程均按其节拍的倍数关系成立相应

数目的专业施工队，组织这些专业施工队进行流水施工的方式，即为成倍节拍流水施工。

1. 组织特点

（1）同一施工过程在各个施工段上的流水节拍彼此相等，即 $t_j^i = t_j$，不同施工过程在同一施工段上的流水节拍之间存在一个最大公约数，各流水节拍等于该最大公约数的不同整数倍，即 $K =$ 最大公约数 $\{t_1, t_2, \cdots, t_n\}$。

（2）各专业工作队之间的流水步距彼此相等，且等于流水节拍的最大公约数 K。

（3）专业工作队总数目 n' 大于施工过程数 n。

（4）专业工作队能够连续作业，没有闲置的施工段，使得流水施工在时间和空间上都连续。

（5）各个施工过程的持续时间之间也存在公约数 K。

2. 确定施工队数目

专业工作队数目为

$$b_j = \frac{t_j}{K} \tag{12-14}$$

式中　t_j——施工过程 j 的流水节拍；

　　　b_j——施工过程 j 的专业工作队数目；

　　　K——各专业工作队之间的流水步距，$K =$ 最大公约数 $\{t_1, t_2, \cdots, t_n\}$。

专业工作队总数目 n' 大于施工过程数 n，即

$$n' = \sum_{j=1}^{n} b_j > n \tag{12-15}$$

3. 计算工期

异节奏流水施工不分施工层时，对施工段数目，按照本章第二节中相关要求确定即可，其工期可按式（12-16）进行计算

$$T = (m + n' - 1)K + \sum t_g + \sum t_z - \sum t_d \tag{12-16}$$

式中　n'——专业工作队总数；

其余变量意义同前。

成倍节拍流水施工分施工层进行施工时，施工段数目的最小值 m_{min} 应满足式（12-17）要求

$$m_{min} = n' + \frac{Z_{max} + C_{max} - \sum t_d}{K} \tag{12-17}$$

分层施工成倍节拍流水施工工期计算

$$T = (mr + n' - 1)K + Z_1 - \sum t_d \tag{12-18}$$

【例 12-5】　某分部工程由 Ⅰ、Ⅱ、Ⅲ 三个施工过程组成，划分为 6 个施工段，三个施工过程在每个施工段上的流水节拍各自相等，分别为 3、2 天和 1 天，试安排流水施工，绘制流水施工进度计划。

解　根据工程特点，按成倍节拍流水施工方式组织流水施工。

（1）确定流水步距

$$K = 最大公约数\{3, 2, 1\} = 1 天$$

（2）计算专业工作队数目

$$b_I = 3/1 = 3 个$$

$$b_{\text{II}} = 2/1 = 2 \text{个}$$
$$b_{\text{III}} = 1/1 = 1 \text{个}$$

计算专业工作队总数目 n'

$$n' = \sum_{j=1}^{3} b_j = 3 + 2 + 1 = 6$$

(3) 计算工期

$$T = (m + n' - 1)K = (6 + 6 - 1) \times 1 = 11 \text{天}$$

(4) 绘制流水施工进度计划，见图 12-9。

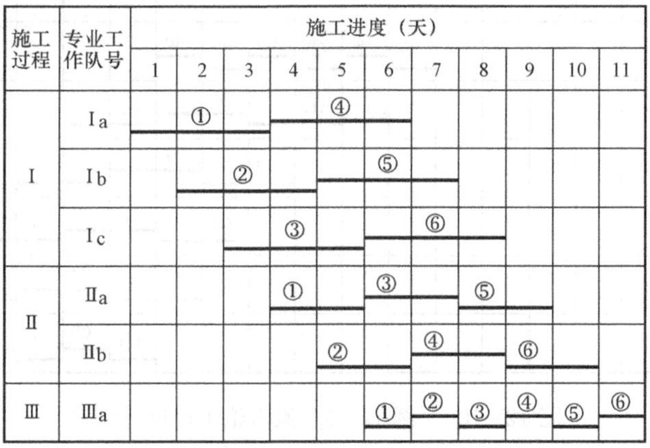

施工过程	专业工作队号	施工进度（天）										
		1	2	3	4	5	6	7	8	9	10	11
I	Ia		①			④						
	Ib			②			⑤					
	Ic				③			⑥				
II	IIa				①		③		⑤			
	IIb					②		④		⑥		
III	IIIa						①	②	③	④	⑤	⑥

图 12-9 ［例 12-5］流水施工进度计划

【例 12-6】 某两层现浇钢筋混凝土工程，施工过程分为安装模板、绑扎钢筋和浇筑混凝土三个施工过程。已知每个施工过程在每层每个施工段上的流水节拍分别为 $t_{\text{模}} = 2$ 天，$t_{\text{扎}} = 2$ 天，$t_{\text{浇}} = 1$ 天。当安装模板工作队转移到第二结构层的第一施工段时，需待第一层第一施工段的混凝土养护一天后才能进行施工。在保证各工作队连续施工的条件下，试安排流水施工，并绘制流水施工进度计划。

解 根据工程特点，按成倍节拍流水施工方式组织流水施工。

(1) 确定流水步距

$$K = 最大公约数\{2, 2, 1\} = 1 \text{天}$$

(2) 计算专业工作队数目

$$b_{\text{模}} = 2/1 = 2 \text{个}$$
$$b_{\text{扎}} = 2/1 = 2 \text{个}$$
$$b_{\text{浇}} = 1/1 = 1 \text{个}$$

计算专业工作队总数目 n'

$$n' = \sum_{j=1}^{3} b_j = 2 + 2 + 1 = 5$$

(3) 确定每层的施工段数目

$$m_{\min} = n' + \frac{Z_{\max} + C_{\max} - \sum t_{\text{d}}}{K} = 5 + 1/1 = 6 \text{段，取} m = 6$$

(4) 计算工期

$$T = (mr + n' - 1)K = (6 \times 2 + 5 - 1) \times 1 = 16 \text{天}$$

（5）绘制流水施工进度计划，如图 12 - 10 所示。

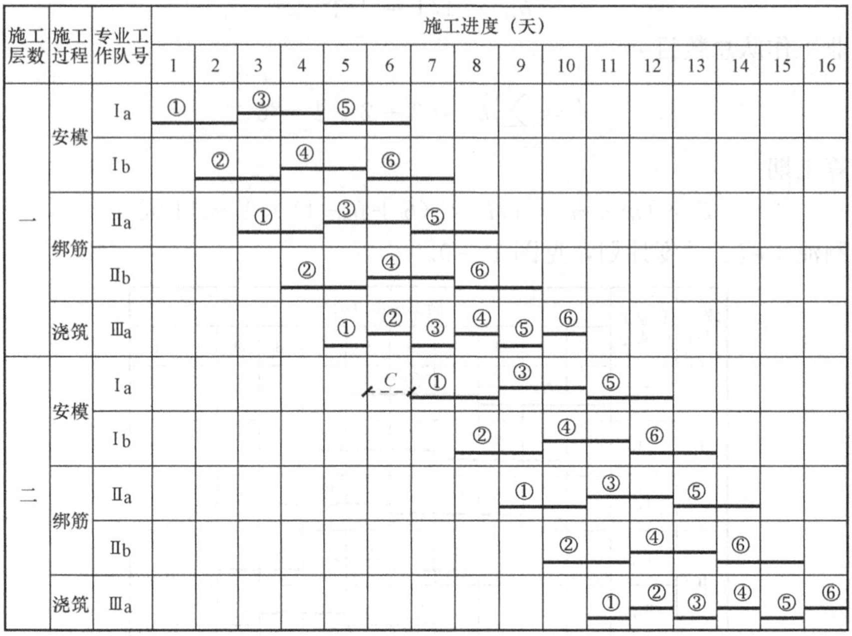

施工层数	施工过程	专业工作队号	施工进度（天）															
			1	2	3	4	5	6	7	8	9	10	11	12	13	14	15	16
一	安模	Ⅰa	①		③		⑤											
		Ⅰb		②		④		⑥										
	绑筋	Ⅱa			①		③		⑤									
		Ⅱb				②		④		⑥								
	浇筑	Ⅲa						①	②	③	④	⑤⑥						
二	安模	Ⅰa						├ C ┤	①		③		⑤					
		Ⅰb								②		④		⑥				
	绑筋	Ⅱa									①		③		⑤			
		Ⅱb										②		④		⑥		
	浇筑	Ⅲa											①	②	③	④	⑤	⑥

图 12 - 10　［例 12 - 6］流水施工进度计划

当异步距异节奏流水施工，即各施工过程的流水步距不尽相同时，其组织方式属于分别流水施工组织的范畴，与无节奏流水施工相同。

三、无节奏流水施工

无节奏流水施工是指同一施工过程在各个施工段上的流水节拍不完全相等的一种流水施工方式。通常每个施工过程在各个施工段上的工程量彼此不相等，各专业施工队的工作效率也相差较大，大多数的流水节拍是彼此不等的，因此不能组织有节奏流水施工。在实际工程中，无节奏流水施工是流水施工的普遍形式。

1. 组织特点

（1）各个施工过程在各个施工段上的流水节拍彼此不等，也无特定规律。

（2）所有施工过程之间的流水步距彼此不等，流水步距与流水节拍的大小及相邻施工过程的相应施工段节拍差有关。

（3）每个施工过程在每个施工段上均由一个专业工作队独立完成作业，即专业工作队数目 n' 等于施工过程数 n。

（4）专业工作队能够连续作业，施工段可能有闲置。

（5）各个施工过程的施工速度不一定相等，也无特定规律。

一般来说，等节奏、异节奏流水施工通常只适用于一个分部或分项工程中。对于一个单位工程或大型复杂工程，往往很难要求按照相同的或成倍的时间参数组织流水施工。而分别流水施工的组织方式没有固定约束，允许某些施工过程的施工段闲置，因此能够适应各种结构各异、规模不等、复杂程度不同的工程对象，具有更广泛的应用范围。

2. 确定流水步距

无节拍流水施工中，流水步距的大小是没有规律的，彼此不等。流水步距的计算方法有很多，常用的是潘特考夫斯基法，简称潘氏法。

潘氏法又称为"累加数列错位相减取最大差法"，是由潘特考夫斯基首先提出来的。这种方法概括为：首先将每个施工过程在各个施工段上的流水节拍依次累加，逐段求和，得出各施工过程流水节拍的累加数列。再将相邻的两个施工过程累加数列的后者均向后错一位，分别相减，得到一个新的差数列。差数列中的最大数值即为这两个相邻施工过程的流水步距。

3. 计算工期

无节奏流水施工的工期可按式（12-19）进行计算

$$T = \sum_{j=1}^{n-1} K_{j,j+1} + \sum_{i=1}^{m} t_n^i + \sum t_g + \sum t_z - \sum t_d \qquad (12-19)$$

式中　$K_{j,j+1}$——施工过程 j 和 $j+1$ 之间的流水步距；

　　　$\sum t_n^i$——最后一个施工过程在各个施工段上的流水节拍之和。

其余符号意义同前。

【例 12-7】　某一分部工程划分为五个施工段组织流水施工，包括Ⅰ、Ⅱ、Ⅲ、Ⅳ四个施工过程，分别由四个专业工作队负责施工，每个施工过程在各个施工段上的流水节拍见表 12-2，试确定流水步距并计算工期。

表 12-2　　　　　　　　　　每个施工过程在各个施工段上的流水节拍

施工段 施工过程	①	②	③	④	⑤
Ⅰ	2	2	3	2	2
Ⅱ	1	3	2	2	2
Ⅲ	2	2	3	1	4
Ⅳ	3	2	2	3	2

解　根据已知的流水节拍，确定采取无节奏流水施工组织方式。

(1) 计算各施工过程流水节拍的累加数列。

$$a_Ⅰ: \quad 2, \quad 4, \quad 7, \quad 9, \quad 11$$
$$a_Ⅱ: \quad 1, \quad 4, \quad 6, \quad 8, \quad 10$$
$$a_Ⅲ: \quad 2, \quad 4, \quad 7, \quad 8, \quad 12$$
$$a_Ⅳ: \quad 3, \quad 5, \quad 7, \quad 10, \quad 12$$

(2) 求两个相邻累加数列的差数列。

$$
\begin{array}{rrrrrr}
Ⅰ 与 Ⅱ: & 2, & 4, & 7, & 9, & 11 \\
-) & & 1, & 4, & 6, & 8, & 10 \\
\hline
\Delta a_{Ⅰ,Ⅱ}: & 2, & 3, & 3, & 3, & 3, & -10
\end{array}
$$

$$
\begin{array}{rrrrrr}
Ⅱ 与 Ⅲ: & 1, & 4, & 6, & 8, & 10 \\
-) & & 2, & 4, & 7, & 8, & 12 \\
\hline
\Delta a_{Ⅱ,Ⅲ}: & 1, & 2, & 2, & 1, & 2, & -12
\end{array}
$$

$$
\begin{array}{rccccc}
\text{Ⅲ与Ⅳ：} & 2, & 4, & 7, & 8, & 12 \\
-) & & 3, & 5, & 7, & 10, & 12 \\
\hline
\Delta a_{\text{Ⅲ,Ⅳ}}: & 2, & 1, & 2, & 1, & 2, & -12
\end{array}
$$

（3）确定流水步距

$$K_{\text{Ⅰ,Ⅱ}} = \max\{2, 3, 3, 3, 3, -10\} = 3$$

$$K_{\text{Ⅱ,Ⅲ}} = \max\{1, 2, 2, 1, 2, -12\} = 2$$

$$K_{\text{Ⅲ,Ⅳ}} = \max\{2, 1, 2, 1, 2, -12\} = 2$$

（4）计算工期

$$T = \sum_{j=1}^{n-1} K_{j,j+1} + \sum_{i=1}^{m} t_n^i + \sum t_g + \sum t_z - \sum t_d$$

$$= (3+2+2) + (3+2+2+3+2) = 19 \text{ 天}$$

【例 12 - 8】　某工程包括Ⅰ、Ⅱ、Ⅲ、Ⅳ、Ⅴ五个施工过程，划分为四个施工段组织流水施工，分别由五个专业工作队负责施工，每个施工过程在各个施工段上的工程量、定额与专业工作队人数见表 12 - 3。按规定，施工过程Ⅱ完成后，至少要养护 2 天才能进行下一个施工过程，施工过程Ⅳ完成后，其相应施工段要留 1 天的时间做准备工作。为了早日完工，允许施工过程Ⅰ、Ⅱ之间搭接施工 1 天。试编制流水施工组织方案，并绘制流水施工进度计划。

表 12 - 3　　　　　　　　　　　　　　某 工 程 有 关 资 料 表

施工过程	劳动定额	各施工段的工程量					工作队人数
		单位	第一段	第二段	第三段	第四段	
Ⅰ	8m²/工日	m²	238	160	164	315	10
Ⅱ	1.5m³/工日	m³	23	68	118	66	15
Ⅲ	0.4t/工日	t	6.5	3.3	9.5	16.1	8
Ⅳ	1.3m³/工日	m³	51	27	40	38	10
Ⅴ	5m³/工日	m³	148	203	97	53	10

解　（1）计算每个施工过程在各施工段上的流水节拍

$$t_1^1 = \frac{Q_j^i}{S_j^i R_j^i N_j^i} = 238/(8 \times 10 \times 1) = 3$$

$$t_1^2 = \frac{Q_j^i}{S_j^i R_j^i N_j^i} = 160/(8 \times 10 \times 1) = 2$$

$$t_1^3 = \frac{Q_j^i}{S_j^i R_j^i N_j^i} = 164/(8 \times 10 \times 1) = 2$$

$$t_1^4 = \frac{Q_j^i}{S_j^i R_j^i N_j^i} = 315/(8 \times 10 \times 1) = 4$$

同理可求出所有的流水节拍，见表 12 - 4。

12－4　　　　　　　　　　流 水 节 拍 汇 总

流水节拍　施工段 施工过程	①	②	③	④
Ⅰ	3	2	2	4
Ⅱ	1	3	5	3
Ⅲ	2	1	3	5
Ⅳ	4	2	3	3
Ⅴ	3	4	2	1

（2）求相邻施工过程的流水步距。

每个施工过程的流水节拍累加数列如下：

$$a_Ⅰ:\quad 3,\quad 5,\quad 7,\quad 11$$
$$a_Ⅱ:\quad 1,\quad 4,\quad 9,\quad 12$$
$$a_Ⅲ:\quad 2,\quad 3,\quad 6,\quad 11$$
$$a_Ⅳ:\quad 4,\quad 6,\quad 9,\quad 12$$
$$a_Ⅴ:\quad 3,\quad 7,\quad 9,\quad 10$$

两个相邻累加数列的差数列如下：

$$\begin{array}{lrrrrr}
Ⅰ与Ⅱ: & 3, & 5, & 7, & 11 \\
-) & & 1, & 4, & 9, & 12 \\
\hline
\Delta a_{Ⅰ,Ⅱ}: & 3, & 4, & 3, & 2, & -12 \\
Ⅱ与Ⅲ: & 1, & 4, & 9, & 12 \\
-) & & 2, & 3, & 6, & 11 \\
\hline
\Delta a_{Ⅱ,Ⅲ}: & 1, & 2, & 6, & 6, & -11 \\
Ⅲ与Ⅳ: & 2, & 3, & 6, & 11 \\
-) & & 4, & 6, & 9, & 12 \\
\hline
\Delta a_{Ⅲ,Ⅳ}: & 2, & -1, & 0, & 2, & -12 \\
Ⅳ与Ⅴ: & 4, & 6, & 9, & 12 \\
-) & & 3, & 7, & 9, & 10 \\
\hline
\Delta a_{Ⅳ,Ⅴ}: & 4, & 3, & 2, & 3, & -10
\end{array}$$

确定流水步距如下：

$$K_{Ⅰ,Ⅱ} = \max\{3, 4, 3, 2, -10\} = 4\ 天$$
$$K_{Ⅱ,Ⅲ} = \max\{1, 2, 6, 6, -11\} = 6\ 天$$
$$K_{Ⅲ,Ⅳ} = \max\{2, -1, 0, 2, -12\} = 2\ 天$$
$$K_{Ⅳ,Ⅴ} = \max\{4, 3, 2, 3, -10\} = 4\ 天$$

（3）计算工期

$$T = \sum_{j=1}^{n-1} K_{j,j+1} + \sum_{i=1}^{m} t_n^i + \sum t_g + \sum t_z - \sum t_d$$

$$= (4+6+2+4)+(3+4+2+1)+2+1-1 = 28\ 天$$

（4）绘制流水施工进度计划，见图 12-11。

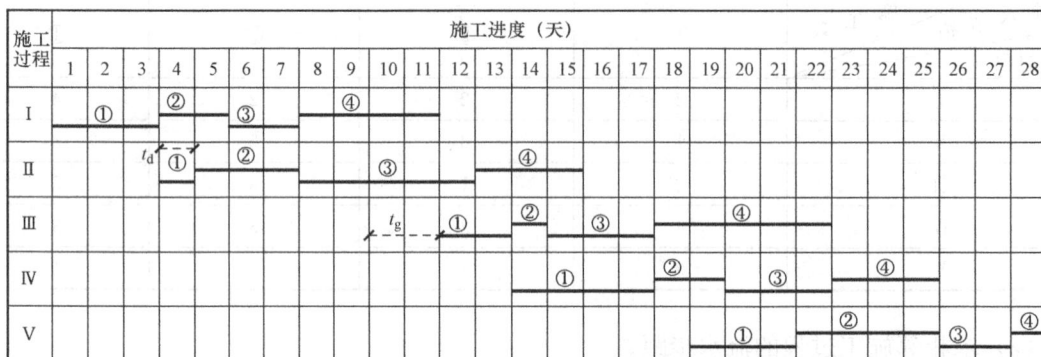

施工过程	施工进度（天）																											
	1	2	3	4	5	6	7	8	9	10	11	12	13	14	15	16	17	18	19	20	21	22	23	24	25	26	27	28
I		①		②		③			④																			
II			t_d ①	②					③					④														
III										t_g ①		②			③					④								
IV									①				②			③				④								
V																		①		②				③		④		

图 12-11　[例 12-8] 流水施工进度计划

第四节　流水施工的合理组织

通常，在工程项目施工中，包括很多施工过程。在组织这些施工过程中，常将在工艺上互相联系的一些施工过程组成不同的专业组合，如基础工程、主体工程及装饰工程等。对于各专业组合，按其包含的各施工过程的流水节拍特征（节奏性），分别组织成独立的流水组进行流水作业。这些流水组的流水参数可以是不相等的，流水组织的方式也可不同。最后将这些流水组按照工艺要求和施工顺序依次搭接起来，即成为一个工程对象或一个建筑群的总体流水施工。需要指出的是，所谓专业组合是指围绕主导施工过程的组合，其他的施工过程不必都纳入流水组合，而只作为调剂项目与各流水组依次搭接。在更多情况下，考虑到工程的复杂性，在编制施工进度计划时，往往只运用流水作业的基本概念，合理选定几个主要参数，保证几个主导施工过程的连续性。对其他非主导施工过程，只力求在施工段上尽可能保持连续施工，各施工过程之间只有施工工艺和施工组织上的约束，不一定步调一致。这样，对不同专业组合或几个主导施工过程，分别组织流水施工，就可使计划的安排有较大的灵活性，而且往往更有利于计划的实现。

一、组织流水施工的程序

实际上，每个建筑工程各有特色，不可能按同一定式进行流水施工。为了合理的组织流水施工，就要按照一定的程序进行组织安排。

1. 确定施工流水组，划分施工过程

通常按照分部分项工程这种假想的建筑"零件"分别组织多个流水组，然后再将这些流水组联系起来。流水组中的所有施工活动，划分为若干个施工过程。

在实际工程中，如果某一施工过程工程量较少，并且技术要求也不高时，可以将它与相邻的施工过程合并，而不单列为一个施工过程。例如某些工程的垫层施工过程有时可以合并到挖土方施工过程中，由一个专业施工队完成，这样既可以减少挖土方和做垫层两个施工过程之间的流水步距，还可以避免开挖后基槽长时间的暴露、日晒雨淋，既缩短了工期，又保证了工程质量。

施工过程数目 n 的确定，主要的依据是工程的性质和复杂程度、所采用的施工方案、对建设工期的要求等因素。为了合理组织流水施工，施工过程数目 n 要确定的适当，施工过程划分的过粗或过细，都达不到好的流水效果。

2. 划分施工层，确定施工段

确定施工层的数量 r，以便在平面上和空间上组织连续均衡的流水施工。划分施工层时，要求结合工程的具体情况，主要根据建筑物的高度和楼层来确定。需要注意的是，组织划分施工层的流水施工时，划分的施工段数目 m 必须满足 $m \geqslant n$ 的要求。当无层间关系或无施工层时，施工段划分不受此限制。

3. 计算各施工过程在各个施工段上的流水节拍

流水节拍的大小可以反映出流水施工速度的快慢、节奏的强弱和资源消耗的多少。若某些施工过程在不同的施工层上的工程量不尽相同，则可按其工程量分层计算。

4. 确定流水施工组织方式和专业工作队数目

等节奏流水施工和无节奏流水施工这两种组织方式，均按每个施工过程成立一个专业工作队；异节奏流水施工中，各施工过程对应的专业工作队数目是按照其流水节拍之间的比例关系来确定的。

在确定各专业工作队的人数时，可以根据最小施工段上的工作面情况来计算，一定要保证每一个工人都能够占据能充分发挥其劳动效率所必需的最小工作面。施工段上最多可容纳的工人数为

$$\text{施工段上可容纳的工人数} = \frac{\text{最小施工段上的工作面}}{\text{每个工人所需的最小工作面}}$$

5. 确定各施工过程之间的流水步距

根据施工方案和施工工艺的要求，按照不同流水施工组织方式的特点，采用相应的公式计算各施工过程之间的流水步距。

6. 计算流水施工的工期

按照不同流水施工组织方式的特点和相关时间参数计算流水施工的工期。

7. 绘制施工进度计划表

按照各施工过程的顺序、流水节拍、专业施工队数目、流水步距和相关时间参数，绘制施工进度计划。实际工程中，应注意在某些主导施工过程之间穿插和配合的施工过程也要适时地、合理地编入施工进度计划。例如，砖混结构主体砌筑流水施工中的安装门窗框、过梁和搭脚手架等施工过程，按砌筑施工过程的进度计划，适时地将其编入施工进度计划表。

二、组织单位工程综合流水施工

建筑产品的单件性特点，说明各单位工程的建筑物和构筑物施工过程各不相同。但是就其整体而言，都是由若干个分项工程组成的。通常，单位工程流水施工组织工作主要是按照一般流水施工的方法，组织各分部（项）工程内部的流水施工，然后将各分部（项）工程之间的相邻分项工程，按流水施工的方法或根据工作面、资源供应、施工工艺情况及对施工工期的要求，使其尽可能的搭接起来，组成单位工程的综合流水施工。其组织工作步骤如下：

1. 组织各分部分项工程流水施工

结合各分部（项）工程的特点，确定各自流水施工的组织方式，按照合理组织流水施工的方法和步骤，分别组织各个分部（项）工程的流水施工，计算出各个分部（项）工程的流

水施工工期。

2. 平衡流水施工速度

由于各个施工过程的复杂程度不同，流水施工组织方式不同，所以各自的施工速度很难统一，有快有慢。为了缩短单位工程的总工期，可以采取平衡其中某些分部（项）工程的流水施工速度的方法。例如，对于异节奏流水施工，如果增加专业施工队的数目，某些流水节拍较长的施工过程的流水施工速度会加快；对于流水节拍较长的施工过程，还可以增加专业施工队的各自班次，使其流水施工速度加快。当然，并不是所有施工过程的施工速度都可以调整、平衡，这需要结合各个施工过程的特点，以及相邻施工过程之间的工艺技术搭接要求。

【例 12-9】 某工程包括 Ⅰ、Ⅱ、Ⅲ 三个施工过程，其流水节拍各自相等，分别为 1、3、1 天，划分为 6 个施工段进行施工，由此得出的流水施工进度计划如图 12-12 所示，工期为 20 天。若在无其他条件限制的情况下，要将工期缩短到 10 天之内，应该如何平衡其流水施工速度？

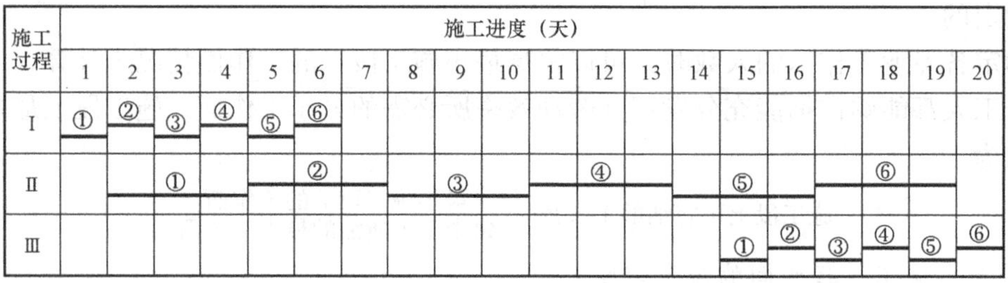

施工过程	施工进度（天）																			
	1	2	3	4	5	6	7	8	9	10	11	12	13	14	15	16	17	18	19	20
Ⅰ	①	②	③	④	⑤	⑥														
Ⅱ			①		②				③			④			⑤			⑥		
Ⅲ															①	②	③	④	⑤	⑥

图 12-12 ［例 12-9］施工进度计划一

解 （1）增加施工过程Ⅱ的专业工作队：将施工过程Ⅱ设计为由 3 个专业工作队进行的成倍节拍流水施工，从而平衡其流水施工速度，工期缩短为 10 天，其施工进度计划如图 12-13 所示。

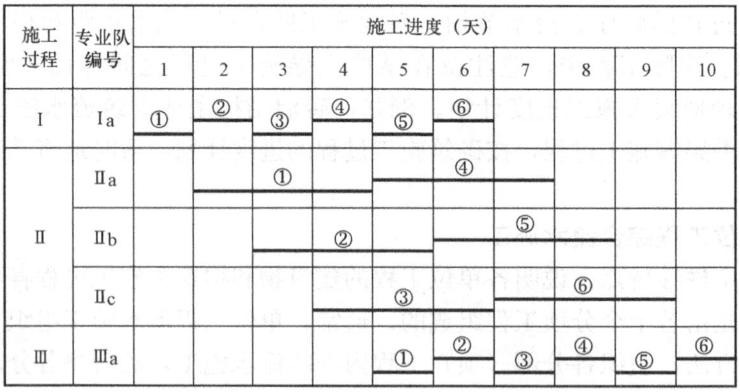

施工过程	专业队编号	施工进度（天）									
		1	2	3	4	5	6	7	8	9	10
Ⅰ	Ⅰa	①	②	③	④	⑤	⑥				
Ⅱ	Ⅱa			①			④				
	Ⅱb				②			⑤			
	Ⅱc					③			⑥		
Ⅲ	Ⅲa					①	②	③	④	⑤	⑥

图 12-13 ［例 12-9］施工进度计划二

（2）增加施工过程Ⅱ的专业工作队及其工作班次。在方案（1）的基础上，让 3 个专业工作队，进行 3 班作业，由此工期缩短为 8 天，其施工进度计划如图 12-14 所示。

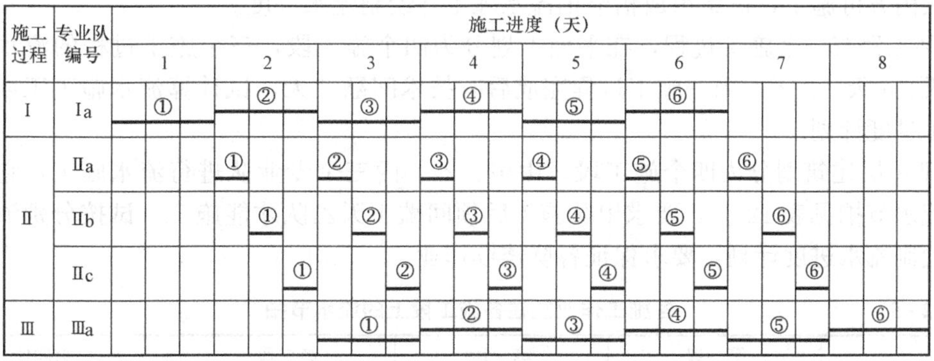

施工过程	专业队编号	施工进度（天）							
		1	2	3	4	5	6	7	8
I	Ⅰa	①	②	③	④	⑤	⑥		
II	Ⅱa		①	②	③	④	⑤	⑥	
	Ⅱb		①	②	③	④	⑤	⑥	
	Ⅱc			①	②	③	④	⑤	⑥
III	Ⅲa			①	②	③	④	⑤	⑥

图 12-14 ［例 12-9］施工进度计划三

3. 各分部工程间相邻的分项工程最大限度搭接

当条件允许时，可以根据实际资源的供应情况和相邻施工过程之间的工艺技术搭接要求，对各分部工程间相邻的分项工程进行最大限度地、合理地搭接，尽可能缩短工期。例如，砖混结构建筑的基础分部工程中的回填土施工过程与主体分部工程中的砌筑施工过程之间，多采用搭接施工的方法。

4. 设置流水施工的平衡区段

设置流水施工的平衡区段，就是在进行流水施工的施工对象范围之外，同时开工某个小型工程或设置制备场地，将流水施工中的一些穿插的施工过程和劳动量很少的施工过程安排在不能流水施工的间断时间里，或将因某种原因，不能按计划连续地进入下一个施工段的专业施工队，安排进入该平衡区段，从事本专业施工队的有关制备工作或同类工程的施工工作。例如，安装门窗框施工过程和钢筋混凝土圈梁工程的施工过程，在完成一个施工段或一个施工层的任务之后，必然出现作业中断现象，有计划地安排其进入平衡区段进行支模板、钢筋的加工制备或钢筋混凝土工程的施工，可以避免产生窝工现象，并充分发挥专业特长。

思 考 题

1. 组织施工的基本方式有哪些？各自有何优缺点？

2. 流水施工的基本参数有哪些？

3. 流水节拍，流水步距的定义是什么？如何确定？

4. 简述流水施工的基本组织方式。

5. 简述组织流水施工程序。

6. 某基础工程由挖土方、做垫层、浇混凝土、砌砖、回填土五个分项工程组成，该基础平面上划分为 3 个施工段，各施工过程在各施工段上的持续时间是 6 天。问：

（1）可按何种流水施工方式组织施工？试确定工期并绘制横道图。

（2）若工作面允许，每一施工段混凝土提前两天进入施工，进行回填土工程之前要对之前的工程进行为期 3 天的检验，试确定工期并绘制横道图。

7. 某工程项目有甲、乙、丙三个施工过程，划分为 6 个施工段进行施工。根据工艺要求，各施工过程的流水节拍分别为：甲—4 天，乙—2 天，丙—6 天，若该工程要求乙施工后需间隔2天丙方可施工，试组织成倍节拍流水施工并绘制流水进度。

8. 某工程有三个施工过程，在平面上划分为四个施工段，三个施工过程的流水节拍分别为2天、4天、2天。第一施工过程完成后有技术间歇2天，试计算流水施工工期并绘制流水施工进度计划。

9. 某单层建筑划分为四个施工段，由甲、乙、丙三个专业队进行流水施工，它们在各段上的流水节拍见表12-5，要求甲队施工后须间歇1天乙队才能施工。试按分别流水组织施工并绘制流水进度计划，要求保证各队连续作业。

表 12-5　　　　　　　　　　各施工作业队在各施工段上的流水节拍

	第一段	第二段	第三段	第四段
甲队	2	3	3	3
乙队	2	3	2	2
丙队	2	2	3	2

10. 某现浇钢筋混凝土基础工程由支模板、绑钢筋、浇混凝土、拆模板和回填土五个分项工程组成。在平面上划分为六个施工段，各分项工程在各个施工段上的施工持续时间见表12-6。在混凝土浇筑后至拆模前必须有2天养护时间。试编制该工程流水施工方案。

表 12-6　　　　　　　　　　各施工作业队在各施工段上的流水节拍

	第一段	第二段	第三段	第四段	第五段	第六段
支模板	2	3	2	3	2	3
绑钢筋	3	3	4	4	3	3
浇筑混凝土	2	1	2	2	1	2
拆模板	1	2	1	1	2	1
回填土	2	3	2	2	3	2

第十三章 网络计划技术

◯ 本章要点

网络计划技术；双代号网络图的绘制；双代号网络计划时间参数计算；单代号网络计划；网络计划优化。

◯ 基本要求及重点、难点

(1) 了解网络计划技术的特点和功能；

(2) 掌握双（单）代号网络图的绘制规则和方法；

(3) 掌握双（单）代号网络计划的编制方法、时间参数的计算及关键工作和关键线路的确定；

(4) 了解网络计划的各种优化方法。

· 重点：双代号网络图绘制；关键工作、关键线路确定。

· 难点：网络计划的各种优化方法。

· 深度和广度：通过本章的学习，使学生对网络计划技术的概念有一个明确的理解；能够看懂，并且能够独立编制双（单）代号网络计划，会根据具体情况进行网络计划的优化。

第一节 网络计划技术概述

一、网络计划技术的起源与发展

20 世纪 50 年代，为了适应日益完善的科学研究和新的生产组织管理的需要，国外陆续出现了一些计划管理的新方法。由于这些方法都建立在网络图形的基础上，因此统称为网络计划技术。

我国对网络计划技术的研究与应用起步较早，从 20 世纪 60 年代中期，在著名数学家华罗庚教授的倡导下，开始在国民经济各部门试点应用网络计划方法。改革开放以后，网络计划技术在我国的工程建设领域也得到迅速的推广和应用，尤其是在大中型工程项目的建设中；对资源的合理安排、进度计划的编制、优化和控制等应用效果显著。

网络计划技术是一种科学的计划管理技术，是建筑工程施工项目进度计划分析的有力工具，它是用网络模型来表示建筑工程施工项目进度过程，对建筑工程施工项目的施工进度进行定量分析、判断，以及对实施过程的调整和控制。网络计划技术是用网络的结构形式表示建筑工程施工项目活动内容及其相互关系。目前，网络计划技术在我国建筑工程施工管理中应用广泛。

二、网络计划的基本原理

网络计划的基本原理是应用网络图形来表示一项计划（或工程）中各项工作的开展顺序

及其相互联系、相互制约的逻辑关系，然后通过对网络图进行时间参数的计算，找出计划中的关键工作和关键线路。通过不断改进网络计划，寻求最佳方案，以求在计划执行过程中对计划进行有效的控制和监督。

用网络计划对任务的工作进度进行安排和控制，以保证实现预定目标的科学的计划管理技术，即称为网络计划技术。

三、网络计划的优缺点

与传统的横道图计划管理方法比较，网络计划技术具有如下特点：

（1）从工程整体出发，统筹安排，明确表示工程中各个工作间的先后顺序和相互制约、相互依赖的关系。

（2）通过网络时间参数计算，找出关键工作和关键线路，显示各工作的机动时间，从而使管理人员心中有数，抓住主要矛盾，确保控制计划总工期和合理安排人力、物力和资源，从而降低成本，缩短工期。

（3）通过优化，可在若干可行方案中找出最优方案。

（4）网络计划执行过程中，由于可通过时间参数计算预先知道各工作提前或推迟完成对整个计划的影响程度，管理人员可以采取技术组织措施对计划进行有效控制和监督，从而加强施工管理工作。

（5）可以利用电子计算机进行时间参数计算、优化和调整。

网络计划也存在一些缺点：如果不利用计算机进行计划的时间参数计算、优化和调整，则实际计算量大，调整复杂；对于无时间坐标网络图，绘制劳动力和资源需要量曲线较困难；此外，也不像横道图易学易懂，对计划人员的素质要求较高。

四、网络计划的分类

按照不同的分类原则，可以将网络计划分成以下几种不同的类型。

1. 按表示方法分类

（1）双代号网络计划：即用双代号网络图表示的网络计划工作的网络图。网络图中，箭杆表示工作。目前，施工企业多采用这种网络计划。

（2）单代号网络计划：即用单代号网络图表示的网络计划。网络图中，每个节点表示一项工作，箭线仅用来表示各项工作间相互制约、相互依赖的关系。

2. 按目标的多少划分

（1）单目标网络计划：即网络计划所用的网络图只有一个终点节点的网络计划。

（2）多目标网络计划：即网络计划所用的网络图有多个终点节点的网络计划。

3. 按时间表达方法的不同划分

（1）非时标网络计划：即不按时间坐标绘制的网络计划。网络图中，箭线的长短与时间无关，可按需要绘制。普通双代号、单代号网络计划都是非时标网络计划。

（2）时标网络计划：即以时间坐标为尺度绘制的网络计划。网络图中，每项工作箭线的水平投影长度，与其持续时间成正比。如编制资源优化的网络计划即为时标网络计划。目前，时标网络计划的应用很流行。

4. 按性质分类

（1）肯定型网络计划是指工作、工作与工作之间的逻辑关系和工作持续时间都确定的网络计划。在这种网络计划中，各项工作的持续时间都是确定的单一的数值，整个网络计划有确定的工期。

（2）非肯定型网络计划是指工作、工作与工作之间的逻辑关系和工作持续时间三者中一项或多项不确定的网络计划。在这种网络计划中，各项工作的持续时间只能按概率方法确定出三个值，整个网络计划无确定的计划工期。计划评审技术和图示评审技术就属于非肯定型网络计划。

5. 按应用对象（范围）不同划分

（1）局部网络计划：指以一个建筑物或建筑物中的一部分为对象编制的网络计划，如以分部工程为对象（如主体工程）编制的施工网络计划。

（2）单位工程网络计划：指以一个单位工程为对象编制的网络计划。

（3）综合网络计划：指以整个计划任务为对象编制的网络计划。例如以整个建设项目为对象编制的网络计划。

第二节 双代号网络计划

一、双代号网络图的绘制

网络计划技术的基本模型是网络图。网络图是用箭线和节点组成的，是用来表示工作流程的有向、有序的网状图形。所谓网络计划，是用网络图表达任务构成、工作顺序，并加注时间参数的进度计划。双代号网络图是由两个带有编号的节点和一条箭线表示工作的网络图。

1. 双代号网络图的组成

双代号网络图主要由工作、节点和线路三个要素组成。

（1）工作：（也可称为工序或活动）是指计划任务按需要粗细程度划分而成的一个消耗时间也消耗资源的子项目或子任务。

一般来说，建筑安装工程施工进度计划的控制性计划，工作可分解到分部工程，而实施性计划分解到分项工程。

工作根据其完成过程中需要消耗时间和资源的程度不同，可分为三种类型：

1）需要消耗时间和资源的工作，如砌筑安装、运输类、制备类施工过程。

2）需要消耗时间但不消耗资源的工作，如混凝土的养护。

3）既不消耗资源又不消耗时间的工作。

前两种工作称为"实工作"，而第三种是用来表达相邻前后工作之间逻辑关系而虚设的工作，故此称为"虚工作"，其表示方法如图 13-1 所示。

图 13-1 工作的表示方法

工作由两个标有编号的圆圈和箭杆表达，箭尾表示工作开始，箭头表示工作结束。在非时标网络计划中，箭线长度按美观和需要而定，其方向尽可能由左向右画出。在时标网络计划中，箭杆的水平投影长度应与工作持续时间成正比例画出。

按照网络图中工作之间的相互关系可将工作分为以下几种类型：

1）起始工作：没有紧前工作的工作。

2）结束工作：没有紧后工作的工作。

3）紧前工作：紧排在本工作之前的工作。

4）紧后工作：紧排在本工作之后的工作。

5）平行工作：可与本工作同时进行的工作。

6）先行工作：自起始工作开始至本工作之前的所有工作。

7）后续工作：本工作之后至结束工作结束为止的所有工作。

（2）节点：是指双代号网络图中工作开始或完成的时间点，又称为"事项"。对于任何一项工作而言，箭尾节点称为开始节点，它是标志着一项或多项工作开始的节点；箭头节点称为完成节点，它是标志着一项或多项工作完成的节点。

对于一个完整的网络计划而言，标志着网络计划开始的节点，称为起点节点，它是起始工作的开始节点，是网络图的第一个节点；标志网络计划结束的节点，称为终点节点，它是结束工作的完成节点，是网络图的最后一个节点。其余的节点均称为中间节点。

节点表示的是工作开始或完成的时刻，因此它既不消耗时间也不消耗资源，仅标志其紧前工作的结束或限制其结束，也标志着其紧后工作的开始或限制其开始。在双代号网络图中，为了检查和识别各项工作，计算各项时间参数，以及利用计算机，必须对每个节点进行编号，从而利用工作箭杆两端节点的编号来代表一项工作，如图 13 - 2 所示。

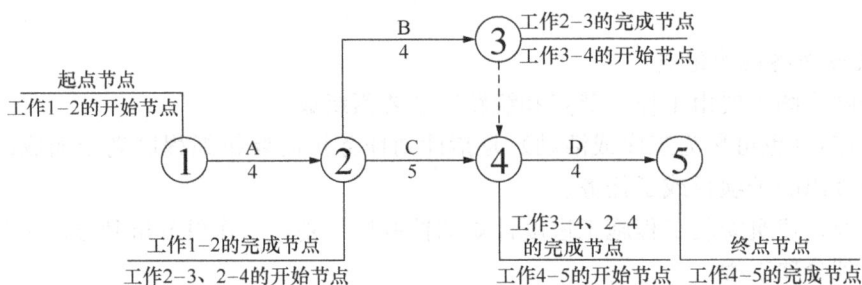

图 13 - 2　节点关系示意图

节点编号的方法如图 13 - 3 所示，节点编号时，箭尾节点编号 i 应小于箭头节点 j 的编号，按照编号方向可分为沿水平方向编号和沿垂直方向编号两种；按编号是否连续，分为连续编号和间断编号两种。

（3）线路：网络图中从起点节点开始，沿箭线方向连续通过一系列箭线与节点，最后到达终点节点所经过的通路，称为线路。

线路时间：完成某条线路的全部工作所必需的总持续时间，称为线路时间。它代表该线路的计划工期，即

$$T_s = \sum D_{i\text{-}j} \tag{13 - 1}$$

式中　T_s——第 s 条线路的线路时间；

　　　$D_{i\text{-}j}$——第 s 条线路上某项工作 i - j 的持续时间。

关键线路：线路时间最长的线路称为关键线路，其余线路称为非关键线路。关键线路具有如下性质：

1）关键线路的线路时间，代表整个网络计划的总工期。

2）关键线路上的工作，称为关键工作，均无时间储备。

3）在同一网络计划中，关键线路至少有一条。

4）当计划管理人员采取技术组织措施，缩短某些关键工作持续时间能将关键线路转化为非关键线路。

非关键线路具有如下性质：

1）非关键线路的线路时间，仅代表该条线路的计划工期。

2）非关键线路上的工作，除关键工作外，其余均为非关键工作。

3）非关键工作均有时间储备可利用。

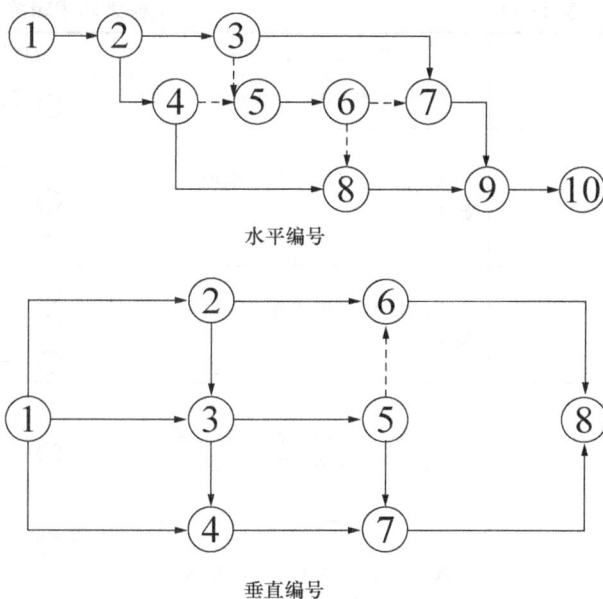
水平编号

垂直编号

图 13-3 节点编号方法示意图

4）由于计划管理人员工作疏忽，拖延了某些非关键工作的持续时间，非关键线路可能转化为关键线路。

【例 13-1】 某双代号网络计划如图 13-4 所示，试找出该网络计划中所有的线路，计算线路时间并明确关键线路。

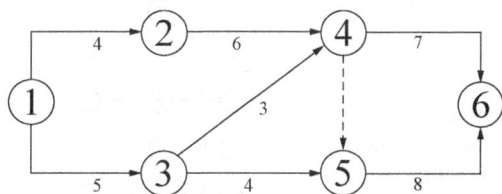

图 13-4 ［例 13-1］双代号网络计划

解 如图 13-4 所示网络计划中共有 5 条线路：

L_1 ①-②-④-⑥ $\qquad$ $T_1 = 4 + 6 + 7 = 17$ 天

L_2 ①-②-④-⑤-⑥ $\qquad$ $T_2 = 4 + 6 + 0 + 8 = 18$ 天

L_3 ①-③-④-⑥ $\qquad$ $T_3 = 5 + 3 + 7 = 15$ 天

L_4 ①-③-④-⑤-⑥ $\qquad$ $T_4 = 5 + 3 + 0 + 8 = 16$ 天

L_5 ①-③-⑤-⑥ $\qquad$ $T_5 = 5 + 4 + 8 = 17$ 天

关键线路为①-②-④-⑤-⑥（也可在网络图中用双线或者加粗箭线来表示）。

2. 双代号网络图绘制基本规则

（1）必须正确表达工作的逻辑关系，既简易又便于阅读和技术处理。双代号网络图中常见的逻辑关系表达方式见表 13-1。

（2）网络图必须具有能够表明基本信息的明确标识，数字或字母均可，如图 13-5 所示。

表 13 - 1　　　　　　　　　　　　　　工作之间逻辑关系

序号	工作之间的逻辑关系	双代号表示方法	单代号表示方法
1	A、B 两项工作，依次施工		
2	A、B、C 三项工作，同时开始工作		
3	A、B、C 三项工作，同时结束工作		
4	A、B、C 三项工作，A 完成后，B、C 才开始工作		
5	A、B、C 三项工作，C 在 A、B 完成后才能开始		
6	A、B、C、D 四项工作，A 完成后，C 才能开始，A、B 完成后，D 才能开始		
7	A、B、C、D 四项工作，只有 A、B 完成后，C、D 才能开始工作		
8	A、B、C、D、E 五项工作，A、B 完成后，C 才能开始工作，B、D 完成后，E 才能开始		
9	A、B、C、D、E 五项工作，A、B、C 完成后，D 才能开始工作，B、C 完成后，E 才能开始工作		
10	A、B 两项工作分成三个施工段，进行平行搭接流水施工		

$$\begin{array}{|c|c|c|} \hline ES & EF & TF \\ \hline LS & LF & FF \\ \hline \end{array}$$

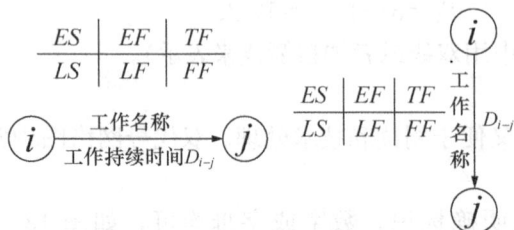

图 13 - 5　双代号网络图标识

（3）工作或节点的字母代号或数字编号，在同一项任务的网络图中不允许重复使用，或者说，网络图中不允许出现编号相同的不同工作，如图 13 - 6 所示。

（4）在同一网络图中，只允许有一个起点节点和一个终点节点，如图 13 - 7 所示。

（5）在肯定型网络计划的网络图中，不允许出现封闭循环回路，如图 13-8 所示。

（6）网络图的主方向是从起点节点到终点节点的方向，在绘制网络图时应优先选择由左至右的水平走向，如图 13-9 所示。

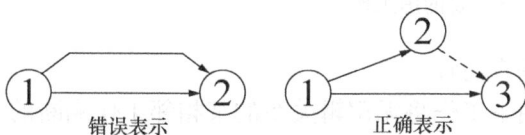

图 13-6 网络图错误与正确示例（一）

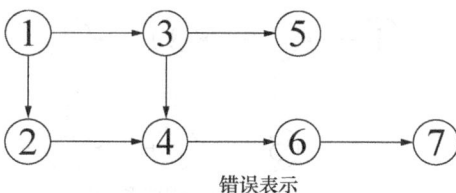

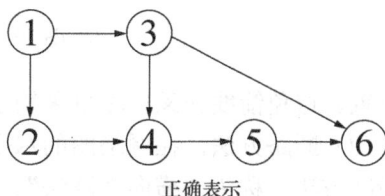

图 13-7 网络图错误与正确示例（二）

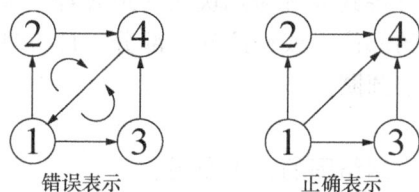

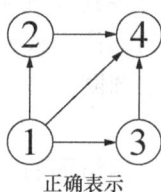

图 13-8 网络图错误与正确示例（三）

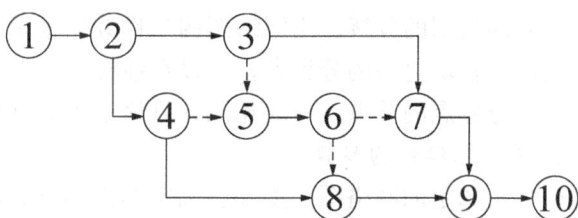

图 13-9 网络图的主方向示意图

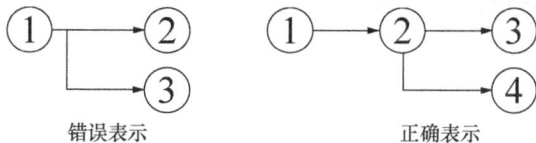

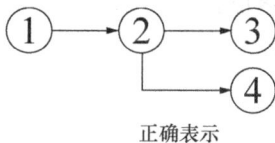

图 13-10 无开始节点示意图

（7）代表工作的箭线，其首尾必须都有节点，即网络图中不允许出现没有开始节点的工作或没有完成节点的工作，如图 13-10 所示。

（8）绘制网络图时，应尽量避免箭线的交叉。当箭线的交叉不可避免时，通常选用"过桥"画法或"指向"画法，如图 13-11 所示。

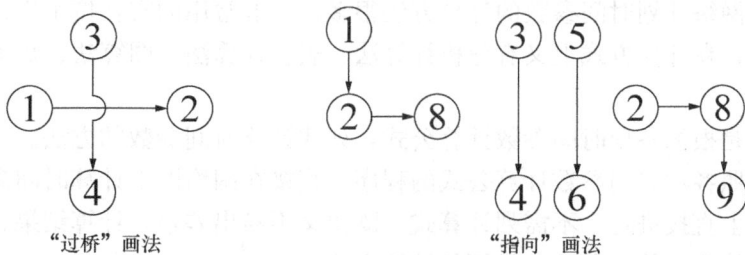

图 13-11 箭线交叉画法

（9）网络图应力求减去不必要的虚工作，如图 13-12 所示。

3. 绘图应注意的问题

（1）布图方法。在保证网络图逻辑关系正确的前提下，要重点突出、层次清晰、布局合理。关键线路应尽可能布置在中心位置，用粗箭线或双箭线画出；密切相关的工作尽可能相

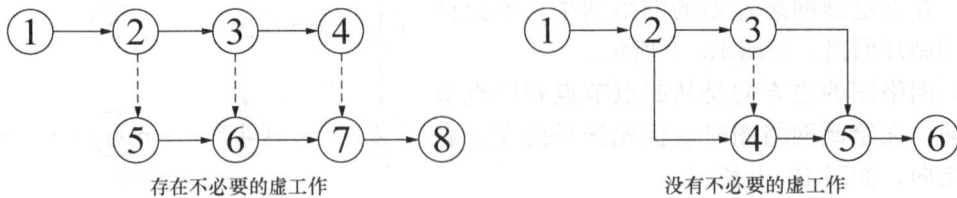

图 13 - 12　力求减去不必要的虚工作

邻布置，避免箭线交叉；尽量采用水平箭杆或垂直箭杆。

（2）断路方法。在网络图的水平方向，采用虚工作将无逻辑关系的某相邻工作隔断的一种断路方法，称为"横向断路法"。

在网络图的竖直方向，采用虚工作将没有逻辑关系的某些相邻工作隔断的一种方法，称为"纵向断路法"。

（3）网络图的分解。当网络图的工作数目很多时，可将其分解为几块在一张或若干张图上来绘制。各块之间的分界点，宜设在箭杆和节点较少的部位，或按照施工部分、日历时间来分块。分界点的节点编号要相同，且该节点应画成双层圆圈。

4. 网络图绘制的步骤

（1）按选定的网络图类型和已确定的排列方式，决定网络图的合理布局。

（2）从起始工作开始，自左至右依次绘制，只有当先行工作全部绘制完成后，才能绘制本工作，直到结束工作全部绘完为止。

（3）检查工作和逻辑关系有无错漏并进行修正。

（4）按网络图绘图规则的要求完善网络图。

（5）按网络图的编号要求将节点编号。

二、双代号网络图时间参数的计算

1. 时间参数计算的概述

双代号网络计划时间参数计算的目的在于通过计算各项工作的时间参数，确定网络计划的关键工作、关键线路和计算工期等，为网络计划的优化、调整和执行提供明确的时间参数和依据。双代号网络计划时间参数的计算方法很多，一般常用的有：按工作计算法和按节点计算法进行计算；在计算方式上又有分析计算法、表上计算法、图算法、矩阵计算法和计算机计算法等。

分析计算法是根据各项时间参数计算公式，列式计算时间参数的方法。

图算法是按照各项时间参数计算公式的程序，直接在网络图上计算时间参数的方法。由于计算过程在图上直接进行，不需列计算式，既快又不易出差错，计算结果直接标在网络图上，便于检查和修改，是一种比较常用的计算方法。

本节只介绍按工作时间和节点时间在图上进行计算的方法（通过分析计算法介绍各时间参数的基本意义和相互之间的关系，通过图算法进行计算）。

2. 工作持续时间的计算

工作持续时间是指一项工作规定的从开始到完成的时间。在肯定型网络计划中

$$D_{i\text{-}j} = \frac{Q_{i\text{-}j}}{S_{i\text{-}j} R_{i\text{-}j} N_{i\text{-}j}} = \frac{P_{i\text{-}j}}{R_{i\text{-}j} N_{i\text{-}j}}$$

(13 - 2)

式中　D_{i-j}——工作 i-j 的持续时间；

　　　Q_{i-j}——工作 i-j 的工程量；

　　　S_{i-j}——完成工作 i-j 的计划产量定额；

　　　R_{i-j}——完成工作 i-j 所需工人数或机械台数；

　　　N_{i-j}——完成工作 i-j 的工作班次；

　　　P_{i-j}——工作 i-j 的劳动量或机械台班数量。

在非肯定型网络计划中，由于工作的持续时间受很多变动因素影响，无法确定出肯定数值，因此只能凭计划管理人员的经验和推测，估计出三种时间，据以得出期望持续时间计算值，即按三时估计法计算，可按式（13-3）计算

$$D_{i-j} = \frac{a_{i-j} + 4c_{i-j} + b_{i-j}}{6}\tag{13-3}$$

式中　D_{i-j}——工作 i-j 的期望持续时间计算值；

　　　a_{i-j}——工作 i-j 的最长估计时间；

　　　c_{i-j}——工作 i-j 的最可能估计时间；

　　　b_{i-j}——工作 i-j 的最短估计时间。

3. 节点时间参数的计算

节点时间参数包括节点最早时间 ET 和节点最迟时间 LT。

（1）节点最早时间是指该节点所有紧后工作的最早可能开始时刻。它应是以该节点为完成节点的所有工作最早全部完成的时间。

由于起点节点代表整个网络计划的开始，为计算简便，令 $ET_1=0$，实际应用时，可将其换算为日历时间。其他节点的最早时间可用式（13-4）计算

$$ET_j = \max\{ET_i + D_{i-j}\}\tag{13-4}$$

式中　ET_j——工作 i-j 的完成节点 j 的最早时间；

　　　ET_i——工作 i-j 的开始节点 i 的最早时间；

　　　D_{i-j}——工作 i-j 的持续时间。

综上所述，节点最早时间应从起点节点开始计算，令 $ET_1=0$，然后按节点编号递增的顺序进行，直到终点节点为止。

（2）节点最迟时间是指该节点所有紧前工作最迟必须结束的时刻。它应是以该节点为完成节点的所有工作最迟必须结束的时刻。若迟于这个时刻，紧后工作就要推迟开始，整个网络计划的工期就要延迟。

由于终点节点代表整个网络计划的结束，因此要保证计划总工期，终点节点的最迟时间应等于此工期。若总工期有规定，可令终点节点的最迟时间 LT_n 等于规定总工期 T，即 $LT_n=T$；若总工期无规定，则可令终点节点的最迟时间 LT_n 等于按终点节点最早时间计算出的计划总工期，即 $LT_n=ET_n$。

其他节点的最迟时间可用式（13-5）计算

$$LT_i = \min\{LT_j - D_{i-j}\}\tag{13-5}$$

式中　LT_i——工作 i-j 开始节点 i 的最迟时间；

　　　LT_j——工作 i-j 完成节点 j 的最迟时间；

　　　D_{i-j}——工作 i-j 的持续时间。

综上所述，节点最早时间应从起点节点开始计算，令 $ET_1=0$，然后按节点编号递增的顺序进行，直到终点节点为止。节点最迟时间的计算是从终点节点开始，首先确定 LT_n，然后按照节点编号递减的顺序进行，直到起点节点为止。

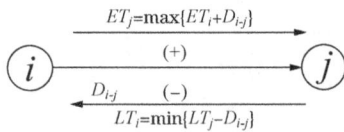

图 13-13 节点时间参数计算关系

节点最早时间和节点最迟时间的计算规律可用图 13-13 表示。

【例 13-2】 试按分析法计算图 13-14 所示某双代号网络计划的各节点时间参数。

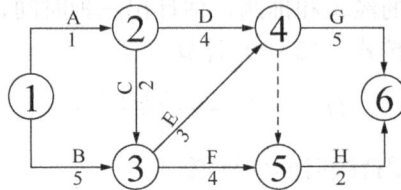

图 13-14 ［例 13-2］双代号网络图

解 (1) 计算 ET_j。令 $ET_1=0$，可得

$$ET_2 = ET_1 + D_{1\text{-}2} = 0 + 1 = 1$$

$$ET_3 = \max\begin{Bmatrix} ET_2 + D_{2\text{-}3} \\ ET_1 + D_{1\text{-}3} \end{Bmatrix} = \max\begin{Bmatrix} 1+2 \\ 0+5 \end{Bmatrix} = 5$$

$$ET_4 = \max\begin{Bmatrix} ET_2 + D_{2\text{-}4} \\ ET_3 + D_{3\text{-}4} \end{Bmatrix} = \max\begin{Bmatrix} 1+4 \\ 5+3 \end{Bmatrix} = 8$$

$$ET_5 = \max\begin{Bmatrix} ET_3 + D_{3\text{-}5} \\ ET_4 + D_{4\text{-}5} \end{Bmatrix} = \max\begin{Bmatrix} 5+4 \\ 8+0 \end{Bmatrix} = 9$$

$$ET_6 = \max\begin{Bmatrix} ET_4 + D_{4\text{-}6} \\ ET_5 + D_{5\text{-}6} \end{Bmatrix} = \max\begin{Bmatrix} 8+5 \\ 9+2 \end{Bmatrix} = 13$$

(2) 计算 LT_i。令 $LT_6 = ET_6 = 13$

$$LT_5 = LT_6 - D_{5\text{-}6} = 13 - 2 = 11$$

$$LT_4 = \min\begin{Bmatrix} LT_6 - D_{4\text{-}6} \\ LT_5 - D_{4\text{-}5} \end{Bmatrix} = \min\begin{Bmatrix} 13-5 \\ 11-0 \end{Bmatrix} = 8$$

$$LT_3 = \min\begin{Bmatrix} LT_5 - D_{3\text{-}5} \\ LT_4 - D_{3\text{-}4} \end{Bmatrix} = \min\begin{Bmatrix} 11-4 \\ 8-4 \end{Bmatrix} = 5$$

$$LT_2 = \min\begin{Bmatrix} LT_3 - D_{2\text{-}3} \\ LT_4 - D_{2\text{-}4} \end{Bmatrix} = \min\begin{Bmatrix} 5-2 \\ 8-3 \end{Bmatrix} = 3$$

$$LT_1 = \min\begin{Bmatrix} LT_3 - D_{1\text{-}3} \\ LT_2 - D_{1\text{-}2} \end{Bmatrix} = \min\begin{Bmatrix} 5-5 \\ 3-1 \end{Bmatrix} = 0$$

由此可以得出确定关键线路的第二个方法：通过计算节点时间参数来确定。若工作 $i\text{-}j$ 的开始节点时间 $ET_i = LT_i$，完成节点时间 $ET_j = LT_j$，且 $ET_j - LT_i = D_{i\text{-}j}$ 时，则该项工作为关键工作，所组成的线路为关键线路。

4. 工作时间参数的计算

工作时间参数包括工作最早开始时间 ES 和最早完成时间 EF、工作最迟开始时间 LS

和最迟完成时间 LF，还包括工作的总时差 TF 和自由时差 FF。

对于任何工作 $i-j$ 来说，其各项时间参数计算，均受到该工作开始节点的最早时间 ET_i、工作完成节点的最迟时间 LT_j 和工作持续时间 D_{i-j} 的限制。

由于工作最早开始时间 ES_{i-j} 和最早完成时间 EF_{i-j} 反映工作 $i-j$ 与前面工作的时间关系，受开始节点 i 的最早时间限制，因此 ES_{i-j} 和 EF_{i-j} 的计算应以开始节点的时间参数为基础。

工作的最迟开始时间 LS_{i-j} 和最迟完成时间 LF_{i-j} 反映工作 $i-j$ 与其后面工作的时间关系，受完成节点 j 的最迟时间的限制。因此 LS_{i-j} 和 LF_{i-j} 的计算应以完成节点的时间参数为基础。其计算见式（13-6）和式（13-7）

$$\left.\begin{array}{l} ES_{i-j} = ET_i \\ EF_{i-j} = ES_{i-j} + D_{i-j} \end{array}\right\} \tag{13-6}$$

$$\left.\begin{array}{l} LF_{i-j} = LT_j \\ LS_{i-j} = LF_{i-j} - D_{i-j} \end{array}\right\} \tag{13-7}$$

工作的时差反映工作在一定条件下的机动时间范围，通常分为总时差和自由时差。

总时差 TF：工作的总时差是指在不影响工期和有关时限的前提下，一项工作可以利用的最大机动时间，即在保证本工作以最迟完成时间完工的前提下，允许该工作推迟其最早开始时间或延长其持续时间的幅度，即

$$TF_{i-j} = LT_j - ET_i - D_{i-j} = LF_{i-j} - EF_{i-j} = LS_{i-j} - ES_{i-j} \tag{13-8}$$

由上式看出，对于任何一项工作 $i-j$ 可以利用的最大时间范围为 $LT_j - ET_i$，其总时差可能有三种情况：

（1）$LT_j - ET_i > D_{i-j}$，即 $TF_{i-j} > 0$，说明该项工作存在机动时间，为非关键工作。

（2）$LT_j - ET_i = D_{i-j}$，即 $TF_{i-j} = 0$，说明该项工作不存在机动时间，为关键工作。

（3）$LT_j - ET_i < D_{i-j}$，即 $TF_{i-j} < 0$，说明该项工作有负时差，计划工期长于规定工期，应采取技术组织措施予以缩短，确保计划总工期。

由此可以得到判断关键线路的第三个方法：通过计算工作的总时差来确定。若 $TF_{i-j} = 0$（$LT_n = ET_n$ 时）或 $TF_{i-j} =$ 规定工期－计划工期（$LT_n =$ 规定工期时），则该项工作 $i-j$ 为关键工作，所组成的线路为关键线路。

自由时差 FF：工作的自由时差是指在不影响其紧后工作最早开始和有关时限的前提下，一项工作可以利用的机动时间，即在不影响紧后工作按最早开始时间开工的前提下，允许该工作推迟其最早开始时间或延长其持续时间的幅度，即

$$FF_{i-j} = ET_j - ET_i - D_{i-j} = ET_j - EF_{i-j} \tag{13-9}$$

（1）$ET_j - ET_i > D_{i-j}$，即 $FF_{i-j} > 0$，说明工作有自由利用的机动时间。

（2）$ET_j - ET_i = D_{i-j}$，即 $FF_{i-j} = 0$，说明工作无自由利用的机动时间。

（3）$ET_j - ET_i < D_{i-j}$，即 $FF_{i-j} < 0$，说明计划工期长于规定工期，应采取措施予以缩短，以保证计划总工期。

工作的总时差对其紧前工作与紧后工作均有影响。一项工作的自由时差只限于本工作利用，不能转移给紧后工作利用，对紧后工作的时差无影响，但对其紧前工作有影响，如动用，将使紧前工作时差减少。

将上述时间参数直接在网络图上计算出来，即为图算法。节点和工作的时间参数一般如

图 13-15　时间参数图例

图 13-15 所示。

三、关键线路的确定

综合以上知识，关键工作和关键线路的确定方法有如下几种：

（1）通过计算所有线路的线路时间 T_S 来确定。线路时间最长的线路即为关键线路，位于其上的工作即为关键工作。

（2）通过计算节点时间参数来确定。若工作 i-j 的开始节点时间 $ET_i=LT_i$，完成节点时间 $ET_j=LT_j$，且 $ET_j-LT_i=D_{i-j}$，则该项工作为关键工作，所组成的线路为关键线路。

（3）通过计算工作的总时差来确定。若 $TF_{i-j}=0$（$LT_n=ET_n$ 时）或 $TF_{i-j}=$ 规定工期－计划工期（$LT_n=$ 规定工期时），则该项工作 i-j 为关键工作，所组成的线路为关键线路。

通常在网络图中用粗实线或双线箭杆将关键线路标出。

【例 13-3】　试按分析法计算图 13-14 所示某双代号网络计划的各工作时间参数。

解　通过计算得知各节点的时间参数如下

$ET_1=0$，$ET_2=1$，$ET_3=5$，$ET_4=8$，$ET_5=9$，$ET_6=13$

$LT_6=13$，$LT_5=11$，$LT_4=8$，$LT_3=5$，$LT_2=3$，$LT_1=0$

则各工作的时间参数如下：

工作 1-2

$ES_{1-2}=ET_1=0$

$EF_{1-2}=ES_{1-2}+D_{1-2}=0+1=1$

$LF_{1-2}=LT_2=3$

$LS_{1-2}=LF_{1-2}-D_{1-2}=3-1=2$

$TF_{1-2}=LS_{1-2}-ES_{1-2}=2-0=2$

$FF_{1-2}=ET_2-EF_{1-2}=1-1=0$

工作 1-3

$ES_{1-3}=ET_1=0$

$EF_{1-3}=ES_{1-3}+D_{1-3}=0+5=5$

$LF_{1-3}=LT_3=5$

$LS_{1-3}=LF_{1-3}-D_{1-3}=5-5=0$

$TF_{1-3}=LS_{1-3}-ES_{1-3}=0-0=0$

$FF_{1-3}=ET_3-EF_{1-3}=5-5=0$

工作 2-3

$ES_{2-3}=ET_2=1$

$EF_{2-3}=ES_{2-3}+D_{2-3}=1+2=3$

$LF_{2-3}=LT_3=5$

$LS_{2-3}=LF_{2-3}-D_{2-3}=5-2=3$

$TF_{2-3}=LS_{2-3}-ES_{2-3}=3-1=2$

$FF_{2-3}=ET_3-EF_{2-3}=5-3=2$

工作 2-4

$ES_{2\text{-}4}=ET_2=1$

$EF_{2\text{-}4}=ES_{2\text{-}4}+D_{2\text{-}4}=1+4=5$

$LF_{2\text{-}4}=LT_4=8$

$LS_{2\text{-}4}=LF_{2\text{-}4}-D_{2\text{-}4}=8-4=4$

$TF_{2\text{-}4}=LS_{2\text{-}4}-ES_{2\text{-}4}=4-1=3$

$FF_{2\text{-}4}=ET_4-EF_{2\text{-}4}=8-5=3$

工作 3-4

$ES_{3\text{-}4}=ET_3=5$

$EF_{3\text{-}4}=ES_{3\text{-}4}+D_{3\text{-}4}=5+3=8$

$LF_{3\text{-}4}=LT_4=8$

$LS_{3\text{-}4}=LF_{3\text{-}4}-D_{3\text{-}4}=8-3=5$

$TF_{3\text{-}4}=LS_{3\text{-}4}-ES_{3\text{-}4}=5-5=0$

$FF_{3\text{-}4}=ET_4-EF_{3\text{-}4}=8-8=0$

工作 3-5

$ES_{3\text{-}5}=ET_3=5$

$EF_{3\text{-}5}=ES_{3\text{-}5}+D_{3\text{-}5}=5+4=9$

$LF_{3\text{-}5}=LT_5=11$

$LS_{3\text{-}5}=LF_{3\text{-}5}-D_{3\text{-}5}=11-4=7$

$TF_{3\text{-}5}=LS_{3\text{-}5}-ES_{3\text{-}5}=7-5=2$

$FF_{3\text{-}5}=ET_5-EF_{3\text{-}5}=9-9=0$

工作 4-6

$ES_{4\text{-}6}=ET_4=8$

$EF_{4\text{-}6}=ES_{4\text{-}6}+D_{4\text{-}6}=8+5=13$

$LF_{4\text{-}6}=LT_6=13$

$LS_{4\text{-}6}=LF_{4\text{-}6}-D_{4\text{-}6}=13-5=8$

$TF_{4\text{-}6}=LS_{4\text{-}6}-ES_{4\text{-}6}=8-8=0$

$FF_{4\text{-}6}=ET_6-EF_{4\text{-}6}=13-13=0$

工作 5-6

$ES_{5\text{-}6}=ET_5=9$

$EF_{5\text{-}6}=ES_{5\text{-}6}+D_{5\text{-}6}=9+2=11$

$LF_{5\text{-}6}=LT_6=13$

$LS_{5\text{-}6}=LF_{5\text{-}6}-D_{5\text{-}6}=13-2=11$

$TF_{5\text{-}6}=LS_{5\text{-}6}-ES_{5\text{-}6}=11-9=2$

$FF_{5\text{-}6}=ET_6-EF_{5\text{-}6}=13-11=2$

判断关键工作和关键线路。根据 $TF_{i\text{-}j}=0$ 得工作 1-3、工作 3-4、工作 4-6 为关键工作，所组成的线路①→③→④→⑥为关键线路。

确定计划总工期 $T=ET_n=LT_n=13$。

［例 13 - 2］及［例 13 - 3］的图算法如图 13 - 16 所示（图例如图 13 - 15 所示）。

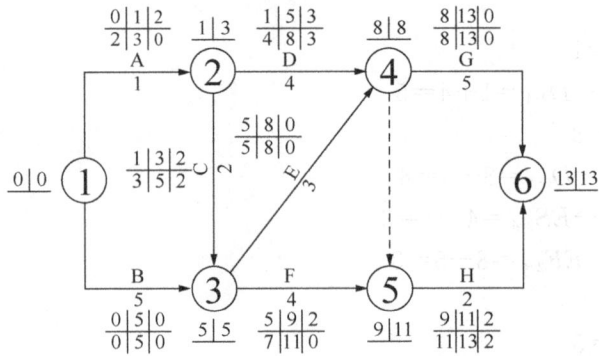

图 13-16　[例 13-2]、[例 13-3] 图算法结果

第三节　单代号网络计划

一、单代号网络图的组成

单代号网络图又称工作节点网络图,是网络计划的另一种表示方法,具有绘图简便、逻辑关系明确、易于修改等优点。

单代号网络图由工作和线路两个基本要素组成。

1. 工作

工作用节点来表示,通常画成一个大圆圈或方框形式,其内标注工作编号、名称和持续时间等内容,如图 13-17 所示。工作之间的关系用实箭杆表示,它既不消耗时间,也不消耗资源,只表示各项工作间的网络逻辑关系。

相对于箭尾和箭头来说,箭尾节点称为紧前工作,箭头节点称为紧后工作。

图 13-17　单代号网络图表示方法

2. 线路

线路是由网络图的起点节点出发,顺着箭杆方向到达终点,中间经由一系列节点和箭杆所组成的通路。

同双代号网络图一样,线路也分为关键线路和非关键线路,其性质和线路时间的计算方法均与双代号网络图相同。

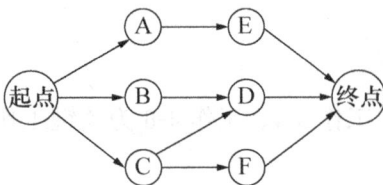

图 13-18　单代号网络图示意

二、单代号网络图的绘制

在双代号网络图中所说明的绘图规则,对单代号网络图原则上都适用。单代号网络图中有多项开始和多项结束工作时,应在网络图的两端分别设置一项虚工作,作为网络图的起点节点和终点节点,其他再无任何虚工作,如图 13-18 所示,起点节点和终点节点为虚工作,

再无其他虚工作。

三、单代号网络图时间参数的计算

因为单代号的节点代表工作，所以它的时间参数计算的内容、方法和顺序等与双代号网络图的工作时间参数计算相同。但因为表达方式不同，参数计算略有不同。

单代号网络图工作时间参数关系如图 13-19 所示。

图 13-19　单代号网络图工作时间
参数关系示意图

单代号网络图时间参数计算公式如下（式中 $i<j$）

$$ES_j = \max\{ES_i + D_i\} = \max\{EF_i\} \qquad (13-10)$$

$$EF_j = ES_j + D_j \qquad (13-11)$$

$$LF_i = \min\{LS_j\} \qquad (13-12)$$

$$LS_i = LF_i - D_i \qquad (13-13)$$

$$TF_i = LS_i - ES_i = LF_i - EF_i \qquad (13-14)$$

$$FF_i = \min\{ES_j\} - EF_i \qquad (13-15)$$

上述公式中，各种符号的意义和计算规则与双代号网络计划完全相同。

下面介绍单代号网络计划时间参数计算的图算法。单代号网络计划时间参数在网络图上的表示方法一般如图 13-20 所示。

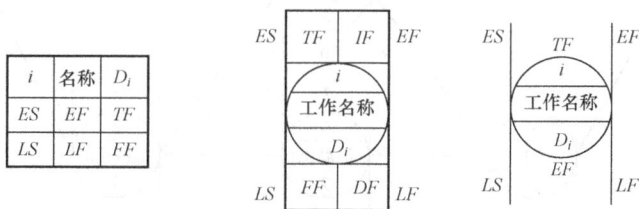

图 13-20　单代号网络图时间参数表示方法

【例 13-4】　某工程由支模板、绑扎钢筋、浇筑混凝土三个分项工程组成，各分为三个施工段施工，各个分项工程每个施工段的持续时间分别为 3、3、2 天，试绘制单代号网络图并按图算法计算各时间参数。

解　首先绘出单代号网络图，然后按下列步骤进行时间参数计算，如图 13-21 所示。

（1）计算 ES_i 和 EF_i。由起点节点开始，首先假定整个网络计划的开始时间为 0，即 $ES_1 = 0$，然后从左至右按节点编号递增的顺序计算，直到终点节点为止，并随时将计算结果填入相应栏。

（2）计算 LF_i 和 LS_i。由终点节点开始，假定终点节点的最迟完成时间 $LF_9 = EF_9 = 14$，从右到左按工作编号递减的顺序逐个计算，直到起点节点为止，并随时将计算结果填入相应栏。

（3）计算 TF_i 和 FF_i。由起点节点开始，逐个工作计算，并随时将计算结果填入相应栏。

（4）判断关键工作和关键线路。根据 $TF_i = 0$ 进行判断，关键线路以粗箭线表示（图 13-22）。

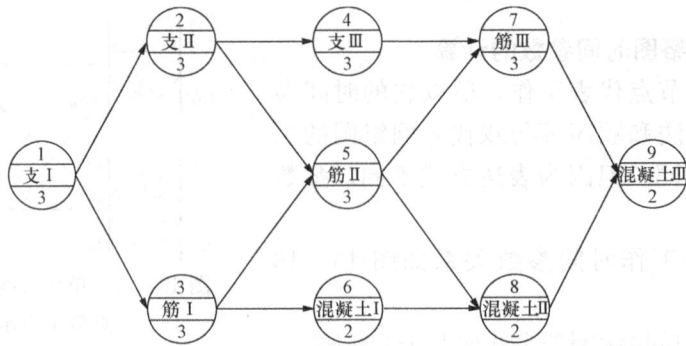

图 13-21　[例 13-4] 绘制单代号网络图

（5）确定计划总工期。计划总工期为 14 天，如图 13-22 所示。

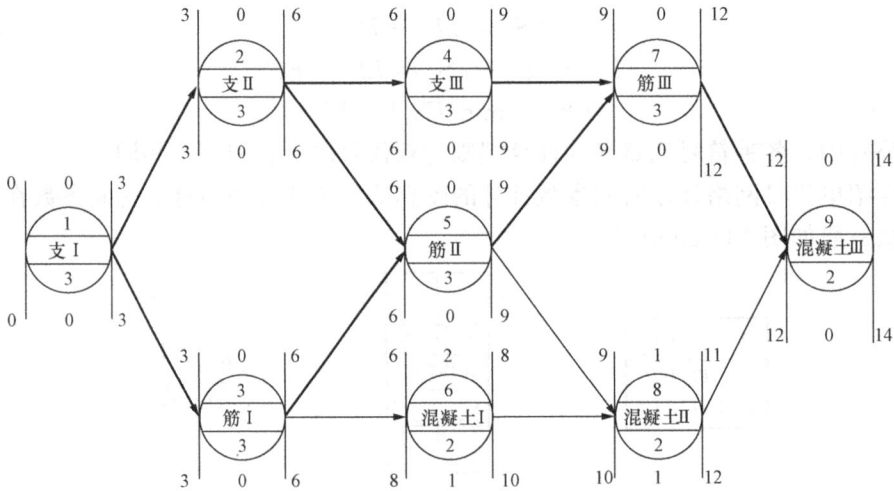

图 13-22　[例 13-4] 时间参数计算结果

第四节　网络计划的优化

网络计划优化就是在满足既定的约束条件下（工期、成本或资源），按某一目标，如缩短工期、节约费用、资源平衡等，通过不断调整初始网络计划，寻找最优网络计划方案的过程。

网络计划的优化方式分为工期优化、工期—成本优化和工期资源优化。

（1）工期优化的作用在于当网络计划的计算工期不能满足要求工期时，通过不断压缩关键线路上的关键工作的持续时间，达到缩短工期，满足要求工期的目的。

（2）工期—成本优化的作用是在完成一项工程的多种施工方法和组织方式中，确定一个所付出的费用最低或较低的最优或较优的方案。因为不同的施工方法和组织方式，对完成同一工作会有不同的持续时间与费用。而一项工程是由多个工作组成，所以安排一项工程计划时就可能出现多种方案，它们的总工期和总成本也因此而有所不同。因此，需要从多种方案中确定一种较适宜的方案，即需要用工期—成本优化的方法解决。

（3）工期资源优化的作用是解决一个部门或单位在一定时间内所能供应的各种资源（劳动力、机械及材料等）有一定限制的情况下，如何经济而有效地利用这些资源的问题。在资源计划安排时有两种情况：一种情况是网络计划的需要资源受到限制，如果不增加资源数量（例如劳动力）可能会迫使工程的工期延长，或者不能进行（材料供应不及时）；另一种情况是在一定时间内如何合理安排各工作的活动时间，使可供应使用的资源均衡地消耗。

对于不同的优化方式，有不同的优化理论和方法，但有些优化方法必须借助计算机来完成。本节中主要介绍工期优化和工期—成本优化的方法。

一、工期优化

当网络计划的计算工期大于要求的工期时，需要改变计划的施工方案和组织方式。但是在许多情况下，若仍然不能达到要求，那么解决的途径就只有增加劳动力或增加班次或机械设备，缩短工作的持续时间。

但缩短哪一项或哪几项工作才能缩短工期呢？工期优化的方法就是使计划编制者有目的地去压缩关键工作的持续时间。解决此类问题的方法有"顺序法"、"加权平均法"、"选择法"等。"顺序法"是按关键工作开工的时间来确定，先干的工作先压缩。"加权平均法"是按关键工作持续时间长短的百分比压缩。这两种方法没有考虑需要压缩的关键工作所需要的资源是否有保证及相应的费用增加幅度。"选择法"更接近于实际需要，故在此作详细介绍。

1. "选择法"工期优化所考虑的因素

应按下列因素选择应缩短持续时间的关键工作：

（1）缩短持续时间对质量影响不大的工作。

（2）有充足的工作面，安全有保障的工作。

（3）有充足的材料和机械供应的工作。

（4）缩短持续时间所需增加的费用最少的工作。

2. 工期优化的步骤

（1）找出网络计划的关键线路和计算出计算工期。

（2）按要求工期计算应缩短的时间。

（3）选择应优先缩短持续时间的关键工作。

（4）将应优先缩短的关键工作压缩至最短持续时间，并找出关键线路，需要注意的是，在压缩关键线路的线路时间时，会使某些时差较小的次关键线路上升为关键线路，这时需同时压缩次关键线路上有关工作的作业时间，才能达到缩短工期的要求。若被压缩的工作变成了非关键工作，则应将其持续时间延长，使之仍为关键工作。

（5）若计算工期仍超过要求工期，则重复上述步骤，直到满足工期要求或工期已不能再缩短为止。

（6）当所有关键工作的持续时间都已达到最短持续时间而工期仍不能满足要求时，应对计划的技术、组织方案进行调整，或对要求工期重新审定。

【例 13 - 5】 已知网络计划如图 13 - 23 所示，图中箭杆上数据为正常持续时间，括号内为最短持续时间，假定要求工期为 105 天。根据选择应缩短

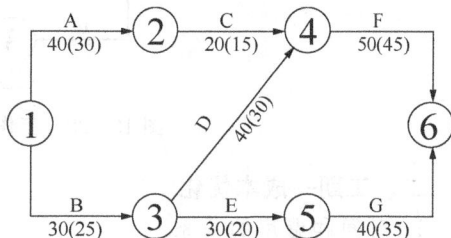

图 13 - 23 ［例 13 - 5］网络计划

持续时间的关键工作宜考虑的因素,缩短顺序为 B、C、D、E、F、G、A。试对该网络计划进行优化。

解 (1) 根据工作正常时间计算各个节点的时间参数,并找出关键工作和关键线路。如图 13-24 所示。

(2) 计算缩短工期。计算工期为 120 天,要求工期为 105 天,需缩短工期 15 天。

(3) 根据已知条件,先将 B 缩短至 25 天,即得网络计划如图 13-25 所示。

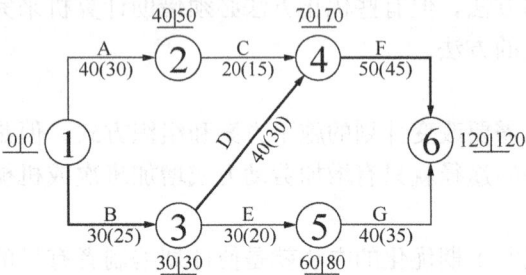

图 13-24　找出关键工作关键线路　　　　图 13-25　工作 B 缩短至 25 天的网络计划

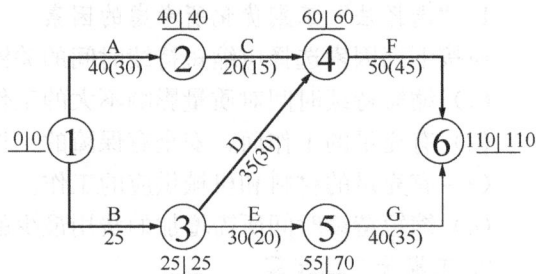

(4) 根据已知缩短顺序,缩短 D 至 30 天,即得网络计划如图 13-26 所示。

(5) 增加 D 的持续时间至 35 天,使之仍为关键工作,如图 13-27 所示。

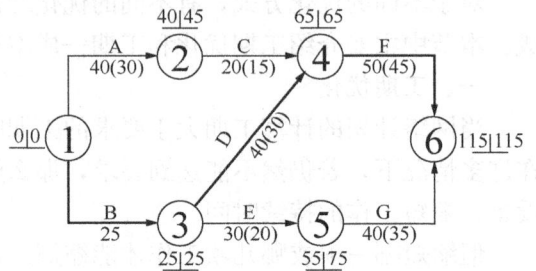

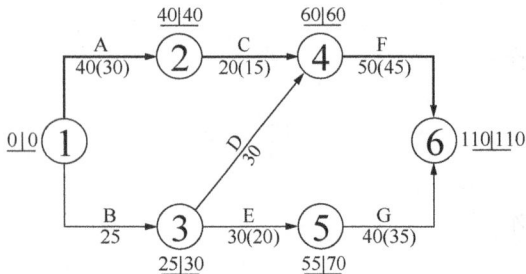

图 13-26　工作 D 缩短至 30 天的网络计划　　　图 13-27　工作 D 延长至 35 天的网络计划

(6) 根据已知缩短顺序,同时将 C、D 各压缩 5 天,使工期达到 105 天的要求,如图 13-28 所示。

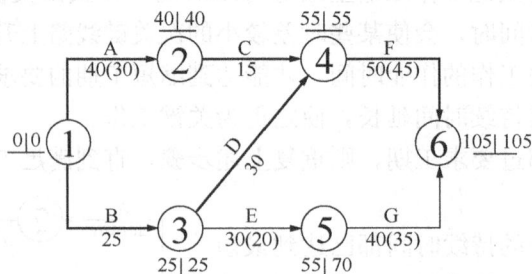

图 13-28　工作 C、D 各压缩 5 天的网络计划

二、工期—成本优化

1. 时间和费用的关系

(1) 工期与费用。工程成本包括直接费用和间接费用两部分。在一定范围内,直接费用

随着时间的延长而减少，而间接费用则随着时间的延长而增加。如图13-29所示，工程总成本曲线是由直接费曲线和间接费曲线叠加而成的，曲线上的最低点就是工程计划的最优方案之一。其对应的工期就是最佳工期。工期—成本优化的目的就在于寻求最低成本和对应的最佳工期。

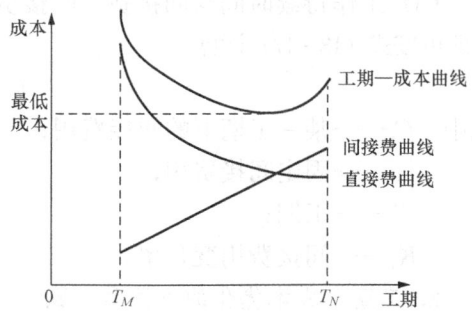

图13-29　工期—成本曲线

（2）工作持续时间与直接费用。就工作而言，只发生直接费用。完成一项工作的施工方法很多，但是总有一个是费用最低的，就称与之相应的持续时间为正常时间；如果要加快工作的进度，就要采取加班加点，增加工作班次，增加或换用大功率机械设备，采取更有效的施工方法等措施，采用这些措施一般都要增加费用，但工作持续时间在一定条件下也只能缩短到一定的限度，这个时间限度称为"极限时间"。

工作时间与费用的关系曲线主要有连续型和非连续型两种。

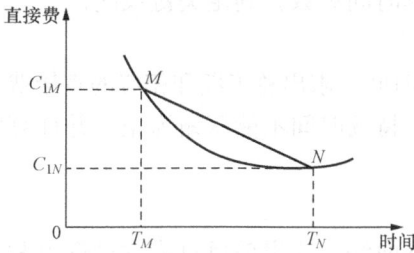

图13-30　工作持续时间和费用
曲线（连续型）

1）连续型关系：即正常时间和极限时间之间工作持续时间是连续分布的，它与直接费用的关系也是连续分布的，如图13-30所示。

图13-31中，N点称为正常点，与其相对应的时间称为工作的正常时间，对应的直接费用称为工作的正常直接费用。工作的正常持续时间一般是指在符合施工顺序、合理的劳动组织和满足工作面要求的条件下，完成某项工作投入的人力和物力较少，相应的直接费用最低时所对应的持续时间就是该工作的正常持续时间。若持续时间超过此限值，工作持续时间与直接费用的关系将变为正比关系。

M点称为极限点。同M点相对应的时间称为工作的极限时间，对应的直接费用称为工作的极限直接费用。工作的极限持续时间一般是指在符合施工顺序、合理劳动组织和满足工作面施工的条件下，完成某项工作投入的人力、物力最多，相应的直接费用最高时所对应的持续时间。若持续时间短于此限值，投入的人力、物力再多，也不能缩短工期，而直接费用则猛增。

由M点～N点所确定的时间区段，称为完成某项工作的合理持续时间范围在此区段内，工作持续时间与直接费用呈反比关系。

一般用割线MN的斜率近似表示单位时间内直接费用的增加（或减少）值，称为直接费变化率，用K表示，则

$$K = \frac{C_{1M} - C_{1N}}{T_N - T_M} \quad (13-16)$$

2）离散型关系：M点～N点之间工作持续时间是非连续分布的，只有几个特定的点才能作为工作的合理持续时间，它与直接费用的关系如图13-31所示。

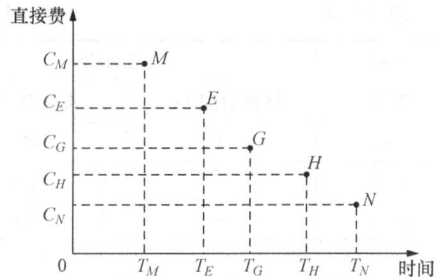

图13-31　工作持续时间和费用
曲线（离散型）

（3）工作持续时间与间接费。间接费同工作持续时间一般呈线性关系，如图 13 - 29 所示。一般可按式（13 - 17）计算

$$C_i = a + T_i K_i \qquad\qquad (13 - 17)$$

式中　C_i——某一工期下的间接费用；

$\quad\ a$——固定间接费用；

$\quad\ T_i$——工期；

$\quad\ K_i$——间接费用变化率。

2. 工期—成本优化的方法和步骤

工期—成本优化的基本方法就是从组成网络计划的各项工作的持续时间与费用关系中，找出能使计划工期缩短而又能使直接费用增加最少的工作，不断地缩短其持续时间，然后考虑间接费用随着工期缩短而减少的影响，将在不同工期下的直接费用和间接费用分别叠加，即可求得工程成本最低时的相应最优工期和工期一定时相应的最低工程成本。

工期—成本优化的步骤如下：

（1）列表确定各项工作的极限持续时间及相应费用。

（2）根据各项工作的正常持续时间绘制网络图，计算时间参数，确定关键线路。

（3）确定正常持续时间网络计划的直接费用。

（4）压缩关键线路上直接费用变化率最低的工作持续时间，求出总工期和相应的直接费。

（5）往复进行步骤（4），直至所有关键线路上的工作持续时间不能压缩为止，并计算每一循环后的费用。

（6）求出项目工期—间接费用曲线。

（7）叠加直接费用、间接费用曲线，求出工期—成本曲线，找出项目总成本最低点和最佳工期。

（8）绘出优化后网络计划。

【例 13 - 6】　某工程由六项工作组成，各项工作持续时间和直接费用等有关参数，见表 13 - 2。已知该工程间接费变化率为 165 元/天，正常工期的间接费用为 3000 元。则试编制该网络计划的工期—成本优化方案。

解　（1）计算直接费变化率，填入表 13 - 2 中。

（2）绘制出网络图计划初始方案，并计算出时间参数，如图 13 - 32 所示；正常工期为 $T = 16$ 天，直接费用为 6220 元，间接费用为 3000 元，工程成本为 9220 元。

表 13 - 2　　　　　　　　　　　工作持续时间及直接费用参数

工作编号	正常工期		极限工期		直接费变化率 K_{i-j}
	持续时间 D_{i-j}	直接费 C_{i-j}	持续时间 D'_{i-j}	直接费 C'_{i-j}	
1 - 2	4	800	3	950	150
1 - 3	6	1250	4	1560	155
2 - 4	6	1000	5	1160	160
3 - 4	7	1070	5	1320	125
3 - 5	8	900	5	1530	210
4 - 5	3	1200	2	1400	200
合计		6220			

（3）优化。第一次循环，如图 13-32 所示，有一条关键线路，关键工作 1-3、3-4、4-5，3-4 工作的直接费变化率最低，故将 3-4 工作压缩 2 天，此时直接费用增加 125×2＝250 元，间接费用减少 165×2＝330 元，工程成本为 9140 元。压缩后的网络图如图 13-33 所示。

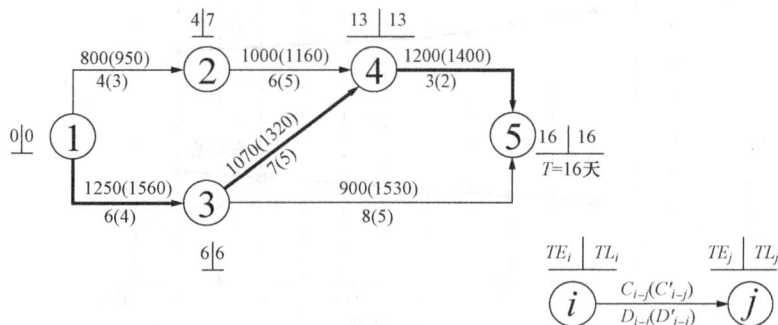

图 13-32 网络计划初始方案

第二次循环，如图 13-33 所示，关键线路有两条，关键工作 1-3 的直接费变化率最低，故将其压缩 1 天，此时直接费用增加 155 元，间接费用减少 165 元，工程成本为 9130 元。压缩后的网络图如图 13-34 所示。

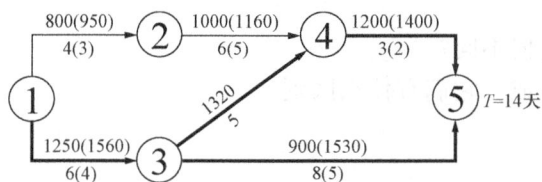

图 13-33 第一次循环后的网络计划

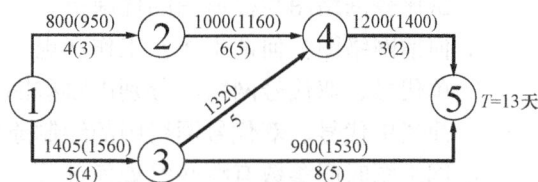

图 13-34 第二次循环后的网络计划

第三次循环，从图 13-34 看出，关键线路有三条，同时将关键工作 1-2、1-3 压缩 1 天，直接费用增加 150＋155＝305 元，间接费用减少 165 元，工程成本为 9270 元，压缩后的网络图如图 13-35 所示。

第四次循环，从图 13-35 看出，关键线路有三条，同时压缩 3-5 和 4-5 工作 1 天，直接费用增加 210＋200＝410 元，间接费用减少 165 元，工程成本为 9515 元。压缩后的网络图如图 13-36 所示。

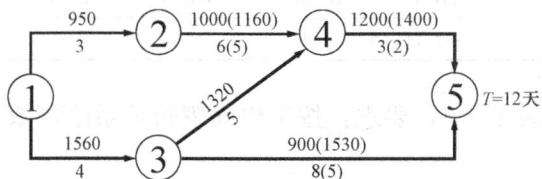

图 13-35 第三次循环后的网络计划

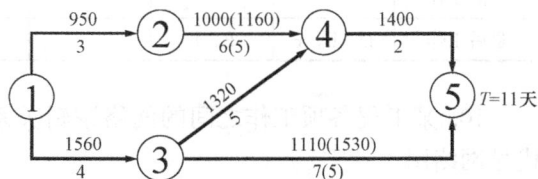

图 13-36 第四次循环后的网络计划

网络图已压缩至极限工期，循环至此结束。

（4）绘制工期—费用曲线如图 13-37 所示。确定本工程所对应的最低费用为 9130 元，对应的最佳工期为 13 天。

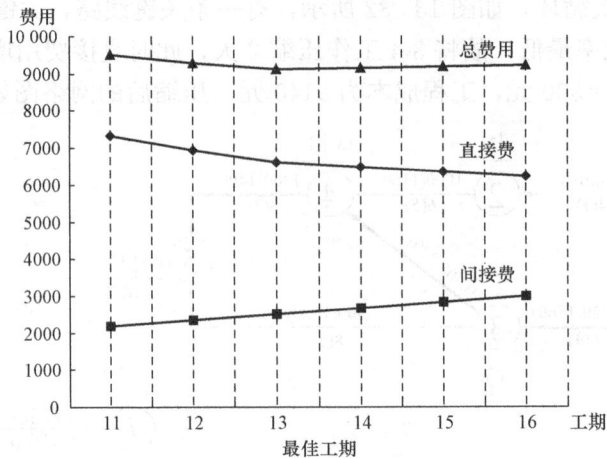

图 13-37 工期—费用曲线

思 考 题

1. 试比较网络图与横道图的优缺点。

2. 何谓网络图？何谓工作？工作和虚工作有何不同？

3. 单代号、双代号网络图分别由哪些因素组成？它们有什么区别？

4. 简述单代号、双代号网络图的绘制原则。

5. 网络图时间参数有哪些？如何计算？

6. 工作的总时差和自由时差如何确定？

7. 网络图的关键线路和关键工作如何确定？

8. 网络计划优化的原理及内容是什么？

9. 某工程各项工作之间的网络逻辑关系见表 13-3，要求：按工作间逻辑关系绘制双代号网络图。

表 13-3   思考题 9 表

工作名称	A	B	C	D	E	F	G	H
紧前工作	—	—	—	A	A，B	A，B，C	D，E	E，F
紧后工作	D，E，F	E，F	F	G	G，H	H	—	—

10. 某工程各项工作之间的网络逻辑关系见表 13-4，要求：按工作间逻辑关系绘制双代号网络图。

表 13-4   思考题 10 表

工作名称	A	B	C	D	E	G	H
紧前工作	C，D	E，H	—	—	—	D，H	—

11. 某工程各项工作之间的网络逻辑关系见表 13-5，要求：按工作间逻辑关系绘制双

代号网络图，按图算法计算各项节点和工作的时间参数，判断关键工作和关键线路，确定计划总工期。

表 13-5   思 考 题 11 表

工作名称	A	B	C	D	E	G	H	I	J	K
紧前工作	—	A	A	B	B	D	G	E, G	C, E, G	H, I
持续时间	2	3	5	2	3	3	2	3	6	2

12. 某工程各项工作之间的网络逻辑关系见表 13-6，要求：按工作间逻辑关系绘制双代号网络图，按图算法计算各项节点和工作的时间参数，判断关键工作和关键线路，确定计划总工期。

表 13-6   思 考 题 12 表

工作名称	A	B	C	D	E	G	H	I	J	K
紧前工作	—	A	A	A	B	C, D	D	B	E, H, G	G
持续时间	2	3	4	5	6	3	4	7	2	3

13. 某工程各项工作之间的网络逻辑关系见表 13-7，要求：按工作间逻辑关系绘制双代号网络图，按图算法计算各项节点和工作的时间参数，判断关键工作和关键线路，确定计划总工期。

表 13-7   思 考 题 13 表

工作名称	A	B	C	D	E	F	G	H	I
紧前工作	—	A	B	B	C, D	—	E	E, F	G, H
持续时间	4	4	4	2	4	2	5	6	4

14. 某工程各项工作之间的网络逻辑关系见表 13-8，要求：按工作间逻辑关系绘制双代号网络图，按图算法计算各项节点和工作的时间参数，判断关键工作和关键线路，确定计划总工期。

表 13-8   思 考 题 14 表

工作名称	A	B	C	D	U	V	W	X	Y	Z
紧前工作	—	A	B, V	C, Y	A	U	V	W, C	A	Y
紧后工作	Y, B, U	C	D, X	—	V	W, C	X	—	Z, D	—
持续时间	3	7	5	4	2	8	6	10	1	5

第十四章　单位工程施工组织设计

◯ 本章要点

单位工程施工组织设计概述；施工方案设计；单位工程施工进度计划和资源需要量计划；单位工程施工平面图设计。

◯ 基本要求及重点、难点

(1) 熟悉单位工程施工组织设计的编制程序和依据；
(2) 掌握单位工程施工组织设计的内容及其编制方法和步骤；
(3) 熟悉施工方案技术经济分析的指标体系和方法。
- 重点：单位工程施工进度计划，单位工程资源需要量计划。
- 难点：施工方案的设计。
- 深度和广度：通过本章的学习，应具备编制单位工程施工组织设计的能力。

第一节　单位工程施工组织设计概述

单位工程施工组织设计是对单位工程施工所做的全面安排，是指导单位工程施工的技术、经济和组织的综合性文件。

一、单位工程施工组织设计编制依据

单位工程施工组织设计编制依据，主要有以下几个方面：

(1) 建设单位（业主）对工程的要求及主管部门的批示文件。如所签订施工承包合同中约定的开、竣工日期，质量等级，技术要求，验收办法，土地申请和施工执照等方面的要求。

(2) 经过会审的施工图、标准图及图纸会审记录；其中包括：单位工程的全部施工图样、会审记录和标准图等有关设计资料，对于较复杂的建筑工程还要有设备图样和设备安装对土建施工的要求，及设计单位对新结构、新材料、新技术和新工艺的要求。

(3) 施工现场资料和信息。如地形、地质、地上地下障碍物、水准点、气象、交通运输、水、电等。

(4) 国家及建设地区现行的有关规定。如施工验收规范、安全操作规程、质量评定标准等文件。

(5) 施工组织总设计。如果单位工程是建设项目的一个组成部分时，必须按施工组织总设计的有关内容及要求编制。

(6) 工程施工预算及有关劳动定额应有详细的分部分项的工程量，必要时应有分层、分段的工程量及劳动定额。

（7）建设单位可能提供的条件。如供水、供电、施工道路、施工场地及临时设施等条件。

（8）施工单位的生产能力及本地区劳动力、资源的分布状况。如施工中需要的劳动力、施工机具和设备、材料、预制构件和加工品的供应能力和来源情况。

二、单位工程施工组织设计的程序

单位工程施工组织设计程序，如图 14-1 所示。

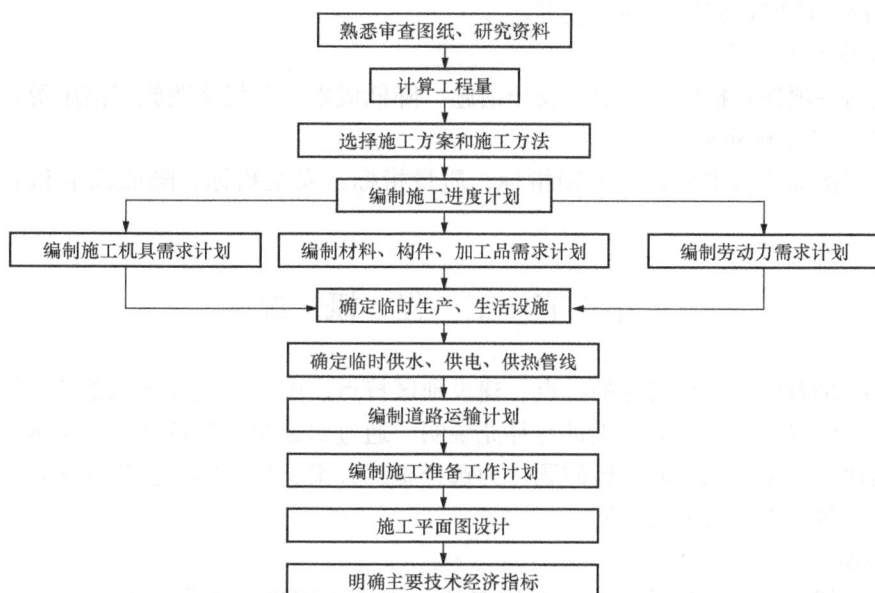

图 14-1　单位工程施工组织设计程序

三、单位工程施工组织设计的内容

单位工程施工组织设计应根据拟建工程的性质、特点及规模的不同，同时考虑到施工要求及条件进行编制、设计，必须真正起到指导现场施工的作用。一般包括下列内容。

1. 工程概况

工程概况主要包括工程建设特点、建筑场地特征、施工条件、建筑设计、结构设计、上级有关文件或要求等。

2. 施工部署和施工方案

施工部署和施工方案包括确定总的施工顺序及确定施工流向，主要分部分项工程的划分及其施工方法的选择、施工段的划分、施工机械的选择、技术组织措施的拟订等。

3. 施工进度计划

施工进度计划主要包括划分施工过程和计算工程量、劳动量、机械台班量、施工班组人数、每天工作班次、工作持续时间，以及确定分部分项工程施工顺序及搭接关系、绘制施工进度计划等。

4. 施工准备工作计划

施工准备工作计划主要包括施工前的技术准备、物资准备、劳动组织准备、施工现场准备和施工场外准备。包括机械设备、工具、材料、构件和半成品构件的准备，并编制准备工作计划。

5. 资源需用量计划

资源需用量计划包括材料需用量计划、劳动力需用量计划、构件及半成品构件需用量计划、机械需用量计划、运输量计划等。

6. 单位工程施工平面图

施工平面图主要包括施工所需机械位置的安排、临时加工场地、场地布置及临时水网电网、临时道路、临时设施用房的布置等。

7. 主要技术组织措施

主要包括各项技术措施，质量、安全措施，降低成本和现场文明施工措施等。

8. 技术经济指标分析

技术经济指标分析主要包括工期指标、质量指标、安全指标、降低成本和节约材料指标等。

第二节 工 程 概 况

工程概况是对拟建工程自身的特点、建设地区特点、施工环境及施工条件等做出的简明扼要的描述。可以加入相应的图纸进行补充说明。通过对建筑结构特点、建设地点特征、施工条件的描述，找出施工中的关键问题，为选择施工方案、组织物资供应和配备技术力量提供依据。一般包括以下五方面内容。

1. 一般概况

主要包括拟建工程的建设单位、工程名称、性质、用途、资金来源、造价、开竣工日期、设计单位、监理单位、施工单位、协作单位、施工承包合同及主管部门的有关文件等。

2. 建筑特点

主要介绍工程的建筑面积、层数、层高、总高度、平面尺寸、抗震设防要求、平面组合形式、形状、室内外装饰的构造和做法等。

3. 结构特点

主要介绍基础类型及埋深、结构形式、结构抗震等级、主要结构混凝土强度等级、特殊结构构件的特征、主体结构类型、楼梯构造和形式等。

4. 建设场地特点

主要是对建设地点的位置、地形、交通与水文地质条件，不同深度的土壤特性分析及对当地的气温状况、冬雨期起止时间、常年主导风向、风力等的描述。

5. 施工条件

主要是对拟建工程的水、电、道路、场地平整等情况和建筑物周围环境、材料、构件、半成品构件的供应能力和加工能力，以及施工单位的建筑机械和运输能力、施工技术、管理水平等的描述。

第三节 施工部署和施工方案

施工部署就是从整个工程全局来考虑施工的总体安排，如同作战的战略部署一样，这是施工中决策性的重要环节。施工方案是单位工程施工组织设计的核心内容，施工方案选择是否合理，将直接影响到工程的施工质量、施工速度、工程造价及企业的经济效益，故必须引起足够的重视。因此，必须在若干个初步方案的基础上进行分析比较，力求选择一个最经济、最合理的施工方案。

施工方案的选择包括以下四方面的内容：确定施工流向和施工顺序，划分施工段，选择施工方法和施工机械；拟订主要技术组织措施。

一、确定施工流向和施工顺序

1. 施工流向的确定

施工流向指的是单位工程在平面上或空间上施工的开始部位及其展开的方向。对单层建筑物来讲，仅确定在平面上施工的起点和施工流向即可，而多、高层建筑物，除了确定每层平面上的起点和流向外，还需确定在竖向上施工的起点和流向。在确定单位工程施工起点流向时，一般应考虑如下因素：

(1) 车间的生产工艺流程，往往是确定施工流向的关键因素。因此，从生产工艺上考虑影响其他工段试车投产的工段应该先施工。图 14 - 2 所示是一个多跨单层装配式工业厂房，其生产工艺顺序为 A - B - C - D - E。从施工的角度来看，从厂房的任何一端开始施工都是可行的，但是按照生产工艺顺序来进行施工，不但可以使得设备安装工程提前进行，缩短工期，而且可提早投入生产，充分发挥建设投资效果。

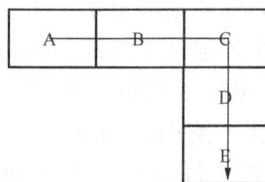
图 14 - 2　某单层工业厂房施工顺序

(2) 建设单位对生产和使用的需要。

(3) 施工的繁简程度。一般技术复杂、施工进度较慢、工期较长的区段或部位应先施工。例如高层现浇钢筋混凝土结构工程，主楼部分先施工，裙楼部分后施工。

(4) 房屋高低或高低跨。如柱子的吊装应从高低并列处开始；屋面防水层施工应按先高后低的方向施工，同一屋面则由檐口到屋脊方向施工；基础有深浅时，应按先深后浅的顺序施工。

(5) 工程现场条件和施工方案。施工场地的大小，道路布置和施工方案中采用的施工方法和机械是确定施工起点和流向的主要因素。如土方工程边开挖边余土外运，则施工起点应确定在离道路远的部位并且由远及近的进行施工。

(6) 分部分项工程的特点及其相互关系。密切相关的分部分项工程的流水，如果前导施工过程的起点流向确定，则后续施工过程也便随其而定。如单层工业厂房的挖土工程的起点流向决定柱基础施工过程和某些预制、吊装施工过程的起点流向，而在多高层建筑室内装饰中，则需根据装饰工程的工期、质量、安全使用要求及施工条件来确定施工起点流向。一般有自上而下、自下而上及从中而下再自上而中三种。

1) 装饰工程自上而下的施工流向，是指在主体结构工程封顶，做好屋面防水层后，从顶层开始，逐层向下进行，其施工流向如图 14 - 3 所示，有水平向下和垂直向下两种情况，水平向下的流向较多。

这种施工流向的优点是主体结构完成后再进行装修，有一定的沉降时间，这样能保证装饰工程的质量；同时做好屋面防水层后，可防止在雨期施工时，因雨水渗漏而影响到装饰工

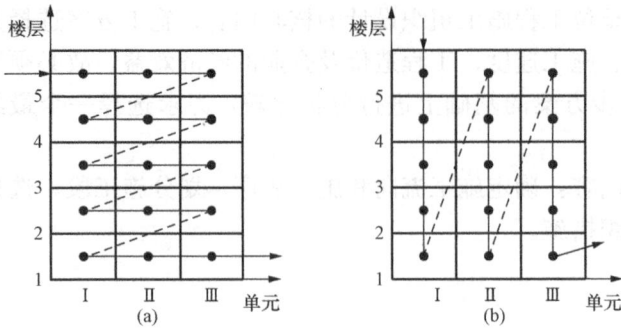

图 14-3　装饰工程自上而下施工流向图
（a）水平向下；（b）垂直向下

程的质量；且自上而下流水施工，各工序之间交叉少，便于组织施工，清理垃圾，保证安全文明施工。其缺点是不能与主体工程施工进行搭接，工期长。

2）装饰工程自下而上的施工流向，是指当主体结构工程的砖墙砌到2～3层以上时，装饰工程可从一层开始，逐层向上进行的施工流向。其施工流向如图 14-4 所示，有水平向上和垂直向上两种。

这种施工流向的优点是可以和主体砌墙工程进行交叉施工，工期短，但缺点是工序之间交叉多，施工组织复杂，工程的质量及生产的安全性不易保证。使用这种施工流向，应在相邻两层中加强施工组织与质量管理。

3）装饰工程自中而下，再自上而中的施工流向，如图 14-5 所示。这种施工流向综合了上述两种施工流向的优缺点，适用于中高层建筑的室内装修工程。应当指出，在流水施工中，施工起点及流向决定了各施工段上的施工顺序，因此在确定施工流向时，应划分好施工段。

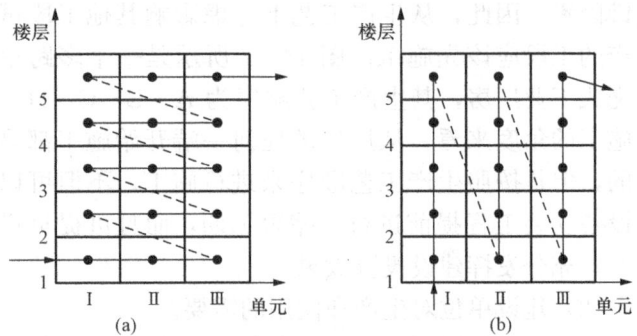

图 14-4　装饰工程自下而上施工流向图
（a）水平向上；（b）垂直向上

2. 施工顺序的确定

施工顺序是指单位工程中各分部工程或各分项工程的先后顺序，它体现了各施工过程间的制约关系。在组织施工时，应根据不同阶段，不同的工作内容，按其固有的、不可违背的先后次序依次展开。这样有利于保证工程质量，保证工期，提高生产效益。一般应依据工程特点、施工条件、使用要求等组织施工顺序。

（1）施工中通常应遵守的总体原则主要有：

1）先地下后地上。先地下后地上主要是指首先完成管道及管线等地下设施、土方工程和基础工程，然后开始地上工程施工；对于地下工程施工也应按先深后浅的顺序进行，以免造成返工或对上部工程造成干扰，或者使得施工不便，影响质量造成浪费。

2）先主体后围护。先主体后围护通常指框架结构和排架结构的建筑中，首先对框架主体结构进行施工，再进行围护结构的施工。

3）先结构后装饰。先结构后装饰是指施工时先进行主体结构施工，然后进行装修工程的施工。但是，为了缩短工期，也有结构工程先行一段时间后，装饰工程随后搭接进行施工。如有些临街工程会在上部主体结构施工的同时，进行下部一层或数层的装修，装修完成后即开门营业，使装修与结构搭接施工，加快了进度，提高了投资效益。但这样也存在明显的缺点，那就是交叉工序多，难以进行成品保护，需要采取一定的技术组织措施来保证质量

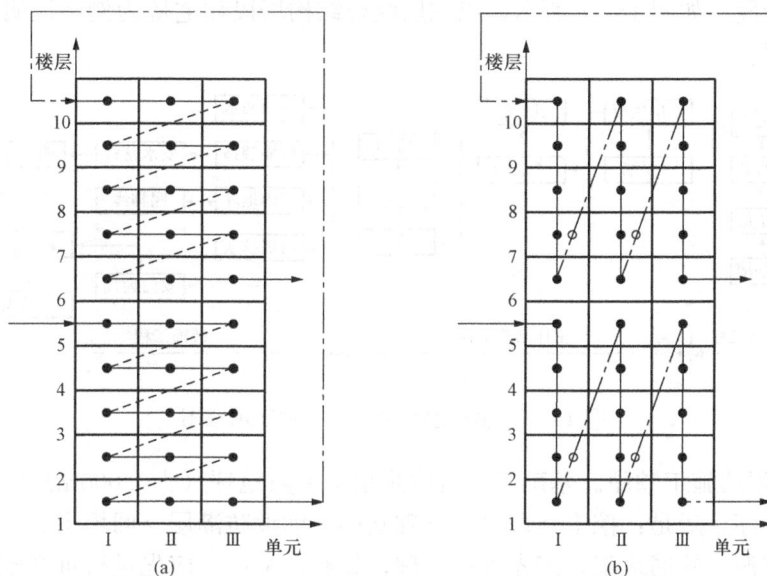

图 14-5　装饰工程自中而下再自上而中

(a) 水平走向；(b) 垂直走向

和安全。对于多层民用建筑物，结构与装饰以不搭接施工为宜。

4）先土建后设备。先土建后设备主要是指一般的土建工程与水暖电卫等工程的总体施工顺序，是先进行土建工程施工，然后再进行水暖电卫的施工。但也可安排穿插施工，尤其是在装修阶段，要从保证质量、节约成本、缩短工期的角度处理好两者的关系。

（2）确定施工顺序应考虑以下几方面因素：

1）符合施工工艺要求。由于各种施工过程之间客观上存在着一定的工艺顺序关系，在确定施工顺序时，必须服从这种工艺要求。如现浇柱的施工顺序为：绑钢筋→支模板→浇混凝土→养护→拆模。

2）与施工方法一致。不同的施工方法所采用的施工机械有可能不同，其施工顺序也可能不同。施工顺序必须与施工方法和施工机械相互协调。如预制柱的施工顺序为：支模板→绑钢筋→浇混凝土→养护→拆模。

3）满足施工组织的要求。如在建造某些重型车间时，由于这种车间内通常都有较大、较深的设备基础，如先建厂房，再进行设备基础施工，在设备基础挖土时可能会破坏厂房的基础。这时，必须先进行设备基础的施工，然后再进行厂房基础的施工，或者两者同时进行。

4）必须确保质量和安全施工的要求。合理的施工顺序，必须使各施工过程的搭接不至于引起质量或安全事故。

5）必须适应建设地点气候变化的要求。例如在华东、中南地区施工时，应当考虑雨季施工的特点；在华北、东北、西北地区施工应当考虑冬季施工的特点。

3. 常见的几种建筑施工顺序

（1）多层混合结构建筑的施工顺序。多层混合结构建筑的施工特点是：砌砖工程量大，材料运输量大，便于组织流水施工等，一般可划分为基础工程、主体结构工程、屋面及装修工程三个施工阶段。如图 14 - 6 所示，以三层混合结构居民住宅楼为例，说明多层混合结构建筑的施工顺序。

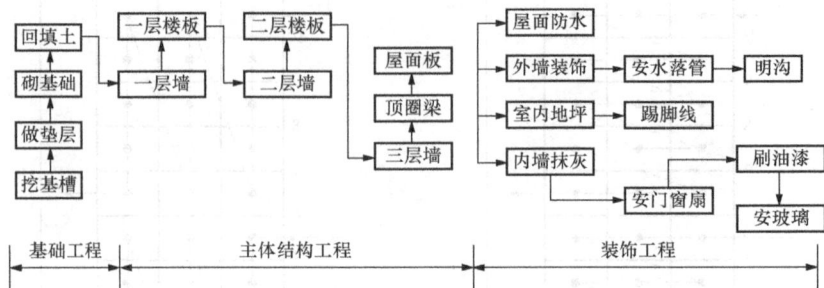

图 14 - 6　多层混合结构施工顺序示意图

1) 基础工程的施工顺序。基础工程阶段是指定室内地坪（±0.000m）以下的所有工程施工阶段。其顺序一般是：挖土→做垫层→砌基础→铺设防潮层→回填土。如果有地下障碍物、坟穴、防空洞、软弱地基，需先进行处理；如有桩基础，应先进行桩基础施工；如有地下室，则在基础砌完或砌完一部分后，砌筑地下室墙，在做完防潮层后安装地下室顶板，最后回填土。

需注意，挖土与垫层施工搭接要紧凑，间隔时间不宜太长，以防止雨后基槽积水，影响地基承载力。此外，垫层施工后要留有技术间歇时间，使其具有一定强度后再进行下道工序。各种管沟的挖土、管道敷设等应尽可能与基础施工配合，平行搭接进行。一般回填土在基础完工后一次分层夯填，为后续施工创造条件。对零标高以下室内回填土，最好与基槽回填土同时进行，如不能，也可留在装饰工程之前，与主体结构施工同时交叉进行。

2) 主体结构工程的施工顺序。主体结构工程阶段的工作，通常包括脚手架、墙体砌筑、安门窗框、安预制过梁、安预制楼板，现浇卫生间楼板、雨篷和圈梁，安楼梯或现浇楼梯、安屋面板等分项工程。

主体施工阶段的施工流向是按照施工方案所划分的施工段，以水平向上、平行流水的施工方式进行。由于混合结构主体的主导施工过程是墙体砌筑和安装楼板（或现浇楼板），所以组织这二者依次、连续流水施工是合理的。

在主体施工阶段，应当重视楼梯间、厨房、厕所、盥洗室的施工。楼梯间是楼层之间的交通要道，厨房、盥洗室的工序多于其他房间而且面积较小。如施工期间不紧密配合，及时为后续工序创造工作面，将影响施工进度、拖长工期。

3) 屋面和装饰工程的施工顺序。这个阶段具有施工内容多，劳动消耗量大，且手工操作多，需要时间长等特点。

屋面工程施工顺序一般为：找平层→隔汽层→保温层→找平层→防水层。对于刚性防水层面的现浇钢筋混凝土防水层，分格缝施工应在主体结构完成后开始并尽快完成，以便为室内装饰创造条件。一般情况下，屋面工程可以和装饰工程搭接或平行施工。

装饰工程可分为室外装饰（外墙抹灰、勒脚、散水、台阶、明沟、水落管等）和室内装修（顶棚、墙面、地面、楼梯、抹灰、门窗扇安装、油漆、门窗安玻璃、油墙裙、做踢脚线等）。室内外装饰工程的施工顺序通常有先内后外、先外后内，内外同时进行三种顺序，具体确定哪种顺序应视施工条件和气候条件而定。通常室外装饰应避开冬季或雨季。当室内为水磨石楼面时，为防止楼面施工时渗漏水对外墙面的影响，应先完成水磨石的施工；如果为了加快脚手架周转或要赶在冬雨季到来之前完成外装修，则应采取先外后内的顺序。

同一层的室内抹灰施工顺序有：地面和踢脚板抹灰→顶棚抹灰→墙面抹灰、顶棚抹灰→墙面抹灰→地面和踢脚板抹灰两种。前一种顺序的优点是适应性强，可在结构施工时将地面工程穿插进去（用人不多，但大大加快了工程进度），地面和踢脚板施工质量好，便于收集落地灰，节省材料，缺点是地面要养护，工期较长，但如果是在结构施工时先做的地面，这一缺点也就不存在。后一种顺序的优点是每一单元的工序集中，便于组织施工，但地面清洁费工费时，一旦清理不净，地面容易发生空鼓，而且在做踢脚板时，如踢脚板水泥砂浆压上墙面白灰砂浆，则踢脚板容易出现"张嘴"现象。

底层地面一般多是在各层顶棚、墙面、楼面做好之后进行。楼梯间和踏步抹面，由于其在施工期间较易损坏，通常在其他抹灰工程完成后，自上而下统一施工。门窗扇安装一般在抹灰之前或之后进行，视气候和施工条件而定。门窗安玻璃一般在门窗扇油漆之后进行。

室外装饰工程在由上而下每层装饰、水落管等分项工程全部完成后，即开始拆除该层的脚手架，然后进行散水坡及台阶的施工。

室内外装饰各施工层与施工段之间的施工顺序则由施工起点流向定出。

4）水暖电卫等工程的施工顺序。水暖电卫工程不同于土建工程，可分成几个明显的施工阶段，它一般与土建工程中有关分部分项工程之间进行交叉施工，紧密配合。

在基础工程施工时，先做好相应的上下水管沟和暖气管沟的垫层、管沟墙，然后回填土。

在主体结构施工时，应在砌砖墙或现浇钢筋混凝土楼板的同时，预留上下水管和暖气立管的孔洞、电线孔槽或预埋木砖和其他预埋件。

在装饰工程施工前，安设相应的管道和电气照明用的附墙暗管、接线盒等。水暖电卫安装一般在楼地面和墙面抹灰前或后穿插施工。若电线采用明线，则应在室内粉刷后进行。

室外管网工程的施工可以安排在土建工程之前或与其同时施工。

（2）多、高层框架结构建筑的施工顺序。多、高层全现浇钢筋混凝土框架结构建筑的施工顺序，一般可划分为室内地坪（±0.000m）以下基础工程、主体结构工程、屋面工程及围护工程、装饰工程等四个施工阶段。

1）基础工程的施工顺序。多、高层全现浇钢筋混凝土框架结构建筑的基础工程，一般可分为有地下室及无地下室基础工程。若有一层地下室且又建在软土地基层上时，其施工顺序是：桩基施工（包括围护桩）→土方开挖→破桩头及铺垫层→做基础地下室底板→做地下室墙、柱（防水处理）→做地下室顶板→回填土。若无地下室且建在软土地基上时，其施工顺序是：桩基施工→挖土→铺垫层→钢筋混凝土基础施工→回填土。

2）主体工程的施工顺序。主体结构的施工主要包括柱、梁（主梁、次梁）和楼板的施工。由于柱、梁、板的施工工程量很大，所需的材料、劳动力很多，而且对工程质量和工期起决定性作用，故需采用多层框架在竖向上分层、在平面上分段的流水施工方法。若采用木模，其施工顺序为：绑柱钢筋、支柱、梁、板模板→浇筑柱混凝土→绑扎梁、板钢筋→浇筑梁、板混凝土。若采用钢模，其施工顺序为：绑扎柱钢筋→支柱模板→浇筑柱混凝土→支梁、板模板→绑扎梁、板钢筋→浇筑梁、板混凝土。

这里应特别注意的是在梁、板钢筋绑扎完毕后，应认真进行检查验收，然后才能进行混凝土的浇筑工作。

3）屋面工程和围护工程的施工顺序。屋面工程的施工顺序与多层砖混结构房屋的屋面工程施工顺序相同。

屋面保温层、找平层、防水层的施工应依次进行。刚性防水屋面的现浇钢筋混凝土防水层、分格缝施工应在主体结构完成后开始，并尽快完成，以便顺利进行室内装修。一般情况下，它可以和装修工程搭接或平行施工，但内墙的砌筑则应根据内墙的基础形式而定，有的需在地面工程完工后进行，有的则可以在地面工程之前与外墙同时进行。

4）装饰工程的施工顺序。装饰工程的施工顺序同多层砖混结构房屋的施工顺序一样，也分为室外装饰与室内装饰。

室内装饰工程包括地面、门窗扇、玻璃安装、油漆、刷白等分项工程；室外装饰工程包括勾缝、勒脚、散水等分项工程。

上面所述的施工过程和顺序，仅适用于一般情况。建筑施工是一个复杂的过程。建筑结构、施工目标（以缩短工期为目标或以压缩成本为目标或以较高质量为目标）、现场环境不同，均会对施工过程和施工顺序的安排产生不同的影响。因此，对每一个单位工程，必须根据其施工特点和具体情况，合理地确定施工顺序，最大限度地利用空间，争取时间，为此应组织立体交叉平行流水作业，以期达到时间和空间的充分利用。

二、划分施工段

施工段的划分见本书第二篇第十二章第二节。

三、选择施工方法和施工机械

在单位工程施工组织设计中，对于施工过程来讲，选择施工方法和施工机械是施工方案中的关键问题，它直接影响施工进度、施工质量、工程成本和施工安全。选择施工方法和施工机械时，必须根据工程的建筑结构、抗震要求、工程量大小、工期长短、资源供应情况、施工现场的条件和周围环境，制订出可行的方案，并且进行技术经济比较，确定出最优方案。

1. 选择施工方法

选择施工方法时，应着重考虑影响整个单位工程施工的分部分项工程，如工程量大的且在单位工程中占重要地位的分部（分项）工程，施工技术复杂或采用新技术、新工艺及对工程质量起关键作用的分部（分项）工程，不熟悉的特殊结构工程或由专业施工单位施工的特殊专业工程的施工方法；而对于按照常规做法和工人熟悉的分项工程，则不必详细拟订，只要提出应注意的特殊问题即可。通常，施工方法选择的内容有：

（1）土石方工程。

1）计算土石方工程量，确定土石方开挖或爆破方法，选择相应的施工机械。当采用人工开挖时，应按工期要求确定劳动力数量，并确定如何分区分段施工。当采用机械开挖时，应选择机械挖土的方式，确定挖掘机型号、数量和行走线路，以充分利用机械能力，达到最高的挖土效率。

2）确定放坡系数或土壁支撑形式。

3）选择排除地面、地下水的方法，确定排水沟、集水井或井点布置。

4）确定土石方平衡调配方案。

（2）基础工程。

1）基础需设施工缝时，应明确留设位置、技术要求。

2）确定浅基础中垫层、混凝土基础和钢筋混凝土基础施工的技术要求，以及地下室施工的技术要求。

3）确定桩基础施工的施工方法及施工机械选择。

（3）砌筑工程。

1）明确砌墙的组砌方法和质量要求。

2）明确弹线及皮数杆的控制要求。

3）确定脚手架和安全网的架设方法及相应的技术要求。

（4）钢筋混凝土工程。

1）确定模板类型及支模方法，应考虑提高模板周转利用次数，节约人力和降低成本，对于复杂的工程还需进行模板设计及绘制模板放样图。

2）选择钢筋的加工、绑扎和焊接方法。

3）选择混凝土的搅拌、输送及浇筑顺序和方法，确定混凝土搅拌、振捣和泵送方法等，设备的类型和规格，确定施工缝的留设位置。

4）确定预应力混凝土的施工方法、控制应力和张拉设备。

（5）结构安装工程。

1）确定结构安装方法和起重机械，安排吊装顺序、机械位置、开行路线及构件的制作拼装场地。

2）确定构件运输、装卸及堆放方法，明确所需的机械设备的型号、数量和对运输道路的要求。

（6）屋面工程。

1）明确屋面各个分项工程施工的操作要求。

2）选择屋面材料的运输方法。

（7）装饰工程。

1）明确各种装修的操作要求及方法。

2）选择材料运输方式及储存要求。

2．选择施工机械

在进行施工方法的选择时，必然要涉及施工机械的选择。施工机械选择得是否合理，则直接影响到施工进度、施工质量、工程成本及安全施工。选择施工机械时，应着重考虑以下几方面：

（1）选择施工机械时，应首先根据工程特点选择适宜的主导工程的施工机械。所选设备机械应在技术上可行，在经济上合理。

（2）各种辅助机械或运输工具应与主导机械的生产能力协调配套，以充分发挥主导机械的效率，如土方工程中采用汽车运土时，汽车的载重量应为挖土机斗容量的整数倍，汽车的数量就保证挖土机连续工作。

（3）在同一工地上，应力求建筑机械的种类和型号尽可能少一些，以利于机械管理。为此，工程量大且分散时，宜采用多用途机械施工，如挖土机械既可用于挖土，又能用于装卸、起重和打桩。

（4）机械选择应考虑充分发挥施工单位现有机械的能力。当本单位的机械能力不能满足工程需要时，则应购置或租赁新型机械或多用途机械。

四、拟订主要技术组织措施

技术组织措施是通过采取技术方面和组织方面的具体措施，达到保证工程施工质量，按期完成施工进度、有效控制工程成本的目的。

1. 保证质量措施

保证质量的关键是对所涉及的工程中经常发生的质量通病制订防治措施，从全面质量管理的角度，将措施定到实处，建立质量管理保证体系。

（1）对采用新工艺、新材料、新技术和新结构，须制订有针对性的技术措施。

（2）认真制订放线定位正确无误的措施，确保地基基础，特别是特殊、复杂地基基础正确无误的措施，保证主体结构关键部位的质量措施，复杂工程的施工技术措施等。

2. 安全施工措施

（1）预防自然灾害措施，包括防台风、防雷击、防洪水、防地震等。

（2）防火防爆措施，包括大风天气严禁施工现场明火作业，明火作业要有安全保护，氧气瓶防震防晒和乙炔罐严禁回火等措施。

（3）劳动保护措施，包括安全用电、高空作业、交叉施工、防暑降温、防冻防寒和防滑防坠落，以及防有害气体等措施。

（4）特殊工程安全措施，如采用新结构、新材料或新工艺的单项工程，要编制详细的安全施工措施。

（5）环境保护措施，包括有害气体排放、现场生产污水和生活污水排放，以及现场树木和绿地保护等措施。

3. 降低成本措施

降低成本措施包括节约劳动力、节约材料、节约机械设备费用、节约工具费、降低间接费等。

（1）针对工程量大、有条件的项目，提出措施，计算出经济效果指标，最后加以分析、评价、决策。

（2）正确处理降低成本、提高质量和缩短工期三者之间的关系。

4. 季节性施工措施

当工程施工跨越冬期或雨期施工时，要制订冬雨期施工措施，要在防淋、防潮、防泡、防拖延工期等方面分别采用疏导、遮盖、合理储存、改变施工顺序、避雨施工等措施。

5. 防止环境污染的措施

（1）防止施工废水污染环境的措施，如搅拌机冲洗废水、灰浆水等。

（2）防止废气污染环境的措施，如熟化石灰等。

（3）防止垃圾粉尘污染环境的措施，如运输土方与垃圾、散装材料堆放等。

（4）防止噪声污染措施，如混凝土搅拌、振捣等。

第四节　施工进度计划

单位工程施工进度计划是在既定施工方案的基础上，根据规定工期和各种资源供应条件，按照施工过程的合理施工顺序及组织施工的原则，用横道图或网络图，对一个工程从开始施工到工程全部竣工（包括土建施工、结构吊装、设备吊装等不同施工内容），确定其全部施工进程在时间上和空间上的安排和相互间配合关系。

一、单位工程施工进度计划的作用

（1）控制单位工程的施工进度，保证在规定工期内完成质量要求的工程任务。

（2）确定单位工程的施工顺序、施工持续时间、施工场地及相互衔接和合理配合关系。

（3）为编制季度、月度生产作业计划提供依据。

（4）为编制劳动力和各种资源需要量计划和施工准备工作计划提供依据。

二、编制依据

编制单位工程施工进度计划，主要依据下列资料：

（1）经过审批的建筑总平面图及单位工程全套施工图，以及地质、地形图、工艺设计图、设备及其基础图、各种采用的标准图等图样及技术资料。

（2）施工组织总设计对本单位工程的有关规定。

（3）施工工期要求及开竣工日期。

（4）施工条件，劳动力、材料、构件及机械的供应条件，分包单位的情况等。

（5）确定的主要分部分项工程的施工方案，包括施工顺序、施工段划分、施工起点流向、施工方法、质量及安全措施等。

（6）劳动定额及机械台班定额。

（7）其他有关要求和资料，如工程合同。

三、施工进度计划的表示方法

施工进度计划一般用图表来表示，通常有横道图和网络图两种形式的图表。横道图和网络图的相关表示及内容详见本书第二篇第十二章和第十三章。

四、编制内容和步骤

1. 划分施工过程

编制进度计划时，首先应按照图纸和施工顺序将拟建单位工程的各个施工过程列出，并结合施工方法、施工条件、劳动组织等因素，加以适当调整，使其成为编制施工进度计划所需的施工过程。

通常施工进度计划表中只列出直接在建筑物（或构筑物）上进行施工的砌筑安装类施工过程，而不列出构件制作和运输，如门窗制作和运输等制备类、运输类施工过程。但当某些构件采用现场就地预制方案，单独占有工期，且对其他分部分项工程的施工有影响或其运输工作需与其他分部分项工程的施工密切配合，如楼板随运随吊时，也需将这些制作类和运输类施工过程列入。

在确定施工过程时，应注意以下几个问题：

（1）施工过程划分的粗细程度，主要依据单位工程施工进度计划的客观作用。对控制性施工进度计划，项目划分得粗一些，通常只列出分部工程名称，如混合结构居住房屋的控制性施工进度计划，只列出基础工程、主体工程、屋面工程和装修工程四个施工过程。对于实施性的施工进度计划，项目划分得要细一些，通常要列到分项工程，如上面所说的屋面工程还要划分为找平层、隔汽层、保温层、防水层等分项工程。

（2）施工过程的划分要结合所选择的施工方案，如结构安装工程，若采用分件吊装法，则施工过程的名称、数量和内容及其安装顺序应按照构件来确定，若采用综合吊装法，则施工过程应按施工单元（节间、区段）来确定。

（3）注意适当简化施工进度计划的内容，避免工程项目划分过细、重点不突出。因此，可考虑将某些穿插性分项工程合并到主要分项工程中去，如工业厂房中的钢窗油漆、钢门油漆、钢支撑油漆、钢梯油漆合并为钢构件油漆一个施工过程；对于次要的、零星的分项工程，可合并为"其他工程"一项。

（4）水暖电卫工程和设备安装工程通常由专业机构负责施工。因此，在施工进度计划中，只要反映出这些工程与土建工程如何配合即可，不必细分。

（5）所有施工过程应大致按施工顺序先后排列，所采用的施工项目名称可参考现行定额上的项目名称。

总之，划分施工过程要粗细得当。最后，根据所划分的施工过程列出施工过程（分部分项工程）一览表。

2. 计算工程量

计算工程量时，一般可以直接采用施工图预算的数据，但应注意有些项目的工程量应按实际情况作适当调整。如计算柱基土方工程量时，应根据土壤的级别和采用的施工方法（单独基坑开挖、基槽开挖还是大开挖，放边坡还是加支撑）等实际情况进行计算。工程量计算时应注意以下几个问题：

（1）各部分分项工程的工程量计算单位应与现行定额手册中所规定的单位相一致，以避免计算劳动力、材料和机械数量时进行换算，产生错误。

（2）结合选定的施工方法和安全技术要求计算工程量。

（3）结合施工组织要求，按分区、分项、分段、分层计算工程量。

（4）直接采用预算文件中的工程量时，应按施工过程的划分情况将预算文件中有关项目的工程量汇总。如"砌筑砖墙"一项要将预算中按内墙、外墙，按不同墙厚、不同砌筑砂浆及强度等级计算的工程量进行汇总。

3. 确定劳动量和机械台班数量

劳动量和机械台班数量应当根据各部分分项工程的工程量、施工方法和现行的施工定额，并结合当时当地的具体情况加以确定。

劳动量计算公式为

$$P = Q/S \qquad (14-1)$$

机械台班数计算公式为

$$P = QH \qquad (14-2)$$

式中　P——完成某施工过程所需的劳动量或机械台班数量；

　　　　Q——完成某施工过程所需的工程量；

　　　　S——某施工过程所采用的产量定额；

　　　　H——某施工过程所采用的时间定额。

【例 14-1】　某工程一层砖墙砌筑工程量为 855m³，时间定额为 0.83 工日/m³，则可求得砌墙消耗劳动量为

$$P = QH = 855m^3 \times 0.83 \text{ 工日} /m^3$$
$$= 709.65 \text{ 工日} \approx 710 \text{ 工日}$$

若已知砌筑砖墙产量定额为 $1.205\text{m}^3/$ 工日，则完成砌筑量 855m^3 所需的总劳动量为

$$P = \frac{Q}{S} = \frac{855}{1.205} = 709.54 \text{ 工日} \approx 710 \text{ 工日}$$

在使用定额时，常遇到定额所列项目的工作内容与编制施工进度计划所列项目不一致的情况，此时应当予以适当调整。

（1）施工进度计划中的施工过程所含内容为若干分项工程的综合，此时可将定额做适当扩大，求出加权平均产量定额，使其适应施工进度计划中所列的施工过程，即

$$S = \frac{Q_1 + Q_2 + \cdots + Q_n}{\dfrac{Q_1}{S_1} + \dfrac{Q_2}{S_2} + \cdots + \dfrac{Q_n}{S_n}} = \frac{\displaystyle\sum_{i=1}^{n} Q_i}{\displaystyle\sum_{i=1}^{n} \dfrac{Q_i}{S_i}} \qquad (14\text{-}3)$$

式中　　　　　　S——综合产量定额；

Q_1，Q_2，$\cdots$，Q_n——同一性质各个不同类型分项工程的工程量；

S_1，S_2，$\cdots$，S_n——同一性质各个不同类型分项工程的产量定额。

（2）有些新技术或特殊的施工方法，无定额可遵循。此时，可以实测确定，也可将类似项目的定额进行换算，或根据试验资料确定，或采用三点估计法，即

$$S = (a + 4m + b)/6 \qquad (14\text{-}4)$$

式中　a——最乐观估计的产量定额；

b——最保守估计的产量定额；

m——最可能估计的产量定额。

对于"其他工程"项目所需劳动量，可根据其内容和数量，并结合工地具体情况，以占总劳动量的百分比（一般为 $10\%\sim20\%$）计算。

水暖电卫、设备安装的工程项目，一般不计算劳动量和机械台班需要量，仅安排与一般土建工程配合的进度。

4. 确定各施工过程的施工天数

计算各分部分项工程持续时间的方法有以下两种：

（1）根据配备在某施工过程上的施工工人数量及机械数量来确定作业时间

$$t = P/(RN) \qquad (14\text{-}5)$$

式中　t——完成某施工过程的持续时间；

P——劳动量（工日）或机械台班数量（台班）；

R——该施工过程所需的劳动量（工日）机械台班数（台班）；

N——每天工作班数。

【例 14-2】　某工程砌筑砖墙，需要总劳动量 160 工日，一班制工作，每天施工人数为 22 人，则施工天数为

$$t = P/(RN) = 160/(22 \times 1) \approx 7 \text{ 天}$$

在安排每班工人数和机械台数时，应综合考虑各分项工程工人班组的每个工人都应有足够的工作面（不能少于最小工作面），以及各分项工程在进行正常施工时所必需的最低限度的工人队组人数及其合理组合（不能小于最小劳动组合），以发挥高效率、保证施工安全，并达到最高劳动生产率。

（2）根据工期要求倒排进度。根据规定总工期和施工经验，确定各分部分项工程的施工

时间，再按各分部分项工程需要的劳动量或机械台班数量，确定每一分部分项工程每个工作班所需的工人数或机械台数，此时可将式（14-5）变化为

$$R = P/(tN) \tag{14-6}$$

【例 14-3】　某单位工程的土方工程采用机械施工，需要 87 个台班完成，则当工期为 8 天时，所需挖土机的台数为

$$R = P/(tN) = 87/(1 \times 8) \approx 11 \text{ 台}$$

通常计算时均先按一班制考虑，如果每天所需机械台数或工人数，已超过施工单位现有人力、物力或工作面限制时，则应根据具体情况和条件从技术和施工组织上采取积极的措施，如增加工作班次，最大限度地组织立体交叉平行流水施工，加早强剂提高混凝土早期强度等。

5. 编制施工进度计划的初始方案

编制施工进度计划时，必须考虑各分部分项工程的合理施工顺序，尽可能组织流水施工，力求主要工种的工作队连续施工。方法如下：

（1）划分主要施工阶段（分部工程），组织流水施工。首先安排其中主导施工过程的施工进度，使其尽可能连续施工，其他穿插施工过程尽可能与它配合、穿插、搭接或平行作业。如砖混结构房屋中的主体结构工程，其主导施工过程为砌筑和楼板安装。

（2）配合主要施工阶段，安排其他施工联合体（分部工程）的施工进度。

（3）按照工艺的合理性和工序间尽量穿插、搭接或平行作业方法，将各施工阶段（分部工程）的流水作业图表最大限度地搭接起来，即得单位工程施工进度计划的初始方案。

6. 施工进度计划的检查与调整

为了使初始方案满足规定的目标，一般进行如下检查与调整：

（1）各施工过程的施工顺序、平行搭接和技术间歇是否合理。

（2）工期方面：初始方案的总工期是否满足连续、均衡施工。

（3）劳动力方面：主要工种工人是否满足连续、均衡施工。

（4）物资方面：主要机械、设备、材料等的利用是否均衡、施工机械是否充分利用。

经过检查，对不符合要求的部分，可采用增加或缩短某些分项工程的施工时间；在施工顺序允许的情况下，将某些分项工程的施工时间向前或向后移动；必要时，改变施工方法或施工组织等方法进行调整。

第五节　资源需要量计划

各项资源需要量计划可用来确定建筑工地的临时设施，并按计划供应材料、调配劳动力，以保证施工按计划顺利进行。在单位工程施工进度计划正式编制完后，就可以编制各项资源需要量计划。资源需要量计划包括：劳动力需要量计划，主要材料需要量计划，构件和半成品需要量计划，施工机械需要量计划等。应以单位工程施工进度计划为依据，编制以上资源需用量计划。

1. 劳动力需要量计划

劳动力需要量计划，主要是作为安排劳动力的平衡、调配和衡量劳动力耗用指标、安排生活福利设施的依据，其编制方法是将施工进度计划表内所列各施工过程每天（或旬、月）

所需工人人数按工种汇总而得。其表格形式见表 14 - 1。

表 14 - 1　　　　　　　　　　　劳动力需要量计划表

序号	工种名称	总劳动量/工日	每月需要量/工日					
			1	2	3	4	5	…

2. 主要材料需要量计划

主要材料需要量计划，是备料、供料和确定仓库、堆场面积及组织运输的依据，其编制方法是将施工进度计划表中各施工过程的工程量，按材料品种、规格、数量、使用时间计算汇总而得。其表格形式见表 14 - 2。

表 14 - 2　　　　　　　　　　　主要材料需要量计划

序　号	材料名称	规　格	需　要　量		供应时间	备　注
			单　位	数　量		

对于某分部分项工程是由多种材料组成时，应按各种材料分类计算，如混凝土工程应换算成水泥、砂、石、外加剂和水的数量列入表格。

3. 构件和半成品需要量计划

建筑结构构件、配件和其他加工半成品的需要量计划主要用于落实加工订货单位，并按照所需规格、数量、时间，组织加工、运输和确定仓库或堆场，可根据施工图和施工进度计划编制，其表格形式见表 14 - 3。

表 14 - 3　　　　　　　　　　　构件和半成品需要量计划

序号	构件及半成品名称	规格	图号	需要量		使用部位	加工单位	供应日期	备注
				单位	数量				

4. 施工机械需要量计划

施工机械需要量计划主要用于确定施工机具类型、数量、进场时间，可据此落实施工机具来源，组织进场。其编制方法为，将单位工程施工进度表中的每一个施工过程，每天所需的机械类型、数量和施工日期进行汇总，即得施工机械需要量计划。其格式见表 14 - 4。

表 14 - 4　　　　　　　　　　　施工机械需要量计划

序号	机械名称	类型、型号	需要量		货源	使用起止时间	备　注
			单位	数量			

第六节　单位工程施工平面图

单位工程施工平面图是对拟建工程的施工现场所作的平面布置图，是施工组织设计中的重要组成部分。合理的施工平面图不但可使施工顺利地进行，同时也能起到合理使用场地、减少临时设施费用、文明施工的目的。贯彻和执行合理的施工平面布置图，会使施工现场井然有序，施工顺利进行，保证进度，提高效率和经济效果。反之，则造成不良后果。

其绘制比例一般为 1：200～1：500。如果单位工程施工平面图是拟建建筑群的组成部分，它的施工平面图就是全工地总施工平面图的一部分，应受到全工地总施工平面图的约束，并应具体化。

一、单位工程施工平面图的设计内容

施工平面图是按一定比例和图例，按照场地条件和需要的内容进行设计的。单位工程施工平面图的内容包括：

（1）总平面图上已建和拟建的地上及地下的一切房屋、构筑物及其他设施（道路和各种管线等）的位置和尺寸。

（2）测量放线标桩位置、地形等高线和土方取弃场地。

（3）自行式起重机开行路线、轨道布置和固定式垂直运输设备位置。

（4）各种加工厂、搅拌站、材料、加工半成品、构件及机具的仓库或堆场。

（5）生产和生活性福利设施的布置。

（6）场内道路的布置和引入的铁路、公路和航道位置。

（7）临时给排水管线、供电线路、蒸汽及压缩空气管道等布置。

（8）一切安全及防火设施的位置。

上述内容可根据建筑总平面图、施工图、现场地形图、现有水源和电源、场地大小、可利用的已有房屋和设施、调查得来的资料、施工组织总设计、施工方案、施工进度计划等，经过科学的计算甚至优化，并遵照国家有关规定来进行设计。

二、单位工程施工平面图设计的依据

1. 有关拟建工程的原始资料

（1）自然条件调查资料。气象、地形、水文及工程地质资料。主要用于布置地表水和地下水的排水沟，确定易燃、易爆及有碍人体健康的设施布置，安排冬雨期施工期间所需设备的地点。

（2）技术经济调查资料。交通运输、水源、电源、物资资源，生产和生活基地情况。它对布置水、电管线和道路等具有重要作用。

2. 建筑设计资料

（1）建筑总平面图。图上包括一切地上、地下拟建和已建的房屋和构筑物，它是确定临时房屋和其他设施位置，以及修建工地运输道路和解决排水等所需的资料。

（2）一切已有和拟建的地下、地上管道位置。在设计施工平面图时，可考虑利用这些管道或需考虑提前拆除或迁移，并需注意不得在拟建的管道位置上建临时建筑物。

（3）区域的竖向设计和土方平衡图。它们在布置水、电管线和安排土方的挖填、取土或弃土地点时非常有用。

（4）施工项目的有关施工图设计资料。

3. 施工资料

（1）单位工程施工进度计划。从中可了解各个施工阶段的情况，以便分阶段布置施工现场。

（2）施工方案。据此可确定垂直运输机械和其他施工机具的位置、数量和规划场地。

（3）各种材料、构件、半成品等需要量计划，以便确定仓库和堆场的面积、形式和位置。

三、单位工程施工平面图设计的原则

（1）在保证施工顺利进行的前提下，现场布置尽量紧凑，节约用地。

（2）合理布置施工现场的运输道路及各种材料堆场、加工厂、仓库位置、各种机具的位置，尽量使得运距最短，从而减少或避免二次搬运。

（3）力争减少临时设施的数量，降低临时设施费用。

（4）临时设施的布置，尽量便利工人的生产和生活，使工人至施工区距离最近，往返时间最少。

（5）符合环保、安全和防火要求。

进行平面图布置时，应根据上述设计原则，结合现场的实际情况和各类工程的不同特点分阶段布置，可安排几个可行的方案，并从施工用地的面积、施工临时道路长度、管线长度、施工场地利用率、场地材料搬运量及搬运距离等方面进行分析比较，选择技术上合理、费用上经济的方案。

四、单位工程施工平面图设计的步骤

建筑工程由于工程性质、规模、现场条件和环境的不同，所选的施工方案、施工机械的品种和数量也不同，因此，施工现场要规划和布置的内容也有多有少。同时工程施工又是一个复杂多变的过程，它随着工程施工的不断展开，需要规划和布置的内容逐渐增多，随着工程的逐渐收尾，材料、构件等逐渐消耗，施工机械、施工设施逐渐退场和拆除。因此，在工程的不同施工阶段，施工现场布置的内容也各有侧重且不断变化。所以，工程规模较大、结构复杂、工期较长的单位工程，应当按不同的施工阶段设计施工平面图，同时要统筹兼顾。近期的应照顾远期的，土建施工应照顾设备安装的，局部的应服从整体的。单位工程施工平面图设计的一般步骤如图 14-7 所示。

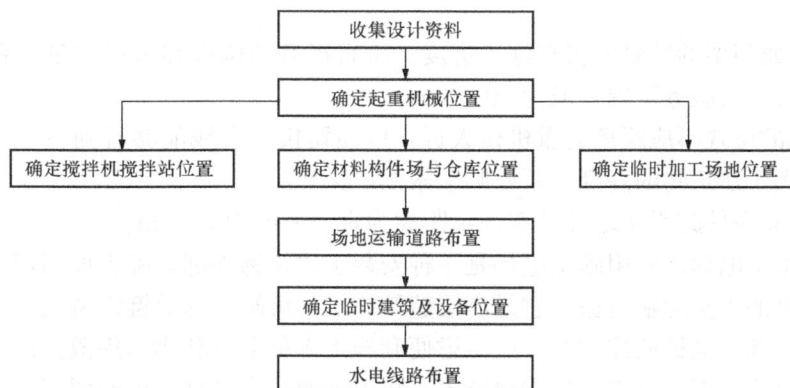

图 14-7 单位工程施工平面图设计的一般步骤

1. 确定垂直运输机械的布置

垂直运输机械的位置，直接影响仓库、材料堆场、砂浆或混凝土搅拌棚的位置及道路、

水、电线路的布置等。它是施工平面布置的核心内容，必须首先考虑。

（1）塔式起重机的布置。塔式起重机具有起重、垂直提升、水平输送三种功能。按其在工地上使用架设的要求不同可分为固定式、有轨式、附着式和内爬式四种。

1）轨道式塔式起重机的布置。布置塔式起重机的轨道时要结合建（构）筑物的平面形状和四周的场地条件综合考虑，应使建（构）筑物平面尽量处于塔臂的活动范围之内，避免出现死角；应使构件、成品及半成品的堆放位置及搅拌站的前台尽量处于塔臂的活动范围之内。布置塔吊时还要注意安塔、拆塔时是否有足够的场地。

2）其他塔式起重机的布置。固定式塔式起重机不需敷设轨道，但其作业范围与轨道式塔式起重机相比较小。附着式塔式起重机占地面积小，起重高度大，而且可以自行升高，但对建（构）筑物作用有附着力，其塔基多为桩基或厚大体积的钢筋混凝土塔基，塔基的施工与结构基础施工尽量同步进行。内爬式塔式起重机布置在建（构）筑物内部，其作用有效范围大，适用于高层建（构）筑物的施工。这些机械的布置均应在满足起重高度和起吊重量的前提下进行，并使拟建建（构）筑物尽量在塔吊半径的回转范围之内。同时还应注意塔基是否坚实可靠，双塔回转时是否有重合碰撞的可能性等。

（2）自行无轨式起重机械。自行无轨式起重机械分履带、轮胎式和汽车式三种起重机。它一般不作垂直提升运输和水平运输之用，专用于构件装卸和起吊各种构件，适用于装配式单层工业厂房主体结构的吊装，也可用于混合结构大梁等较重构件的吊装。其吊装的开行路线及停机位置主要取决于建筑物的现场布置、构件重量、吊装高度和吊装方法等。

（3）固定式垂直运输机械。固定式垂直运输工具（井架、龙门架）的布置，主要根据机械性能、工程的平面形状和尺寸、施工段划分情况、材料来向和已有运输道路情况而定。布置的原则是，充分发挥起重机械的能力，并使地面和楼面的水平运距最小。布置时应考虑以下几方面：

1）当工程各部位的高度相同时，应布置在施工段的分界线附近。

2）当工程各部位的高度不同时，就布置在高低分界线较高部位一侧。

3）井架、龙门架的位置以布置在窗口处为宜，以避免砌墙留槎和减少井架拆除后的修补工作。

4）井架、龙门架的数量要根据施工进度、垂直提升的构件和材料数量、台班工作效率等因素计算确定，其服务范围一般为50～60m。

5）卷扬机的位置不应距离起重机械太近，以便司机的视线能够看到整个升降过程。一般要求此距离大于建筑物的高度，距外脚手架3m以上。

6）井架应立在外脚手架之外并有一定距离为宜，一般为5～6m。

（4）外用施工电梯。外用施工电梯是一种安装于建筑物外部，施工期间用于运送施工人员及建筑物器材的垂直运输机械。它是高层建筑施工不可缺少的关键设备之一。

在确定外用施工电梯的位置时，应考虑便利施工人员上下和物料集散。由电梯口至各施工处的平均距离应最近，便于安装附墙装置，接近电源，有良好的夜间照明。

（5）混凝土泵和泵车。高层建筑施工中，混凝土的垂直运输量十分巨大，通常采用泵送方法进行。混凝土泵是在压力推动下沿管道输送混凝土的一种设备，它能一次连续完成水平运输和垂直运输，配以布料杆或布料机还可以有效地进行布料和浇筑。混凝土泵布置时宜考虑设置在场地平整、道路畅通、供料方便且距离浇筑地点近，便于配管，排水、供水、供电方便的地方，并且在混凝土泵作用范围内不得有高压线。

2. 确定搅拌站、仓库、材料和构件堆场及加工厂的位置

搅拌站、仓库和材料、构件的布置应尽量靠近使用地点或在起重机服务范围以内，并考虑到运输和装卸料的方便。

根据起重机械的类型、材料及不同构件，堆场的布置有以下几种：

(1) 当采用固定式垂直运输机械时，首层、基础和地下室所有的砖、石等材料宜沿建筑物四周布置，并距坑、槽边不小于 0.5m，以免造成槽（坑）土壁的塌方事故，二层以上的材料、构件就布置在垂直运输机械的附近。当多种材料同时布置时，对大宗的、重量大的和先期使用的材料，应尽可能靠近使用地点或起重机附近布置，而少量的、轻的和后期使用的材料，则可布置得稍远一点，混凝土或砂浆搅拌站、仓库应尽量靠近垂直运输机械。

(2) 当采用塔式起重机械时，材料和构件堆场及搅拌站出料口，应布置在塔式起重机有效服务范围内。

(3) 当采用自行无轨式起重机械时，材料、构件堆场、仓库及搅拌站的位置，应沿着起重机开行路线布置，且其位置应在起重臂的最大外伸长度范围内。

(4) 任何情况下，搅拌机应有后台上料的场地，搅拌站所用的所有材料如水泥、砂、石、水泥罐等都应布置在搅拌机后台附近。当混凝土基础的体积较大时，混凝土搅拌站可以直接布置在基坑边缘附近，待混凝土浇筑完后再转移，以减少混凝土的运输距离。

(5) 混凝土搅拌机每台需有 25m² 左右面积，冬季施工时，面积 50m² 左右，砂浆搅拌机每台 15m² 左右面积，冬季施工时 30m² 左右。

各种加工厂布置，应以方便使用、安全防火、运输费用少、不影响建筑安装工程施工的正常进行为原则。一般应将加工厂与相应的仓库或材料堆场布置在同一地区，且多处于工地边缘。

(1) 预制加工厂，尽量利用建设地区永久性加工厂，只有在运输困难时，才考虑现场设置预制加工厂，一般设置在建设场地空闲地带上。

(2) 钢筋加工厂，一般采用分散或集中布置。对于需要进行冷加工、对焊、点焊的钢筋或大片钢筋网，宜集中布置在中心加工厂；对于小型加工件，利用简单机具成型的钢筋加工，宜分散在钢筋加工棚中进行。

(3) 木材加工厂，应视木材加工的工作量、加工性质和种类决定是集中设置还是分散设置。

(4) 混凝土供应站，根据城市管理条例的规定，并结合工程所在地点的情况，可选择两种：有条件的地区，尽可能采用商品混凝土供应方式；若不具备商品混凝土供应的地区，且现浇混凝土量大时，宜在工地设置搅拌站；当运输条件好时，宜采用集中搅拌为好；当运输条件较差时，宜采用分散搅拌。

(5) 砂浆搅拌站，宜采用分散就近布置。

(6) 金属结构、锻造、电焊和机修等车间，由于它们在生产上联系密切，应尽可能布置在一起。

3. 现场运输道路的布置

现场道路必须满足材料、构件等物品的运输及消防要求。主要道路应尽可能利用永久性

道路，或先选好永久性道路的路基，在土建工程结束之前再铺路面。现场道路布置时应保证行驶畅通，使运输道路有回转的可能性。因此，运输路线最好围绕建筑物布置成一条环形道路，单行道路宽不小于 3～3.5m，双行道路宽不小于 5.5～6m，消防车道宽不小于 4m，以保证现场车辆行驶畅通。道路两侧一般应结合地形设排水沟，以利雨期排水。

4. 临时设施的布置

临时设施分为生产性临时设施和非生产性临时设施。

生产性临时设施一般是指钢筋加工场地、木材加工场地、预制构件加工场地、沥青加工场地、淋灰池等。平面位置布置的原则是尽量靠近起重设备，并按各自的性能及使用功能来选择合适的地点。

钢筋加工场地、木材加工场地应选择在建筑物四周，且有一定的材料、成品堆放处。钢筋加工场地还应尽可能设在起重机服务范围之内，避免二次搬运，而木材加工场地应根据其加工特点，选在远离火源的地方。沥青加工场地应远离易燃物品，且设在下风向地区。淋灰池应靠近搅拌机（站）布置。构件预制场地位置应选择在起重机服务范围内，且尽可能靠近安装地点。布置时不影响其他工程的施工。

非生产性临时设施，如办公室、工人休息室、开水房、食堂、厕所等，布置时应考虑使用方便，有利施工、合并搭建、符合安全的原则。

办公室应靠近施工现场，设在工地入口处，工人休息室应设在工人作业区，宿舍应布置在安全的上风侧，收发室宜布置在入口处等。

5. 水电管网的布置

(1) 施工水网的布置。

1) 施工用的临时给水管：一般由建设单位的干管或自行布置的干管接到用水地点，布置时应力求管网总长度短，管径的大小和水龙头数目需视工程规模大小通过计算确定，管道可埋置于地下，也可以敷设在地面上，视当时的气温条件和使用期限的长短而定。其布置形式有环形、枝形、混合式三种。

2) 供水管网应该按防火要求布置室外消火栓，消火栓应沿道路设置，距道路应不大于2m，距建筑物外墙不应小于 5m，也不应大于 25m，消火栓的间距不应超过 120m，工地消火栓应设有明显的标志，且周围 3m 以内不准堆放建筑材料。

3) 为了排除地面水和地下水，应及时修通永久性下水道，并结合现场地形在建筑物周围设置排泄地面水和地下水的沟渠。

(2) 施工供电布置。

1) 为了维修方便，施工现场一般采用架空配电线路，且要求现场架空线与施工建筑物水平距离不小于 10m，线与地面距离不小于 6m，跨越建筑物或临时设施时，垂直距离不小于 2.5m。

2) 现场线路应尽量架设在道路的一侧，且尽量保持线路水平，以免电杆受力不均，在低压线中，电杆间距应为 25～40m，分支线及引入线均应由电杆处接出，不得由两杆之间接线。

3) 单位工程施工用电应在全工地性施工总平面图中一并考虑。一般情况下，计算出施工期间的用电总数，提供给建设单位解决，不另设变压器。只有独立的单位工程施工时，才根据计算出的现场用电量选用变压器，其位置应远离交通要道口处，布置在现场边缘高压线接入处，四周用铁丝网围住。在整个施工过程中，工地上的实际布置情况是随时变动的。为此，对于大型建筑工程，施工期限较长或建筑工地较为狭窄的工程，就需要按施工阶段来布置几张施工平面图，以便能将不同施工阶段内工地上的合理布置情况反映出来。

第七节　施工方案的技术经济指标

任何一个分部（项）工程，都有几个可行的施工方案，评价其优劣的标准是技术性和经济性，但最终标准是经济效益。为了避免施工方案的盲目性、片面性，在方案付诸实施前就应分析出其经济效益，保证所选方案的科学性，达到提高工程质量、缩短工期、降低成本的目的，进而提高工程施工的经济效益。常用的方法有定性分析和定量分析两种。

1. 定性分析评价

施工方案的定性技术经济评价是结合施工实际经验，对若干施工方案的优缺点进行分析比较，如技术上是否可行、施工复杂程度和安全可靠性如何、劳动力和机械设备能否满足需要、是否能充分发挥现有机械的作用、保证质量的措施是否完善可靠、对冬季施工带来多大困难等。

2. 定量分析评价

施工方案的定量技术经济分析评价是通过计算各方案的几个主要技术经济指标，进行综合比较分析选择技术指标较佳的方案。定量分析的指标通常有：

（1）工期指标。单位工程的施工工期是指单位工程从破土动工至竣工之间的全部时间天数。按日历天数计算，不扣除施工过程中的节假日，以及由于各种原因而停工的天数。单位工程施工的准备工作，如平整场地、放线、原有结构物的拆除清理等都不算正式开工，只从具备开工条件、有正式图纸、破土动工时为准。单位工程竣工的日期是指按要求全部竣工的日期，工业建筑物不包括生产设备部分，但应包括水、暖、电、通风、电梯工程及其组成部分的设备安装。

（2）单位建筑面积成本。单位建筑面积成本是人工、材料、机械和管理的综合货币指标，按式（14-7）进行计算

$$单位建筑面积成本 = \frac{施工实际消耗的总费用}{建筑总面积} \qquad (14-7)$$

（3）劳动生产率指标。劳动效率是指劳动者消耗一定劳动时间创造出一定数量产品的能力，通常用单方用工指标来反映劳动力的使用和消耗水平，按式（14-8）进行计算

$$单方用工 = \frac{总用工数}{建筑面积} \qquad (14-8)$$

（4）施工机械化程度指标。在考虑施工方案、施工方法时，应尽量提高施工的机械化程度。施工机械化程度的高低，是衡量施工组织设计优劣的重要指标之一，按式（14-9）和式（14-10）进行计算

$$施工机械化程度 = \frac{机械完成的实物量}{全部实物量} \times 100\% \qquad (14-9)$$

$$单方大型机械费 = \frac{计划大型机械台班费}{建筑面积} \qquad (14-10)$$

（5）降低成本指标。降低成本指标是一个重要指标，它综合地反映工程项目或分部工程由于采用施工方案不同、采用技术措施不同而产生的不同经济效果。降低成本指标可以用降

低成本额和降低成本率来表示，按式（14-11）和式（14-12）进行计算

$$降低成本率 = \frac{降低成本额}{预算成本} \times 100\% \qquad (14-11)$$

$$降低成本额 = 预算成本 - 计划成本 \qquad (14-12)$$

工程预算成本是以施工图预算为依据，按预算价格计算的成本。计划成本是按施工中采用的施工方案、施工方法和不同的技术及安全措施要求所确定的工程成本。

（6）主要材料节约指标。主要材料是指钢材、木材、水泥等，在编制施工组织设计中，选择施工方案及施工方法时，应根据提出的技术措施计算出主要材料的节约用量。按式（14-13）和式（14-14）进行计算

$$主要材料节约量 = 预算用量 - 计划用量 \qquad (14-13)$$

$$主要材料节约率 = \frac{主要材料节约量}{主要材料预算用量} \times 100\% \qquad (14-14)$$

在进行施工组织设计的技术经济指标比较时，往往会出现某一方案的某些指标较为理想，而另外方案的其他指标则比较好，这时应综合各项经济指标，全面衡量，选取最佳方案。有时可能会因施工特定条件和建设单位的具体要求，使得某项指标成为选择方案的决定条件，其他指标只作参考，此时在进行施工方案选择时，应根据具体对象和条件作出正确的分析和决策。

思 考 题

1. 简述单位工程施工组织设计的程序。
2. 单位工程施工组织设计的内容有哪些？
3. 施工方案的选择都包含哪些内容？
4. 试述单位工程施工进度计划编制的步骤。
5. 单位工程资源需用量计划有哪些？
6. 单位工程施工平面图设计的内容有哪些？

第十五章 施工组织总设计

◯ 本章要点

施工部署和施工方案的编制；施工总进度计划；资源需要量计划；全场性暂设工程；施工总平面图；主要技术经济指标。

◯ 基本要求及重点、难点

(1) 掌握施工部署的主要内容；

(2) 掌握施工总进度计划编制的步骤及方法；

(3) 掌握施工总平面图设计的步骤及方法，暂设工程的主要内容、组织要点并具备合理地布置全场性暂设工程的基本能力。

- 重点：施工部署；施工进度计划；施工平面图布置。
- 难点：施工总平面图设计。
- 深度和广度：通过本章的学习，应具备编制施工组织总设计的能力。

施工组织总设计是以一个建设项目或建筑群为编制对象，用以指导施工全过程各项活动的全局性、控制性的技术经济文件。一般由建设总承包单位负责编制。

施工组织总设计的基本作用是指导全工地施工准备、施工及竣工验收全过程的各项活动，是编制单位工程施工组织设计的依据。

施工组织总设计的主要内容一般包括：工程概况，施工部署和施工方案，施工准备工作计划，施工总进度计划，各项资源需用量计划，全场性暂设工程，施工总平面图，技术经济指标。

工程概况和特点分析是对整个建设项目的工程结构特征、施工难易程度、工期、质量，以及各单位工程之间的内在联系所作的简要分析，从而采取一些相应的、对全局有影响的施工部署或措施，使工程施工进度快、质量好、成本低，一般包括以下内容：

(1) 工程构成状况主要说明：建设项目名称、性质和建设地点，占地总面积和建设总规模，主要工种工程量和设备安装总吨数，生产工艺流程及其特点，以及每个单项工程占地面积、建筑面积、建筑层数、结构类型和复杂程度。

(2) 建设项目的建设、设计和承包单位主要说明：建设项目的建设、勘察、设计、总承包和分包单位名称，以及建设单位委托的建设监理单位名称。

(3) 施工组织设计总目标主要说明：建设项目施工总成本、总工期和总质量等级，以及每个单项工程施工成本、工期和工程质量等级要求。

(4) 建设地区自然条件状况主要说明：气象及其变化状况，工程地形和地质及其变化状况，工程水文地质及其变化状况，以及地震设防烈度。

（5）建设地区技术经济状况主要说明：地方建筑生产企业及其产品供应状况，主要材料和生产工艺设备供应状况，地方建筑材料品种及其供应状况，地方交通运输方式及服务能力状况，供水、供电、供热和电信服务状况，社会劳动力和生活服务设施状况，以及承包单位信誉、能力、素质和经济效益状况。

（6）施工条件主要说明：主要材料、特殊材料和生产工艺设备供应条件，项目施工图纸提供的阶段划分和时间安排，以及提供施工现场的标准和时间安排。

第一节 施工部署和施工方案的编制

施工部署是对整个建设项目进行施工的统筹规划和全面安排，它主要解决影响建设项目全局的重大战略问题。

施工部署的内容和侧重点根据建设项目的性质、规模和客观条件不同而有所不同。一般应包括：明确项目管理机构和任务分工，确定项目开展程序，拟订项目的施工方案，编制施工准备工作计划。

一、明确项目管理机构和任务分工

明确项目管理组织目标、组织内容和组织结构形式，建立统一的工程指挥系统，组建综合或专业承包单位，合理划分每个承包单位的施工区域或划分若干个单项工程，明确主导施工项目和穿插施工项目。绘制项目经理部组织结构图，表明相互之间信息传递和沟通的方法，人员的配备数量和岗位职责要求。项目经理部各组成人员的资质要求，应符合国家有关规定。

二、确定项目开展程序

根据合同总工期要求合理安排工程开展的程序，即单位工程或分部工程之间的先后开工、平行或搭接关系，确定工程开展程序的原则如下。

（1）在满足合同工期要求的前提下，分期分批施工。合同工期是施工时间的总目标，不能随意改变。当有些工程在编制施工组织总设计时没有签订合同，则应保证总工期控制在定额工期之内。在此前提下，可以将单位工程或分部工程之间进行合理的分期分批施工并进行合理搭接。施工工期长的、技术复杂的、施工难度大的工程应提前安排施工，急需的和关键的工程应先期施工和交工，例如供水设施、排水干线、输电线路及交通道路等。

（2）统筹安排，保证重点，兼顾其他，确保工程项目按期投产。按生产工艺要求起主导作用或先期投入生产的工程应优先安排，并注意工程交工的配套或使用和在建工程的施工互不妨碍，使建成的工程能投产，生产、施工两方便，尽早发挥先期施工部分的投资效益。

（3）所有工程项目均应按照先地下、后地上；先深后浅；先干线、后支线的原则进行安排。如地下管线和修筑道路的程序，应先敷设管线，后在管线上修筑道路。

（4）要考虑季节对施工的影响，将不利于某季节施工的工程，提前到该季节来临之前或推迟到该季节终了之后施工，并应保证工程进度和质量。如大规模土方工程和深基础工程施工，应避开雨季；寒冷地区的房屋施工尽可能在入冬前封闭，使冬季可在室内作业或进行设备安装。

三、拟订主要项目的施工方案

对于重点的单位工程、分部工程或特种结构工程，应在施工组织总设计中拟订其施工方案，以便事先进行技术和资源的准备，为工程施工的顺利开展和施工现场的合理布局提供依据。其内容应包括：确定施工起点流向，确定施工程序，确定施工顺序和施工方法，选择施工机械设备等。其中，施工方法的确定应兼顾技术的先进性和经济的合理性。施工机械的选择，应使主导机械不但能满足工程需要，且能充分发挥其效能，辅助配套机械的性能，应与主导机械相适应。

四、编制施工准备工作计划

施工准备工作是完成建设项目的重要阶段，它直接影响项目施工的经济效果，必须优先安排。根据项目开展程序和主要工程项目施工方案，编制好全场性的施工准备工作计划。主要内容包括：

(1) 提出分期施工的规模、期限和任务分工；提出"三通一平"的完成时间。

(2) 完成土地征用，居民拆迁和障碍物的清除工作，要满足开工的要求。

(3) 按照建筑总平面图做好现场测量控制网；安排好场地平整方案、全场性排水方案；安排好场内外运输、施工用主干道、水电来源及引入方案；安排好生产和生活基地建设，包括钢筋、木材加工厂、金属结构制作加工厂及职工生活设施等。

(4) 了解和掌握施工图出图计划、设计意图和拟采用的新结构、新材料、新技术、新工艺，并组织进行试验和试制工作。

(5) 安排编制施工组织设计和研究有关施工技术措施。

(6) 安排临时工程的设置。

(7) 组织材料、设备、构件、加工品、机具等的申请、订货、生产和加工工作。

第二节 施工总进度计划

施工总进度计划是施工现场各项施工活动在时间上和空间上的具体体现。编制施工总进度计划是根据施工部署中的施工方案和工程项目开展的程序，对整个工程的所有工程项目做出时间和空间上的安排。其作用在于确定各个建筑物及其主要工程和全工地性工程的施工期限及开、竣工的日期，从而确定建筑施工现场劳动力、材料、成品、半成品、构配件、施工机械的需要数量和调配情况，以及现场临时设施的数量、水电供应数量和能源、交通的需要数量等。因此，正确地编制施工总进度计划是保证各项目及整个建设工程按期交付使用，充分发挥投资效益，降低建筑工程成本的重要条件。

编制施工总进度计划的基本要求是：保证拟建工程在规定的期限内完成，采用合理的施工方法保证施工的连续性和均衡性，发挥投资效益，节约施工费用。

要根据施工部署中拟建工程分期分批投产的顺序，将每个系统的各项工程分别划出，在控制的期限内进行各项工程的具体安排。如建设项目的规模不大，各系统工程项目不多时，也可不按分期分批投产顺序安排，而直接安排总进度计划。

施工总进度计划的编制步骤见下述内容。

一、确定工程项目并计算工程量

1. 列出工程项目一览表

施工总进度计划主要起控制总工期的作用，因此项目划分不宜过细，可按确定的主要工程项目的开展顺序排列。通常根据独立交工系统的先后次序，明确划分施工项目的施工阶段；按照施工阶段顺序或工程开展的顺序，列出每个施工阶段的所有单项工程，并将其分解至单位工程和分部工程。一些附属项目、临时设施可以合并列出。

2. 估算各工程项目的工程量及工、料、机的消耗量

在列出工程项目一览表的基础上，计算各主要项目的实物工程量。按照施工阶段顺序或工程开展的顺序和单位工程计算主要实物工程量。计算工程量的目的不仅是为了编制施工总进度计划，还用于编制施工方案和选择施工、运输机械；初步规划主要工程的流水施工，计算人工及技术物资的需要量。因此，工程量只需粗略地计算即可。计算工程量可按初步设计或扩大初步设计图纸并根据各种定额手册进行计算。常用的定额资料有以下几种：

(1) 万元、十万元投资工程量、劳动量及材料消耗扩大指标或建筑经济参考手册。它规定了每一种结构类型建筑，每万元或十万元投资中劳动力、主要材料等消耗数量。根据初步设计图纸的结构形式，即可估算出拟建工程各分项需要的劳动力及材料的消耗量。

(2) 概算指标和扩大结构定额。这两种定额都是预算定额的进一步扩大。根据建筑结构的不同类型、层次、特征，在综合预算定额的基础上将一些项目进一步合并，基本上以分部工程为一个子项的形式综合在一起的工、料、机消耗指标即为概算指标，以此来进行施工组织总设计的工、料、机分析，比较能符合客观实际。

(3) 标准设计或已建房屋或构筑物的资料。可以采用标准设计或已建成的类似房屋实际所消耗的工、料、机加以类比并按比例估算。但由于建筑产品的单件性，与拟建工程完全相同的已建工程是极为少见的，因此在利用已建工程资料时，应根据实际情况分析、折算和调整。

(4) 运用计算机数据库系统，即广泛收集各地区不同类型、层次、特征工程实例的各种资料，或自动生成一些符合实际的数据资料，通过回归拟合建立各种复合参数的函数库。只需一些简单的特征数据的输入，即可非常迅速地得到工、料、机的消耗量和比较准确的报价。

除房屋外，还必须计算主要的全工地性工程的工程量，如场地平整、道路和地下管线的长度等，这些可以根据总平面图来计算。

将按上述方法计算出的工程量填入工程项目一览表中，见表 15-1。

表 15-1　　　　　　　　　　工　程　项　目　一　览　表

工程分类	工程项目名称	结构类型	建筑面积 1000m²	概算投资	主要实物工程量			
					场地平整 1000m²	土方工程 1000m²	……	混凝土工程 1000m²	……
全工地性工程								
主体项目								
辅助项目								
临时建筑								
合计								

二、确定各单位工程的施工期限

由于各施工单位的施工技术、管理水平、机械化程度、劳动力和材料供应情况等不同，建筑物的施工期限有较大差别。因此，应根据各施工单位的具体条件，并结合建筑物的建筑

结构类型、规模、现场地质条件和施工环境等综合因素加以确定。但总工期应控制在合同工期内，无合同工期的工程，以定额工期为准。

三、确定各单位工程的开竣工时间和相互搭接关系

在确定了各单位工程项目的施工期限后，就可以进一步安排各单位工程的开竣工时间和搭接时间，通常应考虑以下因素：

（1）保证重点，兼顾一般。在安排进度时，要分清主次，抓住重点，同时期进行的项目不宜过多，以免分散有限的人力和物力。

（2）要满足连续、均衡的施工要求。应尽量使劳动力和材料、施工机械消耗在全工地上，达到均匀，避免出现高峰或低谷，以利于劳动力的调配和材料供应。

（3）要满足生产工艺要求。合理安排各个建筑物的施工顺序，以缩短建设周期，尽快发挥投资效益。

（4）认真考虑施工总平面图的空间关系，为解决建筑物同时施工可能导致施工作业面狭小，可以对相邻建筑物的开竣工时间或施工顺序进行调整，以避免或减少相互干扰。

（5）要全面考虑各种条件的限制。在确定各建筑物施工顺序时，应考虑各种客观条件的限制，如施工单位的施工力量，各种原材料、机械设备的供应情况，设计单位提供图纸的时间，各年度建设投资数量等，对各项建筑物的开工时间和先后顺序予以调整。同时，由于建筑施工受季节、环境影响较大，经常会对某些项目的施工时间提出具体要求，从而对施工的时间和顺序安排产生影响。

四、编制施工总进度计划

施工总进度计划可以用横道图和网络图表达。由于施工总进度计划只是起控制性作用，而且施工条件复杂，因此项目划分不必过细。当用横道图表达施工总进度计划时，项目的排列可按施工总体方案所确定的工程展开程序排列。横道图上应表达出各施工项目开竣工时间及其施工持续时间。

近年来，随着网络技术的推广，采用网络图表达施工总进度计划已经在实践中得到广泛应用。采用时间坐标网络图表达施工总进度计划，比横道图更加直观明了，还可以表达出各施工项目之间的逻辑关系。同时，由于网络图可以应用计算机进行计算和分析，便于对进度计划进行调整、优化、统计资源数量等。

五、总进度计划的调整与修正

施工总进度计划表绘制完成后，将同一时期各项工程的工作量加在一起，用一定的比例画在施工总进度计划的底部，即可得出建设项目工作量动态曲线。若曲线上存在较大的高峰或低谷，则表明在该时间里各种资源的需求量变化较大，需要调整一些单位工程的施工速度或开竣工的时间，以便消除高峰或低谷，使各个时期的工作量尽可能达到均衡。在工程实施过程中也应随着施工的进展变化及时作必要的调整，对于跨年度的建设项目，还应根据年度国家基本建设投资情况，对施工进度计划予以调整。

第三节　资源需要量计划

工程项目施工总进度计划定案后，即可以据此编制劳动力、材料、预制构件、施工机具和设备机具等需要量计划，制订生产、生活临时设施计划等。

一、劳动力需要量计划

按照施工准备工作计划、施工总进度计划，套用概算定额或经验资料，便可计算各个建筑物所需劳动力工日及人数，再根据总进度计划表中各个建筑物的开竣工时间，既可得到各个建筑物主要工种在各个时期的平均劳动力数。在总进度计划表纵坐标方向将各个建筑物同工种的人数叠加并连成一条曲线，即得到某工种劳动力计划需求曲线图，由此也可列出各主要工种劳动力需要量计划表。图 15-1 和表 15-2 表示某工种劳动力曲线图和土建施工劳动力汇总表。在施工过程中，如果劳动力有多余或短缺，则应采取相应措施。例如多余的劳动力可计划调出，短缺的劳动力可招募或采取提高效率的措施。调剂劳动力的余缺，必须加强调度工作和合同管理。

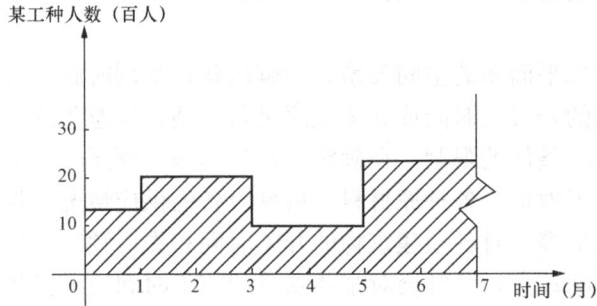

图 15-1　某工种劳动力曲线图

表 15-2　　　　　　　　　　　**建设项目土建施工劳动力汇总表**

序号	工程名称	工业建筑及全工地性工程							临时建筑		劳动力计划				
		主厂房	辅助厂房	附属厂房	道路	上下水道	电气工程	其他	仓库	加工厂	一季度	二季度	三季度	四季度	……
1	力工														
2	钢筋工														
3	混凝土工														
4	瓦工														
5	架子工														
合计															

二、构件、半成品及主要建筑材料需用量计划

根据工种工程量汇总表所列各建筑物的工程量，查定额或概算指标等有关资料，便得出各建筑物所需的建筑材料、半成品构件的需要量。然后再根据总进度计划表，大致估算出某些建筑材料在某季度内的需要量，从而编制出建筑材料、半成品和构件的需要量计划。根据物资需要量计划，材料部门及有关加工厂便可据此准备所需的建筑材料、半成品和构件，并按期供应。表 15-3 为某建设项目土建工程所需构件、半成品及主要建筑材料汇总表。

表 15 - 3　　　　　某建设项目土建工程所需构件、半成品及主要建筑材料汇总表

序号	类别	构件、半成品及主要材料名称	单位	总计	工业建筑及全工地性工程					临时建筑	需要量计划				……
					主厂房	辅助附属厂房	道路	上下水道	电气工程		一季度	二季度	三季度	四季度	……
1	构件及半成品	钢筋混凝土构件													
2		钢结构构件													
3		……													
1	主要建筑材料	钢筋													
2		模板													
3		水泥													
4		……													

三、主要机具需要量计划

根据施工部署和主要建筑物施工方案、技术措施及总进度计划的要求，按照主要工种工程量，主要材料、预制加工品运输量计划及机械化施工参考资料等，即可提出必须的主要施工机具的数量及使用时间。施工进度计划相对应的施工机具需求量汇总表见表 15 - 4。

表 15 - 4　　　　　　　　　　施工机具需求量汇总表

序号	机具名称	型号	电机功率	数量	需 求 计 划				备注
					一季度	二季度	三季度	四季度	

第四节　全场性暂设工程

为满足工程项目施工需要，在工程正式开工前，要按照工程项目施工准备计划的要求建造相应的全场性暂设工程，为项目建设创造良好的施工条件，保证项目连续、均衡、有节奏地顺利进行。暂设工程的规模因工程要求而异，主要有：建筑工地交通运输组织、建筑工地临时仓库的设置、办公、生活临时建筑物的设置、临时供水供电设计。

一、建筑工地交通运输组织

建筑产品体积庞大，消耗量大，在建设过程中需要调运大量的建筑材料、物资与设备。如砂、石、水泥、钢材、木材，这些物品占总货运量的 75%～80%。因此，合理选择运输方式，组织交通运输，对节约运费、加快施工速度具有重要意义。

进行建筑工地交通运输组织时，应首先确定运输量及运输方式和运输工具需要量。工地运输方式可采用水路运输、铁路运输、汽车运输等。运输方式的确定，必须充分考虑到各种影响因素。如材料的性质、运输量的大小、运输的距离及期限，现有运输设备，利用永久性道路的可能性，当地地形和工地实际情况。在保证完成任务的条件下，通过采用不同运输方式的技术经济对比分析，选择最合适的运输方式。然后，确定运输道路。工地运输道路应保证运输通畅，工程进度按期完成。

二、建筑工地临时仓库的设置

临时仓库的设置应在保证工地顺利施工的前提下，尽可能使存储的材料最小，存储期最短，装卸和运转费最省。这样可以减少临时投入的资金，避免材料积压，节约周转资金和各种保管费用。

根据保管材料的不同，首先确定仓库的形式，一般有露天仓库、库棚和封闭式仓库三种形式；其次根据建筑施工的需求，确定建筑材料的储备量，一方面应保证工程施工不中断，另一方面还要避免储备量过大造成积压，通常根据现场条件、供应条件和运输条件来确定；再次确定仓库的面积，确定某一种建筑材料的仓库面积，与该种建筑材料需储备的天数、材料的需要量及仓库每平方米能储存的定额等因素有关，而储备天数又与材料的供应情况、运输能力等条件有关。因此，应结合具体情况确定最经济的仓库面积。

三、办公、生活临时建筑

在工程建设期间，必须为施工人员修建一定数量供行政管理与生活福利用的临时建筑。一般包括行政管理和生产用房，如建筑安装工程办公室、传达室、车库和辅助修理间等；居住生活用房，如职工宿舍、浴室等；文化生活用房等。

一般全工地性行政管理用房宜设在工地入口处，以便对外联系；也可设在工地中间，便于工地管理。工人用的福利设施应设置在工人较集中的地方，或工人必经之处。生活区应设在场外，距工地 500~1000m 为宜。食堂可布置在工地内部或工地与生活区之间。临时设施的设计，应以经济、适用、拆装方便为原则，并根据当地的气候条件、工期长短来确定。首先要确定使用这些房屋的人数，然后可根据定额计算临时建筑物所需的面积。应尽量利用建设单位的原有基地及附近已有建筑物，或提前修建可以利用的其他永久性建筑物为施工服务。临时建筑要按节约、适用、装拆方便的原则建造。

四、建筑工地临时供水设计

建筑工地必须有足够的水量和水头来满足生产、生活和消防用水的需要。建筑工地临时供水设计包括：确定用水量、选择水源、设计临时给水系统三部分。

1. 确定用水量

施工现场用水量应包括工程施工用水量、施工机械用水、施工现场生活用水量、生活区生活用水量、消防用水量等。具体数值及相关计算方法可以通过定额进行查询。

2. 选择水源

施工现场的水源选择，最好利用附近居民区或企业职工居住区的现有供水管道，只有在建筑工地附近没有现成的给水管道或现有管道无法利用时，才宜另选天然水源。天然水源的种类有：地面水，如江水、湖水、水库蓄水等；地下水，如泉水、井水等。地下水较地面水清洁，可以直接用作生活用水，取水构筑物较简单，选择水源时，应尽量利用地下水。

选择水源时应注意下列因素：

(1) 水量充足可靠；

(2) 生活饮用水、生产用水的水质应符合要求；

(3) 尽量与农业、水资源综合利用；

(4) 取水、输水、净水设施要安全、可靠、经济；

(5) 施工、运转、管理、维护方便。

3. 临时给水系统

临时给水系统可由取水设施、净水设施、储水构筑物（水塔及蓄水池）、输水管和配水管综合而成。

（1）地面水源取水设施。一般由取水口、进水管及水泵组成。取水口距河底（或井底）不得小于 0.25～0.9m。给水工程所用的水泵有离心泵和活塞泵两种，所用的水泵要有足够的抽水能力和扬程。

（2）储水构筑物。一般有水池、水塔和水箱。在临时给水中，只有水泵非昼夜工作时才设置水塔。水箱的容量以每小时消防用水量确定，但不得小于 $10～20m^3$。

（3）配水管网的布置。配水管网布置的原则是在保证不间断供水的情况下，管道敷设越短越好，同时还应考虑在施工期间各段管网具有移动的可能性。一般可分为环形管网、树枝状管网和混合式管网。

临时水管敷设，可用明管或暗管。在严寒地区，暗管应埋设在冰冻线以下，明管应加保温。通过道路部分，应考虑地面上重型机械荷载对埋设管的影响。

（4）确定配水管径。在计算出工地的总需水量后，可计算出管径，具体数值及相关计算方法可以通过定额进行。

五、工地临时供电设计

建筑工地临时供电设计包括计算用电量，选择电源，确定变压器，布置配电线路和决定导线断面。

1. 工地总用电量计算

建筑工地临时供电包括动力用电与照明用电两种。在计算用电量时，应考虑以下几点：

（1）全工地所使用的机械动力设备，其他电气工具及照明用电的数量。

（2）施工总用电计划中施工高峰阶段同时用电的机械设备最高数量。

（3）各种机械设备在工作中需用的情况。

由于照明用电量所占的比重较动力用电量要少得多，因此在估算总用电量时可以简化，只要在动力用电量之外再加 10% 作为照明用电量即可。

各种机械设备及室内外照明用电可参考定额。

2. 电源选择

选择建筑工地临时供电电源时应考虑到建筑工程及设备安装工程的工程量和施工进度；各个施工阶段的电力需要量；施工现场的大小；用电设备在建筑工地上的分布情况和距离电源的远近情况；现有电气设备的容量情况。

一般结合以上情况可以借施工现场附近已有的变压器，或者利用附近电力网，设置临时变电所和变压器，也可以设置临时供电装置。

采用何种方案，需根据工程实际，经过分析比较后确定。

3. 确定变压器

根据施工现场用电量按照定额计算变压器的功率。

4. 确定配电导线截面积

配电导线要正常工作，必须具有足够的机械强度，能够保证一定电流通过并且使得电压损失在允许范围内。因此选择配电导线可以按照三种方法进行确定，即按机械强度确定、按允许电流确定和按允许电压降确定。

所选用的导线截面应同时满足以上三项要求，即以求得的三个截面中的最大者为准，从电线产品目录中选用线芯截面。一般在道路工地和给排水工地作业线比较长，导线截面由电压降选定；在建筑工地配电线路比较短，导线截面可由容许电流选定；在小负荷的架空线路中往往以机械强度选定。

5. 配电线路布置

配电线路的布置可分三种形式，即枝状、环状和混合式。对于 3～10kVA 的高压线路，采用环状布置；380/220V 低压线采用枝状布置。为了架设方便，工地上一般采用架空线路，在跨越主要道路时则改用电缆。架空线路杆的间距为 25～40m，线离路面或建筑物不应小于6m，离铁路路轨不小于 7.5m。埋于地下的临时电缆应做好标记，保证施工安全。

第五节　施　工　总　平　面　图

施工总平面图是具体指导拟建项目现场施工的总布置图。它用以正确处理全工地在施工期间所需的各项设施和永久性建筑之间的空间关系。它是按照施工部署、施工方案和施工总进度计划，将各项生产、生活设施，进行合理的规划布置，对指导现场的文明施工和安全施工意义重大。一般大型建设项目的施工工期很长，随着工程的进展，施工现场的面貌将不断改变。在这种情况下，应按不同阶段分别绘制施工总平面图，或根据实际变化情况对其进行调整和修改，以适应不同阶段的需要。

一、施工总平面图设计的内容

（1）建设项目的建筑总平面图，包括地上和地下建筑物、铁路、道路、各种管线、测量基准点的位置和尺寸。

（2）永久性、半永久性测量放线标桩位置。

（3）一切为拟建项目施工服务的临时设施的布置，包括：

1）施工用地范围和施工所用的道路；

2）加工厂、制备站及机械化装置；

3）各种建筑材料、半成品、构件的仓库和堆场的位置；

4）取土、弃土位置，机械、车库位置；

5）行政管理、生活用的临时建筑物；

6）水源、电源、临时给排水管线和供电线路及设施；

7）一切安全及防火设施。

二、施工总平面图设计的原则

施工总平面图设计应遵循以下几项原则：

（1）在满足施工需要的前提下，尽量布置紧凑，减少施工用地，不占用或少占用农田。

（2）尽量利用永久性建筑物、构筑物或现有设施为施工服务，降低施工设施建造费用；尽可能降低临时工程费用，尽量利用可缓拆、暂不拆除的项目施工服务。

（3）科学规划施工道路，合理布置起重机械和各项施工设施，合理布置仓库、材料堆场等临时设施的位置，正确选择运输方式，减少二次搬运。最大限度地降低运输费用。

（4）科学划分施工区域和场地面积，符合施工流程要求，尽量减少专业工种和各工程之间的干扰。

（5）各种生产、生活设施的布置应便于工人的生产和生活。

（6）满足安全防火和劳动保护的要求。

三、施工总平面图的设计步骤

1. 将场外交通引入现场

在设计施工总平面图时，必须从确定大宗材料、预制品和生产工艺设备运入施工现场的运输方式开始。当大宗施工物资由铁路运来时，必须解决如何引入铁路专用线问题；当大宗施工物资由公路运来时，由于公路布置较灵活，一般先将仓库材料堆场等生产性设施布置在最经济合理的地方，再布置通向场外的公路线；当大宗施工物资由水路运来时，必须解决如何利用原有码头和是否增设码头，以及大型仓库和加工厂同码头关系问题。一般施工场地都有永久性道路与之相邻，但应恰当确定起点和进场位置，考虑转弯半径和坡度限制，有利于施工场地的利用。

2. 仓库与材料堆场的布置

（1）当采用铁路运输大宗材料时，中心仓库尽可能沿铁路专用线布置，并且在仓库前留有足够的装卸前线。当布置沿铁路线的仓库时，仓库的位置最好靠近工地一侧。

（2）当采用公路运输大宗施工物资时，中心仓库可布置在工地中心区或靠近使用的地方。

（3）水泥库和砂石堆场应布置在搅拌站附近。砖、预制构件应布置在垂直运输设备工作范围内，靠近用料地点。基础用块石堆场，应离坑沿一定距离，以免压塌边坡。钢筋、木材应布置在加工厂附近。

（4）工具库布置在加工区与施工区之间交通方便处，零星小件、专用工具库，可分设于各施工区段。

（5）油料、氧气仓库应布置在边缘、人少的安全处，易燃材料库要设置在拟建工程的下风向。

3. 加工厂布置

（1）如果有足够的混凝土输送设备时，混凝土搅拌宜集中布置或使用商品混凝土；当混凝土输送设备短缺时，可分散布置在使用地点附近或垂直运输附近。

（2）钢筋加工厂应区别不同情况，采用分散或集中布置。对于小型加工构件，利用简单机具加工，可在靠近使用地点的分散的钢筋加工棚里进行。

（3）木材加工厂要视木材加工的工作量、加工性质和种类决定是集中设置还是分散设置几个临时加工棚。锯木、成材、细木加工和成品堆放，要按工艺流程布置，并且设在施工区的下风向。

（4）金属结构、电焊等由于它们在生产上联系密切，因此应布置在一起。

4. 内部运输道路布置

（1）根据各加工厂、仓库及各施工对象的相对位置，研究货物流程图，根据运输量的不同来区别主要道路和次要道路，然后进行道路的规划。

（2）尽可能利用原有或拟建的永久性道路。

（3）合理安排施工道路与场内地下管网的施工顺序，保证场内运输道路时刻畅通。

（4）要科学确定场内运输道路宽度，合理选择运输道路的路面结构。场区临时干线和施工机械行驶路线，最好采用碎石级配路面，以利修补。主要干道应按环形布置采用双车道，宽度不小于 6m，次要道路宜采用单车道，宽度不小于 3.5m，并设置回车场。

5. 行政管理与生活临时设施布置

（1）全工地行政管理用的办公室应设在工地入口处，以便于接待外来人员。

（2）工人居住用房屋宜布置在工地外围或其边缘处。

（3）文化福利用房屋最好设置在工人集中的地方，或工人必经之路附近的地方。

（4）尽可能利用已建的永久性房屋为施工服务，不足时再修建临时房屋。

6. 临时水电管网和其他动力设施的布置

（1）工地附近有可以利用的水源、电源时，可以将水电从外面接入工地，沿主要干道布置干管、主线。临时总变电站应设置在高压电引入处，临时水池应设在地势较高处。

（2）无法利用现有水源时，可以利用地下水或地面水。

（3）无法利用现有电源时，可在工地中心或中心附近设置临时发电设备，沿干道布置主线。

（4）根据建设项目规模大小，还要设置消防站、消防通道和消火栓。

上述布置应采用标准图例绘制在总平面图上，比例一般为 1：1000 或 1：2000。上述各设计步骤不是截然分开各自独立的，而是相互联系、相互制约的，需要综合考虑、反复修正才能确定下来。当有几种方案时，尚应进行方案比较。

思　考　题

1. 简述施工组织总设计的内容。

2. 施工组织总设计施工部署和施工方案如何确定？

3. 全场性暂设工程都包含哪些内容？

4. 施工总平面图设计的原则有哪些？

5. 施工总平面图设计的步骤有哪些？

参 考 文 献

[1] 本书编写组．建筑施工手册．4 版．北京：中国建筑工业出版社，2003.

[2] 钱大行，杜曰武．建筑施工技术．大连：大连理工出版社，2008.

[3] 谢尊渊，方先和．建筑施工．2 版．北京：中国建筑工业出版社，2005.

[4] 重庆大学，同济大学，哈尔滨工业大学．土木工程施工．北京：中国建筑工业出版社，2003.

[5] 刘宗仁．土木工程施工．2 版．北京：高等教育出版社，2009.

[6] 毛鹤琴．土木工程施工．2 版．武汉：武汉理工大学出版社，2004.

[7] 李书全．土木工程施工．上海：同济大学出版社，2004.

[8] 应惠清．土木工程施工．北京：高等教育出版社，2004.

[9] 曹丰．建筑施工技术．郑州：郑州大学出版社，2007.

[10] 卢循．建筑施工技术．上海：同济大学出版社，2002.

[11] 孙政．土木工程施工．北京：机械工业出版社，2007.

[12] 于立君．建筑工程施工组织．北京：高等教育出版社，2005.

[13] 余群舟．建筑施工组织与管理．北京：北京大学出版社，2006.

[14] 张华明．建筑施工组织．北京：中国电力出版社，2006.

[15] 现行建筑结构规范大全．北京：中国建筑工业出版社，2002.

[16] 毛龙泉等．建筑工程施工质量检查与验收手册．北京：中国建筑工业出版社，2002.

[17] 刘军等．建筑工程质量控制与验收．北京：中国建筑工业出版社，2002.

[18] 彭圣浩．建筑工程质量通病防治手册．3 版．北京：中国建筑工业出版社，2002.

[19] 中国建筑工程总公司．地基与基础工程施工工艺标准．北京：中国建筑工业出版社，2003.

[20] 中国建筑工程总公司．建筑砌体工程施工工艺标准．北京：中国建筑工业出版社，2003.

[21] 中国建筑工程总公司．混凝土结构工程施工工艺标准．北京：中国建筑工业出版社，2003.

[22] 中国建筑工程总公司．钢结构工程施工工艺标准．北京：中国建筑工业出版社，2003.

[23] 中国建筑工程总公司．建筑防水工程施工工艺标准．北京：中国建筑工业出版社，2003.

[24] 中国建筑工程总公司．屋面工程施工工艺标准．北京：中国建筑工业出版社，2003.